SpringerWienNewYork

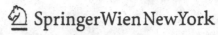

Heinz Parkus

Mechanik der festen Körper

Zweite, neubearbeitete und um
123 Aufgaben erweiterte Auflage

6. unveränderter Nachdruck 2005

SpringerWienNewYork

SpringerWienNewYork ist ein Unternehmen von
Springer Science+Business Media
springer.at

Druck: Ferdinand Berger & Söhne Ges.m.b.H., 3580 Horn, Österreich

Gedruckt auf säurefreiem, chlorfrei gebleichtem Papier - TCF
SPIN: 11360742

Bibliografische Information Der Deutschen Bibliothek
Die Deutsche Bibliothek verzeichnet diese Publikation in der Deutschen Nationalbibliografie; detaillierte bibliografische Daten sind im Internet über <http://dnb.ddb.de> abrufbar.

Mit 281 Abbildungen

ISBN 3-211-80777-2 SpringerWienNewYork

Vorwort zur ersten Auflage

Nach wie vor bildet die Mechanik eine der wichtigsten Grundlagen der Technik. Ihre Theorien und Methoden sind eben jetzt wieder in rascher Entwicklung begriffen. Neue Anwendungsgebiete werden erschlossen, während andere an Bedeutung einbüßen. Diesen Tatsachen muß der Unterricht, wenn auch mit einiger Phasenverschiebung, Rechnung tragen. Nun wird gerade in der Mechanik, wohl mehr aus Tradition als aus anderen Gründen, viel alter Ballast mitgeschleppt. Dieser muß über Bord gehen. Der gewonnene Platz reicht aber noch nicht aus, um all das Neue, das aufgenommen werden soll, unterzubringen. Eine Neugliederung des Stoffes bei straffster Zusammenfassung wird damit unerläßlich.

Ich bin deshalb in diesem Buch von dem traditionellen Aufbau der Mechanik, bei dem mit der Statik und da wieder mit dem starren Körper begonnen wird, woran sich dann meist die Dynamik des Massenpunktes anschließt, völlig abgegangen. Vor allem habe ich versucht, die grundlegenden, allen Problemen gemeinsamen Gedanken und Prinzipien deutlich herauszuarbeiten und, wo angängig, Querverbindungen zu schaffen. Alle Sätze werden sogleich in voller Allgemeinheit für den beliebig bewegten verformbaren Körper hergeleitet und dann erst auf Sonderfälle spezialisiert. Die Überlegungen werden dadurch keineswegs schwieriger, sondern im Gegenteil in den meisten Fällen einfacher und durchsichtiger. Von dem beträchtlichen Zeitgewinn abgesehen, bietet sich dabei noch die Möglichkeit, schärfer als sonst üblich auf die jeweils getroffenen Vereinfachungen und Näherungsannahmen hinzuweisen. Ich hoffe, dadurch auch der so häufig anzutreffenden mißbräuchlichen Verwendung von Formeln über ihren Gültigkeitsbereich hinaus vorbeugen zu helfen.

Wie ein Blick auf das Inhaltsverzeichnis zeigt, konnte auf engem Raum ein verhältnismäßig umfangreicher Stoff untergebracht werden. Wo Lücken sind, sollen Literaturhinweise weiterhelfen. Bei der Auswahl der Beispiele habe ich getrachtet, nach Möglichkeit praktisch wichtige Fragestellungen zu behandeln und so nicht nur die Anwendung der allgemeinen Theoreme vorzuführen, sondern darüber hinaus in den Resultaten einen Formelschatz bereitzustellen, der das Buch auch als Nachschlagewerk für den Ingenieur verwendbar macht.

Die mathematischen Anforderungen, die an den Leser gestellt werden, sind vielleicht etwas höher, als dies sonst in einführenden Lehrbüchern der Mechanik der Fall zu sein pflegt. Sie übersteigen aber nirgends den Umfang dessen, was in der parallel laufenden Vorlesung über Mathematik geboten wird. Gelegentliche Vorgriffe sind natürlich unvermeidbar. Der Student soll aber erkennen, daß ihm mit dem umfangreichen Apparat, den er bei seinen mathematischen Studien erarbeitet hat, ein sehr wirksames und vielseitig verwendbares Werkzeug in die Hand gegeben ist, das er nützen kann und nützen soll. Im gleichen Sinne appelliere ich an meine Kollegen, es nicht bei ein paar Faustformeln bewenden zu lassen, wenn sie die Mechanik in ihren Vorlesungen als Hilfsmittel heranziehen müssen, sondern den vorgetragenen Stoff ohne Bedenken im vollen Umfang nutzbar zu machen. Das leidige Schlagwort vom Gegensatz zwischen Theorie und Praxis hat heute, wo in allen großen Industrieländern Milliarden für Forschungszwecke aufgewendet werden, wohl jede Berechtigung verloren.

Wien, im Mai 1960

H. Parkus

Vorwort zur zweiten Auflage

Das Grundkonzept des Buches — knappe, aber umfassende Darstellung — wurde beibehalten, im einzelnen jedoch vieles ergänzt, manches neu geschrieben. Systeme mit veränderlicher Masse, Anstrengungshypothesen, die Aufnahme weiterer Probleme der elastischen Stabilität (Biegedrillknicken, Beulen von Kreisplatten, Durchschlagen) und die Ergänzung der Verfahren von RITZ und GALERKIN durch die Methode von KRYLOW-BOGOLJUBOW sind hier zu erwähnen.

Einem vielfach geäußerten Wunsch meiner Hörer entsprechend habe ich eine große Anzahl von Aufgaben — insgesamt 123 — in das Buch aufgenommen. Sie sind an den Schluß der entsprechenden Kapitel gesetzt und enthalten neben der Lösung auch ausführliche Angaben über den Lösungsweg. Dem Leser sei jedoch dringend empfohlen, die Auflösung zuerst mit eigenen Kräften zu versuchen.

Die Aufgaben sollen aber nicht nur der Erarbeitung und Vertiefung des Stoffes dienen, es konnten darin auch Methoden und Resultate gebracht werden, für die im Text kein Platz verfügbar war. Als Beispiele seien die Verzerrungskomponenten in Zylinder- und Kugelkoordinaten bei endlichen Deformationen, der Dreimomentensatz der Elastostatik und das Verfahren von HOLZER-TOLLE der Schwingungslehre angeführt.

Den zahlreichen Fachgenossen, die mich durch freundliche Kritik ermuntert haben, spreche ich meinen herzlichen Dank aus. Ganz besonders verpflichtet bin ich Herrn Professor Dr.-Ing. K. MARGUERRE, Darmstadt, für seine vielfachen Ratschläge. Meine Assistenten, die Herren Dr. H. BEDNARCZYK, Dr. J. L. ZEMAN und Dr. F. ZIEGLER, haben nicht nur die Aufgaben beigesteuert und ausgearbeitet, sie haben auch mit unermüdlicher Geduld den Text immer wieder kritisch durchgemustert und verbessert. Ihnen gebührt mein ganz besonderer Dank.

Herrn Senator OTTO LANGE, Gesellschafter des Springer-Verlages, Wien — New York, mit dessen Haus ich nun schon durch viele Jahre verbunden bin, möchte ich herzlich danken für sein reges und verständnisvolles Interesse an dem Buch, dem er wieder eine mustergültige Ausstattung gegeben hat.

Wien, im März 1966

H. Parkus

Inhaltsverzeichnis

Einleitung

Die Mechanik — der älteste Zweig der Physik — beschäftigt sich mit der Untersuchung der Bewegungen von Körpern und der mit diesen Bewegungen verknüpften Kräfte. Sie baut ihr Lehrgebäude mit Hilfe der Mathematik auf bestimmten Erfahrungssätzen (Naturgesetzen) auf, die *axiomatischen* Charakter haben. Zur Aufstellung dieser Axiome müssen gewisse Idealisierungen vorgenommen werden, deren wichtigste die Definition des *Körpers* als ein mit Materie (Masse) erfülltes *Kontinuum* ist, von dem jeder noch so kleine Teil die gleichen physikalischen Eigenschaften wie der Gesamtkörper aufweist.

Wir beschäftigen uns in diesem Buch mit der Mechanik der *festen Körper*. Die Mechanik der flüssigen und gasförmigen Kontinua bleibt dagegen außerhalb unserer Betrachtungen. Ein Sonderfall des festen ist der *starre Körper*, eine Idealisierung, die wir immer dann machen dürfen, wenn seine Verformungen gegenüber den sonstigen Bewegungen vernachlässigbar klein sind und wenn es auf die Kenntnis der im Inneren des Kontinuums verlaufenden Kräfte nicht ankommt. Für den starren Körper sind geometrische Form und Verteilung der Materie über das Volumen unveränderlich.

Ein Grenzfall der Kontinuumsmechanik ist die *Punktmechanik*. Diese setzt die Objekte ihrer Betrachtungen aus einer endlichen Anzahl von sogenannten *Massenpunkten* zusammen, wobei ein Massenpunkt dadurch entsteht, daß man sich einen Körper bei konstant bleibender Masse auf einen Punkt zusammengezogen denkt. Die Dichte der Materie wird dann unendlich groß. Diese Betrachtungsweise ist vor allem in der *Himmelsmechanik* — der Lehre von den Bewegungen der Himmelskörper — üblich und wegen der großen Entfernungen zwischen den Gestirnen auch zulässig, da diesen Entfernungen gegenüber die Abmessungen der Himmelskörper keine Rolle spielen. In den technischen Anwendungen der Mechanik, die wir in diesem Buch vor allem im Auge haben, besteht im allgemeinen keine Möglichkeit zu einer derartigen Vereinfachung.

Es ist üblich, die Mechanik zu unterteilen in die *Statik*, die sich mit der Untersuchung von in Ruhe und im Gleichgewicht befindlichen Körpern befaßt, und in die *Dynamik*, bei der sich die Körper in Bewegung befinden. Die letztere kann man wieder unterteilen in die reine Bewegungslehre oder *Kinematik*, welche die Bewegung an sich studiert, ohne nach den dabei wirksamen Kräften zu fragen, und in die *Kinetik* oder Dynamik im engeren Sinn, bei der auch die Kräfte mit in die Betrachtungen einbezogen werden.

Wir beginnen in diesem Buch mit dem Studium der Kinematik. Dann folgt die Untersuchung der Kräfte und Kraftsysteme und dann schließen wir die beiden Problemkreise zum eigentlichen Gegenstand unseres Interesses, zur Dynamik, zusammen. Die Statik erfährt hierbei keine gesonderte Behandlung, obwohl ihr natürlich in den Anwendungsbeispielen, vor allem in der Elastomechanik, ein breiter Raum zugewiesen wird.

I. Kinematik

1. Bezugssysteme, Freiheitsgrade, Lagekoordinaten. Zur Beschreibung der Bewegung eines Körpers benötigen wir ein *Bezugssystem*, auf das wir die Bewegung beziehen, oder von dem aus wir die Bewegung beobachten. Wir denken uns dieses als starr vorausgesetzte System durch ein Koordinatengitter repräsentiert. Die Lage eines Punktes relativ zum System legen wir dann durch den *Ortsvektor* $\mathfrak{r}(t)$ fest, wo t die Zeit bedeutet. Der Endpunkt des Vektors beschreibt die *Bahn* des betreffenden Punktes.

Die Wahl des Bezugssystems[1] ist zunächst völlig willkürlich. Häufig verwendet man ein mit der Erde fest verbundenes Koordinatensystem. Nun wissen wir aber, daß sich die Erde relativ zur Sonne und diese wieder relativ zum Fixsternhimmel bewegt. Es drängt sich daher die Frage auf: Kann man ein in „absoluter Ruhe" befindliches Bezugssystem angeben? Diesbezüglich angestellte Versuche haben gezeigt, daß die Frage verneint werden muß; es ist prinzipiell unmöglich, ein derart ausgezeichnetes System aufzufinden. Wir werden in der Kinetik darauf zurückkommen[2].

Verfolgen wir nun die Bewegung eines beliebigen Punktes im Raum. Wenn sie durch keinerlei geometrische Vorschriften eingeschränkt wird, der Punkt also völlig frei beweglich ist, so können wir die drei kartesischen Komponenten x, y, z seines Ortsvektors willkürlich und *voneinander unabhängig* wählen, und wir werden immer eine mögliche Position des Punktes erhalten. Wir sagen: Der im Raum frei bewegliche Punkt besitzt drei *Freiheitsgrade*. Wird die Bewegungsfreiheit des Punktes irgendwie eingeschränkt, so verringert sich auch die Zahl seiner Freiheitsgrade. Zwingen wir ihn etwa, sich ständig auf einer vorgegebenen Fläche zu bewegen, so sind seine Koordinaten (x, y, z) nicht mehr voneinander unabhängig, da sie ja die Gleichung der Fläche $F(x, y, z) = 0$ erfüllen müssen. Nur zwei Koordinaten können jetzt beliebig angenommen

---

[1] Wir werden dafür auch den Ausdruck „Bezugsraum" oder kurz „Raum" gebrauchen und von „raumfesten" Punkten sprechen. Damit sind also dann Punkte gemeint, die im gewählten Bezugssystem festliegen.

[2] Ziff. V, 6.

werden, die dritte ist dann bereits bestimmt: der Punkt besitzt nur mehr zwei Freiheitsgrade. Schränkt man seine Bewegungsfreiheit noch weiter ein, indem man verlangt, daß er sich auf einer vorgegebenen Kurve bewegen muß, dann reduziert sich die Zahl seiner Freiheitsgrade auf eins. Wir können uns nämlich die gegebene Kurve als Schnittlinie zweier Flächen $F(x, y, z) = 0$ und $G(x, y, z) = 0$ denken, so daß die drei Koordinaten des Punktes nunmehr zwei Gleichungen befriedigen müssen und daher nur noch eine Koordinate frei wählbar ist.

Als die Zahl der Freiheitsgrade eines Systems definieren wir allgemein die Anzahl der voneinander unabhängigen skalaren Größen, welche zur Festlegung der Lage des Systems notwendig und hinreichend sind. Diese Größen haben nicht immer die Dimension einer Länge — sie können z. B. auch Winkel sein. Wir nennen sie *verallgemeinerte Koordinaten* oder *Lagekoordinaten*. Für den auf einer Fläche sich bewegenden Punkt wird man oft zweckmäßig Flächenkoordinaten, bei Bewegung längs einer Kurve die Bogenlänge s als verallgemeinerte Koordinaten verwenden.

Als Beispiel sei ein starrer Stab $\overline{P_1 P_2}$ betrachtet, der im Raum frei beweglich ist. Dieser Stab besitzt fünf Freiheitsgrade: Wir benötigen drei Koordinaten, um den Punkt P_1 im Raum festzulegen. Der Punkt P_2 kann sich dann noch auf einer Kugelfläche mit dem Mittelpunkt P_1 und dem Radius $\overline{P_1 P_2}$ bewegen; sein Ort ist somit durch die Angabe von zwei weiteren skalaren Größen bestimmt.

Der frei im Raum bewegliche starre Körper besitzt sechs Freiheitsgrade: Durch drei Koordinaten ist die Lage eines beliebigen Punktes P_1 des Körpers und durch zwei weitere die eines zweiten Punktes P_2 gegeben. Der Körper kann sich dann noch um die Achse $\overline{P_1 P_2}$ drehen; somit muß auch der Drehwinkel um diese Achse bekannt sein.

Ein verformbarer Körper schließlich besitzt unendlich viele Freiheitsgrade: Jeder seiner Punkte läßt sich (innerhalb gewisser durch den Körperzusammenhang gegebener Grenzen) beliebig relativ zu den übrigen Punkten verschieben.

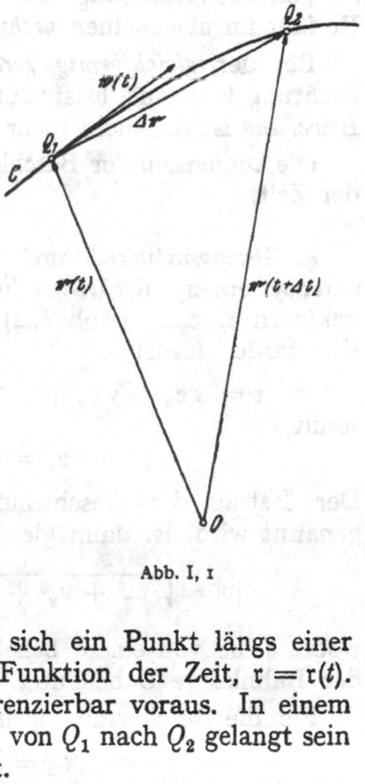

Abb. I, 1

2. Begriff der Geschwindigkeit. Bewegt sich ein Punkt längs einer Bahnkurve C, so ist sein Ortsvektor eine Funktion der Zeit, $\mathfrak{r} = \mathfrak{r}(t)$. Wir setzen sie als stetig und zweimal differenzierbar voraus. In einem bestimmten Zeitintervall Δt möge der Punkt von Q_1 nach Q_2 gelangt sein (Abb. I, 1), wobei sich $\mathfrak{r}$ um $\Delta \mathfrak{r}$ geändert hat.

Die Größe $\Delta\mathfrak{r}/\Delta t$ nennen wir den „Vektor der mittleren Geschwindigkeit". Durch den Grenzübergang

$$\lim_{\Delta t \to 0} \frac{\Delta\mathfrak{r}}{\Delta t} = \frac{d\mathfrak{r}}{dt} = \dot{\mathfrak{r}} = \mathfrak{v} \qquad (I, 1)$$

ist dann der *Geschwindigkeitsvektor* $\mathfrak{v}$ des Punktes an der Stelle Q_1 definiert. Die Richtung der Geschwindigkeit ist identisch mit der Richtung, welche die Sehne im Grenzfall $Q_2 \to Q_1$ annimmt, d. h. $\mathfrak{v}$ fällt in die Kurventangente in Q_1.

Ist die Richtung des Geschwindigkeitsvektors konstant, so beschreibt der Punkt eine Gerade. Ist der Betrag $|\mathfrak{v}|$ des Vektors konstant, so spricht man von einer *gleichförmigen Bewegung.*

Die Dimension der Geschwindigkeit ist Länge dividiert durch Zeit.

3. **Begriff der Beschleunigung.** Der Geschwindigkeitsvektor eines in Bewegung befindlichen Punktes ändert im Laufe der Zeit im allgemeinen sowohl seinen Betrag als auch seine Richtung. Ist $\Delta\mathfrak{v}$ seine Änderung im Zeitintervall Δt, so stellt $\Delta\mathfrak{v}/\Delta t$ den „Vektor der mittleren Beschleunigung" im Zeitintervall Δt dar, und wir definieren

$$\lim_{\Delta t \to 0} \frac{\Delta\mathfrak{v}}{\Delta t} = \frac{d\mathfrak{v}}{dt} = \dot{\mathfrak{v}} = \ddot{\mathfrak{r}} = \mathfrak{b} \qquad (I, 2)$$

als den *Beschleunigungsvektor* des Punktes an der Stelle Q_1 seiner Bahn. Er fällt im allgemeinen *nicht* in die Tangentenrichtung.

Bei der *gleichförmig geradlinigen Bewegung* ist $\mathfrak{v}$ nach Größe und Richtung konstant, $\mathfrak{b}$ ist daher Null. Bei der *allgemeinen gleichförmigen Bewegung* ist das nicht mehr der Fall, da $\mathfrak{v}$ seine Richtung ändert.

Die Dimension der Beschleunigung ist Länge dividiert durch Quadrat der Zeit.

4. **Geschwindigkeit und Beschleunigung in verschiedenen Koordinatensystemen.** *Rechtwinkelig kartesische Koordinaten.* Die drei Grundvektoren $\mathfrak{e}_x, \mathfrak{e}_y, \mathfrak{e}_z$ (Abb. I, 2) sind im Raum feste Einheitsvektoren, also Konstante. Es ist

$$\mathfrak{r} = x\,\mathfrak{e}_x + y\,\mathfrak{e}_y + z\,\mathfrak{e}_z \quad \text{und} \quad \mathfrak{v} = \dot{\mathfrak{r}} = \dot{x}\,\mathfrak{e}_x + \dot{y}\,\mathfrak{e}_y + \dot{z}\,\mathfrak{e}_z,$$

somit

$$v_x = \dot{x}, \quad v_y = \dot{y}, \quad v_z = \dot{z}. \qquad (I, 3)$$

Der Betrag der Geschwindigkeit (der manchmal auch *Schnelligkeit* genannt wird) ist dann gleich

$$|\mathfrak{v}| = \sqrt{v_x^2 + v_y^2 + v_z^2} = \frac{1}{dt}\sqrt{dx^2 + dy^2 + dz^2} = |\dot{s}|, \qquad (I, 4)$$

wobei s die von einem beliebigen Anfangspunkt gemessene Bogenlänge der Bahnkurve C bedeutet.

Für die Beschleunigung haben wir $\mathfrak{b} = \dot{\mathfrak{v}} = \ddot{x}\,\mathfrak{e}_x + \ddot{y}\,\mathfrak{e}_y + \ddot{z}\,\mathfrak{e}_z$, somit

$$b_x = \ddot{x}, \quad b_y = \ddot{y}, \quad b_z = \ddot{z}. \qquad (I, 5)$$

Der Betrag des Beschleunigungsvektors ist

$$|\mathfrak{b}| = \sqrt{\ddot{x}^2 + \ddot{y}^2 + \ddot{z}^2}.$$

Man beachte, daß $|\mathfrak{b}|$ im allgemeinen n i c h t gleich $|\ddot{s}|$ ist, siehe Gl. (I, 6).

Natürliche Koordinaten. Bei diesem Koordinatensystem werden die drei Grundvektoren mit dem sich bewegenden Punkt fest verbunden und machen so seine Bewegung als *begleitendes Dreibein* mit. Wir bezeichnen sie durch $\mathfrak{t}$, $\mathfrak{n}$, $\mathfrak{m}$ (Abb. I, 3).

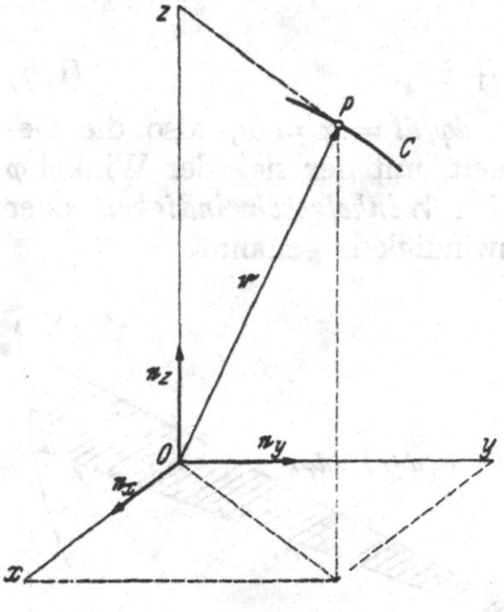

Abb. I, 2

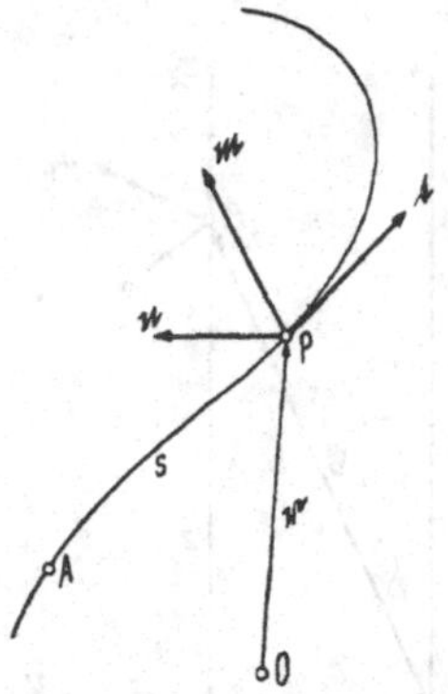

Abb. I, 3

$\mathfrak{t}$ wird in die Richtung der Kurventangente gelegt. Mit der Bogenlänge s der Bahnkurve als Lagekoordinate ist also $\mathfrak{r} = \mathfrak{r}(s)$, $\mathfrak{t} = d\mathfrak{r}/ds$. Der *Hauptnormalenvektor* $\mathfrak{n} = \varrho\, d\mathfrak{t}/ds$ ist der Einheitsvektor in Richtung zum Krümmungsmittelpunkt der Bahn. Er steht also senkrecht auf $\mathfrak{t}$. Der Normierungsfaktor ϱ stellt den Krümmungsradius dar. Durch die Vektoren $\mathfrak{t}$ und $\mathfrak{n}$ wird die *Schmiegebene* der Kurve aufgespannt.

Der dritte Vektor des begleitenden Dreibeins, der *Binormalenvektor*, ist durch $\mathfrak{m} = \mathfrak{t} \times \mathfrak{n}$ bestimmt.

Wir können nun schreiben

$$\left.\begin{aligned} \mathfrak{v} &= \frac{d\mathfrak{r}}{ds}\frac{ds}{dt} = \dot{s}\,\mathfrak{t} = v\,\mathfrak{t}, \\ \mathfrak{b} &= \dot{\mathfrak{v}} = \ddot{s}\,\mathfrak{t} + \dot{s}\,\frac{d\mathfrak{t}}{ds}\frac{ds}{dt} = \dot{v}\,\mathfrak{t} + \frac{v^2}{\varrho}\mathfrak{n}. \end{aligned}\right\} \qquad (\mathrm{I}, 6)$$

Der Beschleunigungsvektor liegt somit in der Schmiegebene der Bahnkurve. Seine Komponenten sind die *Tangentialbeschleunigung* $b_t = \dot{v} = \ddot{s}$ in der Tangentenrichtung, und die *Normalbeschleunigung* oder *Zentripetalbeschleunigung* $b_n = v^2/\varrho$ in Richtung der Hauptnormalen.

Zylinderkoordinaten. Wir bezeichnen den Ortsvektor hier ausnahmsweise mit $\mathfrak{x}$. Die drei Grundvektoren $\mathfrak{e}_r$, $\mathfrak{e}_\varphi$ und $\mathfrak{e}_z$ (in Richtung wachsender Koordinaten r, φ, z) sind hier gleichfalls mit dem Punkt P

fest verbunden (Abb. I, 4). $\mathfrak{e}_z$ ändert bei der Bewegung des Punktes seine Richtung nicht, ist also konstant. Die Einheitsvektoren $\mathfrak{e}_r$ und $\mathfrak{e}_\varphi$ hängen dagegen vom Winkel φ ab. Aus den Gleichungen für das begleitende Dreibein folgt mit $\mathfrak{t} = \mathfrak{e}_\varphi$, $\mathfrak{n} = -\mathfrak{e}_r$, $\mathfrak{m} = \mathfrak{e}_z$ sofort

$$\dot{\mathfrak{e}}_\varphi = \frac{d\mathfrak{e}_\varphi}{ds}\frac{ds}{d\varphi}\dot{\varphi} = -\frac{\mathfrak{e}_r}{r} r\dot{\varphi} = -\dot{\varphi}\mathfrak{e}_r$$

und analog $\dot{\mathfrak{e}}_r = \dot{\varphi}\mathfrak{e}_\varphi$. Aus $\mathfrak{x} = r\,\mathfrak{e}_r + z\,\mathfrak{e}_z$ ergibt sich jetzt $\mathfrak{v} = \dot{\mathfrak{x}} = \dot{r}\,\mathfrak{e}_r + r\,\dot{\mathfrak{e}}_r + \dot{z}\,\mathfrak{e}_z$, oder

$$\mathfrak{v} = \dot{r}\,\mathfrak{e}_r + r\,\dot{\varphi}\,\mathfrak{e}_\varphi + \dot{z}\,\mathfrak{e}_z. \qquad \text{(I, 7)}$$

Die Größe $d\varphi/dt = \dot{\varphi} = \omega$, also die Geschwindigkeit, mit der sich der Winkel φ ändert, wird *Winkelgeschwindigkeit* oder Drehgeschwindigkeit genannt.

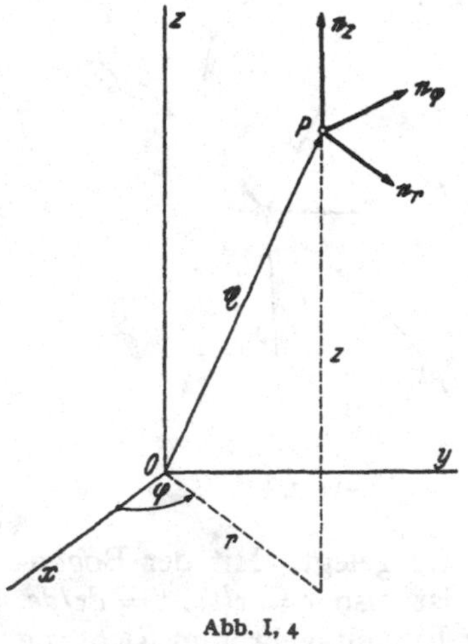

Abb. I, 4

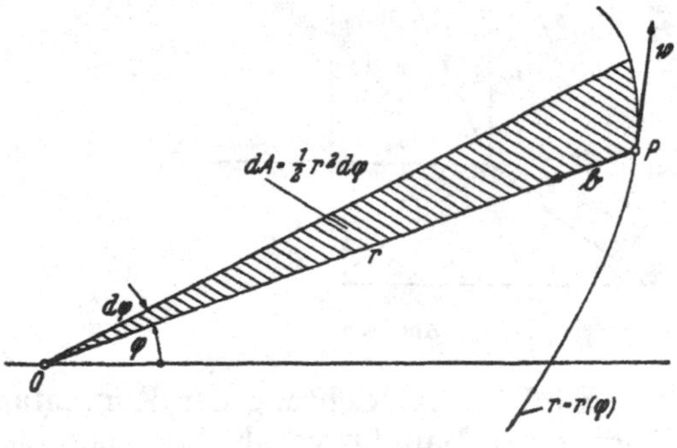

Abb. I, 5

In Zylinderkoordinaten besitzt der Geschwindigkeitsvektor $\mathfrak{v}$ somit die drei Komponenten

$v_r = \dot{r}$ (Radialgeschwindigkeit), $v_\varphi = r\,\omega$ (Quergeschwindigkeit), (I, 8)
$v_z = \dot{z}$ (Geschwindigkeit in Richtung der z-Achse).

Differentiation von (I, 7) liefert

$$\mathfrak{b} = \dot{\mathfrak{v}} = \ddot{r}\,\mathfrak{e}_r + \dot{r}\,\dot{\mathfrak{e}}_r + \dot{r}\,\omega\,\mathfrak{e}_\varphi + r\,\dot{\omega}\,\mathfrak{e}_\varphi + r\,\omega\,\dot{\mathfrak{e}}_\varphi + \ddot{z}\,\mathfrak{e}_z,$$

also nach entsprechender Zusammenfassung

$$\mathfrak{b} = (\ddot{r} - r\,\omega^2)\,\mathfrak{e}_r + (r\,\dot{\omega} + 2\,\dot{r}\,\omega)\,\mathfrak{e}_\varphi + \ddot{z}\,\mathfrak{e}_z. \qquad \text{(I, 9)}$$

Die drei Komponenten des Beschleunigungsvektors sind daher

$$\left.\begin{aligned} b_r &= \ddot{r} - r\,\omega^2 \quad \text{(Radialbeschleunigung)},\\ b_\varphi &= r\,\dot{\omega} + 2\,\dot{r}\,\omega \quad \text{(Querbeschleunigung)},\end{aligned}\right\} \qquad \text{(I, 10)}$$

$b_z = \ddot{z}$ (Beschleunigung in Richtung der z-Achse).

5. Beispiel: Zentralbewegung. Bei dieser bewegt sich ein Massenpunkt P in der Ebene $z = 0$ so, daß seine Beschleunigung stets zu einem festen Punkt O gerichtet, also $b_\varphi \equiv 0$ ist (Abb. I, 5). Aus der zweiten Gl. (I, 10) folgt dann

$$\frac{\dot{\omega}}{\omega} = -\frac{2\dot{r}}{r}.$$

Integration gibt $\ln \omega = -2 \ln r + \ln c$, oder $r^2 \omega = c$; die Integrationskonstante c ist aus den Anfangsbedingungen zu ermitteln, welche die Anfangslage sowie die Anfangsgeschwindigkeit $\omega = \omega_0$ zur Zeit $t = t_0$ festlegen.

Man kann der eben abgeleiteten Beziehung eine anschauliche geometrische Deutung geben: Stellt A die bei der Bewegung des Massenpunktes vom Ortsvektor überstrichene Fläche dar, so gilt (Abb. I, 5)

$$dA = \frac{r^2}{2}\omega\, dt \quad \text{oder} \quad \frac{dA}{dt} = \frac{r^2\omega}{2} = \frac{c}{2}.$$

Die *Flächengeschwindigkeit* dA/dt ist also bei der Zentralbewegung konstant („der Radiusvektor überstreicht in gleichen Zeiten gleiche Flächen"). Dies ist das zweite KEPLERsche Gesetz der Planetenbewegung.

Für die weitere Rechnung wollen wir nun annehmen, daß der Betrag der Beschleunigung dem Gesetz

$$b = k/r^2$$

folgt, wobei k eine Konstante bedeutet[1]. Setzt man jetzt $\omega = c/r^2$ und $b_r = -b$ in die erste Gl. (I, 10) ein, so erhält man folgende nichtlineare Differentialgleichung für $r(t)$:

$$\ddot{r} - \frac{c^2}{r^3} + \frac{k}{r^2} = 0.$$

Durch Einführung der neuen Variablen $u = 1/r$ läßt sich die Gleichung auf eine einfachere Form bringen. Mit

$$\omega = c\,u^2, \quad \dot{r} = \frac{dr}{d\varphi}\omega = -c\frac{du}{d\varphi}, \quad \ddot{r} = -c^2 u^2 \frac{d^2u}{d\varphi^2}$$

ergibt sich nämlich

$$\frac{d^2u}{d\varphi^2} + u = \frac{k}{c^2}.$$

Die allgemeine Lösung dieser linearen Differentialgleichung lautet

$$u = \frac{1}{r} = \frac{k}{c^2} + A\cos\varphi + B\sin\varphi. \qquad \text{(a)}$$

Die Planetenbewegung ist in erster Näherung eine Zentralbewegung mit dem angenommenen Beschleunigungsgesetz, wobei die Sonne im Zentrum O steht. Die abgeleitete Beziehung stellt somit die Gleichung der Planetenbahnen dar. Wie die analytische Geometrie lehrt, handelt es sich dabei um *Kegelschnitte*. Der Ursprung O fällt mit einem Brennpunkt zusammen. Legt man das Achsenkreuz so, daß der Winkel

---

[1] Diese Annahme entspricht dem NEWTONschen Gravitationsgesetz.

$\varphi = 0$ einem Scheitelpunkt der Bahn entspricht, daß also dort $dr/d\varphi = 0$ wird, so verschwindet B, und Gl. (a) kann in der Form

$$r = \frac{c^2}{k\,(1 + \varepsilon \cos \varphi)} \tag{b}$$

geschrieben werden, wo ε eine neue Integrationskonstante bedeutet.

Ist jetzt v_0 die Geschwindigkeit des Massenpunktes im Scheitel $r = r_0$, $\varphi = 0$ seiner Bahn, so folgt wegen $r^2 \omega = r\, v_\varphi$ für die Konstante c der Wert $c = r_0\, v_0$ und für ε erhält man

$$\varepsilon = \frac{r_0\, v_0^2}{k} - 1. \tag{c}$$

In der analytischen Geometrie wird gezeigt, daß die Größe ε in Gl. (b) die „numerische Exzentrizität" des Kegelschnittes darstellt, das ist das Verhältnis seiner Brennweite zur Scheitelweite. Für eine Ellipse ist $\varepsilon < 1$, für eine Hyperbel ist $\varepsilon > 1$ und für eine Parabel ist $\varepsilon = 1$. Beim Kreis wird $\varepsilon = 0$. Wir sehen also, daß der Massenpunkt je nach der Größe der ihm erteilten Geschwindigkeit eine geschlossene oder eine offene Bahn einschlägt. Die Grenzgeschwindigkeit im Scheitelpunkt $\varphi = 0$ (der bei der Ellipse „Perihel" genannt wird) ist durch $\varepsilon = 1$, also $v_0 = \sqrt{2\, k/r_0}$ gegeben. Ist v_0 kleiner als dieser Wert, so ergibt sich eine elliptische Bahn.

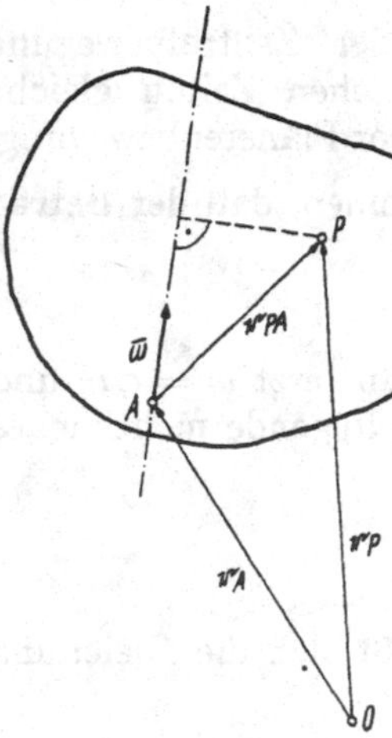

Abb. I, 6

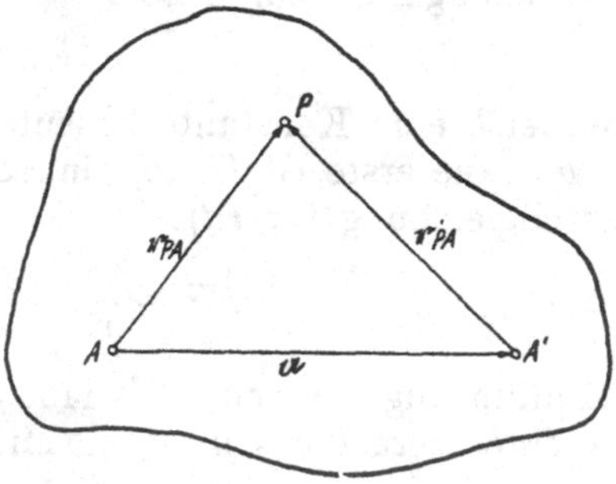

Abb. I, 7

6. Kinematik des starren Körpers. Nach der Diskussion des Bewegungszustandes eines einzelnen Körperpunktes wenden wir uns jetzt der Kinematik des Gesamtkörpers zu. Weitergehende Aussagen lassen sich dabei allerdings nur machen, wenn der Körper als starr vorausgesetzt wird. In diesem Falle bleibt der Abstand je zweier Körperpunkte konstant.

Es seien A und P zwei beliebige Punkte eines starren Körpers. $\mathfrak{v}_A$ und $\mathfrak{v}_P$ seien die Geschwindigkeiten dieser beiden Punkte in bezug auf ein beliebiges System mit dem Ursprung O (Abb. I, 6). Mit $\mathfrak{r}_A$ und $\mathfrak{r}_P$

als Ortsvektoren von A und P gegen O und mit $\mathfrak{r}_{PA}$ als Ortsvektor von P gegen A gilt

$$\mathfrak{r}_P = \mathfrak{r}_A + \mathfrak{r}_{PA}, \qquad \text{(I, 11)}$$

woraus durch Differentiation nach der Zeit t, mit

$$\frac{d\mathfrak{r}_P}{dt} = \mathfrak{v}_P, \quad \frac{d\mathfrak{r}_A}{dt} = \mathfrak{v}_A, \quad \frac{d\mathfrak{r}_{PA}}{dt} = \mathfrak{v}_{PA},$$

folgt

$$\mathfrak{v}_P = \mathfrak{v}_A + \mathfrak{v}_{PA}. \qquad \text{(I, 12)}$$

Der Vektor $\mathfrak{v}_{PA}$ stellt die Geschwindigkeit des Punktes P gegen den Punkt A dar, gleichfalls vom System O aus beobachtet. Sie kann beim starren Körper nur von einer Drehung um A herrühren, da ja r_{PA} ungeändert bleiben muß. Die beiden Vektoren $\mathfrak{v}_{PA}$ und $\mathfrak{r}_{PA}$ müssen also senkrecht aufeinander stehen,

$$\mathfrak{v}_{PA} \cdot \mathfrak{r}_{PA} = 0,$$

wie man auch direkt durch Differentiation von $\mathfrak{r}_{PA} \cdot \mathfrak{r}_{PA} = \text{const.}$ erhält. Daraus folgt aber, daß sich $\mathfrak{v}_{PA}$ in der Form

$$\mathfrak{v}_{PA} = \overline{\omega} \times \mathfrak{r}_{PA} \qquad \text{(I, 13)}$$

darstellen lassen muß, mit einem Vektor $\overline{\omega}$, der die Dimension einer Winkelgeschwindigkeit hat (Abb. I, 6). Da $\mathfrak{v}_{PA} = 0$ ist für alle Punkte P, die auf der *Wirkungslinie* von $\overline{\omega}$ liegen, ist diese Linie die *Momentanachse* der Drehung um A. Wir erhalten damit die Grundformel der Kinematik des starren Körpers

$$\mathfrak{v}_P = \mathfrak{v}_A + \overline{\omega} \times \mathfrak{r}_{PA}. \qquad \text{(I, 14)}$$

Diese Formel sagt aus, daß der Geschwindigkeitszustand eines starren Körpers festgelegt ist durch die Angabe der Geschwindigkeit $\mathfrak{v}_A$ eines beliebig gewählten Bezugspunktes A und der Winkelgeschwindigkeit $\overline{\omega}$ der momentanen Drehung um A[1]. Daß zu dieser Festlegung genau zwei Vektoren, also sechs skalare Größen benötigt werden, hängt damit zusammen, daß, wie früher bewiesen wurde, der starre Körper im Raum gerade sechs Freiheitsgrade besitzt.

Wenn wir an Stelle von A einen anderen Bezugspunkt A' mit der Geschwindigkeit $\mathfrak{v}_A'$ wählen, so wird, da die Geschwindigkeit von P natürlich unabhängig von der Wahl des Bezugspunktes sein muß,

$$\mathfrak{v}_P = \mathfrak{v}_A + \overline{\omega} \times \mathfrak{r}_{PA} = \mathfrak{v}_A' + \overline{\omega}' \times \mathfrak{r}_{PA}'.$$

Nun ist aber (Abb. I, 7) $\mathfrak{r}_{PA} = \mathfrak{a} + \mathfrak{r}_{PA}'$ und $\mathfrak{v}_A' = \mathfrak{v}_A + \overline{\omega} \times \mathfrak{a}$. Somit folgt

$$\mathfrak{v}_A + \overline{\omega} \times (\mathfrak{a} + \mathfrak{r}_{PA}') = \mathfrak{v}_A + \overline{\omega} \times \mathfrak{a} + \overline{\omega}' \times \mathfrak{r}_{PA}',$$

oder

$$\overline{\omega} \times \mathfrak{r}_{PA}' = \overline{\omega}' \times \mathfrak{r}_{PA}'.$$

---

[1] Präziser: um eine Achse durch A.

Da diese Beziehung für jeden Körperpunkt P, also beliebiges $\mathfrak{r}_{PA}'$ gelten muß, wird

$$\overline{\omega}' = \overline{\omega}. \tag{I, 15}$$

Der Winkelgeschwindigkeitsvektor ist also unabhängig von der Wahl des Bezugspunktes, und die Drehachsen durch A und A' sind parallel.

Man kann somit eine Momentandrehung um eine Achse stets ersetzen durch eine Momentandrehung mit der gleichen Winkelgeschwindigkeit $\overline{\omega}$ um eine beliebige parallele Achse plus einer momentanen Translation mit der Geschwindigkeit $\mathfrak{v} = \overline{\omega} \times \mathfrak{a}$ senkrecht zur Ebene der beiden Achsen, wobei der Vektor $\mathfrak{a}$ von einem beliebigen Punkt der ursprünglichen zu einem beliebigen Punkt der neuen Achse führt. Damit ist es auch möglich, Momentandrehungen um mehrere im Raum gelegene Achsen zu einer resultierenden Bewegung zusammenzusetzen. Man wählt einen beliebigen Bezugspunkt A, verschiebt die Winkelgeschwindigkeitsvektoren nach A und setzt sie dort zu einem resultierenden Winkelgeschwindigkeitsvektor zusammen. Gleichzeitig fügt man die entsprechenden Translationsgeschwindigkeiten in A hinzu und setzt sie zur resultierenden Translationsgeschwindigkeit zusammen.

Auf diese Weise ergibt sich zum Beispiel, daß zwei Momentandrehungen um parallele Achsen mit entgegengesetzt gleichen Winkelgeschwindigkeiten gleichwertig sind einer momentanen Translation senkrecht zur Ebene der beiden Drehachsen.

Das Verfahren ist völlig analog dem der Reduktion eines räumlichen Kraftsystems (Ziff. II, 4).

Aus Gl. (I, 14) geht weiters hervor, daß die Geschwindigkeiten zweier Punkte P und Q eines starren Körpers nicht unabhängig voneinander sind, sondern der Beziehung

$$\mathfrak{v}_P = \mathfrak{v}_Q + \overline{\omega} \times \mathfrak{r}_{PQ}$$

gehorchen. Überschiebt man beide Seiten dieser Gleichung mit dem Einheitsvektor $\mathfrak{e}_{PQ} = \mathfrak{r}_{PQ}/r_{PQ}$, so folgt

$$\mathfrak{v}_P \cdot \mathfrak{e}_{PQ} = \mathfrak{v}_Q \cdot \mathfrak{e}_{PQ}. \tag{I, 16}$$

„Die Geschwindigkeitskomponenten in Richtung der orientierten Verbindungsgeraden zweier beliebiger Punkte eines starren Körpers sind gleich.“ Dies folgt auch unmittelbar aus der Konstanz des Abstandes zweier Punkte des starren Körpers.

Für den im Körper festgehaltenen Bezugspunkt A ändert sich während der Bewegung im allgemeinen sowohl $\mathfrak{v}_A$ wie $\overline{\omega}$. Es ist aber in jedem Augenblick möglich, A so zu wählen, daß $\mathfrak{v}_A$ die Richtung von $\overline{\omega}$ annimmt. Der momentane Geschwindigkeitszustand eines starren Körpers läßt sich daher immer zusammensetzen aus einer momentanen Drehung um eine Achse, die *Zentralachse*, und einer momentanen Verschiebung *in Richtung* dieser Achse. Man spricht von einer *Geschwindigkeitsschraube* oder *Kinemate*.

Gl. (I, 13) liefert eine Formel, die bei der Verwendung allgemeiner Koordinatensysteme von Nutzen ist. Bedeutet nämlich $\mathfrak{r}_{PA} = \mathfrak{e}$ speziell einen körperfesten Einheitsvektor, so folgt

$$\frac{d\mathfrak{e}}{dt} = \overline{\omega} \times \mathfrak{e}. \tag{I, 17}$$

Um die *Beschleunigung* des Körperpunktes P zu finden, differenzieren wir die Gl. (I, 12) nach der Zeit:

$$\frac{d\mathfrak{v}_P}{dt} = \mathfrak{b}_P = \mathfrak{b}_A + \mathfrak{b}_{PA}. \tag{I, 18}$$

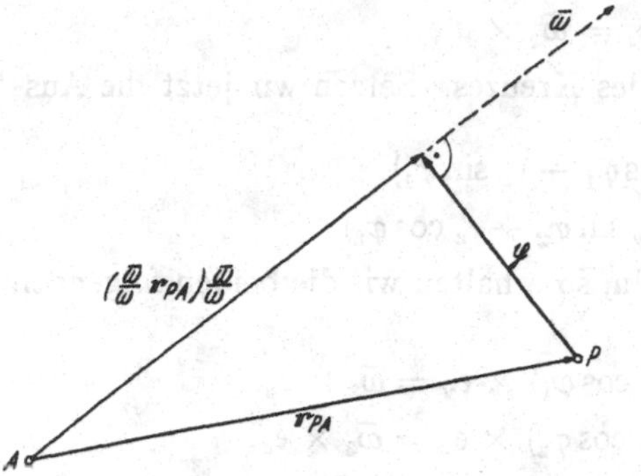

Abb. I, 8

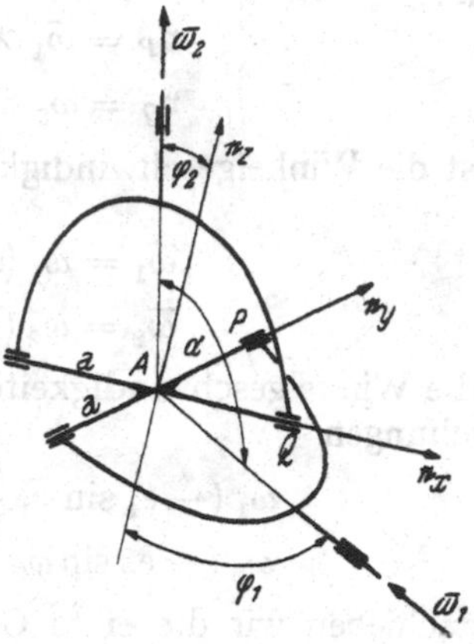

Abb. I, 9

Unter Berücksichtigung von Gl. (I, 13) erhalten wir

$$\mathfrak{b}_P = \mathfrak{b}_A + \frac{d\overline{\omega}}{dt} \times \mathfrak{r}_{PA} + \overline{\omega} \times (\overline{\omega} \times \mathfrak{r}_{PA}). \tag{I, 19}$$

Das letzte Glied in dieser Gleichung stellt die *Zentripetalbeschleunigung*[1] $\mathfrak{b}_Z$ der Momentandrehung um A dar. Diese kann, wegen

$$\overline{\omega} \times (\overline{\omega} \times \mathfrak{r}_{PA}) = (\overline{\omega} \cdot \mathfrak{r}_{PA})\,\overline{\omega} - \omega^2\,\mathfrak{r}_{PA}$$

auch in der Form

$$\mathfrak{b}_Z = \omega^2\,\mathfrak{p}, \quad \text{mit } \mathfrak{p} = \left(\frac{\overline{\omega}}{\omega} \cdot \mathfrak{r}_{PA}\right)\frac{\overline{\omega}}{\omega} - \mathfrak{r}_{PA} \tag{I, 20}$$

geschrieben werden (Abb. I, 8).

7. Beispiel: Kardangelenk. Das Kardangelenk dient zur Verbindung zweier umlaufender Wellen, deren Achsen einen Winkel α einschließen. Die Wellen tragen an ihren Enden je eine Gabel, die über ein starres Kreuz miteinander verbunden sind (Abb. I, 9). Wir fragen nach dem

[1] Siehe auch S. 5.

Übersetzungsverhältnis, das ist das Verhältnis der Winkelgeschwindigkeiten ω_1 und ω_2 der beiden Wellen.

Es liegt hier ein System von drei miteinander gekoppelten starren Körpern vor. Der Punkt A bleibt bei der Bewegung fest. Wir wählen ihn als Bezugspunkt und führen die Geschwindigkeiten der Punkte P und Q in doppelter Weise ein, indem wir sie einmal als Angehörige der Gabeln und dann als Angehörige des Kreuzes betrachten. Als Koordinatensystem wählen wir ein mit dem Kreuz fest verbundenes Dreibein $\mathfrak{e}_x, \mathfrak{e}_y, \mathfrak{e}_z$. Dann ist, wenn a die halbe Länge des Kreuzbalkens bedeutet,

$$\mathfrak{r}_P = a\,\mathfrak{e}_y, \quad \mathfrak{r}_Q = a\,\mathfrak{e}_x,$$

sowie

$$\mathfrak{v}_P = \bar{\omega}_1 \times a\,\mathfrak{e}_y = \bar{\omega}_3 \times a\,\mathfrak{e}_y,$$

$$\mathfrak{v}_Q = \bar{\omega}_2 \times a\,\mathfrak{e}_x = \bar{\omega}_3 \times a\,\mathfrak{e}_x.$$

$\bar{\omega}_3$ ist die Winkelgeschwindigkeit des Kreuzes. Setzen wir jetzt die Ausdrücke

$$\bar{\omega}_1 = \omega_1 (\mathfrak{e}_z \cos\varphi_1 - \mathfrak{e}_x \sin\varphi_1),$$

$$\bar{\omega}_2 = \omega_2 (-\mathfrak{e}_y \sin\varphi_2 + \mathfrak{e}_z \cos\varphi_2)$$

für die Winkelgeschwindigkeiten ein, so erhalten wir die beiden folgenden Gleichungen

$$\omega_1 (-\mathfrak{e}_x \sin\varphi_1 + \mathfrak{e}_z \cos\varphi_1) \times \mathfrak{e}_y = \bar{\omega}_3 \times \mathfrak{e}_y,$$

$$\omega_2 (-\mathfrak{e}_y \sin\varphi_2 + \mathfrak{e}_z \cos\varphi_2) \times \mathfrak{e}_x = \bar{\omega}_3 \times \mathfrak{e}_x.$$

Überschieben wir die erste Gleichung mit $\mathfrak{e}_x$ und die zweite Gleichung mit $\mathfrak{e}_y$ und addieren, so erhalten wir

$$\omega_1 \cos\varphi_1 = \omega_2 \cos\varphi_2.$$

Die beiden Winkel φ_1 und φ_2 sind nicht unabhängig voneinander. Aus

$$\bar{\omega}_1 \cdot \bar{\omega}_2 = -\,\omega_1\,\omega_2 \cos\alpha$$

folgt nach Einsetzen der oben angegebenen Ausdrücke für $\bar{\omega}_1$ und $\bar{\omega}_2$ die Beziehung $\cos\alpha = -\cos\varphi_1 \cos\varphi_2$, so daß sich für das Übersetzungsverhältnis schließlich ergibt:

$$\frac{\omega_1}{\omega_2} = -\frac{\cos\alpha}{\cos^2\varphi_1}.$$

8. Translation und Kreiselung. Der Sonderfall der *Translation* (oder Schiebung) ist gekennzeichnet durch $\omega = 0$, $\dot{\omega} = 0$; $\mathfrak{v}_P = \mathfrak{v}_A$, $\mathfrak{b}_P = \mathfrak{b}_A$. Alle Körperpunkte besitzen die gleichen Geschwindigkeits- und Beschleunigungsvektoren; ihre Bahnen laufen parallel.

Die sphärische Bewegung oder *Kreiselung* ist dadurch gekennzeichnet, daß ein Punkt O des starren Körpers, der Drehpunkt, im Raum festgehalten wird. Wählt man diesen Punkt als Bezugspunkt A, dann ist $\mathfrak{v}_A = 0$ und $\mathfrak{b}_A = 0$. Alle Körperpunkte bewegen sich auf Kugelflächen um O. Die Momentanachse geht durch O und erzeugt, einmal vom Körper und dann vom Raum aus beobachtet, zwei Kegel mit den

Spitzen in O, die aufeinander abrollen und als körperfester Polkegel K bzw. raumfester Polkegel R bezeichnet werden (Abb. I, 10). Ein Beispiel bietet der *Kollergang* (Abb. I, 11). Die Winkelgeschwindigkeit $\bar{\omega}$ des Rades setzt sich zusammen aus der Winkelgeschwindigkeit $\bar{\sigma}$ der Drehung um die Radachse (Spin) und der Winkelgeschwindigkeit $\bar{\nu}$ der Drehung um die feste Vertikalachse. Da für reines Rollen der Berührungspunkt M momentan in Ruhe sein muß, also auf der Momentanachse liegt, ist diese durch die Verbindungsgerade $\overline{O\,M}$ gegeben. Somit gilt $\omega = \sqrt{\sigma^2 + \nu^2}$ und $\sigma/\nu = l/a$. Der körperfeste Polkegel ergibt sich als Fläche, die von der Momentanachse relativ zum Rad beschrieben wird (Kegel K), der raumfeste Polkegel

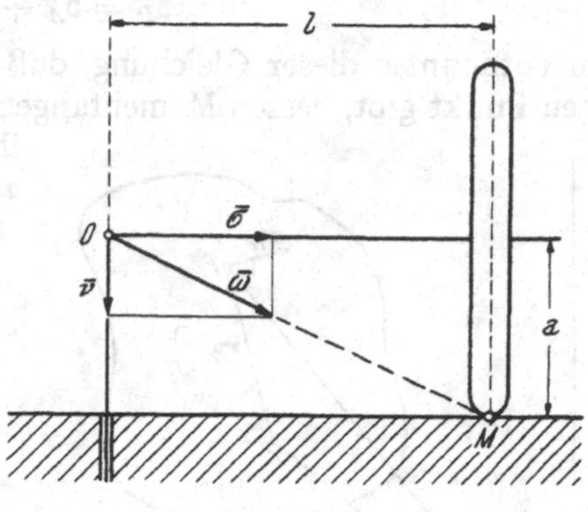

Abb. I, 11

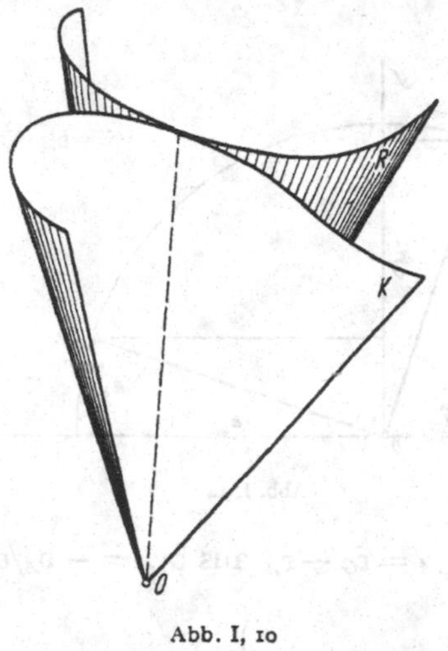

Abb. I, 10

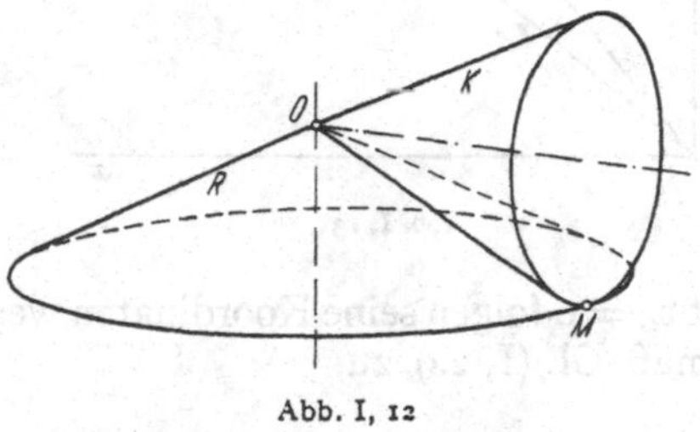

Abb. I, 12

als jene Fläche, die von der Momentanachse relativ zum Raum beschrieben wird (Kegel R). Beide sind im vorliegenden Fall Kreiskegel (Abb. I, 12).

9. Ebene Bewegung, Geschwindigkeitszustand. Die ebene Bewegung ist dadurch charakterisiert, daß der Abstand der Körperpunkte von einer „festen" Ebene konstant bleibt, der Körper sich also parallel zu dieser Ebene bewegt. Wir legen ein Koordinatensystem (x, y) mit dem Ursprung O in die feste Ebene. Ein beliebiger Punkt des bewegten Körpers (etwa einer Scheibe) soll wieder durch P bezeichnet werden und der Körperpunkt A soll als Bezugspunkt dienen (Abb. I, 13). Die in der Ebene frei bewegliche Scheibe besitzt drei Freiheitsgrade. Wir wählen als Lagekoordinaten die Koordinaten x_A, y_A des Bezugspunktes und den Winkel φ zwischen einer in der Scheibe festen Richtung $\overline{A\,P}$ und der x-Achse und untersuchen zuerst den Geschwindigkeitszustand. Gegenüber der allgemeinen räumlichen Bewegung hat der Winkelgeschwindigkeitsvektor jetzt konstante Richtung, $\bar{\omega} = \omega\, \mathfrak{e}_z$. Es ist bequem, für diesen Spezialfall das äußere Produkt in Gl. (I, 14) mit Hilfe des sogenannten *Quervektors* zu schreiben. Man versteht unter dem Quervektor $\hat{\mathfrak{a}}$ eines in der xy-Ebene liegenden Vektors $\mathfrak{a}$ denjenigen Vektor, der aus $\mathfrak{a}$ über eine Drehung durch $\pi/2$ im positiven Sinn hervorgeht (Abb. I, 14):

$$\hat{\mathfrak{a}} = \mathfrak{e}_z \times \mathfrak{a}, \quad \hat{a}_x = -\, a_y, \quad \hat{a}_y = a_x. \tag{I, 21}$$

Es ist dann $\mathfrak{v}_{PA} = \omega\, \mathfrak{e}_z \times \mathfrak{r}_{PA} = \omega\, \hat{\mathfrak{r}}_{PA}$ und daher

$$\mathfrak{v}_P = \mathfrak{v}_A + \omega\, \hat{\mathfrak{r}}_{PA}. \tag{I, 22}$$

Wir entnehmen dieser Gleichung, daß es bei der ebenen Bewegung stets einen Punkt gibt, dessen Momentangeschwindigkeit Null ist. Wir nennen ihn den *Momentanpol* oder *Geschwindigkeitspol* und bezeichnen ihn mit G.

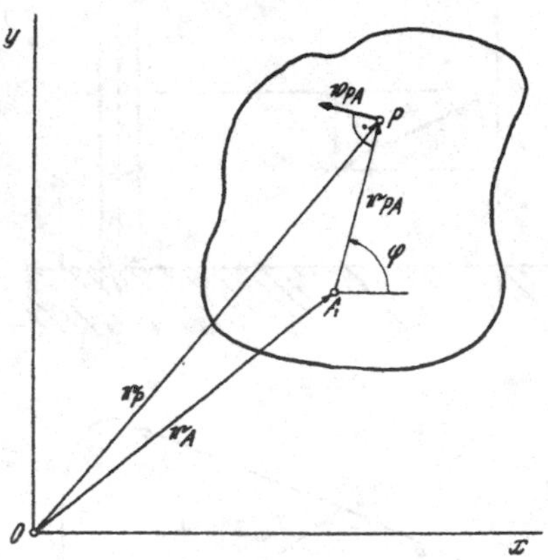

Abb. I, 13

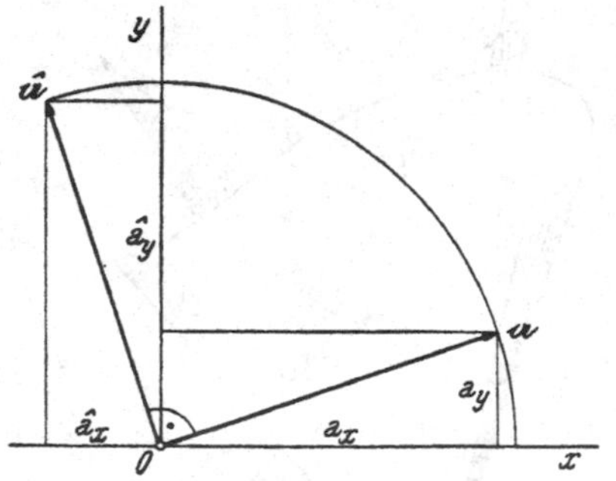

Abb. I, 14

Mit $\mathfrak{v}_G = 0$ folgen seine Koordinaten wegen $\hat{\mathfrak{r}}_{GA} = \hat{\mathfrak{r}}_G - \hat{\mathfrak{r}}_A$ aus $\hat{\mathfrak{r}}_{GA} = -\,\mathfrak{v}_A/\omega$ gemäß Gl. (I, 22) zu

$$\left. \begin{aligned} x_G &= x_A - \frac{\dot{y}_A}{\omega}, \\ y_G &= y_A + \frac{\dot{x}_A}{\omega}. \end{aligned} \right\} \tag{I, 23}$$

Für $\omega \neq 0$ existiert ein und nur ein solcher Pol G. Für $\omega = 0$ geht die Bewegung in eine reine Translation über; wir sagen dann, der Momentanpol liegt im Unendlichen.

Wählt man den Geschwindigkeitspol als Bezugspunkt $(A \to G)$, so gibt Gl. (I, 22)

$$\mathfrak{v}_P = \mathfrak{v}_{PG} = \omega\, \hat{\mathfrak{r}}_{PG}. \tag{I, 24}$$

„Die *momentane Geschwindigkeitsverteilung* in der Scheibe ist so, als ob der Geschwindigkeitspol G ein fester Punkt wäre, um den sich die Scheibe dreht."

Bei der Bewegung der Scheibe ändert G im allgemeinen seine Lage sowohl relativ zur bewegten Scheibe als auch relativ zur festen Ebene.

Markieren wir die aufeinanderfolgenden Lagen von G in der Scheibe und in der Ebene, so erhalten wir zwei Kurven: die *körperfeste Polbahn K (Gangpolbahn)* und die *raumfeste Polbahn R (Rastpolbahn)*. Rollt beispielsweise eine kreisrunde Scheibe auf einer Geraden, so ist der Berührungspunkt momentan in Ruhe und daher Geschwindigkeitspol. Die raumfeste Polkurve R ist somit ein Stück der Geraden, und die körperfeste Polbahn K ist der Umfang der Scheibe. Die körperfeste Polbahn rollt bei der Bewegung der Scheibe auf der raumfesten Polbahn gleitungslos ab.

10. Beispiel: Rechtwinkeliger Kreuzschieber. Die Endpunkte P_1 und P_2 eines Stabes von der Länge $2\,l$ sind längs zweier zueinander senkrechten Geraden y und x geführt (Abb. I, 15). Die körperfeste Polkurve K und die raumfeste Polkurve R seien gesucht.

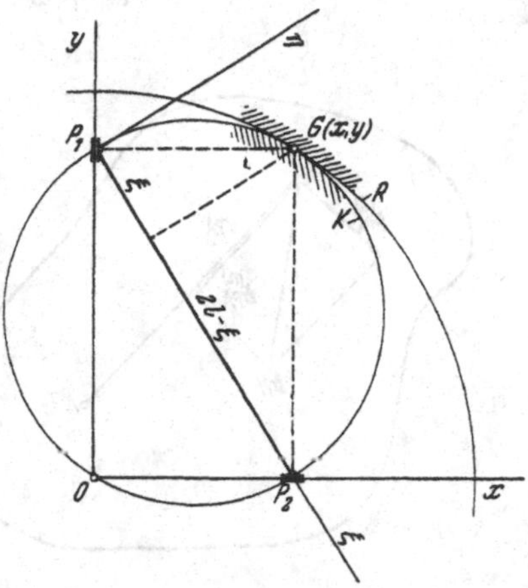

Abb. I, 15

Die Geschwindigkeitsrichtungen in den Punkten P_1 und P_2 sind bekannt. Sie fallen mit der y- bzw. x-Achse zusammen. Da die momentane Stabbewegung als Drehung um den Geschwindigkeitspol G aufgefaßt werden kann, liegt dieser im Schnittpunkt der Normalen zu den Geschwindigkeitsrichtungen.

Die *raumfeste* Polkurve R ist im Koordinatensystem (x, y) wegen $\overline{O\,G} = 2\,l$ ein Bogen des Kreises

$$x^2 + y^2 = (2\,l)^2.$$

Zur Bestimmung der *körperfesten* Polbahn K führen wir ein körperfestes Koordinatensystem (ξ, η) ein, indem wir die ξ-Achse in Richtung $\overline{P_1\,P_2}$ und die η-Achse durch P_1, senkrecht zu $\overline{P_1\,P_2}$ legen. Der „Höhensatz" für das rechtwinkelige Dreieck $(P_1\,P_2\,G)$ liefert dann mit den Hypothenusenabschnitten ξ und $2\,l - \xi$ und der Höhe η

$$\xi\,(2\,l - \xi) = \eta^2 \quad \text{oder} \quad (\xi - l)^2 + \eta^2 = l^2.$$

K ist also ein Bogen jenes Kreises, der durch die Endpunkte P_1 und P_2 des Stabes geht und dessen Mittelpunkt den Stab halbiert.

11. Ebene Bewegung. Beschleunigungszustand. Die allgemeine Gl. (I, 19) vereinfacht sich hier wegen $d\overline{\omega}/dt \times \mathfrak{r}_{PA} = \dot{\omega}\,\hat{\mathfrak{r}}_{PA}$ und $\overline{\omega} \cdot \mathfrak{r}_{PA} = 0$ zu

$$\mathfrak{b}_P = \mathfrak{b}_A + \dot{\omega}\,\hat{\mathfrak{r}}_{PA} - \omega^2\,\mathfrak{r}_{PA}. \tag{I, 25}$$

Die Beschleunigung

$$\mathfrak{b}_{PA} = \omega\,\mathfrak{r}_{PA} - \omega^4\,\hat{\mathfrak{r}}_{PA} \tag{I, 26}$$

zerfällt (Abb. I, 16) in eine Tangentialkomponente

$$\mathfrak{b}_{PA}^{(t)} = \dot{\omega}\,\hat{\mathfrak{r}}_{PA} \qquad \text{(I, 27a)}$$

und eine Normalkomponente

$$\mathfrak{b}_{PA}^{(n)} = -\omega^2\,\mathfrak{r}_{PA}. \qquad \text{(I, 27b)}$$

Analog dem Geschwindigkeitspol gibt es in jedem Augenblick einen Punkt, dessen Beschleunigung verschwindet. Er heißt der *Beschleunigungspol B*. Seine Koordinaten folgen mit $\mathfrak{b}_B = 0$ aus

$$\omega^2\,\mathfrak{r}_{BA} - \dot{\omega}\,\hat{\mathfrak{r}}_{BA} = \mathfrak{b}_A$$

zu

$$x_B = x_A + \frac{\omega^2\,\ddot{x}_A - \dot{\omega}\,\ddot{y}_A}{\dot{\omega}^2 + \omega^4}, \quad y_B = y_A + \frac{\omega^2\,\ddot{y}_A + \dot{\omega}\,\ddot{x}_A}{\dot{\omega}^2 + \omega^4}. \qquad \text{(I, 28)}$$

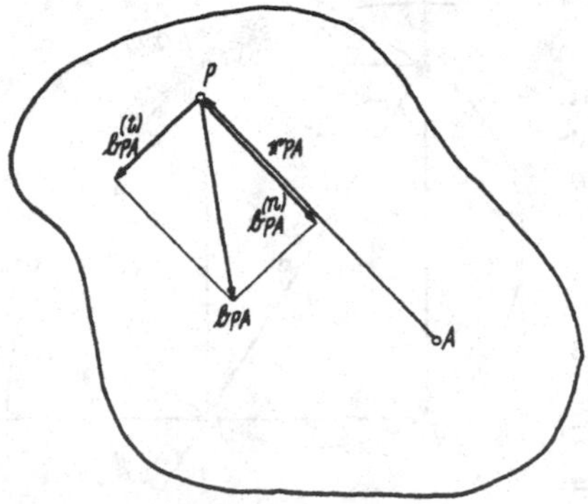

Abb. I, 16

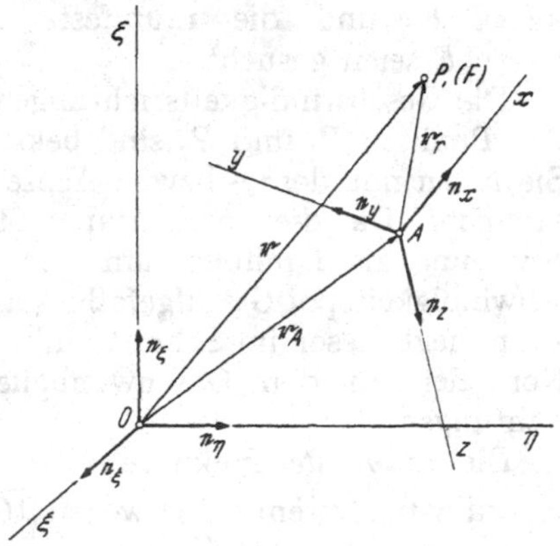

Abb. I, 17

Wenn zumindest eine der beiden Größen ω und $\dot{\omega}$ von Null verschieden ist, existiert stets ein und nur ein Beschleunigungspol. Im Sonderfall $\omega = 0$, $\dot{\omega} = 0$ erhält man aus Gl. (I, 25) $\mathfrak{b}_P = \mathfrak{b}_A$. Man spricht dann von translatorischer Beschleunigung und sagt, der Beschleunigungspol befindet sich im Unendlichen. Wegen $\omega = 0$ gilt dies auch für den Geschwindigkeitspol.

Die Bedeutung des Beschleunigungspols wird anschaulich, wenn wir ihn als Bezugspunkt wählen: $A \to B$. Dann gilt gemäß Gl. (I, 25)

$$\mathfrak{b}_P = \mathfrak{b}_{PB} = \mathfrak{b}_{PB}^{(t)} + \mathfrak{b}_{PB}^{(n)}. \qquad \text{(I, 29)}$$

„Die *momentane Beschleunigungsverteilung* in der Scheibe ist so, als ob der Beschleunigungspol ein fester Punkt wäre, um den sich die Scheibe dreht.“

12. Kinematik der Relativbewegung. Es kommt gelegentlich vor, daß man zur Beschreibung des Bewegungszustandes eines Körpers zwei Bezugssysteme verwendet, die sich gegeneinander bewegen. Wir wollen deshalb die Zusammenhänge zwischen den Geschwindigkeiten und Beschleunigungen in einem *raumfesten* Koordinatensystem (ξ, η, ζ) mit dem Ursprung O, dem *Absolutsystem*, und einem *bewegten* System (x, y, z) mit dem Ursprung A, dem *Führungssystem*, herleiten (Abb. I, 17). Die Bewegung des Punktes P in bezug auf das raumfeste System nennen wir die *Absolutbewegung* und jene in bezug auf das Führungssystem die *Relativbewegung* von P. Die Bewegung des Führungssystems relativ zum raumfesten System sei festgelegt durch die Geschwindigkeit $\mathfrak{v}_A$ des Ursprungs A und die Winkelgeschwindigkeit $\bar{\omega}$ der Drehung um diesen Punkt.

Wir betrachten nun einen beliebigen Vektor $\mathfrak{a}(t)$. Die zeitliche Änderung dieses Vektors wird verschieden sein, je nachdem, ob wir ihn vom raumfesten oder vom bewegten System aus beobachten. Wir wollen mit $d\mathfrak{a}/dt$ die zeitliche Ableitung von $\mathfrak{a}$ im raumfesten System, und mit $d'\mathfrak{a}/dt$ die zeitliche Ableitung in bezug auf das bewegte System bezeichnen. Zerlegen wir jetzt $\mathfrak{a}$ in seine Komponenten im bewegten System: $\mathfrak{a} = a_x \mathfrak{e}_x + a_y \mathfrak{e}_y + a_z \mathfrak{e}_z$, so ist

$$\frac{d\mathfrak{a}}{dt} = \frac{da_x}{dt}\mathfrak{e}_x + \frac{da_y}{dt}\mathfrak{e}_y + \frac{da_z}{dt}\mathfrak{e}_z + a_x\frac{d\mathfrak{e}_x}{dt} + a_y\frac{d\mathfrak{e}_y}{dt} + a_z\frac{d\mathfrak{e}_z}{dt}.$$

Nun gilt aber gemäß Gl. (I, 17)

$$\frac{d\mathfrak{e}_x}{dt} = \bar{\omega} \times \mathfrak{e}_x, \quad \frac{d\mathfrak{e}_y}{dt} = \bar{\omega} \times \mathfrak{e}_y, \quad \frac{d\mathfrak{e}_z}{dt} = \bar{\omega} \times \mathfrak{e}_z$$

und somit

$$a_x\frac{d\mathfrak{e}_x}{dt} + a_y\frac{d\mathfrak{e}_y}{dt} + a_z\frac{d\mathfrak{e}_z}{dt} = \bar{\omega} \times \mathfrak{a}.$$

Weiters ist definitionsgemäß

$$\frac{da_x}{dt}\mathfrak{e}_x + \frac{da_y}{dt}\mathfrak{e}_y + \frac{da_z}{dt}\mathfrak{e}_z = \frac{d'\mathfrak{a}}{dt}.$$

Damit erhalten wir folgende grundlegende Formel für den Zusammenhang zwischen den zeitlichen Änderungen eines Vektors in zwei relativ zueinander bewegten Bezugssystemen:

$$\frac{d\mathfrak{a}}{dt} = \frac{d'\mathfrak{a}}{dt} + \bar{\omega} \times \mathfrak{a}. \tag{I, 30}$$

Für den Winkelgeschwindigkeitsvektor $\bar{\omega}$ wird $d\bar{\omega}/dt = d'\bar{\omega}/dt$.

Jetzt kehren wir zur Bewegung des Punktes P zurück. Sein Ortsvektor in bezug auf das Absolutsystem sei $\mathfrak{r}$, jener in bezug auf das Führungssystem sei $\mathfrak{r}_r$. Dann gilt $\mathfrak{r} = \mathfrak{r}_A + \mathfrak{r}_r$, und durch Differentiation unter Benützung von Gl. (I, 30) folgt

$$\frac{d\mathfrak{r}}{dt} = \frac{d\mathfrak{r}_A}{dt} + \frac{d\mathfrak{r}_r}{dt} = \frac{d\mathfrak{r}_A}{dt} + \frac{d'\mathfrak{r}_r}{dt} + \bar{\omega} \times \mathfrak{r}_r.$$

$d\mathfrak{r}/dt = \mathfrak{v}$ ist die Geschwindigkeit des Punktes P in bezug auf das Absolutsystem. Wir wollen sie *Absolutgeschwindigkeit* nennen. $d'\mathfrak{r}_r/dt = \mathfrak{v}_r$ ist die Geschwindigkeit des Punktes P im Führungssystem. Wir nennen sie die

Relativgeschwindigkeit. $d\mathfrak{r}_A/dt = \mathfrak{v}_A$ ist die Geschwindigkeit des Bezugspunktes A im absoluten System, und die Größe

$$\mathfrak{v}_f = \mathfrak{v}_A + \overline{\omega} \times \mathfrak{r}_r$$

ist gemäß Gl. (I, 14) die Geschwindigkeit jenes Punktes F des bewegten Systems, der augenblicklich mit dem bewegten Punkt P zusammenfällt. Wir nennen $\mathfrak{v}_f$ die *Führungsgeschwindigkeit.*

Es gilt also

$$\mathfrak{v} = \mathfrak{v}_f + \mathfrak{v}_r: \tag{I, 31}$$

„Die Absolutgeschwindigkeit ist gleich der Summe aus Führungsgeschwindigkeit und Relativgeschwindigkeit."

Für die Beschleunigung des Punktes P erhalten wir durch nochmalige Differentiation

$$\frac{d\mathfrak{v}}{dt} = \frac{d\mathfrak{v}_A}{dt} + \frac{d}{dt}(\mathfrak{v}_r + \overline{\omega} \times \mathfrak{r}_r) =$$

$$= \frac{d\mathfrak{v}_A}{dt} + \frac{d'\mathfrak{v}_r}{dt} + \overline{\omega} \times \mathfrak{v}_r + \frac{d\overline{\omega}}{dt} \times \mathfrak{r}_r + \overline{\omega} \times \left(\frac{d'\mathfrak{r}_r}{dt} + \overline{\omega} \times \mathfrak{r}_r\right).$$

Hierin ist $d\mathfrak{v}/dt = \mathfrak{b}$ die *Absolutbeschleunigung* des Punktes P.

$$\frac{d\mathfrak{v}_A}{dt} + \frac{d\overline{\omega}}{dt} \times \mathfrak{r}_r + \overline{\omega} \times (\overline{\omega} \times \mathfrak{r}_r) = \mathfrak{b}_f$$

ist gemäß Gl. (I, 19) die Beschleunigung desjenigen Punktes F des bewegten Systems, der augenblicklich mit dem bewegten Punkt P zusammenfällt. Wir nennen $\mathfrak{b}_f$ die *Führungsbeschleunigung.* $d'\mathfrak{v}_r/dt = \mathfrak{b}_r$ stellt die *Relativbeschleunigung* von P dar. Die Größe

$$2\,\overline{\omega} \times \mathfrak{v}_r = \mathfrak{b}_c \tag{I, 32}$$

heißt Zusatz- oder *Coriolisbeschleunigung.*

Zusammenfassend haben wir also

$$\mathfrak{b} = \mathfrak{b}_f + \mathfrak{b}_r + \mathfrak{b}_c: \tag{I, 33}$$

„Die Absolutbeschleunigung ist gleich der Summe aus Führungsbeschleunigung, Relativbeschleunigung und Coriolisbeschleunigung."

13. **Beispiel: Fliehkraftregler.** Ein Stab von der Länge l kann sich in einer vertikalen Ebene um das Gelenk A drehen (Abb. I, 18). Das Gelenk A rotiert im Abstand a um eine vertikale Achse mit der Winkelgeschwindigkeit $\dot{\varphi} = \omega$, die wir als konstant voraussetzen wollen. Gesucht sind Geschwindigkeit und Beschleunigung des Punktes P.

Das Führungssystem $\mathfrak{e}_x$, $\mathfrak{e}_y$, $\mathfrak{e}_z$ legen wir durch A und denken es uns mit dem Dreharm a fest verbunden. Wir teilen die Bewegung von P auf in die Führungsbewegung ($\gamma =$ const.) und in die Relativbewegung von P um A ($\varphi =$ const.). Da der Punkt F, der mit P momentan zusammenfällt, auf einer Kreisbahn vom Radius ϱ mit konstanter Winkelgeschwindigkeit umläuft, tritt die Führungsgeschwindigkeit $\mathfrak{v}_f = -\varrho\,\omega\,\mathfrak{e}_z$ und die Führungsbeschleunigung $\mathfrak{b}_f = -\varrho\,\omega^2\,\mathfrak{e}_x$ auf.

Zur Untersuchung der Relativbewegung schalten wir die Führungsbewegung aus, indem wir $\varphi = \text{const.}$ setzen. Der Punkt P kann dann nur mehr in der festen xy-Ebene um A schwingen (Winkelgeschwindigkeit $\dot\gamma$, Winkelbeschleunigung $\ddot\gamma$). Es gilt daher $v_r = l\,\dot\gamma$ und $b_r^{(n)} = l\,\dot\gamma^2$, $b_r^{(t)} = l\,\ddot\gamma$.

Zu den beiden Beschleunigungsanteilen b_f und b_r tritt noch die Coriolisbeschleunigung

$$\mathfrak{b}_c = 2\,\omega\,\mathfrak{e}_y \times l\,\dot\gamma\,(\mathfrak{e}_x \cos\gamma + \mathfrak{e}_y \sin\gamma) = -\,2\,\omega\,l\,\dot\gamma \cos\gamma\,\mathfrak{e}_z.$$

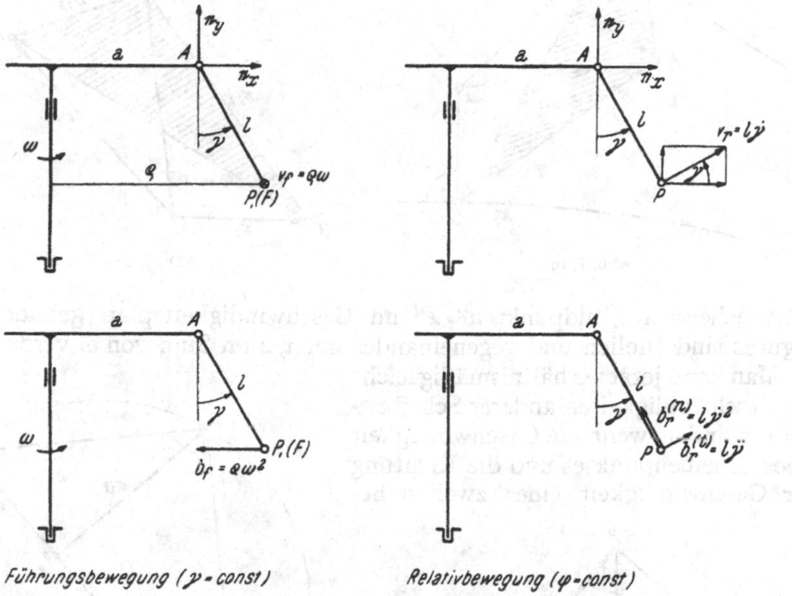

Abb. I, 18

14. Graphische Behandlung der ebenen Bewegung. Die Ermittlung des Geschwindigkeits- oder Beschleunigungszustandes einer Scheibe kann auch graphisch durchgeführt werden. Die graphische Methode ist oft bequemer als die analytische.

Geschwindigkeitszustand. Die Lage des Geschwindigkeitspols G kann man bestimmen, wenn man die Richtungen der Geschwindigkeiten zweier Punkte der bewegten Scheibe kennt. Sind z. B. die Punkte P_1 und P_2 einer Scheibe (Abb. I, 19) auf den Kurven C_1 und C_2 geführt, so ist G der Schnittpunkt der beiden Normalen $\overline{P_1 G}$ und $\overline{P_2 G}$ auf die Kurventangenten in P_1 und P_2. Die Geschwindigkeit $\mathfrak{v}_P$ eines beliebigen Scheibenpunktes P ist dann nach Gl. (I, 24) proportional dem Abstand $r_{PG} = \overline{PG}$ und senkrecht zu $\overline{PG}$ gerichtet. Ist außer der Lage von G auch die Winkelgeschwindigkeit ω der Drehung bekannt, so ist der Geschwindigkeitszustand der Scheibe festgelegt.

Der *Geschwindigkeitsplan* (Abb. I, 20) entsteht, wenn man von einem beliebig gewählten Ursprung G' aus die Momentangeschwindigkeiten $\mathfrak{v}_P$ in einem beliebig gewählten Geschwindigkeitsmaßstab (1 cm $\triangleq \mu_V$ m/s) als Ortsvektoren aufträgt. Die von den Punkten P im Lageplan (Längenmaßstab 1 cm $\triangleq \mu_L$ m) und den

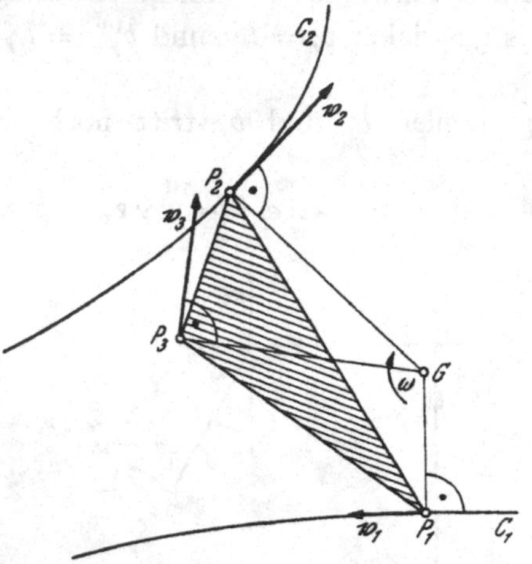

Abb. I, 19

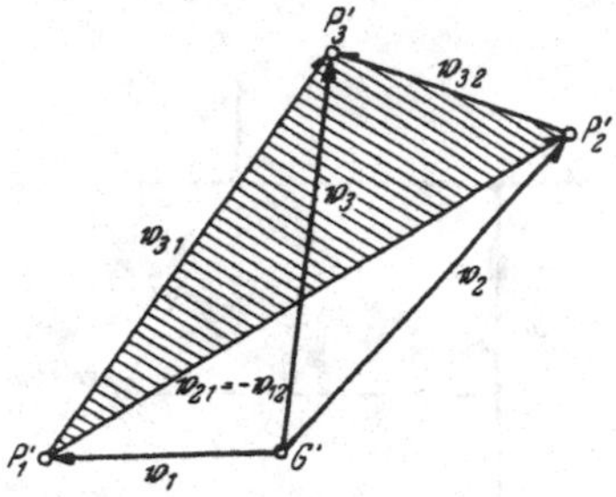

Abb. I, 20

entsprechenden „Bildpunkten" P' im Geschwindigkeitsplan gebildeten Figuren sind ähnlich und gegeneinander um $\pi/2$ im Sinn von ω verdreht.

Man kann jetzt verhältnismäßig leicht die Geschwindigkeiten anderer Scheibenpunkte finden, wenn die Geschwindigkeit eines Scheibenpunktes und die Richtung der Geschwindigkeit eines zweiten be-

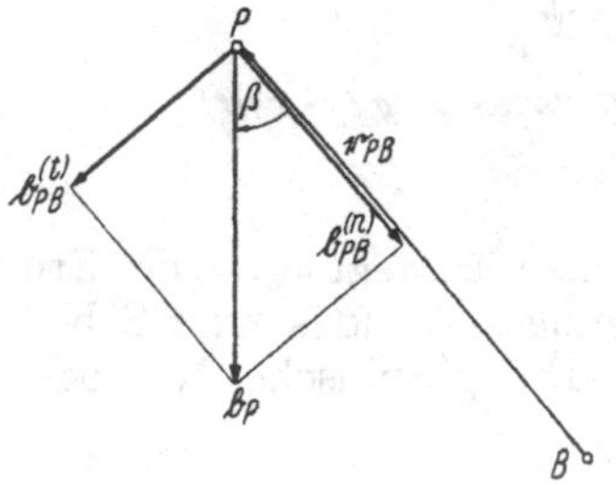

Abb. I, 21

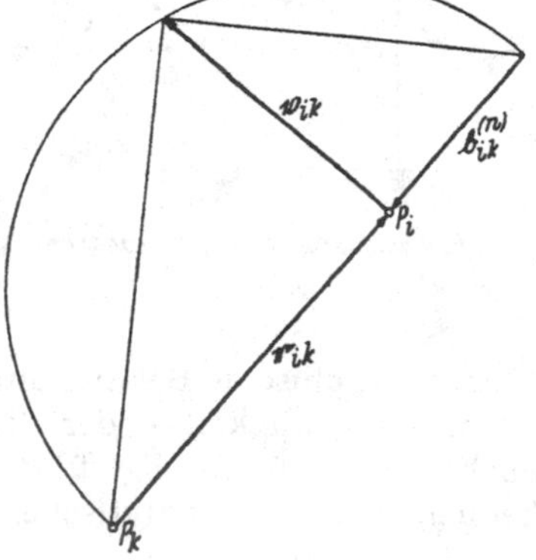

Abb. I, 22

kannt sind. Wir wollen beispielsweise $\mathfrak{v}_1$ als gegeben annehmen und $\mathfrak{v}_2$ und $\mathfrak{v}_3$ der Scheibe $(P_1\, P_2\, P_3)$ bestimmen. Wir wählen einen Ursprung G' und tragen den gegebenen Vektor $\mathfrak{v}_1$ mit dem Endpunkt P_1' sowie die bekannte Richtung von $\mathfrak{v}_2$ auf. Da wir $\mathfrak{v}_2$ nach $\mathfrak{v}_2 = \mathfrak{v}_1 + \mathfrak{v}_{21}$ zusammensetzen können, und da die Richtung von $\mathfrak{v}_{21}$ senkrecht zu $\overline{P_2\, P_1}$ ist, ergibt sich der gesuchte Endpunkt P_2' als Schnittpunkt der Richtung von $\mathfrak{v}_2$ mit der durch P_1' gezogenen Senkrechten zu $\overline{P_1\, P_2}$. Um $\mathfrak{v}_3$ zu ermitteln ergänzen wir $(P_1'\, P_2')$ zu dem Dreieck $(P_1'\, P_2'\, P_3')$, indem wir durch P_1' eine Senkrechte zu $\overline{P_1 P_3}$ und durch P_2' eine Senkrechte zu $\overline{P_2 P_3}$ legen.

Beschleunigungszustand. Analog zum Geschwindigkeitsplan kann man von einem beliebig angenommenen Ursprung B'' aus die Momentanbeschleunigung $\mathfrak{b}_P$ der einzelnen Systempunkte P als Ortsvektoren auftragen und so einen *Beschleunigungsplan* zeichnen, vgl. Abb. I, 23. Es ist den Gln. (I, 27) und (I, 29) gemäß

$$\mathfrak{b}_P = \mathfrak{b}_{PB}^{(n)} + \mathfrak{b}_{PB}^{(t)}, \quad b_{PB}^{(n)} = r_{PB}\,\omega^2, \quad b_{PB}^{(t)} = r_{PB}\,\dot{\omega}$$

und somit (Abb. I, 21)

$$\tan\beta = \frac{\dot{\omega}}{\omega^2}, \quad b_P = r_{PB}\sqrt{\omega^4 + \dot{\omega}^2}.$$

Der von der Beschleunigung $\mathfrak{b}_P$ eines beliebigen Scheibenpunktes P und dem Ortsvektor $\mathfrak{r}_{PB}$ eingeschlossene Winkel β ist für alle Scheibenpunkte der gleiche; der Betrag der Beschleunigung b_P ist dem Abstand r_{PB} vom Beschleunigungspol proportional. Daher sind der Lageplan und der Beschleunigungsplan ähnlich und gegeneinander um den Winkel $\pi - \beta$ im Sinn von $\dot{\omega}$ verdreht.

Der Betrag der „relativen Normalbeschleunigung" $\mathfrak{b}_{ik}^{(n)}$ eines Punktes P_i gegen einen Punkt P_k ist $b_{ik}^{(n)} = v_{ik}^2/r_{ik}$ und kann unter Benützung des „Höhensatzes" für rechtwinkelige Dreiecke konstruiert werden (Abb. I, 22). Zeichnet man im Lageplan ein rechtwinkeliges Dreieck mit dem einen Hypothenusenabschnitt $\overline{P_k P_i}$ und der Höhe v_{ik}, so stellt der zweite Hypothenusenabschnitt wegen $r_{ik}\,b_{ik}^{(n)} = v_{ik}^2$ den Betrag der Normalbeschleunigung des Punktes P_i gegen den Punkt P_k dar. Der Vektor $\mathfrak{b}_{ik}^{(n)}$ ist dann zum Punkt P_k gerichtet.

Der Beschleunigungsmaßstab (1 cm $\triangleq \mu_B$ m/s²) ist durch den Längenmaßstab und den Geschwindigkeitsmaßstab festgelegt: $\mu_B = \mu_V^2/\mu_L$.

Um zu zeigen, wie man mit dem Beschleunigungsplan arbeitet, wollen wir nun die *Beschleunigung des Kreuzkopfes* P_2 eines zentrischen Schubkurbeltriebs sowie die Lage des Beschleunigungspols für eine gegebene Stellung des Systems bei gegebener Geschwindigkeit $\mathfrak{v}_1$ und gegebener Tangentialbeschleunigung $\mathfrak{b}_1^{(t)}$ des Kurbelzapfens P_1 bestimmen (Abb. I, 23).

Es sind hier wieder die Kurven bekannt, auf denen sich die „Scheibenpunkte" P_1 und P_2 bewegen; P_1 ist auf einer Kreisbahn und P_2 längs einer Geraden geführt. In den Geschwindigkeitsplan können wir daher $\mathfrak{v}_1$ (Endpunkt P_1') und die Richtung von $\mathfrak{v}_2$ einzeichnen. P_2' ergibt sich dann nach $\mathfrak{v}_2 = \mathfrak{v}_1 + \mathfrak{v}_{21}$ als Schnitt dieser Richtung mit der durch P_1' gezogenen Normalen auf die Schubstange $\overline{P_1 P_2}$ (Richtung von $\mathfrak{v}_{21}$).

Die „Höhensatzkonstruktion" liefert nun $\mathfrak{b}_1^{(n)}$ und $\mathfrak{b}_{21}^{(n)}$. Da $\mathfrak{b}_1^{(t)}$ gegeben war, können wir $\mathfrak{b}_1 = \mathfrak{b}_1^{(n)} + \mathfrak{b}_1^{(t)}$ in den Beschleunigungsplan eintragen. Wir kennen, da ja P_2 längs einer Geraden geführt ist, auch die Richtung von $\mathfrak{b}_2$. Nun steht uns noch die Beziehung $\mathfrak{b}_2 = \mathfrak{b}_1 + \mathfrak{b}_{21}^{(n)} + \mathfrak{b}_{21}^{(t)}$ zur Verfügung. Schließen wir also an den Endpunkt P_1'' von $\mathfrak{b}_1$ den Vektor $\mathfrak{b}_{21}^{(n)}$ an, so gibt der Schnitt der durch die Spitze von $\mathfrak{b}_{21}^{(n)}$ in Richtung von $\mathfrak{b}_{21}^{(t)} \perp \mathfrak{b}_{21}^{(n)}$ gelegten Geraden mit der Richtung von $\mathfrak{b}_2$ den gesuchten Endpunkt P_2'' des Vektors $\mathfrak{b}_2$.

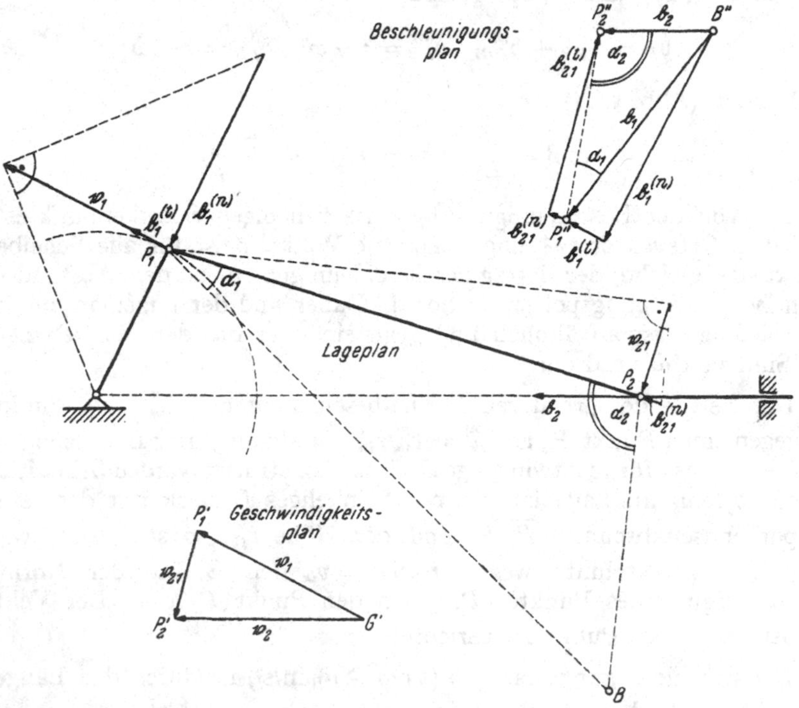

Abb. I, 23

Auf Grund der Ähnlichkeit der Figuren im Beschleunigungs- und im Lageplan kann man jetzt durch Übertragung der Winkel α_1 und α_2 die Lage des Beschleunigungspols B finden. Man beachte, daß der Umfahrungssinn im Dreieck $(P_1 B P_2)$ mit dem im Dreieck $(P_1'' B'' P_2'')$ übereinstimmen muß.

Relativbewegung. Zum Studium der graphischen Behandlung der Relativbewegung wollen wir den in Abb. I, 24 dargestellten Mechanismus untersuchen. Dieser besteht aus einer antreibenden Kurbel a, die mit konstanter Winkelgeschwindigkeit ω_a umläuft und deren Endpunkt P auf einer Führung f gleitet. Diese wiederum ist um den Punkt M_f drehbar. Wir fragen: Wie groß sind Geschwindigkeit $\mathfrak{v}_f$ und Beschleunigung $\mathfrak{b}_f$ des auf der Führung f liegenden Punktes F, der gerade mit dem Punkt P der Kurbel a zusammenfällt?

Da $\mathfrak{v}_P$ einerseits senkrecht zur Kurbel a und andererseits $\mathfrak{v}_P = \mathfrak{v}_f + \mathfrak{v}_r$ sein muß ($\mathfrak{v}_r$ bedeutet die Relativgeschwindigkeit von P gegen F), bereitet die Bestimmung von $\mathfrak{v}_f$ keine Schwierigkeiten. Denn $\mathfrak{v}_f$ ist senkrecht zu $\overline{M_f P}$ und $\mathfrak{v}_r$ hat die Richtung der Führung f. Es kann also bei bekanntem ω_a das Geschwindigkeitsdreieck wie in der Figur angegeben gezeichnet werden.

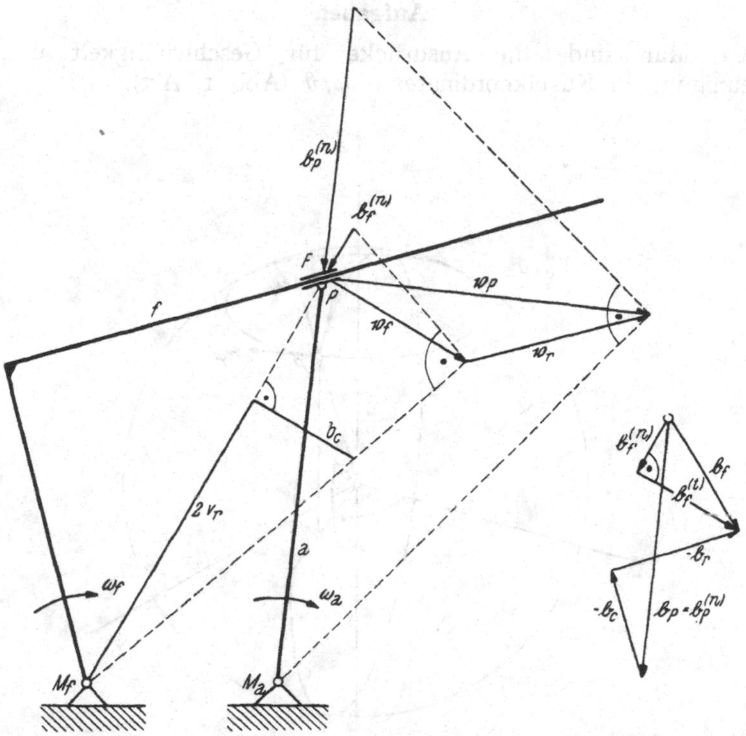

Abb. I, 24

Zur Bestimmung der Beschleunigung $\mathfrak{b}_f$ drücken wir diese einmal durch $\mathfrak{b}_f = \mathfrak{b}_P + (-\mathfrak{b}_c) + (-\mathfrak{b}_r)$ und sodann durch $\mathfrak{b}_f = \mathfrak{b}_f^{(n)} + \mathfrak{b}_f^{(t)}$ aus. Die Coriolisbeschleunigung $\mathfrak{b}_c$ konstruieren wir, indem wir vom Punkt M_f aus in Richtung $\overline{M_f F}$ die doppelte Relativgeschwindigkeit $2\,v_r$ auftragen und vom Endpunkt dieser Strecke das Lot zu $\overline{M_f F}$ errichten. Die von M_f nach der Spitze des $\mathfrak{v}_f$-Vektors gezogene Gerade schneidet dann auf diesem Lot den *Betrag* von $\mathfrak{b}_c$ ab. Denn es ist ja $b_c : v_f = 2\,v_r : \overline{M_f F}$ und $v_f = \omega_f\,(\overline{M_f F})$, somit $b_c = 2\,\omega_f\,v_r$. Die *Richtung* der Coriolisbeschleunigung stimmt für $\omega_f > 0$ mit der von $+\hat{\mathfrak{v}}_r$, für $\omega_f < 0$ (das ist der in der Zeichnung eingetragene Fall) mit der von $-\hat{\mathfrak{v}}_r$ überein.

Nun können wir den Beschleunigungsplan zeichnen. Mittels des „Höhensatzes" konstruieren wir $\mathfrak{b}_P^{(n)} = \mathfrak{b}_P$ und $\mathfrak{b}_f^{(n)}$. Ziehen wir jetzt die Richtung von $\mathfrak{b}_f^{(t)}$ senkrecht zu $\mathfrak{b}_f^{(n)}$ durch den Endpunkt von $\mathfrak{b}_f^{(n)}$, so erhalten wir einen geometrischen Ort für die Spitze des Vektors $\mathfrak{b}_f$. Ein zweiter ergibt sich durch Eintragen der Richtung von $\mathfrak{b}_r$ parallel zu f durch die Spitze von $-\mathfrak{b}_e$. Damit ist $\mathfrak{b}_f$ bestimmt.

Aufgaben

A 1. Man finde die Ausdrücke für Geschwindigkeit und Beschleunigung in Kugelkoordinaten r, φ, ϑ (Abb. I, A 1).

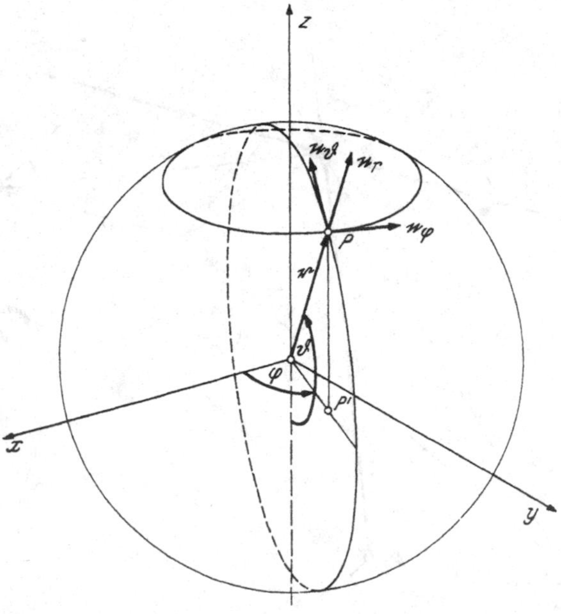

Abb. I, A 1

L ö s u n g: Mit $\mathfrak{r} = r\,\mathfrak{e}_r$ und $\bar{\omega} = \dot{\varphi}\mathfrak{e}_z - \dot{\vartheta}\,\mathfrak{e}_\varphi$ sowie $\mathfrak{e}_z = -\mathfrak{e}_r \cos\vartheta + + \mathfrak{e}_\vartheta \sin\vartheta$, wird unter Verwendung von Gl. (I, 17)

$$\dot{\mathfrak{e}}_r = \dot{\varphi}\sin\vartheta\,\mathfrak{e}_\varphi + \dot{\vartheta}\,\mathfrak{e}_\vartheta,$$

$$\dot{\mathfrak{e}}_\varphi = -\dot{\varphi}\sin\vartheta\,\mathfrak{e}_r - \dot{\varphi}\cos\vartheta\,\mathfrak{e}_\vartheta,$$

$$\dot{\mathfrak{e}}_\vartheta = -\dot{\vartheta}\,\mathfrak{e}_r + \dot{\varphi}\cos\vartheta\,\mathfrak{e}_\varphi$$

und man erhält

$$v_r = \dot{r},\quad v_\varphi = r\,\dot{\varphi}\sin\vartheta,\quad v_\vartheta = r\,\dot{\vartheta},$$

$$b_r = \ddot{r} - r\,\dot{\varphi}^2\sin^2\vartheta - r\,\dot{\vartheta}^2,$$

$$b_\varphi = (r\,\ddot{\varphi} + 2\,\dot{r}\,\dot{\varphi})\sin\vartheta + 2\,r\,\dot{\varphi}\,\dot{\vartheta}\cos\vartheta,$$

$$b_\vartheta = r\,\ddot{\vartheta} + 2\,\dot{r}\,\dot{\vartheta} - r\,\dot{\varphi}^2\sin\vartheta\cos\vartheta$$

oder, wenn man die Ableitungen der Ortskoordinaten durch die Geschwindigkeitskomponenten ausdrückt,

$$b_r = \dot{v}_r - \frac{v_\varphi^2}{r} - \frac{v_\vartheta^2}{r},$$

$$b_\varphi = \dot{v}_\varphi + \frac{v_r v_\varphi}{r} + \frac{v_\varphi v_\vartheta}{r} \cot \vartheta,$$

$$b_\vartheta = \dot{v}_\vartheta + \frac{v_r v_\vartheta}{r} + \frac{v_\varphi^2}{r} \cot \vartheta.$$

A 2. Man bestimme graphisch Geschwindigkeit und Beschleunigung des Punktes P_2 eines Kurbelviereckes (Koppeltrieb), wenn Geschwindigkeit v_1 und Tangentialbeschleunigung $b_1^{(t)}$ des Punktes P_1 gegeben sind (Abb. I, A 2).

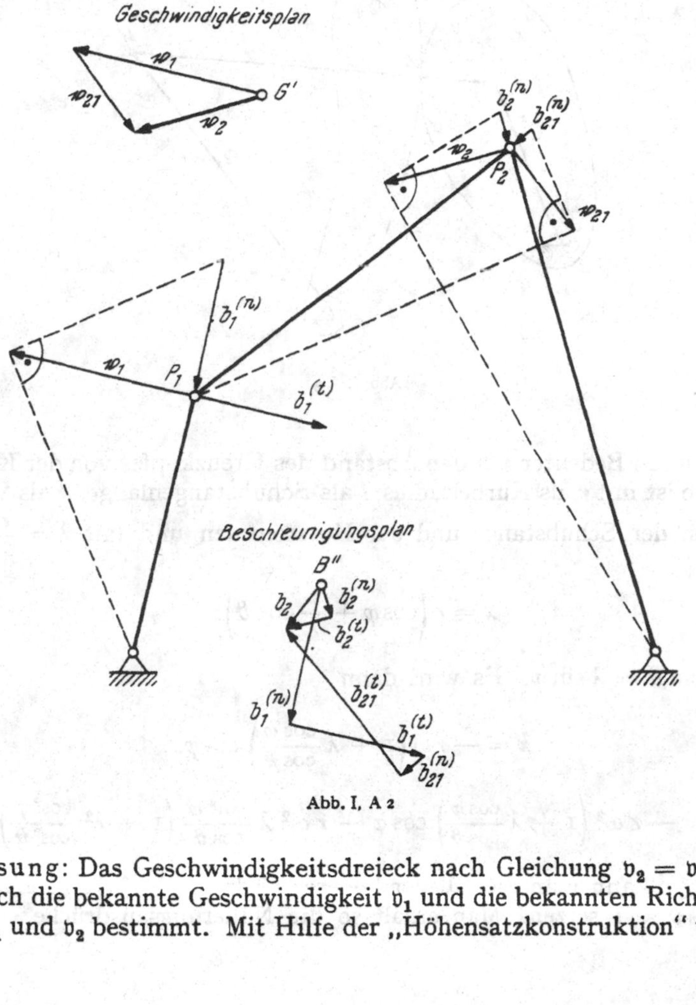

Abb. I, A 2

Lösung: Das Geschwindigkeitsdreieck nach Gleichung $\mathfrak{v}_2 = \mathfrak{v}_1 + \mathfrak{v}_{21}$ ist durch die bekannte Geschwindigkeit $\mathfrak{v}_1$ und die bekannten Richtungen von $\mathfrak{v}_{21}$ und $\mathfrak{v}_2$ bestimmt. Mit Hilfe der „Höhensatzkonstruktion" werden hierauf die Normalbeschleunigungen $b_1^{(n)}$, $b_{21}^{(n)}$ und $b_2^{(n)}$ ermittelt. Der Beschleunigungsplan kann nun nach der Gleichung

$$\mathfrak{b}_2 = \mathfrak{b}_2^{(n)} + \mathfrak{b}_2^{(t)} = \mathfrak{b}_1^{(n)} + \mathfrak{b}_1^{(t)} + \mathfrak{b}_{21}^{(n)} + \mathfrak{b}_{21}^{(t)}$$

gezeichnet werden, wobei zu beachten ist, daß die Richtungen von $\mathfrak{b}_{21}^{(t)}$ und $\mathfrak{b}_1^{(t)}$ bekannt sind.

A 3. Für die in Abb. I, 23 dargestellte Schubkurbel sind analytische Ausdrücke für Geschwindigkeit und Beschleunigung des Kreuzkopfes P_2 als Funktion des Kurbelwinkels φ unter der Voraussetzung $\dot{\varphi} = \omega =$ konst. anzugeben.

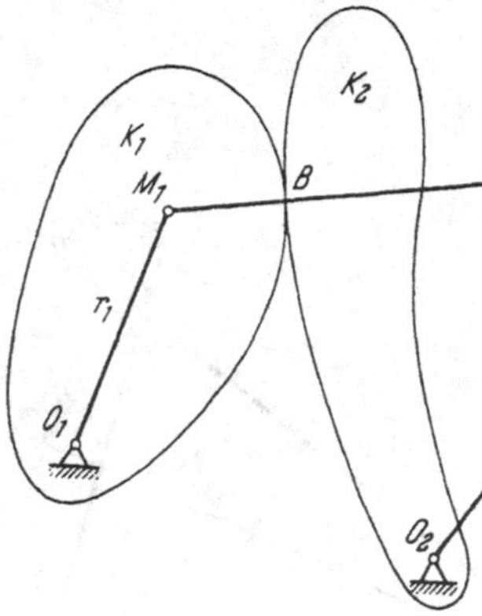

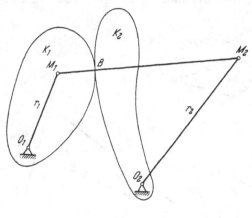

Abb. I, A 3

Lösung: Bedeutet $x(t)$ den Abstand des Kreuzkopfes von der Kurbelachse, so ist mit r als Kurbelradius, l als Schubstangenlänge, ϑ als Winkel zwischen der Schubstange und der Horizontalen und mit $\lambda = \frac{r}{l}$

$$x = r\left(\cos\varphi + \frac{1}{\lambda}\cos\vartheta\right),$$

wobei $\sin\vartheta = \lambda\sin\varphi$. Es wird dann

$$\dot{x} = -r\omega\left(1 + \lambda\frac{\cos\varphi}{\cos\vartheta}\right)\sin\varphi,$$

$$\ddot{x} = -r\omega^2\left(1 + \lambda\frac{\cos\varphi}{\cos\vartheta}\right)\cos\varphi + r\omega^2\lambda\frac{\sin^2\varphi}{\cos\vartheta}\left(1 - \lambda^2\frac{\cos^2\varphi}{\cos^2\vartheta}\right).$$

Für $\lambda \ll 1$ kann man die Glieder höherer Ordnung in λ vernachlässigen und $\cos\vartheta \approx 1$ setzen. Man erhält so die Näherungsausdrücke

$$\dot{x} = -r\,\omega\left(\sin\varphi + \frac{\lambda}{2}\sin 2\varphi\right),$$

$$\ddot{x} = -r\,\omega^2\,(\cos\varphi + \lambda\cos 2\,\varphi).$$

A 4. Man ersetze den in Abb. I, A 3 dargestellten Zweikurventrieb kinematisch durch ein Kurbelviereck.

Lösung: Das *Ersatzkurbelviereck* hat die Eigenschaft, daß seine Kurbeln r_1 und r_2 im betrachteten Augenblick dieselben Winkelgeschwindigkeiten und Winkelbeschleunigungen aufweisen, wie die Kurvenscheiben K_1 und K_2. Um es aufzufinden, ermittelt man die zum Berührungspunkt B gehörenden Krümmungsmittelpunkte M_1 und M_2 der beiden Scheibenkonturen. $\overline{O_1 M_1 M_2 O_2}$ ist dann das gesuchte Ersatzkurbelviereck.[1] Im allgemeinen wird zu jeder Lage eines gegebenen Zweikurventriebes ein anderes Ersatzkurbelviereck gehören.

A 5. Man gebe das Ersatzkurbelviereck für den in Abb. I, A 4 dargestellten Nockentrieb an.

Lösung: Zunächst bestimme man die zum Berührungspunkt B gehörenden Krümmungsmittelpunkte M_1 und M_2 der Nockenscheibe und des Stößels (vgl. die vorangehende Aufgabe). Die Geradführung des Stößels bedeutet, daß der Drehpunkt O_2 der Kurbel r_2 ins Unendliche rückt. Das Ersatzkurbelviereck artet also in diesem Falle in eine Ersatzschubkurbel $\overline{O_1\, M_1\, M_2}$ aus.

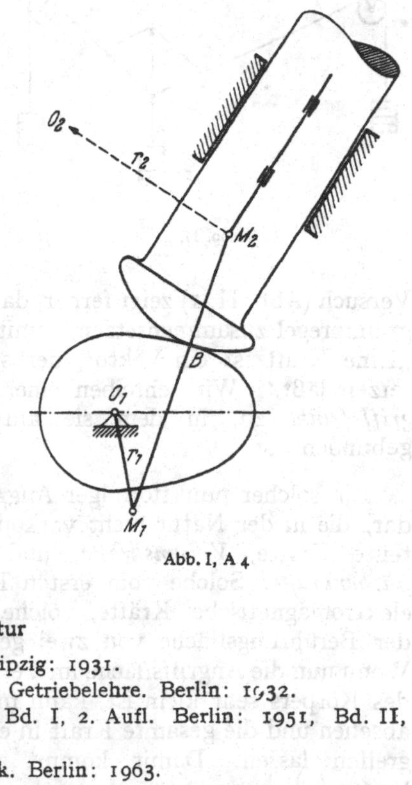

Abb. I, A 4

Literatur

R. Beyer: Technische Kinematik. Leipzig: 1931.
Th. Pöschl: Einführung in die ebene Getriebelehre. Berlin: 1932.
K. Rauh: Praktische Getriebelehre, Bd. I, 2. Aufl. Berlin: 1951, Bd. II, 2. Aufl. Berlin: 1954.
R. Beyer: Technische Raumkinematik. Berlin: 1963.

[1] Um die Richtigkeit der Konstruktion einzusehen, braucht man sich nur zu überlegen, daß die Relativbahnen des Berührungspunktes B mit den Scheibenumrissen zusammenfallen. Seine Relativbewegung besteht also aus einer Momentandrehung um die Krümmungsmittelpunkte M_1 bzw. M_2.

II. Kräfte und Kräftegruppen

1. Begriff der Kraft. Spannung. Wenn ein Körper seinen Bewegungszustand ändert, also eine Beschleunigung erfährt, kann dies, wie die Erfahrung zeigt, nur durch Einwirkung einer *Kraft* geschehen. Wir wollen uns daher jetzt mit den Kräften befassen. Als Ausgangspunkt nehmen wir die *Schwerkraft*, welche uns als die Ursache der Fallbewegung bekannt ist. Sie besitzt einen Betrag (z. B. in kp gemessen, siehe Ziff. IV, 2) und eine Richtung, nämlich die lotrechte. Mittels Rolle und Seil können wir aus ihr Kräfte in beliebiger Richtung herstellen. Ein

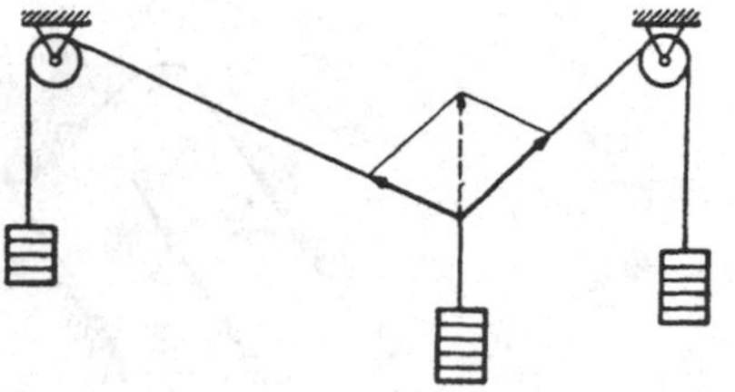

Abb. II, 1

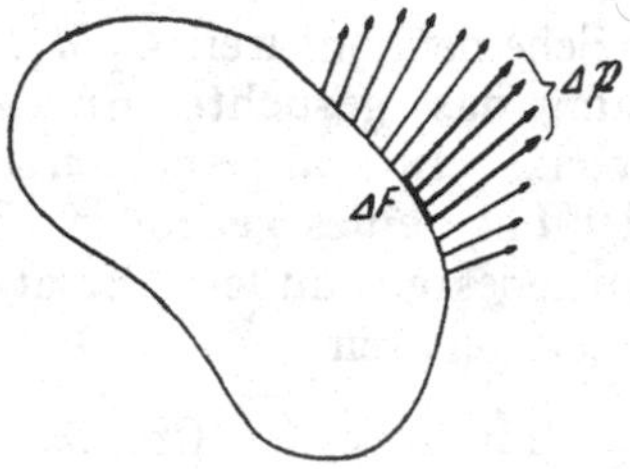

Abb. II, 2

Versuch (Abb. II, 1) zeigt ferner, daß sich diese Kräfte nach der Parallelogrammregel zusammensetzen, somit Vektoren sind. Wir definieren nun: „Eine Kraft ist ein Vektor, der sich mit der Schwerkraft zusammensetzen läßt." Wir schreiben einer solchen *Einzelkraft* noch einen *Angriffspunkt* zu, in dem sie am Körper angreift und an den sie gebunden ist.

Ein solcher punktförmiger Angriff stellt allerdings eine Idealisierung dar, die in der Natur nicht vorkommt. Dort gibt es nur *räumlich* verteilte Kräfte, *Volumskräfte*, und *flächenhaft* verteilte Kräfte, *Oberflächenkräfte*. Solche vom ersten Typ sind etwa die Schwerkraft und elektromagnetische Kräfte, solche vom zweiten Typ treten z. B. an der Berührungsfläche von zwei gegeneinander gepreßten Körpern auf. Wenn nun die Angriffsfläche im Verhältnis zu den sonstigen Abmessungen des Körpers sehr klein ist, kann man von ihrer Ausdehnung überhaupt absehen und die gesamte Kraft in einem einzigen Punkt konzentriert angreifen lassen. Damit kommt man zur oben erwähnten Einzelkraft.

Bei größerer Ausdehnung der Berührungsfläche darf diese Näherung nicht mehr gemacht werden. Es ist dann notwendig, die Art der Verteilung der Kraft über die Fläche zu berücksichtigen. Dies geschieht durch Einführung des Begriffes der *Spannung*. Sie stellt die auf die Flächeneinheit entfallende Kraft dar und wird wie folgt definiert: Man betrachtet ein Oberflächenelement ΔF (Abb. II, 2). Auf dieses Element wirke die

Gesamtkraft $\Delta\mathfrak{P}$. Wir dividieren und erhalten die mittlere Spannung $\bar{\sigma}_m = \Delta\mathfrak{P}/\Delta F$ sowie nach Grenzübergang die örtliche Spannung

$$\bar{\sigma} = \lim_{\Delta F \to 0} \frac{\Delta\mathfrak{P}}{\Delta F}.$$

Sie besitzt ebenso wie die Einzelkraft einen Angriffspunkt.

Um zu untersuchen, was im Inneren eines durch Kräfte belasteten Körpers vor sich geht, denken wir ihn durch einen oder mehrere Schnitte in Teile zerlegt[1] (Abb. II, 3). Damit an den Verhältnissen nichts geändert wird, müssen wir an den beiden Schnittufern die jeweils von dem einen auf den anderen Teil ausgeübten *inneren* Kräfte bzw. die *inneren* Spannungen anbringen. Wir sehen unmittelbar, daß die an den beiden Schnitt-

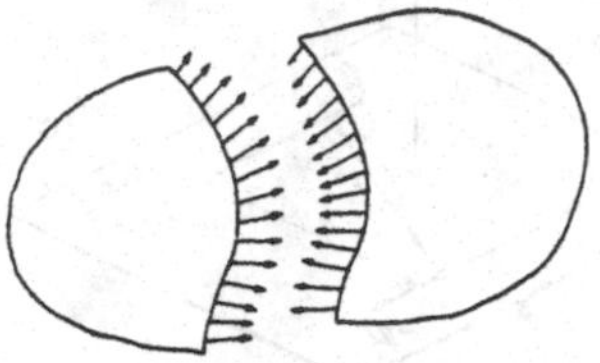

Abb. II, 3

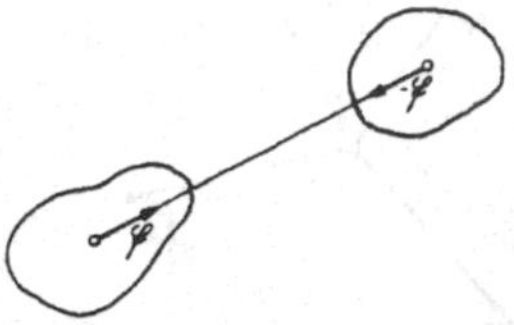

Abb. II, 4

ufern angreifenden Kräfte (und da die Flächen dieselben sind, auch die Spannungen) entgegengesetzt gleich sein müssen. Denn wenn wir die beiden Teile wieder zusammenfügen, so müssen sich die Kräfte gegenseitig aufheben. Dieser Satz von der *Gegenseitigkeit der Spannungen (Reaktionsprinzip)* gilt aber auch für *Fernkräfte*, d. h. für solche Kräfte, die zwischen zwei nicht unmittelbar in Berührung stehenden Körpern wirksam sind (Beispiel: Gravitationskräfte). Er lautet dann: „Die Kräfte, die zwischen zwei Punkten eines beliebigen Systems wirksam sind (Abb. II, 4), haben gemeinsame Wirkungslinie und sind entgegengesetzt gleich." Das Prinzip nimmt in dieser Verallgemeinerung den Charakter eines *Axioms* an[2].

2. Einteilung der Kräfte. Eine Unterscheidung der Kräfte ist nach den verschiedensten Gesichtspunkten möglich. Wir führen hier einige an.

Volumskräfte und Oberflächenkräfte. Darüber wurde bereits gesprochen.

Innere und äußere Kräfte. Innere Kräfte sind die innerhalb, zwischen den Elementen eines Systems wirksamen Kräfte, äußere Kräfte sind die

---

[1] Da wir ein Kontinuum voraussetzen, kann dieses „Zerkleinern" beliebig weit getrieben werden, wobei jeder Teil die gleichen physikalischen Eigenschaften aufweist wie der Gesamtkörper.

[2] Allerdings gibt es auch Ausnahmen, wie die LORENTZ*kraft* der Elektrodynamik.

von außen her auf das System einwirkenden Kräfte. Die Unterscheidung hängt also von der Abgrenzung des Systems ab.

Eingeprägte Kräfte und Reaktionskräfte (Zwangskräfte). Reaktionskräfte sind solche, die durch einen dem System auferlegten Zwang, nämlich eine Einschränkung seiner Freiheitsgrade entstehen. Sie ergeben sich also aus kinematischen Bedingungen, beispielsweise vorgeschriebenen Verschiebungen oder Drehungen. Alle anderen Kräfte sind eingeprägt. Sie sind entweder bei der Problemstellung vorgegeben oder über ein gegebenes physikalisches Gesetz zu ermitteln. So ist z. B. die Kraft an einem festen Auflager eine Reaktionskraft, da sie durch eine Einschränkung der Freiheitsgrade entsteht, während sie am federn-

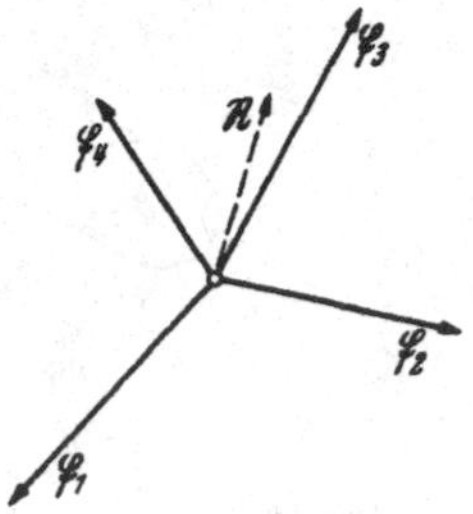

Abb. II, 5

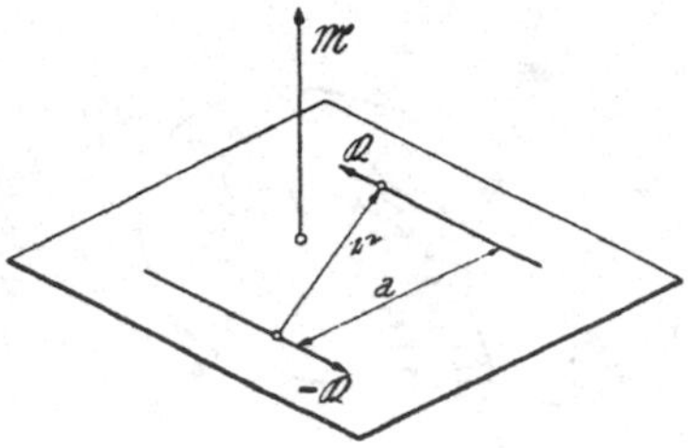

Abb. II, 6

den Auflager, wo keine solche Einschränkung vorliegt, zur eingeprägten Kraft wird. Sie ist jetzt aus dem Federgesetz zu bestimmen.

Kräfte, die Arbeit leisten, und leistungslose Kräfte. Diesbezüglich vergleiche man Ziff. VI, 1.

3. Zentrales Kraftsystem. Eine Gruppe oder ein System von Kräften mit gemeinsamem Angriffspunkt (Abb. II, 5) nennt man zentrales Kraftsystem. Durch vektorielle Addition, d. h. durch wiederholte Anwendung der Parallelogrammregel lassen sich die Kräfte zu einer einzigen Kraft, der *Resultierenden* $\mathfrak{R}$ des Systems zusammensetzen. Wir sagen, das Kraftsystem $\mathfrak{F}_1, \ldots, \mathfrak{F}_n$ und die Einzelkraft $\mathfrak{R}$ sind *äquivalent*, oder auch: das Kraftsystem wurde auf die Einzelkraft $\mathfrak{R}$ *reduziert*. Es ist

$$\mathfrak{R} = \sum_{i=1}^{n} \mathfrak{F}_i. \qquad \text{(II, 1)}$$

Wenn die Resultierende $\mathfrak{R}$ verschwindet,

$$\mathfrak{R} = 0, \qquad \text{(II, 2)}$$

so bezeichnen wir die zentrale Kräftegruppe als *Gleichgewichtssystem.*

4. Allgemeines Kraftsystem. Darunter verstehen wir eine Kräftegruppe, die sich aus beliebig vielen im Raum verstreuten Einzelkräften mit beliebigen Angriffspunkten zusammensetzt. Wir betrachten zuerst ein spezielles, aus zwei entgegengesetzt gerichteten Kräften mit parallelen Wirkungslinien bestehendes System $\mathfrak{K}$ und $-\mathfrak{K}$, ein sogenanntes *Kräftepaar* (Abb. II, 6). Wesentlich für seine Charakterisierung sind zwei Bestimmungsstücke: die *Orientierung* seiner Ebene und sein *Moment Ka*. Diese zwei Bestimmungsstücke lassen sich zu einem Vektor $\mathfrak{M}$, dem *Momentenvektor* des Kräftepaares, zusammenfassen:

$$\mathfrak{M} = \mathfrak{r} \times \mathfrak{K}. \qquad \text{(II, 3)}$$

$\mathfrak{r}$ ist der Ortsvektor von einem beliebigen Punkt auf der Wirkungslinie von $-\mathfrak{K}$ nach einem beliebigen Punkt auf der Wirkungslinie von $+\mathfrak{K}$.

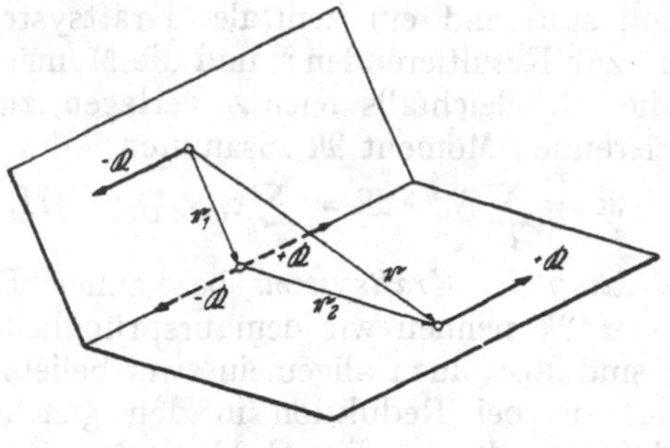

Abb. II, 7

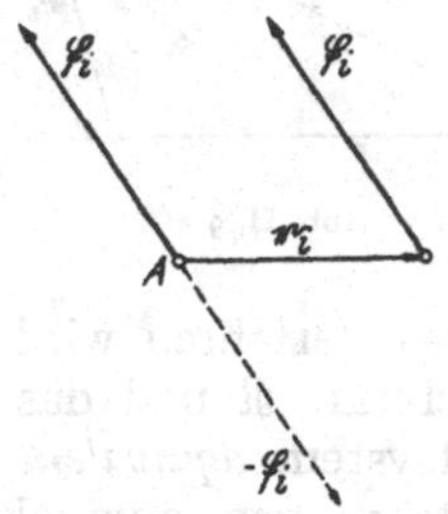

Abb. II, 8

Im Gegensatz zur Kraft ist für den Momentenvektor ein Angriffspunkt nicht definiert (*freier* Vektor). Jeder beliebige Punkt kann als Angriffspunkt gewählt werden. Davon wird bei der Reduktion von Kraftsystemen Gebrauch gemacht.

Es gibt unendlich viele Kräftepaare, die alle denselben Momentenvektor besitzen. Es brauchen dazu ja nur ihre Wirkungsebenen parallel und ihr Drehsinn sowie das Produkt *Ka* gleich zu sein. Wir nennen sie *äquivalente* Kräftepaare.

Wir zeigen noch, daß für den Vektor $\mathfrak{M}$ in der Tat das Additionsgesetz gilt, d. h. daß durch Zusammensetzen zweier in beliebigen Ebenen liegender Kräftepaare wieder ein Kräftepaar entsteht, dessen Momentenvektor die Summe der Teilvektoren ist. Dazu bringen wir die beiden Wirkungsebenen zum Schnitt und ersetzen die gegebenen Kräftepaare durch äquivalente, die beide aus den Kräften $\mathfrak{K}$ und $-\mathfrak{K}$ bestehen, wie in Abb. II, 7 eingezeichnet. Ihre Momente sind $\mathfrak{M}_1 = \mathfrak{r}_1 \times \mathfrak{K}$, $\mathfrak{M}_2 = \mathfrak{r}_2 \times \mathfrak{K}$. Nun heben sich aber die beiden in der Schnittlinie liegenden Kräfte $\mathfrak{K}$ und $-\mathfrak{K}$ auf und es bleibt ein neues Kräftepaar mit dem Moment $\mathfrak{M} = \mathfrak{r} \times \mathfrak{K}$. Wegen $\mathfrak{r} = \mathfrak{r}_1 + \mathfrak{r}_2$ ist aber in der Tat $\mathfrak{M} = \mathfrak{M}_1 + \mathfrak{M}_2$.

Ebenso wie vom Moment eines Kräftepaares kann man auch vom Moment $\mathfrak{M} = \mathfrak{r} \times \mathfrak{F}$ einer Einzelkraft $\mathfrak{F}$ *in bezug auf einen Punkt A* sprechen. $\mathfrak{r}$ ist dann der Ortsvektor von A nach einem beliebigen Punkt auf der Wirkungslinie von $\mathfrak{F}$.

Nunmehr kehren wir zum allgemeinen räumlichen Kraftsystem zurück und versuchen, auch hier gewisse für das System charakteristische *resultierende Größen* einzuführen. Dazu wählen wir einen Bezugspunkt A und bringen in ihm zu jeder Kraft $\mathfrak{F}_i$ $(i = 1, 2, \ldots, n)$ des Systems zwei parallele Kräfte $\mathfrak{F}_i$ und $-\mathfrak{F}_i$ an (Abb. II, 8). Am Gesamtsystem hat sich dadurch nichts geändert. Nun fassen wir die Kraft $-\mathfrak{F}_i$ und die ursprüngliche Kraft zu einem Kräftepaar mit dem Moment $\mathfrak{M}_i = \mathfrak{r}_i \times \mathfrak{F}_i$ zusammen, wo $\mathfrak{r}_i$ der Ortsvektor vom Bezugspunkt A zu einem beliebigen Punkt auf der Wirkungslinie der Kraft $\mathfrak{F}_i$ ist. Schließlich setzen wir die neuen Kräfte $\mathfrak{F}_i$, die durch Parallelverschiebung aus den ursprünglichen Kräften entstanden sind und ein zentrales Kraftsystem bilden, zur Resultierenden $\mathfrak{R}$ und die Momente $\mathfrak{M}_i$, die wir gleichfalls nach A verlegen, zum resultierenden Moment $\mathfrak{M}$ zusammen:

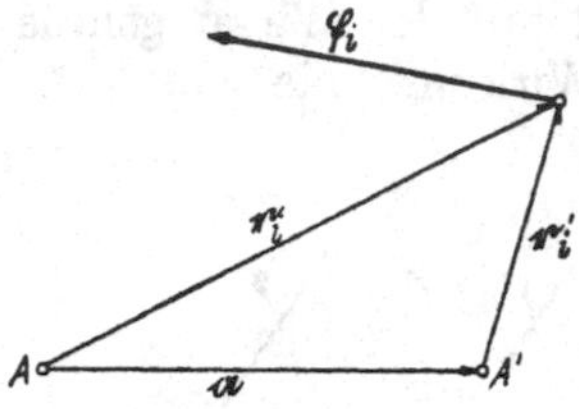

Abb. II, 9

$$\mathfrak{R} = \sum_i \mathfrak{F}_i, \quad \mathfrak{M} = \sum_i \mathfrak{r}_i \times \mathfrak{F}_i. \qquad \text{(II, 4)}$$

Das Verfahren wird als *Reduktion des Kraftsystems* bezeichnet. Die Einzelkraft $\mathfrak{R}$ und das Kräftepaar $\mathfrak{M}$ nennen wir dem ursprünglichen Kraftsystem *äquivalent*. Damit sind also auch allgemein zwei beliebige Kräftegruppen äquivalent, wenn sie bei Reduktion in den gleichen Bezugspunkt die gleichen *Reduktionsresultanten* $\mathfrak{R}$ und $\mathfrak{M}$ ergeben.

Es muß aber ausdrücklich betont werden, daß die so definierte Äquivalenz (auch statische Gleichwertigkeit genannt) nicht etwa in dem Sinne aufgefaßt werden darf, als seien die beiden Kraftsysteme auch physikalisch gleichwertig. Dies trifft nur am starren Körper zu. Man sieht dies sofort ein, wenn man das eben beschriebene Reduktionsverfahren auf eine Einzelkraft $\mathfrak{F}$ anwendet und den Bezugspunkt A auf ihrer Wirkungslinie wählt. Man erhält dann, da jetzt das Moment $\mathfrak{M}$ verschwindet, als äquivalentes System einfach die nach A entlang ihrer Wirkungslinie verschobene Kraft. Diese wird aber an einem verformbaren Körper ganz andere Deformationen hervorbringen als die ursprüngliche Kraft. Das gleiche gilt beispielsweise für zwei äquivalente Kräftepaare, die in verschiedenen Ebenen angreifen. Nur am starren Körper besteht kein Unterschied.

Ändert man bei der Reduktion eines Kraftsystems den Bezugspunkt A, so erhält man gemäß Gl. (II, 4) zwar die gleiche Einzelkraft $\mathfrak{R}$, es ändert sich aber im allgemeinen das Moment $\mathfrak{M}$. Denn bezeichnet $\mathfrak{r}_i'$ den Ortsvektor vom neuen Bezugspunkt A' (Abb. II, 9) und $\mathfrak{a}$ den Vektor von A nach A', so gilt wegen $\mathfrak{r}_i = \mathfrak{a} + \mathfrak{r}_i'$ für die neuen Reduktionsresultanten

$$\left.\begin{aligned} \mathfrak{R}' &= \mathfrak{R}, \\ \mathfrak{M}' &= \sum_i \mathfrak{r}_i' \times \mathfrak{F}_i = \sum_i \mathfrak{r}_i \times \mathfrak{F}_i - \mathfrak{a} \times \sum_i \mathfrak{F}_i = \mathfrak{M} - \mathfrak{a} \times \mathfrak{R}. \end{aligned}\right\} \text{(II, 5)}$$

Nur wenn das System auf ein Kräftepaar führt, ist wegen $\mathfrak{R} = 0$ das Moment vom Bezugspunkt unabhängig.

Es läßt sich zeigen, daß man stets einen Bezugspunkt finden kann, derart, daß der Momentenvektor $\mathfrak{M}$ die Richtung von $\mathfrak{R}$ annimmt. Man spricht dann von einer *Kraftschraube*. Zu jedem Kraftsystem läßt sich also stets eine äquivalente Kraftschraube angeben[1].

Eine Kräftegruppe, für die

$$\mathfrak{R} = 0, \quad \mathfrak{M} = 0 \tag{II, 6}$$

ist, wird *Gleichgewichtssystem* genannt. Die beiden Vektorgleichungen (II, 6), denen sechs skalare Gleichungen entsprechen, bilden die *Gleichgewichtsbedingungen*. Wir werden nämlich später[2] zeigen, daß diese Be-

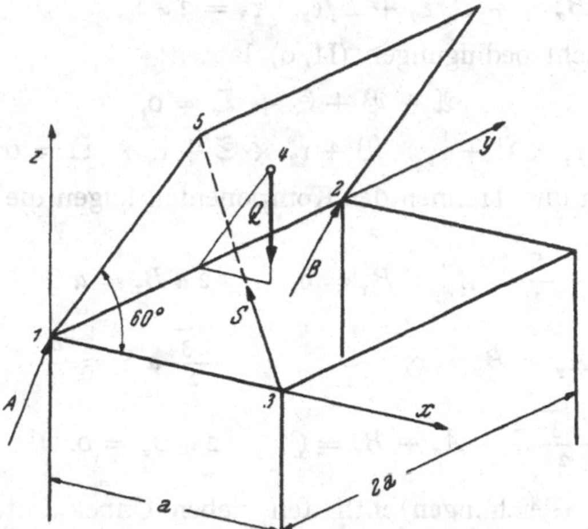

Abb. II, 10

dingungen erfüllt sein müssen, wenn ein Körper unter der Wirkung des Kraftsystems im Gleichgewicht bleiben soll. Für ein zentrales System ist die zweite Bedingung identisch erfüllt, wie man sofort sieht, wenn man den Bezugspunkt mit dem Angriffspunkt zusammenfallen läßt. Im übrigen folgt aus Gl. (II, 5), daß die Bedingungen (II, 6) von der Wahl des Bezugspunktes unabhängig sind.

5. Beispiel: Schachtdeckel. Ein rechteckiger Schachtdeckel wird gemäß Abb. II, 10 durch einen im Punkt 5 angesetzten Stab abgestützt. $\mathfrak{Q}$ ist das im Deckelmittelpunkt 4 angreifende Gewicht des Deckels. Wir wollen die Stabkraft $\mathfrak{S}$ und die Auflagereaktionen $\mathfrak{A}$ und $\mathfrak{B}$ in den Scharnieren unter der Annahme berechnen, daß sämtliche am Deckel angreifenden äußeren Kräfte ein Gleichgewichtssystem bilden. Von diesen äußeren Kräften ist das Gewicht $\mathfrak{Q}$ eine eingeprägte Kraft, während die Stabkraft $\mathfrak{S}$ sowie die Scharnierkräfte $\mathfrak{A}$ und $\mathfrak{B}$ Reaktionskräfte sind.

---

[1] Vgl. die analogen Verhältnisse in der Kinematik, S. 10.

[2] Ziff. VII, 3.

Es liegt ein räumliches Kraftsystem vor. Von $\mathfrak{S}$ kennen wir die Richtung, $\mathfrak{A}$ und $\mathfrak{B}$ dagegen sind nach Größe und Richtung unbekannt. Wenn wir ein Koordinatensystem, wie in der Figur eingezeichnet, mit dem Ursprung im Punkt 1 einführen, dann haben wir

$$\mathfrak{S} = \frac{S}{2}(-\mathfrak{e}_x + \sqrt{3}\,\mathfrak{e}_z), \quad \mathfrak{r}_3 = a\,\mathfrak{e}_x,$$

$$\mathfrak{Q} = -Q\,\mathfrak{e}_z, \qquad \mathfrak{r}_4 = \frac{a}{4}\mathfrak{e}_x + a\,\mathfrak{e}_y + \frac{\sqrt{3}}{4}a\,\mathfrak{e}_z,$$

$$\mathfrak{A} = A_x\mathfrak{e}_x + A_y\mathfrak{e}_y + A_z\mathfrak{e}_z, \quad \mathfrak{r}_1 = 0,$$

$$\mathfrak{B} = B_x\mathfrak{e}_x + B_y\mathfrak{e}_y + B_z\mathfrak{e}_z, \quad \mathfrak{r}_2 = 2\,a\,\mathfrak{e}_y.$$

Die Gleichgewichtsbedingungen (II, 6) lauten:

$$\mathfrak{A} + \mathfrak{B} + \mathfrak{S} + \mathfrak{Q} = 0,$$

$$\mathfrak{r}_1 \times \mathfrak{A} + \mathfrak{r}_2 \times \mathfrak{B} + \mathfrak{r}_3 \times \mathfrak{S} + \mathfrak{r}_4 \times \mathfrak{Q} = 0.$$

Nach Einsetzen und Trennen der Komponenten folgen die sechs skalaren Gleichungen

$$-\frac{S}{2} + A_x + B_x = 0, \qquad 2\,a\,B_z = a\,Q,$$

$$A_y + B_y = 0, \qquad \frac{\sqrt{3}}{2}a\,S = \frac{a}{4}Q,$$

$$\frac{\sqrt{3}}{2}S + A_z + B_z = Q, \qquad 2\,a\,B_x = 0.$$

Diese sechs Gleichungen enthalten sieben Unbekannte, nämlich die sechs Komponenten der beiden Reaktionskräfte $\mathfrak{A}$ und $\mathfrak{B}$ und die Stabkraft S. Die Gleichgewichtsbedingungen allein reichen also zur Bestimmung der gesuchten Stützkräfte nicht aus. Man sagt, der Deckel ist *statisch unbestimmt* gelagert. Zur Beschaffung der noch fehlenden Gleichung müßte auf die Formänderung des Systems eingegangen werden. Nehmen wir aber an, daß das Scharnier in 2 längsverschieblich ist, also keine Kraft in der y-Richtung aufnehmen kann, so wird $B_y = 0$ und die Anzahl der unbekannten Lagerreaktionen gleich der Anzahl der Gleichgewichtsbedingungen; der Deckel ist jetzt *statisch bestimmt* gelagert. Wir definieren also: Ein System ist statisch bestimmt gelagert oder *äußerlich statisch bestimmt*, wenn die Lagerungskräfte aus den Gleichgewichtsbedingungen allein berechenbar sind. Andernfalls ist es *äußerlich statisch unbestimmt*. Im vorliegenden Fall erhalten wir

$$A_x = \frac{Q}{4\sqrt{3}}, \quad A_y = 0, \quad A_z = \frac{Q}{4},$$

$$B_x = 0, \qquad B_z = \frac{Q}{2}, \quad S = \frac{Q}{2\sqrt{3}}.$$

6. Das ebene Kraftsystem. Seileck. Man spricht von einer ebenen Kräftegruppe, wenn die Wirkungslinien sämtlicher Kräfte in einer Ebene liegen. Wird der Bezugspunkt A für die Reduktion gleichfalls in dieser Ebene gewählt, dann stehen alle Momentenvektoren senkrecht auf der Ebene und man sieht, daß drei Fälle eintreten können. Entweder ist $\mathfrak{R} \neq 0$, dann kann A so gewählt werden, daß $\mathfrak{M} = 0$ wird[1]. Das Kraftsystem reduziert sich also auf eine Einzelkraft. Oder aber es ist $\mathfrak{R} = 0$, aber $\mathfrak{M} \neq 0$. In diesem Fall ergibt sich ein Kräftepaar. Schließlich kann $\mathfrak{R} = 0$ und $\mathfrak{M} = 0$ sein; dann liegt ein ebenes Gleichgewichtssystem vor.

Die sechs skalaren Gleichgewichtsbedingungen (II, 6) reduzieren sich im ebenen Fall auf drei, nämlich

$$\left.\begin{aligned} &\sum_i X_i = 0, \qquad \sum_i Y_i = 0, \\ &\sum_i (x_i Y_i - y_i X_i) = 0. \end{aligned}\right\} \qquad \text{(II, 7)}$$

X_i, Y_i sind die Komponenten der Kraft $\mathfrak{F}_i$ in einem rechtwinkeligen kartesischen Koordinatensystem mit dem Ursprung in A, und x_i, y_i sind die Koordinaten des Angriffspunktes von $\mathfrak{F}_i$.

Die Reduktion des ebenen Kraftsystems kann entweder mittels der Gln. (II, 4) oder — manchmal bequemer — graphisch vorgenommen werden. Im letzteren Fall arbeiten wir wieder wie bei der graphischen Behandlung der ebenen Kinematik in zwei Ebenen: mit dem *Lageplan* und dem *Kräfteplan*.

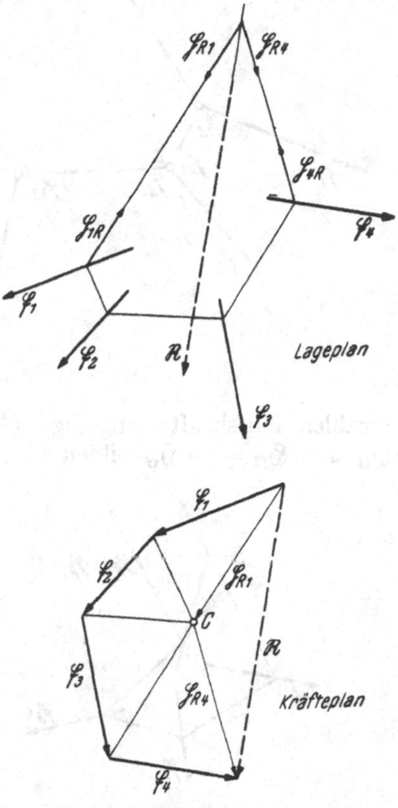

Abb. II, 11

Die Konstruktion geht folgendermaßen vor sich. Zu dem im Lageplan gegebenen Kraftsystem (Abb. II, 11) zeichnet man nach Wahl eines Kraftmaßstabes 1 cm $\hat{=}\ \mu_K$ kp im Kräfteplan das Krafteck, indem man die Vektoren $\mathfrak{F}_1 \ldots . \mathfrak{F}_n$ aneinanderreiht. Damit ist die Resultierende $\mathfrak{R} = \sum' \mathfrak{F}_i$ nach Größe und Richtung gefunden. Um auch ihre Lage im Lageplan zu bestimmen, wählt man einen beliebigen Punkt C im Kräfteplan, den sogenannten *Pol* des Kraftecks, und zieht dann die Verbindungsstrecken vom Pol zu den Eckpunkten des Kraftecks. Diese Strecken nennt man die *Polstrahlen*. Parallel zu diesen Polstrahlen zieht man im Lageplan die sogenannten *Seilstrahlen*, und zwar derart, daß je zwei Polstrahlen, die eine Kraft $\mathfrak{F}_i$ im Krafteck einschließen, zwei Seilstrahlen entsprechen, die sich im Lageplan auf dieser Kraft schneiden.

[1] Man braucht ja, falls $\mathfrak{M} \neq 0$ ist, gemäß Gl. (II, 5) den Bezugspunkt nur um die Strecke $a = M/R$ senkrecht zu $\mathfrak{R}$ zu verschieben.

Der Schnittpunkt der zwei Seilstrahlen, deren Polstrahlen die Resultierende $\mathfrak{R}$ einschließen, bestimmt die Wirkungslinie von $\mathfrak{R}$.

Der Beweis der Konstruktion ist leicht zu führen. Wir denken uns zwischen je zwei aufeinanderfolgenden Kräften in Richtung der Seil-

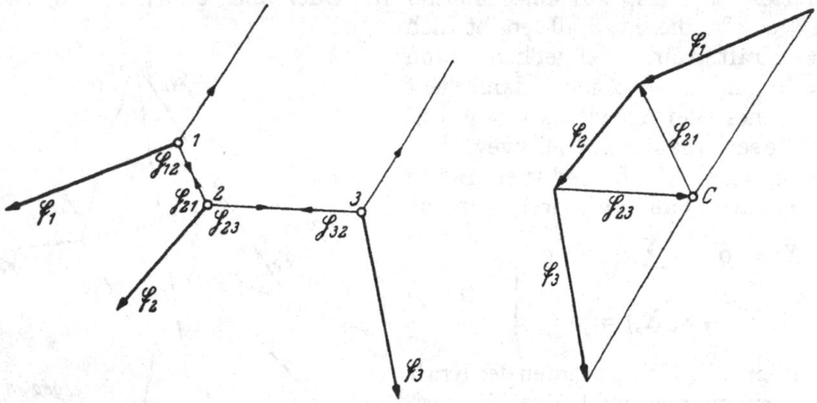

Abb. II, 12

strahlen Hilfskräfte eingefügt (Abb. II, 12). Je zwei dieser Hilfskräfte $\mathfrak{H}_{ij}$ und $\mathfrak{H}_{ji} = -\mathfrak{H}_{ij}$ bilden ein Gleichgewichtssystem. Es wurde also

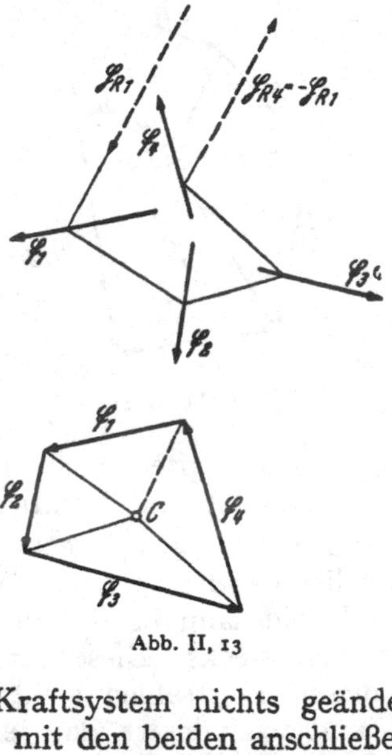

Abb. II, 13

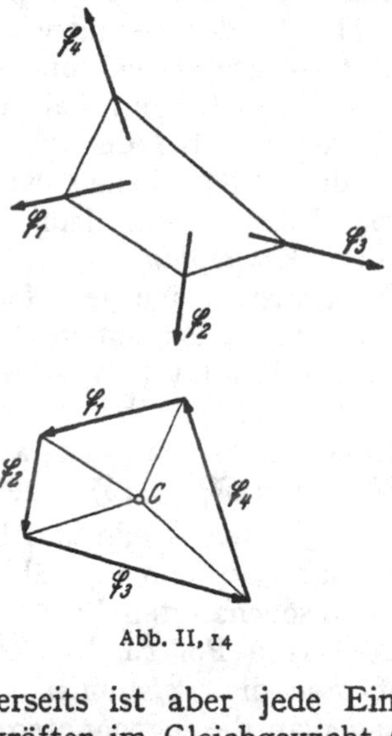

Abb. II, 14

am Kraftsystem nichts geändert. Andererseits ist aber jede Einzelkraft mit den beiden anschließenden Hilfskräften im Gleichgewicht (das zugehörige Krafteck ist geschlossen). Nur die erste und die letzte Hilfskraft $\mathfrak{H}_{R1}$ und $\mathfrak{H}_{R4}$ bleiben übrig (Abb. II, 11). Das Kraftsystem ist also diesen beiden Kräften äquivalent. Diese setzen sich aber zur Resultierenden $\mathfrak{R}$ zusammen.

Die Bezeichnung *Seileck* rührt davon her, daß ein vollständig biegsames Seil unter dem Angriff der Kräfte $\mathfrak{F}_1 \ldots \mathfrak{F}_n$ und $-\mathfrak{R}$ die Gestalt des Seilecks annimmt, wobei die Hilfskräfte den Seilkräften gleich sind. Die Anwendung des Seilecks zur graphischen Reduktion von ebenen Kraftsystemen geht auf CULMANN (1864) zurück.

Den drei früher erwähnten Möglichkeiten bei der Reduktion entsprechen die folgenden drei Fälle:

a) *Das Krafteck ist offen.* Dies ist der in Abb. II, 11 gezeichnete Fall. Das Kraftsystem reduziert sich auf eine *Einzelkraft* $\mathfrak{R}$.

b) *Das Krafteck ist geschlossen, das Seileck ist offen* (Abb. II, 13). Bei einem geschlossenen Krafteck fallen der erste und der letzte Polstrahl zusammen, die erste und die letzte Seite des Seilecks sind also parallel. Die beiden Hilfskräfte $\mathfrak{H}_{R1}$ und $\mathfrak{H}_{R4}$ sind entgegengesetzt gleich, es ergibt sich also ein *resultierendes Kräftepaar.*

c) *Krafteck und Seileck sind geschlossen* (Abb. II, 14). In diesem Fall ergibt sich weder eine Einzelkraft noch ein Kräftepaar, das Kraftsystem bildet ein *Gleichgewichtssystem.*

Besteht ein ebenes Kraftsystem nur aus drei Kräften, so reduziert sich die Bedingung, daß das Seileck für Gleichgewicht geschlossen sein muß, auf die Bedingung, daß sich die drei Kräfte in einem Punkt schneiden.

7. Momentenlinien. Eine wichtige Anwendung findet das Seileck bei der graphischen Bestimmung der Auflagerreaktionen und des Momentenverlaufes an einem Biegeträger.

Wir betrachten als Beispiel einen geraden Stab (Abb. II, 16), den wir uns durch seine Achse $\overline{OE}$ repräsentiert denken. Auf diesen Stab wirken die Einzelkräfte P_1, P_2 und eine über die Strecke a verteilte Last von der Größe q je Längeneinheit, die sämtlich in der Vertikalebene liegen mögen. Am linken Ende O sei der Stab frei drehbar, aber unverschieblich gelagert, während das rechte Lager E neben der Drehbarkeit noch eine Verschiebbarkeit in Richtung der Stabachse zuläßt.

Die erste Aufgabe bei der Untersuchung eines solchen Trägers ist die Ermittlung der Auflagerkräfte. Hierzu stehen zunächst die Gleichgewichtsbedingungen (II, 6) bzw. (II, 7) zur Verfügung. Diese reichen allerdings nur dann aus, wenn der Träger statisch bestimmt gelagert ist. Wir prüfen dies durch Abzählen der skalaren unbekannten Lagerreaktionen und stellen hier drei fest, nämlich die Horizontal- und Vertikalkomponenten A_H und A_V am linken und die Vertikalkomponente B am rechten Lager. Die dortige Horizontalkomponente verschwindet wegen der Längsverschieblichkeit des Lagers. Da beim ebenen Kraftsystem drei Gleichgewichtsbedingungen zur Verfügung stehen, liegt statische Bestimmtheit vor.

In diesem Zusammenhang muß allerdings daran erinnert werden, daß die Übereinstimmung der Zahl der Unbekannten eines linearen inhomogenen Gleichungssystems mit der Zahl der Gleichungen keineswegs hinreichend ist für die Auflösbarkeit des Systems. Bekanntlich muß auch noch die Koeffizientendeterminante von Null verschieden, d. h. das Gleichungssystem widerspruchsfrei sein. Ein Beispiel bietet der in Abb. II, 15 dargestellte Rahmen, dessen oberes Lager fest ist, während sich das untere horizontal verschieben kann. Von den drei Gleichgewichtsbedingungen mit drei Unbekannten

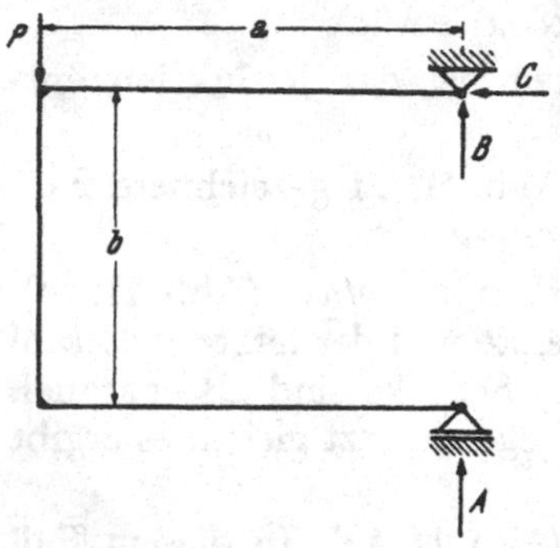

Abb. II, 15

$$A + B - P = 0, \quad C = 0, \quad C\,b + P\,a = 0$$

widersprechen sich die zweite und dritte. Der Rahmen ist in der Tat „wackelig" und als Tragwerk unbrauchbar, wie man ohne weiteres daran erkennt, daß das obere Lager momentaner Drehpol ist.

Wir kehren nun zum Träger (Abb. II, 16) zurück. Um die Auflagerkräfte graphisch zu ermitteln, haben wir Krafteck und Seileck so zu zeichnen, daß beide geschlossen sind. Wir brauchen uns dabei nur um die Vertikalkomponenten sämtlicher Kräfte zu kümmern, da die Horizontalkomponenten direkt von der Lagerkraft A_H aufgenommen werden. Im vorliegenden Fall ist $A_H = 0$. Wir beginnen mit dem Kraft-

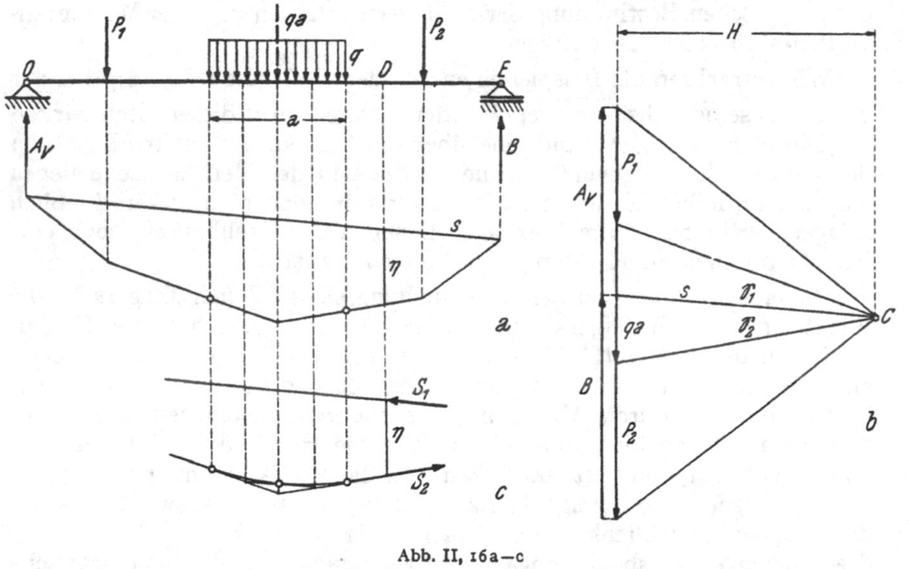

Abb. II, 16a—c

eck (Abb. II, 16b) und fügen der Reihe nach die Last P_1, die Resultierende $q\,a$ der verteilten Last und die Last P_2 aneinander. Von den Kräften A_V und B kennen wir nur die Wirkungslinien. Nun konstruieren wir das Seileck (Abb. II, 16a), indem wir einen Pol C wählen, dann die zwei Seilstrahlen ziehen, die sich auf P_1 schneiden und daher parallel zu den Polstrahlen sind, die P_1 einschließen usw. Das Seileck schließen wir dann durch Einlegen der Schlußlinie s. Dies ergibt A_V und B.

Nachdem so die Auflagerkräfte bestimmt sind, kann die eigentliche Untersuchung des Trägers beginnen, deren Ziel schließlich, wie bei jedem Tragwerk, die Ermittlung der Spannungen und Verformungen ist. Darauf kommen wir in Ziff. XI, 5 zurück. Wir werden dann sehen, daß dabei das sogenannte *Biegemoment* eine entscheidende Rolle spielt. Hier wollen wir nur zeigen, daß uns das eben konstruierte Seileck dieses Biegemoment bereits ohne jede weitere Rechnung liefert.

Wir greifen irgend einen Punkt D auf der Trägerachse heraus. Als Biegemoment M an dieser Stelle definieren wir dann die Summe der Momente um diesen Punkt (positiv, wenn sie im Uhrzeigersinn drehen) sämtlicher links[1] von ihm angreifenden äußeren Kräfte. Nun sind aber, wie wir in Ziff. II, 6 gezeigt haben, die beiden Hilfskräfte $\mathfrak{S}_1$ und $\mathfrak{S}_2$ (Abb. II, 16c) diesen Kräften äquivalent, ihr Moment um D ist also ebenfalls gleich M. Bedeutet daher η die innerhalb des Seilecks liegende Strecke der durch D gehenden Vertikalen und H die *Poldistanz* im Krafteck, so ist

$$M = \eta H, \qquad \text{(II, 8)}$$

wobei η im Längenmaßstab des Lageplanes, H im Kraftmaßstab des Kräfteplanes zu messen sind.

Man kann somit den Momentenverlauf entlang der Trägerachse unmittelbar aus dem Seileck ablesen. Allerdings ist dabei zu beachten, daß in den Trägerbereichen, wo verteilte Lasten angreifen, nur Näherungswerte für M erhalten werden, wenn man, wie im betrachteten Beispiel, die verteilte Last durch ihre Resultierende ersetzt. Der exakte Verlauf muß punktweise bestimmt werden, indem man den Bereich in hinreichend viele Teilabschnitte unterteilt und in jedem dieser Teilabschnitte die verteilte Last durch ihre Teilresultierende ersetzt. Die so konstruierte Momentenlinie gibt dort, wo die Teilabschnitte aneinanderstoßen, exakte Werte, denn dort sind ja verteile Last und Resultierende äquivalent. Die Seilstrahlen sind gleichzeitig Tangenten. Abb. II, 16c zeigt dies für eine Unterteilung des Bereiches von q in zwei Hälften der Länge $a/2$. Man erhält drei Punkte, die ein genügend genaues Ziehen der Momentenlinie erlauben.

8. Haftung und Reibung. Zwischen zwei im Kontakt befindlichen Körpern werden an der Berührungsfläche Kräfte wirksam sein. Wir zerlegen sie zweckmäßig in zwei Komponenten: in eine Normalkomponente in Richtung der Flächennormalen und in eine Schubkomponente senkrecht hierzu. In Abb. II, 17 ist diese Zerlegung für den Fall vorgenommen, daß die Berührung nur in einem Punkt zwischen zwei starren Körpern erfolgt, so daß dort eine Einzelkraft $\mathfrak{F}$ auftritt, deren Schubkomponente R einem Gleiten der Körper entgegenwirkt.

[1] oder, mit umgekehrtem Vorzeichen, rechts

Man kann sich durch einen einfachen Versuch davon überzeugen, daß solche Kräfte auch bei sehr glatten Oberflächen auftreten. Legt man nämlich einen Körper auf eine schiefe Ebene mit dem Neigungswinkel φ (Abb. II, 18) und läßt diesen Winkel von Null aus langsam anwachsen, so stellt man fest, daß der Körper nicht abgleitet, solange φ unterhalb eines bestimmten Maximalwertes ϱ bleibt,

$$\varphi \leqq \varrho. \tag{II, 9}$$

ϱ hängt von einer Reihe von Umständen, wie Oberflächenbeschaffenheit, geschmierte oder trockene Flächen usw. ab. Man nennt ϱ den *Haftgrenzwinkel* und die Ungleichung (II, 9) die *Haftbedingung*[1]. Sie sagt aus, daß

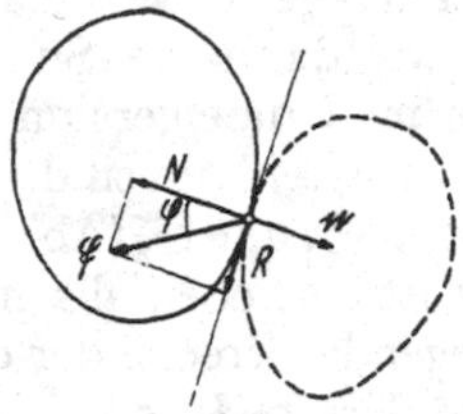

Abb. II, 17

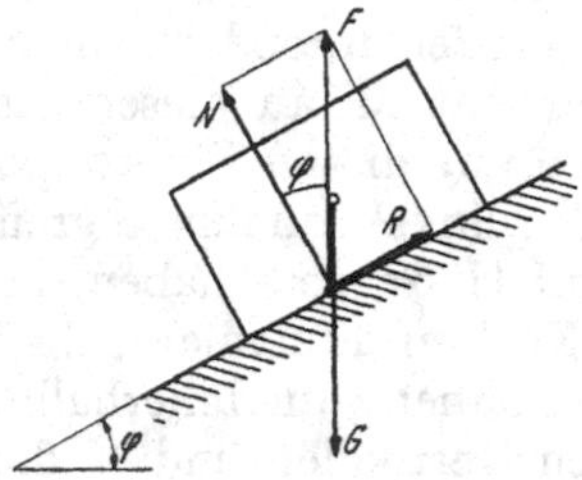

Abb. II, 18

für Haften die Auflagerkraft $\mathfrak{F}$ innerhalb eines Kegels vom halben Öffnungswinkel ϱ, des sogenannten *Haftgrenzkegels*, liegen muß.

Mit $R = N \tan\varphi$ kann die Haftbedingung auch in der Form

$$R \leqq \mu_0 N, \quad \mu_0 = \tan\varrho \tag{II, 10}$$

geschrieben werden, mit μ_0 als *Haftgrenzzahl*.

Die Haftungskraft R ist eine Reaktionskraft, da sie aus der kinematischen Bedingung des Verschwindens der Relativgeschwindigkeit in der Tangentialebene folgt. Wenn zur Erfüllung dieser Bedingung ein größerer Wert als $R = \mu_0 N$ erforderlich wird, tritt Gleiten ein.

Für die beim *Gleiten* wirksame Schubkraft, die wir *Reibungskraft* nennen, wird nach COULOMB näherungsweise angenommen, daß sie erstens den Betrag $R = \mu N$ besitzt, wo die *Reibungszahl* μ sowohl von der Gleitgeschwindigkeit wie vom Normaldruck unabhängig ist, und daß sie zweitens stets der Gleitgeschwindigkeit entgegengesetzt gerichtet ist. Sie ist also eine eingeprägte Kraft. Die gemachten Annahmen entsprechen den in Wirklichkeit auftretenden, außerordentlich verwickelten Erscheinungen nur in sehr unvollkommener Weise. Sie haben sich aber, von Sonderfällen abgesehen, ganz gut bewährt. Versuche zeigen, daß $\mu < \mu_0$ ist, daß es also einer größeren Kraft bedarf, einen Körper aus dem Zustand des Haftens in Bewegung zu setzen, als ihn gegen die Reibung in Bewegung zu halten.

9. **Beispiel: Leiter.** Eine Leiter von der Länge l lehnt sich gegen eine rauhe Wand und stützt sich auf einen rauhen Boden. Wie hoch kann

[1] Häufig wird vom *Reibungswinkel* und von der *Haftreibung* gesprochen. Wir schließen uns hier der von K. MARGUERRE angeregten Bezeichnung an.

eine Last auf der Leiter transportiert werden, ohne daß Gleiten eintritt? Das Gewicht der Leiter wird vernachlässigt.

Graphische Lösung (Abb. II, 19). Es liegt ein ebenes System von drei Kräften (zwei Stützkräften und der Last Q) vor, das im Gleichgewicht sein soll. Die drei Kräfte müssen sich also in einem Punkt

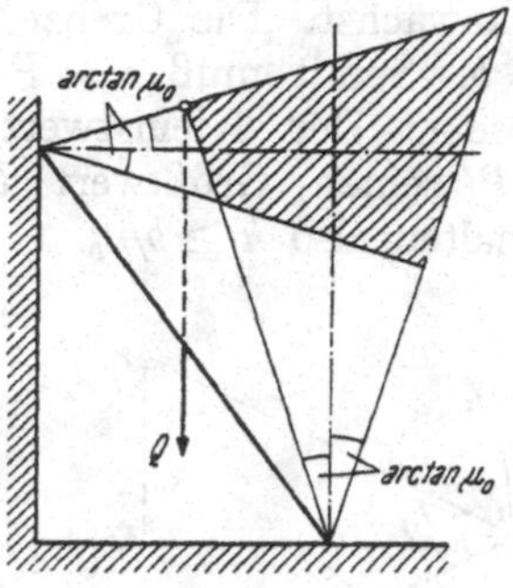

Abb. II, 19

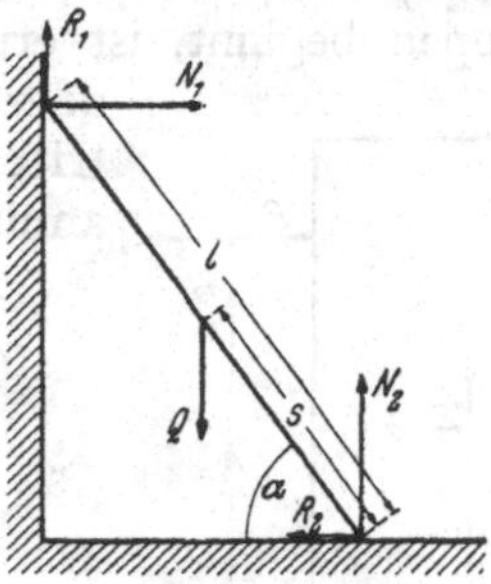

Abb. II, 20

schneiden, der innerhalb der den beiden Grenzkeilen gemeinsamen schraffierten Fläche liegen muß. Damit ist die im Bild eingezeichnete äußerste Stellung der Last Q gegeben.

Rechnerische Lösung (Abb. II, 20). Wir nehmen an, daß die Last ihre Grenzlage erreicht hat, die Leiter also knapp vor dem Abgleiten steht. Die Haftungskräfte haben dann ihre Höchstwerte

$$R_1 = \mu_0 N_1, \qquad R_2 = \mu_0 N_2$$

erreicht und sind der zu erwartenden Bewegungsrichtung entgegengesetzt. Die drei Gleichgewichtsbedingungen

$$N_1 - R_2 = 0, \qquad R_1 - Q + N_2 = 0,$$
$$-R_1 l \cos\alpha - N_1 l \sin\alpha + Q s \cos\alpha = 0$$

liefern für den gesuchten Abstand s:

$$s = \frac{l \mu_0}{1 + \mu_0^2} (\tan\alpha + \mu_0).$$

Solange s kleiner ist als dieser Wert, herrscht Gleichgewicht bei *beliebiger* Größe von Q. Man nennt diese Erscheinung *Selbsthemmung*.

10. Beispiel: Umwerfen eines Quaders. Ein Quader vom Gewicht G und mit der Grundrißbreite $2b$ ruht auf einer horizontalen rauhen Unterlage (Abb. II, 21). Er soll durch eine horizontale Kraft P umgeworfen werden. Wie groß muß h mindestens sein?

Außer der Kraft P und dem Gewicht G wirken auf den Quader noch die von der Unterlage herrührenden Reaktionskräfte, die wir sogleich durch ihre resultierende Normalkraft N und Haftungskraft R ersetzen. Der Angriffspunkt A der Normalkraft hat die (vorläufig noch unbekannte) Exzentrizität e. Solange der Quader im Gleichgewicht ist, gilt mit A als Bezugspunkt

$$N - G = 0, \quad R - P = 0, \quad P h - G e = 0.$$

Zunächst muß, damit der Block nicht wegrutscht, $P \leqq \mu_0 G$ sein. Weiters entnehmen wir der dritten Gleichung, daß die Exzentrizität e (bei festem P) mit wachsendem Abstand h anwächst. Die Grenze, bei der Umkippen beginnt, ist erreicht für $e = b$. Somit muß $e = P h/G > b$ oder $h > G b/P$ sein. Der Kleinstwert von h tritt auf, wenn P seinen Größtwert $P = \mu_0 G$ annimmt. Wir erhalten also $h \geqq b/\mu_0$.

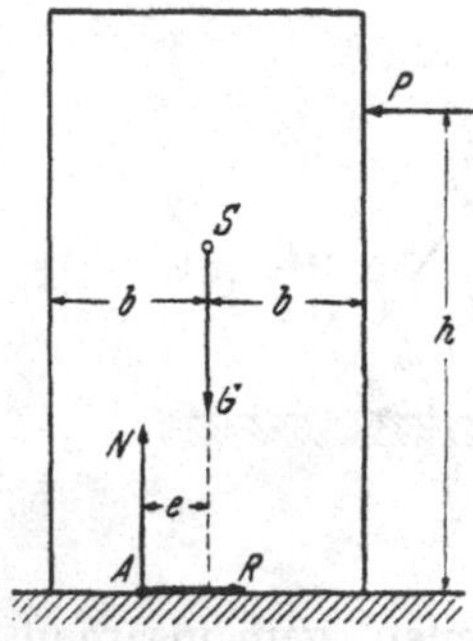

Abb. II, 21

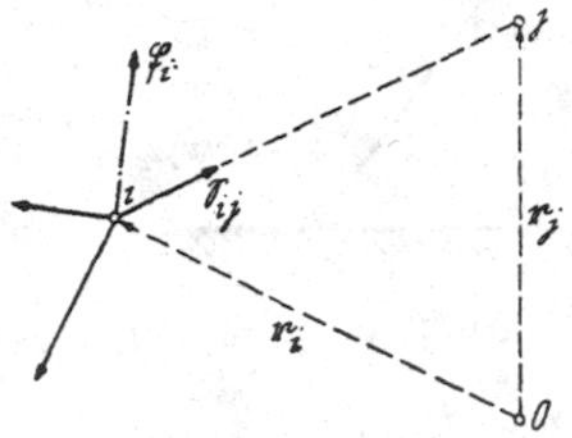

Abb. II, 22

11. Ebene Fachwerke. Unter einem Fachwerk versteht man ein System, das aus gelenkig miteinander verbundenen Stäben besteht (Abb. II, 23). Liegen alle Stäbe in einer Ebene, so spricht man von einem *ebenen Fachwerk*, sonst von einem *Raumfachwerk*. Wir behandeln hier nur das ebene Fachwerk.

Wir treffen folgende idealisierende Annahmen:

a) Die Stabachsen sind gerade.

b) Die Gelenke (*Knoten*) sind reibungsfrei.

c) Die Achsen sämtlicher an einem Knoten angeschlossener Stäbe schneiden sich in einem Punkt.

d) Die äußeren Kräfte greifen nur in den Knoten an.

In den Stäben eines solchen *idealen Fachwerkes* treten nur Längskräfte, aber keine Biegemomente auf. Diese günstige Beanspruchungsart stellt einen der Hauptvorteile der Fachwerkskonstruktionen dar.

Zur Berechnung der Stabkräfte denken wir uns einen beliebigen Knoten i aus dem Fachwerksverband herausgeschnitten (Abb. II, 22). Die Kräfte in den an diesen Knoten angeschlossenen Stäben werden dadurch zu äußeren Kräften, die ein zentrales Kraftsystem bilden. Da das Fachwerk im Gleichgewicht sein muß, gilt dies auch für jeden Knoten. Es muß also gemäß Gl. (II, 2) für jeden der k Knoten sein

$$\mathfrak{F}_i + \sum_j \mathfrak{S}_{ij} = 0 \quad (i = 1, 2, \ldots, k).$$

Hierbei ist $\mathfrak{F}_i$ die am Knoten i angreifende äußere Kraft und $\mathfrak{S}_{ij}$ die Kraft im Stab, der den Knoten i mit dem Knoten j verbindet. Führen wir jetzt den Einheitsvektor $\mathfrak{e}_{ij}$ von i nach j gemäß

$$\mathfrak{e}_{ij} = \frac{\mathfrak{r}_j - \mathfrak{r}_i}{l_{ij}}$$

ein, wo l_{ij} die Länge des Stabes zwischen i und j bedeutet, so können wir mit $\mathfrak{S}_{ij} = S_{ij}\,\mathfrak{e}_{ij}$ schreiben

$$\sum_j (\mathfrak{r}_i - \mathfrak{r}_j) \frac{S_{ij}}{l_{ij}} = \mathfrak{F}_i \quad (i = 1, 2, \ldots, k). \qquad \text{(II, 11)}$$

Wir erhalten somit ein lineares inhomogenes System von k Vektorgleichungen, also $2k$ skalaren Gleichungen für die unbekannten Stabkräfte S_{ij}. In diesen $2k$ Gleichungen sind aber auch die Auflagerreaktionen als Unbekannte enthalten. Ist z die Anzahl dieser Reaktionen und s die Anzahl der Stäbe, so muß also, damit die Stabkräfte und Stützreaktionen aus den Gleichgewichtsbedingungen allein berechenbar sind, die Beziehung

$$s + z = 2k \qquad \text{(II, 12)}$$

gelten und die Koeffizientendeterminante des Gleichungssystems (II, 11) von Null verschieden sein[1]. Die beiden Bedingungen sind notwendig und hinreichend dafür, daß das Fachwerk *statisch bestimmt* ist. Bei statisch bestimmter Lagerung wird $z = 3$.

Beim sogenannten *Dreiecksfachwerk*, das durch Aneinanderreihung von Dreiecken entsteht, sind beide Bedingungen stets erfüllt, falls das Fachwerk statisch bestimmt gelagert ist.

Zur Berechnung von *statisch unbestimmten* Fachwerken, die mehr Stäbe besitzen, als durch Gl. (II, 12) verlangt wird (überzählige Stäbe), reichen die Gleichgewichtsbedingungen (II, 11) nicht aus. Man muß dann auf die Formänderungen eingehen. Ist andererseits die Stabzahl s kleiner, als Gl. (II, 12) entspricht, so wird das Fachwerk *beweglich*. Das gleiche tritt ein, wenn die Determinante des Systems (II, 11) verschwindet.

Um einen überzähligen Stab in ein Fachwerk zwangsfrei einfügen zu können, muß er genau jene Länge aufweisen, wie sie durch die Abmessungen der das statisch bestimmte System bildenden Stäbe vorgegeben ist. Andernfalls entstehen Zwangskräfte bereits im unbelasteten Fachwerk. Solche *Eigenspannungen* werden auch durch ungleichmäßige Erwärmungen der Stäbe hervorgerufen, während ein statisch bestimmtes Fachwerk dabei spannungsfrei bleibt.

Zur praktischen Ermittlung der Stabkräfte sind die Gln. (II, 11) wenig geeignet. Man verwendet entweder das RITTER*sche Schnittverfahren* oder den CREMONA-*Plan*.

RITTER*sches Schnittverfahren*. Hierbei handelt es sich um ein rechnerisches Verfahren, das vor allem dann herangezogen wird, wenn nur *einzelne* Stabkräfte bestimmt werden sollen. Wir wollen beispielsweise in dem Brückenträger (Abb. II, 23) den Obergurtstab 4 und den Diagonalstab 5 berechnen. Der Träger ist, da es sich um ein Dreiecksfachwerk handelt, statisch bestimmt.

[1] Vgl. Ziff. II, 7.

Bevor überhaupt an die Stabberechnung herangegangen werden kann, müssen zuerst die Auflagerkräfte A, H und B bestimmt werden. Wir erhalten aus den Gleichgewichtsbedingungen (II, 7)

$$H = P,\quad A = \frac{2\,P}{3},\quad B = \frac{4\,P}{3}.$$

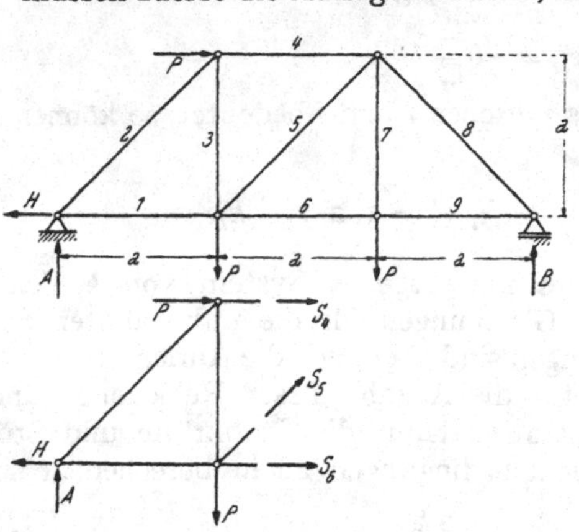

Abb. II, 23

Nun berechnen wir die Stabkraft S_4. Nach Ritter legen wir dazu einen Schnitt durch das Fachwerk derart, daß außer dem zu berechnenden Stab nur noch höchstens zwei weitere Stäbe geschnitten werden[1]. Im vorliegenden Fall sind dies die Stäbe 5 und 6. Das Fachwerk zerfällt dadurch in zwei Teile, die jeder für sich im Gleichgewicht sein müssen. Wir betrachten etwa den linken Teil (Abb. II, 23 unten) und bringen die unbekannten Stabkräfte S_4, S_5 und S_6 als Zugkräfte, also von den Knoten weggerichtet, an den Schnittstellen an. Um die Kräfte S_5 und S_6 aus der

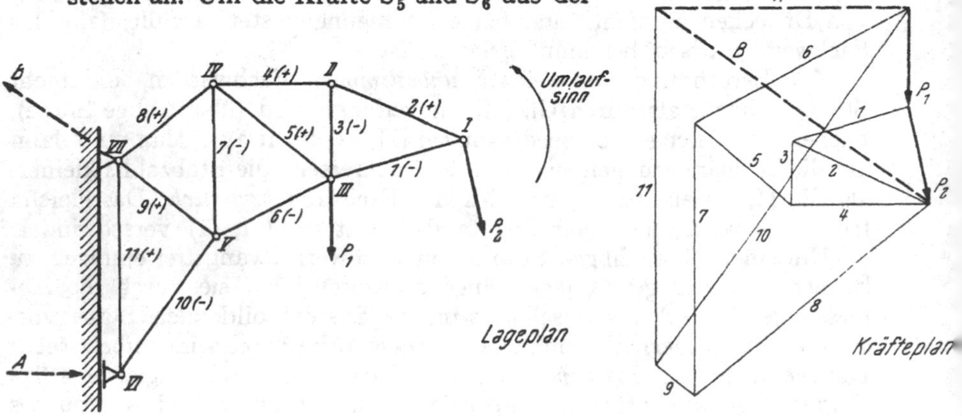

Abb. II, 24

Rechnung auszuschalten, bringen wir sie zum Schnitt und wählen den Schnittpunkt als Bezugspunkt für die Momentengleichung. Dann bleibt als einzige Unbekannte die gesuchte Stabkraft S_4:

$$A\,a + (P + S_4)\,a = 0,$$

also

$$S_4 = -\frac{5\,P}{3}.$$

[1] Es dürfen jedoch nicht alle drei Stäbe an einem Knoten angeschlossen sein.

Das negative Vorzeichen deutet an, daß S_4 entgegengesetzt der angenommenen Richtung, also zum Knoten, verläuft und somit eine Druckkraft ist.

In gleicher Weise findet man die Kraft S_6 im Untergurt, nur hat man jetzt S_4 und S_5 zum Schnitt zu bringen.

Bei der Berechnung der Stabkraft S_5 versagt das Verfahren, da hier die beiden anderen Kräfte S_4 und S_6 parallel laufen. Um wieder nur eine einzige Gleichung mit der einzigen Unbekannten S_5 zu erhalten, setzen wir die Komponente der Resultierenden senkrecht zu den parallelen Stäben (hier also in der Vertikalrichtung) gleich Null. Dies liefert

$$A - P + \frac{S_5}{\sqrt{2}} = 0, \text{ also } S_5 = \frac{P\sqrt{2}}{3}.$$

Der Diagonalstab ist somit ein Zugstab.

CREMONA-*Plan*. Bei diesem Verfahren handelt es sich um eine graphische Methode[1], bei der in einem Arbeitsgang *sämtliche* Stabkräfte bestimmt werden. Dabei wird wieder wie in Ziff. II, 6 ein *Lageplan* und ein *Kräfteplan* verwendet. Die Fachwerksknoten werden der Reihe nach ausgeschnitten und die zugehörigen Kraftecke, die geschlossen sein müssen, gezeichnet.

Wir führen das Verfahren an dem in Abb. II, 24 gezeichneten Wanddrehkran vor. Um zum Ziele zu kommen, ist eine gewisse Reihenfolge der einzelnen Schritte einzuhalten.

Wir wählen einen Kraftmaßstab und beginnen mit der Zeichnung des Kraftecks an einem Knoten, wo *nicht mehr als zwei unbekannte Kräfte* (Stabkräfte und Stützkräfte) angreifen. Hier ist dies etwa Knoten I. Die Stabkräfte S_1 und S_2 müssen dort mit der äußeren Kraft P_2 im Gleichgewicht sein. Zum Zeichnen des zugehörigen Kraftecks müssen wir einen bestimmten *Umlaufsinn* wählen, der dann für die ganze weitere Konstruktion beizubehalten ist (in Abb. II, 24 entgegengesetzt dem Uhrzeigersinn). Die Kraft S_2 zielt *vom Knoten weg*, ist also eine *Zugkraft* und erhält positives Vorzeichen[2], während die Kraft S_1 *zum Knoten* zielt, somit eine *Druckkraft* ist und negatives Vorzeichen bekommt. Die Vorzeichen werden im Lageplan eingetragen.

Nun gehen wir zu einem anschließenden Knoten, an dem aber wieder nicht mehr als zwei unbekannte Kräfte angreifen dürfen. Dies ist bei Knoten II der Fall. Die Kraft S_2 ist bereits bekannt; wir schließen, dem gewählten Umlaufsinn folgend, im Krafteck die Kraft S_4 und dann S_3 an. S_2 ist dabei positiv, also vom Knoten II weggerichtet. Die Richtungen der Stabkräfte kehren sich also — dem Reaktionsprinzip entsprechend — um, wenn man zum Nachbarknoten übergeht.

In dieser Weise fahren wir fort und kommen zum Knoten III. Hier tritt wieder eine äußere Kraft P_1 hinzu. Sie ist im Krafteck, dem ge-

[1] Sie wird nach dem italienischen Mathematiker CREMONA benannt, war aber bereits MAXWELL bekannt.

[2] Wir wollen grundsätzlich Zugkräfte und Zugspannungen mit positivem Druckkräfte und Druckspannungen mit negativem Vorzeichen versehen.

wählten Umlaufsinn entsprechend, *vor* der schon bekannten Stabkraft S_1 einzufügen. Es folgen dann die Knoten IV und V. Im Knoten VI ist die Richtung der Auflagerkraft A bekannt (senkrecht zur Wand), wir können daher auch dort das Krafteck zeichnen. Im Knoten VII bleibt als einzige Unbekannte die Auflagerkraft B, die somit gleichfalls bestimmt werden kann. Man überzeugt sich, daß das Krafteck der äußeren Kräfte, im gewählten Umlaufsinn durchlaufen, gleichfalls geschlossen ist.

Wir haben hier die Auflagerkräfte gleichzeitig mit den Stabkräften bestimmen können. Im allgemeinen ist dies aber nicht möglich; sie müssen dann noch vor dem Zeichnen des CREMONA-Plans ermittelt werden. Dies geschieht beispielsweise mit Hilfe des Seilecks. Das Krafteck der äußeren Kräfte ist dabei im gewählten Umlaufsinn zu zeichnen. Der CREMONA-Plan muß sich natürlich auch jetzt wieder schließen. Da aber die äußeren Kräfte bereits bestimmt sind, ergibt sich eine Kontrollmöglichkeit.

Äußere Kräfte sind stets als außerhalb des Fachwerks liegend anzunehmen, also z. B. Lasten am Obergurt stehend, am Untergurt hängend anzuordnen. Innenknoten wollen wir als frei von äußeren Kräften voraussetzen.

Bei manchen Fachwerken ergibt sich die Schwierigkeit, daß mit dem CREMONA-Plan nicht begonnen oder daß er nicht fortgesetzt werden kann, da kein Knoten mit nur zwei unbekannten Kräften vorhanden ist. In diesem Fall kann man *eine* Stabkraft mittels des RITTERschen Verfahrens bestimmen. Auch die Methode des *unbestimmten Maßstabes* hilft gelegentlich weiter. Man beginnt dabei den CREMONA-Plan, ohne zunächst den Kraftmaßstab festzulegen. Er wird erst durch die erste äußere Kraft, die man antrifft, bestimmt.

12. Statik der undehnbaren Seile. Ein *ideales* d. h. vollkommen biegsames, undehnbares Seil (Faden) kann nur Zugkräfte übertragen und verformt sich daher unter einer Querbelastung zu einer entsprechend gekrümmten Kurve. Bedeutet s die von einem beliebigen Anfangspunkt gezählte Bogenlänge der Seilkurve und $\mathfrak{S}(s)$ den stets tangential gerichteten Vektor der Seilzugkraft, so folgt aus der Betrachtung eines Seilstückes von der Länge Δs (Abb. II, 25) mit $\Delta\mathfrak{Q}$ als resultierender Belastung die Gleichgewichtsbedingung

$$\Delta\mathfrak{S} + \Delta\mathfrak{Q} = 0.$$

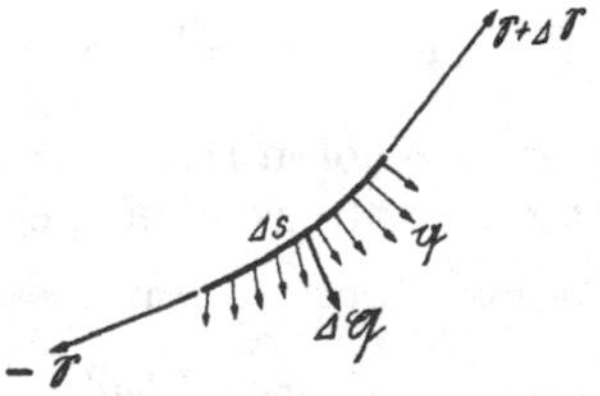

Abb. II, 25

Nach Division durch Δs und Grenzübergang $\Delta s \to 0$ entsteht daraus

$$\frac{d\mathfrak{S}}{ds} + \mathfrak{q} = 0. \qquad \text{(II, 13)}$$

$\mathfrak{q} = d\mathfrak{Q}/ds$ ist die Seilbelastung pro Einheit der Seillänge.

Wir beschränken uns im folgenden auf die Untersuchung eines Seiles, das zwischen zwei festen Punkten aufgehängt und durch eine *gleichmäßig* längs der Bogenlänge verteilte Vertikalkraft pro Längeneinheit $\mathfrak{q} = -q\,\mathfrak{e}_y$ (Eigengewicht, Schnee- und Eislast) belastet ist (Abb. II, 26). Gl. (II, 13) liefert dann die beiden skalaren Gleichungen

$$\frac{dH}{ds} = 0, \qquad \frac{dV}{ds} = q. \tag{II, 14}$$

Aus der ersten Gleichung folgt, daß der *Horizontalzug* H des Seiles konstant ist. Wir schreiben die Konstante in der Form

$$H = q\,a, \tag{II, 15}$$

wobei a die Dimension einer Länge hat. Die zweite Gleichung liefert

$$V = q\,s. \tag{II, 16}$$

Die Integrationskonstante wurde gleich Null gesetzt. Mit der Zählung von s muß dann an der Stelle $V = 0$, also im tiefsten Punkt des Seiles begonnen werden.

Zur Ermittlung der Seilkurve $y = y(x)$ erinnern wir uns, daß die Seilkraft $\mathfrak{S}$ die Richtung der Kurventangente hat, also

$$\frac{dy}{dx} = \frac{V}{H} = \frac{s}{a}$$

gilt. Differentiation nach x liefert

$$\frac{d^2y}{dx^2} = \frac{1}{a}\frac{ds}{dx} = \frac{1}{a}\sqrt{1 + \left(\frac{dy}{dx}\right)^2}.$$

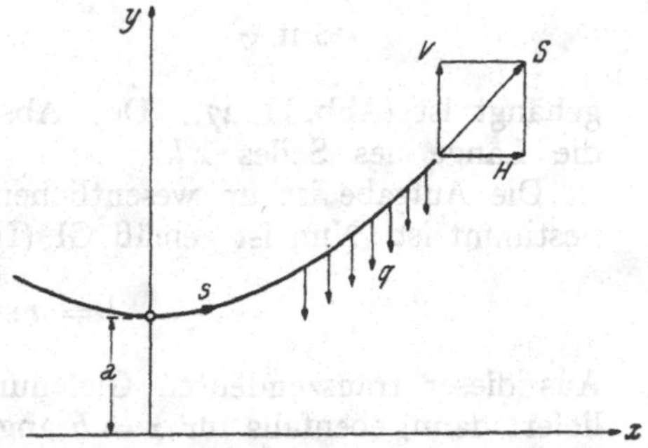

Abb. II, 26

Dies ist die Differentialgleichung der Seilkurve. Sie geht mit Einführung der neuen Variablen z gemäß

$$\frac{dy}{dx} = \sinh z, \qquad \frac{d^2y}{dx^2} = \frac{dz}{dx}\cosh z$$

über in

$$\frac{dz}{dx} = \frac{1}{a}$$

mit der Lösung

$$z = \frac{x}{a} + c_1.$$

Wenn wir nun das Koordinatensystem in der Weise wählen (Abb. II, 26), daß die tiefste Stelle der Seilkurve, an der $dy/dx = 0$, also $z = 0$ gilt, durch $x = 0$, $y = a$ gegeben ist, dann folgt $c_1 = 0$ und damit

$$\frac{dy}{dx} = \sinh\frac{x}{a}.$$

Integration liefert

$$y = a\cosh\frac{x}{a}. \tag{II, 17}$$

Dies ist die gesuchte Gleichung der *Seilkurve* oder *Kettenlinie*. Für die Bogenlänge gilt

$$s = \int_0^x \sqrt{1 + \left(\frac{dy}{dx}\right)^2}\, dx = \int_0^x \cosh\frac{x}{a}\, dx = a \sinh\frac{x}{a} \qquad \text{(II, 18)}$$

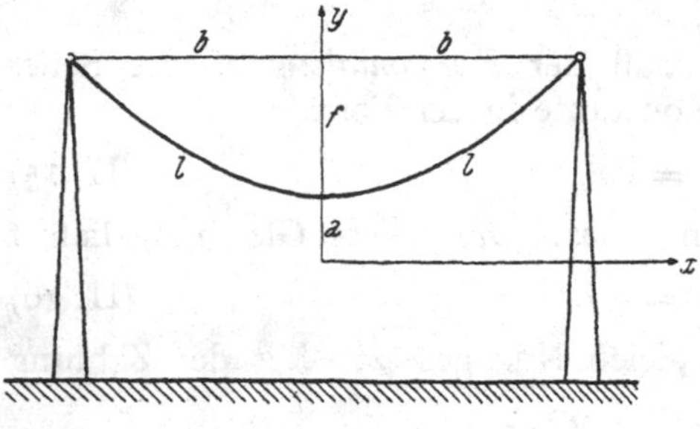

Abb. II, 27

oder

$$s^2 = y^2 - a^2. \qquad \text{(II, 19)}$$

Für den *Seilzug* S erhält man aus den Gln. (II, 15), (II, 16) und (II, 19) wegen $S^2 = V^2 + H^2$

$$S = q\, y. \qquad \text{(II, 20)}$$

Als *Beispiel* berechnen wir den Durchhang f eines Seiles, das zwischen zwei in gleicher Höhe liegenden Punkten aufgehängt ist (Abb. II, 27). Der Abstand der Aufhängepunkte sei $2\,b$, die Länge des Seiles $2\,l$.

Die Aufgabe ist im wesentlichen gelöst, wenn der Seilparameter a bestimmt ist. Nun ist gemäß Gl. (II, 18) für den Punkt $x = b$

$$l = a \sinh\frac{b}{a}.$$

Aus dieser transzendenten Gleichung ist a zu berechnen. Gl. (II, 19) liefert dann, ebenfalls für $x = b$ angeschrieben,

$$l^2 = (a + f)^2 - a^2 = f^2 + 2\,a\,f$$

und damit den Durchhang

$$f = -a + \sqrt{a^2 + l^2}.$$

Bei einem straff ausgespannten Seil, bei dem der Durchhang klein ist gegenüber der Spannweite, darf man die Kettenlinie näherungsweise durch eine Parabel ersetzen:

$$y = a \cosh\frac{x}{a} = a\left[1 + \frac{1}{2}\left(\frac{x}{a}\right)^2 + \ldots\right].$$

Der Durchhang wird dann näherungsweise

$$f = y\Big|_{x=b} - a = \frac{a}{2}\left(\frac{b}{a}\right)^2$$

und mit $a = \dfrac{H}{q}$ und $b \approx l = L/2$

$$f = \frac{q\,L^2}{8\,H}.$$

L ist die gesamte Seillänge.

13. Parallele Kräftegruppe. Kräftemittelpunkt. Unter einer parallelen Kräftegruppe versteht man ein System von Kräften, deren Wirkungslinien parallel sind. Haben die Kräfte außerdem noch gleiche Richtung, so spricht man von einer *gleichgerichteten* Kräftegruppe.

Im Gegensatz zum allgemeinen Kraftsystem läßt sich ein paralleles Kraftsystem durch passende Wahl des Bezugspunktes stets auf eine Einzelkraft $\mathfrak{R}$ allein bzw. ein Kräftepaar $\mathfrak{M}$ allein reduzieren. Denn ist $\mathfrak{R} \neq 0$ und $\mathfrak{M} \neq 0$, so braucht man ja nur den Bezugspunkt A gemäß Gl. (II, 5) so zu verschieben, daß $\mathfrak{M}' = \mathfrak{M} - \mathfrak{a} \times \mathfrak{R} = 0$ wird, welche Gleichung wegen $\mathfrak{R} \perp \mathfrak{M}$, also $\mathfrak{R} \cdot \mathfrak{M} = 0$ stets eine Lösung $\mathfrak{a}$ besitzt.

Wenn wir sämtliche Kräfte einer parallelen Kräftegruppe, deren Resultierende $\mathfrak{R} \neq 0$ ist, bei festgehaltenen Angriffspunkten um den gleichen Winkel α drehen (Abb. II, 28), so dreht sich auch die äquivalente Kraft $\mathfrak{R}$ um einen festen Punkt M, den *Kräftemittelpunkt* der Gruppe[1]. Zum Beweis führen wir einen Einheitsvektor $\mathfrak{e}$ ein, der zu den in eine beliebige Lage gedrehten Kräften parallel ist und mit dessen Hilfe wir

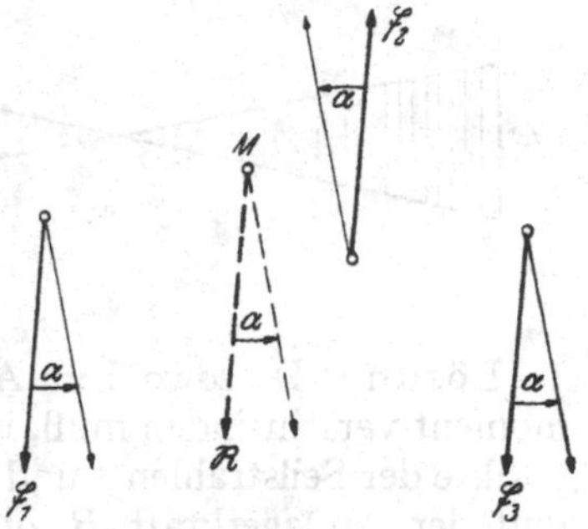

Abb. II, 28

$$\mathfrak{F}_i = F_i\,\mathfrak{e}$$

schreiben können. Ist $\mathfrak{r}$ der Ortsvektor eines beliebigen Punktes auf der Wirkungslinie von $\mathfrak{R}$, so muß, da $\mathfrak{R}$ und die Kräftegruppe $\mathfrak{F}_i$ äquivalent sind

$$\mathfrak{r} \times \mathfrak{R} = \sum_i \mathfrak{r}_i \times \mathfrak{F}_i$$

gelten, woraus nach Einsetzen von $\mathfrak{F}_i$ und $\mathfrak{R} = \mathfrak{e} \sum\limits_i F_i$ die Beziehung

$$\left(\mathfrak{r} \sum_i F_i - \sum_i F_i \mathfrak{r}_i\right) \times \mathfrak{e} = 0$$

folgt. Man sieht, daß diese Gleichung bei beliebigem $\mathfrak{e}$, also beliebiger Drehung des Kraftsystems erfüllt ist, wenn

$$\mathfrak{r} = \mathfrak{r}_M = \frac{\sum F_i \mathfrak{r}_i}{\sum F_i} \tag{II, 21}$$

gewählt wird. Der Punkt M bleibt dann bei der Drehung fest, stellt also den gesuchten Kräftemittelpunkt dar. Wenn $\sum\limits_i F_i = R \neq 0$ ist, dann existiert ein und nur ein solcher Punkt.

[1] Besteht die Gruppe aus nur zwei Kräften, so liegt M auf der Verbindungslinie der beiden Angriffspunkte.

Aufgaben

A 1. Man bestimme mit Hilfe des Seileckes die Momentenlinie für den in Abb. II, A 1 dargestellten Gerberträger (Träger mit Gelenk).

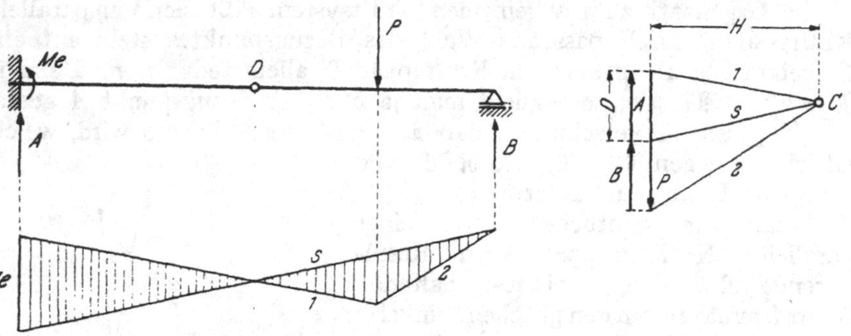

Abb. II, A 1

Lösung: Da sowohl im Auflager B als auch im Gelenk D das Biegemoment verschwinden muß, ist die Schlußlinie s durch die beiden Schnittpunkte der Seilstrahlen 1 und 2 mit den Wirkungslinien der Gelenkkraft D und der Auflagerkraft B zu legen. Damit sind Momentenverlauf und Kräfteplan bestimmt; Einspannmoment M_e, Auflagerkräfte A, B und Gelenkkraft D können abgelesen werden. D wirkt am rechten Trägerteil nach oben, am linken als Reaktion nach unten. Die Biegemomente sind im rechten Trägerteil positiv, im linken negativ.

A 2. Man bestimme rechnerisch den Momentenverlauf für den in Abb. II, A 2 dargestellten, über zwei Felder laufenden Gerberträger mit Dreieckslast.

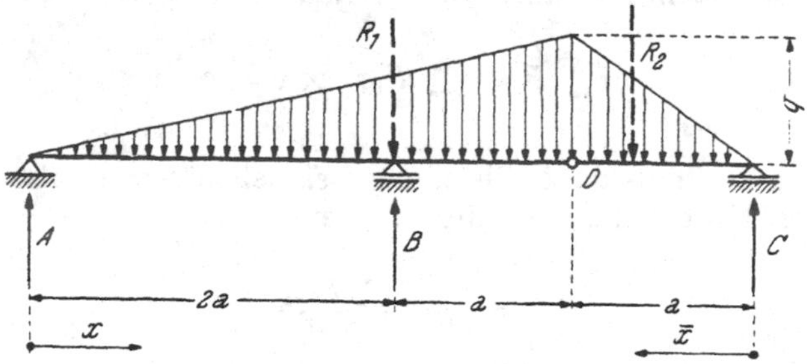

Abb. II, A 2

Lösung: Mit den beiden Teilresultierenden $R_1 = \frac{3}{2}\, q\, a$ und $R_2 = \frac{1}{2}\, q\, a$ hat man die Gleichgewichtsbedingung

$$A + B + C - R_1 - R_2 = 0.$$

Die Bedingung, daß im Gelenk D kein Biegemoment übertragen werden kann, liefert

$$3\,A\,a + B\,a - R_1\,a = 0, \qquad C\,a - \frac{R_2\,a}{3} = 0.$$

Aus diesen drei Gleichungen lassen sich die drei Auflagerreaktionen bestimmen:

$$A = -\frac{q\,a}{6}, \qquad B = 2\,q\,a, \qquad C = \frac{q\,a}{6}.$$

Damit ist der Momentenverlauf in den einzelnen Abschnitten bekannt:

$$0 \leqslant x \leqslant 2\,a \qquad\qquad 2\,a \leqslant x \leqslant 3\,a$$

$$M = -\frac{q\,a\,x}{18}\left(3 + \frac{x^2}{a^2}\right) \qquad M = -4\,q\,a^2 + \frac{q\,a\,x}{18}\left(33 - \frac{x^2}{a^2}\right)$$

$$0 \leqslant \bar{x} \leqslant a$$

$$M = \frac{q\,a\,\bar{x}}{6}\left(1 - \frac{\bar{x}^2}{a^2}\right)$$

A 3. Man bestimme rechnerisch den Verlauf des Biegemomentes M im Träger $\overline{12}$ und gebe den Wert M_0 des Momentensprunges an der Einspannstelle des Auslegers an (Abb. II, A 3).

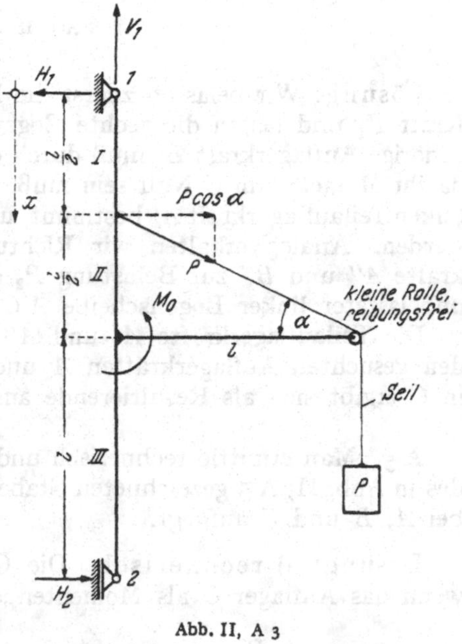

Abb. II, A 3

Lösung: Die Auflagerreaktionen folgen aus den Gleichgewichtsbedingungen für die äußeren Kräfte zu

$$V_1 = P; \quad H_1 = H_2 = \frac{P}{2}.$$

Damit und mit $\cos\alpha = 2/\sqrt{5}$ ergibt sich für den

Abschnitt I:

$$M^{(\mathrm{I})} = -\frac{1}{2}\,P\,x,$$

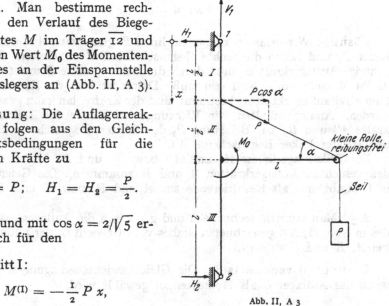

Abschnitt II: $$M^{(\mathrm{II})} = -\frac{1}{2}\,P\,x + P\left(x - \frac{l}{2}\right)\cos\alpha =$$

$$= -P\left[\left(\frac{1}{2} - \frac{2}{\sqrt{5}}\right)x + \frac{1}{\sqrt{5}}\,l\right],$$

Abschnitt III: $$M^{(\mathrm{III})} = P\left(l - \frac{x}{2}\right).$$

Für den Momentensprung als Differenz von $M^{(III)}$ und $M^{(II)}$ an der Stelle $x = l$ erhält man

$$M_0 = P\,l\left(1 - \frac{1}{\sqrt{5}}\right).$$

A 4. Am Dreigelenkbogen Abb. II, A 4 sollen graphisch die Auflagerreaktionen bestimmt werden.

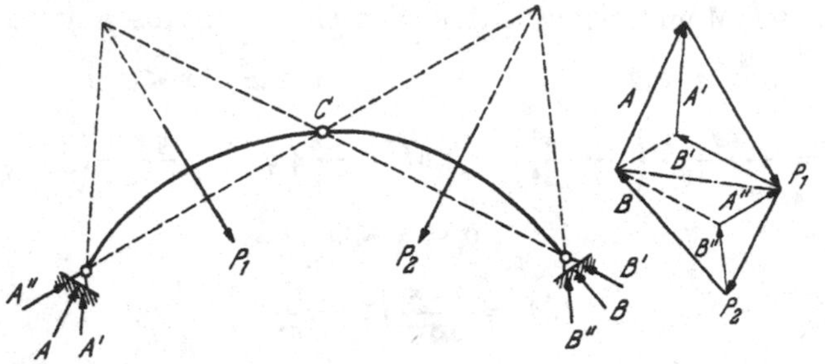

Abb. II, A 4

Lösung: Wir belasten zuerst die linke Bogenscheibe $A\,C$ durch die Kraft P_1 und lassen die rechte Bogenscheibe $B\,C$ unbelastet. Die zugehörige Auflagerkraft B' muß durch die Gelenkpunkte B und C gehen, da ihr Moment um C Null sein muß. Damit ist auch die Richtung der linken Teilauflagerkraft A' bestimmt, und der Kräfteplan kann gezeichnet werden. Analog erhalten wir Richtung und Größe der Teilauflagerkräfte A'' und B'' zur Belastung P_2 der rechten Bogenscheibe $B\,C$ bei unbelasteter linker Bogenscheibe $A\,C$.

Die Teilauflagerkräfte A' und A'' bzw. B' und B'' setzen sich zu den gesuchten Auflagerkräften A und B zusammen. Die Gelenkkraft in C ergibt sich als Resultierende aus A und P_1 bzw. B und P_2.

A 5. Man ermittle rechnerisch und graphisch die Auflagerreaktionen des in Abb. II, A 5 gezeichneten Stabes vom Gewicht G, der reibungsfrei bei A, B und C aufliegt.

Lösung: a) rechnerisch. Die Gleichgewichtsbedingungen lauten, wenn das Auflager C als Momentenpol gewählt wird,

$$A \sin\alpha - B \sin\alpha = 0, \qquad C - G - A\cos\alpha + B\cos\alpha = 0,$$

$$G\,\frac{l}{2}\cos\alpha + A\,a - B\,(a + b) = 0,$$

woraus

$$A = B = G\,\frac{l}{2\,b}\cos\alpha, \qquad C = G$$

folgt.

b) graphisch. Die Richtung der Teilresultierenden R_{AC} von A und C ist durch die Schnittpunkte von A mit C und B mit G bestimmt. Nun kann man G in die Richtungen B und R_{AC} und hierauf R_{AC} in die Richtungen A und C zerlegen. Natürlich hätte man ebensogut mit dem Aufsuchen der Teilresultierenden von B und C beginnen können.

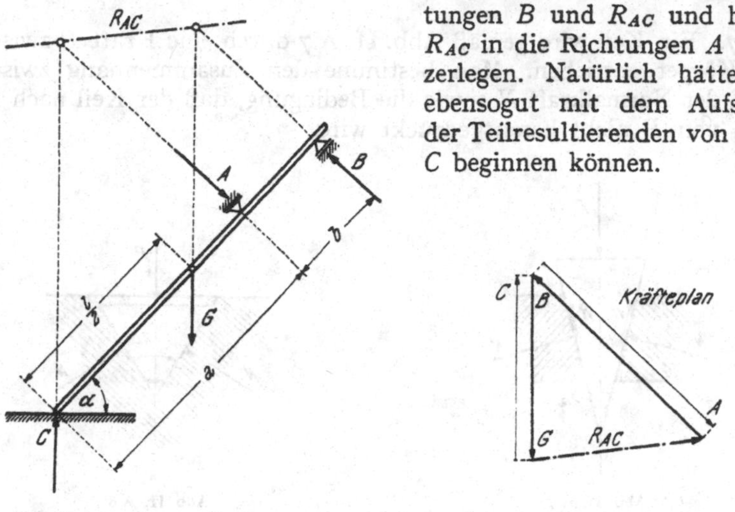

Abb. II, A 5

A 6. Für den in Abb. II, A 6 dargestellten Steigring ist der minimale Abstand $a_{\min}$ der Einzelkraft P vom Führungsbalken so zu bestimmen, daß Selbsthemmung eintritt.

Lösung: a) rechnerisch. Die drei Gleichgewichtsbedingungen in der Ebene lauten mit O als Momentenpol

$$N_1 - N_2 = 0,$$
$$R_1 + R_2 - P = 0,$$
$$P\, a_{\min} + R_2\, d - N_2\, h = 0.$$

Unter Verwendung der Haftgrenzbedingungen

$$R_1 = \mu_0\, N_1, \quad R_2 = \mu_0\, N_2$$

folgt nach Elimination der Kräfte

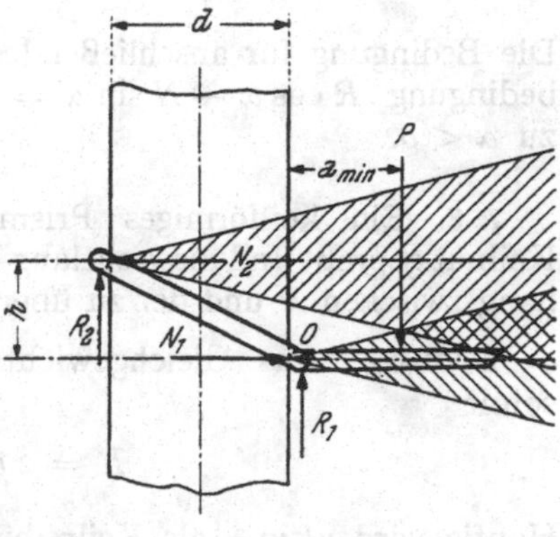

Abb. II, A 6

$$a_{\min} = \frac{h - \mu_0\, d}{2\, \mu_0}.$$

b) graphisch. Die eingeprägte Kraft P soll durch zwei Reaktionskräfte (in Abb. II, A 6 in Normal- und Schubkomponente N und R zerlegt), die innerhalb der schraffierten Haftgrenzkeile liegen müssen, im Gleichgewicht gehalten werden. Das geht nur so, daß die Wirkungslinie von P durch den doppelt schraffierten, beiden Haftgrenzkeilen angehörenden Bereich bzw. im Grenzfall durch seinen Eckpunkt führt.

A 7. Ein Keil wird gemäß Abb. II, A 7 durch eine Kraft P zwischen zwei Körper getrieben. Man bestimme den Zusammenhang zwischen P und der Normalkraft N sowie die Bedingung, daß der Keil nach Entfernen von P nicht herausgedrückt wird.

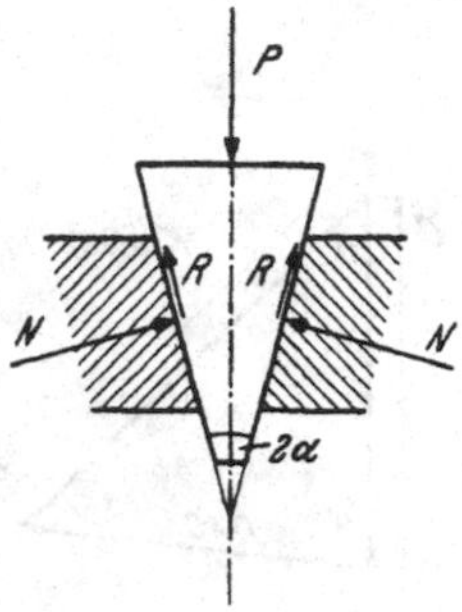

Abb. II, A 7

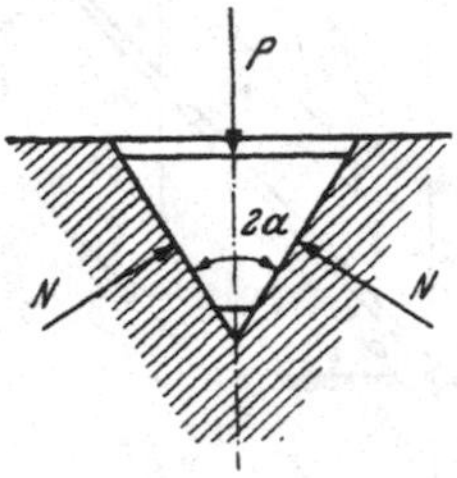

Abb. II, A 8

Lösung: Die Gleichgewichtsbedingung in vertikaler Richtung

$$P - 2\,(N \sin\alpha + R \cos\alpha) = 0$$

liefert wegen $R = \mu N$ und mit $\mu = \tan\varrho$ die gesuchte Beziehung:

$$P = 2\,N \frac{\sin(\alpha - \varrho)}{\cos\varrho}.$$

Die Bedingung für anschließendes Haften folgt aus der Gleichgewichtsbedingung $R\cos\alpha - N\sin\alpha = 0$ und der Ungleichung $R \leqslant N\tan\varrho$ zu $\alpha < \varrho$.

A 8. Ein keilförmiges Prisma wird gemäß Abb. II, A 8 in eine Keilnut gepreßt und diese entlang bewegt. Man bestimme den Zusammenhang zwischen P und der zu überwindenden Reibungskraft R.

Lösung: Aus Gleichgewichtsgründen ist $2\,N\sin\alpha - P = 0$ und somit

$$R = 2\,\mu\,N = \frac{\mu P}{\sin\alpha}.$$

Häufig wird $\mu/\sin\alpha$ als Keilreibungszahl μ_k bezeichnet.

A 9. Durch Anziehen einer Kopfschraube soll die Vorspannkraft P aufgebracht werden. Man bestimme das erforderliche Anzugsmoment und die Selbsthemmbedingung.

Lösung: Das Anzugsmoment ist die Summe der Momente der Reibungskräfte am Schraubenkopf und im Gewinde

$$M_a = M_K + M_G.$$

Bezeichnet man die Gewindefläche mit F, den mittleren Gewinderadius mit r, den mittleren Steigungswinkel mit γ und die Reibungszahl mit μ, so ist mit den Bezeichnungen der Abb. II, A 9

$$M_G = r \cos\gamma \int_F dR + r \cos\alpha \sin\gamma \int_F dN = [\mu \cos\gamma + \cos\alpha \sin\gamma]\, r \int_F dN,$$

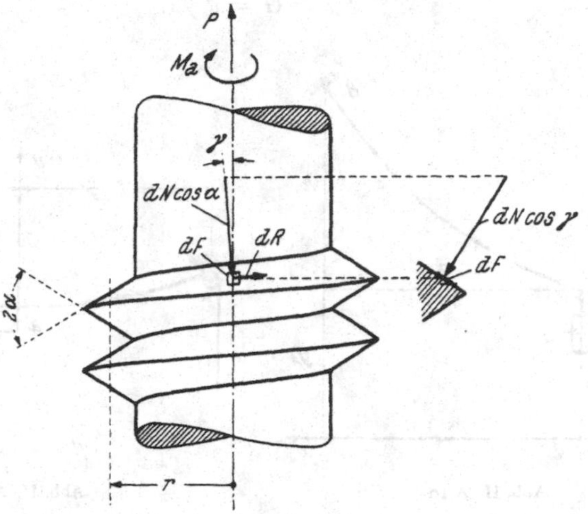

Abb. II, A 9

$$P = -\sin\gamma \int_F dR + \cos\alpha \cos\gamma \int_F dN = [-\mu \sin\gamma + \cos\alpha \cos\gamma] \int_F dN$$

und somit

$$M_G = r\, P\, \frac{\cos\alpha \sin\gamma + \mu \cos\gamma}{\cos\alpha \cos\gamma - \mu \sin\gamma}.$$

Ist der mittlere Reibungsradius am Schraubenkopf a, so ist

$$M_K = \mu\, a\, P$$

und damit schließlich

$$M_a = P\left[r\, \frac{\cos\alpha \tan\gamma + \mu}{\cos\alpha - \mu \tan\gamma} + \mu\, a\right].$$

Selbsthemmung tritt ein, wenn zum Lösen der Schraube ein Drehmoment M_l in entgegengesetzter Richtung aufgebracht werden muß. Dann dreht sich dR um, und es gilt

$$M_l = -P\left[r\, \frac{\cos\alpha \tan\gamma - \mu}{\cos\alpha + \mu \tan\gamma} - \mu\, a\right].$$

Für Selbsthemmung muß dann $M_l > 0$, d. h. also

$$r\,(\cos\alpha \tan\gamma - \mu) - \mu\, a\,(\cos\alpha + \mu \tan\gamma) < 0,$$

sein.

Die entsprechenden Formeln für die *flachgängige Schraube* (Rechteckgewinde) sind in den vorstehenden als Spezialfall ($\alpha = 0$) enthalten.

A 10. Ein ideales Seil mit dem Gewicht q pro Längeneinheit hängt zwischen zwei Punkten mit dem Horizontalabstand b und der Höhendifferenz h. Der Seilzug im Punkt A wird durch ein Gewicht G erzeugt (Abb. II, A 10). Man bestimme die Gleichung der Seilkurve.

Lösung: Mit den in der Abbildung eingezeichneten Längen ist der Seilzug in A gegeben durch

$$S_A = G = q\, y_A.$$

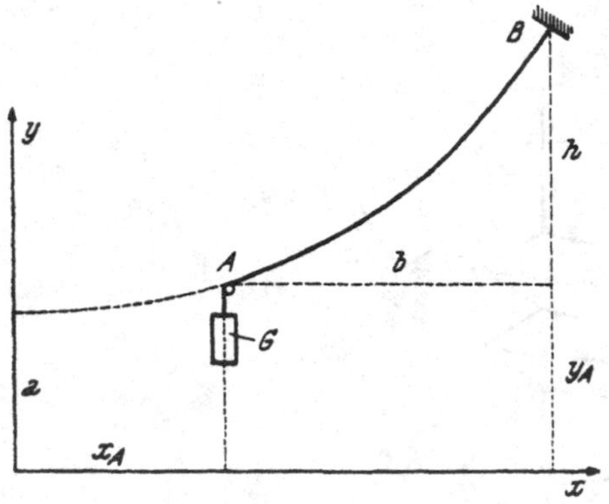

Abb. II, A 10

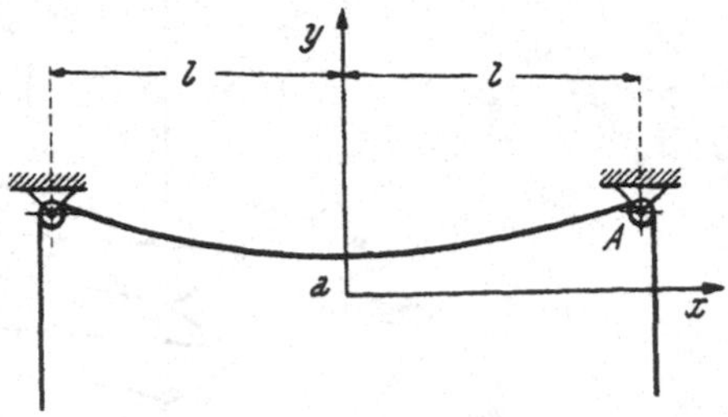

Abb. II, A 11

Die Seilkurve geht durch die beiden Punkte A und B hindurch, es gilt also

$$y_A = a \cosh \frac{x_A}{a},$$

$$y_A + h = a \cosh \frac{x_A + b}{a}.$$

Die dritte Gleichung gibt unter Verwendung der Formeln für die Hyperbelfunktionen nach Einsetzen von $a \cosh \frac{x_A}{a}$ aus der zweiten und y_A aus der ersten Gleichung die Beziehung

$$\frac{G}{q} + h = \frac{G}{q} \cosh \frac{b}{a} + \sqrt{\frac{G^2}{q^2} - a^2}\, \sinh \frac{b}{a}$$

zur Bestimmung des Parameters a.

A 11. Gegeben ist ein über zwei kleine Rollen gelegtes ideales Seil mit dem Gewicht q pro Längeneinheit (Abb. II, A 11). Man bestimme bei gegebenem Rollenabstand $2\,l$ die Mindestlänge L des Seiles, bei der es nicht abläuft.

Lösung: Ist

$$2\, s_1 = 2\, a \sinh \frac{l}{a}$$

die Seillänge zwischen den Rollen, so entspricht ihr ein Seilzug in A von

$$S_A = q\,a \cosh \frac{l}{2}.$$

Damit das Seil nicht abläuft, muß es um

$$s_2 = \frac{S_A}{q} = a \cosh \frac{l}{a}$$

überhängen. Die gesamte Seillänge ist daher

$$L = 2\,(s_1 + s_2) = 2\,a \left(\sinh \frac{l}{a} + \cosh \frac{l}{a}\right) = 2\,a\,e^{l/a}.$$

Aus $\partial L/\partial a = 0$ folgt, daß dieser Ausdruck ein Minimum hat für $l/a = 1$. Das Seil läuft daher nicht ab, wenn $L \geqslant 2\,l\,e$ ist.

Literatur

Fachwerkstheorie

W. Schlink: Technische Statik. Berlin: 1939.

F. Stüssi: Vorlesungen über Baustatik. Bd. I, 3. Aufl. Basel: 1962.

Statik der Seile

K. Girkmann-E. Königshofer: Die Hochspannungs-Freileitungen. Wien: 1952.

III. Massengeometrie

1. Schwerpunkt. Statische Momente. Das Gewicht eines Körpers ist die Resultierende einer gleichgerichteten Kräftegruppe, die aus den kontinuierlich über das Körpervolumen verteilten Kräften $\mathfrak{k} = \gamma\,\mathfrak{e}$ pro Volumseinheit besteht (Abb. III, 1). γ ist dabei das sogenannte spezifische Gewicht des Körpers und $\mathfrak{e}$ ist ein lotrecht nach unten gerichteter Einheitsvektor[1]. Die in Ziff. II, 13 angegebenen Formeln, die für ein aus Einzelkräften bestehendes Parallelkraftsystem abgeleitet wurden, gelten auch für kontinuierliche Verteilungen, wenn nur die Summen durch Integrale ersetzt werden. Es ist also das Gewicht

$$G = \int_V \gamma\,dV \qquad \text{(III, 1)}$$

und für den Ortsvektor des Kräftemittelpunktes, der hier *Schwerpunkt* S genannt wird, gilt

$$\mathfrak{r}_S = \frac{1}{G} \int_V \mathfrak{r}\,\gamma\,dV. \qquad \text{(III, 2)}$$

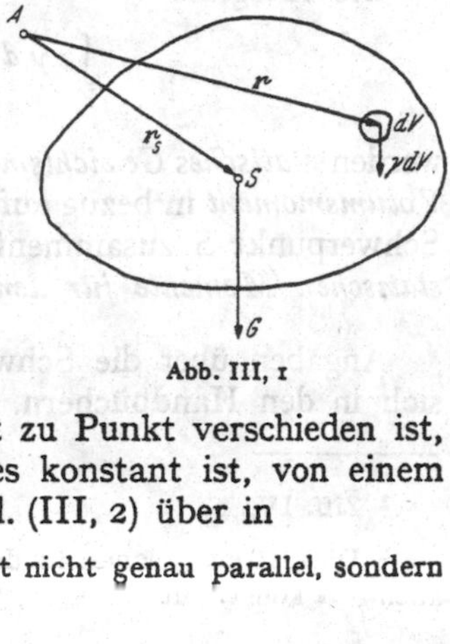

Abb. III, 1

Wenn das spezifische Gewicht von Punkt zu Punkt verschieden ist, spricht man von einem *inhomogenen*, wenn es konstant ist, von einem *homogenen* Körper. Im letzteren Fall geht Gl. (III, 2) über in

[1] Die Vektoren $\mathfrak{e}$ sind allerdings in Wirklichkeit nicht genau parallel, sondern angenähert zum Erdmittelpunkt gerichtet.

$$\mathfrak{r}_S = \frac{1}{V} \int\limits_V \mathfrak{r}\, dV. \qquad \text{(III, 3)}$$

Der *physikalische* und der *geometrische* Schwerpunkt fallen dann zusammen. Geometrische Schwerpunkte lassen sich im übrigen auch für Flächen und Linien definieren. Man hat bloß in Gl. (III, 3) an Stelle des Volumens V die Fläche F oder die Bogenlänge s zu schreiben.

Ersetzt man in Gl. (III, 2) das spezifische Gewicht γ durch die spezifische Masse[1] ϱ, so erhält man die Koordinaten des *Massenmittelpunktes M*

$$\mathfrak{r}_M = \frac{1}{m} \int\limits_V \mathfrak{r}\, \varrho\, dV = \frac{1}{m} \int\limits_m \mathfrak{r}\, dm, \qquad m = \int\limits_V \varrho\, dV. \qquad \text{(III, 4)}$$

m ist die Gesamtmasse des Körpers, $\varrho\, dV = dm$ ein Massenelement. Wir werden später sehen, daß zwischen spezifischem Gewicht und spezifischer Masse der Zusammenhang $\gamma = g\, \varrho$ besteht, wo g die Fallbeschleunigung bedeutet[1].

In einem *homogenen Schwerefeld*[2] sind Schwerpunkt und Massenmittelpunkt identisch. Im inhomogenen Feld trifft dies nicht mehr zu: Die näher zur anziehenden Masse (Erde) gelegenen Körperpunkte erfahren eine stärkere Anziehungskraft als die entfernter liegenden. Daher ändert der Schwerpunkt bei einer Drehung des Körpers auch seine Lage im Körper. Allerdings sind diese Effekte wegen der nur schwachen Inhomogenität des Schwerefeldes außerordentlich klein und spielen bei technischen Problemen im allgemeinen keine Rolle. Eine Ausnahme siehe Aufgabe V, A 14. Wir werden im weiteren den Schwerpunkt mit dem Massenmittelpunkt gleichsetzen.

Die Integrale

$$\int\limits_V \mathfrak{r}\, \gamma\, dV, \qquad \int\limits_V \mathfrak{r}\, \varrho\, dV, \qquad \int\limits_V \mathfrak{r}\, dV$$

werden *statisches Gewichtsmoment*, *statisches Massenmoment* und *statisches Volumsmoment* in bezug auf den Punkt A genannt. Läßt man A mit dem Schwerpunkt S zusammenfallen, so verschwinden diese Momente: *Die statischen Momente für den Schwerpunkt sind Null.*

Angaben über die Schwerpunkte technisch wichtiger Körper finden sich in den Handbüchern.

---

[1] Ziff. IV, 1.

[2] Dies ist ein solches, in dem außer der Parallelität der lotrechten Vektoren $\mathfrak{e}$ auch g = konst. gilt.

2. Trägheits- und Deviationsmomente. Neben den statischen Massenmomenten (oder Massenmomenten 1. Ordnung) spielen in der Dynamik noch die Massenmomente 2. Ordnung eine wichtige Rolle. Man unterscheidet Trägheitsmomente und Deviationsmomente.

Das *Trägheitsmoment* einer Massenverteilung (Abb. III, 2) in bezug auf eine Achse a ist definiert durch

$$I_a = \int\limits_m s^2\, dm, \qquad \text{(III, 5)}$$

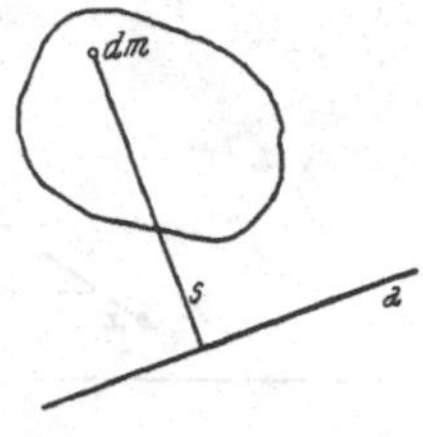

Abb. III, 2

wo s der Abstand der Körperpunkte von der Achse ist. Im Gegensatz zum Massenmoment 1. Ordnung treten also hier die Quadrate der Abstände auf.

Als *Deviationsmoment* der Massenverteilung in bezug auf zwei zueinander senkrechte Ebenen definiert man

$$I_{pq} = \int\limits_m p\, q\, dm, \qquad \text{(III, 6)}$$

wo p und q die Abstände der Körperpunkte von den Ebenen sind.

In Tabelle III, 1 sind Trägheits- und Deviationsmomente für ein rechtwinkeliges kartesisches Achsenkreuz x, y, z zusammengestellt.

In der Festigkeitslehre treten noch sogenannte *Flächenträgheitsmomente* von Querschnitten auf[1]. Ihre Definition ist die gleiche wie die der Massenträgheitsmomente, nur ist das Massenelement dm durch das Flächenelement dF zu ersetzen. In Tabelle III, 1 sind diese Momente gleichfalls angegeben.

Gelegentlich ist es zweckmäßig, Trägheitsmomente in der Form

$$I = m\, i^2 \qquad \text{(III, 7)}$$

zu schreiben. m ist die Gesamtmasse. Man nennt i den *Trägheitsradius.*

Aus der Definition (III, 6) der Deviationsmomente folgt, daß diese verschwinden, wenn eine der beiden Ebenen Symmetrieebene des Körpers ist. Denn dann existiert zu jedem Punkt mit dem Abstand $+p$ ein Punkt mit dem Abstand $-p$ und die Beiträge der beiden zum Integral heben sich auf. Ist also etwa die x,y-Ebene Symmetrieebene, so gilt $I_{zx} = I_{zy} = 0$.

In Tabelle III, 2 sind einige praktisch wichtige Trägheitsmomente angegeben. Weitere findet man in den Handbüchern.

3. Trägheitsmomente um parallele Achsen. Wir stellen uns die Frage, wie sich die Trägheitsmomente bei einer Parallelverschiebung des Koordinatensystems ändern. Es sei also x, y, z ein rechtwinkeliges kartesisches Koordi-

---

[1] Ziff. XI, 3.

Tabelle III, 1

Massenmomente	Flächenmomente
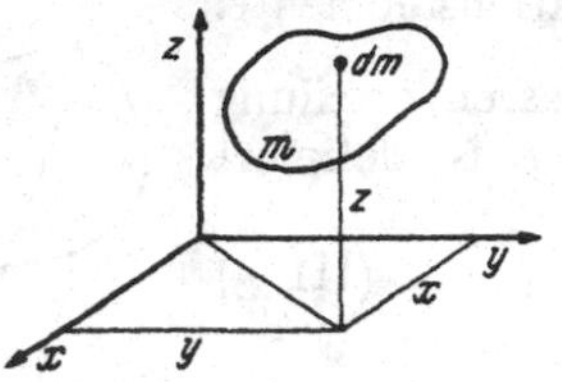	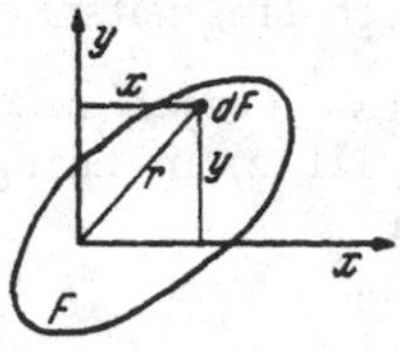
Trägheitsmomente $I_x = \int_m (y^2 + z^2)\, dm, \quad I_y = \int_m (z^2 + x^2)\, dm,$ $I_z = \int_m (x^2 + y^2)\, dm$	**Trägheitsmomente** $J_x = \int_F y^2\, dF, \quad J_y = \int_F x^2\, dF$ **Polares Trägheitsmoment** $J_p = \int_F r^2\, dF = J_x + J_y$
Deviationsmomente $I_{xy} = I_{yx} = \int_m x\, y\, dm,$ $I_{yz} = I_{zy} = \int_m y\, z\, dm, \quad I_{zx} = I_{xz} = \int_m z\, x\, dm$	**Deviationsmomente** $J_{xy} = J_{yx} = \int_F x\, y\, dF$

natensystem durch den Schwerpunkt S des Körpers und ξ, η, ζ ein dazu paralleles Koordinatensystem durch den beliebigen Punkt A (Abb. III, 3). Sind a, b, c die Koordinaten des Punktes A im x,y,z-System, so gilt, wie man der Abbildung unmittelbar entnimmt, $x = a + \xi$, $y = b + \eta$, $z = c + \zeta$. Damit wird das Trägheitsmoment um die ξ-Achse

$$I_\xi = \int_m (\eta^2 + \zeta^2)\, dm = \int_m [(y - b)^2 + (z - c)^2]\, dm = I_x + (b^2 + c^2)\, m - \\ - 2\, b \int_m y\, dm - 2\, c \int_m z\, dm.$$

Die beiden Integrale stellen aber die y- bzw. z-Komponenten des statischen Momentes $\int_m \mathfrak{r}\, dm$ um den Schwerpunkt dar und verschwinden somit. Setzt man noch $b^2 + c^2 = h^2$, wo h den Abstand zwischen der ξ- und der x-Achse bedeutet, so ergibt sich schließlich

$$I_\xi = I_x + h^2\, m. \qquad \text{(III, 8)}$$

Diese Formel wird als STEINERscher Satz bezeichnet: „Das Trägheitsmoment um irgendeine Achse ist gleich der Summe aus dem Trägheits-

Tabelle III, 2. *Massenträgheitsmomente homogener Körper (Gesamtmasse m)*

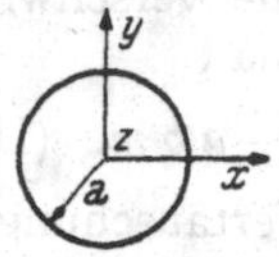	Dünner Kreisring:	$I_x = I_y = \frac{m\,a^2}{2}, \quad I_z = m\,a^2$
	Kreisplatte:	$I_x = I_y = \frac{m\,a^2}{4}, \quad I_z = \frac{m\,a^2}{2}$
	Kugel:	$I_x = I_y = I_z = \frac{2}{5}\,m\,a^2$
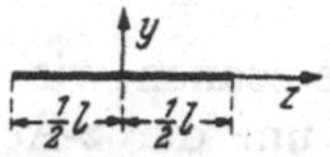	Gerader Stab:	$I_x = I_y = \frac{m\,l^2}{12}, \quad I_z = 0$
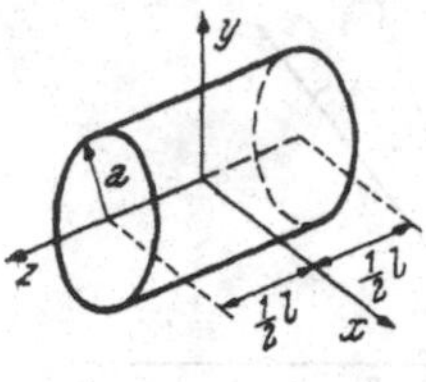	Dünnwandiges Kreisrohr:	$I_x = I_y = \frac{m}{2}\left(a^2 + \frac{l^2}{6}\right), \quad I_z = m\,a^2$
	Vollzylinder:	$I_x = I_y = \frac{m}{4}\left(a^2 + \frac{l^2}{3}\right), \quad I_z = \frac{m\,a^2}{2}$
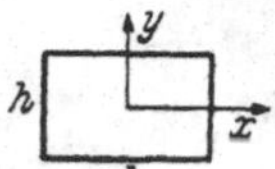	Rechteckplatte:	$I_x = \frac{m\,h^2}{12}, \quad I_y = \frac{m\,b^2}{12}, \quad I_z = \frac{m}{12}(h^2 + b^2)$

Flächenträgheitsmomente

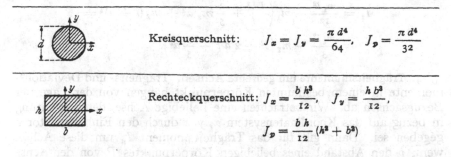

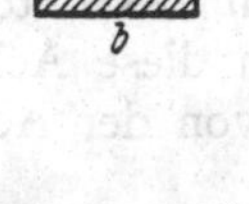	Kreisquerschnitt:	$J_x = J_y = \frac{\pi\,d^4}{64}, \quad J_p = \frac{\pi\,d^4}{32}$
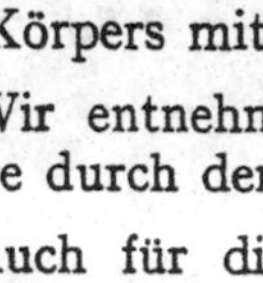	Rechteckquerschnitt:	$J_x = \frac{b\,h^3}{12}, \quad J_y = \frac{h\,b^3}{12}, \quad J_p = \frac{b\,h}{12}(h^2 + b^2)$

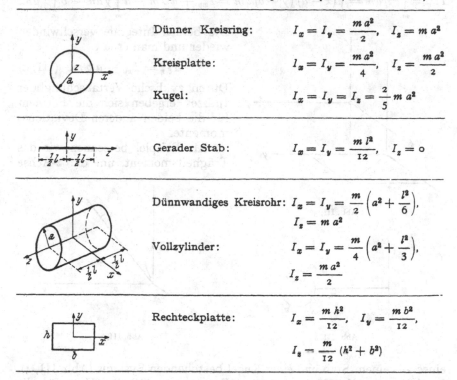

moment um die parallele Schwerachse und dem Produkt aus der Masse des Körpers mit dem Quadrat des Abstandes der beiden Achsen."

Wir entnehmen der Gl. (III, 8), daß von allen Parallelachsen diejenige durch den Schwerpunkt das kleinste Trägheitsmoment liefert.

Auch für die Deviationsmomente läßt sich eine analoge Aussage machen. Es gilt nämlich mit Abb. III, 3

$$I_{\xi\eta} = \int_m \xi\,\eta\,dm = \int_m (x-a)\,(y-b)\,dm = I_{xy} + a\,b\,m - a\int_m y\,dm - b\int_m x\,dm.$$

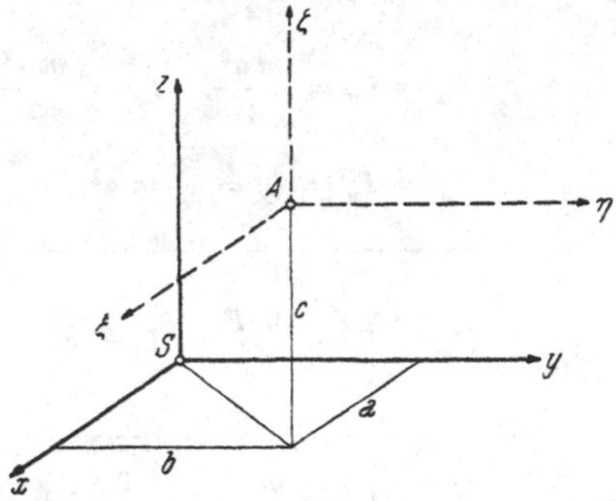

Abb. III, 3

Die beiden Integrale verschwinden wieder und man erhält

$$I_{\xi\eta} = I_{xy} + a\,b\,m. \quad \text{(III, 9)}$$

Durch zyklische Vertauschung der Indizes ergeben sich die Formeln für die beiden anderen Deviationsmomente.

Als Beispiel berechnen wir das Trägheitsmoment um die z-Achse

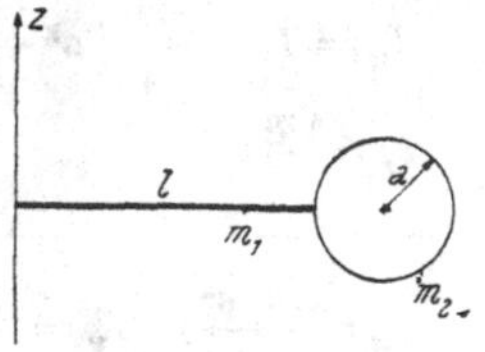

Abb. III, 4

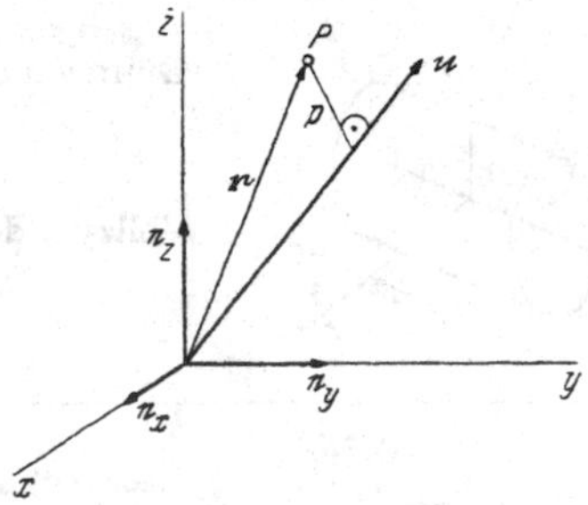

Abb. III, 5

eines aus einem Stab und einer Kugel bestehenden Systems (Abb. III, 4). Es ist nach Gl. (III, 8) mit den Werten von Tabelle III, 2 für die Einzelträgheitsmomente

$$I_z = \frac{m_1\,l^2}{12} + m_1\left(\frac{l}{2}\right)^2 + \frac{2}{5}\,m_2\,a^2 + m_2\,(l+a)^2 =$$

$$= \frac{m_1\,l^2}{3} + m_2\left(l^2 + 2\,a\,l + \frac{7}{5}\,a^2\right).$$

4. Trägheitsmomente um gedrehte Achsen. Trägheits- und Deviationsmomente in einem bestimmten Körperpunkt hängen von der Lage der Bezugsachsen ab. Wir betrachten eine beliebige Achse, deren Richtung in bezug auf das Koordinatensystem x, y, z durch den Einheitsvektor $\mathfrak{n}$ gegeben sei. Dann gilt für das Trägheitsmoment I_n um diese Achse, wenn p den Abstand eines beliebigen Körperpunktes P von der Achse bedeutet (Abb. III, 5),

$$I_n = \int_m p^2\,dm = \int_m (\mathfrak{r}\times\mathfrak{n})^2\,dm = \int_m [(y\,n_z - z\,n_y)^2 + (z\,n_x - x\,n_z)^2 +$$
$$+ (x\,n_y - y\,n_x)^2]\,dm.$$

Nach Umordnung und Zusammenfassung folgt

$$I_n = I_x\,n_x^2 + I_y\,n_y^2 + I_z\,n_z^2 - 2\,(I_{xy}\,n_x\,n_y + I_{yz}\,n_y\,n_z + I_{zx}\,n_z\,n_x). \quad \text{(III, 10)}$$

Für das Deviationsmoment in bezug auf zwei zueinander senkrechte Ebenen mit den Normalenvektoren $\mathfrak{n}$ und $\mathfrak{m}$ erhalten wir

$$I_{nm} = \int\limits_m (\mathfrak{r} \cdot \mathfrak{n})(\mathfrak{r} \cdot \mathfrak{m})\, dm = \int\limits_m (x\, n_x + y\, n_y + z\, n_z)(x\, m_x + y\, m_y + z\, m_z)\, dm.$$

Fügen wir noch den Ausdruck $-\int\limits_m r^2 (n_x m_x + n_y m_y + n_z m_z)\, dm$ hinzu, der wegen $\mathfrak{n} \cdot \mathfrak{m} = 0$ verschwindet, so ergibt sich

$$I_{nm} = -I_x n_x m_x - I_y n_y m_y - I_z n_z m_z + (n_x m_y + n_y m_x) I_{xy} + + (n_y m_z + n_z m_y) I_{yz} + (n_z m_x + n_x m_z) I_{zx}. \qquad \text{(III, 11)}$$

5. Trägheitsellipsoid. Wir denken uns in einem beliebigen Körperpunkt A nach Wahl eines Koordinatensystems x, y, z die Trägheits- und Deviationsmomente berechnet. Mit Hilfe der Gl. (III, 10) können wir dann für jede beliebige Achse $\mathfrak{n}$ durch diesen Punkt (mit den Richtungskosinus n_x, n_y, n_z) das Trägheitsmoment I_n berechnen. Wenn wir dann auf jeder dieser Achsen in einem passend gewählten Maßstab von A aus eine Strecke $\overline{AP} = r = 1/\sqrt{I_n}$ auftragen, so bilden die Endpunkte P dieser Strecken eine Fläche, deren Gleichung mit den Koordinaten x, y, z des Punktes P

$$x = r\, n_x = \frac{n_x}{\sqrt{I_n}}, \quad y = r\, n_y = \frac{n_y}{\sqrt{I_n}}, \quad z = r\, n_z = \frac{n_z}{\sqrt{I_n}}$$

aus Gl. (III, 10), wenn diese durch I_n dividiert wird, zu

$$I_x x^2 + I_y y^2 + I_z z^2 - 2 I_{xy}\, x\, y - 2 I_{yz}\, y\, z - 2 I_{zx}\, z\, x = 1 \qquad \text{(III, 12)}$$

folgt. Dies ist aber die Gleichung eines Ellipsoides, des sogenannten *Trägheitsellipsoides*. Das Trägheitsellipsoid für den Schwerpunkt heißt *Zentralellipsoid*. Den drei Achsen des Ellipsoides entsprechen das größte, mittlere und kleinste Trägheitsmoment. Man nennt sie die *Hauptträgheitsmomente* I_1, I_2, I_3 und die zugehörigen Achsen die *Trägheitshauptachsen*. Dreht man das Achsensystem x, y, z so in ein Achsensystem ξ, η, ζ, daß die Koordinatenachsen mit den Trägheitshauptachsen zusammenfallen, so muß Gl. (III, 12) in die Hauptachsengleichung des Ellipsoides übergehen

$$I_1 \xi^2 + I_2 \eta^2 + I_3 \zeta^2 = 1, \qquad \text{(III, 13)}$$

aus der unmittelbar ersichtlich ist, daß für die Trägheitshauptachsen die Deviationsmomente verschwinden.

Zur tatsächlichen Berechnung der Hauptträgheitsmomente hat man die Extremwerte von I_n gemäß Gl. (III, 10) mit der Nebenbedingung

$$n_x^2 + n_y^2 + n_z^2 = 1 \qquad \text{(III, 14)}$$

aufzusuchen. Ein solches Extremumproblem mit Nebenbedingungen wird bekanntlich gelöst durch Einführung eines LAGRANGEschen Faktors λ, wobei dann der Ausdruck

$$F(n_x, n_y, n_z) = I_n - \lambda\,(n_x^2 + n_y^2 + n_z^2 - 1)$$

zum Extremum zu machen ist. Setzen wir der Reihe nach $\partial F/\partial n_x = 0$, $\partial F/\partial n_y = 0$, $\partial F/\partial n_z = 0$, so erhalten wir die drei Gleichungen

$$\left.\begin{aligned} (I_x - \lambda)\, n_x - I_{xy}\, n_y - I_{xz}\, n_z &= 0, \\ -\, I_{xy}\, n_x + (I_y - \lambda)\, n_y - I_{yz}\, n_z &= 0, \\ -\, I_{xz}\, n_x - I_{yz}\, n_y + (I_z - \lambda)\, n_z &= 0 \end{aligned}\right\} \qquad \text{(III, 15)}$$

in den drei Unbekannten n_x, n_y, n_z. Damit eine nichttriviale Lösung möglich ist, muß

$$\begin{vmatrix} I_x - \lambda & -I_{xy} & -I_{xz} \\ -I_{xy} & I_y - \lambda & -I_{yz} \\ -I_{xz} & -I_{yz} & I_z - \lambda \end{vmatrix} = 0 \qquad \text{(III, 16)}$$

sein. Das ist eine kubische Gleichung in λ. Wegen der Symmetrie der Determinante sind ihre drei Wurzeln reell. Sie stellen die drei *Hauptträgheitsmomente* dar. Die Richtungen der Trägheitshauptachsen folgen mit $\lambda_1 = I_1$, $\lambda_2 = I_2$, $\lambda_3 = I_3$ aus den Gln. (III, 15).

Es ist sehr häufig möglich, die umständliche Auflösung der Gl. (III, 16) zu vermeiden und die Trägheitshauptachsen auf Grund von Symmetrieeigenschaften des Körpers aufzufinden. Zunächst ist jede Gerade, die senkrecht auf einer Symmetrieebene des Körpers steht, Trägheitshauptachse im Schnittpunkt mit der Ebene[1]. Weiters gilt folgendes: Ist es möglich, den Körper durch eine Drehung um eine Achse durch den Winkel π in sich selbst überzuführen in dem Sinn, daß sich wieder die gleiche Massenverteilung ergibt, obwohl natürlich die einzelnen Körperpunkte ihre Plätze vertauscht haben, dann ist die Drehachse Trägheitshauptachse. Der Beweis beruht darauf, daß das Trägheitsellipsoid die Bewegung des Körpers mitmacht und, da am Schluß wieder die gleiche Massenverteilung vorliegt, mit sich selbst zur Deckung gekommen sein muß. Nun geht aber ein *allgemeines* Ellipsoid bei einer Drehung um eine Achse durch einen Winkel $\alpha < 2\pi$ nur dann in sich selbst über, wenn der Drehwinkel den Wert $\alpha = \pi$ hat und die Drehachse eine Hauptachse ist. Wenn das Ellipsoid auch bei anderen Winkeln zur Deckung kommt, muß es notwendigerweise ein Rotationsellipsoid oder eine Kugel sein. Es ist also nicht nur der oben gezogene Schluß gerechtfertigt, sondern wir können darüber hinaus noch folgern, daß dann, wenn Überdeckung schon bei einem Winkel $\alpha < \pi$ eintritt, mindestens zwei der drei Hauptträgheitsmomente gleich sein müssen. Fällt also beispielsweise die Drehachse mit der z-Achse zusammen, so gilt

$$\alpha = \pi{:}\quad I_z = I_1,\quad I_{zx} = I_{zy} = 0,$$

$$\alpha < \pi{:}\quad I_z = I_1,\quad I_2 = I_3,\quad \text{sämtliche Deviationsmomente verschwinden.}$$

Beispiele sind der dreiblättrige Propeller und das regelmäßige Vieleck.

[1] Die Deviationsmomente verschwinden für diese Achse, wie in Ziff. III, 2 nachgewiesen wurde.

Aufgaben

A 1. Man ermittle das Trägheitsmoment I_n eines geraden Kreiskegels mit der Gesamtmasse m (Massendichte ϱ) um eine Erzeugende mit dem Richtungsvektor $\mathfrak{n}$ in der (x, z)-Ebene (Abb. III, A 1).

Lösung: Da x, y, z Trägheitshauptachsen sind, reduziert sich Gl. (III, 10) auf

$$I_n = I_x n_x^2 + I_y n_y^2 + I_z n_z^2,$$

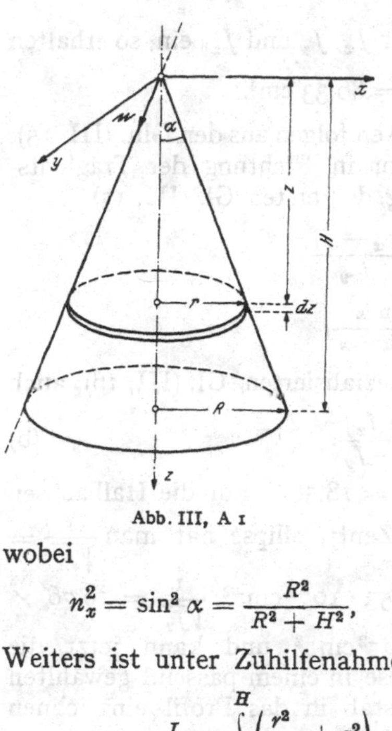

Abb. III, A 1

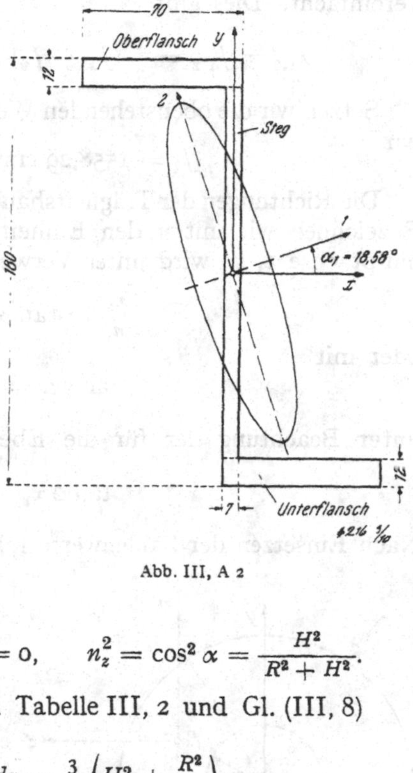

Abb. III, A 2

wobei

$$n_x^2 = \sin^2\alpha = \frac{R^2}{R^2 + H^2}, \qquad n_y^2 = 0, \qquad n_z^2 = \cos^2\alpha = \frac{H^2}{R^2 + H^2}.$$

Weiters ist unter Zuhilfenahme von Tabelle III, 2 und Gl. (III, 8)

$$I_x = \int\limits_0^H \left(\frac{r^2}{4} + z^2\right) \varrho\, r^2 \pi\, dz = \frac{3}{5}\left(H^2 + \frac{R^2}{4}\right) m,$$

$$I_z = \int\limits_0^H \frac{r^2}{2} \varrho\, r^2 \pi\, dz = \frac{3}{10} R^2 m$$

und daher

$$I_n = \frac{3\,(R^2 + 6\,H^2)}{20\,(R^2 + H^2)} R^2 m.$$

A 2. Man bestimme die Zentralellipse für das in Abb. III, A 2 dargestellte Profil.

Lösung: Zuerst berechnen wir die Flächenmomente I_x, I_y und I_{xy} des Profils. Dazu teilen wir den Querschnitt in drei Rechtecke: Oberflansch, Steg und Unterflansch. Mit Hilfe der Tabelle III, 2 und der Gln. (III, 8) und (III, 9) ergibt sich

$$J_x = 1408{,}88\ \text{cm}^4, \quad J_y = 235{,}74\ \text{cm}^4, \quad J_{xy} = -444{,}53\ \text{cm}^4.$$

Die Hauptträgheitsmomente folgen aus Gl. (III, 16), die sich hier zu

$$\begin{vmatrix} J_x - \lambda & -J_{xy} \\ -J_{xy} & J_y - \lambda \end{vmatrix} = (J_x - \lambda)(J_y - \lambda) - J_{xy}^2 = 0$$

vereinfacht. Dies gibt

$$\lambda_{1,2} = J_{1,2} = \frac{1}{2}(J_x + J_y) \pm \frac{1}{2}\sqrt{(J_x - J_y)^2 + 4 J_{xy}^2}. \qquad \text{(a)}$$

Setzen wir die obenstehenden Werte für J_x, J_y und J_{xy} ein, so erhalten wir

$$J_1 = 1558{,}29\ \text{cm}^4, \quad J_2 = 86{,}33\ \text{cm}^4.$$

Die Richtungen der Trägheitshauptachsen folgen aus den Gln. (III, 15). Bezeichnen wir mit $\mathfrak{n}$ den Einheitsvektor in Richtung der Trägheitshauptachse 1, so wird unter Verwendung der ersten Gl. (III, 15)

$$\frac{n_y}{n_x} = \tan\alpha_1 = \frac{J_x - J_1}{J_{xy}}$$

oder mit

$$\tan 2\alpha = \frac{2\tan\alpha}{1 - \tan^2\alpha},$$

unter Beachtung der für die Ebene spezialisierten Gl. (III, 16) auch

$$\tan 2\alpha_1 = \frac{-2 J_{xy}}{J_x - J_y}. \qquad \text{(b)}$$

Nach Einsetzen der Zahlenwerte folgt $\alpha_1 = 18{,}58°$. Für die Halbachsen der Zentralellipse hat man $\frac{1}{\sqrt{J_1}} = 2{,}53 \cdot 10^{-2}\ \text{cm}^{-2}$, $\frac{1}{\sqrt{J_2}} = 10{,}76 \times 10^{-2}\ \text{cm}^{-2}$ und kann jetzt die Ellipse in einem passend gewählten Maßstab in das Profil einzeichnen (Abb. III, A 2).

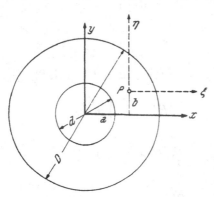

Abb. III, A 3

A 3. Man bestimme die Flächenträgheitsmomente für den in Abb. III, A 3 dargestellten Kreisringquerschnitt um die durch den Punkt P gehenden Achsen ξ und η und zeige, daß Trägheitshauptachsen bei Parallelverschiebung im allgemeinen nicht wieder in solche übergehen.

Lösung: Nach Tabelle III, 2 ist

$$J_x = J_y = \frac{\pi}{64}(D^4 - d^4), \quad J_{xy} = 0.$$

Alle durch den Mittelpunkt des Kreisringes gehenden Achsen sind aus Symmetriegründen Trägheitshauptachsen. Nach dem STEINERschen Satz ist

$$J_\xi = J_x + b^2 F = \frac{\pi}{64}(D^2 - d^2)(16\, b^2 + D^2 + d^2),$$

$$J_\eta = J_y + a^2 F = \frac{\pi}{64}(D^2 - d^2)(16\, a^2 + D^2 + d^2),$$

$$J_{\xi\eta} = J_{xy} + a\, b\, F = \frac{a\, b\, \pi}{4}(D^2 - d^2).$$

Die Achsen ξ, η sind also nur dann Trägheitshauptachsen, wenn a oder b gleich Null ist.

IV. Die Grundgleichungen der Dynamik

1. Inertialsystem. Grundgesetz der Dynamik. Wir haben in der Kinematik die Bewegungen eines Körpers studiert, ohne danach zu fragen, wie diese Bewegungen zustandekommen. Die Erfahrung zeigt nun, daß wir die *Kräfte* als die unmittelbaren Bewegungsursachen anzusehen haben. Diesen Zusammenhang zwischen Kraft und Bewegung wollen wir jetzt exakt formulieren.

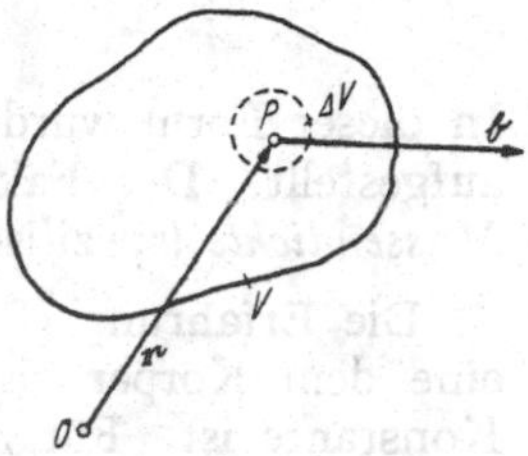

Abb. IV, 1

Als Vorbereitung definieren wir zunächst den Begriff des *Inertialsystems*. Während nämlich in der Kinematik alle Bezugssysteme gleichberechtigt waren, sind in der Kinetik die Inertialsysteme vor den anderen dadurch ausgezeichnet, daß nur in ihnen das GALILEIsche *Trägheitsgesetz* gilt: „Wenn wir einen starren Körper in beliebiger Richtung translatorisch in Bewegung setzen und auf ihn dann nicht mehr einwirken (d. h. ihn als kräftefrei voraussetzen), so beschreiben sämtliche Körperpunkte relativ zum Bezugssystem gerade Bahnen mit konstanter Geschwindigkeit."

Die Beobachtung zeigt, daß ein mit der Erde fest verbundenes Bezugssystem häufig mit hinreichender Genauigkeit als Inertialsystem angesehen werden kann (siehe S. 97).

Nunmehr sind wir in der Lage, das Grundgesetz der Dynamik zu formulieren. Wir betrachten einen Körper zu einem beliebigen Zeitpunkt t und fassen einen beliebigen Punkt P mit dem Ortsvektor $\mathfrak{r}$ und der auf ein *Inertialsystem* bezogenen Beschleunigung $\mathfrak{b}$ ins Auge. Der Körper stelle ein vollkommenes Kontinuum dar. Wir schneiden nun ein Teilvolumen ΔV, das den Punkt P im Inneren enthält, heraus (Abb. IV, 1) und bilden die Resultierende $\Delta\mathfrak{F}$ der auf den Teilkörper wirkenden Volumen- und Oberflächenkräfte. Diese Resultierende dividieren wir durch das zugehörige Volumen und erhalten so eine mittlere *Kraft-*

dichte oder *Kraftintensität* $\Delta\mathfrak{F}/\Delta V = \mathfrak{f}_m$. Jetzt lassen wir das Volumen auf den Punkt P zusammenschrumpfen und setzen voraus, daß dabei $\Delta\mathfrak{F} \to 0$ geht (also keine Einzelkraft im Punkt P angreift) und

$$\lim_{\Delta V \to 0} \frac{\Delta\mathfrak{F}}{\Delta V} = \mathfrak{f} \qquad \text{(IV, 1)}$$

existiert, unabhängig von der Wahl des Volumens ΔV. Den Vektor $\mathfrak{f}$ nennen wir die (örtliche) Kraftdichte. Nun postulieren wir: „In einem Inertialsystem sind Kraftdichte und Beschleunigung proportional",

$$\mathfrak{f} = \varrho\,\mathfrak{b}. \qquad \text{(IV, 2)}$$

Dies ist das *Grundgesetz der Dynamik*. Der Proportionalitätsfaktor ϱ wird im allgemeinen orts- und zeitabhängig sein, $\varrho = \varrho(\mathfrak{r}, t)$; er soll aber nicht von $\mathfrak{f}$ und $\mathfrak{b}$ abhängen!

Wir betrachten sogleich einen Sonderfall, nämlich den *rein translatorisch* bewegten Körper. Dann ist $\mathfrak{b}$ für jeden Punkt gleich und aus Gl. (IV, 2) folgt durch Integration über das gesamte Körpervolumen, wobei die inneren Kräfte zufolge des Reaktionsprinzips herausfallen[1],

$$\mathfrak{F} = \mathfrak{b} \int_V \varrho\, dV = m\,\mathfrak{b}.$$

In dieser Form wurde das dynamische Grundgesetz von NEWTON 1687 aufgestellt. Der Faktor m heißt die *Masse* des Körpers und ϱ die *Massendichte* (spezifische Masse).

Die Erfahrung (Fallversuch und Schwingungsversuch) zeigt, daß m eine dem Körper eigentümliche, vom Bewegungszustand unabhängige Konstante ist. Für ϱ trifft dies natürlich nicht zu, da sich ja bei der Bewegung der Körper im allgemeinen deformiert und somit sein Volumen ändert. Zur Bestimmung von m kann man von einer Bewegung ausgehen, bei der sowohl die Kraft als auch die Beschleunigung leicht gemessen werden können. Eine solche Bewegung ist z. B. der freie Fall (im Vakuum). Die wirksame Kraft ist hier das Gewicht G des Körpers. Die Messungen zeigen, daß die an verschiedenen Körpern am gleichen Ort hervorgerufenen Fallbeschleunigungen alle gleich groß sind („alle Körper fallen gleich schnell"), mit anderen Worten, daß das Gewicht eines Körpers seiner Masse proportional ist:

$$G = m\,g.$$

Die *Fallbeschleunigung*[2] g nimmt mit der geographischen Breite zu und mit der Höhe über dem Meer ab. In Meereshöhe ist sie am Pol

[1] Für einen Beweis siehe Ziff. IV, 4.

[2] Da die Erde nur näherungsweise ein Inertialsystem darstellt, ist die „Fallbeschleunigung" nicht identisch mit der „Erdbeschleunigung", vgl. Ziff. V, 6.

$g = 9{,}832\ m/s^2$, am Äquator $g = 9{,}780\ m/s^2$. Für technische Rechnungen wird gewöhnlich $g = 9{,}81\ m/s^2$ verwendet. Da die Masse eines Körpers konstant ist, hängt sein Gewicht also vom Ort ab.

2. Maßsysteme. Es sind zwei verschiedene Arten von Maßsystemen in Gebrauch: die physikalischen (absoluten) und die technischen Maßsysteme.

Physikalische Maßsysteme:

Die Grunddimensionen sind Länge, Zeit und Masse.

	MSK-System	*CSG-System*
Längeneinheit:	1 Meter = 1 m	1 Zentimeter = = 1 cm = 10^{-2} m

Das Meter ist das 1650763,73fache der im Vakuum gemessenen Wellenlänge einer bestimmten Spektrallinie des Kryptonatoms mit der Massenzahl 86, nämlich derjenigen Linie, die beim Übergang des Atoms aus dem Zustand 5 *d 5* zum Zustand 2 *p 10* emittiert wird.

Im Gegensatz zur früheren, mit den heutigen Ansprüchen an Genauigkeit nicht mehr verträglichen Definition des Meters als der Länge des in Sèvres bei Paris aufbewahrten „Urmeters", wird jetzt auf ein „Naturmaß" Bezug genommen, das überall in der Welt, die nötigen apparativen Hilfsmittel vorausgesetzt, mit höchster Präzision reproduziert werden kann.

Zeiteinheit:	1 Sekunde = 1 s	1 Sekunde = 1 s

Die Sekunde ist $^1/_{31\,556\,925.9747}$ des tropischen Jahres zum Zeitpunkt 31. Dezember 1899.

Masseneinheit:	1 Kilogramm = 1 kg	1 Gramm = 1 g = = 10^{-3} kg

Das Kilogramm ist die Masse des internationalen Kilogrammprototyps, das im internationalen Büro für Maß und Gewicht in Sèvres aufbewahrt wird.

Krafteinheit:	1 Newton = 1 N = = 1 kg m/s²	1 dyn = 1 g cm/s² 1 dyn = 10^{-5} N

Die Krafteinheit ist eine nach dem dynamischen Grundgesetz aus den Grundeinheiten *abgeleitete* Einheit. Die Kraft 1 N erteilt der Masse 1 kg eine Beschleunigung von 1 m/s².

Arbeits-(Energie-)einheit (gleichzeitig auch Wärmeeinheit[1]):	1 Joule = 1 J = 1 Nm	1 erg = 1 dyn cm = = 10^{-7} J
Leistungseinheit:	1 Watt = 1 W = 1 J/s 1 Kilowatt = 1 kW = = 10^3 W	1 erg/s = 10^{-7} W

[1] 1 cal = 4,1868 J.

Technisches Maßsystem (metrisch):

Die Grunddimensionen sind hier Länge, Zeit und Kraft.

Längeneinheit:	1 m
Zeiteinheit:	1 s
Krafteinheit:	1 Kilopond = 1 kp (Kilogrammgewicht)
	1 Megapond = 1 Mp = 10^3 kp

Die Kraft 1 kp erteilt der Masse 1 kg eine Beschleunigung von g_n m/s², wobei g_n den „Normwert" der Fallbeschleunigung $g_n = 9{,}80665$ m/s² bedeutet.

Es ist also	1 kp = 9,80665 N = 9,80665 · 10^5 dyn.
Masseneinheit:	1 kp s²/m = 9,80665 kg
Arbeitseinheit:	1 kp m = 9,80665 J
Leistungseinheit:	1 kp m/s = 9,80665 W.
	1 PS = 75 kp m/s = 735,75 W

3. **Der Spannungszustand.** *a)* Wir wenden uns nun dem Studium der inneren Kräfte bzw. der im Körperinneren herrschenden Spannungen zu. Dabei benützen wir zunächst rechtwinkelige kartesische Koordinaten.

Die Bewegung des Körpers sei also auf ein kartesisches Koordinatensystem x, y, z bezogen, das sich selbst beliebig bewegen kann, also nicht unbedingt ein Inertialsystem sein muß. Nun greifen wir einen beliebigen Zeitpunkt t heraus und denken uns den Körper in Volumselemente parallel zu den momentanen Koordinatenflächen zerlegt (Abb. IV, 2). Auf jedes Element wirken neben der Volumskraft $d\mathfrak{K}$ noch an der Oberfläche die von den anschließenden Elementen ausgeübten Kräfte bzw. Spannungsvektoren $\bar{\sigma}_i$, wobei der Index i die Normalenrichtung des zugehörigen Flächenelementes angibt. Die auf gegenüberliegenden Flächen angreifenden Spannungen erhalten dabei nach dem Reaktionsprinzip entgegengesetztes Vorzeichen und unterscheiden sich darüber hinaus noch ein wenig in Betrag und Richtung, da ja die zugehörigen Flächenelemente in kleinen Abständen voneinander liegen. Wenn wir die $\bar{\sigma}_i(x, y, z)$ als stetige und stetig differenzierbare Funktionen des Ortes voraussetzen, so können wir entwickeln[1]

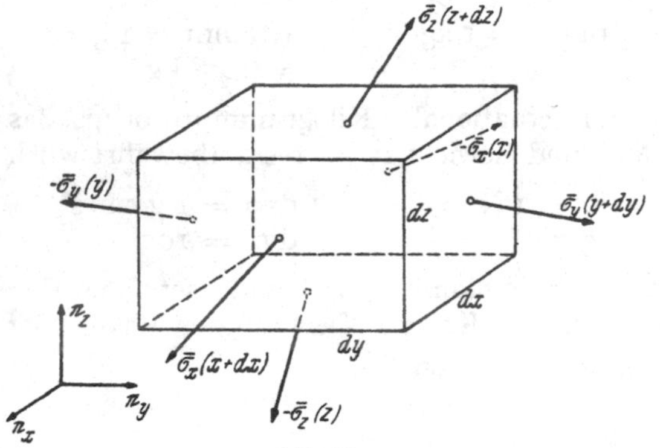

Abb. IV, 2

$$\bar{\sigma}_x(x + dx) = \bar{\sigma}_x(x) + \frac{\partial \bar{\sigma}_x}{\partial x}\, dx + \ldots .$$

[1] Die nicht angeschriebenen Glieder sind von höherer Ordnung in dx und fallen beim nachfolgenden Grenzübergang heraus.

und erhalten damit nach Multiplikation mit den zugehörigen Flächen $dy\,dz$ usw. die auf das Volumselement wirkende resultierende Kraft $d\mathfrak{F}$:

$$d\mathfrak{F} = d\mathfrak{K} + \left(\frac{\partial \overline{\sigma}_x}{\partial x} + \frac{\partial \overline{\sigma}_y}{\partial y} + \frac{\partial \overline{\sigma}_z}{\partial z}\right) dV + \ldots$$

Nach Division durch dV und Grenzübergang $dV \to 0$ folgt daraus die Kraftdichte

$$\mathfrak{f} = \frac{d\mathfrak{F}}{dV} = \mathfrak{k} + \frac{\partial \overline{\sigma}_x}{\partial x} + \frac{\partial \overline{\sigma}_y}{\partial y} + \frac{\partial \overline{\sigma}_z}{\partial z}. \qquad \text{(IV, 3)}$$

$\mathfrak{k} = d\mathfrak{K}/dV$ ist die örtliche Volumskraft pro Volumseinheit (beispielsweise das Gewicht $\mathfrak{k} = -\gamma\, \mathfrak{e}_z$, mit γ als spezifischem Gewicht).

Das dynamische Grundgesetz (IV, 2) nimmt jetzt die Form an

$$\frac{\partial \overline{\sigma}_x}{\partial x} + \frac{\partial \overline{\sigma}_y}{\partial y} + \frac{\partial \overline{\sigma}_z}{\partial z} + \mathfrak{k} = \varrho\, \mathfrak{b}. \qquad \text{(IV, 4)}$$

$\mathfrak{b}$ ist, daran sei nochmals erinnert, die von einem *Inertialsystem* gemessene Beschleunigung, ihre Komponenten werden also im allgemeinen nicht mit $\ddot{x}, \ddot{y}, \ddot{z}$ identisch sein!

Der Vektorgleichung (IV, 4) entsprechen drei Komponentengleichungen. Bezeichnen wir die Komponenten der Spannungsvektoren mit Doppelindizes, also

$$\overline{\sigma}_i = \sigma_{ix}\, \mathfrak{e}_x + \sigma_{iy}\, \mathfrak{e}_y + \sigma_{iz}\, \mathfrak{e}_z \quad (i = x, y, z), \qquad \text{(IV, 5)}$$

so erhalten wir aus Gl. (IV, 4)

$$\left.\begin{aligned} \frac{\partial \sigma_{xx}}{\partial x} + \frac{\partial \sigma_{yx}}{\partial y} + \frac{\partial \sigma_{zx}}{\partial z} + k_x &= \varrho\, b_x, \\ \frac{\partial \sigma_{xy}}{\partial x} + \frac{\partial \sigma_{yy}}{\partial y} + \frac{\partial \sigma_{zy}}{\partial z} + k_y &= \varrho\, b_y, \\ \frac{\partial \sigma_{xz}}{\partial x} + \frac{\partial \sigma_{yz}}{\partial y} + \frac{\partial \sigma_{zz}}{\partial z} + k_z &= \varrho\, b_z. \end{aligned}\right\} \qquad \text{(IV, 6)}$$

Die normal zur Angriffsfläche gerichteten Spannungskomponenten σ_{xx}, σ_{yy}, σ_{zz} werden als *Normalspannungen* bezeichnet, die in der Fläche liegenden σ_{xy} usw. als *Schubspannungen*. Die ersteren erzeugen eine Zug- oder Druckbeanspruchung, die letzteren eine Schubbeanspruchung (Scherbeanspruchung). In Abb. IV, 3 sind die positiven Komponenten auf den Flächen mit den Normalenvektoren $+\mathfrak{e}_x$, $+\mathfrak{e}_y$ und $+\mathfrak{e}_z$ eingetragen. Auf den gegenüberliegenden Flächen mit den Normalenvektoren $-\mathfrak{e}_x$, $-\mathfrak{e}_y$, $-\mathfrak{e}_z$ haben die positiven Komponenten die entgegengesetzte Richtung.

Die Bezeichnung der Spannungskomponenten in der Literatur ist leider keineswegs einheitlich. Neben vielen heute wohl größtenteils veralteten Schreibweisen findet man häufig die Zeichen σ_x, σ_y, σ_z für die Normalspannungen und τ_{xy}, τ_{yz} usw. für die Schubspannungen. Diese Schreibweise ist zwar nicht sehr konsequent und für allgemeine Entwicklungen ungeeignet, bietet aber in Einzelfällen gewisse Vorteile. Wir werden sie deshalb gelegentlich auch verwenden.

b) Im vorangehenden haben wir nur Schnittflächen in Betracht gezogen, die zu den Koordinatenebenen parallel waren. Wir berechnen nun den Spannungsvektor $\bar{\sigma}_n$ in einer beliebig gelegten Schnittebene, die wir durch den zugehörigen Normalenvektor $\mathfrak{n}$ charakterisieren. Zu diesem Zweck schneiden wir, wie in Abb. IV, 4 angedeutet, aus dem Körper ein kleines Tetraeder heraus und schreiben für dieses Volumselement das dynamische Grundgesetz an. Ist A der Flächeninhalt der Fläche mit dem

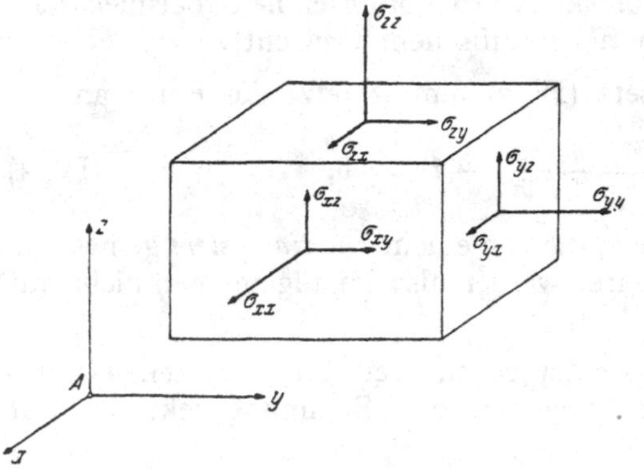

Abb. IV, 3

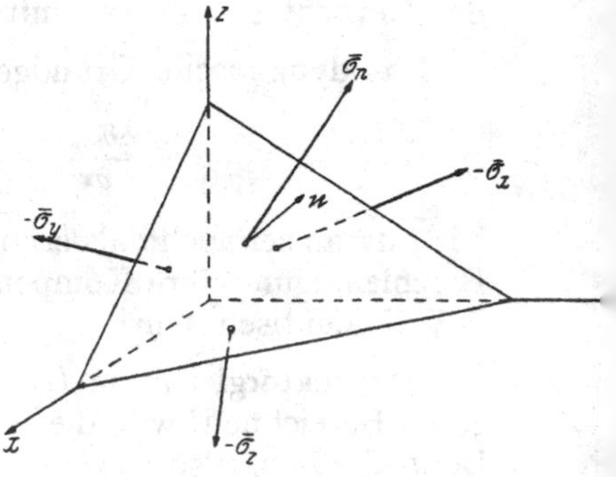

Abb. IV, 4

Normalenvektor $\mathfrak{n}$ (positiv nach „außen"), so sind $A\,n_x$, $A\,n_y$ und $A\,n_z$ die Flächeninhalte der übrigen drei Flächen, und wir erhalten

$$\Delta\mathfrak{F} = \mathfrak{k}\,\Delta V + \bar{\sigma}_n A - \bar{\sigma}_x A\,n_x - \bar{\sigma}_y A\,n_y - \bar{\sigma}_z A\,n_z = \varrho\,\mathfrak{b}\,\Delta V.$$

Setzen wir $\Delta V = A\,h/3$ mit h als Tetraederhöhe und dividieren durch A, so entsteht

$$\mathfrak{k}\,\frac{h}{3} + \bar{\sigma}_n - n_x\,\bar{\sigma}_x - n_y\,\bar{\sigma}_y - n_z\,\bar{\sigma}_z = \varrho\,\mathfrak{b}\,\frac{h}{3}.$$

Mit $h \to 0$ folgt daraus

$$\bar{\sigma}_n = n_x\,\bar{\sigma}_x + n_y\,\bar{\sigma}_y + n_z\,\bar{\sigma}_z. \qquad \text{(IV, 7)}$$

Wir sehen also, daß sich der Spannungsvektor $\bar{\sigma}_n$ in einer beliebigen Schnittebene durch die drei Spannungsvektoren $\bar{\sigma}_x$, $\bar{\sigma}_y$, $\bar{\sigma}_z$ ausdrücken läßt. Diese drei Vektoren bzw. ihre neun Komponenten σ_{ij} legen somit den Spannungszustand in einem Körperpunkt vollständig fest. Wir werden später[1] sehen, daß von den neun Komponenten nur sechs unabhängig sind.

c) An Stelle kartesischer Koordinaten x, y, z kann zur Formulierung des Grundgesetzes (IV, 2) natürlich jedes beliebige Koordinatensystem

[1] Ziff. IV, 5.

verwendet werden. Die Herleitung erfolgt in gleicher Weise wie in *a*), nur ist das Volumselement jeweils ein anderes, nämlich durch die jeweiligen Koordinatenflächen begrenzt. Wir führen dies für *Zylinderkoordinaten* durch.

Am Volumselement (Abb. IV, 5) greifen die Spannungen $\bar{\sigma}_r$, $\bar{\sigma}_\varphi$, $\bar{\sigma}_z$ an. Wir entwickeln wieder nach Potenzen von dr, $d\varphi$, dz

$$\bar{\sigma}_r(r + dr) = \bar{\sigma}_r(r) + \frac{\partial \bar{\sigma}_r}{\partial r}\, dr + \ldots \text{ usw.}$$

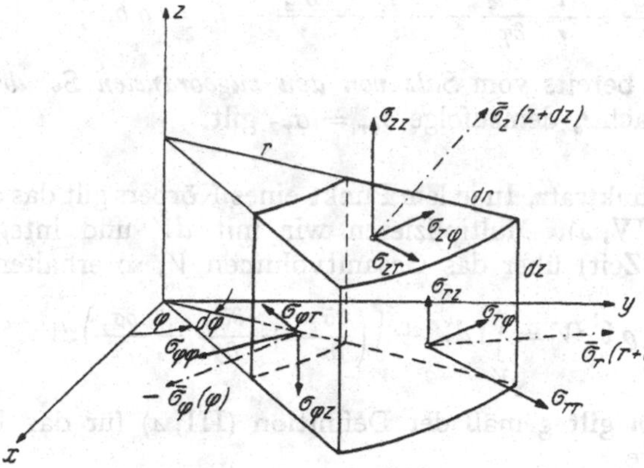

Abb. IV, 5

und erhalten nach Multiplikation mit den entsprechenden Flächenelementen die resultierende Kraft $d\mathfrak{F}$

$$d\mathfrak{F} = d\mathfrak{K} - \bar{\sigma}_r\, r\, d\varphi\, dz + \left(\bar{\sigma}_r + \frac{\partial \bar{\sigma}_r}{\partial r}\, dr\right)(r + dr)\, d\varphi\, dz - \bar{\sigma}_\varphi\, dr\, dz +$$
$$+ \left(\bar{\sigma}_\varphi + \frac{\partial \bar{\sigma}_\varphi}{\partial \varphi}\, d\varphi\right) dr\, dz - \bar{\sigma}_z\, r\, d\varphi\, dr + \left(\bar{\sigma}_z + \frac{\partial \bar{\sigma}_z}{\partial z}\, dz\right) r\, d\varphi\, dr + \ldots$$

Nach Division durch $dV = r\, dr\, d\varphi\, dz$ und Grenzübergang $dV \to 0$ ergibt sich die Kraftdichte zu

$$\mathfrak{f} = \mathfrak{k} + \frac{\partial \bar{\sigma}_r}{\partial r} + \frac{\bar{\sigma}_r}{r} + \frac{1}{r}\frac{\partial \bar{\sigma}_\varphi}{\partial \varphi} + \frac{\partial \bar{\sigma}_z}{\partial z}. \qquad \text{(IV, 8)}$$

Wenn wir jetzt auf die in Abb. IV, 5 eingezeichneten Spannungskomponenten übergehen:

$$\bar{\sigma}_r = \sigma_{rr}\, \mathfrak{e}_r + \sigma_{r\varphi}\, \mathfrak{e}_\varphi + \sigma_{rz}\, \mathfrak{e}_z,$$
$$\bar{\sigma}_\varphi = \sigma_{\varphi r}\, \mathfrak{e}_r + \sigma_{\varphi\varphi}\, \mathfrak{e}_\varphi + \sigma_{\varphi z}\, \mathfrak{e}_z,$$
$$\bar{\sigma}_z = \sigma_{zr}\, \mathfrak{e}_r + \sigma_{z\varphi}\, \mathfrak{e}_\varphi + \sigma_{zz}\, \mathfrak{e}_z,$$

so folgen nach Einsetzen in das dynamische Grundgesetz (IV, 2) unter Beachtung von[1]

[1] Ziff. I, 4.

$$\frac{d\mathfrak{e}_r}{d\varphi} = \mathfrak{e}_\varphi, \quad \frac{d\mathfrak{e}_\varphi}{d\varphi} = -\mathfrak{e}_r$$

die drei Bewegungsgleichungen

$$\left.\begin{aligned} &\frac{\partial\sigma_{rr}}{\partial r} + \frac{1}{r}\frac{\partial\sigma_{\varphi r}}{\partial\varphi} + \frac{\partial\sigma_{zr}}{\partial z} + \frac{\sigma_{rr}-\sigma_{\varphi\varphi}}{r} + k_r = \varrho\, b_r,\\ &\frac{\partial\sigma_{r\varphi}}{\partial r} + \frac{1}{r}\frac{\partial\sigma_{\varphi\varphi}}{\partial\varphi} + \frac{\partial\sigma_{z\varphi}}{\partial z} + \frac{2}{r}\sigma_{r\varphi} + k_\varphi = \varrho\, b_\varphi,\\ &\frac{\partial\sigma_{rz}}{\partial r} + \frac{1}{r}\frac{\partial\sigma_{\varphi z}}{\partial\varphi} + \frac{\partial\sigma_{zz}}{\partial z} + \frac{\sigma_{rz}}{r} + k_z = \varrho\, b_z. \end{aligned}\right\} \qquad \text{(IV, 9)}$$

Hierbei wurde bereits vom *Satz von den zugeordneten Schubspannungen* Gebrauch gemacht[2], demzufolge $\sigma_{\varphi r} = \sigma_{r\varphi}$ gilt.

4. Schwerpunktsatz. In jedem Punkt eines Körpers gilt das dynamische Grundgesetz (IV, 4). Multiplizieren wir mit dV und integrieren (bei festgehaltener Zeit) über das Gesamtvolumen V, so erhalten wir

$$\int_V \varrho\,\mathfrak{b}\,dV = \int_V \mathfrak{k}\,dV + \int_V \left(\frac{\partial\bar{\sigma}_x}{\partial x} + \frac{\partial\bar{\sigma}_y}{\partial y} + \frac{\partial\bar{\sigma}_z}{\partial z}\right) dV. \qquad \text{(IV, 10)}$$

Mit $\varrho\,dV = dm$ gilt gemäß der Definition (III, 4) für das Integral auf der linken Seite

$$\int_V \varrho\,\mathfrak{b}\,dV = \int_m \mathfrak{b}\,dm = \int_m \frac{d^2\mathfrak{r}}{dt^2}\,dm = \frac{d^2}{dt^2}\int_m \mathfrak{r}\,dm = m\,\mathfrak{b}_M.$$

m ist die Gesamtmasse des Körpers, b_M die Beschleunigung des Massenmittelpunktes. Die Differentiation durfte mit der Integration vertauscht werden, da m eine Konstante ist. Das erste Integral auf der rechten Seite von Gl. (IV, 10) ist die resultierende Volumskraft. Das noch verbleibende Integral über die Spannungen läßt sich mit Hilfe des GAUSSschen Integralsatzes umformen. Für ein beliebiges Vektorfeld $\mathfrak{a}(x, y, z, t)$ lautet dieser Satz (siehe Anhang)

$$\int_V \frac{\partial\mathfrak{a}}{\partial i}\,dV = \oint_O \mathfrak{a}\, n_i\,dO \qquad (i = x, y, z). \qquad \text{(IV, 11)}$$

$\mathfrak{n}$ ist der nach außen gerichtete Normalenvektor am Flächenelement der Oberfläche O (Abb. IV, 6). Das Flächenintegral ist über die gesamte Körperoberfläche zu erstrecken, was durch das Zeichen $\oint$ angedeutet wird. Damit erhalten wir

$$\int_V \left(\frac{\partial\bar{\sigma}_x}{\partial x} + \frac{\partial\bar{\sigma}_y}{\partial y} + \frac{\partial\bar{\sigma}_z}{\partial z}\right) dV = \oint_O (\bar{\sigma}_x n_x + \bar{\sigma}_y n_y + \bar{\sigma}_z n_z)\,dO = \oint_O \bar{\sigma}_n\,dO.$$

---

[2] Ziff. IV, 5.

Hierbei wurde von Gl. (IV, 7) Gebrauch gemacht. Das entstandene Integral bedeutet aber die Resultierende der auf den Körper wirkenden äußeren Oberflächenkräfte. Zusammen mit der resultierenden Volumskraft ergibt sie die Resultierende $\mathfrak{R}$ aller äußeren Kräfte. Wenn wir noch mit im allgemeinen vollkommen ausreichender Genauigkeit (vgl. die Bemerkungen in Ziff. III, 1) den Schwerpunkt mit dem Massenmittelpunkt zusammenfallen lassen, so folgt schließlich

$$m\,\mathfrak{b}_S = \mathfrak{R}. \qquad \text{(IV, 12)}$$

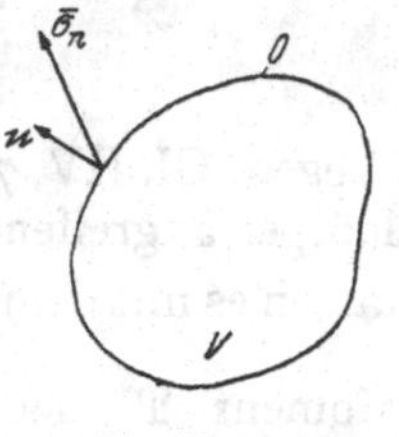

Abb. IV, 6

Dies ist der *Schwerpunktsatz:* „Die Schwerpunktsbeschleunigung ist proportional der Resultierenden aller äußeren Kräfte."

Es sei besonders hervorgehoben, daß der Satz sowohl für starre wie für verformbare Systeme gilt und daß die inneren Kräfte auf die Schwerpunktsbewegung keinen Einfluß haben. Ein bekanntes Beispiel ist der Rücklauf einer Schußwaffe, wenn das Geschoß sich im Rohr nach vorne bewegt.

Man kann dem Schwerpunktsatz eine etwas andere Form geben, wenn man den durch

$$\mathfrak{J} = \int_m \mathfrak{v}\, dm = m\,\mathfrak{v}_S \qquad \text{(IV, 13)}$$

definierten *Impuls* eines Systems einführt. Er lautet dann

$$\frac{d\mathfrak{J}}{dt} = \mathfrak{R}. \qquad \text{(IV, 14)}$$

„Die zeitliche Änderung des Impulses ist gleich der Resultierenden der äußeren Kräfte" *(Impulssatz).*

5. Drallsatz. Wir greifen wieder auf das dynamische Grundgesetz (IV, 4) zurück, kreuzen aber jetzt beide Seiten der Gleichung mit dem (auf den zunächst beliebigen Koordinatenursprung A bezogenen) Ortsvektor $\mathfrak{r}$ und integrieren über das Gesamtvolumen V:

$$\int_m \mathfrak{r} \times \mathfrak{b}\, dm = \int_V \mathfrak{r} \times \mathfrak{k}\, dV + \int_V \mathfrak{r} \times \left(\frac{\partial \bar{\sigma}_x}{\partial x} + \frac{\partial \bar{\sigma}_y}{\partial y} + \frac{\partial \bar{\sigma}_z}{\partial z}\right) dV.$$

Nun gilt aber für ein beliebiges Vektorfeld $\mathfrak{a}$ mittels partieller Integration und Anwendung des Gaussschen Satzes

$$\int_V \mathfrak{r} \times \frac{\partial \mathfrak{a}}{\partial x}\, dV = \int_V \frac{\partial}{\partial x}(\mathfrak{r} \times \mathfrak{a})\, dV - \int_V \frac{\partial \mathfrak{r}}{\partial x} \times \mathfrak{a}\, dV =$$

$$= \oint_O (\mathfrak{r} \times \mathfrak{a})\, n_x\, dO - \int_V \mathfrak{e}_x \times \mathfrak{a}\, dV.$$

Hierbei wurde die Beziehung $\mathfrak{r} = x\,\mathfrak{e}_x + y\,\mathfrak{e}_y + z\,\mathfrak{e}_z$, also $\dfrac{\partial \mathfrak{r}}{\partial x} = \mathfrak{e}_x$ verwendet. Wir erhalten so

$$\int_m \mathfrak{r} \times \mathfrak{b}\, dm = \int_V \mathfrak{r} \times \mathfrak{k}\, dV + \oint_O \mathfrak{r} \times (\bar{\sigma}_x n_x + \bar{\sigma}_y n_y + \bar{\sigma}_z n_z)\, dO -$$

$$- \int_V (\mathfrak{e}_x \times \bar{\sigma}_x + \mathfrak{e}_y \times \bar{\sigma}_y + \mathfrak{e}_z \times \bar{\sigma}_z)\, dV.$$

Wegen Gl. (IV, 7) stellt das Oberflächenintegral das Moment der am Körper angreifenden Oberflächenkräfte um den Bezugspunkt A dar. Wir fassen es mit dem Moment der Volumskräfte $\int_V \mathfrak{r} \times \mathfrak{k}\, dV$ zum resultierenden Moment $\mathfrak{M}$ der äußeren Kräfte zusammen. Das noch verbleibende Volumsintegral wird mit Gl. (IV, 5) umgeformt zu

$$\int_V (\mathfrak{e}_x \times \bar{\sigma}_x + \mathfrak{e}_y \times \bar{\sigma}_y + \mathfrak{e}_z \times \bar{\sigma}_z)\, dV =$$

$$= - \int_V [(\sigma_{zy} - \sigma_{yz})\, \mathfrak{e}_x + (\sigma_{xz} - \sigma_{zx})\, \mathfrak{e}_y + (\sigma_{yx} - \sigma_{xy})\, \mathfrak{e}_z]\, dV.$$

Es folgt schließlich

$$\int_m \mathfrak{r} \times \mathfrak{b}\, dm = \mathfrak{M} + \int_V [(\sigma_{zy} - \sigma_{yz})\, \mathfrak{e}_x + (\sigma_{xz} - \sigma_{zx})\, \mathfrak{e}_y + (\sigma_{yx} - \sigma_{xy})\, \mathfrak{e}_z]\, dV. \quad \text{(IV, 15)}$$

Wir betrachten nun zunächst einen in Ruhe befindlichen Körper, auf den ein Gleichgewichtssystem von äußeren Kräften einwirkt, $\mathfrak{M} = 0$. Die Erfahrung zeigt, daß dieser Körper auch weiterhin in Ruhe bleibt, solange sich die inneren Kräfte nicht ändern, daß also $\mathfrak{b} \equiv 0$ gilt. Da dies auch für jeden beliebig herausgeschnittenen Teilkörper, also beliebiges V zutrifft, muß

$$\sigma_{zy} = \sigma_{yz}, \quad \sigma_{xz} = \sigma_{zx}, \quad \sigma_{yx} = \sigma_{xy} \quad \text{(IV, 16)}$$

sein. Wir verallgemeinern dies nun auf den beliebig bewegten Körper und führen das nach BOLTZMANN benannte *Axiom* ein: „Der Spannungszustand in einem festen Körper genügt der Symmetriebedingung (IV, 16).“ Das Axiom wird als *Satz von den zugeordneten Schubspannungen* bezeichnet: „In zwei zueinander senkrechten Flächen sind die an der Schnittlinie angreifenden und zu ihr senkrechten Schubspannungskomponenten gleich groß und entweder beide zur Schnittlinie hin oder beide von ihr weg gerichtet.“ Seine Rechtfertigung findet der Satz natürlich nur in der Übereinstimmung der aus ihm zu ziehenden Folgerungen mit der Erfahrung.

Gl. (IV, 15) geht jetzt über in den *Momentensatz:*

$$\int_m \mathfrak{r} \times \mathfrak{b}\, dm = \mathfrak{M}: \quad \text{(IV, 17)}$$

„Das Moment der Massenbeschleunigungen ist gleich dem Moment der äußeren Kräfte". Die Beschleunigung ist natürlich wieder auf ein Inertialsystem zu beziehen.

Der Momentensatz läßt sich mit Einführung des Dralles $\mathfrak{D}$ noch in etwas bequemerer Form schreiben. Wir definieren als *Drall* oder *Impulsmoment* eines Körpers um einen Punkt A die Summe der Momente der Impulse $\mathfrak{v}_{PA}\, dm$ der Volumselemente[1]

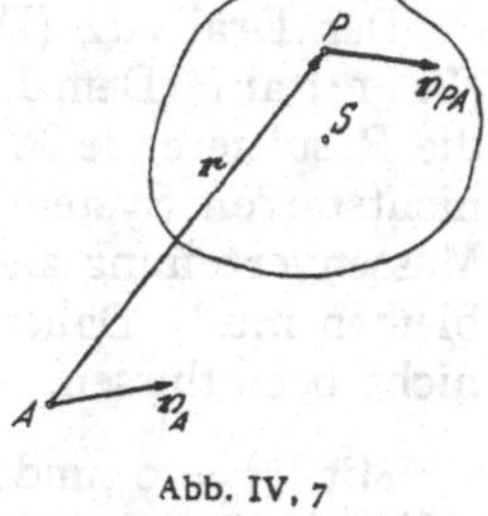

Abb. IV, 7

$$\mathfrak{D} = \int\limits_m \mathfrak{r} \times \mathfrak{v}_{PA}\, dm. \qquad \text{(IV, 18)}$$

$\mathfrak{v}_{PA} = \mathfrak{v}_P - \mathfrak{v}_A$ ist dabei die Geschwindigkeit des Körperpunktes P gegenüber A, und $\mathfrak{r}$ ist sein auf A bezogener Ortsvektor[2] (Abb. IV, 7). Wegen der Konstanz der Masse und mit $d\mathfrak{r}/dt = \mathfrak{v}_{PA}$, $d\mathfrak{v}_{PA}/dt = \mathfrak{b}_{PA} = \mathfrak{b}_P - \mathfrak{b}_A$ wird dann

$$\frac{d\mathfrak{D}}{dt} = \int\limits_m \frac{d\mathfrak{r}}{dt} \times \mathfrak{v}_{PA}\, dm + \int\limits_m \mathfrak{r} \times \mathfrak{b}_{PA}\, dm = \int\limits_m \mathfrak{r} \times \mathfrak{b}_P\, dm - m\, \mathfrak{r}_M \times \mathfrak{b}_A.$$

Gl. (IV, 17) nimmt jetzt, wenn wir wieder Schwerpunkt und Massenmittelpunkt gleichsetzen, die Form an

$$\frac{d\mathfrak{D}}{dt} + m\, \mathfrak{r}_S \times \mathfrak{b}_A = \mathfrak{M}. \qquad \text{(IV, 19)}$$

$\mathfrak{b}_A$ ist die Beschleunigung des Bezugspunktes A in einem Inertialsystem, $\mathfrak{r}_S$ der Ortsvektor des Körperschwerpunktes in bezug auf A. Wenn der Bezugspunkt im Inertialsystem fest ist, $\mathfrak{b}_A = 0$, oder wenn er mit dem Schwerpunkt zusammenfällt, $\mathfrak{r}_S = 0$, oder wenn $\mathfrak{b}_A$ in die Richtung von $\mathfrak{r}_S$ fällt, dann vereinfacht sich Gl. (IV, 19) zu

$$\frac{d\mathfrak{D}}{dt} = \mathfrak{M}. \qquad \text{(IV, 20)}$$

Dies ist der *Drallsatz* in seiner üblichen Form (auch *Flächensatz* genannt): „Die zeitliche Ableitung des Dralles eines Systems um einen Punkt, der im Raum fest ist oder mit dem Schwerpunkt zusammenfällt, ist gleich dem Moment der äußeren Kräfte um diesen Punkt."

Auch dieser Satz ist nicht auf starre Körper beschränkt, wie aus seiner Herleitung hervorgeht.

Der Drall $\mathfrak{D}$ um den beliebigen Bezugspunkt A läßt sich in einfacher Weise durch den Drall $\mathfrak{D}_S$ um den Schwerpunkt und den Relativimpuls $\mathfrak{J}_A = m\, \mathfrak{v}_{SA}$ ausdrücken. Man hat gemäß Gl. (IV, 18)

---

[1] In der Literatur wird der Drall häufig als $\int\limits_m \mathfrak{r} \times \mathfrak{v}_P\, dm$ definiert. Die beiden Ausdrücke werden identisch, wenn der Bezugspunkt A fest ist oder mit dem Massenmittelpunkt zusammenfällt.

[2] Um Unklarheiten auszuschalten, müssen wir hier Indizes einführen. Die Größen $\mathfrak{v}$ und $\mathfrak{b}$ werden also jetzt $\mathfrak{v}_P$ und $\mathfrak{b}_P$ geschrieben.

$$\mathfrak{D} = \int_m (\mathfrak{r}_S + \mathfrak{r}_{PS}) \times (\mathfrak{v}_{SA} + \mathfrak{v}_{PS})\, dm = \mathfrak{D}_S + \mathfrak{r}_S \times \mathfrak{J}_A. \quad \text{(IV, 18a)}$$

Der Drallsatz (IV, 20) weist eine gewisse Analogie zum Impulssatz (IV, 14) auf. Dem Drall $\mathfrak{D}$ entspricht der Impuls $\mathfrak{J}$ und dem Moment $\mathfrak{M}$ die Resultierende $\mathfrak{R}$. Es sei noch darauf hingewiesen, daß sich bei einem nichtstarren System im Lauf der Bewegung zufolge innerer Kräfte die Massenverteilung ändern kann, während aber die Gesamtmasse erhalten bleiben muß. Daher können innere Kräfte die Lage des Schwerpunktes nicht beeinflussen, wohl aber die „Winkellage" des Systems.

Mit $\mathfrak{R} = 0$ und $\mathfrak{M} = 0$ ergeben sich aus den Gln. (IV, 14) bzw. (IV, 20) die spezielleren Sätze von der Erhaltung des Impulses und des Dralls.

Aus Schwerpunktsatz und Drallsatz geht ferner hervor, daß äquivalente Kraftsysteme gleiche Schwerpunktsbewegung und gleiche Dralländerungen erzeugen.

Für den in Ruhe befindlichen Körper folgen aus den Gln. (IV, 14) und (IV, 20) die Gleichgewichtsbedingungen (II, 6). Diese sind somit *notwendig* für Gleichgewicht. Wir kommen darauf in Ziff. VII, 3 nochmals zurück.

6. Der Drall des starren Körpers. Für den starren Körper läßt sich bei Annahme eines *körperfesten* Bezugspunktes A die Geschwindigkeit $\mathfrak{v}_{PA}$ eines beliebigen Körperpunktes gemäß Gl. (I, 13) in der Form

$$\mathfrak{v}_{PA} = \overline{\omega} \times \mathfrak{r}$$

schreiben. Somit ist

$$\mathfrak{r} \times \mathfrak{v}_{PA} = \mathfrak{r} \times (\overline{\omega} \times \mathfrak{r}) = r^2 \overline{\omega} - (\mathfrak{r} \cdot \overline{\omega})\, \mathfrak{r}$$

und man erhält aus Gl. (IV, 18) für den Drall

$$\mathfrak{D} = \overline{\omega} \int_m r^2\, dm - \int_m (\mathfrak{r} \cdot \overline{\omega})\, \mathfrak{r}\, dm.$$

Setzen wir jetzt nach Wahl eines Koordinatensystems mit dem Ursprung in A

$$\overline{\omega} = \omega_x \mathfrak{e}_x + \omega_y \mathfrak{e}_y + \omega_z \mathfrak{e}_z, \qquad \mathfrak{r} = x\, \mathfrak{e}_x + y\, \mathfrak{e}_y + z\, \mathfrak{e}_z,$$

so folgt für die x-Komponente des Drallvektors

$$D_x = \omega_x \int_m r^2\, dm - \int_m (x\, \omega_x + y\, \omega_y + z\, \omega_z)\, x\, dm =$$

$$= \omega_x \int_m (r^2 - x^2)\, dm - \omega_y \int_m x\, y\, dm - \omega_z \int_m x\, z\, dm.$$

Die Integrale sind aber gemäß Tabelle III, 1 die Massenmomente zweiter Ordnung. Damit ergibt sich der erste der drei folgenden Ausdrücke

$$\left.\begin{aligned} D_x &= I_x\,\omega_x - I_{xy}\,\omega_y - I_{xz}\,\omega_z, \\ D_y &= -\,I_{yx}\,\omega_x + I_y\,\omega_y - I_{yz}\,\omega_z, \\ D_z &= -\,I_{zx}\,\omega_x - I_{zy}\,\omega_y + I_z\,\omega_z. \end{aligned}\right\} \qquad \text{(IV, 21)}$$

Die beiden anderen Ausdrücke folgen in gleicher Weise. $\overline{\omega}$ ist die Winkelgeschwindigkeit des Körpers in bezug auf ein Inertialsystem.

Das Koordinatensystem ist an sich beliebig um den Punkt A drehbar[1]. Allerdings sind dann die Massenmomente im allgemeinen keine konstanten Größen. Verbindet man es aber mit dem Körper und läßt es außerdem mit den Trägheitshauptachsen 1, 2, 3 zusammenfallen, so werden die Trägheitsmomente konstant und die Deviationsmomente verschwinden. An Stelle der Gln. (IV, 21) erhält man dann

$$\left.\begin{aligned} D_1 &= I_1\,\omega_1, \\ D_2 &= I_2\,\omega_2, \\ D_3 &= I_3\,\omega_3. \end{aligned}\right\} \qquad \text{(IV, 22)}$$

Schwerpunktsatz und Drallsatz liefern zusammen sechs skalare Gleichungen und bestimmen damit unmittelbar die allgemeine Bewegung eines starren Körpers, der ja genau sechs Freiheitsgrade besitzt. Systeme von starren Körpern müssen wir in die Einzelkörper zerlegen, wobei allerdings die zwischen diesen Körpern wirkenden inneren Kräfte zu äußeren Kräften werden und damit als zusätzliche Unbekannte in die Rechnung eingehen.

Im Fall der *ebenen Bewegung* wird $\omega_x = \omega_y = 0$, $\omega_z = \omega$ und der Drallsatz (IV, 20) nimmt mit $D_z = I\,\omega$ die einfache Form

$$I\,\dot{\omega} = M \qquad \text{(IV, 23)}$$

an. I ist hierbei das Trägheitsmoment in bezug auf die zur Bewegungsebene senkrechte Achse durch den Bezugspunkt A, und M ist das Moment der äußeren Kräfte um diese Achse.

7. Systeme mit veränderlicher Masse. Impulssatz und Drallsatz in der Form (IV, 14) und (IV, 20) gelten nur, wenn das betrachtete System so abgegrenzt wird, daß seine Gesamtmasse während der Bewegung konstant bleibt. Gelegentlich hat man es aber mit Systemen zu tun, denen Masse zugeführt wird oder die Masse abstoßen, wie z. B. Raketen. Wir erweitern deshalb Impuls- und Drallsatz auf diesen Fall.

Der in einem Volumen V enthaltene Momentanimpuls ist gegeben durch $\int_V \varrho\,\mathfrak{v}\,dV = m\,\mathfrak{v}_s$. Wenn nun die in V enthaltene Masse m veränderlich ist, setzt sich die zeitliche Änderung des Impulses aus zwei Anteilen zusammen. Erstens aus dem von der Änderung der Geschwindigkeit herrührenden Anteil, welcher der gleiche ist wie bei einem System mit konstanter Masse, und zweitens aus dem durch die Änderung der

[1] Ziff. V, 8.

Masse erzeugten Anteil, wobei abströmende Masse eine Impulsverringerung bewirkt:

$$\frac{d(m\,\mathfrak{v}_s)}{dt} = \frac{d}{dt}\int\limits_V \varrho\,\mathfrak{v}\,dV = \int\limits_V \varrho\,\frac{d\mathfrak{v}}{dt}\,dV - \oint\limits_O \mu\,\mathfrak{v}\,dO.$$

Hierbei bedeutet μ die aus dem Volumen pro Zeiteinheit und pro Einheit der Oberfläche O abströmende Masse, $\mu\,\mathfrak{v}$ also den je Zeit- und Oberflächeneinheit abfließenden Impuls. Nun folgt aber aus dem dynamischen Grundgesetz (IV, 2) nach Integration über das Volumen (siehe Ziff. IV, 4)

$$\int\limits_V \varrho\,\frac{d\mathfrak{v}}{dt}\,dV = \int\limits_V \mathfrak{f}\,dV = \mathfrak{R}$$

mit $\mathfrak{R}$ als der resultierenden äußeren, auf das Volumen V wirkenden Kraft. Damit erhält man den erweiterten Impulssatz

$$\frac{d(m\,\mathfrak{v}_s)}{dt} + \oint\limits_O \mu\,\mathfrak{v}\,dO = \mathfrak{R}, \qquad \text{(IV, 24)}$$

$\mathfrak{v}_s$ und $\mathfrak{v}$ sind selbstverständlich Geschwindigkeiten in einem Inertialsystem. In genau der gleichen Weise findet man den erweiterten Drallsatz:

$$\frac{d\mathfrak{D}}{dt} + \oint\limits_O \mathfrak{r} \times \mu\,\mathfrak{v}\,dO = \mathfrak{M}. \qquad \text{(IV, 25)}$$

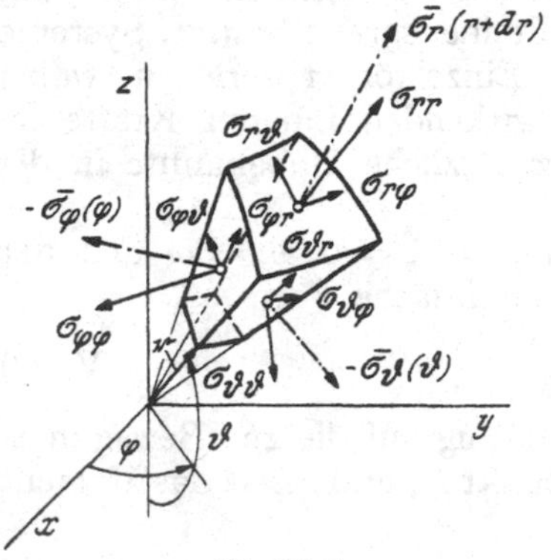

Abb. IV, A 1

Aufgaben

A 1. Man formuliere das dynamische Grundgesetz (IV, 2) in Kugelkoordinaten.

Lösung: Am Volumselement (Abb. IV, A 1) greifen die Spannungen $\overline{\sigma}_r$, $\overline{\sigma}_\varphi$, $\overline{\sigma}_\vartheta$ an. Wir entwickeln nach Potenzen von dr, $d\varphi$, $d\vartheta$ und erhalten nach Multiplikation mit den entsprechenden Flächenelementen die resultierende Kraft

$$d\mathfrak{F} = d\mathfrak{K} - \overline{\sigma}_r\,r^2 \sin\vartheta\,d\varphi\,d\vartheta + \left(\overline{\sigma}_r + \frac{\partial\overline{\sigma}_r}{\partial r}\,dr\right)(r + dr)^2 \sin\vartheta\,d\varphi\,d\vartheta -$$

$$- \overline{\sigma}_\varphi\,r\,dr\,d\vartheta + \left(\overline{\sigma}_\varphi + \frac{\partial\overline{\sigma}_\varphi}{\partial\varphi}\,d\varphi\right) r\,dr\,d\vartheta - \overline{\sigma}_\vartheta\,r \sin\vartheta\,dr\,d\varphi +$$

$$+ \left(\overline{\sigma}_\vartheta + \frac{\partial\overline{\sigma}_\vartheta}{\partial\vartheta}\,d\vartheta\right) r \sin(\vartheta + d\vartheta)\,dr\,d\varphi + \ldots$$

Nach Division durch $dV = r^2 \sin\vartheta\, dr\, d\varphi\, d\vartheta$ und Grenzübergang $dV \to 0$ ergibt sich die Kraftdichte zu

$$\mathfrak{f} = \mathfrak{k} + \frac{\partial \bar{\sigma}_r}{\partial r} + \frac{2}{r}\bar{\sigma}_r + \frac{1}{r\sin\vartheta}\frac{\partial \bar{\sigma}_\varphi}{\partial \varphi} + \frac{1}{r}\frac{\partial \bar{\sigma}_\vartheta}{\partial \vartheta} + \frac{\cot\vartheta}{r}\bar{\sigma}_\vartheta.$$

Zerlegen wir nach den in Abb. IV, A 1 eingezeichneten Spannungskomponenten

$$\bar{\sigma}_r = \sigma_{rr}\,\mathfrak{e}_r + \sigma_{r\varphi}\,\mathfrak{e}_\varphi + \sigma_{r\vartheta}\,\mathfrak{e}_\vartheta,$$
$$\bar{\sigma}_\varphi = \sigma_{\varphi r}\,\mathfrak{e}_r + \sigma_{\varphi\varphi}\,\mathfrak{e}_\varphi + \sigma_{\varphi\vartheta}\,\mathfrak{e}_\vartheta,$$
$$\bar{\sigma}_\vartheta = \sigma_{\vartheta r}\,\mathfrak{e}_r + \sigma_{\vartheta\varphi}\,\mathfrak{e}_\varphi + \sigma_{\vartheta\vartheta}\,\mathfrak{e}_\vartheta,$$

wobei

$$\sigma_{r\varphi} = \sigma_{\varphi r}, \quad \sigma_{r\vartheta} = \sigma_{\vartheta r}, \quad \sigma_{\varphi\vartheta} = \sigma_{\vartheta\varphi},$$

und beachten, daß nach Aufgabe I, A 1

$$\frac{\partial \mathfrak{e}_r}{\partial \varphi} = \sin\vartheta\,\mathfrak{e}_\varphi, \quad \frac{\partial \mathfrak{e}_r}{\partial \vartheta} = \mathfrak{e}_\vartheta, \quad \frac{\partial \mathfrak{e}_\varphi}{\partial \varphi} = -(\sin\vartheta\,\mathfrak{e}_r + \cos\vartheta\,\mathfrak{e}_\vartheta),$$
$$\frac{\partial \mathfrak{e}_\vartheta}{\partial \varphi} = \cos\vartheta\,\mathfrak{e}_\varphi, \quad \frac{\partial \mathfrak{e}_\vartheta}{\partial \vartheta} = -\mathfrak{e}_r$$

gilt, so erhalten wir die drei Bewegungsgleichungen

$$\frac{\partial \sigma_{rr}}{\partial r} + \frac{1}{r}\left[\frac{1}{\sin\vartheta}\frac{\partial \sigma_{r\varphi}}{\partial \varphi} + \frac{\partial \sigma_{r\vartheta}}{\partial \vartheta} + \sigma_{r\vartheta}\cot\vartheta + 2\sigma_{rr} - \sigma_{\varphi\varphi} - \sigma_{\vartheta\vartheta}\right] + k_r = \varrho\, b_r,$$
$$\frac{\partial \sigma_{r\varphi}}{\partial r} + \frac{1}{r}\left[\frac{1}{\sin\vartheta}\frac{\partial \sigma_{\varphi\varphi}}{\partial \varphi} + \frac{\partial \sigma_{\varphi\vartheta}}{\partial \vartheta} + 2\sigma_{\varphi\vartheta}\cot\vartheta + 3\sigma_{r\varphi}\right] + k_\varphi = \varrho\, b_\varphi,$$
$$\frac{\partial \sigma_{r\vartheta}}{\partial r} + \frac{1}{r}\left[\frac{1}{\sin\vartheta}\frac{\partial \sigma_{\varphi\vartheta}}{\partial \varphi} + \frac{\partial \sigma_{\vartheta\vartheta}}{\partial \vartheta} + (\sigma_{\vartheta\vartheta} - \sigma_{\varphi\varphi})\cot\vartheta + 3\sigma_{r\vartheta}\right] + k_\vartheta = \varrho\, b_\vartheta.$$

Die Beschleunigungskomponenten b_r, b_φ, b_ϑ wurden bereits in Aufgabe I, A 1 berechnet.

A 2. Man leite Schwerpunkt- und Drallsatz für ein System von Massenpunkten her.

Lösung: Das dynamische Grundgesetz lautet für einen Massenpunkt

$$\mathfrak{F} = m\,\mathfrak{b}.$$

Für den Massenpunkt der Nummer i setzt sich $\mathfrak{F}$ zusammen aus der äußeren Kraft $\mathfrak{F}_i$ und den von den Massenpunkten der Nummern $k \neq i$ auf ihn ausgeübten (inneren) Kräften $\mathfrak{F}_{ik}$:

$$m_i\,\mathfrak{b}_i = \mathfrak{F}_i + \sum_k \mathfrak{F}_{ik}. \tag{a}$$

Nach Summation über alle Massenpunkte folgt

$$\sum_i m_i\,\mathfrak{b}_i = \sum_i \mathfrak{F}_i + \sum_i \sum_k \mathfrak{F}_{ik}.$$

Unter der Annahme $\mathfrak{F}_{ik} = -\mathfrak{F}_{ki}$ (Gesetz von Aktion und Reaktion) verschwindet die Doppelsumme. Der Ortsvektor $\mathfrak{r}_s$ des Schwerpunktes (genauer: des Massenmittelpunktes) des Gesamtsystems ist mit $m = \sum_i m_i$ gegeben durch

$$m\,\mathfrak{r}_s = \sum_i m_i\,\mathfrak{r}_i. \tag{b}$$

Differenziert man diese Gleichung zweimal nach der Zeit und setzt oben ein, so erhält man mit $\sum_i \mathfrak{F}_i = \mathfrak{R}$ den Schwerpunktsatz (IV, 12).

Kreuzt man Gl. (a) mit dem auf einen beliebigen Ursprung A bezogenen Ortsvektor $\mathfrak{r}_{iA}$, summiert wieder über alle Massenpunkte und beachtet, daß die Doppelsumme wegen

$$\mathfrak{r}_{iA} \times \mathfrak{F}_{ik} + \mathfrak{r}_{kA} \times \mathfrak{F}_{ki} = (\mathfrak{r}_{iA} - \mathfrak{r}_{kA}) \times \mathfrak{F}_{ik} = \mathfrak{r}_{ik} \times \mathfrak{F}_{ik} = 0$$

verschwindet, so erhält man den Momentensatz

$$\sum_i \mathfrak{r}_{iA} \times m_i\,\mathfrak{b}_i = \sum_i \mathfrak{r}_{iA} \times \mathfrak{F}_i = \mathfrak{M}. \tag{c}$$

Für ein System von Punktmassen ist der Drall gegeben durch

$$\mathfrak{D} = \sum_i \mathfrak{r}_{iA} \times m_i\,\mathfrak{v}_{iA}.$$

Differenziert man nach der Zeit, so entsteht mit $d\mathfrak{r}_{iA}/dt = \mathfrak{v}_{iA}$

$$\frac{d\mathfrak{D}}{dt} = \sum_i \left(\mathfrak{r}_{iA} \times \frac{d^2\mathfrak{r}_{iA}}{dt^2}\right) m_i = \sum_i \left[\mathfrak{r}_{iA} \times \left(\frac{d^2\mathfrak{r}_i}{dt^2} - \frac{d^2\mathfrak{r}_A}{dt^2}\right)\right] m_i =$$

$$= \sum_i \mathfrak{r}_{iA} \times m_i\,\mathfrak{b}_i - \sum_i \mathfrak{r}_{iA} \times m_i\,\mathfrak{b}_A.$$

Mit den Gln. (b) und (c) folgt der Drallsatz (IV, 19).

Literatur

G. Hamel: Theoretische Mechanik. Berlin: 1949.
Handbuch der Physik, Bd. V. Berlin: 1927 (Herausgeber: H. Geiger–K. Scheel).

V. Anwendungen des Schwerpunkt- und Drallsatzes

1. Beispiel: Rollendes Rad. Ein starres Rad vom Radius a wird zur Zeit $t = 0$ mit der Winkelgeschwindigkeit ω_0 auf eine rauhe Ebene aufgesetzt (Abb. V, 1). Man bestimme die anschließende Bewegung des Rades.

Es handelt sich um eine ebene Bewegung. Ist m die Masse des Rades und $I = m\,i^2$ sein Trägheitsmoment bezüglich der zur Bewegungsebene senkrechten Schwerachse, so liefern Schwerpunktsatz und Drallsatz mit

$x = x(t)$ und $y = a$ als Schwerpunktskoordinaten im raumfesten System die Gleichungen

$$m\ddot{x} = R, \qquad 0 = N - m g, \qquad I\dot{\omega} = -R a.$$

N ist die Pressung zwischen Rad und Unterlage und R die Schubkraft. Aus der zweiten Gleichung folgt sofort $N = m g$.

Da die Translationsgeschwindigkeit des Rades unmittelbar nach dem Aufsetzen noch Null ist, muß zunächst Gleiten eintreten. Dabei bremst die Reibungskraft R die Rotationsbewegung ab und beschleunigt das Rad gleichzeitig translatorisch. Die Relativgeschwindigkeit im Berührungspunkt nimmt daher ab und wird schließlich Null. Von da an tritt reines Rollen ein.

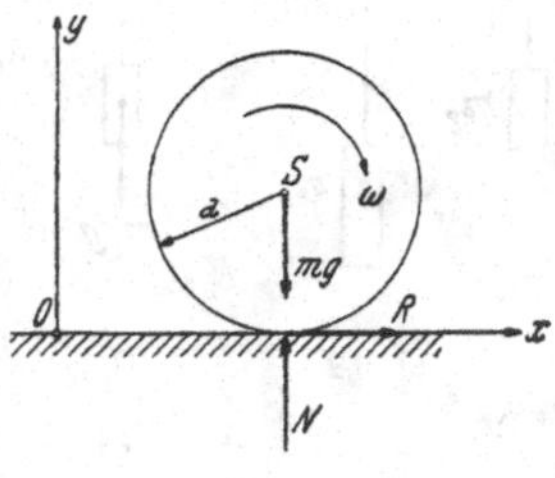

Abb. V, 1

In der *ersten Bewegungsphase* (Gleiten) kommt zu den oben angegebenen Bewegungsgleichungen noch die *Gleitbedingung* $R = \mu N$ hinzu. Mit den zur Zeit $t = 0$ geltenden Anfangsbedingungen $\omega = \omega_0$, $x = 0$, $\dot{x} = 0$ erhält man dann nach Integration

$$x = \frac{\mu g}{2} t^2, \qquad \omega = \omega_0 - \frac{\mu g a}{i^2} t.$$

Die Gleichungen gelten so lange, bis Rollen eintritt, d. h. bis die *Rollbedingung* $\dot{x} = a\omega$ erfüllt ist. Dies tritt zur Zeit $t_0 = \frac{a\omega_0}{\mu g} \frac{i^2}{i^2 + a^2}$ ein. Damit beginnt die *zweite Bewegungsphase* (Rollen). In dieser kommt zu den Bewegungsgleichungen die erwähnte Rollbedingung hinzu und man erhält nach Elimination von ω die beiden homogenen Gleichungen für x und R

$$m\ddot{x} - R = 0, \qquad m\ddot{x} + \frac{a^2}{i^2} R = 0.$$

Da die Determinante dieses Systems stets ungleich Null ist, existiert nur die triviale Lösung $\ddot{x} = 0$, $R = 0$. Das Rad rollt mit der konstanten Geschwindigkeit $\dot{x} = \mu g t_0$ unbeschränkt weiter. Da dabei die Schubkraft R dauernd Null, die Haftbedingung $R < \mu N$ also stets erfüllt ist[1], kann neuerliches Gleiten nicht mehr eintreten.

2. Beispiel: Seiltrieb. Über eine Scheibe vom Radius r läuft ein vollkommen biegsames, masseloses und undehnbares Seil, das an einem Ende einen Förderkorb (Masse m_2), am anderen Ende ein Gegengewicht (Masse m_1) trägt (Abb. V, 2a). Die Scheibe wird mit dem Moment M angetrieben. Gesucht ist die Förderbeschleunigung b bzw. die Winkelbeschleunigung $\dot{\omega} = b/r$.

Aus Sicherheitsgründen und um übermäßigen Seilverschleiß zu verhindern, müssen wir verlangen, daß Gleiten zwischen Seil und Scheibe nicht eintreten darf. Denken wir uns ein Seilelement von der Länge

[1] Wir nehmen näherungsweise Haftgrenzzahl und Reibungszahl gleich groß an.

$ds = r\, d\varphi$ herausgeschnitten (Abb. V, 3), so greifen an diesem die in der Abbildung eingetragenen Kräfte an. Dabei ist q die Pressung zwischen Seil und Scheibe pro Einheit des Scheibenumfanges, S die im Seil übertragene Zugkraft und R die Haftungskraft. Ihr Maximalwert, bei dem bereits unmittelbare Gleitgefahr besteht, ist gegeben durch $dR = \mu_0\, dN$. Da das Seil masselos ist, müssen die Kräfte

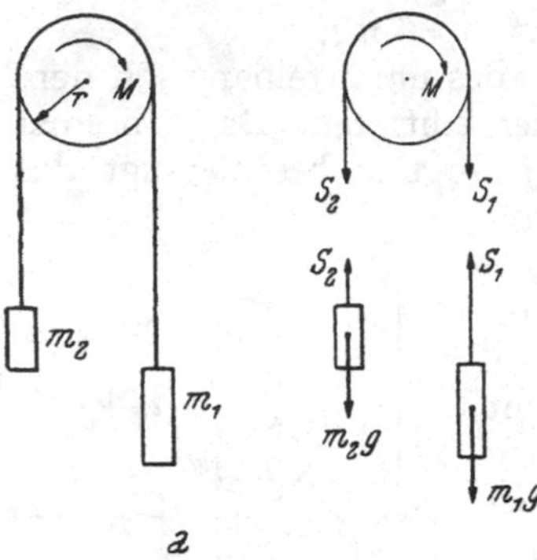

Abb. V, 2a, b

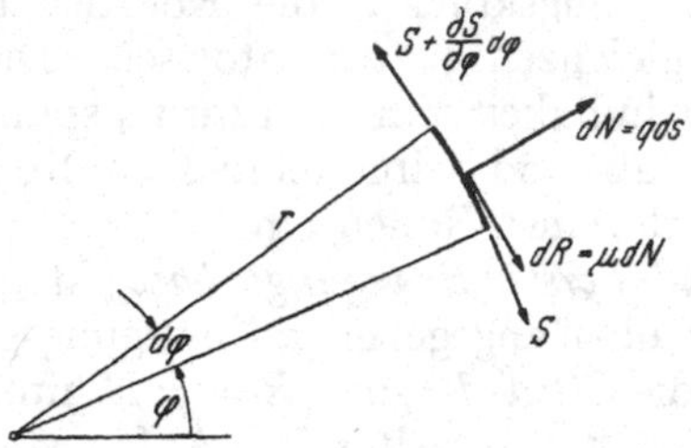

Abb. V, 3

im Gleichgewicht sein. Die Gleichgewichtsbedingungen in radialer und in Umfangsrichtung lauten[1]

$$dN - S\, d\varphi = 0, \qquad \frac{\partial S}{\partial\varphi} d\varphi - dR = 0.$$

Division durch $d\varphi$ und Grenzübergang zu $d\varphi \to 0$ gibt

$$q\, r = S, \qquad \frac{\partial S}{\partial\varphi} - \mu_0 q\, r = 0.$$

Wird q eliminiert, so folgt

$$\frac{\partial S}{\partial\varphi} - \mu_0\, S = 0,$$

also

$$S = S_1\, e^{\mu_0\varphi}, \tag{V, 1}$$

wo S_1 die Seilkraft an der Stelle $\varphi = 0$ ist.

Die schon von Euler angegebene Formel (V, 1) zeigt, daß die Kraft, die notwendig ist, um ein Seil über eine Scheibe hinwegzuziehen, sehr rasch mit dem Umschlingungswinkel φ anwächst. Man kann also mit einem mehrmals um einen festen Zylinder (etwa einem Anlegepflock für Schiffe) gewickelten Seil mit geringer Kraft S_1 große Kräfte S aufnehmen.

Betrachten wir jetzt die Scheibe mit den angreifenden Seilkräften S_1 und S_2 (Abb. V, 2b), so liefert der Drallsatz Gl. (IV, 23)

$$I\, \dot\omega = (S_1 - S_2)\, r + M.$$

I ist das Massenträgheitsmoment der Scheibe um ihre horizontale Achse. Ebenso folgt aus dem Schwerpunktsatz für die beiden Massen m_1 und m_2

$$m_1\, r\, \dot\omega = m_1\, g - S_1, \qquad m_2\, r\, \dot\omega = S_2 - m_2\, g.$$

[1] Vgl. auch Abb. XIII, 4.

Eliminiert man aus diesen drei Gleichungen für die drei Unbekannten S_1, S_2 und $\dot{\omega}$ die Seilkräfte, so folgt

$$\dot{\omega} = \frac{M + r\,(m_1 - m_2)\,g}{I + r^2\,(m_1 + m_2)}.$$

Damit kein Rutschen des Seiles eintritt, muß $S_2 \leqq S_1\, e^{\mu_0 \alpha}$ oder

$$m_2\,(r\,\dot{\omega} + g) \leqq m_1\,(g - r\,\dot{\omega})\, e^{\mu_0 \alpha}$$

sein. α bedeutet den Umschlingungswinkel, im vorliegenden Fall also $\alpha = \pi$. Setzt man für $\dot{\omega}$ ein und löst nach M auf, so ergibt sich das größte zulässige Antriebsmoment mit

$$M \leqq g\,\frac{(m_1\, e^{\mu_0 \pi} - m_2)\, I + 2\, r^2\, m_1\, m_2\, (e^{\mu_0 \pi} - 1)}{r\,(m_1\, e^{\mu_0 \pi} + m_2)}.$$

Wegen der Möglichkeit des Gleitens nach beiden Richtungen läßt sich für M auch eine untere Grenze angeben. Sie folgt mit $S_1 \leqq S_2\, e^{\mu_0 \pi}$ sofort aus dem obigen Ausdruck, indem dort μ_0 durch $-\mu_0$ ersetzt wird.

3. Beispiel: Der lineare Schwinger. Grundmodell des linearen Schwingers ist ein System, das von einer starren Einzelmasse, die sich längs einer Geraden bewegen kann, und einer masselosen Feder mit linearer Kennlinie gebildet wird, wobei die Masse durch die Feder mit einem festen Punkt verbunden ist (Abb. V, 4). Die Unterlage sei völlig glatt. Wir bezeichnen als Ruhelage diejenige Position, bei der die Feder völlig entspannt ist, und messen die Verschiebung x der Masse von dieser Ruhelage aus.

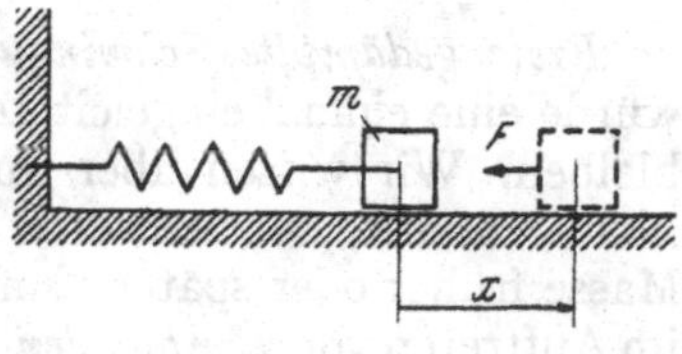

Abb. V, 4

Freie ungedämpfte Schwingung. Wir nehmen an, daß auf die Masse nur die *Federkraft (Rückstellkraft)*, aber keine weiteren äußeren Kräfte einwirken. Die Federkraft F ist proportional der Auslenkung x aus der Ruhelage und entgegengesetzt gerichtet (Abb. V, 4)

$$F = c\,x.$$

Die Bewegungsgleichung der Masse lautet daher nach dem Schwerpunktsatz

$$m\,\ddot{x} = -c\,x,$$

oder nach Einführung der Konstanten $\omega = \sqrt{c/m}$ von der Dimension einer Winkelgeschwindigkeit,

$$\ddot{x} + \omega^2\,x = 0.$$

Die allgemeine Lösung dieser Gleichung lautet

$$x = C_1 \cos \omega\, t + C_2 \sin \omega\, t.$$

Die Integrationskonstanten C_1 und C_2 sind aus den Anfangsbedingungen (z. B. $x = x_0$, $\dot{x} = v_0$, für $t = 0$) zu bestimmen.

Wir sehen, daß x und ebenso $\dot{x}$ periodische Funktionen der Zeit mit der Periode $2\pi/\omega$ sind. Man nennt einen solchen Bewegungsvorgang eine *harmonische Schwingung* mit der *Schwingungsdauer* $\tau = 2\pi/\omega = 2\pi\sqrt{m/c}$. Je größer die Masse m und je kleiner die Federkonstante c ist, desto größer ist die Schwingungsdauer τ, d. h. um so langsamer schwingt die Masse. Die Größe $1/\tau = f$ gibt die Anzahl der Schwingungen pro Zeiteinheit; sie heißt *Eigenfrequenz* und wird in Hz (Hertz) gemessen, wobei 1 Hz eine Schwingung pro Sekunde bedeutet. $\omega = 2\pi f$ wird die *Kreisfrequenz* genannt.

Führen wir an Stelle der beiden Integrationskonstanten C_1 und C_2 zwei neue Konstanten a und ε ein, die durch

$$a = \sqrt{C_1^2 + C_2^2}, \qquad \cos\varepsilon = \frac{C_1}{\sqrt{C_1^2 + C_2^2}}, \qquad \sin\varepsilon = \frac{C_2}{\sqrt{C_1^2 + C_2^2}}$$

definiert sind, so können wir die Lösung der Bewegungsgleichung in der Form

$$x = a\cos(\omega t - \varepsilon)$$

schreiben. Wir bemerken, daß x zwischen den Werten $-a$ und $+a$ schwankt. Die Größe a (die maximale Entfernung der Masse von ihrer Ruhelage) nennen wir die *Schwingungsamplitude*.

Freie gedämpfte Schwingung. Nach der soeben gewonnenen Lösung würde eine einmal eingeleitete Schwingung unbeschränkt weiter bestehen bleiben. Wir wissen aber aus der Erfahrung, daß dies in Wirklichkeit nicht zutrifft, sondern daß jede sich selbst überlassene schwingende Masse früher oder später zum Stillstand kommt. Der Grund hierfür liegt im Auftreten von *dämpfenden Kräften* (z. B. Luftwiderstand oder Reibungskräften), die wir in der Bewegungsgleichung nicht berücksichtigt haben.

Die Dämpfungskräfte sind im allgemeinen recht komplizierter Natur und mathematisch schwierig zu erfassen. Wir wollen uns hier mit einer häufig verwendeten, einfachen Annahme begnügen, nämlich der, daß die Dämpfungskraft proportional der Geschwindigkeit[1] und dieser entgegengesetzt gerichtet ist. Diese sogenannte *lineare Geschwindigkeitsdämpfung* trifft für kleine Geschwindigkeiten im allgemeinen recht gut zu. Bezeichnen wir den Proportionalitätsfaktor mit r, so lautet die Bewegungsgleichung jetzt

$$m\ddot{x} = -c x - r\dot{x}$$

oder mit $\omega = \sqrt{c/m}$, $\lambda = r/2m$

$$\ddot{x} + 2\lambda\dot{x} + \omega^2 x = 0.$$

Wir setzen die Lösung dieser homogenen Differentialgleichung in der Form $x = e^{\alpha t}$ an, und erhalten für α die „charakteristische Gleichung"

$$\alpha^2 + 2\lambda\alpha + \omega^2 = 0$$

[1] Für quadratische Abhängigkeit siehe Ziff. XX, 6.

mit den beiden Wurzeln

$$\alpha_{1,2} = -\lambda \pm \sqrt{\lambda^2 - \omega^2}.$$

Wir haben nun drei Fälle zu unterscheiden:

$\lambda > \omega$ *(starke Dämpfung)*. In diesem Fall sind die beiden Wurzeln α_1 und α_2 reell und negativ, und die allgemeine Lösung der Bewegungsgleichung ist

$$x = C_1 e^{\alpha_1 t} + C_2 e^{\alpha_2 t}.$$

Die Konstanten C_1 und C_2 folgen wieder aus den Anfangsbedingungen. x nimmt (eventuell nach kurzem Anstieg) mit fortschreitender Zeit rasch ab und geht asymptotisch gegen Null. Eine Schwingung tritt nicht auf, höchstens ein einmaliger Durchgang durch die Null-Lage; man spricht von einer aperiodischen Bewegung. Ein Beispiel zeigt Abb. V, 5.

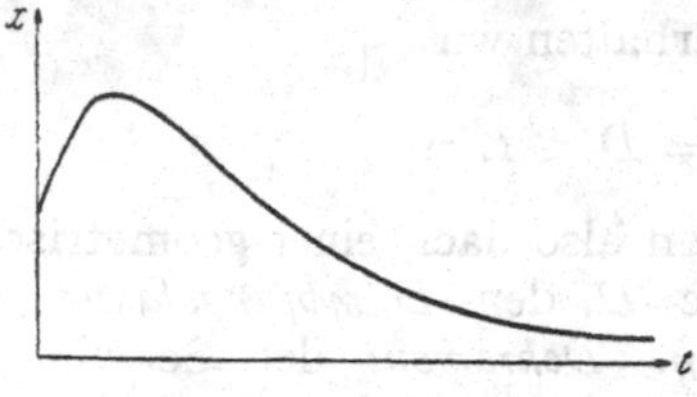

Abb. V, 5

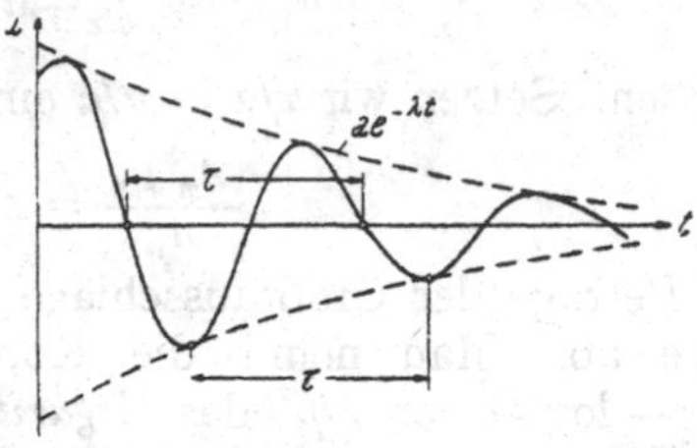

Abb. V, 6

$\lambda = \omega$ *(aperiodischer Grenzfall)*. Die beiden Wurzeln α_1 und α_2 fallen zusammen: $\alpha_1 = \alpha_2 = -\lambda$. Es ist dann

$$x = (C_1 + C_2 t)\, e^{-\lambda t}.$$

Auch hier ergibt sich wieder eine aperiodische Bewegung und x geht asymptotisch gegen Null.

$\lambda < \omega$ *(schwache Dämpfung)*. In diesem Fall schreiben wir die Wurzeln der charakteristischen Gleichung zweckmäßig in der Form

$$\alpha_{1,2} = -\lambda \pm i\mu \quad \text{mit} \quad \mu = \sqrt{\omega^2 - \lambda^2}.$$

Damit lautet die allgemeine Lösung

$$x = e^{-\lambda t} (C_1 \cos \mu t + C_2 \sin \mu t)$$

oder

$$x = a\, e^{-\lambda t} \cos(\mu t - \varepsilon).$$

Wir sehen, daß nun wieder eine Bewegung mit Schwingungscharakter vorliegt. Es handelt sich wegen des Faktors $e^{-\lambda t}$ nicht mehr um eine periodische Bewegung, sondern um eine Schwingung mit abnehmender Amplitude $a\, e^{-\lambda t}$ (Abb. V, 6). Die Zeit zwischen zwei gleichsinnigen Durchgängen durch die Gleichgewichtslage $x = 0$ beträgt

$$\tau = \frac{2\pi}{\mu} = \frac{2\pi}{\sqrt{\omega^2 - \lambda^2}}.$$

Sie wird wieder als Schwingungsdauer bezeichnet. Die Schwingungskurve berührt die Grenzkurven $\pm a\, e^{-\lambda t}$ jeweils für $\cos(\mu t - \varepsilon) = \pm 1$.

Die Zeit zwischen zwei Berührungen mit der gleichen Grenzkurve stimmt also mit der Schwingungsdauer überein. Die Größtausschläge ($\dot{x} = 0$) entsprechen aber nicht diesen Ausschlägen, sondern werden etwas früher erreicht, und zwar wegen

$$\dot{x} = -a\,e^{-\lambda t}\,[\mu \sin(\mu t - \varepsilon) + \lambda \cos(\mu t - \varepsilon)]$$

immer dann, wenn $\tan(\mu t - \varepsilon) = -\lambda/\mu$. Da der Tangens die Periode π hat, ist die Zeit zwischen zwei nach verschiedenen Seiten erfolgenden Größtausschlägen A_n und A_{n+1} gleich $\tau/2$ und das Verhältnis ihrer absoluten Beträge ist durch

$$\frac{A_{n+1}}{A_n} = \left| \frac{a\,e^{-\lambda\left(t+\frac{\tau}{2}\right)} \cos\left[\mu\left(t+\frac{\tau}{2}\right)-\varepsilon\right]}{a\,e^{-\lambda t}\cos(\mu t - \varepsilon)} \right| = e^{-\lambda\tau/2}$$

gegeben. Setzen wir $\tau/2 = \pi/\mu$ ein, so erhalten wir

$$\frac{A_{n+1}}{A_n} = e^{-\pi\lambda/\mu} = D < 1.$$

Die Beträge der Größtausschläge nehmen also nach einer geometrischen Folge ab. Man nennt die Konstante D den *Dämpfungsfaktor* und $\delta = -\log D = \pi\,\lambda/\mu$ das *logarithmische Dekrement* der Schwingung. Die Eigenfrequenz einer gedämpften Schwingung $1/\tau = \mu/2\pi$ ist stets kleiner als die der ungedämpften; der Unterschied ist aber in den meisten praktisch vorkommenden Fällen sehr gering.

Erzwungene Schwingung. Im Gegensatz zur freien Schwingung spricht man von erzwungener Schwingung, wenn zur Rückstellkraft und Dämpfungskraft noch eine *Erregerkraft (Störkraft)* hinzukommt. Diese Störkraft kann mannigfacher Art sein. Der wichtigste Fall, den wir hier betrachten wollen, ist der, wo eine periodisch veränderliche Kraft $S \cos \nu t$ vorliegt. Die Kreisfrequenz ν wird als *Erregerfrequenz* bezeichnet. Die Bewegungsgleichung lautet jetzt

$$m\,\ddot{x} = -c\,x - r\,\dot{x} + S\cos\nu t$$

oder

$$\ddot{x} + 2\,\lambda\,\dot{x} + \omega^2 x = \frac{S}{m}\cos\nu t.$$

Die allgemeine Lösung dieser inhomogenen linearen Differentialgleichung besteht aus der allgemeinen Lösung der homogenen Gleichung und einem partikulären Integral der inhomogenen Gleichung:

$$x = x_h + x_p.$$

Die Lösung x_h besitzen wir bereits (freie Schwingung). Sie ist nur für den Einschwingvorgang wesentlich und klingt jedenfalls mit der Zeit ab, so daß schließlich nur die eigentliche erzwungene Schwingung, die sogenannte *stationäre Lösung* x_p bestehen bleibt.

Zur Bestimmung von x_p machen wir den Ansatz

$$x_p = A\cos\nu t + B\sin\nu t.$$

Gehen wir damit in die Differentialgleichung und fassen die Glieder mit $\cos \nu t$ und $\sin \nu t$ zusammen, so erhalten wir

$$\left[(\omega^2 - \nu^2) A + 2 \lambda \nu B - \frac{S}{m}\right] \cos \nu t + [(\omega^2 - \nu^2) B - 2 \lambda \nu A] \sin \nu t = 0.$$

Diese Gleichung muß für alle Werte von t bestehen. Da $\cos \nu t$ und $\sin \nu t$ linear unabhängige Funktionen sind, muß also gelten

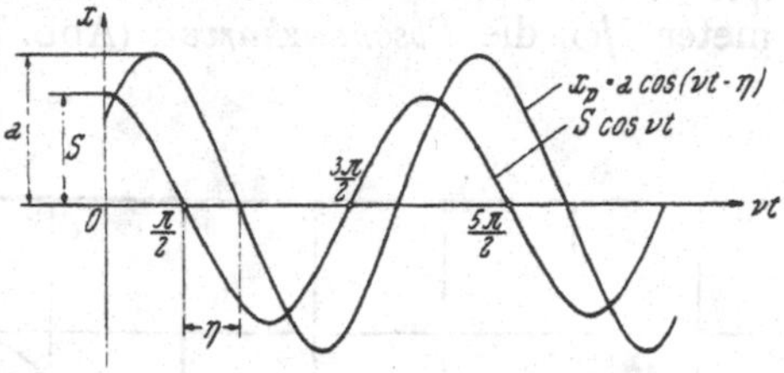

Abb. V, 7

$$(\omega^2 - \nu^2) A + 2 \lambda \nu B = \frac{S}{m},$$

$$- 2 \lambda \nu A + (\omega^2 - \nu^2) B = 0.$$

Dieses lineare Gleichungssystem für die beiden Unbekannten A und B besitzt genau eine Lösung, wenn

$$\Delta = \begin{vmatrix} \omega^2 - \nu^2 & 2 \lambda \nu \\ - 2 \lambda \nu & \omega^2 - \nu^2 \end{vmatrix} = (\omega^2 - \nu^2)^2 + 4 \lambda^2 \nu^2 \neq 0.$$

Für $\lambda \neq 0$ ist dies sicher stets der Fall. Wir haben dann

$$A = \frac{\omega^2 - \nu^2}{\Delta} \frac{S}{m}, \qquad B = \frac{2 \lambda \nu}{\Delta} \frac{S}{m},$$

und weiter

$$x_p = \frac{1}{\Delta} \frac{S}{m} [(\omega^2 - \nu^2) \cos \nu t + 2 \lambda \nu \sin \nu t].$$

Führen wir wieder die Amplitude ein,

$$a = \frac{1}{\Delta} \frac{S}{m} \sqrt{(\omega^2 - \nu^2)^2 + 4 \lambda^2 \nu^2} = \frac{1}{\sqrt{\Delta}} \frac{S}{m}$$

und den *Phasenwinkel* η gemäß

$$\cos \eta = \frac{\omega^2 - \nu^2}{\sqrt{\Delta}}, \qquad \sin \eta = \frac{2 \lambda \nu}{\sqrt{\Delta}},$$

so wird

$$x_p = a \cos (\nu t - \eta).$$

Die erzwungene Schwingung eilt also der Erregerkraft um einen Phasenwinkel η nach, der zwischen Null und π liegt (Abb. V, 7). Er ist genau gleich Null oder π bei der erzwungenen ungedämpften Schwingung ($\lambda = 0$). In Abb. V, 8 ist η als Funktion von ν/ω für verschiedene Werte des Dämpfungsparameters λ/ω aufgetragen. Für $\nu = \omega$ (Eigenfrequenz der ungedämpften Schwingung) ist der Phasenwinkel stets $\pi/2$, unabhängig von der Größe der Dämpfung. Für $\nu \neq \omega$ ist die ungedämpfte Schwingung mit der Erregung stets entweder in Phase ($\eta = 0$, $\nu < \omega$) oder in Gegenphase ($\eta = \pi$, $\nu > \omega$).

Die Amplitude a der erzwungenen Schwingung hat für $\nu = 0$, was konstanter Erregerkraft („statischer" Belastung) entspricht, den Wert $(a)_{\nu=0} \equiv a_s = S/m\,\omega^2 = S/c$. Da gleichzeitig $\eta = 0$ wird, erhält man $(x_p)_{\nu=0} = a_s$. Im anderen Extremfall, nämlich für $\nu \to \infty$, geht $a \to 0$

(von der Größenordnung $1/\nu^2$); der Schwinger kann infolge seiner Trägheit der rascher und rascher werdenden Störung nicht mehr nachfolgen.

Trägt man die Größe[1] $a/a_s = 1\Big/\sqrt{\left[1-\left(\frac{\nu}{\omega}\right)^2\right]^2 + 4\left(\frac{\lambda}{\omega}\right)^2\left(\frac{\nu}{\omega}\right)^2}$ über ν/ω auf, so erhält man unter Annahme verschiedener Dämpfungsparameter λ/ω die *Resonanzkurven* (Abb. V, 9). Wie man sieht, nimmt die

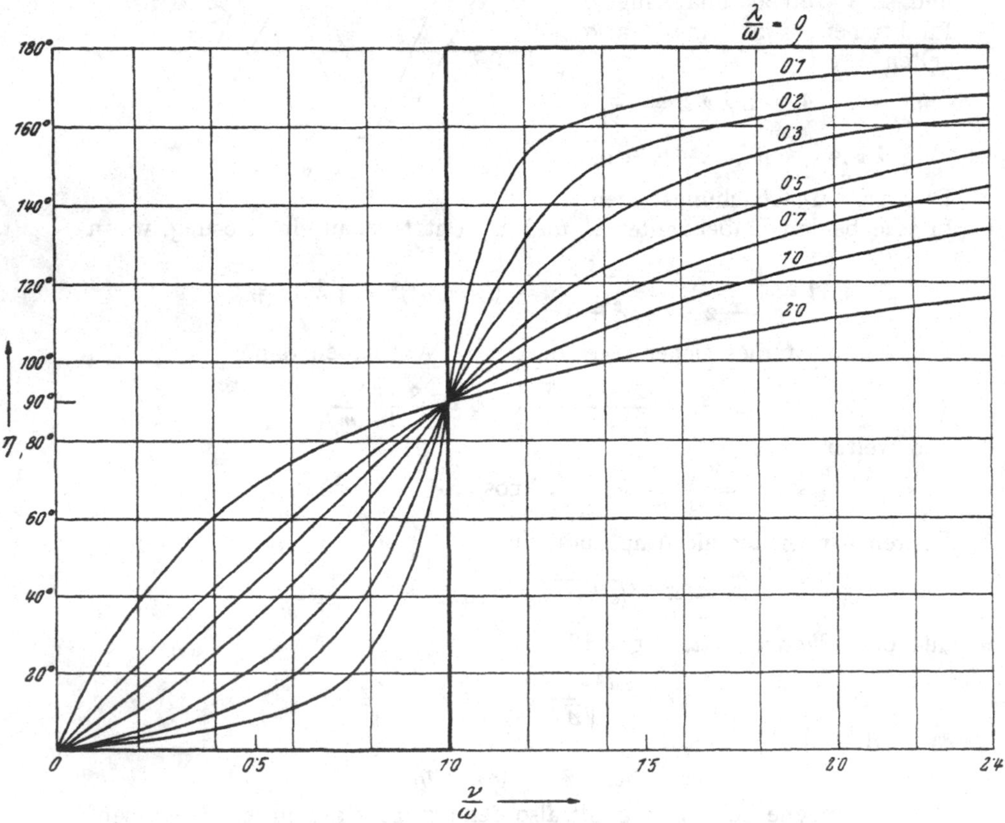

Abb. V, 8

Amplitude a für einen bestimmten, von der Dämpfung abhängigen Wert $\nu = \nu_k$ der Erregerfrequenz einen Größtwert an. Man nennt ν_k die *kritische* oder *Resonanz*frequenz und sagt, für $\nu = \nu_k$ stehe der Schwinger in *Resonanz* mit der Erregerkraft. Bei einem ungedämpften System wächst a für $\nu \to \nu_k$ rechnerisch unbeschränkt an. Bei geringen Werten der Dämpfungskonstanten λ besitzt die Amplitude ein ausgeprägtes Maximum, das mit zunehmender Stärke der Dämpfung immer flacher

[1] Sie wird als *Vergrößerungsfunktion* bezeichnet, da sie angibt, um wieviel der kinetische Ausschlag a größer ist als der statische S/c.

wird und für $\lambda^2 \geqq \omega^2/2$ überhaupt verlorengeht. Resonanz kann dann nicht mehr eintreten.

ν_k folgt aus $\partial a/\partial \nu = 0$ zu

$$\nu_k = \sqrt{\omega^2 - 2\lambda^2} = \sqrt{\mu^2 - \lambda^2}; \quad a_k = \frac{S}{2\, m\, \lambda\, \mu}.$$

Die Resonanzfrequenz ist stets kleiner als die Eigenfrequenz ω der ungedämpften Schwingung und auch kleiner als die Eigenfrequenz μ der gedämpften Schwingung[1]. Nur für $\lambda = 0$ wird $\nu_k = \omega$.

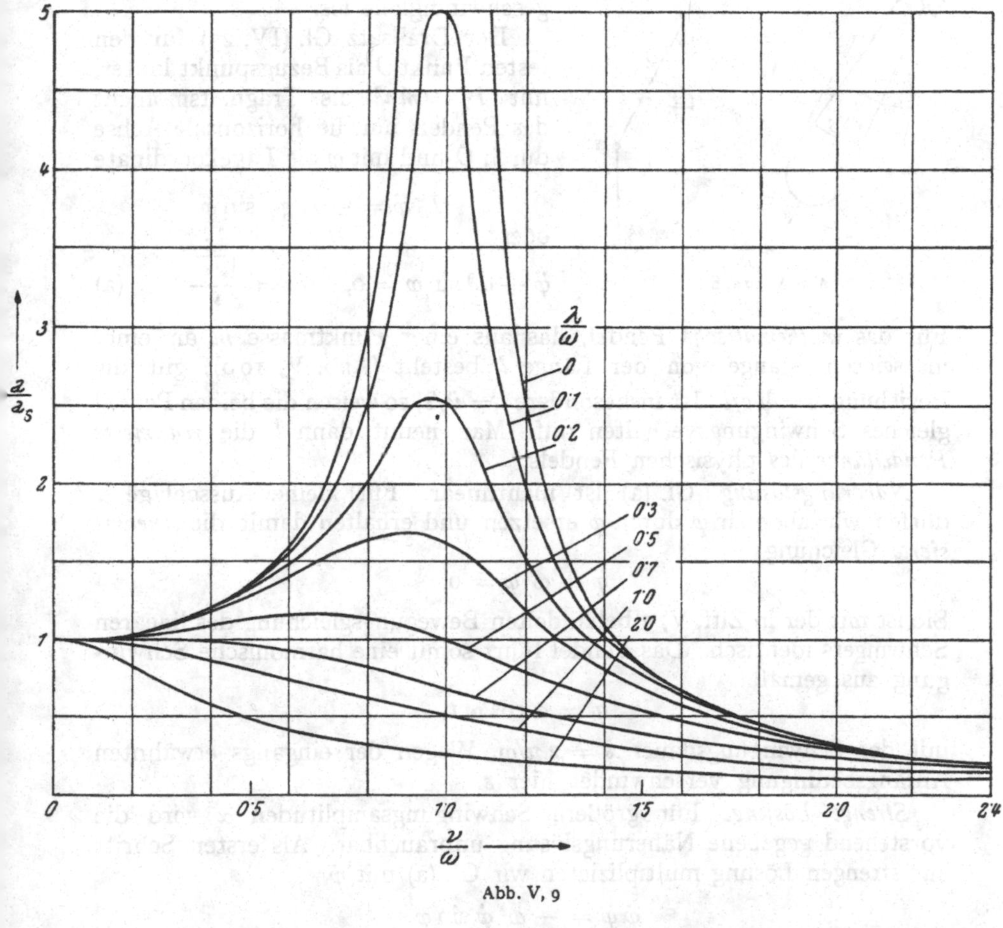

Abb. V, 9

In der Praxis sucht man meistens die Schwingungsausschläge so klein wie möglich zu halten. Man entnimmt der Abb. V, 9, daß ein Arbeiten im überkritischen Bereich $\nu > \nu_k$ wesentlich wirksamer ist als ein

[1] Hält man die Erregerfrequenz konstant und variiert die Eigenfrequenz, so ergeben sich zwar gleichfalls Extremwerte der Amplitude, jedoch fallen sie nicht mit den eben berechneten zusammen.

Arbeiten im unterkritischen Bereich $\nu < \nu_k$. Hierbei ergibt sich allerdings die Schwierigkeit, daß beim Anfahren der Resonanzbereich durchlaufen werden muß.

4. Beispiel: Das Pendel. Beim *physikalischen* oder *physischen* Pendel schwingt ein starrer Körper von der Masse m um eine feste Achse O (Abb. V, 10a). Der Schwerpunkt S liegt in der Ruhelage lotrecht unter O. Wir lenken das Pendel um den Winkel α aus und lassen es ohne Anfangsgeschwindigkeit los.

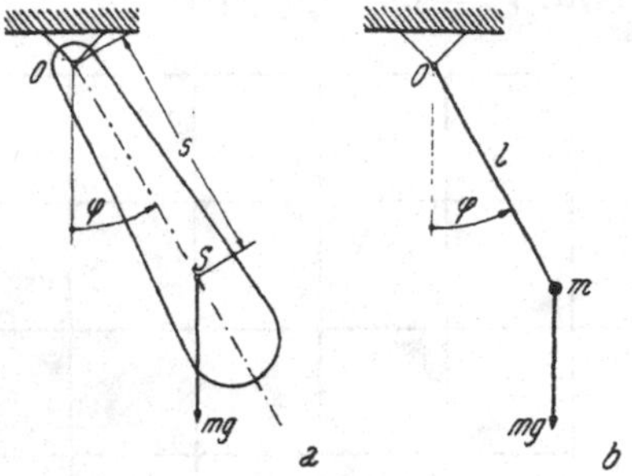

Abb. V, 10 a, b

Der Drallsatz Gl. (IV, 23) für den festen Punkt O als Bezugspunkt lautet, mit $I_O = m\,i^2$ als Trägheitsmoment des Pendels um die horizontale Achse durch O und mit φ als Lagekoordinate

$$I_O\,\ddot{\varphi} = -\,m\,g\,s\sin\varphi$$

oder

$$\ddot{\varphi} + \omega^2 \sin\varphi = 0, \qquad \omega = \frac{\sqrt{g\,s}}{i}. \tag{a}$$

Für das *mathematische* Pendel, das aus einer Punktmasse m an einer masselosen Stange von der Länge l besteht (Abb. V, 10b), gilt die Beziehung $\omega = \sqrt{g/l}$. Ist insbesondere $l = i^2/s$, so weisen die beiden Pendel gleiches Schwingungsverhalten auf. Man nennt dann l die *reduzierte Pendellänge* des physischen Pendels.

Näherungslösung. Gl. (a) ist nichtlinear. Für kleine Ausschläge α dürfen wir aber $\sin\varphi$ durch φ ersetzen und erhalten damit die *linearisierte* Gleichung

$$\ddot{\varphi} + \omega^2\varphi = 0.$$

Sie ist mit der in Ziff. V, 3 behandelten Bewegungsgleichung des linearen Schwingers identisch. Das Pendel führt somit eine harmonische Schwingung aus gemäß

$$\varphi = \alpha\cos\omega\,t,$$

mit der Schwingungsdauer $\tau = 2\,\pi/\omega$. Wegen der eingangs erwähnten Anfangsbedingung verschwindet hier ε.

Strenge Lösung. Für größere Schwingungsamplituden α wird die vorstehend gegebene Näherungslösung unbrauchbar. Als ersten Schritt zur strengen Lösung multiplizieren wir Gl. (a) mit $\dot{\varphi}$

$$\dot{\varphi}\,\ddot{\varphi} = -\,\omega^2\,\dot{\varphi}\sin\varphi$$

und integrieren

$$\frac{\dot{\varphi}^2}{2} = \omega^2\cos\varphi + c.$$

Die Integrationskonstante c folgt aus der Anfangsbedingung $\dot{\varphi} = 0$ in $\varphi = \alpha$ zu $c = -\,\omega^2\cos\alpha$. Es wird also

$$\dot{\varphi}^2 = 2\,\omega^2\,(\cos\varphi - \cos\alpha).$$

Wir haben damit eine Differentialgleichung erster Ordnung erhalten, die freilich gleichfalls nichtlinear ist. Nun gehen wir mittels der Beziehung $1 - \cos\varphi = 2\sin^2\frac{\varphi}{2}$ auf die Winkel $\frac{\varphi}{2}$ und $\frac{\alpha}{2}$ über und führen die Konstante $k = \sin\frac{\alpha}{2}$ $(0 \leqq k \leqq 1)$ ein. Dann folgt

$$\dot{\varphi}^2 = 4\,k^2\,\omega^2\left(1 - \frac{1}{k^2}\sin^2\frac{\varphi}{2}\right).$$

Diese Differentialgleichung läßt sich mittels der neuen Variablen $y = \frac{1}{k}\sin\frac{\varphi}{2}$ wegen $\dot{\varphi}^2 = 4\,k^2\,\dot{y}^2/(1 - k^2\,y^2)$ in der Form

$$\left(\frac{dy}{dt}\right)^2 = \omega^2\,(1 - y^2)\,(1 - k^2\,y^2)$$

schreiben. Durch Trennung der Variablen erhält man die Lösung

$$\omega\,t + C = \int\limits_0^y \frac{d\eta}{\sqrt{(1 - \eta^2)\,(1 - k^2\,\eta^2)}}.$$

Das Integral wird *elliptisches Integral erster Gattung* genannt. Es läßt sich nicht durch elementare Funktionen ausdrücken. Seine Umkehrfunktion heißt JACOBI*sche elliptische sn-Funktion*[1]:

$$y = \mathrm{sn}\,(\omega\,t + C) = \mathrm{sn}\,x.$$

$\mathrm{sn}\,x$ ist eine periodische Funktion mit der Periode $4\,K$, wobei

$$K(k) = \int\limits_0^1 \frac{d\eta}{\sqrt{(1 - \eta^2)\,(1 - k^2\,\eta^2)}}$$

das sogenannte *vollständige elliptische Integral erster Gattung* darstellt. Es ist

$$\mathrm{sn}\,K = 1, \qquad \mathrm{sn}\,0 = 0.$$

Man definiert gemäß

$$\mathrm{cn}^2\,x = 1 - \mathrm{sn}^2\,x, \qquad \mathrm{dn}^2\,x = 1 - k^2\,\mathrm{sn}^2\,x$$

zwei weitere elliptische Funktionen $\mathrm{cn}\,x$ und $\mathrm{dn}\,x$. Es ist

$$\mathrm{cn}\,K = 0, \quad \mathrm{cn}\,0 = 1; \quad \mathrm{dn}^2\,K = 1 - k^2, \quad \mathrm{dn}\,0 = 1.$$

Auch $\mathrm{cn}\,x$ ist mit $4\,K$ periodisch, während $\mathrm{dn}\,x$ die Periode $2\,K$ besitzt (Abb. V, 11). Die Differentialformeln der elliptischen Funktionen sind ähnlich denen der Kreisfunktionen:

---

[1] Über elliptische Funktionen siehe F. OBERHETTINGER und W. MAGNUS: Anwendung der elliptischen Funktionen in Physik und Technik. Berlin-Göttingen-Heidelberg: 1949. P. F. BYRD and M. D. FRIEDMAN: Handbook of Elliptic Integrals for Engineers and Physicists. Berlin-Göttingen-Heidelberg: 1954.

$$\frac{d}{dx}(\mathrm{sn}\,x) = \mathrm{cn}\,x\,\mathrm{dn}\,x, \qquad \frac{d}{dx}(\mathrm{cn}\,x) = -\,\mathrm{sn}\,x\,\mathrm{dn}\,x,$$

$$\frac{d}{dx}(\mathrm{dn}\,x) = -\,k^2\,\mathrm{sn}\,x\,\mathrm{cn}\,x.$$

Für $k = 0$ gehen die elliptischen Funktionen in die Kreisfunktionen über: $\mathrm{sn}\,x \to \sin x$, $\mathrm{cn}\,x \to \cos x$, $\mathrm{dn}\,x \to 1$, $K \to \pi/2$.

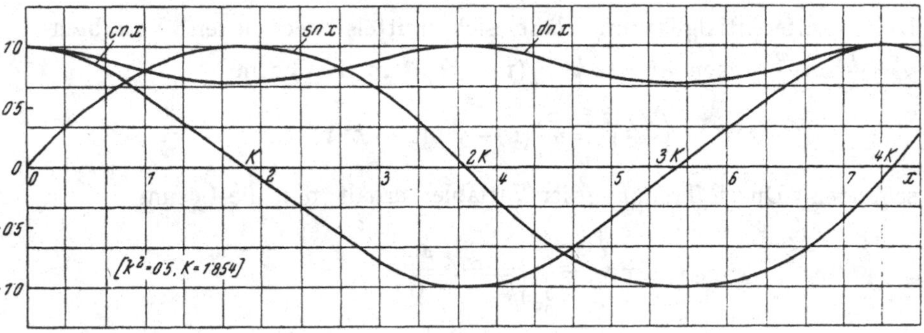

Abb. V, 11

Das Bewegungsgesetz des Pendels lautet also, wenn wir wieder zur ursprünglichen Variablen φ zurückkehren

$$\sin\frac{\varphi}{2} = k\,\mathrm{sn}\,(\omega\,t + C).$$

Die Schwingungsdauer des Pendels beträgt $\tau = 4\,K/\omega$. Sie hängt, da K eine Funktion von $k = \sin\frac{\alpha}{2}$ ist, von der Schwingungsamplitude α ab[1]. Im Grenzfall $\alpha \to 0$ geht $k \to 0$, $K \to \pi/2$, also $\tau \to 2\,\pi/\omega$, was dem aus der linearisierten Gleichung erhaltenen Wert entspricht. Ein Pendel, dessen halbe Schwingungsdauer (die sogenannte *Schlagdauer*) 1 s beträgt, wird *Sekundenpendel* genannt. Seine reduzierte Länge ergibt sich unter Benützung der Näherungsformel für τ und mit $g = 9{,}806\ \mathrm{m/s^2}$ zu $l = 0{,}99355$ m. Man kann umgekehrt durch Messung der Schwingungsdauer eines Pendels die Fallbeschleunigung g bestimmen.

Die Auflagerreaktionen H in horizontaler Richtung (positiv nach rechts) und V in vertikaler Richtung (positiv nach oben) ergeben sich aus dem Schwerpunktsatz zu

$$H = -\,m\,s\,\omega^2 \sin\varphi\left[4\left(k^2 - \sin^2\frac{\varphi}{2}\right) + \cos\varphi\right],$$

$$V = m\,g + m\,s\,\omega^2 \sin\varphi\left[4\left(k^2 - \sin^2\frac{\varphi}{2}\right)\cot\varphi - \sin\varphi\right].$$

[1] Diese Erscheinung ist für nichtlineare Schwingungen charakteristisch!

5. Beispiel: Rakete. Eine Rakete (Abb. V, 12) besitze zur Zeit $t = 0$ einschließlich Treibstoff die Anfangsmasse m_a. Pro Sekunde werde die Gasmasse $m'(t)$ mit der Relativgeschwindigkeit $u(t)$ ausgestoßen. Die Raketenmasse zur Zeit t sei $m(t)$, wobei also $dm/dt = -m'(t)$ ist. Die Geschwindigkeit der Rakete in einem Inertialsystem sei $v(t)$.

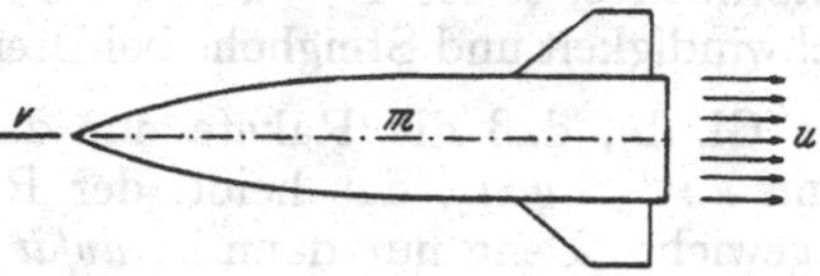

Abb. V, 12

Es liegt hier ein System mit veränderlicher Masse vor. Wir bezeichnen mit F die Resultierende aller äußeren Kräfte, die in Flugrichtung auf die Rakete einwirken und setzen voraus, daß der Gasstrahl im ganzen Ausströmquerschnitt A auf den Außendruck expandiert, so daß keine Kraft zwischen Rakete und Strahl wirksam ist. F rührt dann nur von Gewicht und Luftwiderstand her und Gl. (IV, 24) liefert

$$\frac{d(m\,v)}{dt} + \mu\,(v - u)\,A = F.$$

Hierbei haben wir mit guter Näherung Schwerpunktgeschwindigkeit v_s und Raketengeschwindigkeit v gleichgesetzt. $v - u$ ist die Absolutgeschwindigkeit der ausströmenden Gase. Mit $\mu\,A = m'$ wird weiter

$$m\frac{dv}{dt} = F + m'\,u. \tag{a}$$

Die Größe $m'\,u$ wird als *Raketenschub* bezeichnet.

Wir betrachten nun speziell die im homogenen Schwerefeld *senkrecht aufsteigende Rakete* und vernachlässigen den Luftwiderstand. Dann wird $F = -m\,g$ und Gl. (a) geht über in

$$\frac{dv}{dt} = -g - \frac{u}{m}\frac{dm}{dt}. \tag{b}$$

Nehmen wir noch die Ausströmgeschwindigkeit u als konstant an, so folgt nach Integration unter Berücksichtigung der Anfangsbedingungen $v = 0$ und $m = m_a$ zur Zeit $t = 0$

$$v(t) = u\ln\frac{m_a}{m(t)} - g\,t. \tag{c}$$

Zur weiteren Integration muß der Verbrennungsablauf in der Rakete bekannt sein. Setzen wir voraus, daß die in der Zeiteinheit ausgestoßene

Gasmasse m' konstant ist, dann wird $m(t) = m_a - m' t$ und Gl. (c) liefert für die Steighöhe $h(t)$ wegen $v = dh/dt$

$$h(t) = u\left[t - \frac{m(t)}{m'} \ln \frac{m_a}{m(t)}\right] - \frac{g}{2} t^2.$$

Bedeutet m_e die Raketenendmasse, also $m_B = m_a - m_e$ die bis Brennschluß verbrauchte Treibstoffmenge, so ist $T = m_B/m'$ die Brenndauer. Damit lassen sich Endgeschwindigkeit und Steighöhe bei Brennschluß errechnen.

Man ersieht aus Gl. (b), daß die Rakete nur dann überhaupt vom Boden abhebt, wenn $u\,m' > g\,m_a$, das heißt, der Raketenschub größer ist als das Anfangsgewicht. Denn nur dann ist $dv/dt > 0$ zur Zeit $t = 0$. Nimmt man den Mindestwert $u\,m' = g\,m_a$ und trägt ihn in Gl. (c) ein, so findet man für die Endgeschwindigkeit der Rakete

$$v_e = u\left(\ln \frac{m_a}{m_e} + \frac{m_e}{m_a} - 1\right).$$

Die Gleichung zeigt die Bedeutung eines hinreichend großen *Massenverhältnisses* m_a/m_e für die Erzielung einer hohen Endgeschwindigkeit (Stufenrakete!).

6. Kinetik der Relativbewegung. Das dynamische Grundgesetz gibt den Zusammenhang zwischen der Kraftdichte und der auf ein Inertialsystem bezogenen Beschleunigung. Beziehen wir nun die Beschleunigung auf ein System, das sich selbst gegen das Inertialsystem bewegt, so gilt gemäß Gl. (I, 33), wenn wir mit $\mathfrak{b}$ wieder die Absolutbeschleunigung bezeichnen,

$$\varrho\,\mathfrak{b} = \mathfrak{f} = \varrho\,(\mathfrak{b}_r + \mathfrak{b}_f + \mathfrak{b}_c),$$

oder

$$\varrho\,\mathfrak{b}_r = \mathfrak{f} - \varrho\,\mathfrak{b}_f - \varrho\,\mathfrak{b}_c. \qquad \text{(V, 2)}$$

Nimmt man speziell die Beschleunigungen des Schwerpunktes und ersetzt ϱ durch die Gesamtmasse m, so erhält man nach Gl. (IV, 12) den Schwerpunktsatz in einem „bewegten" System

$$m\,\mathfrak{b}_r = \mathfrak{R} - m\,\mathfrak{b}_f - m\,\mathfrak{b}_c. \qquad \text{(V, 3)}$$

Die Gleichungen können wir wie folgt interpretieren: Wenn wir das dynamische Grundgesetz auch in einem relativ zu einem Inertialsystem bewegten System beibehalten wollen, dann müssen wir zu den tatsächlich vorhandenen *physikalischen* Kräften bzw. Kraftdichten sogenannte *Scheinkräfte* hinzufügen, nämlich pro Volumseinheit die Führungskraft

$$-\varrho\,\mathfrak{b}_f = -\varrho\,\mathfrak{b}_A - \varrho\,\frac{d\bar{\omega}}{dt} \times \mathfrak{r}_r - \varrho\,\bar{\omega} \times (\bar{\omega} \times \mathfrak{r}_r)$$

und die Corioliskraft

$$-\varrho\,\mathfrak{b}_c = -2\,\varrho\,\bar{\omega} \times \mathfrak{v}_r.$$

Das letzte Glied im Ausdruck für die Führungkraft kann mit (Gl. I, 20) auch $-\varrho\,\omega^2\,\mathfrak{p}$ geschrieben werden. Diese Scheinkraft führt den Namen *Zentrifugalkraft* oder *Fliehkraft*.

Aus dem Auftreten solcher Scheinkräfte kann man umgekehrt die Bewegung des benützten Bezugssystems relativ zu einem Inertialsystem feststellen. Das Grundgesetz für Inertialsysteme gilt in einem „bewegten" System nur dann, wenn $\mathfrak{b}_f = 0$ ist (woraus wegen $\bar{\omega} = 0$ auch $\mathfrak{b}_e = 0$ folgt), d. h. wenn das Bezugssystem gegenüber dem Inertialsystem eine reine Translation mit konstanter Geschwindigkeit ausführt: „In bezug auf ein Inertialsystem gleichförmig geradlinig bewegte Systeme sind gleichfalls Inertialsysteme." Ein Beobachter in einem gleichförmig geradlinig bewegten System kann also über seine „wahre" oder „absolute" Bewegung nichts aussagen, und es ist prinzipiell unmöglich, auf Grund mechanischer Versuche ein im Raum absolut ruhendes System festzulegen (GALILEIsches Relativitätsprinzip[1]).

Ein empirisches Inertialsystem wurde im Fixsternhimmel gefunden. Ihm gegenüber führt nun die Erde eine Eigenrotation mit der Winkelgeschwindigkeit $\omega = 7{,}27 \cdot 10^{-5}$/s aus (von den übrigen Bewegungen dürfen wir hier absehen). Wegen der Kleinheit dieser Winkelgeschwindigkeit ist es aber, wie wir bereits erwähnt haben, zulässig, bei Bewegungen auf der Erde, die sich über nicht zu große Räume und Zeiten abspielen, die zufolge der Erddrehung auftretenden Scheinkräfte zu vernachlässigen und die Erde selbst als Inertialsystem zu betrachten. Die durch die Erdrotation hervorgerufene Corioliskraft macht sich u. a. durch eine beträchtliche Ablenkung der Windrichtung von der Richtung des Druckgefälles (BUYS-BALLOTsches Gesetz) oder durch Ablenkungen der Meeresströmungen und der Bahnen weitfliegender Geschosse sowie beim FOUCAULTschen Pendelversuch (Nachweis der Erdrotation) bemerkbar. Die Zentrifugalkraft bewirkt eine geringe Abweichung des Gewichtes eines Körpers von der anziehenden Kraft der Erde (Betrag der Abweichung $< 3{,}5‰$). „Fallbeschleunigung" und „Erdbeschleunigung" sind daher nicht gleich.

7. **Beispiel: Masse in rotierendem Rohr.** In einem horizontal liegenden glatten Rohr, das sich mit der konstanten Winkelgeschwindigkeit ω um eine vertikale Achse dreht, gleitet eine Masse m (Abb. V, 13). Gesucht ist die Relativbewegung $x = x(t)$ ihres Schwerpunktes.

Wir legen den Ursprung A eines mit dem Rohr fest verbundenen Koordinatensystems in die Drehachse. Die drei Grundvektoren $\mathfrak{e}_x$, $\mathfrak{e}_y$, $\mathfrak{e}_z$ haben die in der Figur angegebenen Richtungen.

---

[1] Die EINSTEINsche Relativitätstheorie erweitert dieses Prinzip dahingehend, daß eine solche Festlegung nicht nur durch keinen mechanischen, sondern überhaupt durch keinen physikalischen Versuch möglich ist.

Als eingeprägte äußere Kraft wirkt auf die Masse ihr Gewicht $-m\,g\,\mathfrak{e}_z$. Die Reaktionskraft zwischen Masse und Rohr ist wegen der vorausgesetzten Reibungsfreiheit senkrecht zur Rohrachse gerichtet. Wir zerlegen sie in die Komponenten $H\,\mathfrak{e}_y$ und $V\,\mathfrak{e}_z$. Es ist somit $\mathfrak{R} = H\,\mathfrak{e}_y + (V - m\,g)\,\mathfrak{e}_z$.

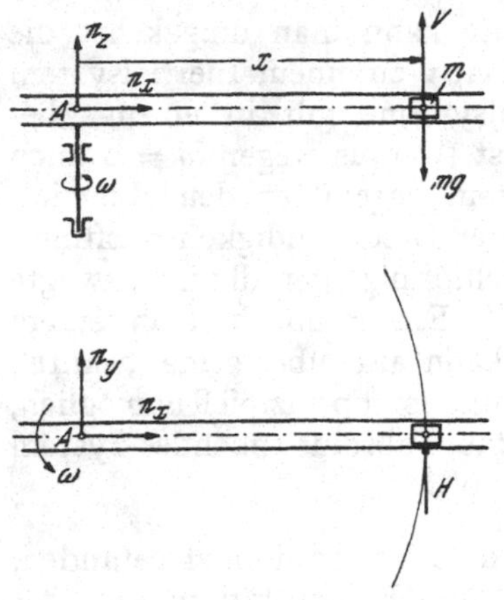

Abb. V, 13

Die Relativbahn des Schwerpunktes ist eine Gerade, die mit der Rohrachse zusammenfällt. Relativgeschwindigkeit und Relativbeschleunigung sind daher $\mathfrak{v}_r = \dot{x}\,\mathfrak{e}_x$ und $\mathfrak{b}_r = \ddot{x}\,\mathfrak{e}_x$. Die Führungsbeschleunigung ist definitionsgemäß die Beschleunigung desjenigen Rohrpunktes, der momentan mit dem Schwerpunkt zusammenfällt. Dieser Punkt beschreibt im Absolutsystem eine Kreisbahn mit konstanter Winkelgeschwindigkeit ω, es ist also $\mathfrak{b}_f = -x\,\omega^2\,\mathfrak{e}_x$. Mit $\bar{\omega} = \omega\,\mathfrak{e}_z$ gilt schließlich für die Coriolisbeschleunigung $\mathfrak{b}_c = 2\,\bar{\omega} \times \mathfrak{v}_r = 2\,\dot{x}\,\omega\,\mathfrak{e}_y$.

Setzen wir dies in die Bewegungsgleichung (V, 3) ein, so ergibt sich nach Zusammenfassung entsprechender Glieder

$$m\,(\ddot{x} - x\,\omega^2)\,\mathfrak{e}_x + (2\,m\,\omega\,\dot{x} - H)\,\mathfrak{e}_y + (m\,g - V)\,\mathfrak{e}_z = 0,$$

woraus die drei skalaren Gleichungen

$$\ddot{x} - \omega^2\,x = 0, \qquad 2\,m\,\omega\,\dot{x} - H = 0, \qquad m\,g - V = 0$$

für die drei Unbekannten x, H und V folgen. Nach der dritten Gleichung ist $V = m\,g$. Die erste Gleichung hat die allgemeine Lösung

$$x = C_1\,e^{\omega t} + C_2\,e^{-\omega t}.$$

Mit den Anfangsbedingungen $x = x_0$, $\dot{x} = v_0$ für $t = 0$ ergeben sich die Integrationskonstanten zu

$$C_1 = \frac{1}{2}\left(x_0 + \frac{v_0}{\omega}\right), \qquad C_2 = \frac{1}{2}\left(x_0 - \frac{v_0}{\omega}\right).$$

Wir sehen, daß sich die Masse immer weiter von der Anfangslage entfernt. Nur wenn $C_1 = 0$, d. h. $v_0 = -x_0\,\omega$ ist, bleibt x beschränkt. Die Masse bewegt sich zur Drehachse und kommt dieser nach hinreichend langer Zeit beliebig nahe, ohne sie jemals zu erreichen.

Mit bekanntem x folgt schließlich aus der zweiten Gleichung die horizontale Reaktionskraft H.

8. Die Eulerschen Gleichungen. Im Drallsatz (IV, 20) bedeutet $d\mathfrak{D}/dt$ die Ableitung des Drallvektors in einem Inertialsystem. Nun ist es aber häufig zweckmäßig, den Drallvektor nach Komponenten in einem Koordinatensystem (x, y, z), zu zerlegen, das sich gegenüber dem Inertialsystem dreht (z. B. körperfest ist). Wir wollen daher jetzt den Drallsatz (für den starren Körper) entsprechend umformen. Der Winkelgeschwindigkeitsvektor, mit dem sich das Koordinatensystem dreht, sei $\overline{\Omega}$. Dann bekommt gemäß Gl. (I, 30), die den Zusammenhang zwischen der zeitlichen Änderung eines Vektors in einem raumfesten System mit der in einem bewegten System herstellt, der Drallsatz die Form

$$\frac{d'\mathfrak{D}}{dt} + \overline{\Omega} \times \mathfrak{D} = \mathfrak{M}. \tag{V, 4}$$

Dieser Gleichung entsprechen die drei Skalargleichungen

$$\left.\begin{aligned} \frac{d'D_x}{dt} + \Omega_y D_z - \Omega_z D_y &= M_x, \\ \frac{d'D_y}{dt} + \Omega_z D_x - \Omega_x D_z &= M_y, \\ \frac{d'D_z}{dt} + \Omega_x D_y - \Omega_y D_x &= M_z. \end{aligned}\right\} \tag{V, 5}$$

Die Komponenten D_x, D_y, D_z des Dralls sind hierbei durch die Gln. (IV, 21) oder (IV, 22) gegeben. Den Ursprung des Koordinatensystems (x, y, z) lassen wir mit dem Bezugspunkt A zusammenfallen.

Nehmen wir speziell ein mit dem Körper fest verbundenes Bezugssystem, $\overline{\Omega} = \overline{\omega}$, und legen wir ferner die Koordinatenachsen in Richtung der Trägheitshauptachsen (1, 2, 3), so gehen die Gln. (V, 5), wenn man für D_1, D_2, D_3 die Ausdrücke (IV, 22) einsetzt, über in

$$\left.\begin{aligned} I_1 \dot{\omega}_1 - (I_2 - I_3)\,\omega_2\,\omega_3 &= M_1, \\ I_2 \dot{\omega}_2 - (I_3 - I_1)\,\omega_3\,\omega_1 &= M_2, \\ I_3 \dot{\omega}_3 - (I_1 - I_2)\,\omega_1\,\omega_2 &= M_3. \end{aligned}\right\} \tag{V, 6}$$

Diese Form des Drallsatzes nennt man die EULER*schen Gleichungen.*

9. Drehung um eine feste Achse. Dreht sich ein starrer Körper um eine raumfeste Achse und legen wir das Koordinatensystem so, daß die z-Achse mit der Drehachse zusammenfällt und die y-Achse durch den Schwerpunkt S geht (Abb. V, 14), dann erhalten wir aus den Gln. (V, 5) wegen

$$\overline{\Omega} = \overline{\omega}, \qquad \omega_x = \omega_y = 0, \qquad \omega_z = \omega$$

und mit Berücksichtigung der Ausdrücke (IV, 21)

$$\left.\begin{aligned} -I_{xz}\,\dot{\omega} + I_{yz}\,\omega^2 &= M_x, \\ -I_{yz}\,\dot{\omega} - I_{xz}\,\omega^2 &= M_y, \\ I_z\,\dot{\omega} &= M_z. \end{aligned}\right\} \tag{V, 7}$$

Die Momente M_x und M_y setzen sich aus den Momenten der äußeren eingeprägten Kräfte und aus den durch die Lagerung hervorgerufenen Reaktionsmomenten zusammen. Zur vollständigen Ermittlung der Lagerreaktionen ist noch der Schwerpunktsatz heranzuziehen. Mit

$$\mathfrak{b}_S = - e \dot{\omega} \mathfrak{e}_x - e \omega^2 \mathfrak{e}_y$$

wo e die Exzentrizität des Schwerpunktes bedeutet, wird

$$- m e \dot{\omega} = F_x, \quad - m e \omega^2 = F_y, \quad 0 = F_z. \qquad (V, 8)$$

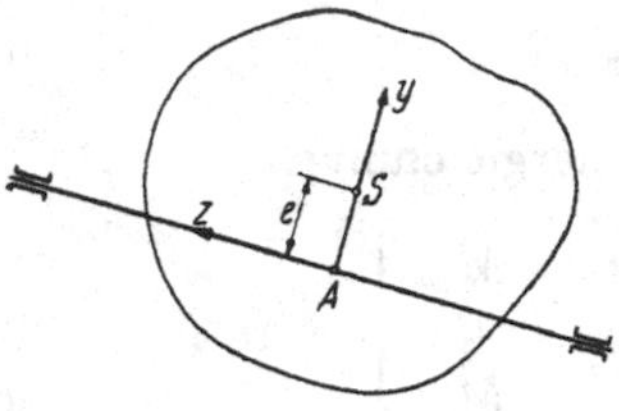

Abb. V, 14

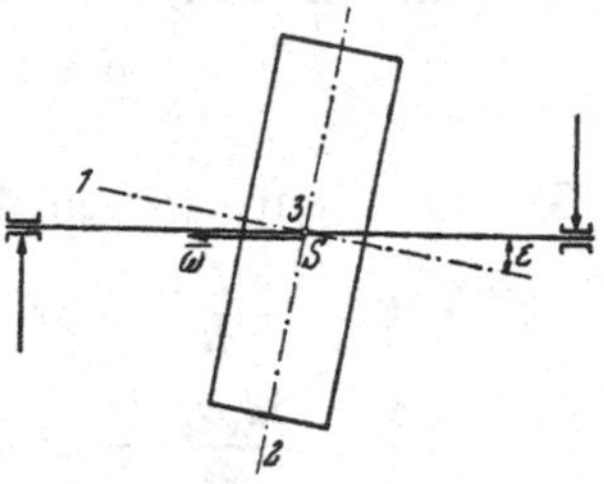

Abb. V, 15

10. Beispiel: Auswuchten von Rotoren. Eine zweifach gelagerte Welle trägt einen Rotor und läuft mit der konstanten Winkelgeschwindigkeit ω um.

Wenn der Schwerpunkt S des Rotors nicht in der Drehachse liegt, werden nach Gl. (V, 8) Reaktionskräfte in den Lagern auftreten, die bei höheren Drehzahlen beachtliche Beträge annehmen können. Es ist daher bei schnellaufenden Rotoren von Wichtigkeit, die Exzentrizität des Schwerpunktes möglichst klein zu halten. Dies wird durch *statisches Auswuchten* erreicht. Die Bezeichnung rührt davon her, daß dieses Auswuchten am stillstehenden Rotor vorgenommen werden kann. Hierbei werden die Lager durch horizontale Schneiden ersetzt und auftretende Rotorpendelungen durch entsprechend angebrachte Gegengewichte zum Verschwinden gebracht.

Statisches Auswuchten ist notwendig, aber nicht hinreichend für einen ruhigen Lauf des Rotors. Wenn nämlich die Rotorachse nicht mit der Wellenachse zusammenfällt, ist die Drehachse keine Trägheitshauptachse und gemäß Gl. (V, 7) müssen dann von den Lagern Reaktionsmomente aufgenommen werden.

Bezeichnet ε den Winkel zwischen der Rotorachse und der Drehachse (Abb. V, 15), so liefern die Gln. (V, 6), wenn die 1-Achse die Rotorachse ist, mit $I_2 = I_3$, wegen $\omega =$ konst., $\omega_1 = \omega \cos \varepsilon$, $\omega_2 = \omega \sin \varepsilon$, $\omega_3 = 0$,

$$M_1 = 0, M_2 = 0, M_3 = (I_2 - I_1)\, \omega^2 \sin \varepsilon \cos \varepsilon.$$

Das Reaktionsmoment — erzeugt durch ein in der (1,2)-Ebene liegendes Kräftepaar — läuft also mit der Winkelgeschwindigkeit ω um. Es wird zum Verschwinden gebracht, indem die Drehachse durch *dynamisches Auswuchten* zur Trägheitshauptachse und damit zur *freien Achse* gemacht wird[1]. Hierbei läßt man den Rotor in federnd aufgehängten Lagern laufen und beseitigt Ausschläge der Lager durch geeignet angebrachte Gegengewichte.

11. Beispiel: Stabilität des dreiachsigen momentenfreien Kreisels. Als Kreisel bezeichnet man einen starren Körper, der sich um einen festen Punkt O dreht. Sind die drei Hauptträgheitsmomente voneinander verschieden, so liegt ein „dreiachsiger" Kreisel vor. Bilden die äußeren Kräfte ein Gleichgewichtssystem, dann spricht man von einem kräfte- und momentenfreien Kreisel.[2]

Die EULERschen Bewegungsgleichungen (V, 6) für den momentenfreien dreiachsigen Kreisel lauten:

$$I_1 \dot{\omega}_1 - (I_2 - I_3)\, \omega_2 \omega_3 = 0,$$
$$I_2 \dot{\omega}_2 - (I_3 - I_1)\, \omega_3 \omega_1 = 0,$$
$$I_3 \dot{\omega}_3 - (I_1 - I_2)\, \omega_1 \omega_2 = 0.$$

Die allgemeine Integration dieser Gleichungen führt auf elliptische Funktionen und soll hier nicht weiter diskutiert werden.

Wir entnehmen den Gleichungen unmittelbar, daß $\omega_1 = \omega =$ konst., $\omega_2 = \omega_3 = 0$ eine Lösung und damit einen möglichen Bewegungszustand darstellt. Das gleiche gilt für die zwei weiteren Lösungen, die aus der angegebenen durch zyklische Vertauschung hervorgehen. Die Trägheitshauptachsen sind also *freie Achsen*, d. h. sie behalten, wenn sie Drehachsen sind, ihre Richtung im Raum bei. Wir wollen nun die *Stabilität* dieser Bewegung untersuchen.

Wir nennen einen Bewegungszustand (die *Grundbewegung*) stabil, wenn die durch eine vorübergehende Störung hervorgerufene Abweichung von dieser Grundbewegung (die *Störbewegung*) beschränkt bleibt und mit kleiner werdender Anfangsstörung gleichfalls kleiner wird.

Zur Untersuchung der Stabilität verwendet man gewöhnlich die *Methode der kleinen Störungen.* Sie besteht darin, daß dem zu untersuchenden Bewegungszustand eine kleine Anfangsstörung aufgeprägt wird und die Bewegungsgleichungen durch Entwicklung nach Potenzen der kleinen Störgrößen und Streichung höherer Potenzen dieser Größen linearisiert werden. Das Verfahren gibt freilich nur Aufschluß über das Verhalten des Körpers bei *kleinen* Störungen. Selbst wenn er dabei stabil ist, kann er großen Störungen gegenüber ohne weiteres Instabilität aufweisen[3].

Wir denken uns also einen momentenfreien Kreisel um eine seiner Hauptachsen, z. B. die 1-Achse, mit konstanter Winkelgeschwindigkeit ω rotieren. Die aufgeprägte Störbewegung sei durch die kleinen Winkel-

[1] Ziff. V, 11.
[2] Z. B. der in seinem Schwerpunkt reibungsfrei drehbar gelagerte Körper.
[3] Siehe das am Schluß von Ziff. VIII, 4 Gesagte.

geschwindigkeiten ε, λ, μ gekennzeichnet, die resultierende Bewegung somit durch

$$\omega_1 = \omega + \varepsilon,$$
$$\omega_2 = \lambda,$$
$$\omega_3 = \mu.$$

Die EULERschen Gleichungen lauten dann

$$I_1 \dot{\varepsilon} - (I_2 - I_3)\,\lambda\mu = 0,$$
$$I_2 \dot{\lambda} - (I_3 - I_1)\,\mu\,(\omega + \varepsilon) = 0,$$
$$I_3 \dot{\mu} - (I_1 - I_2)\,(\omega + \varepsilon)\,\lambda = 0.$$

Wir streichen nun die in den Störgrößen quadratischen Glieder und erhalten

$$I_1 \dot{\varepsilon} = 0,$$
$$I_2 \dot{\lambda} - (I_3 - I_1)\,\mu\,\omega = 0,$$
$$I_3 \dot{\mu} - (I_1 - I_2)\,\lambda\,\omega = 0.$$

Aus der ersten Gleichung folgt $\varepsilon =$ konst. Die Störbewegung um die 1-Achse bleibt beschränkt und dauernd gleich dem Anfangswert $\varepsilon(0)$, nimmt mit diesem also ab. Aus der zweiten und dritten Gleichung folgt durch Elimination von μ bzw. λ

$$\ddot{\lambda} + \frac{(I_1 - I_2)\,(I_1 - I_3)\,\omega^2}{I_2 I_3}\,\lambda = 0, \qquad \ddot{\mu} + \frac{(I_1 - I_2)\,(I_1 - I_3)\,\omega^2}{I_2 I_3}\,\mu = 0.$$

Setzen wir

$$-\frac{(I_1 - I_2)\,(I_1 - I_3)\,\omega^2}{I_2 I_3} = p^2,$$

dann lauten die Lösungen dieser beiden Gleichungen

$$\lambda = A_1\,e^{pt} + A_2\,e^{-pt},$$
$$\mu = B_1\,e^{pt} + B_2\,e^{-pt},$$

wobei die Konstanten A und B durch die Anfangsstörungen gegeben sind. Damit die Störbewegung beschränkt bleibt, muß p rein imaginär, p^2 also negativ sein; für reelles p geht stets eine der beiden Exponentialfunktionen mit wachsendem t gegen Unendlich. p^2 ist aber genau dann negativ, wenn I_1 entweder das größte oder das kleinste der drei Hauptträgheitsmomente bedeutet.

Zusammenfassend können wir also sagen: Die Drehung des momentenfreien Kreisels um die Achse des größten und des kleinsten Hauptträgheitsmomentes ist stabil, die Drehung um die Achse des mittleren Trägheitsmomentes ist instabil.

12. Der momentenfreie symmetrische Kreisel. Als symmetrisch bezeichnet man einen Kreisel, bei dem im Drehpunkt mindestens 2 Hauptträgheitsmomente gleich sind; $I_2 = I_3$. Die dritte Trägheitshauptachse (1-Achse) nennt man die *Figurenachse* (Abb. V, 16).

Die EULERschen Gleichungen (V, 6) haben für den momentenfreien symmetrischen Kreisel die Gestalt

$$I_1 \dot{\omega}_1 = 0,$$

$$I_2 \dot{\omega}_2 + (I_1 - I_2)\, \omega_1 \omega_3 = 0,$$

$$I_2 \dot{\omega}_3 - (I_1 - I_2)\, \omega_1 \omega_2 = 0.$$

Aus der ersten Gleichung folgt sofort $\omega_1 =$ konst. $= \sigma$. Man nennt σ den *Spin* des Kreisels. Eliminieren wir ω_3, indem wir die zweite Gleichung nach t differenzieren und den so erhaltenen Ausdruck für $\dot{\omega}_3$ in die dritte Gleichung einsetzen, so ergibt sich

$$\ddot{\omega}_2 + \gamma^2 \omega_2 = 0, \quad \text{wobei } \gamma = \frac{I_1 - I_2}{I_2}\sigma$$

konstant ist. Diese Differentialgleichung hat die allgemeine Lösung

$$\omega_2 = a \cos (\gamma t - \varepsilon).$$

a und ε sind zwei durch die Anfangsbedingungen bestimmte Integrationskonstanten. Die zweite Gleichung ergibt

$$\omega_3 = a \sin (\gamma t - \varepsilon).$$

Der Geschwindigkeitszustand des Kreisels ist damit bekannt.

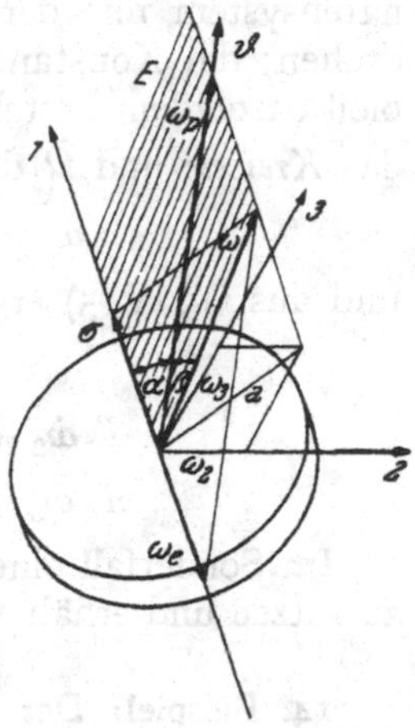

Abb. V, 16

Es gilt der folgende Satz: Die Bewegung des kräftefreien symmetrischen Kreisels erfolgt derart, daß er sich

a) mit konstanter Winkelgeschwindigkeit ω_e um seine Figurenachse dreht, wobei

b) diese Figurenachse mit konstanter Winkelgeschwindigkeit ω_p und konstantem Neigungswinkel α um eine raumfeste Achse rotiert.

Zum Beweis überlegen wir uns, daß der Drallvektor $\mathfrak{D}$ gemäß Gl. (IV, 20) ein im Raum fester Vektor konstanten Betrages sein muß, da ja keine äußeren Momente auf den Kreisel einwirken. Die Drallkomponente $D_1 = I_1 \sigma$ ist aber gleichfalls konstant. Somit ist der Neigungswinkel α zwischen Figuren- und Drallachse konstant. Bildet man weiters den Vektor der resultierenden Winkelgeschwindigkeit $\overline{\omega} = \sigma\, \mathfrak{e}_1 + \omega_2\, \mathfrak{e}_2 + \omega_3\, \mathfrak{e}_3$, so liegt dieser wegen $I_2 = I_3$ mit dem Drallvektor und der Figurenachse in einer Ebene E und schließt mit dem Drallvektor den konstanten Winkel β ein. Die Ebene E dreht sich aber mit der Winkelgeschwindigkeit ω_p um die im Raum feststehende Drallachse. Damit ist der Satz bewiesen.

Die hier auftretende Bewegung der Figurenachse — sie beschreibt einen Kreiskegel um die raumfeste Drallachse — nennt man *reguläre Präzession*. Die Zerlegung des Winkelgeschwindigkeitsvektors nach den beiden Achsen D und 1 liefert (Abb. V, 16) die *Präzessionsgeschwindigkeit* $\omega_p = a/\sin\alpha$ und die *Eigengeschwindigkeit* ω_e.

13. Der symmetrische Kreisel unter der Einwirkung von Momenten. Bei der Untersuchung des symmetrischen Kreisels erweist es sich mitunter als vorteilhaft, das Koordinatensystem nicht völlig fest mit dem Körper zu verbinden, sondern nur 1-Achse und Figurenachse zusammenfallen zu lassen. Dann kann der Kreisel sich noch relativ zum Koordinatensystem mit der Winkelgeschwindigkeit σ (Spin) um die 1-Achse drehen; die Konstanz und Gleichheit der Trägheitsmomente I_2 und I_3 bleibt trotzdem bestehen. Ist $\bar{\omega}$ die Winkelgeschwindigkeit der Drehung des *Kreisels* und $\bar{\Omega}$ die der Drehung des *Koordinatensystems*, so gilt

$$\omega_1 = \Omega_1 + \sigma, \qquad \omega_2 = \Omega_2, \qquad \omega_3 = \Omega_3,$$

und aus Gl. (V, 5) ergibt sich mit Gl. (IV, 22)

$$\left.\begin{aligned} I_1\,\dot{\omega}_1 &= M_1, \\ I_2\,\dot{\omega}_2 + [(I_1 - I_2)\,\omega_1 + I_2\,\sigma]\,\omega_3 &= M_2, \\ I_2\,\dot{\omega}_3 - [(I_1 - I_2)\,\omega_1 + I_2\,\sigma]\,\omega_2 &= M_3. \end{aligned}\right\} \qquad \text{(V, 9)}$$

Im Sonderfall eines körperfesten Koordinatensystems hat man $\sigma = 0$ zu setzen und erhält wieder Gl. (V, 6) mit $I_3 = I_2$.

14. Beispiel: Der Kreiselkompaß. Der Grundgedanke des Kreiselkompasses geht auf FOUCAULT (1852) zurück und beruht auf der Tatsache, daß die an eine Horizontalebene gefesselte Figurenachse eines symmetrischen Kreisels stets nach Norden weist. Dieser Effekt hat nichts mit dem „magnetischen Nordpol" zu tun, sondern ist eine Folge der Erddrehung. Wegen der Kleinheit der Winkelgeschwindigkeit dieser Drehung ist der Effekt sehr schwach, und es bedurfte einer langen Entwicklungszeit, um den Kreiselkompaß praktisch brauchbar zu machen.

Wir wollen hier nur das Grundsätzliche seiner Wirkungsweise behandeln und denken uns an einem Punkt der Erdoberfläche mit der geographischen Breite α einen symmetrischen Kreisel so aufgestellt, daß sich die Figurenachse in der Horizontalebene um den „festen" Schwerpunkt S drehen kann. Der Winkel zwischen der Figurenachse 1 und der Süd-Nord-Richtung sei φ (Abb. V, 17).

Da wir die Eigendrehung der Erde berücksichtigen müssen, können wir die Erde jetzt nicht als Inertialsystem betrachten[1], sondern haben ein Bezugssystem zu wählen, das diese Rotation nicht mitmacht. Wir wollen die Gln. (V, 9) heranziehen und lassen die 1-Achse in die Figurenachse fallen und die 3-Achse auf der Horizontalebene senkrecht stehen, wie in Abb. V, 17 eingezeichnet.

[1] Ziff. V, 6.

Die Winkelgeschwindigkeit $\bar{\Omega}$ des Koordinatensystems setzt sich dann zusammen aus der Winkelgeschwindigkeit $\bar{\nu}$ der Erddrehung und der Winkelgeschwindigkeit $\dot{\varphi}\,e_3$ der Drehung um die 3-Achse:

$$\Omega_1 = \nu \cos\alpha \cos\varphi, \qquad \Omega_2 = -\nu \cos\alpha \sin\varphi, \qquad \Omega_3 = \nu \sin\alpha + \dot{\varphi}.$$

Die Winkelgeschwindigkeit $\bar{\omega}$ des Kreisels unterscheidet sich von $\bar{\Omega}$ nur durch den Spin $\sigma\,e_1$:

$$\omega_1 = \nu \cos\alpha \cos\varphi + \sigma, \qquad \omega_2 = -\nu \cos\alpha \sin\varphi, \qquad \omega_3 = \nu \sin\alpha + \dot{\varphi}.$$

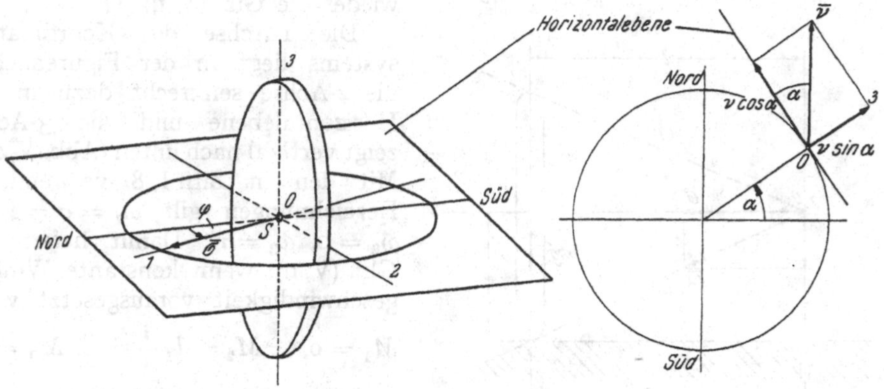

Abb. V, 17

Um die Figurenachse an die Horizontalebene zu fesseln, muß von der Kreisellagerung ein Moment M aufgebracht werden, welches um die 2-Achse dreht: $M_2 = M$, $M_1 = M_3 = 0$.

Die Gln. (V, 9) lauten also

$$I_1 \dot{\omega}_1 = 0,$$
$$I_2 \dot{\omega}_2 + [I_1 \omega_1 - I_2 (\omega_1 - \sigma)]\,\omega_3 = M,$$
$$I_2 \dot{\omega}_3 - [I_1 \omega_1 - I_2 (\omega_1 - \sigma)]\,\omega_2 = 0.$$

Aus der ersten Gleichung folgt $\omega_1 =$ konst. Die zweite Gleichung liefert das Moment M in der Kreisellagerung, das uns hier nicht weiter interessiert. Die dritte Gleichung lautet nach Einsetzen für ω_1, ω_2, ω_3 und Division durch I_2

$$\ddot{\varphi} + \frac{I_1}{I_2}\,\omega_1 \nu \cos\alpha \sin\varphi - \nu^2 \cos^2\alpha \sin\varphi \cos\varphi = 0.$$

Das letzte Glied dieser Gleichung ist proportional dem Quadrat der Winkelgeschwindigkeit ν der Erddrehung und darf wegen der Kleinheit von ν vernachlässigt werden. Setzen wir noch zur Abkürzung

$$\frac{I_1}{I_2}\,\omega_1 \nu \cos\alpha = p^2,$$

so ergibt sich

$$\ddot{\varphi} + p^2 \sin\varphi = 0.$$

Diese Bewegungsgleichung entspricht der des Pendels[1]. Wir sehen also, daß $\varphi = 0$ eine Gleichgewichtslage ist, und daß die Figurenachse bei einer Auslenkung um diese Lage schwingt. Zufolge der Dämpfung kehrt sie nach einigen Pendelungen in die Süd-Nord-Richtung zurück. Man bezeichnet diese Erscheinung auch als *Tendenz zum gleichsinnigen Parallelismus* der beiden Vektoren $\bar{\sigma}$ und $\bar{\nu}$.

15. Beispiel: Kollergang. Die Kinematik des Kollerganges haben wir in Ziff. I, 8 behandelt. Zur kinetischen Untersuchung benützen wir wieder die Gln. (V, 9).

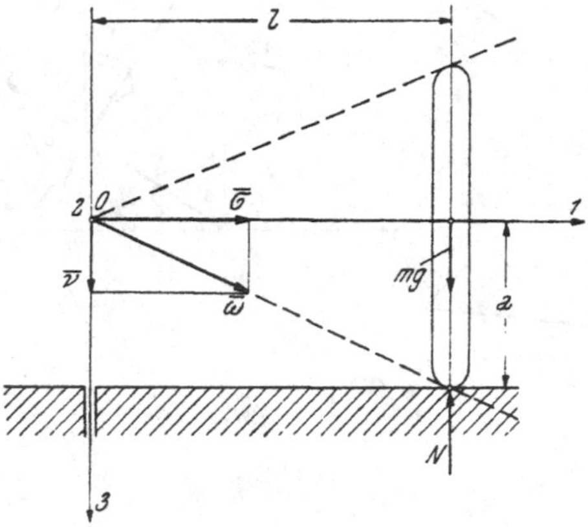

Abb. V, 18

Die 1-Achse des Koordinatensystems liegt in der Figurenachse, die 2-Achse senkrecht dazu in der Horizontalebene und die 3-Achse zeigt vertikal nach unten (Abb. V, 18). Mit den in Ziff. I, 8 verwendeten Bezeichnungen gilt $\omega_1 = \sigma = \nu\, l/a$, $\omega_2 = 0$, $\omega_3 = \nu$. Damit liefern die Gln. (V, 9), wenn konstante Winkelgeschwindigkeit vorausgesetzt wird,

$$M_1 = 0, \qquad M_2 = I_1 \frac{l}{a} \nu^2, \qquad M_3 = 0.$$

Mit $I_1 = m\, i^2$ und $M_2 = (N - m\, g)\, l$, wo N die Reaktionskraft zwischen Rad und Unterlage bedeutet, folgt

$$N = m\, g \left(1 + \frac{i^2}{a\, g} \nu^2\right).$$

Die Pressung zwischen Rad und Unterlage ist somit um einen Betrag, der mit dem Quadrat der Winkelgeschwindigkeit wächst, größer als die statische Pressung.

Aufgaben

A 1. Wie muß der Kurbeltrieb einer Einzylinder-Kolbenmaschine gestaltet werden, damit die Maschine keine Längsschwingungen auf das Fundament überträgt?

Lösung: Der Schwerpunkt des Systems Kurbel—Pleuelstange—Kolben muß in Ruhe bleiben. Diese Bedingung läßt sich gemäß Gl. (III, 4) mit den in Abb. V, A 1 eingezeichneten Lagen der Teilschwerpunkte S_1, S_2 und S_3 von Kurbel, Pleuelstange und Kolben sowie deren Massen m_1, m_2 und m_3 in der Form $m_1 \mathfrak{r}_1 + m_2 \mathfrak{r}_2 + m_3 \mathfrak{r}_3 = m\, \mathfrak{r}_s = \text{konst.}$ schreiben. In Komponenten lautet dies

$$\begin{gathered} - m_1 s_1 \cos\varphi + m_2 (r \cos\varphi + s_2 \cos\vartheta) + \\ + m_3 (r \cos\varphi + l \cos\vartheta + a) = \text{konst.}, \\ - m_1 s_1 \sin\varphi + m_2 (r \sin\varphi - s_2 \sin\vartheta) = 0. \end{gathered}$$

---

[1] Ziff. V, 4.

Die linke Seite der ersten Gleichung kann nur dann konstant werden, wenn sie unabhängig von φ und ϑ ist. Das liefert

$$s_2 = -\frac{m_3}{m_2}\,l, \qquad s_1 = \frac{m_2 + m_3}{m_1}\,r.$$

Durch diese beiden Bedingungen wird auch die zweite Gleichung bei Beachtung der geometrischen Beziehung $r \sin\varphi = l \sin\vartheta$ identisch erfüllt. Der Pleuelschwerpunkt müßte demnach auf die linke Seite des Kurbelzapfens gelegt werden, was durch ein geeignetes Gegengewicht an der Pleuelstange (in der Abbildung strichliert gezeichnet) zu erreichen wäre. Allerdings stehen einer solchen Ausführung eines Kurbeltriebes konstruktive Bedenken entgegen (z. B. erhöhte Lagerdrücke).

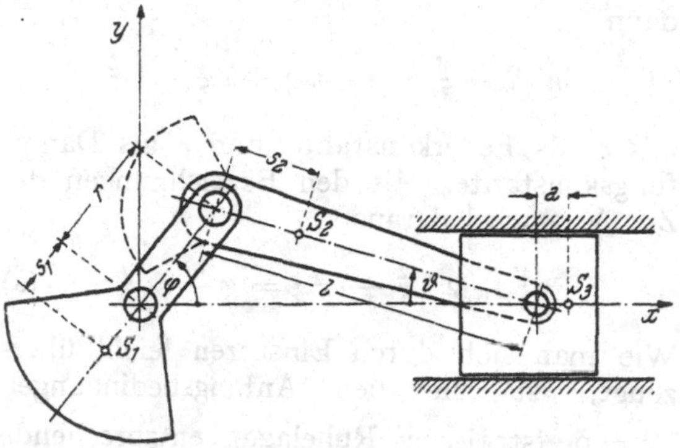

Abb. V A 1

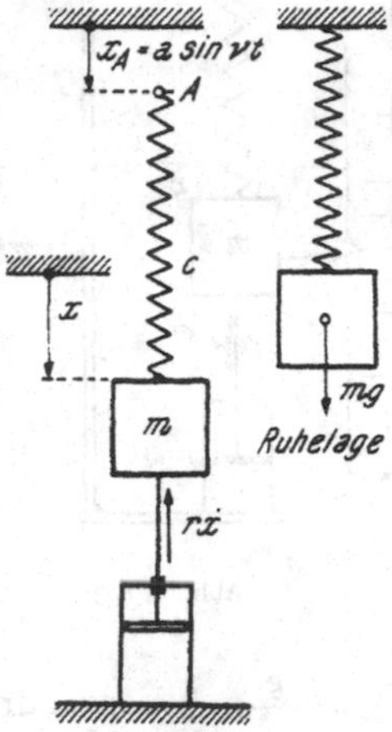

Abb. V A 2

A 2. Man ermittle die Bewegungsgleichung für den in Abb. V, A 2 dargestellten wegerregten Schwinger und gebe die Vergrößerungsfunktion an.

Lösung: Der Aufhängepunkt A der Feder wird periodisch bewegt, $x_A = a \sin \nu t$. Die Koordinate x der Masse m messen wir von der statischen Ruhelage des Systems aus. Das Gewicht der Masse und die Vorspannung der Feder sind in dieser Lage im Gleichgewicht und fallen daher aus der Bewegungsgleichung heraus. Mit $\bar{x}$ als Streckung der — bereits vorgespannten — Feder schreibt sich der Schwerpunktsatz (IV, 12)

$$m\ddot{x} = -c\,\bar{x} - r\,\dot{x},$$

worin c die Federkonstante und r die Dämpfungskonstante bedeuten. Nach Abb. V, A 2 gilt die geometrische Beziehung $\bar{x} = x - x_A$, und wir erhalten bei Verwendung der in Ziff. V, 3 eingeführten Abkürzungen als Bewegungsgleichung

$$\ddot{x} + 2\,\lambda\,\dot{x} + \omega^2\,x = \omega^2\,a \sin \nu t.$$

Unter der Vergrößerungsfunktion versteht man das Verhältnis der Schwingungsamplitude des Systems zur Amplitude der Erregerbewegung. Wie in Ziff. V, 3 hat sie den Wert

$$V = \frac{\omega^2}{\sqrt{(\omega^2 - \nu^2)^2 + 4\,\lambda^2 \nu^2}}.$$

A 3. Man ermittle das Bewegungsgesetz des Zeigers in dem in Abb. V, A 3 dargestellten Beschleunigungsmesser, wenn der Aufhängerahmen beliebig vertikal bewegt wird.

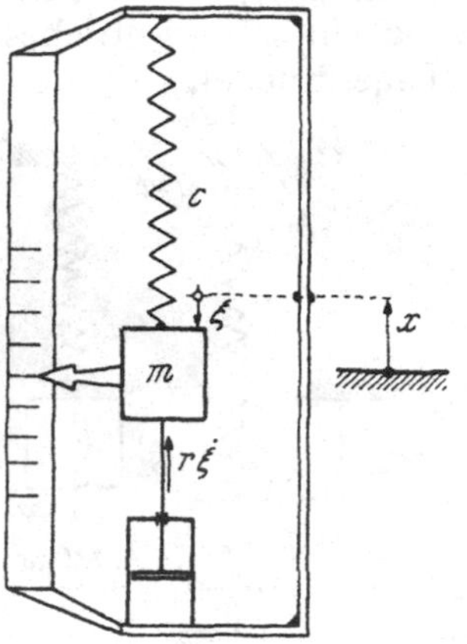

Abb. V, A 3

Lösung: Es sei $x(t)$ die Vertikalbewegung des Rahmens und $\xi(t)$ die (nach unten positive) Verschiebung der Masse m relativ zum Rahmen, $x - \xi$ also ihre Absolutverschiebung. Die Bewegungsgleichung lautet dann

$$m\,(\ddot{x} - \ddot{\xi}) = -\,m\,g + c\,\xi + r\,\dot{\xi}$$

mit c als Federkonstante und r als Dämpfungskonstante. Mit den Bezeichnungen der Ziff. V, 3 wird daraus

$$\ddot{\xi} + 2\,\lambda\,\dot{\xi} + \omega^2\,\xi = g + \ddot{x}. \tag{a}$$

Wie man sich durch Einsetzen leicht überzeugt, ist die den Anfangsbedingungen $\xi = \frac{g}{\omega^2}$, $\dot{\xi} = 0$ zur Zeit $t = 0$ (statische Ruhelage) entsprechende Lösung dieser Gleichung gegeben durch

$$\xi = \frac{g}{\omega^2} + \frac{1}{\mu}\,e^{-\lambda t}\int_0^t e^{\lambda\tau}\sin\mu(t-\tau)\,\ddot{x}(\tau)\,d\tau, \tag{b}$$

wo $\mu = \sqrt{\omega^2 - \lambda^2}$.

Man sieht, daß der Zeigerausschlag ξ von der Beschleunigung $\ddot{x}$ des Rahmens abhängt, allerdings in sehr verwickelter Weise.

Sonderfall (a). Der Rahmen werde nach dem Gesetz $x = A\cos\nu t$ periodisch auf und ab bewegt. Mit $\ddot{x} = -\,A\,\nu^2\cos\nu t$ liegt, wie man der Gl. (a) sofort entnimmt, wie in Aufgabe V, A 2 eine wegerregte Schwingung vor mit der Vergrößerungsfunktion

$$V = \frac{\nu^2}{\sqrt{(\omega^2 - \nu^2)^2 + 4\,\lambda^2 \nu^2}}.$$

Sonderfall (b). Der Rahmen bewegt sich mit konstanter Beschleunigung $\ddot{x} = \text{konst.}$ Die Integration in Gl. (b) läßt sich dann ausführen und liefert

$$\xi = \frac{g}{\omega^2} + \frac{\ddot{x}}{\omega^2}\left[1 - e^{-\lambda t}\left(\frac{\lambda}{\mu}\sin\mu t + \cos\mu t\right)\right].$$

Nach einer von der Dämpfung λ abhängigen Einschwingbewegung stellt sich der Zeiger auf einen der Beschleunigung $\ddot{x}$ proportionalen Ausschlag ein.

Für horizontale Bewegung gelten dieselben Beziehungen mit $g = 0$.

A 4. Ein Triebwagen mit Anhänger (Abb. V, A 4) fährt aus der Ruhe mit konstanter Beschleunigung b an. Die beiden Fahrzeuge sind

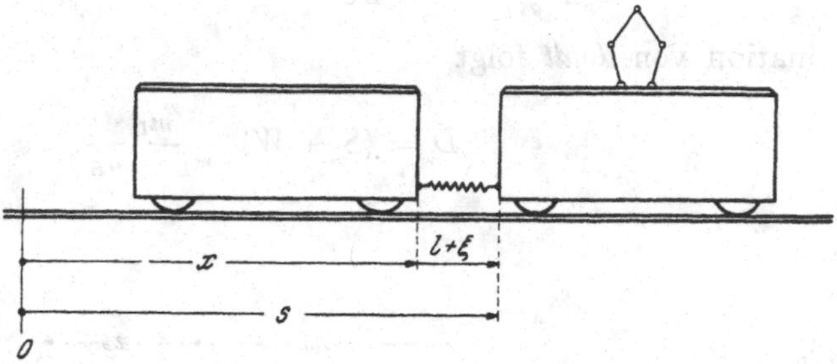

Abb. V, A 4

durch eine Feder mit der Federkonstanten c gekuppelt. Ihre Relativbewegung wird durch eine der Relativgeschwindigkeit $\dot{\xi}$ proportionale Dämpfungskraft gedämpft. Man ermittle das Bewegungsgesetz $x(t)$ für den Anhänger.

Lösung: Mit m als Anhängermasse und ξ als Zunahme des ursprünglichen Abstandes l zwischen Triebwagen und Anhänger lautet die Bewegungsgleichung für den Anhänger $m\,\ddot{x} = F + D$, wenn man beachtet, daß sowohl die Federkraft $F = c\,\xi$ wie die Dämpfungskraft $D = r\,\dot{\xi}$ einer Vergrößerung des Abstandes entgegenwirken. Mit Benützung der kinematischen Beziehung $x + l + \xi = s = l + \frac{b}{2}t^2$ und unter Verwendung der Abkürzungen von Ziff. V, 3 geht die Bewegungsgleichung über in

$$\ddot{x} + 2\,\lambda\,\dot{x} + \omega^2 x = \frac{b}{2}\omega^2 t^2 + 2\,\lambda\,b\,t.$$

Sie hat für die Anfangsbedingungen $x = 0$, $\dot{x} = 0$ für $t = 0$ die Lösung

$$x = \frac{b}{\omega^2} e^{-\lambda t}\left(\cos\mu t + \frac{\lambda}{\mu}\sin\mu t\right) + \frac{b}{2}t^2 - \frac{b}{\omega^2}.$$

A 5. Man gebe die Bedingung an, unter welcher in einer Rakete bei senkrechtem Aufstieg „Andruckfreiheit" (häufig als „Schwerelosigkeit" bezeichnet) eintritt.

Lösung: Wir betrachten Rakete und Last (Besatzung) getrennt (Abb. V, A 5). Auf die Rakete wirken dann als äußere Kräfte ihr Gewicht $m_R\, g$, der Luftwiderstand W und der Andruck D der Last. Die Bewegungsgleichung (a), Ziff. V, 5 lautet somit

$$m_R \frac{dv}{dt} = -m_R\, g - W - D + S,$$

wo $S = m'\, u$ den Raketenschub bezeichnet. Die auf die Last wirkenden äußeren Kräfte sind das Gewicht $m_L\, g$ und die Reaktion $-D$ des Andruckes. Der Schwerpunktsatz liefert daher

$$m_L \frac{dv}{dt} = -m_L\, g + D.$$

Nach Elimination von dv/dt folgt

$$D = (S - W)\, \frac{m_L}{m_L + m_R}.$$

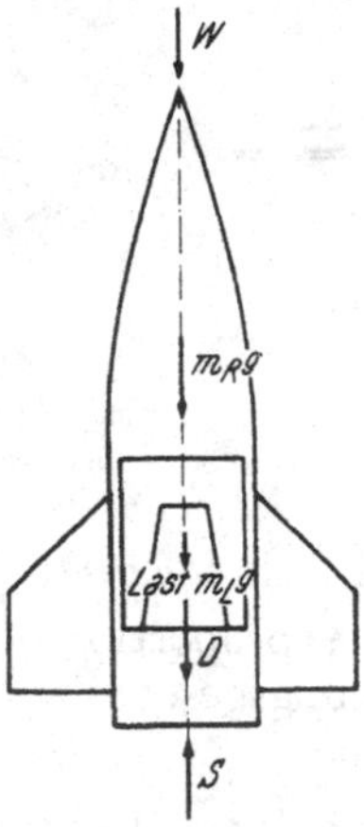

Abb. V, A 5

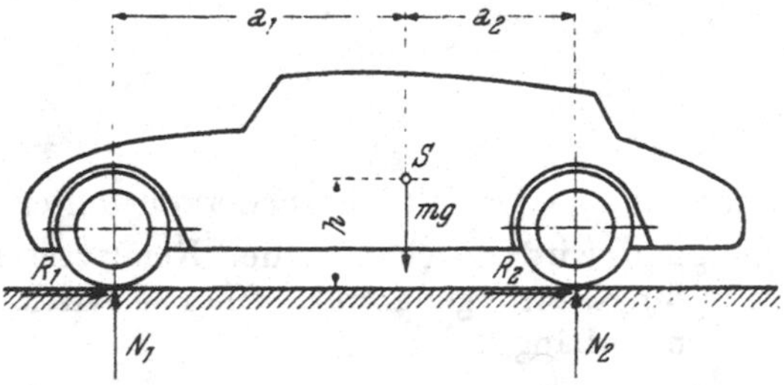

Abb. V, A 6

Der Andruck D verschwindet also, wenn Raketenschub und Luftwiderstand gleich werden oder, beim Flug im Vakuum, wenn der Antrieb abgeschaltet wird (freier Fall). Mit Schwerelosigkeit im Sinne des Fehlens der Schwerkraft hat das nichts zu tun.

A 6. Wie groß sind die Achsdrücke eines zweiachsigen Fahrzeuges, wenn dieses auf ebener, gerader Strecke mit der Verzögerung c gebremst wird?

Lösung: Sieht man von Schwingungen ab, so lauten Schwerpunktsatz und Drallsatz um den Schwerpunkt mit den Bezeichnungen von Abb. V, A 6

$$m\, c = 2\,(R_1 + R_2),$$
$$0 = 2\,(N_1 + N_2) - m\, g,$$
$$4\, I\, \dot{\omega} = 2\,(R_1 + R_2)\, h - 2\, N_1\, a_1 + 2\, N_2\, a_2$$

mit m als gesamter Fahrzeugmasse und I als Trägheitsmoment eines Rades um seine Drehachse. Unter Berücksichtigung der Rollbedingung $\frac{d}{2}\dot{\omega} = -c$, wobei d den Raddurchmesser bedeutet, erhält man daraus

$$N_1 = \frac{m\,g}{2\,(a_1 + a_2)}\left[a_2 + \frac{c}{g}\left(h + \frac{8\,I}{m\,d}\right)\right],$$

$$N_2 = \frac{m\,g}{2\,(a_1 + a_2)}\left[a_1 - \frac{c}{g}\left(h + \frac{8\,I}{m\,d}\right)\right].$$

Die Achsdrücke werden gleich, wenn die Bedingung

$$a_1 - a_2 - \frac{2\,c}{g}\left(h + \frac{8\,I}{m\,d}\right) = 0$$

erfüllt ist. Als maximale Bremsverzögerung findet man $c = \mu_0\,g$ mit μ_0 als Haftgrenzzahl zwischen Rädern und Fahrbahn. Für eine genauere Ermittlung der Achs- bzw. Raddrücke müßte auch der Drall des (eingekuppelten) Triebwerkes berücksichtigt werden, wobei sich natürlich der Einfluß eines Längsmotors anders bemerkbar macht als der eines Quermotors. Ferner wäre zu bemerken, daß die verwendete Rollbedingung nur näherungsweise Gültigkeit besitzt, da die Rollbewegung eines bereiften Rades stets mit einem gewissen *Schlupf* erfolgt.

A 7. Ein Fahrzeug mit Hinterradantrieb, das sich mit der Geschwindigkeit v auf horizontaler, gerader Bahn bewegt, setzt zum Überholen an. Welche Leistung ist in diesem Augenblick an den Antriebsrädern erforderlich, wenn die größtmögliche Beschleunigung erzielt werden soll, die Räder also gerade noch nicht durchdrehen. Bewegungswiderstände sollen vernachlässigt werden.

Lösung: Es gelten die Beziehungen aus der vorhergehenden Aufgabe mit $b = -c$, $R_1 = \frac{4\,I}{d^2}\,b$, $R_2 \to -R_2$. Die maximale Beschleunigung wird erreicht für $|R_2| = \mu_0\,N_2$. Dies ergibt

$$b_{\max} = \frac{\mu_0\,a_1\,g}{a_1 + a_2 - \mu_0\,h + (a_1 + a_2 - \mu_0\,d)\,\frac{8\,I}{m\,d^2}}$$

und als erforderliche Antriebsleistung an den Rädern

$$L = 2\,R_2\,v = \frac{\mu_0\,a_1\left(1 + \frac{8\,I}{m\,d^2}\right)m\,g\,v}{a_1 + a_2 - \mu_0\,h + (a_1 + a_2 - \mu_0\,d)\,\frac{8\,I}{m\,d^2}}.$$

A 8. Ein homogener Träger mit der Länge l und dem Gewicht G wird an einem Ende durch ein festes Auflager A, am anderen Ende durch ein Seil in horizontaler Lage gehalten (Abb. V, A 7). Zu einem bestimmten Zeitpunkt reißt das Seil. Wie groß ist in diesem Augenblick die Auflagerkraft A?

Lösung: Schwerpunktsatz für die y-Richtung und Drallsatz um das feste Auflager A lauten für den betrachteten Augenblick:

$$\frac{G}{g}\ddot{y}_s = A - G; \qquad \frac{1}{3}\frac{G}{g}l^2\ddot{\varphi} = \frac{1}{2}l\,G.$$

Mit der kinematischen Bedingung $\frac{1}{2}l\ddot{\varphi} = -\ddot{y}_s$ erhält man hieraus $A = \frac{1}{4}G$.

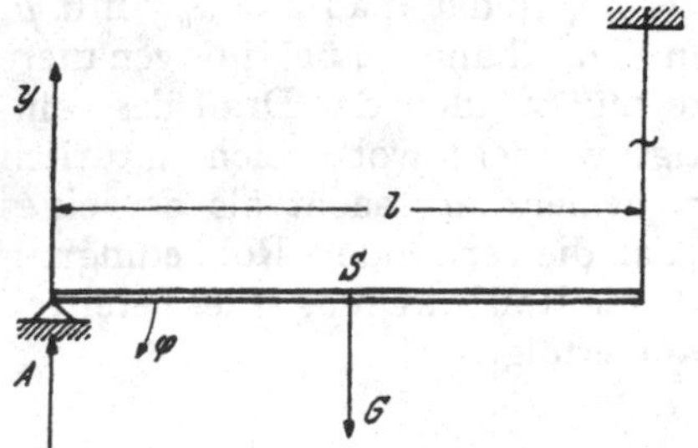

Abb. V, A 7

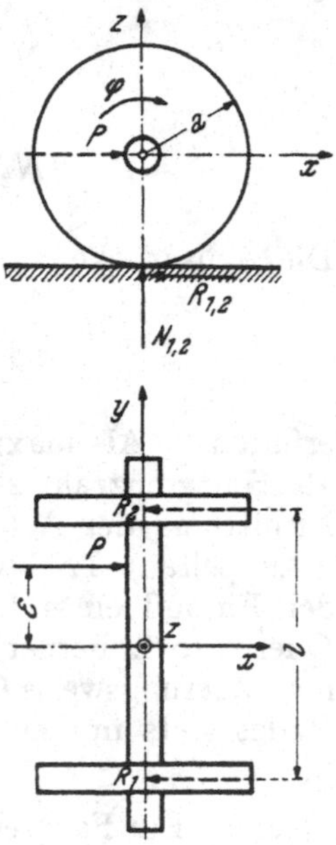

Abb. V, A 8

A 9. Ein Räderpaar, nach Abb. V, A 8 fest auf einer Welle sitzend, wird durch eine exzentrisch angreifende horizontale Kraft P in Bewegung gesetzt. Die Gesamtmasse des Radsatzes sei m, sein Trägheitsmoment um die Achse y sei I. Wie groß muß die Haftgrenzzahl μ_0 zwischen Rädern und Boden mindestens sein, damit reines Rollen gesichert ist?

Lösung: Aus dem Schwerpunktsatz für die z-Richtung folgt bei Beachtung der vorhandenen Symmetrie $N_1 = N_2 = \frac{m\,g}{2}$. Der Schwerpunktsatz für die x-Richtung und der Drallsatz um die Radachse und um die z-Achse lauten

$$m\ddot{x} = P - R_1 - R_2,$$

$$I\ddot{\varphi} = (R_1 + R_2)\,a, \quad P\,\varepsilon + (R_1 - R_2)\frac{l}{2} = 0.$$

Dazu tritt die Rollbedingung $\ddot{x} = a\ddot{\varphi}$. Nun folgt aus der dritten Gleichung, daß für die in Abb. V, A 8 eingezeichnete Lage und Richtung von P die Schubkraft R_2 immer größer als R_1 sein muß. Gleiten wird also zuerst bei R_2 auftreten, und die Haftbedingung lautet $R_2 < \mu_0 N_2 = \mu_0 \frac{m\,g}{2}$. Nach Elimination aller Reaktionskräfte erhält man:

$$\mu_0 > \frac{1 + \frac{2\varepsilon}{l}\left(1 + \frac{m a^2}{I}\right)}{1 + \frac{m a^2}{I}} \frac{P}{m g}.$$

A 10. Gemäß Abb. V, A 9 ist an einer lotrechten, mit der Winkelgeschwindigkeit ω umlaufenden Welle ein Stab von der Länge $2 l$ und dem Gewicht G in der Weise gelenkig befestigt, daß er seitlich zur Wellenachse ausschwingen kann. Man bestimme den Bereich von ω, für den die lotrechte Lage $\varphi = 0$ des Stabes stabil ist.

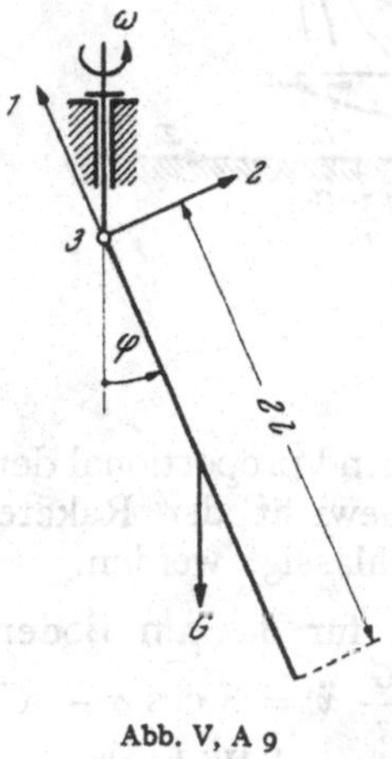

Abb. V, A 9

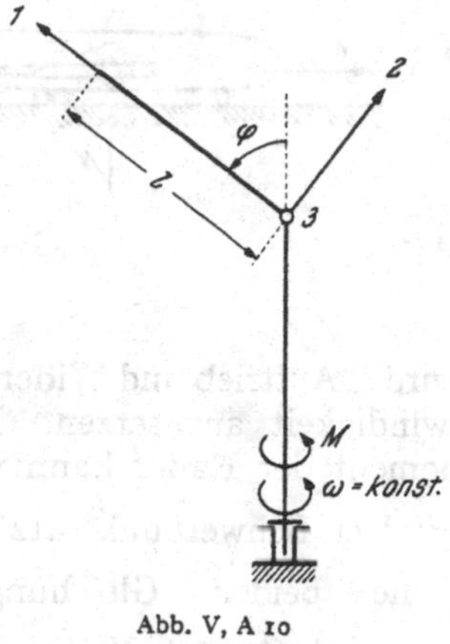

Abb. V, A 10

Lösung: In bezug auf das System von Trägheitshauptachsen 1, 2, 3 ist

$$\omega_1 = \omega \cos\varphi, \quad \omega_2 = \omega \sin\varphi, \quad \omega_3 = -\dot{\varphi}, \quad M_3 = G\, l \sin\varphi.$$

Beschränkt man sich auf kleine Winkel φ und verwendet die für einen Stab zutreffende Näherung $I_1 \approx 0$, $I_2 = I_3 = \frac{4 m l^2}{3}$, so liefert die dritte der Gln. (V, 6)

$$\ddot{\varphi} + \left(\frac{3 g}{4 l} - \omega^2\right) \varphi = 0.$$

Die Lösungen dieser Differentialgleichung sind aber nur dann beschränkt, wenn $\omega < \sqrt{\frac{3 g}{4 l}}$ ist.

A 11. Man berechne das für das Schwenken des in Abb. V, A 10 dargestellten Drehkranes nötige Antriebsmoment, wenn das Schwenken mit konstanter Winkelgeschwindigkeit ω erfolgt und der Ausleger durch einen zweiten Antrieb mit konstanter Winkelgeschwindigkeit $\dot{\varphi}$ von der vertikalen in die horizontale Lage bewegt wird.

Lösung: Mit dem körperfesten Koordinatensystem nach Abb. V, A 10 wird $\omega_1 = \omega \cos\varphi$, $\omega_2 = \omega \sin\varphi$ und $\omega_3 = -\dot{\varphi}$. Für den Ausleger sei $I_1 \approx 0$, $I_2 = I_3 = I$. Damit liefern die Gln. (V, 6) die Momente $M_1 = 0$, $M_2 = I(\dot{\omega}_2 - \omega_1 \omega_3)$ und $M_3 = I \omega_1 \omega_2$. Das gesuchte Antriebsmoment ist also $M = M_2 \sin\varphi = I \omega \dot{\varphi} \sin 2\varphi$.

A 12. Ein Flugzeug vom Gesamtgewicht G soll durch eine Hilfsrakete gestartet werden. Die Rakete entwickle einen konstanten Schub S. Unter welchem Winkel α gegen die Horizontale muß die Rakete am Flugzeug montiert werden (Abb. V, A 11), damit die Startstrecke ein

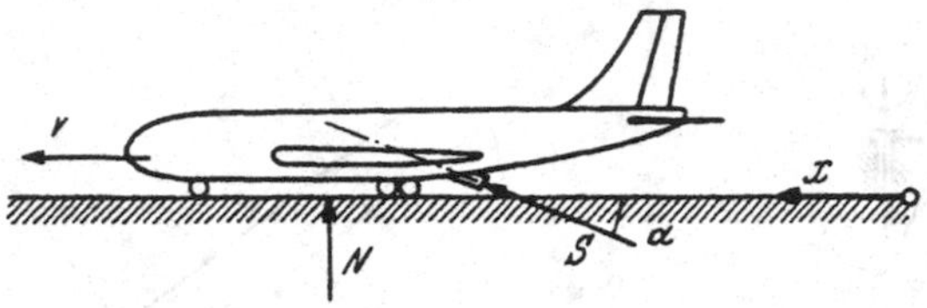

Abb. V, A 11

Minimum wird? Auftrieb und Widerstand sind proportional dem Quadrat der Geschwindigkeit anzusetzen. Das Gewicht der Rakete und das Trägheitsmoment der Räder kann vernachlässigt werden.

Lösung: Der Schwerpunktsatz liefert für das am Boden fahrende Flugzeug die beiden Gleichungen $\frac{G}{g}\ddot{x} = S\cos\alpha - C_W v^2$ und $0 = S\sin\alpha - G + C_A v^2 + N$. C_W und C_A sind Widerstands- und Auftriebsbeiwert, N ist die Reaktionskraft zwischen Boden und Rädern. Abheben tritt bei $N = 0$, also $S\sin\alpha = G - C_A v^2$, ein. Schreibt man die erste Gleichung in der Form

$$\frac{1}{2g}\frac{d}{dx}(v^2) + \frac{C_W}{G}v^2 = \frac{S}{G}\cos\alpha,$$

so folgt sofort als Lösung

$$v^2 = K e^{-\frac{2gC_W}{G}x} + \frac{S}{C_W}\cos\alpha.$$

Aus der Anfangsbedingung $v = 0$ in $x = 0$ erhält man die Konstante K und damit endgültig

$$v^2 = \frac{S}{C_W}\left(1 - e^{-\frac{2gC_W}{G}x}\right)\cos\alpha.$$

Nach Einsetzen dieses Ausdruckes in die Abhebebedingung entsteht eine Beziehung zwischen x und α, aus der mit $\frac{dx}{d\alpha} = 0$ die gesuchte Bedingung für ein Minimum der Startstrecke zu $\sin\alpha = S/G$ folgt.

A 13. Eine dünne homogene Kreisscheibe mit der Masse m und dem Radius a ist gemäß Abb. V, A 12 an einer masselosen Pendelstange drehbar gelagert. Die Scheibe rotiert mit der Winkelgeschwindigkeit ω, das Pendel wird in $\varphi = \alpha$ losgelassen. Man bestimme die Biegebeanspruchung der Pendelstange als Funktion des Ausschlagwinkels φ.

Lösung: In dem in der Abbildung eingezeichneten, mit der Stange fest verbundenen Koordinatensystem ist

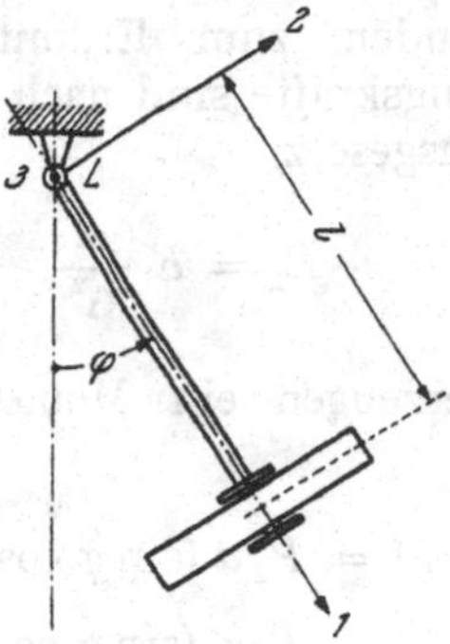

Abb. V, A 12

$$\Omega_1 = \Omega_2 = 0, \quad \Omega_3 = \dot\varphi,$$
$$D_1 = I_1 \omega, \quad D_2 = 0, \quad D_3 = I_3 \dot\varphi,$$

wo $I_1 = m a^2/2$ und wegen der Dünnheit der Scheibe

$$I_2 = I_3 = \frac{1}{4} m a^2 + m l^2.$$

Die Gln. (V, 5) liefern mit $M_1 = 0$ und $M_3 = -m g l \sin\varphi$

$$I_1 \dot\omega = 0,$$
$$I_1 \omega \dot\varphi = M_2,$$
$$I_3 \ddot\varphi = -m g l \sin\varphi.$$

Die erste dieser Gleichungen besagt, daß die Scheibe mit konstanter Winkelgeschwindigkeit ω weiterrotiert, während die letzte Gleichung zeigt, daß die Pendelschwingung unabhängig von der Rotation der Scheibe ist. Nach Integration liefert sie mit der Anfangsbedingung $\dot\varphi(\alpha) = 0$ (vgl. Ziff. V, 4):

$$\dot\varphi^2 = \frac{2 m g l}{I_3} (\cos\varphi - \cos\alpha).$$

Die zweite Gleichung ergibt dann das gesuchte Biegemoment

$$M_2 = m a^2 \omega \sqrt{\frac{2 g l (\cos\varphi - \cos\alpha)}{a^2 + 4 l^2}}.$$

A 14. Man untersuche den Einfluß der Inhomogenität des Schwerefeldes auf die Lage eines Satelliten im Raum.

Lösung: Um die Rechnung zu vereinfachen, beschränken wir uns auf die Betrachtung eines aus zwei Punktmassen m und einer masselosen Stange bestehenden „Hantelsatelliten", Abb. V, A 13, dessen Massenmittelpunkt M sich auf einer Kreisbahn um die kugelförmig vorausgesetzte Erde mit dem Mittelpunkt in O bewegt. Die auf die Massen m wirkenden, zum Erdmittelpunkt gerichteten Anziehungskräfte sind nach dem NEWTONschen Gravitationsgesetz

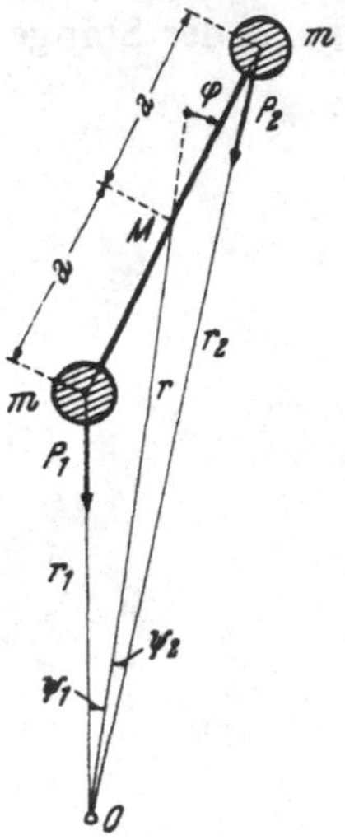

Abb. V, A 13

$$P_1 = K\frac{m}{r_1^2}, \qquad P_2 = K\frac{m}{r_2^2}.$$

Sie erzeugen ein Moment um den Massenmittelpunkt

$$M = P_2\, a\, (\sin\varphi \cos\psi_2 - \cos\varphi \sin\psi_2) -$$
$$- P_1\, a\, (\sin\varphi \cos\psi_1 + \cos\varphi \sin\psi_1).$$

Wenn wir die Abweichungen φ von der Vertikalen klein voraussetzen und beachten, daß $a \ll r$ ist, dürfen wir schreiben

$$\cos\varphi \approx \cos\psi_1 \approx \cos\psi_2 \approx 1, \qquad \sin\psi_1 = \frac{a}{r_1}\sin\varphi \approx \frac{a}{r}\varphi \approx \sin\psi_2,$$

$$\frac{1}{r_1^2} \approx \frac{1}{(r-a)^2} = \frac{1}{r^2}\left(1 + \frac{2a}{r} + \ldots\right),$$

$$\frac{1}{r_2^2} \approx \frac{1}{(r+a)^2} = \frac{1}{r^2}\left(1 - \frac{2a}{r} + \ldots\right)$$

und erhalten

$$M = -\frac{3KI}{r^3}\varphi,$$

wo $I = 2\,m\,a^2$ das Trägheitsmoment des Satelliten um die zur Stabachse senkrechte Trägheitshauptachse durch den Massenmittelpunkt bedeutet.

Da im leeren Raum keine Bewegungswiderstände wirksam sind, liefert der Drallsatz (IV, 20)

$$\ddot{\varphi} + \frac{3K}{r^3}\varphi = 0.$$

Dies ist aber die Pendelgleichung, Ziff. V, 4. Der Stabsatellit führt somit nach einer Auslenkung aus der Vertikalen Pendelschwingungen aus, deren Schwingungsdauer durch $T = 2\pi\sqrt{r^3/3K}$ gegeben ist.

Für die Konstante gilt $K = \gamma\, m_e$, mit $\gamma = 6{,}66 \cdot 10^{-20}$ km³/kg s² als Gravitationskonstante und $m_e = 6 \cdot 10^{24}$ kg als Masse der Erde. Somit ist $K = 4 \cdot 10^5$ km³/s². Nimmt man an, daß der Satellit in einer

Höhe von 200 km über der Erdoberfläche kreist, dann erhält man mit dem mittleren Erdradius von $R = 6370$ km als Bahnradius $r = 6570$ km. Damit ergibt sich die Schwingungsdauer zu $T = 51$ min.

Die Pendelgleichung zeigt, daß die Lage $\varphi = 0$ stabil ist. Ein Stabsatellit wird sich daher nach hinreichend langer Zeit stets in die Vertikale einstellen. Man beachte, daß dieser Effekt ausschließlich dadurch zustande kommt, daß der Schwerpunkt infolge der Inhomogenität des Schwerefeldes nicht mit dem Massenmittelpunkt zusammenfällt! Vgl. dazu Ziff. III, 1 und IV, 5.

Literatur

K. Klotter: Technische Schwingungslehre, Bd. I, 2. Auflage, Berlin: 1951, Bd. II, 2. Auflage, Berlin: 1960.

K. Magnus: Schwingungen. Stuttgart: 1961.

R. Grammel: Der Kreisel, 2 Bde., 2. Aufl. Berlin: 1950.

F. Klein–A. Sommerfeld: Über die Theorie des Kreisels, 2 Bde. Leipzig: 1910.

VI. Arbeit und Energie

1. Arbeit. Wir definieren als Arbeit einer *Einzelkraft* $\mathfrak{F}$ bei einer infinitesimalen, d. h. gegen Null gehenden Verschiebung $d\mathfrak{r}$ ihres Angriffspunktes (Abb. VI, 1) die skalare Größe

$$dA = \mathfrak{F} \cdot d\mathfrak{r}. \qquad \text{(VI, 1)}$$

Legt nun der Angriffspunkt ein bestimmtes Stück $\Delta\mathfrak{r} = \mathfrak{r}_2 - \mathfrak{r}_1$ seiner Bahn zurück, so ist die dabei von der Kraft insgesamt geleistete Arbeit

$$A_{1\to 2} = \int_{\mathfrak{r}_1}^{\mathfrak{r}_2} \mathfrak{F} \cdot d\mathfrak{r}. \qquad \text{(VI, 2)}$$

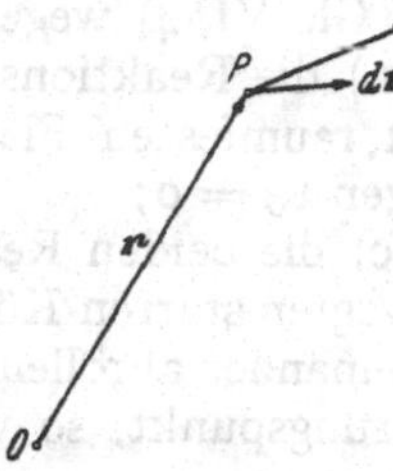

Abb. VI, 1

Gl. (VI, 1) kann mit $d\mathfrak{r}/dt = \mathfrak{v}$ auch in der Form

$$\frac{dA}{dt} = \mathfrak{F} \cdot \mathfrak{v} \qquad \text{(VI, 3)}$$

geschrieben werden. Gl. (VI, 2) lautet dann

$$A_{1\to 2} = \int_{t_1}^{t_2} \mathfrak{F} \cdot \mathfrak{v}\, dt. \qquad \text{(VI, 4)}$$

Die Größe $dA/dt = L$ wird *Leistung* (Arbeit pro Zeiteinheit) genannt. Für ein Kräftepaar mit dem Moment $\mathfrak{M}$ gilt $L = \mathfrak{M} \cdot \bar{\omega}$, wo $\bar{\omega}$ die Winkelgeschwindigkeit bedeutet, mit der sich die Ebene des Kräftepaares dreht.

In gleicher Weise wie für die Einzelkraft lassen sich Arbeit und Leistung auch für *verteilte Kräfte* definieren. Ist $\mathfrak{f}$ die Kraftdichte in einem beliebigen Körperpunkt und $\mathfrak{v}$ dessen Geschwindigkeit, so nennen wir $\mathfrak{f} \cdot \mathfrak{v}$ die örtliche *Leistungsdichte* (Leistung pro Volumseinheit). Durch Integration über das Gesamtvolumen V folgt sofort die Leistung aller am Körper wirkenden inneren und äußeren Kräfte zu

$$\frac{dA}{dt} = \int_V \mathfrak{f} \cdot \mathfrak{v} \, dV. \tag{VI, 5}$$

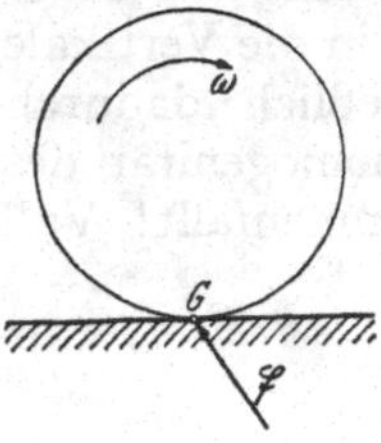

Abb. VI, 2

Dies ist das Analogon zu der für eine Einzelkraft gültigen Gl. (VI, 3). Die Arbeit im Zeitintervall (t_1, t_2) ist dann

$$A_{1\to 2} = \int_{t_1}^{t_2} dt \int_V \mathfrak{f} \cdot \mathfrak{v} \, dV. \tag{VI, 6}$$

Man beachte, daß beim verformbaren System auch die inneren Kräfte Arbeit leisten. Den bezüglichen Anteil werden wir später[1] noch genauer untersuchen.

Die Kraft $\mathfrak{F}$ oder die Kraftdichte $\mathfrak{f}$ wird sich im allgemeinen während der Bewegung des Körpers ändern, also vom Ortsvektor $\mathfrak{r}$ abhängen. Wir sprechen von einem *Kraftfeld*, und zwar von einem *stationären* Kraftfeld, wenn $\mathfrak{f}$ *nur* vom Ort abhängt, $\mathfrak{f} = \mathfrak{f}(\mathfrak{r})$. Ändert sich $\mathfrak{f}$ darüber hinaus bei festgehaltenem Ort auch als Funktion der Zeit, $\mathfrak{f} = \mathfrak{f}(\mathfrak{r}, t)$, so liegt ein *instationäres* Kraftfeld vor.

Kräfte, die bei der Bewegung des Systems keine Arbeit leisten, wollen wir *leistungslos* nennen. Die wichtigsten dieser Kräfte sind:

a) die Reaktions- oder Zwangskräfte an einem glatten starren Körper, der längs einer glatten, starren und raumfesten Fläche gleitet. Dies folgt aus Gl. (VI, 4) wegen $\mathfrak{F} \perp \mathfrak{v}$;

b) die Reaktionskraft an einem starren Körper, der auf einer starren und raumfesten Fläche abrollt (Abb. VI, 2). Dies folgt aus Gl. (VI, 4) wegen $\mathfrak{v}_G = 0$;

c) die beiden Reaktionskräfte zwischen zwei in Kontakt befindlichen bewegten starren Körpern, die relativ zueinander reibungsfrei gleiten oder aufeinander abrollen. Denn sind $\mathfrak{v}_1$ und $\mathfrak{v}_2$ die Geschwindigkeiten im Berührungspunkt, so wird mit $\mathfrak{F}_1 = -\mathfrak{F}_2 = \mathfrak{F}$

$$A = \int_{t_1}^{t_2} (\mathfrak{F} \cdot \mathfrak{v}_1 - \mathfrak{F} \cdot \mathfrak{v}_2) \, dt = \int_{t_1}^{t_2} \mathfrak{F} \cdot \mathfrak{v}_r \, dt = 0, \quad \text{wegen: } \mathfrak{F} \perp \mathfrak{v}_r \text{ oder } \mathfrak{v}_r = 0;$$

d) die inneren Kräfte eines starren Körpers. Die innere Arbeit ergibt sich als Produkt aus Spannungen und Verzerrungen (siehe Ziff. X, 3), für den starren Körper verschwinden aber die Verzerrungen.

2. Kinetische Energie. Wir definieren als kinetische Energie T eines Körpers die skalare Größe

$$T = \frac{1}{2} \int_m v^2 \, dm. \tag{VI, 7}$$

Für den *starren Körper* läßt sich dieser Ausdruck weiter umformen. Die Geschwindigkeit $\mathfrak{v}$ eines beliebigen Körperpunktes kann gemäß

---

[1] Ziff. VII, 2 und Ziff. X, 3.

Gl. (I, 14) durch die Geschwindigkeit eines körperfesten Bezugspunktes A und die Winkelgeschwindigkeit $\bar{\omega}$ der Drehung des Körpers um A ausgedrückt werden, $\mathfrak{v} = \mathfrak{v}_A + \bar{\omega} \times \mathfrak{r}$, wo $\mathfrak{r}$ der Ortsvektor des Körperpunktes gegen A ist. Machen wir A zum Ursprung eines Koordinatensystems (x, y, z), so gilt

$$v^2 = v_A^2 + 2\,\mathfrak{v}_A \cdot (\bar{\omega} \times \mathfrak{r}) + (\bar{\omega} \times \mathfrak{r})^2 =$$
$$= v_A^2 + 2\,(\mathfrak{v}_A \times \bar{\omega}) \cdot \mathfrak{r} + (\omega_y z - \omega_z y)^2 + (\omega_z x - \omega_x z)^2 +$$
$$+ (\omega_x y - \omega_y x)^2.$$

Den Ausdruck für T können wir somit in der Form schreiben

$$T = \frac{m}{2} v_A^2 + (\mathfrak{v}_A \times \bar{\omega}) \cdot \int\limits_m \mathfrak{r}\, dm + \frac{1}{2} \Big[\omega_x^2 \int\limits_m (y^2 + z^2)\, dm + \omega_y^2 \int\limits_m (z^2 + x^2)\, dm +$$
$$+ \omega_z^2 \int\limits_m (x^2 + y^2)\, dm - 2\,\omega_x \omega_y \int\limits_m x\, y\, dm - 2\,\omega_y \omega_z \int\limits_m y\, z\, dm -$$
$$- 2\,\omega_z \omega_x \int\limits_m z\, x\, dm\Big].$$

Das zweite Glied können wir durch entsprechende Wahl des Bezugspunktes A zum Verschwinden bringen:

a) $\mathfrak{v}_A \times \bar{\omega} = 0$. Dies ist unter anderem dann der Fall, wenn A ein raumfester Punkt ist oder auf der Zentralachse der Bewegung liegt, also beispielsweise bei der ebenen Bewegung mit dem Geschwindigkeitspol G zusammenfällt.

b) $\int\limits_m \mathfrak{r}\, dm = 0$. Dies tritt ein, wenn als Bezugspunkt der Schwerpunkt S des Körpers gewählt wird.

Wir wollen für das weitere den Bezugspunkt A stets so annehmen, daß entweder (a) oder (b) zutrifft. Beachten wir noch, daß die Integrale in der eckigen Klammer die Trägheits- bzw. Deviationsmomente darstellen, so erhalten wir

$$T = \frac{1}{2} m\, v_A^2 + \frac{1}{2} [I_x \omega_x^2 + I_y \omega_y^2 + I_z \omega_z^2 -$$
$$- 2\, I_{xy}\, \omega_x \omega_y - 2\, I_{yz}\, \omega_y \omega_z - 2\, I_{zx}\, \omega_z \omega_x]. \qquad \text{(VI, 8)}$$

Die kinetische Energie eines starren Körpers läßt sich somit aufspalten in einen translatorischen und einen rotatorischen Anteil.

Legen wir die Koordinatenachsen in die Trägheitshauptachsen (1, 2, 3) des Körpers, so verschwinden die Deviationsmomente und der Ausdruck für die kinetische Energie vereinfacht sich zu

$$T = \frac{1}{2} m\, v_A^2 + \frac{1}{2} [I_1\, \omega_1^2 + I_2\, \omega_2^2 + I_3\, \omega_3^2]. \qquad \text{(VI, 9)}$$

Dreht sich das System um eine feste Achse $\mathfrak{a}$, so reduziert sich Gl. (VI, 8) wegen $\bar{\omega} = \omega\, \mathfrak{e}_a$, $v_A = 0$ auf

$$T = \frac{1}{2} I_a\, \omega^2. \qquad \text{(VI, 10)}$$

3. Arbeitssatz. Ein beliebig verformbarer Körper bewege sich in einem Kraftfeld. Differenzieren wir den Ausdruck (VI, 7) für seine kinetische Energie nach der Zeit t, so erhalten wir mit $v^2 \equiv \mathfrak{v} \cdot \mathfrak{v}$

$$\frac{dT}{dt} = \int_m \mathfrak{v} \cdot \frac{d\mathfrak{v}}{dt} \, dm = \int_m \mathfrak{v} \cdot \mathfrak{b} \, dm.$$

Setzen wir nun voraus, daß die Bewegung auf ein Inertialsystem bezogen ist, so gilt in jedem Körperpunkt das dynamische Grundgesetz (IV, 2). Dann wird mit Gl. (VI, 5)

$$\frac{dT}{dt} = \int_V \mathfrak{v} \cdot \mathfrak{f} \, dV = \frac{dA}{dt}.$$

Integration über das Zeitintervall (t_1, t_2) liefert den *Arbeitssatz:*

$$T_2 - T_1 = A_{1 \to 2}. \qquad \text{(VI, 11)}$$

Die Gleichung besagt: „Die Zunahme der kinetischen Energie eines Körpers in einem beliebigen Zeitintervall ist gleich der von den inneren und äußeren Kräften in diesem Zeitintervall geleisteten Arbeit." Die Bewegung ist dabei auf ein Inertialsystem zu beziehen.

4. Potentielle Energie. Wenn sich ein Körper durch ein Kraftfeld bewegt, so wird gemäß Gl. (VI, 6) pro Volumseinheit die Arbeit

$$A_{1 \to 2} = \int_1^2 \mathfrak{f} \cdot d\mathfrak{r} = \int_1^2 (X\,dx + Y\,dy + Z\,dz)$$

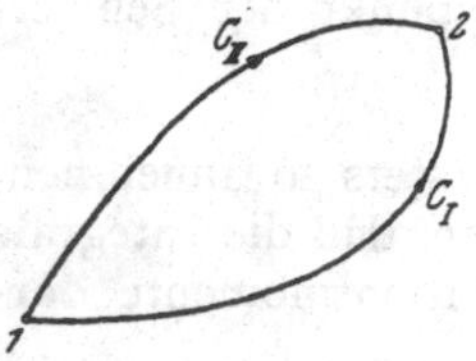

Abb. VI, 3

geleistet. X, Y, Z sind die Komponenten der Kraftdichte $\mathfrak{f}$ in einem rechtwinkeligen kartesischen Koordinatensystem. Für ein gegebenes stationäres Kraftfeld wird die Arbeit im allgemeinen, wenn wir uns Anfangs- und Endpunkt der Bahn C des betrachteten Körperpunktes festgehalten denken (Abb. VI, 3), noch von der Bahnkurve selbst abhängen. Wir fragen nun: Wie muß ein stationäres Kraftfeld beschaffen sein, damit die Arbeit von der Bahnkurve unabhängig ist?

Bekanntlich ist ein Kurvenintegral dann und nur dann wegunabhängig, wenn der Ausdruck unter dem Integralzeichen ein vollständiges Differential darstellt, also

$$\mathfrak{f} \cdot d\mathfrak{r} = X\,dx + Y\,dy + Z\,dz = -dV = -\frac{\partial V}{\partial x} dx - \frac{\partial V}{\partial y} dy - \frac{\partial V}{\partial z} dz$$

gilt. Das Minuszeichen ist an sich willkürlich und wird hier nur aus Gründen der physikalischen Bedeutung von V eingeführt. Es folgt sofort

$$X = -\frac{\partial V}{\partial x} \qquad Y = -\frac{\partial V}{\partial y} \qquad Z = -\frac{\partial V}{\partial z}. \qquad \text{(VI, 12)}$$

Die drei Komponenten der Kraftdichte müssen sich also als die partiellen Ableitungen einer skalaren Funktion $V(\mathfrak{r})$ nach den Koordinaten x, y, z, bzw. nach den Komponenten u, v, w des Verschiebungsvektors $\Delta\mathfrak{r}$ darstellen lassen.

Es ist klar, daß nicht jedes beliebige Kraftfeld diese Eigenschaft haben wird. Existiert hingegen eine Funktion V (sie ist nur bis auf eine additive Konstante bestimmt), die den Bedingungen (VI, 12) genügt, so nennen wir sie das *Potential* des Kraftfeldes.

Es ist bequem, die Gln. (VI, 12) in der Form

$$\mathfrak{f} = -\frac{dV}{d\mathfrak{r}} = -\nabla V \qquad \text{(VI, 13)}$$

zu schreiben, wobei man den Vektor $\nabla V = \frac{\partial V}{\partial x}\mathfrak{e}_x + \frac{\partial V}{\partial y}\mathfrak{e}_y + \frac{\partial V}{\partial z}\mathfrak{e}_z$ als *Gradienten* der Funktion V bezeichnet. ∇ hat also die Bedeutung eines vektoriellen Operators[1], $\nabla = \mathfrak{e}_x\frac{\partial}{\partial x} + \mathfrak{e}_y\frac{\partial}{\partial y} + \mathfrak{e}_z\frac{\partial}{\partial z}$. Bildet man mit ihm das äußere Produkt $\nabla \times \mathfrak{f}$, den *Rotor* des Feldes $\mathfrak{f}$, so gilt

$$\nabla\times\mathfrak{f} = \left(\frac{\partial Z}{\partial y} - \frac{\partial Y}{\partial z}\right)\mathfrak{e}_x + \left(\frac{\partial X}{\partial z} - \frac{\partial Z}{\partial x}\right)\mathfrak{e}_y + \left(\frac{\partial Y}{\partial x} - \frac{\partial X}{\partial y}\right)\mathfrak{e}_z. \qquad \text{(VI, 14)}$$

Wir benötigen jetzt einen wichtigen Satz der Vektoranalysis, den STOKES*schen Integralsatz*. Mit Hilfe des ∇-Operators läßt er sich folgendermaßen schreiben:

$$\int_A (\nabla \times \mathfrak{f}) \cdot \mathfrak{n}\, dA = \oint_C \mathfrak{f} \cdot d\mathfrak{r}. \qquad \text{(VI, 15)}$$

Hierbei ist C eine beliebige geschlossene Kurve im Raum und A eine beliebige, von C berandete Fläche[2]. $\mathfrak{n}$ ist der Normalenvektor am Flächenelement dA; er bildet mit dem Umlaufsinn von C eine Rechtsschraube (Abb. VI, 4).

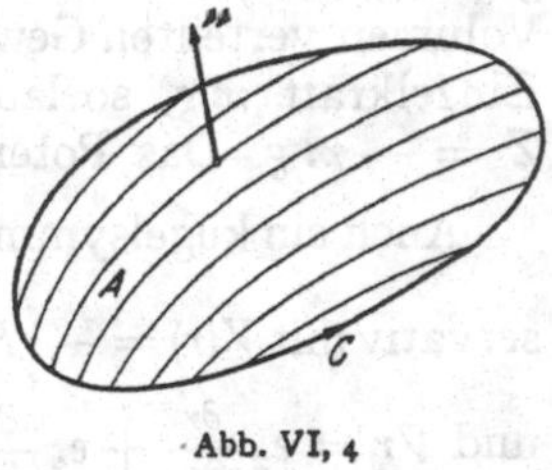

Abb. VI, 4

Aus dem STOKESschen Satz entnehmen wir nun sofort, daß die Bedingung

$$\nabla \times \mathfrak{f} = 0 \qquad \text{(VI, 16)}$$

bzw. mit Gl. (VI, 14),

$$\frac{\partial X}{\partial y} = \frac{\partial Y}{\partial x}, \qquad \frac{\partial Y}{\partial z} = \frac{\partial Z}{\partial y}, \qquad \frac{\partial Z}{\partial x} = \frac{\partial X}{\partial z} \qquad \text{(VI, 17)}$$

notwendig und hinreichend dafür ist, daß ein Kraftfeld $\mathfrak{f}(\mathfrak{r})$ ein Potential besitzt. Denn wenn die Arbeit vom Weg unabhängig ist, muß $\oint_C \mathfrak{f} \cdot d\mathfrak{r} = 0$ sein längs jeder geschlossenen Kurve C. Dann muß aber, da A und C beliebig sind, überall im Feld $\nabla \times \mathfrak{f} = 0$ gelten. Die Bedingung ist also notwendig. Umgekehrt wird, falls $\nabla \times \mathfrak{f} = 0$ ist, auch $\oint_C \mathfrak{f} \cdot d\mathfrak{r} = 0$ für jede beliebige Kurve. Die Bedingung ist also auch hinreichend.

[1] Gesprochen „Nabla" (im Englischen „del").

[2] C und A müssen noch gewissen Regularitätsbedingungen genügen, die wir als erfüllt ansehen wollen.

Man nennt ein Feld, welches die Bedingung (VI, 16) erfüllt, *drehungsfrei*[1] bzw., wenn es stationär ist, aus einem später ersichtlichen Grund auch *konservativ*.

Für die Bewegung eines Körpers in einem *konservativen Kraftfeld* gilt also nach Integration über das gesamte Körpervolumen

$$A_{1\to 2} = -\int_1^2 dV = V_1 - V_2: \qquad \text{(VI, 18)}$$

„Die vom Kraftfeld geleistete Arbeit ist gleich der Abnahme der *potentiellen Energie* des Körpers."

Alle angegebenen Beziehungen gelten auch für Einzelkräfte. Wir haben nur $\mathfrak{F}$ anstatt $\mathfrak{f}$ zu schreiben. Es bedeuten dann X, Y, Z die Komponenten der Einzelkraft und V ihr Potential.

Die Gln. (VI, 12) und damit der Begriff des Potentials bleiben auch im Fall eines instationären Feldes $\mathfrak{f}\,(\mathfrak{r}, t)$ sinnvoll. V ist dann aber explizit von der Zeit abhängig und die Gl. (VI, 18) verliert ihre Gültigkeit, weil jetzt $dV = \frac{\partial V}{\partial \mathfrak{r}} d\mathfrak{r} + \frac{\partial V}{\partial t} dt \neq -dA$ wird. Ein solches Feld ist zwar drehungsfrei, aber nicht mehr konservativ.

Ein wichtiges Beispiel eines konservativen Kraftfeldes ist das *homogene Schwerefeld* $g =$ konst. Hier haben wir, wenn wir die z-Achse in die Vertikale legen (positiv nach oben) $X = Y = 0$, $Z = -\varrho g$. Das zugehörige Potential ist also $V = \varrho g z + C$. Ersetzen wir die über das Volumen verteilten Gewichtskräfte durch die im Schwerpunkt angreifende Einzelkraft $m g$, so lauten die entsprechenden Ausdrücke $X = Y = 0$, $Z = -m g$. Das Potential ist jetzt $V = m g z + C$.

Auch ein kugelsymmetrisches *Zentralkraftfeld* $\mathfrak{F} = F(r)\frac{\mathfrak{r}}{r}$ ist stets konservativ mit $V(r) = -\int F\,dr + C$. Es gilt nämlich $\nabla V(r) = \frac{dV}{dr}\nabla r = -F(r)\nabla r$ und $\nabla r = \mathfrak{e}_x \frac{\partial r}{\partial x} + \mathfrak{e}_y \frac{\partial r}{\partial y} + \mathfrak{e}_z \frac{\partial r}{\partial z} = \mathfrak{e}_x \frac{x}{r} + \mathfrak{e}_y \frac{y}{r} + \mathfrak{e}_z \frac{z}{r} = \frac{\mathfrak{r}}{r}$. Somit $-\nabla V = F(r)\frac{\mathfrak{r}}{r} = \mathfrak{F}$.

5. **Energiesatz.** Für ein konservatives Kraftfeld nimmt der Arbeitssatz Gl. (VI, 11) eine außerordentlich handliche Form an, die als *Energiesatz* bezeichnet wird. Setzen wir voraus, daß sowohl die äußeren wie die inneren Kräfte ein Potential besitzen, so ergibt sich durch Kombination von Gl. (VI, 11) mit Gl. (VI, 18)

$$T_2 - T_1 = A_{1\to 2} = V_1 - V_2 \quad \text{oder} \quad T_1 + V_1 = T_2 + V_2,$$

also

$$T + V = \text{konst.} = E. \qquad \text{(VI, 19)}$$

[1] Die Bezeichnung ist der Strömungslehre entnommen.

Diese Gleichung drückt den Satz von der *Erhaltung der mechanischen Energie* aus: „In einem konservativen Kraftfeld ist die Summe aus kinetischer und potentieller Energie konstant." Die Bezeichnung „konservatives Kraftfeld" ist damit gerechtfertigt.

Wenn bei einer Bewegung Reibung auftritt, haben wir stets ein *nichtkonservatives* Kraftfeld vor uns. Die Reibungsarbeit wird nicht mehr als mechanische Energie zurückgewonnen, sondern geht in Wärme über. Wir sprechen von *Dissipation* der Energie und nennen ein solches Kraftfeld auch *dissipatives* Feld.

Die Bewegungsgleichungen (dynamisches Grundgesetz) enthalten die Beschleunigungen, sind also Differentialgleichungen zweiter Ordnung. Im Arbeitssatz und Energiesatz treten nur die Geschwindigkeiten auf. Sie sind somit Differentialgleichungen erster Ordnung und stellen Erstintegrale der Bewegungsgleichungen dar. Zur Untersuchung eines Systems von einem Freiheitsgrad reichen sie vollkommen aus.

6. Beispiel: Schwingende Masse mit Coulombscher Reibung. Eine Masse m auf rauher Unterlage ist an einer Feder mit der Federkonstanten c

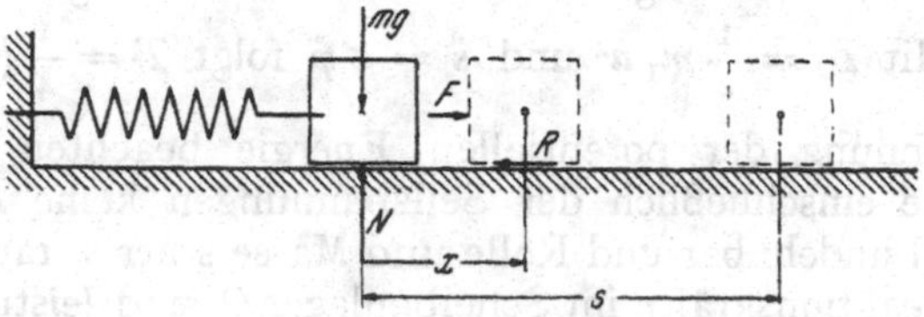

Abb. VI, 5

befestigt. Die Feder wird um den Betrag s_0 zusammengedrückt und die Masse dann ohne Anfangsgeschwindigkeit losgelassen (Abb. VI, 5). Man berechne den Weg s, den m bis zur Bewegungsumkehr zurücklegt.

Wenn sich die Masse an der Stelle x befindet, wirken auf sie in Horizontalrichtung die Reibungskraft $R = \mu m g$ und die Federkraft $F = c(s_0 - x)$ ein. Da in der Anfangs- und in der Endlage die Geschwindigkeiten und damit auch die kinetische Energie Null sind, muß nach dem Arbeitssatz Gl. (VI, 11) die von diesen Kräften auf dem Weg s geleistete Arbeit verschwinden. Also

$$\int_0^s (F - R)\, dx = 0,$$

woraus nach Einsetzen und Ausführung der Integration

$$s = 2\left(s_0 - \frac{\mu m g}{c}\right)$$

folgt.

Auf die gleiche Weise lassen sich auch die weiteren Umkehrpunkte der schwingenden Masse berechnen.

7. Beispiel: Ablaufende Rolle. Über eine Rolle vom Radius a und der Masse m_1 ist ein gewichtsloses undehnbares Seil geschlungen, das an seinem Ende die Masse m_2 trägt (Abb. VI, 6). Das System wird zur Zeit $t = 0$ aus der Ruhe heraus sich selbst überlassen. Lagerreibung und Luftwiderstand werden vernachlässigt.

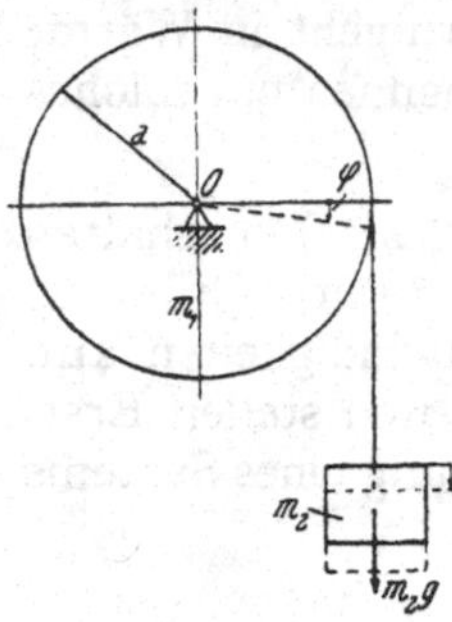

Abb. VI, 6

Zwischen dem Drehwinkel φ der Rolle und der Vertikalverschiebung s von m_2 besteht die Beziehung $s = a\varphi$. Das System besitzt demnach einen Freiheitsgrad, und man verwendet zweckmäßig den Energiesatz, der hier wegen Vernachlässigung der dissipativen Kräfte gilt. Die kinetische Energie des Systems besteht aus der kinetischen Energie der Rolle, welche eine Drehung um eine horizontale Achse durch O mit der Winkelgeschwindigkeit $\dot{\varphi}$ ausführt, und aus der kinetischen Energie der Masse m_2, die sich mit der Geschwindigkeit $\dot{s}$ translatorisch bewegt: $T = \frac{1}{2} I_O \dot{\varphi}^2 + \frac{1}{2} m_2 \dot{s}^2$. Mit $I_O = \frac{1}{2} m_1 a^2$ und $\dot{s} = a\dot{\varphi}$ folgt $T = \frac{1}{4}(m_1 + 2\,m_2)\,\dot{s}^2$.

Zur Berechnung der potentiellen Energie beachten wir, daß die inneren Kräfte einschließlich der Seilspannungen keine Arbeit leisten, da wir das Seil undehnbar und Rolle und Masse starr voraussetzen. Auch die äußeren Reaktionskräfte im Scheibenlager O sind leistungslos und es bleibt nur die äußere eingeprägte Kraft $m_2 g$, deren Potential $V = -m_2 g s$ ist. Die willkürliche Konstante wurde dabei so gewählt, daß $V = 0$ gilt in $s = 0$.

Der Energiesatz lautet also $\frac{1}{4}(m_1 + 2\,m_2)\,\dot{s}^2 - m_2 g s = E$. Die Konstante E bestimmen wir aus den Anfangsbedingungen $s = 0$, $\dot{s} = 0$, für $t = 0$. Dies gibt $E = 0$, und wir erhalten die folgende Differentialgleichung für s:

$$\dot{s}^2 - \frac{4\,m_2 g}{m_1 + 2\,m_2}\,s = 0.$$

Integration liefert

$$s = \frac{m_2 g}{m_1 + 2\,m_2}\,t^2.$$

Setzt man $m_1 = 0$, so erhält man das Bewegungsgesetz für den *frei fallenden* Körper:

$$\dot{s} = \sqrt{2 g s}\,, \qquad s = \frac{g}{2}\,t^2.$$

Aufgaben

A 1. Eine Feder mit der Federkonstanten c und der ungedehnten Länge l ist nach Abb. VI, A 1 mit ihren Enden an zwei Scheiben befestigt. Untere Scheibe und Führungsstab haben zusammen das Gewicht G_1, die obere Scheibe hat das Gewicht G_2. Auf welche Länge x_u muß die Feder zusammengedrückt werden, damit nach Loslassen der oberen Scheibe das ganze System gerade von der Unterlage abhebt? Das Gewicht der Feder werde vernachlässigt.

Lösung: Nach dem Loslassen wird G_2 auf- und abschwingen. Das System hebt offenbar dann von der Unterlage ab, wenn die Federkraft F_0 in der oberen Umkehrlage x_0 größer wird als G_1,

$$F_0 = c\,(x_0 - l) \geqq G_1.$$

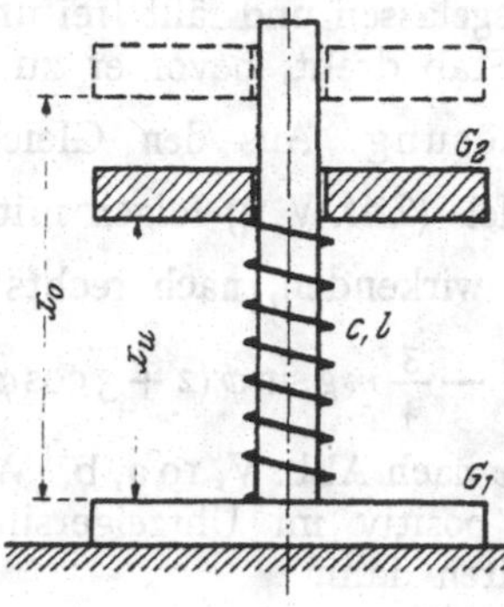

Abb. VI, A 1

Eine weitere Gleichung liefert der Energiesatz (VI, 19). Da die kinetische Energie für die Umkehrlagen x_u und x_0 verschwindet, bleibt

$$V_u = V_0$$

oder

$$G_2\,x_u + \frac{c}{2}(x_u - l)^2 = G_2\,x_0 + \frac{c}{2}(x_0 - l)^2$$

und nach Elimination von x_0

$$x_u \leqq l - \frac{G_1 + 2G_2}{c}.$$

A 2. Ein rechtwinkeliger Kreuzschieber (Abb. I, 15), dessen eine Bahn vertikal steht, wird aus seiner Anfangsneigung von 45° ohne Anfangsgeschwindigkeit losgelassen und bewegt sich unter der Wirkung seines Eigengewichtes nach unten. Man bestimme die Geschwindigkeit des vertikal geführten Punktes P_1 beim Auftreffen in O. Die Führungen seien als reibungsfrei vorausgesetzt.

Lösung: Ist in der horizontalen Lage die potentielle Energie des Schiebers $V_2 = 0$, so ist die der Anfangslage gegeben durch

$$V_1 = \frac{m\,g\,l\sqrt{2}}{2}.$$

Die kinetische Energie in der horizontalen Lage ist, mit dem Momentanpol P_2 als Bezugspunkt,

$$T_2 = \frac{1}{2}\,\frac{4\,m\,l^2}{3}\,\omega^2 = \frac{2}{3}\,m\,l^2\,\omega^2.$$

Mit $T_1 = 0$ liefert dann der Energiesatz

$$\frac{m\,g\,l\sqrt{2}}{2} = \frac{2}{3}\,m\,l^2\,\omega^2$$

und damit

$$v = 2l\omega = \sqrt[4]{18}\,\sqrt{gl}.$$

A 3. Ein homogener Stab mit der Länge $2l$ und der Masse m steht lotrecht auf einer rauhen Ebene (Haftgrenzzahl μ_0). In dieser Lage wird er losgelassen und fällt frei um. Gesucht ist der Winkel, durch den sich der Stab dreht, bevor er zu rutschen beginnt.

Lösung: Aus den Gleichungen für die Auflagerreaktionen eines Pendels (Ziff. V, 4) folgen mit $k = 1$ und $\omega^2 = \frac{3g}{4l}$ die am unteren Stabende wirkenden, nach rechts bzw. oben positiven Reaktionskräfte

$$H = -\frac{3}{4} m g \sin\varphi\,(2 + 3\cos\varphi) \text{ und } V = \frac{3}{4} m g \left(\frac{1}{3} + 2\cos\varphi + 3\cos^2\varphi\right)$$

mit φ nach Abb. V, 10 a, b. Wir führen den von der lotrechten Ausgangslage positiv im Uhrzeigersinn gezählten Winkel $\psi = \pi - \varphi$ ein und erhalten dann

$$H = \frac{3}{4} m g \sin\psi\,(3\cos\psi - 2) \text{ und } V = \frac{3}{4} m g \left(\frac{1}{3} - 2\cos\psi + 3\cos^2\psi\right).$$

Aus der Haftbedingung $|H| \leqslant \mu_0 V$ folgt als Bestimmungsgleichung für den Grenzwinkel ψ_0, bis zu dem die Bewegung des Stabes eine reine Drehung um den Auflagepunkt ist:

$$|3\cos\psi_0 - 2|\sin\psi_0 = \frac{\mu_0}{3}(3\cos\psi_0 - 1)^2.$$

Die Horizontalkraft H wechselt bei $\cos\psi_1 = \frac{2}{3}$ das Vorzeichen. Die Vertikalkraft V verschwindet bei $\cos\psi_2 = \frac{1}{3}$, ist aber im Bereich $0 \leqslant \psi \leqslant \frac{\pi}{2}$ nirgends negativ. Der Grenzwinkel ψ_0 für Rutschen liegt also zwischen 0 und ψ_2.

A 4. Man bestimme die kinetische Energie des rotierenden Stabes aus Aufgabe V, A 10.

Lösung: Der Stab dreht sich um einen festen Punkt, seine kinetische Energie ist daher nach Gl. (VI, 8) mit $I_1 \approx 0$, $I_2 = I_3 = 4\,m\,l^2/3$:

$$T = \frac{2\,m\,l^2}{3}(\omega^2\sin^2\varphi + \dot{\varphi}^2).$$

A 5. Man finde die Beschleunigung b eines Kraftwagens, wenn das an den Rädern wirksame Antriebsdrehmoment gleich M ist.

Lösung: Wir setzen voraus, daß sich die Räder nicht durchdrehen. Ist m die Gesamtmasse des Wagens, I das Trägheitsmoment eines Rades um seine Achse und $2r$ der Raddurchmesser, so ist die kinetische Energie des Wagens gegeben durch

$$T = \frac{m}{2}v^2 + 4\frac{I}{2}\omega^2$$

mit $\omega = v/r$. Wenn der Wagen in der Ebene fährt, leisten nur das Antriebsmoment M und der Bewegungswiderstand W Arbeit. Der Arbeitssatz (VI, 11) lautet dann

$$\frac{dT}{dt} = M\,\omega - W\,v$$

und liefert

$$b = \frac{\frac{M}{r} - W}{m + 4\,\frac{I}{r^2}}.$$

VII. d'Alembertsches Prinzip

1. Einleitung. Schwerpunktsatz und Drallsatz stellen zwei vektorielle Differentialgleichungen dar, liefern also im Raum insgesamt sechs skalare Gleichungen. Es handelt sich hierbei um gewöhnliche (im allgemeinen nichtlineare) Differentialgleichungen zweiter Ordnung mit der Zeit t als unabhängige Variable. Die sechs Gleichungen reichen zur Behandlung eines Systems mit sechs Freiheitsgraden (beispielsweise der im Raum frei bewegliche starre Körper) aus, bei Systemen mit mehr als sechs Freiheitsgraden kommt man aber mit ihnen zunächst nicht mehr durch.

Wir haben schon darauf hingewiesen, daß man sich die nötige Anzahl von Gleichungen etwa durch Zerlegung des Systems in eine entsprechende Anzahl von Teilen verschaffen könnte, wobei man auf jedes Teilsystem Schwerpunktsatz und Drallsatz anwendet. Für jedes Teilsystem stehen dann sechs Bewegungsgleichungen zur Verfügung. Man sieht sofort, daß das Verfahren nur dann zum Ziele führt, wenn die Teilsysteme starre Körper sind, mit anderen Worten, wenn das ursprüngliche System nur eine *endliche Anzahl von Freiheitsgraden* besitzt. Aber selbst in diesem Fall ist das Verfahren nicht zweckmäßig. Während nämlich weder im Schwerpunkt- noch im Drallsatz innere Kräfte aufscheinen, wird ein Teil dieser Kräfte durch das Zerschneiden zu äußeren Kräften, die damit als zusätzliche Unbekannte zu den Lagekoordinaten hinzutreten.

So besitzt beispielsweise ein in der Ebene frei bewegliches System, das aus zwei durch ein Gelenk miteinander verbundenen starren Stäben besteht, vier Freiheitsgrade, kann also mittels Schwerpunktsatz und Drallsatz nicht direkt behandelt werden, da diese in der Ebene nur insgesamt drei skalare Gleichungen liefern. Schneidet man aber im Gelenk durch, so erhält man zwei starre Körper und damit sechs Gleichungen. Als neue Unbekannte kommen zu den vier Lagekoordinaten (etwa die beiden Koordinaten des Gelenkes und die beiden Drehwinkel der Stäbe) die beiden Komponenten der im Gelenk übertragenen inneren Kraft hinzu. Bei komplizierten Systemen wächst die Zahl der durch das Zerschneiden entstehenden zusätzlichen Unbekannten natürlich noch rascher an.

Wir stellen uns deshalb jetzt die Aufgabe, ein Verfahren zu suchen, das uns, wenn n die Anzahl der Freiheitsgrade des Systems bedeutet, genau die benötigte Anzahl von n Gleichungen für die n Lagekoordinaten $q_i(t)$, $i = 1, 2, \ldots, n$, liefert, ohne daß wir weitere Unbekannte hinzunehmen müssen. Wir beschränken uns vorerst auf Systeme mit einer endlichen Anzahl von Freiheitsgraden. Die zugehörigen Gleichungen werden als Lagrange*sche Gleichungen* bezeichnet. In Kap. IX gehen wir dann auf Systeme mit unendlich vielen Freiheitsgraden über.

Als Vorbereitung zur Aufstellung der Lagrangeschen Gleichungen leiten wir zunächst ein nach d'Alembert benanntes fundamentales Prinzip der Mechanik her. Man könnte dieses Prinzip auch als Axiom an den Ausgangspunkt der gesamten Mechanik stellen und alle übrigen Sätze aus ihm gewinnen, ein Verfahren allerdings, das zwar sehr elegant aber recht unanschaulich wäre.

2. Das d'Alembertsche Prinzip. Wir betrachten ein System mit n Freiheitsgraden, das aus r starren Körpern zusammengesetzt ist, die irgendwie, etwa durch masselose Zwischenglieder (z. B. masselose Federn) verbunden sind. Da der einzelne starre Körper im Raum sechs, in der Ebene drei Freiheitsgrade hat, so gilt natürlich im Raum $n \leqq 6\,r$ und in der Ebene $n \leqq 3\,r$. Wir beschreiben die Bewegung des Systems durch n voneinander unabhängige Lagekoordinaten $q_i(t)$ $(i = 1, 2, \ldots, n)$. Der Ortsvektor $\mathfrak{r}$ eines beliebigen Systempunktes ist dann eine Funktion

$$\mathfrak{r} = \mathfrak{r}(q_1, q_2, \ldots, q_n, t) \qquad \text{(VII, 1)}$$

der Lagekoordinaten sowie unter Umständen auch eine explizite Funktion der Zeit t, nämlich dann, wenn das System längs Führungen läuft, die selbst nach einem von der Systembewegung unabhängig vorgegebenen Gesetz bewegt werden.

Wir denken uns jetzt einen beliebigen momentanen Bewegungszustand herausgegriffen. Die diesem Bewegungszustand entsprechende Momentanlage denken wir uns festgehalten und erteilen nun dem System aus dieser Momentanlage heraus eine kleine, sogenannte *virtuelle* Verschiebung. Diese Verschiebung soll folgende Eigenschaften aufweisen:

a) Sie soll *geometrisch möglich*, also mit den Auflagerungs- und Führungsbedingungen und den sonstigen geometrischen Eigenschaften des Systems verträglich *(kompatibel)* sein. Im übrigen ist sie aber nur gedacht, braucht also keineswegs mit einer wirklich eintretenden Verschiebung zusammenzufallen. Die Bezeichnung virtuell (im Gegensatz zu aktuell) soll das zum Ausdruck bringen.

b) Die Verschiebungswege sollen im Vergleich zu den Körperabmessungen *klein* sein. Wir ziehen also nur solche Nachbarlagen in Betracht, die hinreichend nahe an der Ausgangslage liegen.

Mathematisch gesprochen werden bei einer virtuellen Verschiebung die Ortskoordinaten des Systems bei festgehaltener Zeit t variiert. Wir bezeichnen die Variation des Orstvektors $\mathfrak{r}$, also die virtuelle Verschiebung des betreffenden Systempunktes mit $\delta\mathfrak{r}$.

Für jeden „materiellen", d. h. mit Masse behafteten Systempunkt gilt das dynamische Grundgesetz (IV, 2). Somit gilt auch

$$(\mathfrak{k} - \varrho\, \mathfrak{b}) \cdot \delta\mathfrak{r} = 0$$

bei beliebigem $\delta\mathfrak{r}$. Integrieren wir jetzt diese Gleichung über das gesamte Volumen V des Systems, so erhalten wir

$$\int_V (\mathfrak{k} - \varrho\, \mathfrak{b}) \cdot \delta\mathfrak{r}\, dV = 0.$$

Überlegen wir nun, welche physikalische Interpretation wir dieser Gleichung geben können. Wir bemerken zunächst, daß

$$\delta A = \int_V \mathfrak{k} \cdot \delta\mathfrak{r}\, dV \qquad \text{(VII, 2)}$$

identisch ist mit der Arbeit, die von sämtlichen am System wirksamen Kräften bei der virtuellen Verschiebung geleistet wird. Wir können δA sofort aufspalten in die Arbeit $\delta A^{(i)}$ der inneren und $\delta A^{(a)}$ der äußeren Kräfte. Dann ergibt sich mit $\varrho\, dV = dm$

$$\delta A^{(i)} + \delta A^{(a)} - \int_m \mathfrak{b} \cdot \delta\mathfrak{r}\, dm = 0. \qquad \text{(VII, 3)}$$

Diese Gleichung gilt noch ganz allgemein, auch für Systeme mit unendlich vielen Freiheitsgraden. Wenn wir nun auf ein aus r *starren* Körpern zusammengesetztes System übergehen, dann wird innere Arbeit nur in den masselosen Bindegliedern geleistet. Weiters können wir für jeden Einzelkörper die Verschiebung eines beliebigen Punktes mit Hilfe der Formeln der Kinematik ausdrücken durch die Verschiebung seines Schwerpunktes[1] und die Drehung um diesen. Schreiben wir nämlich Gl. (I, 14) mit $\overline{\omega} = d\overline{\alpha}/dt$ in Differentialform und ersetzen das Differentialzeichen d durch das Variationszeichen δ, so erhalten wir

$$\delta\mathfrak{r}_P = \delta\mathfrak{r}_S + \delta\overline{\alpha} \times \mathfrak{r}_{PS}. \qquad \text{(VII, 4)}$$

$\delta\overline{\alpha}$ ist der Vektor des kleinen Winkels, durch den sich der Körper um eine Achse durch den Schwerpunkt dreht. Wir formen jetzt für jeden Einzelkörper mit der Teilmasse m_i um:

$$\int_{m_i} \mathfrak{b} \cdot \delta\mathfrak{r}\, dm = \int_{m_i} \mathfrak{b} \cdot (\delta\mathfrak{r}_i + \delta\overline{\alpha}_i \times \mathfrak{r}_{\text{rel}})\, dm = m_i\, \mathfrak{b}_i \cdot \delta\mathfrak{r}_i + \delta\overline{\alpha}_i \cdot \int_{m_i} \mathfrak{r}_{\text{rel}} \times \mathfrak{b}\, dm.$$

$\mathfrak{r}_i$ und $\mathfrak{b}_i$ sind Ortsvektor und Beschleunigung des Schwerpunktes der Masse i in bezug auf ein Inertialsystem und $\mathfrak{r}_{\text{rel}}$ ist der Ortsvektor des Körperpunktes relativ zum Schwerpunkt. Mit den Gln. (IV, 17) und (IV, 20) folgt aber weiter

$$\delta\overline{\alpha}_i \cdot \int_{m_i} \mathfrak{r}_{\text{rel}} \times \mathfrak{b}\, dm = \dot{\mathfrak{D}}_i \cdot \delta\overline{\alpha}_i,$$

[1] Vgl. dazu das in Ziff. IV, 4 Gesagte.

so daß Gl. (VII, 3) schließlich die Form annimmt

$$\delta A^{(i)} + \delta A^{(a)} - \sum_{i=1}^{r} (m_i \mathfrak{b}_i \cdot \delta \mathfrak{r}_i + \dot{\mathfrak{D}}_i \cdot \delta \bar{\alpha}_i) = 0. \qquad \text{(VII, 5)}$$

$\mathfrak{D}_i$ ist der Drall der Masse i, gleichfalls auf ihren Schwerpunkt bezogen. Gl. (VII, 3) bzw. die speziellere Form (VII, 5) stellen das D'ALEMBERT*sche Prinzip* (in der LAGRANGEschen Fassung) dar. Bezeichnen wir die negativen Massenbeschleunigungen $-m_i \mathfrak{b}_i$ als *Scheinkräfte* oder *Trägheitskräfte* und die negativen Dralländerungen $-\dot{\mathfrak{D}}_i$ als *Scheinmomente* (vgl. Ziff. V, 6), so können wir das D'ALEMBERTsche Prinzip folgendermaßen formulieren: „Bei einer virtuellen Verschiebung eines Systems aus einer Momentanlage heraus ist die von den inneren, den äußeren und den Trägheitskräften insgesamt geleistete Arbeit gleich Null."

Das Prinzip gilt natürlich auch in der *Statik*, also für den Sonderfall des in Ruhe und im Gleichgewicht befindlichen Systems. Es wird dann *Prinzip der virtuellen Verschiebungen* oder *Prinzip der virtuellen Arbeiten* genannt und lautet „Bei einer virtuellen Verschiebung eines Systems aus einer Gleichgewichtslage heraus ist die von den inneren und äußeren Kräften insgesamt geleistete Arbeit gleich Null":

$$\delta A \equiv \delta A^{(i)} + \delta A^{(a)} = 0. \qquad \text{(VII, 6)}$$

Für die Anwendungen wertvoll ist das Prinzip vor allem dann, wenn gewisse Kräftegruppen *virtuell leistungslos* sind, d. h. bei der virtuellen Verschiebung keine Arbeit leisten. Sie fallen dann aus den Gleichungen überhaupt heraus. Man beachte, daß es dabei gleichgültig ist, ob diese Kräfte bei der *wirklichen* Bewegung Arbeit leisten oder nicht. Der Unterschied wird deutlich, wenn man etwa das Gleiten eines Körpers längs einer glatten Führung betrachtet, wobei diese Führung selbst wieder nach einem von der Körperbewegung unabhängig vorgegebenen Gesetz bewegt wird, also keinen Freiheitsgrad besitzt. Die am Körper angreifende Reaktionskraft ist nicht leistungslos, da sich ja ihr Angriffspunkt bewegt. Sie ist aber virtuell leistungslos, weil die virtuelle Verschiebung bei festgehaltener Zeit vor sich geht, Lageänderungen somit nur dort vorgenommen werden können, wo Freiheitsgrade vorhanden sind. Die Führung muß also dabei stillstehen (vgl. Beispiel VIII, 2). Wir wollen Führungen, deren Reaktionskräfte virtuell leistungslos sind, *ideale Führungen* nennen.

Eine weitere Vereinfachung bei der Anwendung des Prinzips tritt ein, wenn einzelne oder alle auftretenden Kräfte ein Potential besitzen, bzw. konservativ sind. Für die inneren Kräfte eines *elastischen*[1] *Systems* trifft dies beispielsweise zu. Wir bezeichnen dieses Potential mit U und

[1] Wir bezeichnen ein System dann als elastisch, wenn nach Wegnahme der äußeren Kräfte die von diesen erzeugten Spannungen und Formänderungen wieder vollständig verschwinden.

nennen es die *Verzerrungsenergie* des Systems. Im Hinblick auf Gl. (VI, 18) gilt dann $\delta A^{(i)} = -\delta U$ und Gl. (VII, 5) geht über in

$$\delta A^{(a)} - \sum_{i=1}^{r} (m_i \mathfrak{b}_i \cdot \delta\mathfrak{r}_i + \dot{\mathfrak{D}}_i \cdot \delta\bar{\alpha}_i) = \delta U: \qquad \text{(VII, 7)}$$

„Die virtuelle Arbeit der äußeren und der Trägheitskräfte ist gleich der Änderung der Verzerrungsenergie."

Wir werden später[1] die Verzerrungsenergie für den elastischen Körper berechnen. Bei den in diesem Kapitel ausschließlich behandelten Systemen mit endlich vielen Freiheitsgraden steckt die Verzerrungsenergie nur in den masselosen elastischen Bindegliedern, die wir uns als Federn denken können. Bedeutet s den vom spannungslosen Zustand aus gemessenen Verschiebungsweg des Federendes einer solchen Feder, so gilt mit c als Federkonstante, also mit der von der Feder ausgeübten Kraft $F = -c\,s$,

$$U = -\int_0^s F\,ds = c\int_0^s s\,ds = \frac{c\,s^2}{2}. \qquad \text{(VII, 8)}$$

Die Verzerrungsenergien sämtlicher Federn sind zu addieren.

Wie eingangs erwähnt, soll uns das D'ALEMBERTsche Prinzip in erster Linie als Ausgangspunkt zur Aufstellung der LAGRANGEschen Gleichungen dienen. Darüber hinaus erweist es sich aber als ein sehr wirksames Werkzeug bei der Bearbeitung spezieller Probleme. Wir geben deshalb zunächst einige Anwendungen in der Statik und Dynamik.

3. Anwendung: Die Gleichgewichtsbedingungen. In Ziff. II, 4 wurden die beiden Gleichungen $\mathfrak{R} = 0$ und $\mathfrak{M} = 0$ als die Gleichgewichtsbedingungen einer Kräftegruppe bezeichnet und es wurde erwähnt, daß sie erfüllt sein müssen, wenn ein Körper unter der Wirkung der Gruppe im Gleichgewicht sein soll. In Ziff. IV, 5 wurde dann die Notwendigkeit dieser Bedingungen aus dem Schwerpunktsatz und Drallsatz gefolgert. Wir wollen hierfür jetzt einen zweiten Beweis bringen, bei dem wir uns des Prinzips der virtuellen Verschiebungen bedienen.

Es sei ein beliebig verformbares, beliebig gelagertes, im Gleichgewicht befindliches System gegeben, an dem die Kräfte $\mathfrak{F}_1, \mathfrak{F}_2, \ldots, \mathfrak{F}_k$ angreifen. Bevor wir das Prinzip der virtuellen Verschiebungen auf dieses System anwenden, befreien wir es zuerst in Gedanken von sämtlichen äußeren Bindungen, indem wir die Lagerungen und Führungen entfernen und an deren Stelle die entsprechenden Stützkräfte $\mathfrak{F}_{k+1} \ldots \mathfrak{F}_m$ anbringen. Diesem so „frei gemachten" System erteilen wir nun eine virtuelle Verschiebung. Dabei braucht nicht mehr auf äußere Bindungen, sondern nur auf innere Verträglichkeit, also Wahrung des Körperzusammenhanges geachtet zu werden. Eine virtuelle Verschiebung, die dieser Bedingung genügt, ist aber sicherlich unter anderen speziell diejenige, bei der sich das System als Ganzes wie ein starrer Körper bewegt. Sie ist durch

[1] Ziff. X, 3.

Gl. (VII, 4) gegeben. Setzen wir also im Prinzip der virtuellen Verschiebungen Gl. (VII, 6) für die virtuelle Arbeit der äußeren Kräfte

$$\delta A^{(a)} = \sum_{i=1}^{m} \mathfrak{F}_i \cdot \delta\mathfrak{r}_i = \delta\mathfrak{r}_A \cdot \sum_{i=1}^{m} \mathfrak{F}_i + \delta\bar{\alpha} \cdot \sum_{i=1}^{m} \mathfrak{r}_{iA} \times \mathfrak{F}_i \qquad \text{(VII, 9)}$$

ein und beachten, daß die virtuelle Arbeit der inneren Kräfte verschwindet, so folgt, da die Verschiebung $\delta\mathfrak{r}_A$ des Bezugspunktes A und die Drehung $\delta\bar{\alpha}$ beliebig und voneinander völlig unabhängig gewählt werden können,

$$\sum_{i=1}^{m} \mathfrak{F}_i = 0, \qquad \sum_{i=1}^{m} \mathfrak{r}_{iA} \times \mathfrak{F}_i = 0.$$

Das sind aber gerade die Gleichgewichtsbedingungen (II, 6).

Wir haben damit gezeigt, daß diese Bedingungen notwendig für Gleichgewicht sind. Für den *starren Körper* sind sie auch hinreichend. Denn geht man von den Bedingungen aus und trägt sie in Gl. (VII, 6) ein, so ist diese wegen Gl. (VII, 9) erfüllt, da eine Verschiebung nach Gl. (VII, 4) für den starren Körper die einzig mögliche ist. Daß die Bedingungen am *verformbaren Körper* nicht immer hinreichen, sieht man etwa an dem Beispiel eines Stabes aus zähplastischem Werkstoff, der durch zwei entgegengesetzt gleiche Axialkräfte belastet ist. Obwohl diese Kräfte ein Gleichgewichtssystem bilden, wird der Stab sich dauernd weiterverformen („Kriechen").

4. Beispiel: Stabeck. Ein aus zwei gewichtslosen Stäben zusammengesetztes Stabwerk (Abb. VII, 1) trägt im Gelenk eine Last Q. Man finde die zur Aufrechterhaltung des Gleichgewichts notwendige Kraft P.

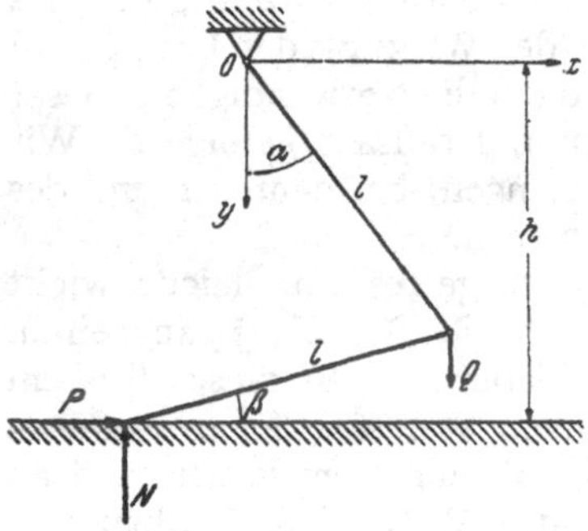

Abb. VII, 1

Würde man die Aufgabe mit Hilfe der Gleichgewichtsbedingungen lösen, so hätte man außer der gesuchten Kraft P noch mindestens die Stützkraft N als weitere Unbekannte. Zu der Gleichgewichtsbeziehung, daß die Summe der Momente um O verschwinden muß, käme noch die Bedingung hinzu, daß im Gelenk bei Q kein Moment übertragen werden kann. Bei Verwendung des Prinzips der virtuellen Verschiebungen können wir dagegen P direkt berechnen. Verschieben wir nämlich das untere Stabende ein wenig auf der Unterlage, so wird

$$\delta A = P\,\delta x_P + Q\,\delta y_Q = 0.$$

Alle übrigen Kräfte sind leistungslos. Für die Koordinaten x_P und y_Q der Angriffspunkte von P und Q entnimmt man der Abbildung

$$x_P = l\,(\sin\alpha - \cos\beta), \qquad y_Q = l\cos\alpha,$$

woraus nach Differentiation

$$\delta x_P = l\,(\cos\alpha\,\delta\alpha + \sin\beta\,\delta\beta), \qquad \delta y_Q = -\,l\sin\alpha\,\delta\alpha$$

folgt. Man erhält also

$$P\,(\cos\alpha\,\delta\alpha + \sin\beta\,\delta\beta) - Q\sin\alpha\,\delta\alpha = 0.$$

Die beiden Winkel α und β sind aber nicht unabhängig, sondern durch $l\cos\alpha + l\sin\beta = h$ miteinander verknüpft. Differentiation dieser Beziehung liefert

$$-\sin\alpha\,\delta\alpha + \cos\beta\,\delta\beta = 0 \quad \text{oder} \quad \delta\beta = \frac{\sin\alpha}{\cos\beta}\,\delta\alpha.$$

Dies eingesetzt, gibt $[P\,(\cos\alpha + \sin\alpha\tan\beta) - Q\sin\alpha]\,\delta\alpha = 0$, woraus wegen $\delta\alpha \neq 0$

$$P = \frac{Q}{\cot\alpha + \tan\beta}$$

folgt.

In gleicher Weise kann man die Stützkraft N berechnen, indem man die Bindung des unteren Stabes an seine Unterlage aufgehoben denkt, statt dessen N anbringt und das Stabende in der Vertikalen ein wenig verschiebt.

5. Beispiel: Stabkette. Eine aus n gleichen Stäben von der Länge l und dem Gewicht Q bestehende Kette hängt mit einem Ende an einem festen Punkt A_0. Am anderen Ende wirkt eine horizontale Kraft P (Abb. VII, 2). Man finde die Winkel $\alpha_1 \ldots \alpha_n$ für Gleichgewicht.

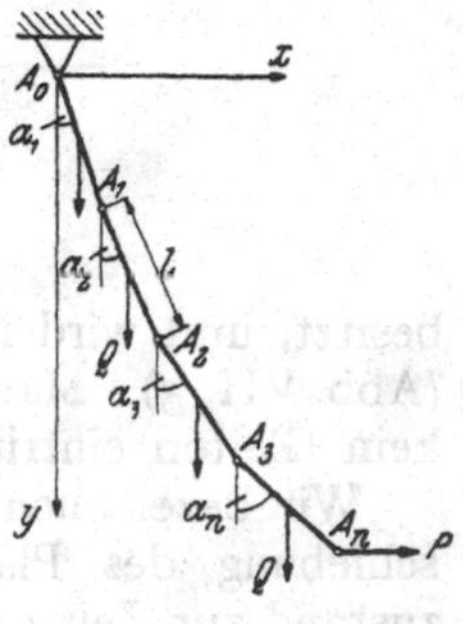

Abb. VII, 2

Die y-Koordinaten der Angriffspunkte der Gewichtskräfte sind

$$y_i = l\left(\cos\alpha_1 + \cos\alpha_2 + \ldots + \frac{\cos\alpha_i}{2}\right),$$

während die x-Koordinate des Angriffspunktes A_n gegeben ist durch

$$x_n = l\,(\sin\alpha_1 + \sin\alpha_2 + \ldots + \sin\alpha_n).$$

Damit wird die bei einer virtuellen Verschiebung von den Kräften Q und P geleistete Arbeit

$$\begin{aligned}\delta A = Q\sum_{i=1}^{n}\delta y_i + P\,\delta x_n = \\ = -\,l\,Q\Big[\tfrac{1}{2}\sin\alpha_1\,\delta\alpha_1 + \\ + \sin\alpha_1\,\delta\alpha_1 + \tfrac{1}{2}\sin\alpha_2\,\delta\alpha_2 + \\ + \ldots\ldots\ldots\ldots\ldots\ldots\ldots + \\ + \sin\alpha_1\,\delta\alpha_1 + \sin\alpha_2\,\delta\alpha_2 + \ldots + \tfrac{1}{2}\sin\alpha_n\,\delta\alpha_n\Big] + \\ + l\,P\,[\cos\alpha_1\,\delta\alpha_1 + \cos\alpha_2\,\delta\alpha_2 + \ldots + \cos\alpha_n\,\delta\alpha_n] = 0.\end{aligned}$$

Nach Zusammenfassung folgt:

$$\left[P\cos\alpha_1 - \left(n-\frac{1}{2}\right)Q\sin\alpha_1\right]\delta\alpha_1 + \left[P\cos\alpha_2 - \left(n-\frac{3}{2}\right)Q\sin\alpha_2\right]\delta\alpha_2 + \\ + \ldots + \left[P\cos\alpha_n - \frac{1}{2}Q\sin\alpha_n\right]\delta\alpha_n = 0.$$

Die Winkel $\alpha_1 \ldots \alpha_n$ sind voneinander völlig unabhängig und ihre Variationen $\delta\alpha_i$ können unabhängig voneinander willkürlich gewählt werden. Die obige Beziehung kann daher nur dann bestehen, wenn die Koeffizienten der $\delta\alpha_i$ sämtlich verschwinden. Dies ergibt die gesuchten Winkel

$$\tan\alpha_1 = \frac{2}{(2n-1)}\frac{P}{Q}, \qquad \tan\alpha_2 = \frac{2}{(2n-3)}\frac{P}{Q}, \ldots \tan\alpha_n = 2\frac{P}{Q}.$$

6. Beispiel: Auf Walzen fortbewegte Platte. Eine Platte von der Masse m ruht auf zwei Walzen, deren jede die Masse $m/2$ und den Radius a

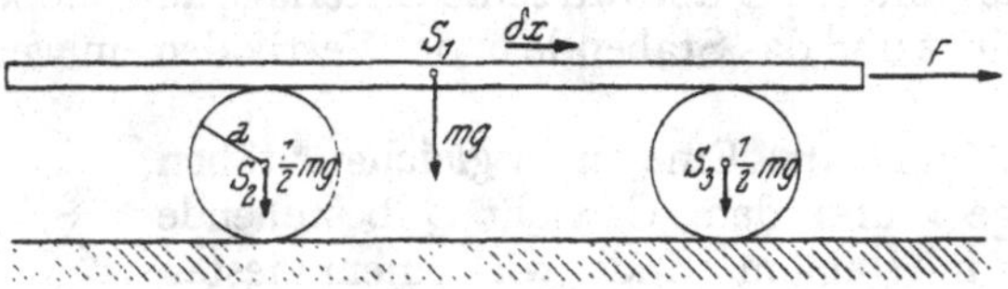

Abb. VII, 3

besitzt, und wird in horizontaler Richtung durch eine Kraft F gezogen (Abb. VII, 3). Man finde die Beschleunigung unter der Annahme, daß kein Gleiten eintritt.

Wir bezeichnen mit x die von der Anfangslage aus gemessene Verschiebung des Plattenschwerpunktes S_1, betrachten den Bewegungszustand zur Zeit t und erteilen dem System eine virtuelle Verschiebung. Hat diese für den Plattenschwerpunkt die Größe δx, so verschieben sich die Walzenschwerpunkte um $\delta x/2$, wobei sich die Walzen durch den Winkel $\delta\alpha = \delta x/2a$ drehen.

Von den äußeren eingeprägten Kräften leistet nur F Arbeit. Die äußeren Reaktionskräfte sind ebenso wie die zwischen Platte und Walze wirkenden inneren Kräfte beim reinen Rollen leistungslos (Ziff. VI, 1).

Von der Translationsbewegung rühren die Scheinkräfte $-m\ddot{x}$ und $-\frac{m}{2}\frac{\ddot{x}}{2}$ her und von der Drehung der Walzen die Scheinmomente $-I\ddot{\alpha} = -\frac{m}{2}\frac{a^2}{2}\frac{\ddot{x}}{2a}$.

Das D'ALEMBERTsche Prinzip Gl. (VII, 5) liefert somit

$$F\,\delta x - m\ddot{x}\,\delta x - 2\left(m\frac{\ddot{x}}{4}\frac{\delta x}{2} + m a\frac{\ddot{x}}{8}\frac{\delta x}{2a}\right) = 0,$$

woraus, da δx beliebig wählbar ist, $\ddot{x} = \frac{8}{11}\frac{F}{m}$ folgt.

Wollte man die Aufgabe mit Hilfe des Schwerpunkt- und Drallsatzes lösen, so müßte man Platte und Walzen getrennt behandeln, und die zwischen Platte und Walzen bzw. zwischen Walze und Unterlage wirkenden Kräfte gingen als zusätzliche Unbekannte in die Rechnung ein. Da das System nur einen Freiheitsgrad aufweist und die unbekannten Kräfte leistungslos sind, könnte man aber auch den Energiesatz anwenden:

$$\frac{d}{dt}(T + V) = 0;$$

$$T = \frac{m\,\dot{x}^2}{2} + 2\left[\frac{1}{2}\frac{m}{2}\left(\frac{\dot{x}}{2}\right)^2 + \frac{1}{2} I\,\dot{\alpha}^2\right], \qquad V = -F\,x.$$

Aufgaben

A 1. Man ermittle mit Hilfe des Prinzips der virtuellen Verschiebungen die Federspannung S bei vorgegebenem Fahrdrahtdruck Q für den in Abb. VII, A 1 dargestellten, stark vereinfachten Scherenstromabnehmer unter Vernachlässigung des Eigengewichtes.

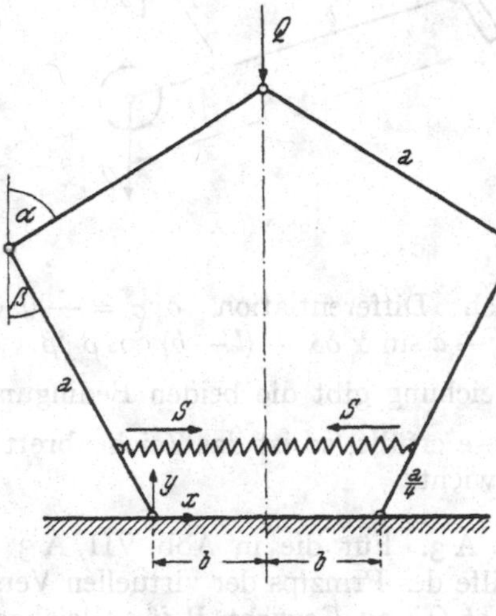

Abb. VII, A 1

Lösung: Mit den Bezeichnungen von Abb. VII, A 1 ist

$$\mathfrak{Q} = -Q\,\mathfrak{e}_y, \qquad \mathfrak{S} = S\,\mathfrak{e}_x,$$

$$\mathfrak{r}_Q = b\,\mathfrak{e}_x + a(\cos\alpha + \cos\beta)\,\mathfrak{e}_y,$$

$$\mathfrak{r}_S = \frac{a}{4}(-\sin\beta\,\mathfrak{e}_x + \cos\beta\,\mathfrak{e}_y),$$

$$\delta\mathfrak{r}_Q = -a(\sin\alpha\,\delta\alpha + \sin\beta\,\delta\beta)\,\mathfrak{e}_y,$$

$$\delta\mathfrak{r}_S = -\frac{a}{4}(\cos\beta\,\mathfrak{e}_x + \sin\beta\,\mathfrak{e}_y)\,\delta\beta.$$

Wir bilden nun nach Gl. (VII, 6)

$$\delta A = \mathfrak{Q}\,\delta\mathfrak{r}_Q + 2\,\mathfrak{S}\,\delta\mathfrak{r}_S = 0,$$

was bei Beachtung der Verträglichkeitsbeziehung

$$a(\sin\alpha - \sin\beta) = b, \quad \text{also} \quad \cos\alpha\,\delta\alpha - \cos\beta\,\delta\beta = 0$$

auf

$$\left[Q(\sin\alpha + \cos\alpha\tan\beta) - \frac{1}{2}S\cos\alpha\right]\delta\alpha = 0$$

und somit auf

$$S = 2\,Q(\tan\alpha + \tan\beta)$$

führt.

A 2. Für den Zeichentisch gemäß Abb. VII, A 2 suche man Gleichgewichtslagen. Das Gewicht des Zeichenbrettes ist G, das Gegengewicht ist Q.

Lösung: Bei Ausführung einer virtuellen Verschiebung aus einer Gleichgewichtslage wird die virtuelle Arbeit $\delta A = G\,\delta y_G + Q\,\delta y_Q = 0$. Mit $y_G = -b\sin\beta - s\cos\alpha$ und $y_Q = a\cos\alpha + (l - b)\sin\beta$ entsteht

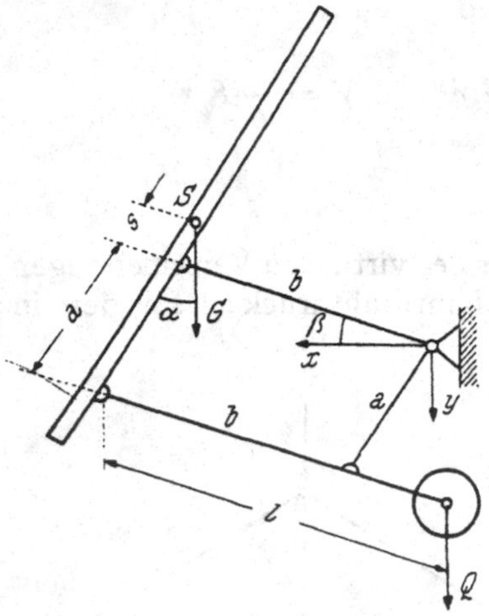

Abb. VII, A 2

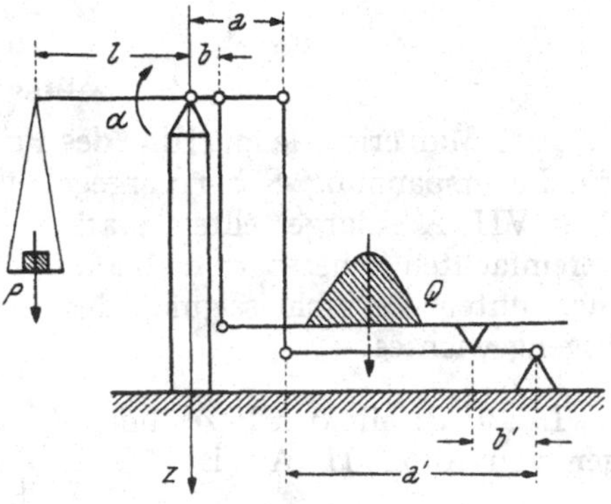

Abb. VII, A 3

nach Differentiation $\delta y_G = -(b\cos\beta\,\delta\beta - s\sin\alpha\,\delta\alpha)$ und $\delta y_Q = -a\sin\alpha\,\delta\alpha + (l - b)\cos\beta\,\delta\beta$. Einsetzen in die obenstehende Gleichung gibt die beiden Bedingungen $\frac{G}{Q} = \frac{l}{b} - 1$ und $\frac{G}{Q} = \frac{a}{s}$. Sind diese erfüllt, so ist das Zeichenbrett für alle Winkel α und β im Gleichgewicht.

A 3. Für die in Abb. VII, A 3 dargestellte Brückenwaage soll mit Hilfe des Prinzips der virtuellen Verschiebungen das Verhältnis zwischen Last Q und Gewicht P für Gleichgewicht berechnet werden.

Lösung: Wenn man $\frac{b}{a} = \frac{b'}{a'}$ wählt, bleibt die Brücke beim Steigen oder Sinken stets horizontal. Die bei einer virtuellen Verschiebung der Kräfte P und Q geleistete Arbeit wird $\delta A = P\,\delta z_p + Q\,\delta z_Q = 0$. Mit $\delta z_p = -l\,\delta\alpha$ und $\delta z_Q = b\,\delta\alpha$ folgt $Q = P\frac{l}{b}$. Die Lage von Q auf der Brücke hat auf das Wägeergebnis keinen Einfluß.

Literatur

Handbuch der Physik, Bd. V. Berlin: 1927 (Herausgeber: H. GEIGER — K. SCHEEL).

G. HAMEL: Theoretische Mechanik. Berlin: 1949.

VIII. Lagrangesche Gleichungen

1. Die Lagrangeschen Gleichungen. Wir gehen nun daran, mit Hilfe des D'ALEMBERTschen Prinzips ein System von Bewegungsgleichungen für einen Verband von n Freiheitsgraden aufzustellen, das genau n Gleichungen in den n Lagekoordinaten $q_i(t)$, $(i = 1, 2, \ldots, n)$ enthält. Dazu transformieren wir Gl. (VII, 2) und (VII, 3) mit Hilfe von Gl. (VII, 1) auf Lagekoordinaten und erhalten wegen der *Verträglichkeitsbedingung*

$$\delta\mathfrak{r} = \sum_{i=1}^{n} \frac{\partial\mathfrak{r}}{\partial q_i}\,\delta q_i \tag{VIII, 1}$$

zunächst aus Gl. (VII, 2),

$$\delta A = \int_V \mathfrak{f}\cdot\delta\mathfrak{r}\,dV = \int_V \mathfrak{f}\cdot\sum_{i=1}^{n}\frac{\partial\mathfrak{r}}{\partial q_i}\,\delta q_i\,dV.$$

Wir schreiben zur Abkürzung

$$\int_V \mathfrak{f}\cdot\frac{\partial\mathfrak{r}}{\partial q_i}\,dV = Q_i \tag{VIII, 2}$$

und nennen Q_i die zur verallgemeinerten Koordinate q_i gehörige *verallgemeinerte Kraft*. Damit wird

$$\delta A = \sum_{i=1}^{n} Q_i\,\delta q_i. \tag{VIII, 3}$$

Die verallgemeinerten Kräfte ersetzen also die tatsächlich wirksamen inneren und äußeren Kräfte insofern, als sie bei einer virtuellen Verschiebung die gleiche Arbeit wie diese leisten. Man gewinnt sie im Einzelfall am besten durch direktes Anschreiben von δA (vgl. Beispiel VIII, 4).

Weiters bekommen wir mit Gl. (VIII, 1)

$$\int_m \mathfrak{b}\cdot\delta\mathfrak{r}\,dm = \int_m \mathfrak{b}\cdot\sum_{i=1}^{n}\frac{\partial\mathfrak{r}}{\partial q_i}\,\delta q_i\,dm =$$

$$= \sum_{i=1}^{n}\left[\frac{d}{dt}\int_m \mathfrak{v}\cdot\frac{\partial\mathfrak{r}}{\partial q_i}\,dm - \int_m \mathfrak{v}\cdot\frac{d}{dt}\left(\frac{\partial\mathfrak{r}}{\partial q_i}\right)dm\right]\delta q_i.$$

Da nach Gl. (VII, 1)

$$\mathfrak{v} = \frac{d\mathfrak{r}}{dt} = \sum_{i=1}^{n}\frac{\partial\mathfrak{r}}{\partial q_i}\,\dot q_i + \frac{\partial\mathfrak{r}}{\partial t}$$

ist und daraus

$$\frac{\partial\mathfrak{v}}{\partial\dot q_i} = \frac{\partial\mathfrak{r}}{\partial q_i}$$

folgt, geht das erste Integral in der eckigen Klammer über in

$$\int_m \mathfrak{v}\cdot\frac{\partial\mathfrak{v}}{\partial\dot q_i}\,dm = \frac{1}{2}\int_m \frac{\partial(v^2)}{\partial\dot q_i}\,dm = \frac{1}{2}\frac{\partial}{\partial\dot q_i}\int_m v^2\,dm = \frac{\partial T}{\partial\dot q_i},$$

wobei T die kinetische Energie des gesamten Systems bedeutet. Das zweite Integral gibt, wenn die beiden Differentiationen vertauscht werden,

$$\int\limits_m \mathfrak{v} \cdot \frac{\partial \mathfrak{v}}{\partial q_i} dm = \frac{\partial T}{\partial q_i}.$$

Somit ist

$$\int\limits_m \mathfrak{b} \cdot \delta\mathfrak{r}\, dm = \sum_{i=1}^{n} \left[\frac{d}{dt}\left(\frac{\partial T}{\partial \dot{q}_i}\right) - \frac{\partial T}{\partial q_i}\right] \delta q_i$$

und das D'ALEMBERTsche Prinzip (VII, 3) nimmt jetzt die Gestalt an

$$\sum_{i=1}^{n} \left[Q_i - \frac{d}{dt}\left(\frac{\partial T}{\partial \dot{q}_i}\right) + \frac{\partial T}{\partial q_i}\right] \delta q_i = 0.$$

Die Lagekoordinaten q_i sind definitionsgemäß voneinander unabhängig völlig frei wählbar. Man möchte nun zunächst meinen, daß dies dann auch für ihre Variationen δq_i gilt. Das ist aber nur bedingt richtig. Es gibt nämlich Systeme, die im „Kleinen" weniger Freiheitsgrade besitzen als im „Großen", und zwar immer dann, wenn durch die Führungsbedingungen ein Zusammenhang zwischen den *verallgemeinerten Geschwindigkeiten* $\dot{q}_i$ gegeben ist, der sich nicht durch Integration auf eine Beziehung zwischen den Koordinaten zurückführen läßt und der daher auch nicht durch entsprechende Wahl der Lagekoordinaten von vornherein berücksichtigt werden kann. Ein Beispiel hiefür bietet die Bedingung des reinen Rollens einer Kugel auf einer Ebene[1]. Man nennt solche Führungsbedingungen *nichtholonom*. Wir gehen hier nicht weiter darauf ein, sondern setzen *holonome* Bedingungen voraus. Dann sind aber auch die δq_i voneinander unabhängig frei wählbar und die obige Gleichung kann nur bestehen, wenn

$$\frac{d}{dt}\left(\frac{\partial T}{\partial \dot{q}_i}\right) - \frac{\partial T}{\partial q_i} = Q_i, \quad (i = 1, 2, \ldots, n). \qquad \text{(VIII, 4)}$$

Dies sind die gesuchten *LAGRANGEschen Bewegungsgleichungen*. Ebenso wie im d'ALEMBERTschen Prinzip treten virtuell leistungslose Kräfte in ihnen überhaupt nicht auf.

Besitzen die inneren Kräfte ein Potential U und die äußeren Kräfte ein Potential W, so gilt mit $V = W + U$ nach Gl. (VIII, 3)

$$\delta V = \sum_{i=1}^{n} \frac{\partial V}{\partial q_i} \delta q_i = -\delta A = -\sum_{i=1}^{n} Q_i\, \delta q_i,$$

woraus durch Koeffizientenvergleich sofort

$$Q_i = -\frac{\partial V}{\partial q_i} \qquad \text{(VIII, 5)}$$

folgt. Gl. (VIII, 4) nimmt dann die Form an

$$\frac{d}{dt}\left(\frac{\partial T}{\partial \dot{q}_i}\right) - \frac{\partial T}{\partial q_i} + \frac{\partial V}{\partial q_i} = 0, \quad (i = 1, 2, \ldots, n). \qquad \text{(VIII, 6)}$$

---

[1] Siehe etwa G. HAMEL: Theoretische Mechanik. S. 756. Berlin: 1949. Ein weiteres Beispiel ist in Aufgabe VIII, A 1 behandelt.

Bei der Anwendung der LAGRANGEschen Gleichungen beachte man, daß die Bewegung auf ein Inertialsystem zu beziehen ist.

Der Ablauf der Bewegung ist bestimmt, wenn die $2n$ Integrationskonstanten des Gleichungssystems (VIII, 4) oder (VIII, 6) festgelegt sind, beispielsweise durch Angabe der Werte aller q_i und aller $\dot{q}_i$ zu irgendeiner Zeit. Damit ist die kausale Struktur des mechanischen Geschehens aufgezeigt: Die Zukunft eines mechanischen Systems ist determiniert, wenn Lage und Geschwindigkeit in irgendeinem Zeitpunkt festgelegt sind.

2. Beispiel: Schwingungen eines Zweimassensystems. Dynamische Schwingungstilgung. An einer Feder mit der Federkonstanten c_1 hängt eine Masse m_1. An dieser ist eine zweite Feder mit der Federkonstanten c_2 befestigt, die eine zweite Masse m_2 trägt. Der Aufhängepunkt O der ersten Feder wird gemäß

$$x_0 = a \cos \nu t$$

periodisch auf und ab bewegt (Abb. VIII, 1). Die Kreisfrequenz ν bezeichnen wir wieder sinngemäß als Erregerfrequenz (vgl. Ziff. V, 3). Wir wollen die durch die Bewegung des Aufhängepunktes hervorgerufenen Schwingungen des Systems untersuchen.

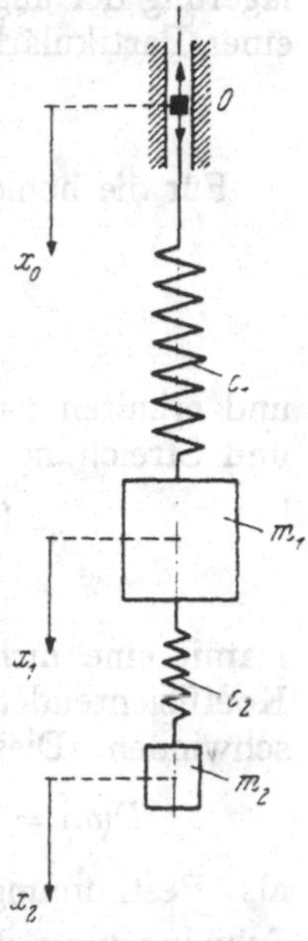

Abb. VIII, 1

Wir wählen als Lagekoordinaten die von der Ruhelage aus nach unten positiv gemessenen Verschiebungen x_1 und x_2 der Massen m_1 und m_2. Unter Ruhelage verstehen wir dabei die Lage des Systems bei völliger Abwesenheit äußerer Kräfte mit $x_0 = 0$ und entspannten Federn.

Es liegt hier der Fall einer nach einem vorgeschriebenen Gesetz bewegten Führung (des Aufhängepunktes O) vor. Wir haben bereits darauf hingewiesen, daß dabei die *virtuelle* Arbeit der Reaktionskraft verschwindet und diese also in den LAGRANGEschen Gleichungen nicht auftritt.

Die kinetische Energie des Systems ist gegeben durch

$$T = \frac{1}{2} \left[m_1 \dot{x}_1^2 + m_2 \dot{x}_2^2\right].$$

Die Streckungen der beiden Federn sind $s_1 = x_1 - x_0$ und $s_2 = x_2 - x_1$, und für die Formänderungsenergie gilt somit

$$U = \frac{1}{2} \left[c_1 (x_1 - x_0)^2 + c_2 (x_2 - x_1)^2\right].$$

Als äußere eingeprägte Kräfte wirken die Gewichte $m_1 g$ und $m_2 g$, welche das Potential

$$W = - m_1 g x_1 - m_2 g x_2$$

besitzen.

Damit liefern die Gln. (VIII, 6)

$$\left.\begin{aligned} m_1 \ddot{x}_1 + (c_1 + c_2)\, x_1 - \underline{c_2\, x_2} &= m_1 g + c_1 a \cos \nu t, \\ m_2 \ddot{x}_2 + c_2\, x_2 \qquad - \underline{c_2\, x_1} &= m_2 g. \end{aligned}\right\} \qquad \text{(a)}$$

Die beiden Bewegungsgleichungen sind über die unterstrichenen Glieder miteinander gekoppelt. Da diese Glieder von den Federkräften herrühren, spricht man von *Kraftkopplung.*

Die allgemeine Lösung des Gleichungssystems entsteht durch Überlagerung der allgemeinen Lösung des homogenen Gleichungssystems mit einer Partikulärlösung des inhomogenen Systems:

$$x_i = x_i^{(h)} + x_i^{(p)}, \qquad (i = 1, 2).$$

Für die homogene Lösung setzen wir an

$$x_1^{(h)} = A \cos (\omega t - \varepsilon),$$

$$x_2^{(h)} = B \cos (\omega t - \varepsilon),$$

und erhalten nach Eintragen in die homogenen Differentialgleichungen und Streichung von $\cos (\omega t - \varepsilon)$

$$\left.\begin{aligned} (c_1 + c_2 - m_1 \omega^2)\, A \qquad\qquad - c_2 B &= 0, \\ - c_2 A + (c_2 - m_2 \omega^2)\, B &= 0. \end{aligned}\right\} \qquad \text{(b)}$$

Damit eine nichttriviale Lösung dieser Gleichungen existiert, muß die Koeffizientendeterminante, die sogenannte *Frequenzdeterminante,* verschwinden. Dies liefert

$$D(\omega) = m_1 m_2 \omega^4 - [(c_1 + c_2)\, m_2 + c_2 m_1]\, \omega^2 + c_1 c_2 = 0 \qquad \text{(c)}$$

als Bestimmungsgleichung für die Eigenfrequenzen ω der freien Schwingungen des Systems. Die beiden Wurzeln $\omega_{1,2}^2$ dieser Frequenzgleichung sind nach bekannten Sätzen der Algebra (Symmetrie der Frequenzdeterminante, kartesische Zeichenregel) reell und positiv. Da das Doppelvorzeichen in $\pm\, \omega_1$, $\pm\, \omega_2$ zu keinen verschiedenen Lösungen führt, erhalten wir zwei Eigenfrequenzen ω_1, ω_2, also genau so viele wie das System Freiheitsgrade besitzt. Es läßt sich zeigen, daß dies ganz allgemein gilt: Ein System mit n schwingungsfähigen Freiheitsgraden besitzt genau n, im allgemeinen voneinander verschiedene, Eigenfrequenzen.

Die allgemeine Lösung der homogenen Differentialgleichungen lautet

$$x_1^{(h)} = A_1 \cos (\omega_1 t - \varepsilon_1) + A_2 \cos (\omega_2 t - \varepsilon_2),$$

$$x_2^{(h)} = B_1 \cos (\omega_1 t - \varepsilon_1) + B_2 \cos (\omega_2 t - \varepsilon_2).$$

Sie enthält insgesamt sechs Integrationskonstanten, von denen aber nur vier frei wählbar sind: Die Koeffizienten A_1, B_1 bzw. A_2, B_2 sind durch die Gleichungen (b) miteinander verknüpft.

Zur Auffindung einer Partikulärlösung $x^{(p)}$ des Gleichungssystems (a) machen wir den Ansatz

$$x_1^{(p)} = E + F\cos\nu t,$$
$$x_2^{(p)} = G + H\cos\nu t,$$

und erhalten nach Einsetzen

$$m_1 g - (c_1 + c_2)E + c_2 G +$$
$$+ [c_1 a - (c_1 + c_2 - m_1\nu^2)F + c_2 H]\cos\nu t = 0,$$
$$m_2 g + c_2 E - c_2 G + [c_2 F - (c_2 - m_2\nu^2)H]\cos\nu t = 0.$$

Diese Beziehungen müssen identisch in t erfüllt sein, zerfallen also in die vier Gleichungen

$$(c_1 + c_2)E - c_2 G = m_1 g,$$
$$-c_2 E + c_2 G = m_2 g,$$
$$(c_1 + c_2 - m_1\nu^2)F - c_2 H = c_1 a,$$
$$c_2 F - (c_2 - m_2\nu^2)H = 0.$$

Aus den beiden ersten Gleichungen folgen die Konstanten E und G. Sie entsprechen konstanten Verschiebungen, nämlich den durch die Gewichte erzeugten Federstreckungen, und interessieren hier nicht weiter. Die eigentlichen erzwungenen Schwingungen werden durch die Glieder mit F und H dargestellt. Für diese erhalten wir, wenn $D(\nu)$ die Determinante (c) bedeutet,

$$F = \frac{(c_2 - m_2\nu^2)\,c_1}{D(\nu)}\,a, \quad H = \frac{c_1 c_2}{D(\nu)}\,a.$$

Es tritt hier eine ähnliche Situation ein wie bei den ungedämpften erzwungenen Schwingungen einer Einzelmasse (Ziff. V, 3): Die Schwingungsausschläge wachsen über alle Grenzen, wenn die Erregerfrequenz ν mit einer der beiden Eigenfrequenzen ω_1 oder ω_2 zusammenfällt, $D(\nu) = D(\omega) = 0$. Wir sprechen wieder vom *Resonanzfall.*

Die vier verfügbaren Integrationskonstanten der allgemeinen Lösung ergeben sich aus den Anfangsbedingungen. Da die Eigenschwingungen $x_1^{(h)}$ und $x_2^{(h)}$ wegen der stets vorhandenen Dämpfungen abklingen, bleiben schließlich nur die eigentlichen erzwungenen Schwingungen $x_1^{(p)}$ und $x_2^{(p)}$ bestehen.

Bezeichnen wir die Masse m_1 als Hauptmasse und die Masse m_2 als Zusatzmasse, so folgt aus der Gleichung für F, daß durch passende Wahl von Zusatzfeder und Zusatzmasse, nämlich für $c_2/m_2 = \nu^2$, die Schwingung der Hauptmasse völlig getilgt werden kann: $F = 0$. Man nennt diesen Vorgang, der in der Praxis gelegentlich angewendet wird[1], *dynamische Schwingungstilgung*. Gegenüber der Schwingungsdämpfung durch Reibung hat die Schwingungstilgung den Vorteil, daß keine Energieverluste auf-

[1] Z. B. beim „Pendeltilger" an Kurbelwellen.

treten. Man hat allerdings zu beachten, daß die Tilgung nur für einen einzigen Wert der Erregerfrequenz gelingt. Mit $m_2 = c_2/\nu^2$ wird die Schwingungsamplitude H der Zusatzmasse

$$H = -\frac{c_1}{c_2}\,a.$$

Die Schwingung der Zusatzmasse ist also gegenüber der Erregerschwingung um den Winkel π phasenverschoben.

3. Beispiel: Schwingungen eines elastisch gelagerten Balkens. Ein horizontal liegender starrer Rahmen oder Balken sei auf zwei Federn gelagert (Abb. VIII, 2). Wir wollen die Eigenschwingung dieses Systems unter der Voraussetzung berechnen, daß sich die Bewegung in der Vertikalebene abspielt. Diese Aufgabe tritt bei der Untersuchung von Fahrzeugschwingungen und Fundamentschwingungen auf.

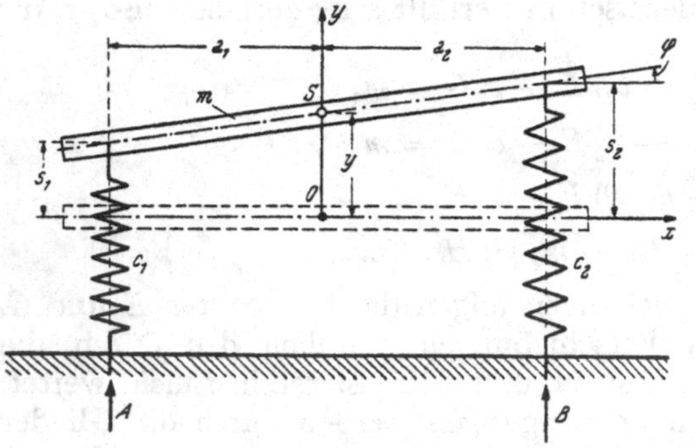

Abb. VIII, 2

Den Ursprung O eines raumfesten Koordinatensystems lassen wir mit dem Schwerpunkt S des Balkens zusammenfallen, wenn sich dieser in seiner Ruhelage befindet, in der er bei völlig entspannten Federn horizontal liegt.

Den Drehwinkel φ zwischen Balkenachse und x-Achse setzen wir als klein voraus. Dann kann die Horizontalverschiebung des Schwerpunktes vernachlässigt werden. Das System besitzt dann zwei Freiheitsgrade. Wir wählen den Winkel φ und die Vertikalverschiebung y des Schwerpunktes als Lagekoordinaten.

Ist i der Trägheitsradius des Balkens in bezug auf die zur z-Achse parallele Schwerachse, so gilt für die kinetische Energie des Systems

$$T = \frac{m}{2}\,(\dot{y}^2 + i^2\,\dot{\varphi}^2).$$

Das Gewicht des Balkens hat auf die Eigenfrequenz des Systems Balken + Federn keinen Einfluß. Wir brauchen daher nur die Reaktionskräfte A und B zu berücksichtigen. Diese sind aber leistungslos und fallen aus den Gleichungen heraus.

Die Vertikalverschiebungen der beiden Federenden sind

$$s_1 = y - a_1 \sin\varphi \approx y - a_1\,\varphi,$$
$$s_2 = y + a_2 \sin\varphi \approx y + a_2\,\varphi.$$

Wir haben hierbei gemäß unserer Voraussetzung kleiner Drehwinkel nach Potenzen von φ entwickelt. Da die LAGRANGEschen Gleichungen durch Differentiation aus den Ausdrücken für T und U hervorgehen, müssen

Terme bis einschließlich zweiter Ordnung beibehalten werden, um die korrekten linearisierten Gleichungen zu liefern. In der Potenzreihenentwicklung von $\sin\varphi$ sind jedoch nur ungerade Potenzen enthalten und die Ausdrücke für s_1 und s_2 brechen daher im vorliegenden Fall schon nach dem linearen Glied ab.

Mit c_1 und c_2 als Federkonstanten ergibt sich dann für die Formänderungsenergie

$$U = \frac{1}{2}\left[c_1 (y - a_1\varphi)^2 + c_2 (y + a_2\varphi)^2\right].$$

In den LAGRANGEschen Gleichungen (VIII, 6) ist nun mit $V = U$

$$\frac{\partial T}{\partial \dot y} = m\,\dot y, \quad \frac{\partial T}{\partial \dot\varphi} = m\,i^2\dot\varphi, \quad \frac{\partial T}{\partial y} = 0, \quad \frac{\partial T}{\partial \varphi} = 0,$$

$$\frac{\partial U}{\partial y} = c_1 (y - a_1\varphi) + c_2 (y + a_2\varphi),$$

$$\frac{\partial U}{\partial \varphi} = -\,c_1 a_1 (y - a_1\varphi) + c_2 a_2 (y + a_2\varphi),$$

und wir erhalten die beiden Bewegungsgleichungen

$$m\,\ddot y + (c_1 + c_2)\,y + (-\,c_1 a_1 + c_2 a_2)\,\varphi = 0,$$

$$m\,i^2\ddot\varphi + (c_1 a_1^2 + c_2 a_2^2)\,\varphi + (-\,c_1 a_1 + c_2 a_2)\,y = 0$$

oder, wenn wir zur Abkürzung

$$\frac{c_1 + c_2}{m} = a, \qquad \frac{-c_1 a_1 + c_2 a_2}{m} = b, \qquad \frac{c_1 a_1^2 + c_2 a_2^2}{m\,i^2} = c$$

setzen,

$$\ddot y + a\,y + \underline{b\,\varphi} = 0,$$

$$\ddot\varphi + c\,\varphi + \underline{\frac{b\,y}{i^2}} = 0.$$

Die beiden Gleichungen sind über die unterstrichenen Gliedern gekoppelt. Physikalisch bedeutet dies, daß weder eine reine y-Schwingung (Translationsschwingung) noch eine reine φ-Schwingung (Drehschwingung) möglich ist, sondern daß stets das Auftreten der einen die andere bedingt. Nur wenn $b = 0$ ist, verschwindet die Kopplung, und Translations- und Drehschwingung werden unabhängig voneinander.

Zur Lösung der Bewegungsgleichungen setzen wir wieder an

$$y = A\cos(\omega\,t - \varepsilon),$$

$$\varphi = B\cos(\omega\,t - \varepsilon)$$

und erhalten nach Einsetzen

$$\left.\begin{aligned} (a - \omega^2)\,A + b\,B &= 0,\\ \frac{b}{i^2}\,A + (c - \omega^2)\,B &= 0. \end{aligned}\right\} \qquad \text{(a)}$$

Nullsetzen der Koeffizientendeterminante ergibt die Frequenzgleichung

$$D(\omega) = \omega^4 - (a + c)\,\omega^2 + a\,c - \frac{b^2}{i^2} = 0.$$

Da $a\,c - (b/i)^2 = c_1\,c_2\,(a_1 + a_2)^2/m^2\,i^2$ eine wesentlich positive Größe ist, sind die beiden Wurzeln

$$\omega_{1,2}^2 = \frac{1}{2}\left[(a + c) \mp \sqrt{(a - c)^2 + 4\,(b/i)^2}\right] \tag{b}$$

positiv. Die allgemeine Lösung lautet damit

$$\left.\begin{aligned} y &= A_1 \cos(\omega_1 t - \varepsilon_1) + A_2 \cos(\omega_2 t - \varepsilon_2), \\ \varphi &= B_1 \cos(\omega_1 t - \varepsilon_1) + B_2 \cos(\omega_2 t - \varepsilon_2). \end{aligned}\right\} \tag{c}$$

Wir nehmen an, daß der Balken zur Zeit $t = 0$ aus einer horizontalen Anfangslage y_0 ohne Anfangsgeschwindigkeit freigegeben wird. Die Anfangsbedingungen lauten dann

$$y = y_0, \quad \dot{y} = 0, \quad \varphi = 0, \quad \dot{\varphi} = 0 \quad \text{für} \quad t = 0.$$

Zusammen mit einer der beiden Gleichungen (a) ergeben sich nun die folgenden sechs Bestimmungsgleichungen für die sechs Konstanten der Lösung:

$$y_0 = A_1 \cos\varepsilon_1 + A_2 \cos\varepsilon_2, \qquad 0 = B_1 \cos\varepsilon_1 + B_2 \cos\varepsilon_2, \tag{d}$$

$$0 = A_1\,\omega_1 \sin\varepsilon_1 + A_2\,\omega_2 \sin\varepsilon_2, \quad 0 = B_1\,\omega_1 \sin\varepsilon_1 + B_2\,\omega_2 \sin\varepsilon_2, \tag{e}$$

$$B_1 = \frac{\omega_1^2 - a}{b} A_1, \qquad B_2 = \frac{\omega_2^2 - a}{b} A_2. \tag{f}$$

Setzt man für B_1 und B_2 nach (f) in die Gleichungen (e) ein, so folgt

$$\left.\begin{aligned} \omega_1\,(A_1 \sin\varepsilon_1) \qquad\qquad &+ \omega_2\,(A_2 \sin\varepsilon_2) = 0, \\ \omega_1\,(\omega_1^2 - a)\,(A_1 \sin\varepsilon_1) &+ \omega_2\,(\omega_2^2 - a)\,(A_2 \sin\varepsilon_2) = 0. \end{aligned}\right\} \tag{g}$$

Die Koeffizientendeterminante dieses Systems ist gleich $\omega_1\,\omega_2\,(\omega_2^2 - \omega_1^2)$; dieser Ausdruck ist von Null verschieden, wenn wir $\omega_2 \neq \omega_1$ voraussetzen. Die beiden Gleichungen (g) haben daher nur die triviale Lösung

$$A_1 \sin\varepsilon_1 = 0, \quad A_2 \sin\varepsilon_2 = 0.$$

A_1 und A_2 können nicht verschwinden, da man sonst einen Widerspruch in den Gleichungen (d) erhielte, und es muß somit

$$\varepsilon_1 = \varepsilon_2 = 0$$

sein.

Die Gleichungen (d) liefern nun

$$y_0 = A_1 + A_2, \quad 0 = (\omega_1^2 - a)\,A_1 + (\omega_2^2 - a)\,A_2,$$

woraus

$$A_1 = -\frac{\omega_2^2 - a}{\omega_1^2 - \omega_2^2}\,y_0, \quad A_2 = \frac{\omega_1^2 - a}{\omega_1^2 - \omega_2^2}\,y_0$$

und

$$-B_1 = B_2 = \frac{(\omega_1^2 - a)\,(\omega_2^2 - a)}{\omega_1^2 - \omega_2^2}\,\frac{y_0}{b}$$

fol~t.

Der Sonderfall $\omega_1 = \omega_2$ tritt, wie man aus Gleichung (b) entnimmt, genau dann ein, wenn $a = c$ und $b = 0$ ist. In diesem Fall sind die Bewegungsgleichungen entkoppelt und die Translationsschwingungen und die Drehschwingungen sind bei gleicher Eigenfrequenz unabhängig voneinander.

Eine interessante Erscheinung tritt auf, wenn die beiden Eigenfrequenzen nur wenig voneinander verschieden sind. Dies ist z. B. dann der Fall, wenn $c = a$ wird und $b/i = \eta$ klein ist gegen a. Gleichung (b) liefert dann

$$\omega_1^2 = a - \eta, \quad \omega_2^2 = a + \eta$$

und die Koeffizienten in Gleichung (c) gehen über in

$$A_1 = A_2 = \frac{y_0}{2} \quad \text{und} \quad -B_1 = B_2 = \frac{y_0}{2i}.$$

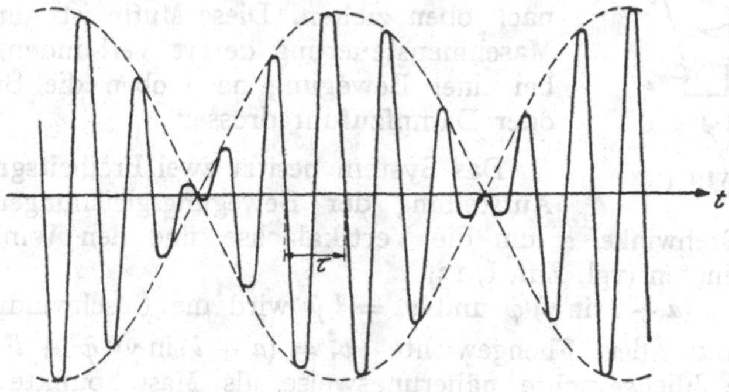

Abb. VIII, 3

Damit lautet die Lösung

$$y = \frac{y_0}{2}(\cos \omega_1 t + \cos \omega_2 t) = y_0 \cos\left(\frac{\omega_1 - \omega_2}{2} t\right) \cos\left(\frac{\omega_1 + \omega_2}{2} t\right),$$

$$\varphi = \frac{y_0}{2i}(-\cos \omega_1 t + \cos \omega_2 t) = \frac{y_0}{i} \sin\left(\frac{\omega_1 - \omega_2}{2} t\right) \sin\left(\frac{\omega_1 + \omega_2}{2} t\right).$$

Da $\omega_1 - \omega_2$ klein ist, ändern sich die Funktionen $\cos\left(\frac{\omega_1 - \omega_2}{2} t\right)$ und $\sin\left(\frac{\omega_2 - \omega_1}{2} t\right)$ wesentlich langsamer als die Funktionen $\cos\left(\frac{\omega_1 + \omega_2}{2} t\right)$ und $\sin\left(\frac{\omega_1 + \omega_2}{2} t\right)$. Wir können den Ausdruck für y auffassen als eine Schwingung mit der langsam periodisch veränderlichen Amplitude $y_0 \cos\left(\frac{\omega_1 - \omega_2}{2} t\right)$ und der Schwingungsdauer $\tau = \frac{4\pi}{\omega_1 + \omega_2}$. Analoges gilt für φ. Solche Schwingungsvorgänge mit langsam veränderlicher Amplitude nennt man *Schwebungen* (Abb. VIII, 3). Die Translations- und die Drehschwingung weisen eine Phasenverschiebung von $\pi/2$ auf; wenn y die maximale Amplitude erreicht, ist jene von φ gleich

Null und umgekehrt: Die im System aufgespeicherte Energie wandert zwischen den zwei Schwingungsformen hin und her.

4. Beispiel: Fliehkraftregler. Der in (Abb. VIII, 4) dargestellte Regler einer Kraftmaschine besteht aus zwei Fliehgewichten von der Masse m_1, einer Gleithülse (Muffe) von der Masse m_2, einer Feder mit der Federkonstanten c und vier Stangen von der Länge l. Stangen und Feder wollen wir als masselos ansehen.

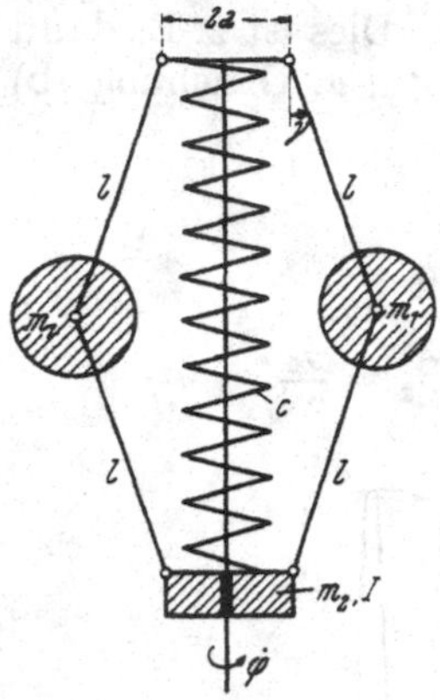

Abb. VIII, 4

Der Regler wird von der Kraftmaschine angetrieben und läuft mit der Winkelgeschwindigkeit $\omega = \dot{\varphi}$ um seine vertikale Achse. Wird die Maschine beispielsweise entlastet, so steigt die Drehzahl, und die Fliehgewichte schwingen nach außen, wobei sie die Muffe gegen die Federkraft nach oben ziehen. Diese Muffe ist nun mit der Maschinensteuerung derart verbunden, daß sie bei einer Bewegung nach oben die Brennstoff- oder Dampfzufuhr drosselt.

Das System besitzt zwei Freiheitsgrade. Zur Aufstellung der Bewegungsgleichungen wählen wir den Drehwinkel φ um die Vertikalachse und den Winkel γ als Lagekoordinaten (vgl. Ziff. I, 13).

Mit $v_f = (a + l \sin\gamma)\,\dot{\varphi}$ und $v_r = l\,\dot{\gamma}$ wird die Geschwindigkeit der Schwerpunkte der Fliehgewichte $v_1^2 = (a + l\sin\gamma)^2\,\dot{\varphi}^2 + l^2\,\dot{\gamma}^2$. Wir wollen die Fliehgewichte näherungsweise als Massenpunkte ansehen. Um die Geschwindigkeit der Translationsbewegung der Muffe zu finden, schreiben wir zuerst ihren Verschiebungsweg an: $s_2 = 2\,l\,(1 - \cos\gamma)$. Mit der zugehörigen Geschwindigkeit $v_2 = \dot{s}_2 = 2\,l\,\dot{\gamma}\sin\gamma$ wird die kinetische Energie des Systems, wenn I das Trägheitsmoment der Muffe um ihre Vertikalachse bedeutet,

$$T = 2\,\frac{1}{2}\,m_1 v_1^2 + \frac{1}{2}\,m_2 v_2^2 + \frac{1}{2}\,I\,\omega^2 =$$

$$= m_1[(a + l\sin\gamma)^2\,\dot{\varphi}^2 + l^2\,\dot{\gamma}^2] + 2\,m_2\,l^2\,\dot{\gamma}^2\sin^2\gamma + \frac{1}{2}\,I\,\dot{\varphi}^2.$$

Wir setzen reibungsfreie Gelenke und reibungsfreies Gleiten der Muffe voraus. Für die Formänderungsenergie U gilt, wenn wir die Feder in der Stellung $\gamma = 0$ als entspannt annehmen[1],

$$U = \frac{c\,s_2^2}{2} = 2\,c\,l^2\,(1 - \cos\gamma)^2.$$

Als äußere eingeprägte Kräfte haben wir die Gewichte der Massen m_1 und m_2 sowie eine an der Muffe angreifende Dämpfungskraft $D = -\lambda\,\dot{s}_2$

[1] Besitzt die Feder in der Stellung $\gamma = 0$ die Vorspannung $c\,s_0$, so ist s_2 zu ersetzen durch $s_2 + s_0$.

(λ ist eine gegebene Konstante), die durch eine Ölbremse erzeugt wird, und schließlich das an der Reglerwelle angreifende Drehmoment M zu berücksichtigen. Die Dämpfungskraft D ist eine dissipative Kraft. Wir müssen daher die LAGRANGEschen Gleichungen in der Form (VIII, 4) verwenden. Die verallgemeinerten äußeren Kräfte $Q_\varphi^{(a)}$ und $Q_\gamma^{(a)}$ berechnen wir nach Gl. (VIII, 3), indem wir dem System virtuelle Verschiebungen $\delta\varphi$ und $\delta\gamma$ erteilen:

$$\delta A^{(a)} = Q_\varphi^{(a)}\,\delta\varphi + Q_\gamma^{(a)}\,\delta\gamma = M\,\delta\varphi - 2\,m_1\,g\,\delta s_1 - m_2\,g\,\delta s_2 + D\,\delta s_2.$$

Mit $\delta s_2 = 2\,l\sin\gamma\,\delta\gamma$ und $s_1 = s_2/2$, $\delta s_1 = \delta s_2/2$ wird

$$Q_\varphi^{(a)}\,\delta\varphi + Q_\gamma^{(a)}\,\delta\gamma = M\,\delta\varphi + 2\,l\sin\gamma\,[D - (m_1 + m_2)\,g]\,\delta\gamma.$$

Da $\delta\varphi$ und $\delta\gamma$ voneinander unabhängig willkürlich wählbar sind, folgt

$$Q_\varphi^{(a)} = M,$$

$$Q_\gamma^{(a)} = -\,2\,l\,[(m_1 + m_2)\,g + 2\,\lambda\,l\,\dot\gamma\sin\gamma]\sin\gamma,$$

und damit

$$Q_\varphi = Q_\varphi^{(a)} + Q_\varphi^{(i)} = Q_\varphi^{(a)} - \frac{\partial U}{\partial\varphi}, \qquad Q_\gamma = Q_\gamma^{(a)} + Q_\gamma^{(i)} = Q_\gamma^{(a)} - \frac{\partial U}{\partial\gamma}.$$

Wegen

$$\frac{\partial T}{\partial\dot\varphi} = [2\,m_1\,(a + l\sin\gamma)^2 + I]\,\dot\varphi, \qquad \frac{\partial T}{\partial\dot\gamma} = 2\,(m_1 + 2\,m_2\sin^2\gamma)\,l^2\,\dot\gamma,$$

$$\frac{\partial T}{\partial\varphi} = 0, \qquad \frac{\partial T}{\partial\gamma} = 2\,[m_1\,(a + l\sin\gamma)\,\dot\varphi^2 + 2\,m_2\,l\,\dot\gamma^2\sin\gamma]\,l\cos\gamma,$$

$$\frac{\partial U}{\partial\varphi} = 0, \qquad \frac{\partial U}{\partial\gamma} = 4\,c\,l^2\,(1 - \cos\gamma)\sin\gamma,$$

lauten nun die Bewegungsgleichungen

$$[2\,m_1\,(a + l\sin\gamma)^2 + I]\,\ddot\varphi + 4\,m_1\,(a + l\sin\gamma)\,\dot\varphi\,\dot\gamma\,l\cos\gamma = M, \quad \text{(a)}$$

$$2\,(m_1 + 2\,m_2\sin^2\gamma)\,l^2\,\ddot\gamma + 4\,m_2\,l^2\,\dot\gamma^2\sin\gamma\cos\gamma - 2\,m_1\,(a + l\sin\gamma)\,\dot\varphi^2\,l\cos\gamma =$$
$$= -\,2\,l\,[(m_1 + m_2)\,g + 2\,\lambda\,l\,\dot\gamma\sin\gamma]\sin\gamma - 4\,c\,l^2\,(1 - \cos\gamma)\sin\gamma. \quad \text{(b)}$$

Beharrungszustand. Im Beharrungszustand läuft der Regler mit konstanter Winkelgeschwindigkeit um, und die Fliehgewichte führen keine Relativbewegung aus:

$$\dot\varphi = \omega_0 = \text{konst.}, \quad \ddot\varphi = 0,$$
$$\gamma = \gamma_0 = \text{konst.}, \quad \dot\gamma = 0, \quad \ddot\gamma = 0.$$

Aus Gl. (a) erhält man dann $M = 0$ und Gl. (b) vereinfacht sich zu

$$m_1\,(a + l\sin\gamma_0)\,\omega_0^2\cos\gamma_0 - 2\,c\,l\,(1 - \cos\gamma_0)\sin\gamma_0 - (m_1 + m_2)\,g\sin\gamma_0 = 0. \quad \text{(c)}$$

Diese Gleichung gibt den für den Reglerentwurf wichtigen Zusammenhang zwischen der stationären Winkelgeschwindigkeit ω_0 und der Reglerstellung γ_0 bzw. gemäß $s_2 = 2\,l\,(1 - \cos\gamma_0)$ der zugehörigen Muffenstellung.

Stabilität des Beharrungszustandes. Wir haben die Frage der Stabilität eines Bewegungszustandes bereits in Ziff. V, 11 mittels der Methode der kleinen Störungen behandelt. Die gleiche Methode wenden wir auch hier wieder an.

Wir denken uns also die Kraftmaschine und damit den Regler in einem bestimmten, durch $\omega = \omega_0$ und $\gamma = \gamma_0$ gekennzeichneten Beharrungszustand laufen. Eine kurzzeitige Belastungsschwankung möge diesen Beharrungszustand (die *Grundbewegung*) stören. Wir wollen untersuchen, unter welchen Bedingungen Stabilität des Beharrungszustandes vorliegt. Für einen praktisch brauchbaren Regler müssen wir hierbei nicht nur verlangen, daß die Störbewegung beschränkt bleibt, sondern darüber hinaus, daß sie abklingt und der Regler somit wieder in den ursprünglichen Beharrungszustand zurückkehrt[1].

Während des Störvorgangs sei die Winkelgeschwindigkeit durch $\omega = \omega_0 + \varepsilon$ und die Reglerstellung durch $\gamma = \gamma_0 + \eta$ gegeben. Da der Regler über die Muffe auf die Maschinensteuerung einwirkt, wird an der Reglerwelle ein Drehmoment $M(\gamma)$ entstehen, wobei $M(\gamma_0) = 0$ ist. ε und η sind kleine Größen. Wir setzen in die Bewegungsgleichungen (a) und (b) ein, entwickeln nach Potenzen von ε und η und streichen alle Glieder von höherer als erster Ordnung. Mit

$$\begin{aligned}
\sin(\gamma_0 + \eta) &= \sin\gamma_0 + \eta\cos\gamma_0 + \ldots \\
\cos(\gamma_0 + \eta) &= \cos\gamma_0 - \eta\sin\gamma_0 + \ldots \\
M(\gamma_0 + \eta) &= M(\gamma_0) + \eta\, M'(\gamma_0) + \ldots = \eta\, M' + \ldots \\
\dot\varphi &= \omega_0 + \varepsilon, \\
\ddot\varphi &= \dot\varepsilon, \\
\dot\gamma &= \dot\eta, \\
\ddot\gamma &= \ddot\eta
\end{aligned}$$

ergibt sich so

$$f\,\dot\varepsilon + p\,\dot\eta - M'\,\eta = 0,$$

$$\begin{aligned}
h\,\ddot\eta + b\,\dot\eta + d\,\eta - p\,\varepsilon = 2\,l\,[&m_1(a + l\sin\gamma_0)\,\omega_0^2\cos\gamma_0 - \\
&- 2\,c\,l\,(1 - \cos\gamma_0)\sin\gamma_0 - (m_1 + m_2)\,g\sin\gamma_0]. \qquad \text{(d)}
\end{aligned}$$

Hierbei wurden zur Abkürzung die Konstanten

$$\begin{aligned}
f &= 2\,m_1\,(a + l\sin\gamma_0)^2 + I, \\
p &= 4\,m_1\,l\,(a + l\sin\gamma_0)\,\omega_0\cos\gamma_0, \\
h &= 2\,(m_1 + 2\,m_2\sin^2\gamma_0)\,l^2, \\
b &= 4\,\lambda\,l^2\sin^2\gamma_0, \\
d &= 2\,l\,m_1\,\omega_0^2\,[a\sin\gamma_0 + l\,(2\sin^2\gamma_0 - 1)] + \\
&\quad + 4\,c\,l^2\,(\cos\gamma_0 + 2\sin^2\gamma_0 - 1) + 2\,(m_1 + m_2)\,g\,l\cos\gamma_0
\end{aligned}$$

eingeführt.

[1] Man nennt eine Bewegung, welche dieser verschärften Stabilitätsforderung genügt, *asymptotisch stabil.*

Der Ausdruck auf der rechten Seite der Gl. (d), der von ε und η unabhängig ist, verschwindet gemäß Gl. (c). Es bleibt also

$$f\dot{\varepsilon} + p\dot{\eta} - M'\eta = 0,$$
$$h\ddot{\eta} + b\dot{\eta} + d\eta - p\varepsilon = 0$$

zur Bestimmung der Störbewegung. Mit dem Lösungsansatz $\varepsilon = A\,e^{\alpha t}$, $\eta = B\,e^{\alpha t}$ ergibt sich

$$\alpha f A + (\alpha p - M')\,B = 0,$$
$$-p A + (h\alpha^2 + b\alpha + d)\,B = 0,$$

und die Bedingung des Verschwindens der Koeffizientendeterminante liefert

$$h\alpha^3 + b\alpha^2 + \left(d + \frac{p^2}{f}\right)\alpha - M'\frac{p}{f} = 0. \tag{e}$$

Damit die Störbewegung abklingt, müssen die Funktionen $e^{\alpha t}$ mit wachsendem t gegen Null gehen. Die Wurzeln α der Gl. (e) müssen also negative Realteile besitzen.

Von HURWITZ wurde der folgende Satz aufgestellt: Damit die algebraische Gleichung n-ten Grades

$$a_0\alpha^n + a_1\alpha^{n-1} + \ldots + a_{n-1}\alpha + a_n = 0$$

mit $a_0 > 0$ (eventuell Multiplikation mit -1) nur Wurzeln mit negativem Realteil besitzt, ist notwendig und hinreichend, daß sämtliche Determinanten der Form

$$D_m = \begin{vmatrix} a_1 & a_3 & a_5 \ldots a_{2m-1} \\ a_0 & a_2 & a_4 \ldots a_{2m-2} \\ 0 & a_1 & a_3 \ldots a_{2m-3} \\ 0 & a_0 & a_2 \ldots a_{2m-4} \\ \ldots & \ldots & \ldots \\ 0 & 0 & 0 \ldots a_m \end{vmatrix}, \quad (m = 1, 2, \ldots, n)$$

positiv sind. Die Bedingung ist sicher nicht erfüllt, wenn auch nur ein $a_i < 0$ ist.

Auf unsere Gleichung dritten Grades $a_0\alpha^3 + a_1\alpha^2 + a_2\alpha + a_3 = 0$ angewendet, muß also sein

$$a_0 > 0, \quad D_1 = a_1 > 0, \quad D_2 = \begin{vmatrix} a_1 & a_3 \\ a_0 & a_2 \end{vmatrix} = a_1 a_2 - a_0 a_3 > 0$$

und

$$D_3 = \begin{vmatrix} a_1 & a_3 & 0 \\ a_0 & a_2 & 0 \\ 0 & a_1 & a_3 \end{vmatrix} = a_3 D_2 > 0.$$

h, p und f sind wesentlich positiv. Es muß daher noch

$$b > 0 \text{ und } M' < 0 \text{ sowie } b\left(d + \frac{p^2}{f}\right) > -h M' \frac{p}{f}$$

sein.

$b > 0$ verlangt das Vorhandensein einer Dämpfung, deren Mindestwert durch die letzte Bedingung vorgeschrieben ist, aus der gleichzeitig $d + p^2/f > 0$ folgt. $M' < 0$ ist erfüllt, wenn mit zunehmendem Winkel γ durch den Regler über die Steuerung eine Abnahme des Antriebsmoments bewirkt wird.

Es wurde schon in Ziff. V, 11 darauf hingewiesen, daß die Methode der Linearisierung der Störgleichungen zunächst nur Auskunft gibt über das Verhalten des Systems bei hinreichend *kleinen* und dauernd klein bleibenden Störungen. Obwohl nun diese Voraussetzung in Wirklichkeit keineswegs immer erfüllt ist, liefert die Methode doch in vielen Fällen gut brauchbare Resultate. Dies hat seinen Grund im folgenden auf A. M. LJAPUNOW zurückgehenden Satz: „Wenn die nichtlinearen Glieder in den Bewegungsgleichungen sowie die Anfangsstörungen dem Betrag nach innerhalb gewisser, von Fall zu Fall zu bestimmender, Schranken bleiben, dann ist die zu untersuchende Grundbewegung stabil (und zwar sogar asymptotisch stabil), falls die linearisierte Störbewegung asymptotisch stabil ist, d. h. wenn sämtliche Wurzeln der charakteristischen Gleichung nur negative Realteile besitzen."

Wenn allerdings die linearisierten Gleichungen *rein periodische* Lösungsanteile aufweisen, das linearisierte System also zwar stabil, aber nicht asymptotisch stabil ist, dann können aus der Betrachtung der linearisierten Näherung allein *keine* Schlüsse auf das Verhalten des nichtlinearen Systems gezogen werden[1].

Als wichtigstes strenges Verfahren sei die sogenannte *direkte* (oder zweite) *Methode* von LJAPUNOW genannt. Näheres darüber findet man in der einschlägigen Literatur[2]. Wegen der Schwierigkeit dieser Methode wird man allerdings häufig auf Näherungsverfahren zurückgreifen müssen, wie sie speziell für nichtlineare Schwingungen entwickelt wurden (Verfahren der *harmonischen Balance* von KRYLOW und BOGOLJUBOW[3] u. a.). Man vergleiche dazu Ziff. XX, 5 und XX, 6.

5. Beispiel: Doppelpendel. Das Doppelpendel besteht aus zwei in einer Ebene schwingenden physischen Pendeln, wobei der Aufhängepunkt A_1 des ersten Pendels fest ist, während der des zweiten Pendels, A_2, auf der Verbindungslinie $\overline{A_1 S_1}$ von Aufhängepunkt und Schwerpunkt des ersten Pendels liegt (Abb. VIII, 5).

---

[1] Ein solcher Fall ist z. B. der in Ziff. V, 11 behandelte. Die linearisierte (stabile) Störbewegung ist dort rein periodisch.

[2] I. G. MALKIN: Theorie der Stabilität einer Bewegung. München: 1959. W. HAHN: Theorie und Anwendung der direkten Methode von LJAPUNOW. Berlin-Göttingen-Heidelberg: 1959.

[3] K. MAGNUS: Über ein Verfahren zur Untersuchung nichtlinearer Schwingungs- und Regelungssysteme. VDI-Forschungsheft 451. Düsseldorf: 1955.

Wir können die Lage des Systems durch die zwei voneinander unabhängigen Winkel φ_1 und φ_2 festlegen. Bedeuten m_1 und m_2 die Massen der beiden Pendel und I_{S_1}, I_{S_2} ihre Trägheitsmomente um die zur Bewegungsebene senkrechten Schwerachsen, so ist die kinetische Energie des ersten Pendels gleich

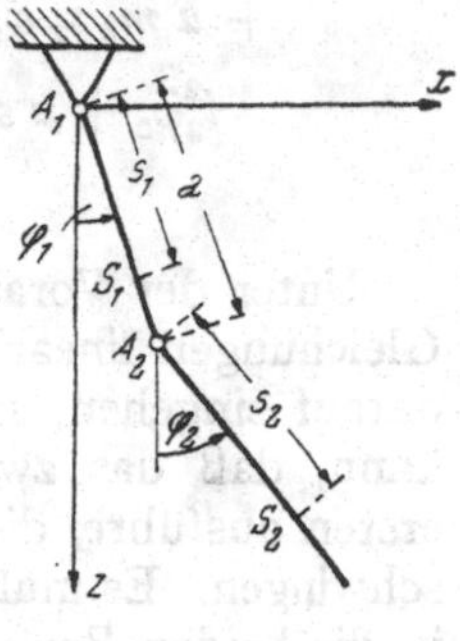

Abb. VIII, 5

$$T_1 = \frac{1}{2}\,(I_{S_1} + m_1\,s_1^2)\,\dot{\varphi}_1^2$$

und die des zweiten

$$T_2 = \frac{1}{2}\,(m_2\,v_2^2 + I_{S_2}\,\dot{\varphi}_2^2).$$

Mit den raumfesten Koordinaten des Schwerpunktes S_2

$$x_2 = a\sin\varphi_1 + s_2\sin\varphi_2,$$
$$z_2 = a\cos\varphi_1 + s_2\cos\varphi_2$$

gilt

$$v_2^2 = \dot{x}_2^2 + \dot{z}_2^2 = a^2\,\dot{\varphi}_1^2 + s_2^2\,\dot{\varphi}_2^2 + 2\,a\,s_2\,\dot{\varphi}_1\,\dot{\varphi}_2\cos(\varphi_1 - \varphi_2).$$

Führen wir durch

$$I_{S_1} + m_1\,s_1^2 = m_1\,i_1^2$$
$$I_{S_2} + m_2\,s_2^2 = m_2\,i_2^2$$

die Trägheitsradien i_1 und i_2 bezüglich der Aufhängepunkte A_1 und A_2 ein, so wird

$$T = \frac{1}{2}\left[(m_1\,i_1^2 + m_2\,a^2)\,\dot{\varphi}_1^2 + m_2\,i_2^2\,\dot{\varphi}_2^2 + 2\,a\,m_2\,s_2\,\dot{\varphi}_1\,\dot{\varphi}_2\cos(\varphi_1 - \varphi_2)\right].$$

Das Potential der äußeren eingeprägten Kräfte $m_1 g$ und $m_2 g$ hat die Form

$$W = -\,m_1 g z_1 - m_2 g z_2 = -\,(m_1 s_1 + m_2 a)\,g\cos\varphi_1 - m_2 s_2 g\cos\varphi_2.$$

Wegen $U = 0$, $V = W$ und mit

$$\frac{\partial T}{\partial\dot{\varphi}_1} = (m_1\,i_1^2 + m_2\,a^2)\,\dot{\varphi}_1 + a\,m_2\,s_2\,\dot{\varphi}_2\cos(\varphi_1 - \varphi_2),$$
$$\frac{\partial T}{\partial\dot{\varphi}_2} = m_2\,i_2^2\,\dot{\varphi}_2 + a\,m_2\,s_2\,\dot{\varphi}_1\cos(\varphi_1 - \varphi_2),$$
$$\frac{\partial T}{\partial\varphi_1} = -\,a\,m_2\,s_2\,\dot{\varphi}_1\,\dot{\varphi}_2\sin(\varphi_1 - \varphi_2),$$
$$\frac{\partial T}{\partial\varphi_2} = a\,m_2\,s_2\,\dot{\varphi}_1\,\dot{\varphi}_2\sin(\varphi_1 - \varphi_2),$$
$$\frac{\partial V}{\partial\varphi_1} = (m_1\,s_1 + m_2\,a)\,g\sin\varphi_1,$$
$$\frac{\partial V}{\partial\varphi_2} = m_2\,s_2\,g\sin\varphi_2$$

lauten die LAGRANGEschen Gleichungen (VIII, 6)

$$\left.\begin{aligned} &(m_1 i_1^2 + m_2 a^2)\,\ddot{\varphi}_1 + a\,m_2\,s_2\,\ddot{\varphi}_2 \cos(\varphi_1 - \varphi_2) + \\ &+ a\,m_2\,s_2\,\dot{\varphi}_2^2 \sin(\varphi_1 - \varphi_2) + (m_1 s_1 + m_2 a)\,g \sin\varphi_1 = 0, \\ &i_2^2\ddot{\varphi}_2 + a\,s_2\,\ddot{\varphi}_1 \cos(\varphi_1 - \varphi_2) - a\,s_2\,\dot{\varphi}_1^2 \sin(\varphi_1 - \varphi_2) + \\ &+ s_2\,g \sin\varphi_2 = 0. \end{aligned}\right\} \quad \text{(a)}$$

Unter der Voraussetzung kleiner Pendelausschläge könnte man diese Gleichungen linearisieren und integrieren. Wir wollen hier nicht weiter darauf eingehen, sondern die Frage untersuchen, ob der Fall eintreten kann, daß das zweite Pendel keine Relativbewegung gegenüber dem ersten ausführt, die beiden Pendel also wie ein einziger starrer Körper schwingen. Es müßte dann dauernd $\varphi_1 = \varphi_2 = \varphi$ sein. Gehen wir damit in die beiden Bewegungsgleichungen (a), so erhalten wir

$$\ddot{\varphi} + \frac{m_1 s_1 + m_2 a}{m_1 i_1^2 + m_2 a^2 + m_2 a s_2}\, g \sin\varphi = 0,$$

$$\ddot{\varphi} + \frac{s_2}{i_2^2 + a s_2}\, g \sin\varphi = 0.$$

Damit diese beiden Gleichungen nebeneinander bestehen können, müssen die Koeffizienten von $\sin\varphi$ identisch sein. Es folgt

$$a = \frac{l_1 - l_2}{1 + \frac{m_2}{m_1}\,\frac{l_2 - s_2}{s_1}}, \qquad \text{(b)}$$

wobei

$$l_1 = i_1^2/s_1, \quad l_2 = i_2^2/s_2$$

die reduzierten Pendellängen der beiden Pendel bedeuten (Ziff. V, 4).

Der eben besprochene Ausnahmefall trat bei der „Kaiserglocke" des Kölner Doms ein. Es war unmöglich, die Glocke zum Läuten zu bringen, und der Klöppel mußte entsprechend abgeändert werden.

Es sei noch erwähnt, daß die Beziehung (b) nur eine notwendige, aber keineswegs hinreichende Bedingung für das Verschwinden der Relativbewegung zwischen den beiden Pendeln darstellt. In der Tat zeigt eine nähere Untersuchung[1], daß von den beiden Eigenschwingungsformen die Beziehung $\varphi_1 = \varphi_2$ trotz Bestehens von Gl. (b) nur von der zur kleineren Eigenfrequenz gehörigen Schwingungsform erfüllt wird. Die „schnellere" Eigenschwingungsform hingegen zeigt eine Phasenverschiebung um $\pi/2$ und somit eine besonders starke Relativbewegung.

Aufgaben

A 1. Man zeige, daß die Führungsbedingung für das Rollen eines Rades auf einer Ebene nichtholonom ist.

Lösung: Das Rad besitzt, wenn es immer senkrecht zur Ebene steht, vier Freiheitsgrade, denn seine Lage ist durch die beiden Koordinaten x, y

[1] G. HAMEL: Elementare Mechanik. B. G. Teubner, Leipzig: 1912. Nr. 342.

des Berührungspunktes, den Winkel ϑ der Bahntangente und den Drehwinkel φ vollständig festgelegt (Abb. VIII, A 1). Nun kann aber reines Rollen nur dann eintreten, wenn erstens die Geschwindigkeit des Radmittelpunktes $v = a\,\dot\varphi$ ist, wo a den Radius des Rades bedeutet, und zweitens die Bahntangente im Berührungspunkt A stets in die Radebene fällt, also

$$\dot x = v\cos\vartheta, \quad \dot y = v\sin\vartheta$$

gilt. Die Führungsbedingung lautet daher, in differentieller Form geschrieben,

$$dx = a\cos\vartheta\, d\varphi, \quad dy = a\sin\vartheta\, d\varphi.$$

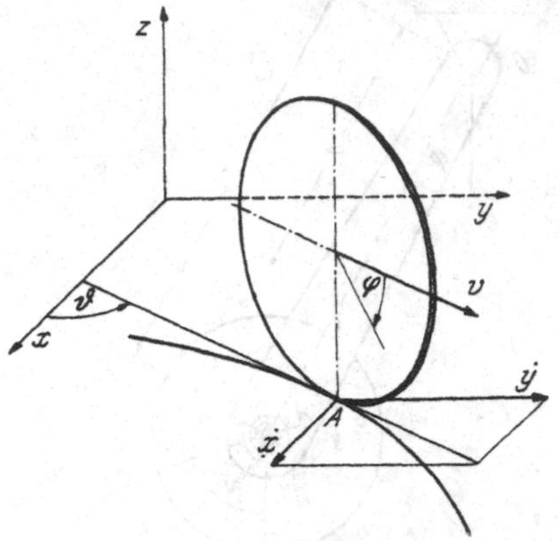

Abb. VIII, A 1

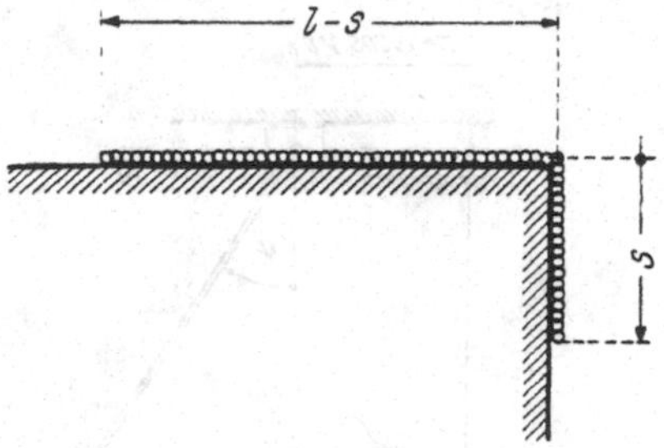

Abb. VIII, A 2

Diese beiden Differentialbeziehungen zwischen den vier Lagekoordinaten x, y, φ und ϑ lassen sich aber nicht durch Integration in finite Beziehungen umwandeln, da die rechten Seiten, wie man leicht nachprüft, keine vollständigen Differentiale darstellen.

Das Rad besitzt somit „im Kleinen" nur zwei Freiheitsgrade. Trotzdem läßt es sich durch passende Wahl der Bahnkurve C in jede beliebige Lage x, y, ϑ, φ bringen!

A 2. Eine Kette hängt gemäß Abb. VIII, A 2 über eine Kante; ihr Gewicht je Längeneinheit sei q, ihre Gesamtlänge l und die Reibungszahl zwischen Kette und Unterlage sei μ. Man ermittle die Bewegung der Kette mit den Anfangsbedingungen $s = s_0$, $\dot s = 0$.

Lösung: Mit s als Lagekoordinate wird die kinetische Energie $T = \frac{1}{2}\frac{q}{g}\,l\,\dot s^2$ und die verallgemeinerte Kraft $Q = q\,s - \mu\,q\,(l - s)$. In Gl. (VIII, 4) eingesetzt, führt dies auf die Bewegungsgleichung $\ddot s - \frac{g}{l}(1 + \mu)\,s = -\mu\,g$, deren Lösung mit den genannten Anfangsbedingungen und $\alpha^2 = \frac{g}{l}(1 + \mu)$ folgendermaßen lautet:

$$s = \left(s_0 - \frac{\mu}{1 + \mu}\,l\right)\cosh\alpha t + \frac{\mu}{1 + \mu}\,l.$$

Wie man sieht, kann nur unter der Bedingung $s_0 > \frac{\mu}{1+\mu} l$ Bewegung eintreten.

A 3. Ein gerader, homogener Stab vom Gewicht G und der Länge l ist an seinem oberen Ende gelenkig aufgehängt. Der Aufhängepunkt wird nach dem Gesetz $x = a \cos \nu t$ horizontal hin- und herbewegt (Abb. VIII, A 3). Man ermittle die entstehende Pendelbewegung des Stabes mit den Anfangsbedingungen $\varphi = 0$, $\dot{\varphi} = 0$ bei Beschränkung auf kleine Ausschläge φ.

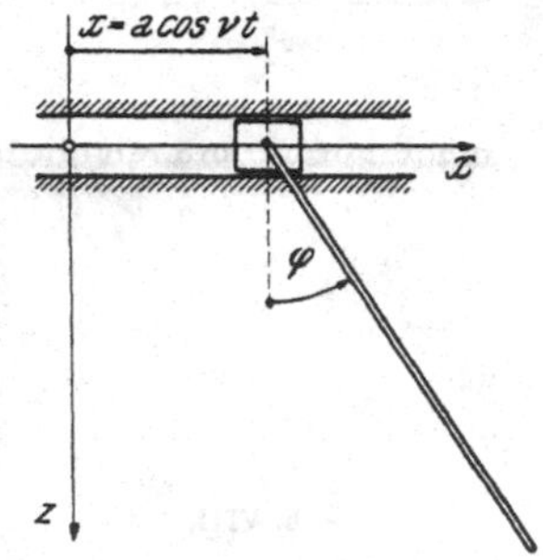

Abb. VIII, A 3

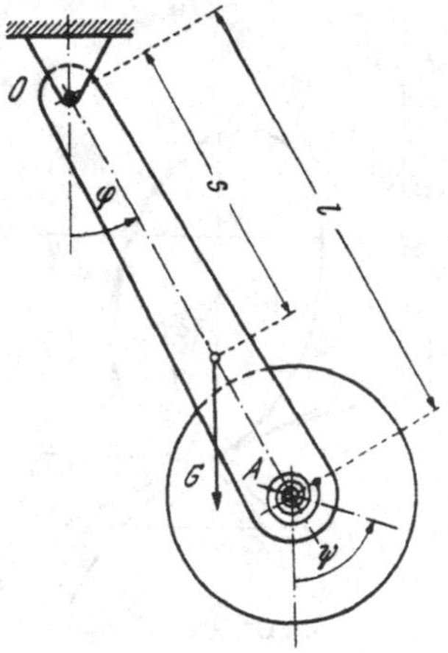

Abb. VIII, A 4

Lösung: Das System hat nur einen Freiheitsgrad, da der Aufhängepunkt nach einem vorgeschriebenen Gesetz bewegt wird. Demgemäß sind die am Aufhängepunkt wirkenden Lagerkräfte virtuell leistungslos.

Als kinetische Energie findet man $T = \frac{1}{2} \frac{G}{g} v_s^2 + \frac{1}{2} I_s \dot{\varphi}^2$, worin v_s die Schwerpunktsgeschwindigkeit und $I_s = \frac{G l^2}{12 g}$ das Trägheitsmoment des Stabes um den Schwerpunkt bedeuten. Das Potential ergibt sich zu $V = -G \frac{l}{2} \cos \varphi$. In Gl. (VIII, 6) eingesetzt und linearisiert, entsteht mit $\omega^2 = \frac{3g}{2l}$ die Differentialgleichung $\ddot{\varphi} + \omega^2 \varphi = \frac{a \omega^2 \nu^2}{g} \cos \nu t$, welche mit den genannten Anfangsbedingungen die Lösung

$$\varphi = \frac{a \omega^2 \nu^2}{(\omega^2 - \nu^2) g} (\cos \nu t - \cos \omega t)$$

hat.

A 4. Man stelle die LAGRANGEschen Bewegungsgleichungen für den Stab aus Aufgabe V, A 10 auf, wenn die Welle frei rotiert.

Lösung: Außer der in Aufgabe VI, A 4 bereits berechneten kinetischen Energie benötigen wir zur Aufstellung der Bewegungsgleichungen noch das Potential V. Es rührt im betrachteten Fall (kein Antrieb) nur von der Schwerkraft her: $V = -m\,g\,l\cos\varphi$. Wählen wir als Freiheitsgrade den zu ω gehörenden Drehwinkel und den Ausschlagwinkel φ, dann erhalten die LAGRANGEschen Gleichungen (VIII, 6) die Form

$$(\dot{\omega}\sin\varphi + 2\,\omega\,\dot{\varphi}\cos\varphi)\sin\varphi = 0,$$

$$\ddot{\varphi} + \left(\frac{3g}{2l} - \omega^2\cos\varphi\right)\sin\varphi = 0.$$

Nach Linearisierung geht die zweite Gleichung in die Beziehung der Aufgabe V, A 10 über.

A 5. Ein als Gabel ausgebildetes Pendel trägt an einem Ende A eine drehbar gelagerte Scheibe (Abb. VIII, A 4). Die Masse der Scheibe sei m_s, ihr Trägheitsmoment um A sei I_s. Das Trägheitsmoment der Gabel um den Aufhängepunkt O sei I_G, das Gesamtgewicht der Anordnung G. Zwischen Gabel und Scheibe ist eine Drehfeder mit der Federkonstanten γ eingeschaltet. Man ermittle die exakten Bewegungsgleichungen, linearisiere sie und gebe die Frequenzgleichung des linearisierten Systems an.

Lösung: Das System besitzt zwei Freiheitsgrade. Als Lagekoordinaten sollen die Drehwinkel φ und ψ von Gabel und Scheibe (beide von einer raumfesten Vertikalen gezählt) benützt werden. Mit der kinetischen Energie $T = \frac{1}{2} I_G\dot{\varphi}^2 + \frac{1}{2} m_s (l\dot{\varphi})^2 + \frac{1}{2} I_s \dot{\psi}^2$ und dem Potential $V = \frac{1}{2}\gamma(\psi - \varphi)^2 + s\,G(1 - \cos\varphi)$ folgen aus Gl. (VIII, 6) die Bewegungsgleichungen

$$I_0\ddot{\varphi} + s\,G\sin\varphi + \gamma\varphi = \gamma\psi,$$
$$I_s\ddot{\psi} + \gamma\psi = \gamma\varphi$$

mit $I_G + m_s l^2 = I_0$.

Unter der Voraussetzung kleiner Pendelausschläge φ darf linearisiert werden:

$$I_0\ddot{\varphi} + (s\,G + \gamma)\varphi = \gamma\psi,$$
$$I_s\ddot{\psi} + \gamma\psi = \gamma\varphi.$$

Nach dem in Ziff. VIII, 2 erläuterten Verfahren erhält man dann als Frequenzgleichung:

$$\omega^4 - \left(\frac{s\,G + \gamma}{I_0} + \frac{\gamma}{I_s}\right)\omega^2 + \frac{\gamma\,s\,G}{I_0 I_s} = 0.$$

A 6. Der Bügel des in Abb. VIII, A 5 dargestellten Systems besitzt die Masse M, das Trägheitsmoment I_s und den Schwerpunktabstand s von der Drehachse. Die Ruhelage der reibungsfrei im Bügel beweglichen Masse m fällt in die Symmetrieachse des Bügels. Die Federn sind linear, jede besitzt die Federkonstante c. Man ermittle die Bewegungsgleichungen des Systems, linearisiere sie und bestimme die Frequenzgleichung.

Lösung: Das System besitzt zwei Freiheitsgrade. Mit den in der Abbildung eingezeichneten, auf die raumfeste Vertikale (Inertialsystem) bezogenen Winkeln φ und ψ und mit $I_0 = I_s + M s^2$ ist

$$T = \frac{1}{2} I_0 \dot{\varphi}^2 + \frac{1}{2} m R^2 \dot{\psi}^2,$$

$$V = -M g s \cos\varphi - m g R \cos\psi + c R^2 (\psi - \varphi)^2.$$

Die LAGRANGEschen Gleichungen (VIII, 6) liefern

$$I_0 \ddot{\varphi} = -M g s \sin\varphi + 2 c R^2 (\psi - \varphi),$$
$$m R^2 \ddot{\psi} = -m g R \sin\psi - 2 c R^2 (\psi - \varphi)$$

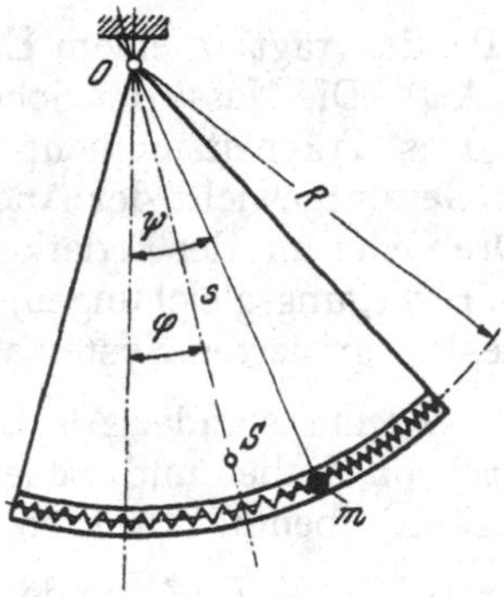

Abb. VIII, A 5

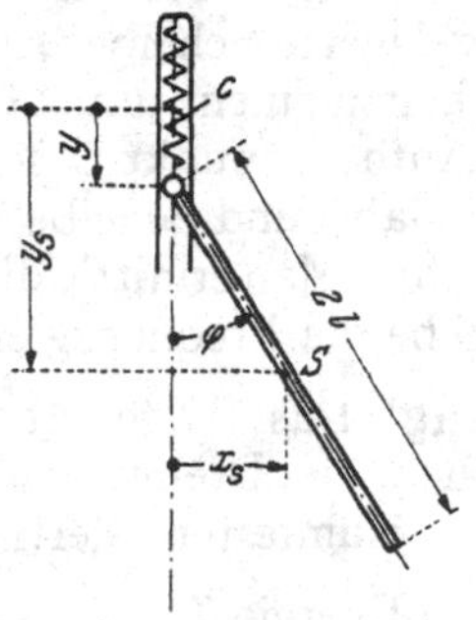

Abb. VIII, A 6

und nach Linearisierung

$$I_0 \ddot{\varphi} + (M g s + 2 c R^2) \varphi = 2 c R^2 \psi,$$
$$m R^2 \ddot{\psi} + (m g R + 2 c R^2) \psi = 2 c R^2 \varphi.$$

Mit dem Ansatz (vgl. Ziff. VIII, 2)

$$\varphi = A \cos(\omega t - \varepsilon),$$
$$\psi = B \cos(\omega t - \varepsilon)$$

erhält man die Frequenzgleichung

$$m R I_0 \omega^4 - [m R (M g s + 2 c R^2) + m g I_0 + 2 c R I_0] \omega^2 +$$
$$+ g [m (M g s + 2 c R^2) + 2 c R M s] = 0.$$

A 7. Der Drehpunkt eines homogenen Stabpendels von der Masse m ist vertikal beweglich federnd aufgehängt (Abb. VIII, A 6). Man ermittle die Bewegungsgleichungen, linearisiere sie und gebe die Bedingung für Übereinstimmen der Eigenfrequenzen der Translations- und der Rotationsschwingung an.

Lösung: Wählt man entsprechend den zwei Freiheitsgraden des Systems die Verschiebung y des Aufhängepunktes (Ziff. VIII, 2) und den Drehwinkel φ als Lagekoordinaten, so sind die Schwerpunktskoordinaten des Pendels gegeben durch

$$x_s = l \sin\varphi, \quad y_s = y + l\cos\varphi.$$

Damit wird

$$T = \frac{1}{2} m\,(\dot{x}_s^2 + \dot{y}_s^2) + \frac{1}{2}\frac{m l^2}{3}\dot{\varphi}^2 = \frac{m}{2}\left(\frac{4}{3} l^2 \dot{\varphi}^2 - 2\,\dot{y}\,l\,\dot{\varphi}\sin\varphi + \dot{y}^2\right)$$

und

$$V = \frac{1}{2} c\,y^2 - m\,g\,(y + l\cos\varphi).$$

Die LAGRANGEschen Gleichungen liefern

$$\frac{8}{3} l\,\ddot{\varphi} - 2\,\ddot{y}\sin\varphi + 2\,g\sin\varphi = 0,$$

$$\ddot{y} - l\,\dot{\varphi}^2\cos\varphi - l\,\ddot{\varphi}\sin\varphi + \frac{c}{m} y - g = 0.$$

Durch Linearisieren erhält man

$$\ddot{\varphi} + \frac{3g}{4l}\varphi = 0,$$

$$\ddot{y} + \frac{c}{m} y = g.$$

Beide Freiheitsgrade schwingen also synchron, wenn

$$\frac{c\,l}{m} = \frac{3g}{4}.$$

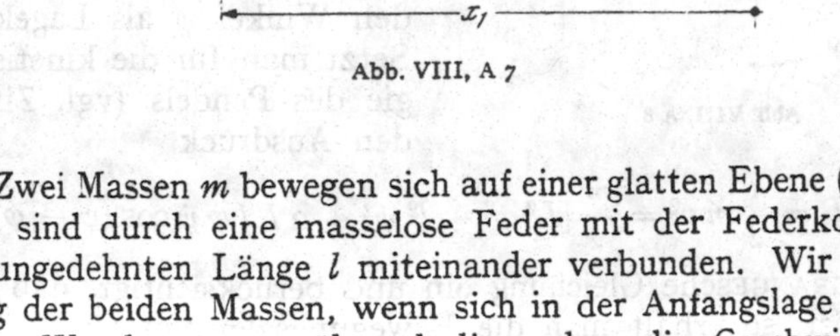

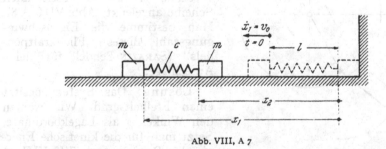

Abb. VIII, A 7

A 8. Zwei Massen m bewegen sich auf einer glatten Ebene (Abb. VIII, A 7). Sie sind durch eine masselose Feder mit der Federkonstanten c und der ungedehnten Länge l miteinander verbunden. Wir suchen die Bewegung der beiden Massen, wenn sich in der Anfangslage eine Masse gegen eine Wand stützt, während die andere die Geschwindigkeit v_0 besitzt.

Lösung: Mit den Lagekoordinaten x_1 und x_2 wird die kinetische Energie der beiden Massen $T = \frac{m}{2}(\dot{x}_1^2 + \dot{x}_2^2)$ und die potentielle Energie der Feder $U = \frac{c}{2}(x_1 - x_2 - l)^2$. Aus den Gln. (VIII, 6) erhalten wir dann mit $\omega^2 = \frac{c}{m}$ die zwei gekoppelten Bewegungsgleichungen

$$\ddot{x}_1 + \omega^2 x_1 = \omega^2 x_2 + \omega^2 l,$$
$$\ddot{x}_2 + \omega^2 x_2 = \omega^2 x_1 - \omega^2 l.$$

Die Anfangsbedingungen zur Zeit $t = 0$ lauten: $x_1 = l$, $\dot{x}_1 = v_0$, $x_2 = 0$, $\dot{x}_2 = 0$. Die Koordinatentransformation $x_1 + x_2 = u$, $x_1 - x_2 = v$ entkoppelt die Bewegungsgleichungen zu

$$\ddot{u} = 0,$$
$$\ddot{v} + 2\,\omega^2 v = 2\,\omega^2 l$$

und führt die Anfangsbedingungen über in: $u = v = l$, $\dot{u} = \dot{v} = v_0$. Damit ergeben sich die Lösungen

$$u = l + v_0 t, \qquad v = l + \frac{v_0}{\omega\sqrt{2}} \sin \sqrt{2}\,\omega\, t$$

bzw.

$$x_1 = l + \frac{v_0}{2}\left(t + \frac{1}{\omega\sqrt{2}} \sin \sqrt{2}\,\omega\, t\right), \qquad x_2 = \frac{v_0}{2}\left(t - \frac{1}{\omega\sqrt{2}} \sin \sqrt{2}\,\omega\, t\right).$$

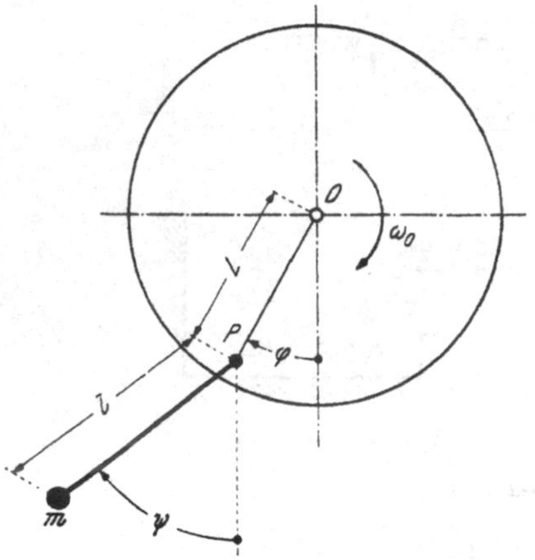

Abb. VIII, A 8

A 9. Ein mathematisches Pendel der Masse m und der Länge l ist im Punkt P einer mit konstanter Winkelgeschwindigkeit ω_0 um die vertikale Achse O rotierenden Scheibe angelenkt (Abb. VIII, A 8). Man bestimme die Eigenschwingungszahl dieses „Fliehkraftpendels" (SARAZIN-Pendel) für kleine Ausschläge.

Lösung: Das System besitzt einen Freiheitsgrad. Wir wählen den Winkel ψ als Lagekoordinate. Setzt man für die kinetische Energie des Pendels (vgl. Ziff. VIII, 5) den Ausdruck

$$T = \frac{1}{2} m v^2 = \frac{m}{2}[L^2 \dot{\varphi}^2 + l^2 \dot{\psi}^2 + 2\,L\,l\,\dot{\varphi}\,\dot{\psi} \cos(\psi - \varphi)]$$

in die LAGRANGEsche Gleichung ein und berücksichtigt, daß $\dot{\varphi} = \omega_0 =$ $=$ konst. ist, so erhält man die Bewegungsgleichung

$$l\,\ddot{\psi} + L\,\omega_0^2 \sin(\psi - \varphi) = 0.$$

Nach Einführung des Differenzwinkels

$$\vartheta = \psi - \varphi, \quad \ddot{\vartheta} = \ddot{\psi}$$

und Linearisierung ergibt sich

$$l\ddot{\vartheta} + L\,\omega_0^2\,\vartheta = 0$$

und damit die Pendelfrequenz

$$\omega_P = \sqrt{L/l}\,\omega_0.$$

Literatur

Handbuch der Physik, Bd. V. Berlin: 1927 (Herausgeber: H. GEIGER — K. SCHEEL).

G. HAMEL: Theoretische Mechanik. Berlin: 1949.

IX. Grundlagen der Elastizitätstheorie

Wir wenden uns nun der Untersuchung der Systeme mit unendlich vielen Freiheitsgraden, also dem *verformbaren Kontinuum* zu.

Über den in einem Körper herrschenden Spannungszustand haben wir in Ziff. IV, 3 bereits das Wichtigste gesagt. Wir ergänzen jetzt diese Aussagen noch durch einige weitere Bemerkungen. Anschließend analysieren wir die Verformungen des Körpers und verknüpfen schließlich Spannungs- und Verformungszustand durch das Spannungs-Verzerrungs-Gesetz.

1. **Der Spannungszustand.** Wir haben in Ziff. IV, 3 festgestellt, daß der Spannungszustand in einem beliebigen Körperpunkt durch sechs Spannungskomponenten $\sigma_{ij} = \sigma_{ji}$ festgelegt ist. Der Spannungsvektor $\bar{\sigma}_n$ in einer beliebigen Schnittebene mit dem Normalenvektor $\mathfrak{n}$ (Abb. IV, 4) ist dann durch Gl. (IV, 7) gegeben. Wir können $\bar{\sigma}_n$ wieder in eine Normalspannungskomponente σ und eine in der Ebene liegende Schubspannungskomponente τ zerlegen (Abb. IX, 1). Es ist

$$\sigma = \bar{\sigma}_n \cdot \mathfrak{n} = \sigma_{xx}\, n_x^2 + \sigma_{yy}\, n_y^2 + \sigma_{zz}\, n_z^2 + \\ + 2\,(\sigma_{xy}\, n_x\, n_y + \sigma_{yz}\, n_y\, n_z + \sigma_{zx}\, n_z\, n_x). \qquad \text{(IX, 1)}$$

Wenn wir die Schnittebene drehen, wird sich die Spannung σ ändern. Wir fragen nach ihren Extremwerten.

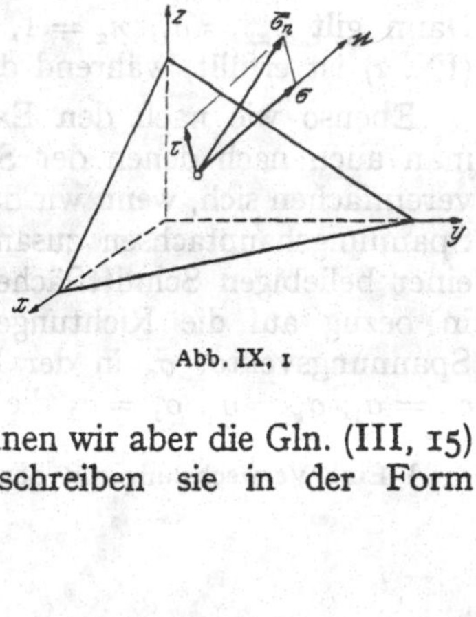

Abb. IX, 1

Genau die gleiche Fragestellung ist uns aber bereits in Ziff. III, 5 begegnet, wo wir die Extremwerte des Trägheitsmomentes I gesucht haben. Die dortige Gl. (III, 10) stimmt völlig mit Gl. (IX, 1) überein, nur stehen an Stelle der Normalspannungen die Trägheitsmomente und an Stelle der Schubspannungen die (negativen) Deviationsmomente. Damit können wir aber die Gln. (III, 15) und (III, 16) sofort übernehmen. Wir schreiben sie in der Form

$$\left.\begin{aligned} (\sigma_{xx} - \sigma)\, n_x + \sigma_{yx}\, n_y + \sigma_{zx}\, n_z &= 0, \\ \sigma_{xy}\, n_x + (\sigma_{yy} - \sigma)\, n_y + \sigma_{zy}\, n_z &= 0, \\ \sigma_{xz}\, n_x + \sigma_{yz}\, n_y + (\sigma_{zz} - \sigma)\, n_z &= 0 \end{aligned}\right\} \qquad \text{(IX, 2)}$$

und

$$\begin{vmatrix} \sigma_{xx} - \sigma & \sigma_{yx} & \sigma_{zx} \\ \sigma_{xy} & \sigma_{yy} - \sigma & \sigma_{zy} \\ \sigma_{xz} & \sigma_{yz} & \sigma_{zz} - \sigma \end{vmatrix} = 0. \qquad \text{(IX, 3)}$$

Wegen $\sigma_{ij} = \sigma_{ji}$ sind die drei Wurzeln σ_1, σ_2, σ_3 der kubischen Gleichung (IX, 3) sämtlich reell. Wir nennen sie die drei *Hauptnormalspannungen* und die zugehörigen drei Normalenrichtungen die *Spannungshauptachsen* in dem betreffenden Körperpunkt. Sie stehen aufeinander senkrecht. Man kann dies direkt mit Hilfe der Gl. (IX, 2) zeigen, oder auch durch die Überlegung, daß die zu Gl. (III, 12) analoge Beziehung hier gleichfalls eine Fläche zweiten Grades (allerdings nicht immer ein Ellipsoid) darstellt, wobei die drei Extremwerte von σ den drei Hauptachsen dieser Fläche entsprechen.

Da die kubische Gleichung (IX, 3) unabhängig von der Wahl des Koordinatensystems x, y, z stets die gleichen Hauptspannungen liefern muß, folgt, daß die Koeffizienten dieser Gleichung bei einer Drehung der Koordinatenachsen ungeändert bleiben. Sie stellen also drei *Invarianten* des Spannungszustandes dar und lauten[1]

$$\left.\begin{aligned} I_1 &= \sigma_{xx} + \sigma_{yy} + \sigma_{zz}, \\ I_2 &= -(\sigma_{xx}\,\sigma_{yy} + \sigma_{yy}\,\sigma_{zz} + \sigma_{zz}\,\sigma_{xx}) + \sigma_{xy}^2 + \sigma_{yz}^2 + \sigma_{zx}^2, \\ I_3 &= \sigma_{xx}\sigma_{yy}\sigma_{zz} + 2\,\sigma_{xy}\,\sigma_{yz}\,\sigma_{zx} - \sigma_{xx}\sigma_{yz}^2 - \sigma_{yy}\,\sigma_{zx}^2 - \sigma_{zz}\,\sigma_{xy}^2. \end{aligned}\right\} \qquad \text{(IX, 4)}$$

Von besonderer Bedeutung sind die erste Invariante, die wir mit s bezeichen, $I_1 = s$, und die zweite Invariante. Sie spielen eine wichtige Rolle in der Plastizitätstheorie.

Schubspannungsfreie Flächen sind stets Hauptnormalspannungsflächen und Hauptnormalspannungsflächen sind stets schubspannungsfrei. Man sieht dies sofort ein, wenn man die x-Achse in die 1-Achse legt. Dann gilt $\sigma_{xx} = \sigma_1$, $n_x = 1$, $n_y = n_z = 0$ und die erste der drei Gln. (IX, 2) ist erfüllt, während die beiden anderen $\sigma_{xy} = 0$, $\sigma_{xz} = 0$ liefern.

Ebenso wie nach den Extremwerten der Normalspannung σ kann man auch nach denen der Schubspannung τ fragen. Die Rechnungen vereinfachen sich, wenn wir dabei das Koordinatensystem x, y, z mit den Spannungshauptachsen zusammenfallen lassen. Der Normalenvektor $\mathfrak{n}$ einer beliebigen Schnittfläche gibt dann die Orientierung dieser Fläche in bezug auf die Richtungen der Hauptnormalspannungen, und der Spannungsvektor $\bar{\sigma}_n$ in der Fläche besitzt jetzt gemäß Gl. (IV, 7) mit $\sigma_x = \sigma_1$, $\sigma_y = \sigma_2$, $\sigma_z = \sigma_3$ die Komponenten $(n_1\,\sigma_1,\ n_2\,\sigma_2,\ n_3\,\sigma_3)$. Zerlegt

[1] Eine Verwechslung mit den Trägheitsmomenten ist wohl nicht möglich.

man ihn nach Abb. IX, 1 wieder in die Normalspannung σ und die Schubspannung τ, so gilt

$$\tau^2 = \sigma_n^2 - \sigma^2 = \sigma_n^2 - (\bar{\sigma}_n \cdot \mathfrak{n})^2 =$$
$$= n_1^2 \sigma_1^2 + n_2^2 \sigma_2^2 + n_3^2 \sigma_3^2 - (n_1^2 \sigma_1 + n_2^2 \sigma_2 + n_3^2 \sigma_3)^2.$$

Wegen $n_1^2 + n_2^2 + n_3^2 = 1$ kann dies auch in der Form

$$\tau^2 = (\sigma_1 - \sigma_2)^2 n_1^2 n_2^2 + (\sigma_2 - \sigma_3)^2 n_2^2 n_3^2 + (\sigma_3 - \sigma_1)^2 n_3^2 n_1^2 \qquad \text{(IX, 5)}$$

geschrieben werden.

Wir bemerken, daß im Falle des allseits gleichen Zuges oder Druckes $\sigma_1 = \sigma_2 = \sigma_3 = \pm p$ die Schubspannung in allen Schnittflächen verschwindet.

Für einen Extremwert von τ muß (vgl. S. 64) die Funktion

$$F(n_1, n_2, n_3) = \tau^2 - \lambda\,(n_1^2 + n_2^2 + n_3^2 - 1)$$

einen Extremwert annehmen, also

$$\frac{\partial F}{\partial n_1} = 0, \qquad \frac{\partial F}{\partial n_2} = 0, \qquad \frac{\partial F}{\partial n_3} = 0$$

sein. Daraus ergeben sich die folgenden Gleichungen

$$\left.\begin{aligned} (\sigma_1 - \sigma_2)^2 n_1 n_2^2 + (\sigma_1 - \sigma_3)^2 n_1 n_3^2 - \lambda n_1 = 0,\\ (\sigma_2 - \sigma_3)^2 n_2 n_3^2 + (\sigma_2 - \sigma_1)^2 n_2 n_1^2 - \lambda n_2 = 0,\\ (\sigma_3 - \sigma_1)^2 n_3 n_1^2 + (\sigma_3 - \sigma_2)^2 n_3 n_2^2 - \lambda n_3 = 0,\\ n_1^2 + n_2^2 + n_3^2 = 1. \end{aligned}\right\} \qquad \text{(IX, 6)}$$

Man sieht sofort, daß diese vier Gleichungen für n_1, n_2, n_3 und den LAGRANGEschen Faktor λ erfüllt sind, wenn

entweder (a) $n_1 = 0, \quad n_2 = n_3 = 1/\sqrt{2}, \quad \lambda = \frac{(\sigma_2 - \sigma_3)^2}{2}$,

oder (b) $n_2 = 0, \quad n_3 = n_1 = 1/\sqrt{2}, \quad \lambda = \frac{(\sigma_3 - \sigma_1)^2}{2}$,

oder (c) $n_3 = 0, \quad n_1 = n_2 = 1/\sqrt{2}, \quad \lambda = \frac{(\sigma_1 - \sigma_2)^2}{2}$.

Es folgen dann aus den Gln. (IX, 5) die zugehörigen Extremwerte τ_1, τ_2, τ_3 der Schubspannung zu

$$\text{(a)}\ \tau_1 = \left|\frac{\sigma_2 - \sigma_3}{2}\right|, \quad \text{(b)}\ \tau_2 = \left|\frac{\sigma_3 - \sigma_1}{2}\right|, \quad \text{(c)}\ \tau_3 = \left|\frac{\sigma_1 - \sigma_2}{2}\right|.$$

Man nennt sie die drei *Hauptschubspannungen* des Spannungszustandes. Die zugehörigen Ebenen schließen mit denen der Hauptnormalspannungen Winkel von 45° ein. Sie sind im allgemeinen nicht normalspannungsfrei.

Ebenso wie die Transformationsformel (IX, 1) identisch ist mit Formel (III, 10) für die Transformation der Trägheitsmomente, stimmt auch die Transformationsformel für die Schubspannung

$$\tau_{nm} = \bar{\sigma}_n \cdot \mathfrak{m} = \sigma_{xx} n_x m_x + \sigma_{yy} n_y m_y + \sigma_{zz} n_z m_z + (n_x m_y + n_y m_x) \sigma_{xy} + \\ + (n_y m_z + n_z m_y) \sigma_{yz} + (n_z m_x + n_x m_z) \sigma_{zx} \qquad \text{(IX, 7)}$$

mit Formel (III, 11) überein. $\mathfrak{m}$ ist ein zu $\mathfrak{n}$ senkrechter Einheitsvektor. Man nennt allgemein neun Größen, die sich bei einer Drehung des Koordinatensystems nach den Formeln (IX, 1) und (IX, 7) transformieren, die Komponenten eines *Tensors*. In diesem Sinne bilden die Trägheits- und die (negativen) Deviationsmomente den *Trägheitstensor*, die Spannungen den *Spannungstensor*. Wegen $I_{ij} = I_{ji}$ und $\sigma_{ij} = \sigma_{ji}$ sind beide Tensoren symmetrisch.

2. Der Verformungszustand. Wenn wir zwei beliebige Lagen eines bewegten Körpers ins Auge fassen, von denen er die erste etwa zur Zeit $t = 0$, die zweite zur Zeit t einnimmt, so werden wir feststellen, daß die Körperpunkte, die zur Zeit $t = 0$ auf einer Geraden $\overline{PQ}$ liegen, zur Zeit t eine gekrümmte Linie bilden. Der Körper hat sich also deformiert. Nur beim starren Körper bleibt $\overline{PQ}$ ständig gerade und von gleicher Länge.

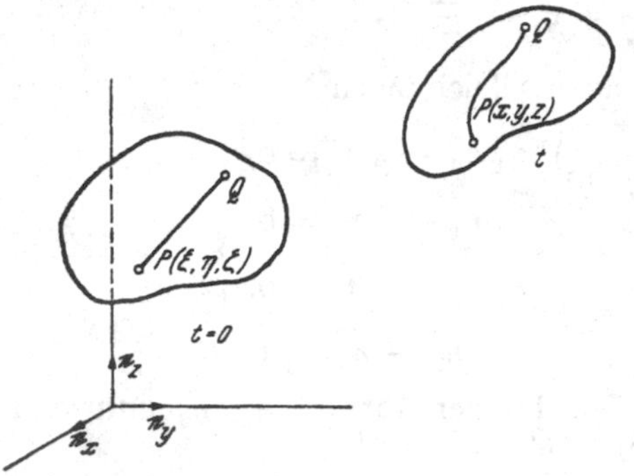

Abb. IX, 2

Wir betrachten ein beliebiges Bogenelement im Körper. Seine Länge zur Zeit $t = 0$ (im „Anfangszustand" des Körpers[1]) sei dl_0, zur Zeit t sei sie dl. Der Unterschied wird uns ein Maß für die Deformation des Körpers liefern.

Wie in Ziff. IV, 3a beziehen wir die Lage des Körpers auf ein rechtwinkeliges kartesisches Koordinatensystem, das sich selbst wieder beliebig bewegen kann (Abb. IX, 2). Die Koordinaten eines beliebigen Körperpunktes P in der Anfangslage seien ξ, η, ζ, im Zeitpunkt t seien sie x, y, z. Bezeichnen wir die Komponenten des Verschiebungsvektors des Punktes P mit u, v, w, so ist

$$x = \xi + u, \quad y = \eta + v, \quad z = \zeta + w. \qquad \text{(IX, 8)}$$

Für die Bogenelemente im unverformten und im verformten Zustand gilt

$$dl_0^2 = d\xi^2 + d\eta^2 + d\zeta^2, \qquad dl^2 = dx^2 + dy^2 + dz^2.$$

Zur Festlegung des Verschiebungsvektors u, v, w haben wir nun die Möglichkeit, ihn entweder als Funktion der Koordinaten ξ, η, ζ und der Zeit t oder als Funktion der Koordinaten x, y, z und der Zeit t aufzufassen. Wir wählen die zweite, da wir bereits die Spannungen in dieser Form angegeben haben. Dann gilt

[1] Da wir alle Verformungen auf diesen Zustand beziehen, wollen wir ihn auch den „unverformten" Zustand nennen.

$$d\xi = dx - du = dx - \frac{\partial u}{\partial x} dx - \frac{\partial u}{\partial y} dy - \frac{\partial u}{\partial z} dz,$$

$$d\eta = dy - dv = dy - \frac{\partial v}{\partial x} dx - \frac{\partial v}{\partial y} dy - \frac{\partial v}{\partial z} dz,$$

$$d\zeta = dz - dw = dz - \frac{\partial w}{\partial x} dx - \frac{\partial w}{\partial y} dy - \frac{\partial w}{\partial z} dz.$$

In der Differentialgeometrie wird gezeigt, daß die „Metrik" eines Raumes, also Längen- und Winkelmessung, durch die Angabe des Quadrates des Bogenelementes vollständig bestimmt ist. Wir bilden daher[1]

$$\frac{1}{2}(dl^2 - dl_0^2) = \varepsilon_{xx}\,dx^2 + \varepsilon_{yy}\,dy^2 + \varepsilon_{zz}\,dz^2 + 2\,(\varepsilon_{xy}\,dx\,dy + \varepsilon_{yz}\,dy\,dz + \varepsilon_{zx}\,dz\,dx), \qquad \text{(IX, 9)}$$

wobei

$$\left.\begin{aligned} \varepsilon_{xx} &= \frac{\partial u}{\partial x} - \frac{1}{2}\left[\left(\frac{\partial u}{\partial x}\right)^2 + \left(\frac{\partial v}{\partial x}\right)^2 + \left(\frac{\partial w}{\partial x}\right)^2\right],\\ \varepsilon_{yy} &= \frac{\partial v}{\partial y} - \frac{1}{2}\left[\left(\frac{\partial u}{\partial y}\right)^2 + \left(\frac{\partial v}{\partial y}\right)^2 + \left(\frac{\partial w}{\partial y}\right)^2\right],\\ \varepsilon_{zz} &= \frac{\partial w}{\partial z} - \frac{1}{2}\left[\left(\frac{\partial u}{\partial z}\right)^2 + \left(\frac{\partial v}{\partial z}\right)^2 + \left(\frac{\partial w}{\partial z}\right)^2\right], \end{aligned}\right\} \qquad \text{(IX, 10)}$$

$$\left.\begin{aligned} 2\,\varepsilon_{xy} &= \frac{\partial u}{\partial y} + \frac{\partial v}{\partial x} - \left(\frac{\partial u}{\partial x}\frac{\partial u}{\partial y} + \frac{\partial v}{\partial x}\frac{\partial v}{\partial y} + \frac{\partial w}{\partial x}\frac{\partial w}{\partial y}\right),\\ 2\,\varepsilon_{yz} &= \frac{\partial v}{\partial z} + \frac{\partial w}{\partial y} - \left(\frac{\partial u}{\partial y}\frac{\partial u}{\partial z} + \frac{\partial v}{\partial y}\frac{\partial v}{\partial z} + \frac{\partial w}{\partial y}\frac{\partial w}{\partial z}\right),\\ 2\,\varepsilon_{zx} &= \frac{\partial w}{\partial x} + \frac{\partial u}{\partial z} - \left(\frac{\partial u}{\partial z}\frac{\partial u}{\partial x} + \frac{\partial v}{\partial z}\frac{\partial v}{\partial x} + \frac{\partial w}{\partial z}\frac{\partial w}{\partial x}\right). \end{aligned}\right\} \qquad \text{(IX, 11)}$$

Man nennt die sechs Größen ε_{ij} die *Verzerrungen* des Körpers. Sie sind Funktionen des Ortes x, y, z und der Zeit t. Für den starren Körper verschwinden sämtliche Verzerrungen.

Hätten wir als Koordinaten die des unverformten Körpers gewählt, so hätten wir formal gleiche Ausdrücke erhalten, mit ξ, η, ζ anstatt x, y, z in den Gln. (IX, 9) bis (IX, 11), aber mit positivem anstatt negativem Vorzeichen vor den Klammern in den Gln. (IX, 10) und (IX, 11).

Um die geometrische Bedeutung der Verzerrungen zu erkennen, betrachten wir das spezielle Bogenelement $dl = dx$, $dy = dz = 0$, das also nach der Deformation parallel zur x-Achse liegt. Vor der Deformation hatte dieses Element gemäß Gl. (IX, 9) die Länge $dl_0 = \sqrt{1 - 2\,\varepsilon_{xx}}\,dx$ und war natürlich im allgemeinen keineswegs parallel zur x-Achse. Man bezeichnet die relative Längenänderung als *Dehnung* ε und erhält somit

$$\left.\begin{aligned} \varepsilon_x &= \frac{dx - dl_0}{dl_0} = \frac{1}{\sqrt{1 - 2\,\varepsilon_{xx}}} - 1,\\ \varepsilon_y &= \frac{1}{\sqrt{1 - 2\,\varepsilon_{yy}}} - 1, \quad \varepsilon_z = \frac{1}{\sqrt{1 - 2\,\varepsilon_{zz}}} - 1. \end{aligned}\right\} \qquad \text{(IX, 12)}$$

[1] Der Faktor $^1/_2$ ist historisch bedingt.

Man sieht also, daß die Verzerrungen ε_{xx}, ε_{yy} und ε_{zz} die Längenänderungen derjenigen Bogenelemente bestimmen, die nach der Verformung parallel zu den Koordinatenachsen liegen.

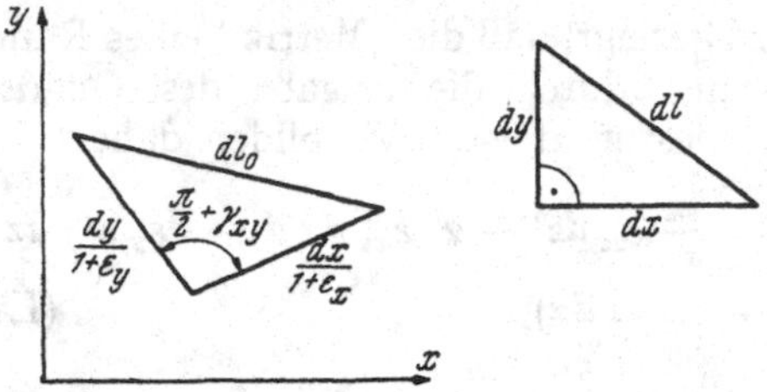

Abb. IX, 3

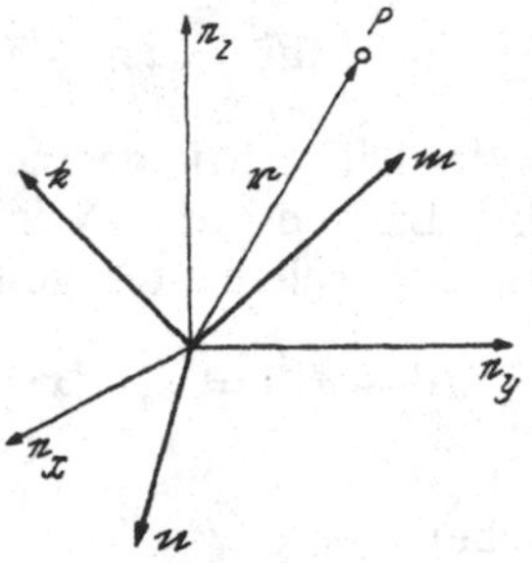

Abb. IX, 4

Als nächstes betrachten wir zwei Bogenelemente, dx und dy, die also nach der Verformung einen rechten Winkel einschließen (Abb. IX, 3). Vor der Verformung hatten die Elemente die Längen $dx/(1 + \varepsilon_x)$ und $dy/(1 + \varepsilon_y)$ und der zwischen ihnen aufgespannte Winkel war im allgemeinen nicht $\pi/2$. Wir wollen die durch die Deformation erzeugte *Abnahme* des Winkels mit γ_{xy} bezeichnen. Nach dem Cosinussatz gilt dann, wenn man beachtet, daß beim Fortschreiten längs dl entweder x oder y abnimmt, also eines der beiden Differentiale dx oder dy negativ ist,

$$dl_0^2 = \frac{dx^2}{(1+\varepsilon_x)^2} + \frac{dy^2}{(1+\varepsilon_y)^2} + 2\frac{dx\,dy}{(1+\varepsilon_x)(1+\varepsilon_y)}\cos\left(\frac{\pi}{2}+\gamma_{xy}\right).$$

Nun ist aber nach Gl. (IX, 9) und (IX, 12), mit $dz = 0$ und $dl^2 = dx^2 + dy^2$

$$dl_0^2 = \frac{dx^2}{(1+\varepsilon_x)^2} + \frac{dy^2}{(1+\varepsilon_y)^2} - 4\,\varepsilon_{xy}\,dx\,dy.$$

Wird dies oben eingesetzt, so folgt

$$\sin\gamma_{xy} = 2\,(1+\varepsilon_x)\,(1+\varepsilon_y)\,\varepsilon_{xy} \qquad \text{(IX, 13)}$$

und zwei analoge Gleichungen, die durch zyklische Vertauschung in x, y, z erhalten werden.

Die Verzerrungen ε_{xy}, ε_{yz} und ε_{zx} sind somit mit den Winkeländerungen im Körper verknüpft. Es läßt sich zeigen, daß es in jedem Körperpunkt stets drei aufeinander senkrechte Richtungen gibt, für welche diese Verzerrungen verschwinden, die rechten Winkel also bei der Deformation erhalten bleiben. Man nennt sie die *Verzerrungshauptachsen*. Die zugehörigen Verzerrungen bezeichnen wir mit ε_{11}, ε_{22}, ε_{33} und nennen sie die *Hauptverzerrungen*. Der Beweis benützt die Invarianz des Bogenelementes: dreht man das Koordinatensystem, so muß $dl^2 - dl_0^2$ ungeändert bleiben. Setzt man also (Abb. IX, 4)

$$\mathfrak{r} = x\,\mathfrak{e}_x + y\,\mathfrak{e}_y + z\,\mathfrak{e}_z = x'\,\mathfrak{n} + y'\,\mathfrak{m} + z'\,\mathfrak{k},$$

so wird durch Überschiebung mit $\mathfrak{e}_x$ und Differentiation

$$dx = n_x\,dx' + m_x\,dy' + k_x\,dz'$$

und analog für dy und dz. Trägt man dies in

$$\frac{1}{2}\,(dl^2 - dl_0^2) = \varepsilon_{xx}\,dx^2 + \ldots\ 2\,\varepsilon_{zx}\,dz\,dx = \varepsilon_{xx}'\,dx'^2 + \ldots\ 2\,\varepsilon_{zx}'\,dz'\,dx'$$

ein und vergleicht die Koeffizienten der Differentiale, so erhält man genau die Transformationsformeln (IX, 1) und (IX, 7). Somit bilden auch die Verzerrungen einen Tensor, den *Verzerrungstensor*. Die Existenz der Verzerrungshauptachsen ist damit erwiesen. Wie man den Gln. (IX, 11) entnimmt, ist auch der Verzerrungstensor symmetrisch. Seine erste Invariante bezeichnen wir mit e

$$e = \varepsilon_{xx} + \varepsilon_{yy} + \varepsilon_{zz} = \varepsilon_{11} + \varepsilon_{22} + \varepsilon_{33}. \qquad \text{(IX, 14)}$$

3. Das Hookesche Gesetz. Spannungs- und Verformungszustand in einem Körper sind nicht voneinander unabhängig. Die Gesetze, die sie verknüpfen, sind durch den Werkstoff bestimmt, aus dem der Körper besteht, und müssen der Erfahrung, also dem Versuch entnommen werden.

Wir wollen annehmen, daß wir es mit *homogenen* und *isotropen* Stoffen zu tun haben, d. h. mit solchen, die in jedem Punkt die gleichen physikalischen Eigenschaften aufweisen, wobei diese Eigenschaften richtungsunabhängig sind. Holz beispielsweise, wie überhaupt Stoffe mit Faser- oder Schichtenstruktur, zeigt mehr oder minder stark ausgeprägte Anisotropie.

Das einfachste Spannungs-Verzerrungs-Gesetz ist der lineare Zusammenhang, das sogenannte HOOKEsche Gesetz[1]. Werkstoffe, die diesem Gesetz gehorchen, nennt man *vollkommen elastisch*. Es ist ein glücklicher Zufall, daß zu dieser Gruppe innerhalb gewisser Grenzen unsere technisch wichtigsten Werkstoffe, die Metalle, gehören.

Zur Formulierung des HOOKEschen Gesetzes überlegen wir uns zuerst, daß in einem isotropen Körper Spannungs- und Verzerrungshauptachsen zusammenfallen müssen. Denn in einem solchen Körper kann ein reiner Zug oder Druck auf die Seitenflächen eines Rechtkants

---

[1] ROBERT HOOKE veröffentlichte 1678 das Gesetz in seiner einfachsten Form als „Proportionalität zwischen Kraft und Ausdehnung".

nur Änderungen der Seitenlängen, aber keine Winkeländerungen bewirken. Weiters zeigt die Erfahrung, daß eine Zugspannung σ_1 in der 1-Richtung eine Dehnung, in der 2- und 3-Richtung aber eine Zusammenziehung erzeugt. Entsprechendes gilt für σ_2 und σ_3. Wir setzen also an

$$\left.\begin{aligned} \varepsilon_{11} &= \frac{1}{E}[\sigma_1 - \mu(\sigma_2 + \sigma_3)], \\ \varepsilon_{22} &= \frac{1}{E}[\sigma_2 - \mu(\sigma_3 + \sigma_1)], \\ \varepsilon_{33} &= \frac{1}{E}[\sigma_3 - \mu(\sigma_1 + \sigma_2)], \end{aligned}\right\} \qquad \text{(IX, 15)}$$

wobei E und μ Proportionalitätsfaktoren sind. Wenn wir nach den Spannungen auflösen, so erhalten wir mit der neuen Konstanten

$$G = \frac{E}{2(1+\mu)} \qquad \text{(IX, 16)}$$

$$\left.\begin{aligned} \sigma_1 &= 2G\left(\varepsilon_{11} + \frac{\mu}{1-2\mu}e\right), \\ \sigma_2 &= 2G\left(\varepsilon_{22} + \frac{\mu}{1-2\mu}e\right), \\ \sigma_3 &= 2G\left(\varepsilon_{33} + \frac{\mu}{1-2\mu}e\right). \end{aligned}\right\} \qquad \text{(IX, 17)}$$

e ist durch Gl. (IX, 14) gegeben.

Die Gln. (IX, 15) und (IX, 17) gelten zunächst nur für die Hauptachsenrichtungen. Wir drehen nun das Koordinatensystem. Dabei transformieren sich die Spannungen und Verzerrungen nach den Gln. (IX, 1) und (IX, 7); also gemäß

$$\left.\begin{aligned} &\sigma_{xx} = n_1^2\sigma_1 + n_2^2\sigma_2 + n_3^2\sigma_3, \quad \sigma_{xy} = n_1 m_1 \sigma_1 + n_2 m_2 \sigma_2 + n_3 m_3 \sigma_3, \\ &\varepsilon_{xx} = n_1^2\varepsilon_{11} + n_2^2\varepsilon_{22} + n_3^2\varepsilon_{33}, \quad \varepsilon_{xy} = n_1 m_1 \varepsilon_{11} + n_2 m_2 \varepsilon_{22} + n_3 m_3 \varepsilon_{33}, \\ &\text{usw.} \end{aligned}\right\} \qquad \text{(IX, 18)}$$

$\mathfrak{n}$ ist dabei ein Einheitsvektor in Richtung x, $\mathfrak{m}$ ein solcher in Richtung y. Setzen wir σ_1, σ_2 und σ_3 nach Gl. (IX, 17) ein, so folgt mit $n_1^2 + n_2^2 + n_3^2 = 1$, $n_1 m_1 + n_2 m_2 + n_3 m_3 = 0$,

$$\left.\begin{aligned} \sigma_{xx} &= 2G\left(\varepsilon_{xx} + \frac{\mu}{1-2\mu}e\right), & \sigma_{xy} &= 2G\,\varepsilon_{xy}, \\ \sigma_{yy} &= 2G\left(\varepsilon_{yy} + \frac{\mu}{1-2\mu}e\right), & \sigma_{yz} &= 2G\,\varepsilon_{yz}, \\ \sigma_{zz} &= 2G\left(\varepsilon_{zz} + \frac{\mu}{1-2\mu}e\right), & \sigma_{zx} &= 2G\,\varepsilon_{zx}. \end{aligned}\right\} \qquad \text{(IX, 19)}$$

Die Konstante G verbindet Schubspannung und Winkeländerung, sie wird deshalb *Schubmodul* genannt. E heißt *Elastizitätsmodul* und μ nennt man die *Querdehnungszahl*. Die drei Konstanten sind durch Gl. (IX, 16) verknüpft, es sind also nur zwei unabhängig.

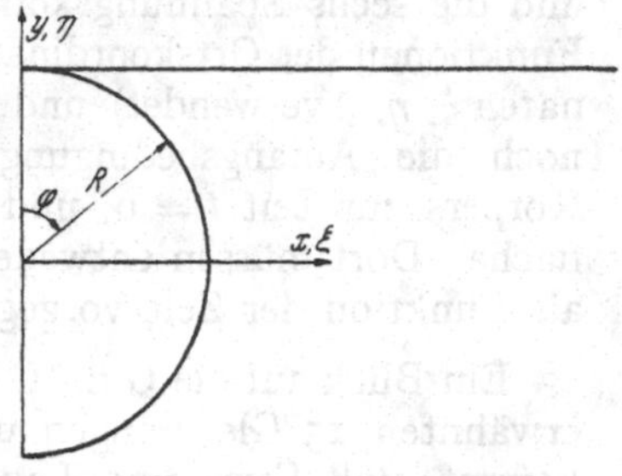

Abb. IX, 5

Die Gln. (IX, 19) stellen das gesuchte HOOKEsche Gesetz dar. Seine Anwendung ist, zumindest für Metalle, nur zulässig, wenn die Dehnungen $\varepsilon_x, \varepsilon_y, \varepsilon_z$, die Winkeländerungen $\gamma_{xy}, \gamma_{yz}, \gamma_{zx}$ und damit auch die Verzerrungskomponenten $\varepsilon_{xx} \ldots \varepsilon_{zx}$ hinreichend klein gegen eins sind. Stahl beispielsweise besitzt eine maximale elastische Dehnung von der Größe 10^{-3} bis $5 \cdot 10^{-3}$. Bei größeren Werten tritt *Fließen* des Werkstoffes ein. Dann ist das HOOKEsche Gesetz durch eine nichtlineare Spannungs-Verzerrungs-Beziehung der *Plastizitätstheorie* zu ersetzen[1]. Es sei aber betont, daß Kleinheit der Verzerrungen keineswegs auch Kleinheit der Verschiebungen u, v, w oder der Verschiebungsableitungen $\partial u/\partial x$ usw. verlangt. Ein *Beispiel* hiefür bietet eine sehr *dünne Blattfeder*, deren Mittelebene aus der gestreckten Lage dehnungslos zu einem Halbzylinder vom Radius R gebogen wird (Abb. IX, 5). Ein Punkt im Abstand h von der Mittelebene hat dann vor der Verformung die Koordinaten ξ, η und nach der Verformung die Koordinaten x, y. Der Zusammenhang zwischen den beiden ist, wenn die durch die Verformung bewirkte Änderung der Blattdicke vernachlässigt wird,

$$\xi = R\varphi, \quad \eta = R + h, \quad \varphi = \arctan\frac{x}{y}, \quad x^2 + y^2 = (R + h)^2.$$

Wegen $R =$ konst. und $\partial h/\partial x = x/(R + h)$, $\partial h/\partial y = y/(R + h)$ folgt daraus

$$\frac{\partial u}{\partial x} = 1 - \frac{R\,y}{(R + h)^2}, \qquad \frac{\partial v}{\partial x} = -\frac{x}{R + h},$$

$$\frac{\partial u}{\partial y} = \frac{R\,x}{(R + h)^2}, \qquad \frac{\partial v}{\partial y} = 1 - \frac{y}{R + h}.$$

Trägt man dies in die Gln. (IX, 10) und (IX, 11) ein und betrachtet nur Punkte in der Mittelfläche, setzt also $h = 0$, so ergibt sich, daß die Verzerrungen überall in der Mittelfläche verschwinden. Die Verschiebungsableitungen jedoch sind keineswegs klein. So ist $\partial u/\partial x = 1$ in $\varphi = \pi/2$ und $\partial u/\partial x = 2$ in $\varphi = \pi$.

4. Eine Anwendung der allgemeinen Theorie.

Die drei Bewegungsgleichungen (IV, 6), die sechs geometrischen Beziehungen (IX, 10) und

---

[1] An Lehrbüchern der Plastizitätstheorie seien W. PRAGER und P. G. HODGE: Theorie ideal plastischer Körper. Wien: 1954, R. HILL: The Mathematical Theory of Plasticity. Oxford: 1950, und W. PRAGER: Probleme der Plastizitätstheorie, Basel: 1955 genannt.

(IX, 11) und die sechs Spannungs-Verzerrungs-Gleichungen (IX, 19) liefern insgesamt 15 Gleichungen für 15 Unbekannte, nämlich die drei Verschiebungskomponenten u, v, w, die sechs Verzerrungskomponenten ε_{ij} und die sechs Spannungskomponenten σ_{ij}. Sämtliche Unbekannte sind Funktionen der Ortskoordinaten x, y, z (häufig werden auch die Koordinaten ξ, η, ζ verwendet) und der Zeit t. Zu den 15 Gleichungen kommen noch die Anfangsbedingungen, also Lage und Geschwindigkeit des Körpers zur Zeit $t = 0$, und die Randbedingungen an der Körperoberfläche. Dort müssen entweder die Spannungen oder die Verschiebungen als Funktion der Zeit vorgegeben sein.

Ein Blick auf die Gln. (IX, 10) und (IX, 11) zeigt, daß es sich bei den erwähnten 15 Gleichungen um ein nichtlineares System handelt. Dazu kommt, daß Form und Lage der Körperoberfläche, an der die Randbedingungen angeschrieben werden müssen, wegen der noch unbekannten Deformationen zunächst gleichfalls unbekannt sind, und sich erst mit der Lösung ergeben. Es ist daher nicht verwunderlich, daß strenge Lösungen der Gleichungen bis jetzt nur in ganz wenigen, besonders einfach liegenden Fällen gefunden wurden. Ein solcher ist nachstehend behandelt.

Gedrückter Würfel. Ein Würfel von der Seitenlänge a wird durch Druckkräfte auf seine Seitenflächen in ein Rechtkant mit den Seitenlängen a/λ_1, a/λ_2 und a/λ_3 verformt. Wir wollen die auftretenden Spannungen berechnen.

Wir legen die Koordinatenachsen in die Würfelkanten und bezeichnen, wie in Ziff. IX, 2 vereinbart, mit ξ, η, ζ die Koordinaten eines beliebigen Punktes im unverformten, und mit x, y, z die Koordinaten des gleichen Punktes im verformten Würfel. Wir dürfen einen linearen Verlauf der Verschiebungen erwarten und setzen deshalb an:

$$\xi = \lambda_1 x, \qquad \eta = \lambda_2 y, \qquad \zeta = \lambda_3 z.$$

Gl. (IX, 8) liefert damit die Verschiebungskomponenten

$$u = (1 - \lambda_1)\, x, \qquad v = (1 - \lambda_2)\, y, \qquad w = (1 - \lambda_3)\, z$$

und Gln. (IX, 10) und (IX, 11) geben die Verzerrungen

$$\varepsilon_{xx} = \frac{1}{2}(1 - \lambda_1^2), \qquad \varepsilon_{yy} = \frac{1}{2}(1 - \lambda_2^2), \qquad \varepsilon_{zz} = \frac{1}{2}(1 - \lambda_3^2),$$

$$\varepsilon_{xy} = \varepsilon_{yz} = \varepsilon_{zx} = 0.$$

Die Koordinatenachsen sind also Hauptachsen. Aus den Gln. (IX, 19) folgt

$$\sigma_{xx} = \sigma_1 = \frac{G}{1 - 2\mu}\left[1 + \mu - (1 - \mu)\,\lambda_1^2 - \mu\left(\lambda_2^2 + \lambda_3^2\right)\right],$$

$$\sigma_{yy} = \sigma_2 = \frac{G}{1 - 2\mu}\left[1 + \mu - (1 - \mu)\,\lambda_2^2 - \mu\left(\lambda_3^2 + \lambda_1^2\right)\right],$$

$$\sigma_{zz} = \sigma_3 = \frac{G}{1-2\mu}\left[1 + \mu - (1-\mu)\lambda_3^2 - \mu\left(\lambda_1^2 + \lambda_2^2\right)\right].$$

Die Bewegungsgleichungen (IV, 6) gehen hier wegen $\mathfrak{b} \equiv 0$ in die Gleichgewichtsbedingungen über. Sie sind erfüllt, falls keine Volumskräfte auftreten, was wir annehmen wollen. Die Aufgabe ist also gelöst.

Steht der Würfel unter allseits gleichem Druck p, so ist aus Symmetriegründen $\lambda_1 = \lambda_2 = \lambda_3 = \lambda$ und es ergibt sich

$$\sigma_1 = \sigma_2 = \sigma_3 = -p = \frac{1+\mu}{1-2\mu} G(1-\lambda^2).$$

Die relative Verkürzung der Würfelkanten folgt daraus mit Gl. (IX, 16) zu

$$\lambda = \sqrt{1 + 2(1-2\mu)\frac{p}{E}} \geqq 1.$$

Man sieht, daß $\lambda = 1$ wird für $\mu = 1/2$. Die Kantenlänge und damit auch das Volumen bleiben dann bei noch so hohem Druck ungeändert. Dieser Wert der Querdehnungszahl entspricht also einem *inkompressiblen* Werkstoff. Er stellt gleichzeitig eine obere Grenze für μ dar. Wäre nämlich $\mu > 1/2$, so würde sich $\lambda < 1$ ergeben; ein auf den Würfel ausgeübter Druck würde dann eine Verlängerung der Würfelkanten erzeugen, was unmöglich ist.

Steht der Würfel unter einachsigem Zug,

$$\sigma_1 = \sigma, \qquad \sigma_2 = \sigma_3 = 0,$$

so folgt aus den oben angegebenen Ausdrücken für die Spannungen

$$\lambda_1 = \sqrt{1 - \frac{2\sigma}{E}}, \qquad \lambda_2 = \lambda_3 = \sqrt{1 + \frac{2\mu\sigma}{E}}.$$

Die quer zur Belastung liegenden Würfelkanten verkürzen sich vom ursprünglichen Wert a auf den Wert a/λ_2, es muß also $\lambda_2 > 1$ sein. Daraus folgt, daß μ nicht negativ sein kann. Wir haben also die folgende Eingrenzung für die Querdehnungszahl

$$0 \leqq \mu \leqq \frac{1}{2}. \qquad \text{(IX, 20)}$$

Aufgaben

A 1. Man zeige mit Hilfe der Gln. (IX, 2), daß die drei Spannungshauptachsen aufeinander senkrecht stehen.

Lösung: Schreibt man die Gln. (IX, 2) einmal für die Richtung σ_1 (Einheitsvektor $\mathfrak{n}$) und dann für die Richtung σ_2 (Einheitsvektor $\mathfrak{m}$) an,

$$\sigma_{xx} n_x + \sigma_{yx} n_y + \sigma_{zx} n_z = \sigma_1 n_x, \quad \sigma_{xx} m_x + \sigma_{yx} m_y + \sigma_{zx} m_z = \sigma_2 m_x \text{ usw.}$$

multipliziert die ersten drei Gleichungen der Reihe nach mit m_x, m_y, m_z und subtrahiert die mit n_x, n_y, n_z multiplizierten entsprechenden zweiten Gleichungen, so entsteht

$$(\sigma_1 - \sigma_2)\, \mathfrak{n} \cdot \mathfrak{m} = 0.$$

Wegen $\sigma_2 \neq \sigma_1$ folgt sofort $\mathfrak{n} \cdot \mathfrak{m} = 0$.

A 2. Für den Fall des ebenen Spannungszustandes ($\sigma_z = \tau_{yz} = \tau_{zx} = 0$) bestimme man Normal- und Schubspannung in einer zur z-Achse parallelen Schnittebene, deren Normale mit der x-Achse den Winkel α einschließt (Abb. IX, A 1), ferner die Hauptnormalspannungen und die Lage der Spannungshauptachsen.

Lösung: Aus den Gln. (IX, 1) und (IX, 7) erhält man mit

$$n_x = \cos\alpha, \qquad n_y = \sin\alpha,$$
$$m_x = -\sin\alpha, \qquad m_y = \cos\alpha$$

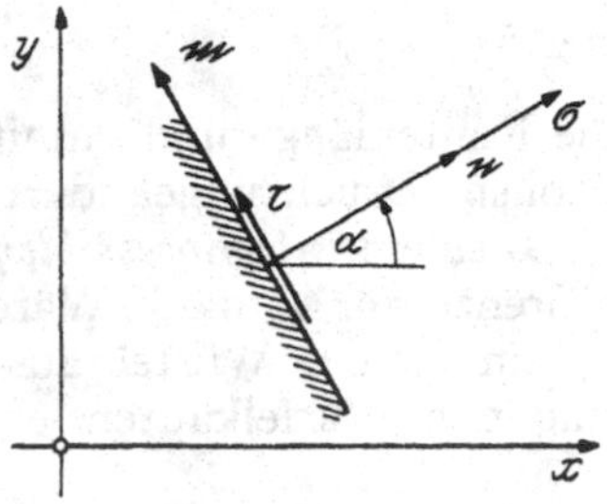

Abb. IX, A 1

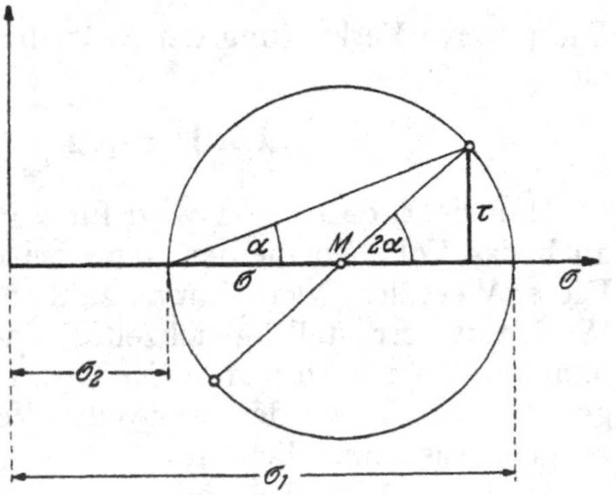

Abb. IX, A 2

sofort

$$\sigma = \frac{\sigma_x + \sigma_y}{2} + \frac{\sigma_x - \sigma_y}{2}\cos 2\alpha + \tau_{xy}\sin 2\alpha, \tag{a}$$

$$\tau = -\frac{\sigma_x - \sigma_y}{2}\sin 2\alpha + \tau_{xy}\cos 2\alpha. \tag{b}$$

Die Gl. (IX, 3) vereinfacht sich zu

$$\begin{vmatrix} \sigma_x - \sigma & \tau_{yx} \\ \tau_{xy} & \sigma_y - \sigma \end{vmatrix} = (\sigma_x - \sigma)(\sigma_y - \sigma) - \tau_{xy}^2 = 0$$

und liefert damit die Hauptnormalspannungen

$$\sigma_{1,2} = \frac{\sigma_x + \sigma_y}{2} \pm \frac{1}{2}\sqrt{(\sigma_x - \sigma_y)^2 + 4\tau_{xy}^2}. \tag{c}$$

Die Richtung der Spannungshauptachsen folgt aus Gl. (b) mit $\tau = 0$ zu

$$\tan 2\alpha_{1,2} = \frac{2\tau_{xy}}{\sigma_x - \sigma_y}. \tag{d}$$

A 3. Es seien σ_1 und $\sigma_2 < \sigma_1$ die Hauptnormalspannungen eines ebenen Spannungszustandes $\sigma_3 = 0$. Man zeige, daß die Spannungen σ und τ in einer Schnittebene, die mit der 1-Richtung den Winkel α einschließt (vgl. Abb. IX, A 1 mit $x \to 1$), auf einem Kreis, dem MOHRschen Spannungskreis liegen, wenn man sie als Abszisse bzw. Ordinate in einem σ, τ-Koordinatensystem aufträgt (Abb. IX, A 2).

Lösung: Hauptnormalspannungsflächen sind schubspannungsfrei; ersetzt man daher in den Gln. (a) und (b) der vorhergehenden Aufgabe σ_x durch σ_1 und σ_y durch σ_2, so erhält man

$$\sigma = \frac{\sigma_1 + \sigma_2}{2} + \frac{\sigma_1 - \sigma_2}{2} \cos 2\alpha, \qquad \tau = -\frac{\sigma_1 - \sigma_2}{2} \sin 2\alpha.$$

Das ist aber die Gleichung des in Abb. IX, A 2 dargestellten Kreises mit dem Radius $(\sigma_1 - \sigma_2)/2$ und dem auf der σ-Achse in $(\sigma_1 + \sigma_2)/2$ liegenden Mittelpunkt M. Die Schubspannung wurde mit ihrem Absolutwert eingetragen.

A 4. Man finde die Ausdrücke für die Verzerrungskomponenten in Zylinderkoordinaten.

Lösung: Wir gehen in gleicher Weise vor, wie bei der Herleitung der entsprechenden Ausdrücke (IX, 10) und (IX, 11) in kartesischen Koordinaten. Ein beliebiger Körperpunkt P habe die Koordinaten ϱ, ψ, ζ in der Anfangslage und r, φ, z in der Endlage (vgl. Abb. IV, 5). Die Koordinatenzuwächse sollen mit u, χ, w bezeichnet werden. Somit ist $r = \varrho + u$, $\varphi = \psi + \chi$, $z = \zeta + w$. Wir drücken nun die Bogenelemente vor und nach der Verformung

$$dl_0^2 = d\varrho^2 + \varrho^2\, d\psi^2 + d\zeta^2, \quad dl^2 = dr^2 + r^2\, d\varphi^2 + dz^2$$

als Funktionen der Koordinaten in der Endlage aus und bekommen die Verzerrungskomponenten aus der Beziehung

$$\frac{1}{2}(dl^2 - dl_0^2) = \varepsilon_{rr}\, dr^2 + \varepsilon_{\varphi\varphi}\, r^2\, d\varphi^2 + \varepsilon_{zz}\, dz^2 + \\ + 2\,(\varepsilon_{r\varphi}\, r\, dr\, d\varphi + \varepsilon_{\varphi z}\, r\, d\varphi\, dz + \varepsilon_{zr}\, dz\, dr)$$

zu

$$\varepsilon_{rr} = \frac{\partial u}{\partial r} - \frac{1}{2}\left[\left(\frac{\partial u}{\partial r}\right)^2 + (r-u)^2\left(\frac{\partial \chi}{\partial r}\right)^2 + \left(\frac{\partial w}{\partial r}\right)^2\right],$$

$$\varepsilon_{\varphi\varphi} = \frac{u}{r} + \left(1 - \frac{u}{r}\right)^2 \frac{\partial \chi}{\partial \varphi} - \frac{1}{2}\left\{\frac{u^2}{r^2} + \frac{1}{r^2}\left[\left(\frac{\partial u}{\partial \varphi}\right)^2 + \left(\frac{\partial w}{\partial \varphi}\right)^2\right] + \\ + \left(1 - \frac{u}{r}\right)^2\left(\frac{\partial \chi}{\partial \varphi}\right)^2\right\},$$

$$\varepsilon_{zz} = \frac{\partial w}{\partial z} - \frac{1}{2}\left[\left(\frac{\partial u}{\partial z}\right)^2 + (r-u)^2\left(\frac{\partial \chi}{\partial z}\right)^2 + \left(\frac{\partial w}{\partial z}\right)^2\right],$$

$$2\,\varepsilon_{r\varphi} = \frac{1}{r}\left\{\frac{\partial u}{\partial \varphi} + (r-u)^2 \frac{\partial \chi}{\partial r} - \left[\frac{\partial u}{\partial r}\frac{\partial u}{\partial \varphi} + (r-u)^2 \frac{\partial \chi}{\partial r}\frac{\partial \chi}{\partial \varphi} + \frac{\partial w}{\partial r}\frac{\partial w}{\partial \varphi}\right]\right\},$$

$$2\,\varepsilon_{\varphi z} = \frac{1}{r}\left\{(r-u)^2 \frac{\partial \chi}{\partial z} + \frac{\partial w}{\partial \varphi} - \left[\frac{\partial u}{\partial \varphi}\frac{\partial u}{\partial z} + (r-u)^2 \frac{\partial \chi}{\partial \varphi}\frac{\partial \chi}{\partial z} + \frac{\partial w}{\partial \varphi}\frac{\partial w}{\partial z}\right]\right\},$$

$$2\,\varepsilon_{zr} = \frac{\partial u}{\partial z} + \frac{\partial w}{\partial r} - \left[\frac{\partial u}{\partial z}\frac{\partial u}{\partial r} + (r-u)^2 \frac{\partial \chi}{\partial z}\frac{\partial \chi}{\partial r} + \frac{\partial w}{\partial z}\frac{\partial w}{\partial r}\right].$$

In der linearisierten Theorie vereinfachen sich die vorstehenden Beziehungen zu

$$\varepsilon_{rr} = \frac{\partial u}{\partial r}, \quad \varepsilon_{\varphi\varphi} = \frac{u}{r} + \frac{\partial \chi}{\partial \varphi}, \quad \varepsilon_{zz} = \frac{\partial w}{\partial z},$$

$$2\,\varepsilon_{r\varphi} = \frac{1}{r}\frac{\partial u}{\partial \varphi} + r\frac{\partial \chi}{\partial r}, \quad 2\,\varepsilon_{\varphi z} = r\frac{\partial \chi}{\partial z} + \frac{1}{r}\frac{\partial w}{\partial \varphi}, \quad 2\,\varepsilon_{zr} = \frac{\partial u}{\partial z} + \frac{\partial w}{\partial r}.$$

Mit $\chi = v/r$ erhalten sie eine in der Literatur häufig anzutreffende Form.

A 5. Man finde die Ausdrücke für die Verzerrungskomponenten in Kugelkoordinaten.

Lösung: Der Lösungsweg ist der gleiche wie in der vorangehenden Aufgabe. Die Koordinaten des Punktes P nach der Verformung seien $r = \varrho + u$, $\varphi = \psi + \chi$, $\vartheta = \lambda + \omega$ (vgl. Abb. I, A 1).

Mit den Bogenelementen

$$dl_0^2 = d\varrho^2 + \varrho^2\, d\psi^2 \sin^2\lambda + \varrho^2\, d\lambda^2, \quad dl^2 = dr^2 + r^2\, d\varphi^2 \sin^2\vartheta + r^2\, d\vartheta^2$$

erhalten wir dann die Verzerrungskomponenten aus

$$\frac{1}{2}(dl^2 - dl_0^2) = \varepsilon_{rr}\, dr^2 + \varepsilon_{\varphi\varphi}\, r^2 \sin^2\vartheta\, d\varphi^2 + \varepsilon_{\vartheta\vartheta}\, r^2\, d\vartheta^2 +$$
$$+ 2\,(\varepsilon_{r\varphi}\, r \sin\vartheta\, dr\, d\varphi + \varepsilon_{\varphi\vartheta}\, r^2 \sin\vartheta\, d\varphi\, d\vartheta + \varepsilon_{\vartheta r}\, r\, d\vartheta\, dr).$$

Mit Benützung von

$$\frac{\sin^2(\vartheta - \omega)}{\sin^2\vartheta} = 1 - (1 - \cot^2\vartheta)\sin^2\omega - \cot\vartheta \sin 2\,\omega$$

lauten sie

$$\varepsilon_{rr} = \frac{\partial u}{\partial r} - \frac{1}{2}\left\{\left(\frac{\partial u}{\partial r}\right)^2 + (r - u)^2\left[\left(\frac{\partial \chi}{\partial r}\right)^2 \sin^2(\vartheta - \omega) + \left(\frac{\partial \omega}{\partial r}\right)^2\right]\right\},$$

$$\varepsilon_{\varphi\varphi} = \left[\frac{u}{r} + \left(1 - \frac{u}{r}\right)^2 \frac{\partial \chi}{\partial \varphi}\right]\frac{\sin^2(\vartheta - \omega)}{\sin^2\vartheta} + \frac{1}{2}\cot\vartheta \sin 2\,\omega -$$
$$- \frac{1}{2}\left\langle \frac{1}{\sin^2\vartheta}\left\{\frac{1}{r^2}\left(\frac{\partial u}{\partial \varphi}\right)^2 + \left[\frac{u^2}{r^2} + \left(1 - \frac{u}{r}\right)^2\left(\frac{\partial \chi}{\partial \varphi}\right)^2\right]\sin^2(\vartheta - \omega) +\right.\right.$$
$$\left.\left. + \left(1 - \frac{u}{r}\right)^2\left(\frac{\partial \omega}{\partial \varphi}\right)^2\right\} - (1 - \cot^2\vartheta)\sin^2\omega\right\rangle,$$

$$\varepsilon_{\vartheta\vartheta} = \frac{u}{r} + \left(1 - \frac{u}{r}\right)^2\frac{\partial \omega}{\partial \vartheta} - \frac{1}{2}\left\{\frac{u^2}{r^2} + \frac{1}{r^2}\left(\frac{\partial u}{\partial \vartheta}\right)^2 +\right.$$
$$\left. + \left(1 - \frac{u}{r}\right)^2\left[\left(\frac{\partial \chi}{\partial \vartheta}\right)^2 \sin^2(\vartheta - \omega) + \left(\frac{\partial \omega}{\partial \vartheta}\right)^2\right]\right\},$$

$$2\,\varepsilon_{r\varphi} = \frac{1}{r\sin\vartheta}\left\langle \frac{\partial u}{\partial \varphi} + (r - u)^2\frac{\partial \chi}{\partial r}\sin^2(\vartheta - \omega) -\right.$$
$$\left.\left\{\frac{\partial u}{\partial r}\frac{\partial u}{\partial \varphi} - + (r - u)^2\left[\frac{\partial \chi}{\partial r}\frac{\partial \chi}{\partial \varphi}\sin^2(\vartheta - \omega) + \frac{\partial \omega}{\partial r}\frac{\partial \omega}{\partial \varphi}\right]\right\}\right\rangle,$$

$$2\,\varepsilon_{\varphi\vartheta} = \frac{1}{\sin\vartheta}\Big\langle\Big(1-\frac{u}{r}\Big)^2\Big[\frac{\partial\chi}{\partial\vartheta}\sin^2(\vartheta-\omega)+\frac{\partial\omega}{\partial\varphi}\Big] -$$

$$-\Big\{\frac{1}{r^2}\frac{\partial u}{\partial\varphi}\frac{\partial u}{\partial\vartheta}+\Big(1-\frac{u}{r}\Big)^2\Big[\frac{\partial\chi}{\partial\varphi}\frac{\partial\chi}{\partial\vartheta}\sin^2(\vartheta-\omega)+\frac{\partial\omega}{\partial\varphi}\frac{\partial\omega}{\partial\vartheta}\Big]\Big\}\Big\rangle,$$

$$2\,\varepsilon_{\vartheta r} = \frac{1}{r}\Big\langle\frac{\partial u}{\partial\vartheta}+(r-u)^2\frac{\partial\omega}{\partial r}-\Big\{\frac{\partial u}{\partial\vartheta}\frac{\partial u}{\partial r}+$$

$$+(r-u)^2\Big[\frac{\partial\chi}{\partial\vartheta}\frac{\partial\chi}{\partial r}\sin^2(\vartheta-\omega)+\frac{\partial\omega}{\partial\vartheta}\frac{\partial\omega}{\partial r}\Big]\Big\}\Big\rangle.$$

Nach Linearisierung ergeben sich die vereinfachten Ausdrücke

$$\varepsilon_{rr}=\frac{\partial u}{\partial r},\quad \varepsilon_{\varphi\varphi}=\frac{u}{r}+\frac{\partial\chi}{\partial\varphi}+\omega\cot\vartheta,\quad \varepsilon_{\vartheta\vartheta}=\frac{u}{r}+\frac{\partial\omega}{\partial\vartheta},$$

$$2\,\varepsilon_{r\varphi}=\frac{1}{r\sin\vartheta}\frac{\partial u}{\partial\varphi}+\frac{\partial\chi}{\partial r}\,r\sin\vartheta,\quad 2\,\varepsilon_{\varphi\vartheta}=\frac{\partial\chi}{\partial\vartheta}\sin\vartheta+\frac{1}{\sin\vartheta}\frac{\partial\omega}{\partial\varphi},$$

$$2\,\varepsilon_{\vartheta r}=\frac{1}{r}\frac{\partial u}{\partial\vartheta}+r\frac{\partial\omega}{\partial r},$$

welche in der Literatur meist mit $\chi = v/r\sin\vartheta$, $\omega = w/r$ zu finden sind.

A 6. Man ermittle die „Arbeitslinie" $\sigma_0 = f(\varepsilon)$ eines vollkommen elastischen Zugstabes unter Voraussetzung endlicher Deformationen, wenn σ_0 die auf den unverformten Querschnitt F_0 bezogene Spannung bedeutet.

Lösung: Mit Gl. (IX, 12) gilt

$$\varepsilon = \frac{1}{\sqrt{1-2\,\varepsilon_{xx}}}-1=\frac{1}{\sqrt{1-\frac{2\,\sigma}{E}}}-1,$$

also

$$\frac{\sigma}{E}=\frac{2\,\varepsilon+\varepsilon^2}{2\,(1+\varepsilon)^2}. \tag{a}$$

Die Axialspannung σ ist auf den verformten Stabquerschnitt F bezogen und hängt mit σ_0 gemäß $\sigma_0 F_0 = \sigma F$ zusammen. Da sich die Querschnittsabmessungen im Verhältnis $\eta/y = \lambda_2$ verringern, vgl. Ziff. IX, 4, ist $F_0/F = \lambda_2{}^2$ und somit

$$\sigma_0=\frac{\sigma}{1+\frac{2\,\mu\,\sigma}{E}}.$$

Für σ aus Gl. (a) eingesetzt, folgt die gesuchte Beziehung zu

$$\frac{\sigma_0}{E}=\frac{2\,\varepsilon+\varepsilon^2}{2[1+(1+\mu)\,(2\,\varepsilon+\varepsilon^2)]}. \tag{b}$$

Sie ist in Abb. IX, A 3 graphisch dargestellt und zeigt trotz Gültigkeit des HOOKEschen Gesetzes einen ausgeprägt nichtlinearen Verlauf. Nur bei hinreichend kleiner Dehnung, wenn ε gegen 1 vernachlässigt werden darf, gilt die lineare Beziehung $\sigma_0 = E\,\varepsilon$.

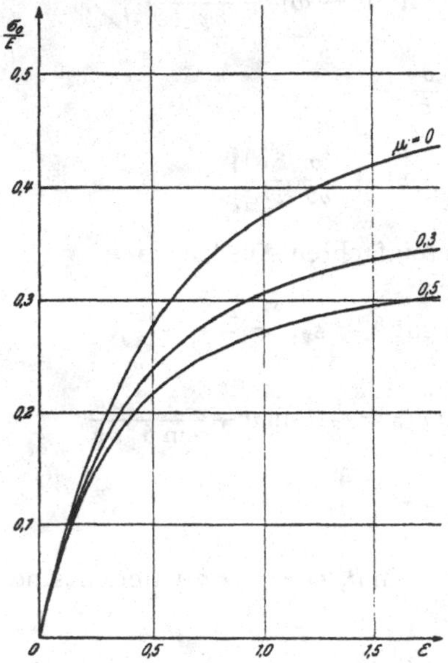

Abb. IX, A 3

A 7. Man zeige am Beispiel des gedrückten Würfels, daß der Wert $\mu = 1/2$ für die Querdehnungszahl bei endlichen Verformungen keineswegs *immer* Unveränderlichkeit des Volumens zur Folge hat.

Lösung: Nach Ziff. IX, 4 ist die spezifische Volumsänderung des Würfels

$$\frac{\Delta V}{V} = \frac{x\,y\,z}{\xi\,\eta\,\zeta} - 1 = \frac{1}{\lambda_1\,\lambda_2\,\lambda_3} - 1.$$

Dieser Ausdruck wird nur dann Null, wenn $\lambda_1\,\lambda_2\,\lambda_3 = 1$ ist, was aber auch für $\mu = 1/2$ nur in Ausnahmefällen zutrifft. Zum Beispiel gilt für den einachsig gezogenen Würfel

$$1 - \lambda_1\,\lambda_2\,\lambda_3 = 1 - \left(1 + \frac{2\,\mu\,\sigma}{E}\right)\sqrt{1 - \frac{2\,\sigma}{E}}$$

und dieser Ausdruck verschwindet für $\mu = 1/2$ nur bei hinreichend kleinem σ/E, wo Linearisierung mittels Taylorentwicklung auf

$$1 - \lambda_1\,\lambda_2\,\lambda_3 = 1 - \left(1 + \frac{2\,\mu\,\sigma}{E}\right)\left(1 - \frac{\sigma}{E}\right) = (1 - 2\,\mu)\,\frac{\sigma}{E}$$

führt.

Literatur

G. HAMEL: Theoretische Mechanik. Berlin: 1949.
A. E. GREEN–W. ZERNA: Theoretical Elasticity. Oxford: 1954.
A. E. GREEN–J. E. ADKINS: Large Elastic Deformations. Oxford: 1960.
W. PRAGER: Einführung in die Kontinuumsmechanik. Basel: 1961.
R. KAPPUS: ZaMM 19, 271 (1939).

X. Die linearisierte Elastizitätstheorie

1. Grundgleichungen. Während die Auflösung der allgemeinen Gleichungen der Elastizitätstheorie fast unüberwindliche Schwierigkeiten bereitet, gibt es viele praktisch wichtige Fälle, in denen man drastische Vereinfachungen dieser Gleichungen vornehmen kann. Man faßt diese Fälle unter der Bezeichnung *Elastizitätstheorie kleiner* (oder infinitesimaler) *Verschiebungen* bzw. *linearisierte* (oder *klassische*) *Elastizitätstheorie* zusammen.

Um die Voraussetzungen dieser vereinfachten Theorie zu formulieren, bezeichnen wir mit u, v, w die von der Deformation direkt herrührenden Verschiebungen[1], so daß also für einen starren Körper $u = v = w = 0$ wird. Dies läßt sich erreichen, indem man das an sich beliebig bewegliche Koordinatensystem x, y, z mit dem Körper passend mitfahren läßt. Nun setzen wir voraus

a) die Verformungen u, v, w sind klein gegenüber den Abmessungen des Körpers,

b) die Verschiebungsableitungen $\partial u/\partial x$ usw. sind klein gegen eins.

Die erste Voraussetzung gestattet uns, die Randbedingungen näherungsweise am unverformten Körper anzusetzen, anstatt am verformten, sowie auch die Spannungen näherungsweise auf den unverformten Körper zu beziehen. Die zweite Voraussetzung ermöglicht es uns, die quadratischen Glieder in den Gln. (IX, 10) und (IX, 11) gegenüber den linearen zu vernachlässigen und darüber hinaus in diesen Gleichungen sowie in den Bewegungsgleichungen (IV, 6) die Ableitungen $\partial/\partial x$ usw., die sich auf das verformte Kontinuum beziehen, näherungsweise durch die Ableitungen $\partial/\partial \xi$ usw. im unverformten Kontinuum zu ersetzen. Denn es ist mit $\xi = x - u$, $\eta = y - v$, $\zeta = z - w$:

$$\frac{\partial \sigma_{xx}}{\partial x} = \frac{\partial \sigma_{xx}}{\partial \xi}\frac{\partial \xi}{\partial x} + \frac{\partial \sigma_{xx}}{\partial \eta}\frac{\partial \eta}{\partial x} + \frac{\partial \sigma_{xx}}{\partial \zeta}\frac{\partial \zeta}{\partial x} =$$

$$= \left(1 - \frac{\partial u}{\partial x}\right)\frac{\partial \sigma_{xx}}{\partial \xi} - \frac{\partial v}{\partial x}\frac{\partial \sigma_{xx}}{\partial \eta} - \frac{\partial w}{\partial x}\frac{\partial \sigma_{xx}}{\partial \zeta},$$

woraus mit Voraussetzung (b) angenähert $\dfrac{\partial \sigma_{xx}}{\partial x} = \dfrac{\partial \sigma_{xx}}{\partial \xi}$ usw. folgt. Wir schreiben also weiterhin x, y, z, meinen aber damit jetzt die Koordinaten im unverformten Zustand.

Ein Blick auf die Gln. (IX, 12) und (IX, 13) zeigt uns ferner, daß wegen

$$\varepsilon_x = (1 - 2\,\varepsilon_{xx})^{-\frac{1}{2}} - 1 = 1 + \varepsilon_{xx} + \frac{3}{2}\varepsilon_{xx}^2 + \ldots - 1 \approx \varepsilon_{xx},$$

$$\sin \gamma_{xy} \approx \gamma_{xy} = 2\,\varepsilon_{xy}\,(1 + \varepsilon_x + \varepsilon_y + \ldots) \approx 2\,\varepsilon_{xy}$$

[1] Man nennt sie manchmal „Deformationsverschiebungen".

die Verzerrungskomponenten mit den Dehnungen und Winkeländerungen identisch werden[1].

Zusammenfassend können wir also feststellen: Wenn die Voraussetzungen (a) und (b) zutreffen, gilt die linearisierte Elastizitätstheorie. Die Bewegungsgleichungen (IV, 6) bleiben formal ungeändert, ebenso das HOOKEsche Gesetz Gl. (IX, 19). Die geometrischen Beziehungen (IX, 10) und (IX, 11) werden jedoch ersetzt durch die vereinfachten Gleichungen

$$\left.\begin{aligned} \varepsilon_{xx} &= \varepsilon_x = \frac{\partial u}{\partial x}, \quad \varepsilon_{yy} = \varepsilon_y = \frac{\partial v}{\partial y}, \quad \varepsilon_{zz} = \varepsilon_z = \frac{\partial w}{\partial z}, \\ 2\,\varepsilon_{xy} &= \gamma_{xy} = \frac{\partial u}{\partial y} + \frac{\partial v}{\partial x}, \quad 2\,\varepsilon_{yz} = \gamma_{yz} = \frac{\partial v}{\partial z} + \frac{\partial w}{\partial y}, \\ 2\,\varepsilon_{zx} &= \gamma_{zx} = \frac{\partial w}{\partial x} + \frac{\partial u}{\partial z}. \end{aligned}\right\} \tag{X, 1}$$

Die Größe e nach Gl. (IX, 14) bekommt jetzt eine sehr anschauliche Bedeutung. Betrachten wir nämlich ein Rechtkant, dessen Seiten mit den Längen dx, dy, dz parallel zu den Hauptspannungsrichtungen liegen, so sind nach der Verformung die Seitenlängen $(1 + \varepsilon_x)\,dx$, $(1 + \varepsilon_y)\,dy$, $(1 + \varepsilon_z)\,dz$ und die spezifische Volumsänderung ist

$$\frac{\Delta dV}{dV} = (1 + \varepsilon_x)(1 + \varepsilon_y)(1 + \varepsilon_z) - 1 = \varepsilon_x + \varepsilon_y + \varepsilon_z + \ldots \approx e.$$

Die erste Invariante e des Verzerrungstensors wird also jetzt mit der spezifischen Volumsänderung identisch. Man nennt e die *kubische Dilatation.*

Mit Ausnahme von Kap. XIX werden wir uns im folgenden nur mit Problemen beschäftigen, bei denen die linearisierte Theorie anwendbar ist. Wir werden dabei feststellen, daß sich in vielen Fällen noch weitere beträchtliche Vereinfachungen der Gleichungen ergeben. Bevor wir jedoch auf eine Diskussion dieser Einzelfälle eingehen, wollen wir noch einige grundsätzliche Bemerkungen über die in der linearisierten Elastizitätstheorie heute zur Verfügung stehenden Lösungsmethoden machen. Von größter Bedeutung ist dabei die Möglichkeit, das *Überlagerungsprinzip* anzuwenden. Wegen der Linearität der Gleichungen darf man nämlich kompliziertere Belastungs- und Verformungszustände aufspalten in einfache, diese getrennt behandeln und die Ergebnisse überlagern.

Wenn man an die Lösung des Systems von 15 Gleichungen mit 15 Unbekannten herangeht, so ist es wohl am naheliegendsten, die Zahl der Gleichungen zu verringern, indem man einzelne Unbekannte eliminiert. Dies bereitet wegen der Linearität der Gleichungen keine sonderlichen Schwierigkeiten. Setzt man z. B. die Gln. (X, 1) für die Verzerrungen in das HOOKEsche Gesetz (IX, 19) und die so erhaltenen

---

[1] Diese Näherung darf übrigens schon in der allgemeinen Theorie gemacht werden, wenn man beachtet, daß wegen des engen Gültigkeitsbereiches des HOOKEschen Gesetzes die ε_{xx} usw. nur einige Tausendstel betragen können.

Spannungen in die Bewegungsgleichungen (IV, 6) ein, so erhält man die folgenden drei Gleichungen in u, v, w

$$\left.\begin{aligned} G\left(\Delta u + \frac{1}{1-2\mu}\frac{\partial e}{\partial x}\right) + k_x &= \varrho\, b_x,\\ G\left(\Delta v + \frac{1}{1-2\mu}\frac{\partial e}{\partial y}\right) + k_y &= \varrho\, b_y,\\ G\left(\Delta w + \frac{1}{1-2\mu}\frac{\partial e}{\partial z}\right) + k_z &= \varrho\, b_z. \end{aligned}\right\} \qquad (X, 2)$$

$\Delta = \frac{\partial^2}{\partial x^2} + \frac{\partial^2}{\partial y^2} + \frac{\partial^2}{\partial z^2}$ ist der „LAPLACEsche Operator" und b_x, b_y, b_z sind die Komponenten der Beschleunigung des Körperpunktes in bezug auf ein Inertialsystem. Ist das x,y,z-System ein solches, dann gilt

$$b_x = \frac{\partial^2 u}{\partial t^2}, \quad b_y = \frac{\partial^2 v}{\partial t^2}, \quad b_z = \frac{\partial^2 w}{\partial t^2}. \qquad (X, 3)$$

Im Gleichgewichtsfall ist $b_x = b_y = b_z = 0$. Die Beziehungen (X, 2) werden dann NAVIERsche Gleichungen genannt.

Wenn wir die Gln. (X, 2) für das Kontinuum, also für ein System mit unendlich vielen Freiheitsgraden mit den LAGRANGEschen Gleichungen (VIII, 4) vergleichen, die für ein System mit endlich vielen Freiheitsgraden gelten, so sehen wir, daß wir es dort mit gewöhnlichen, hier aber mit partiellen Differentialgleichungen zu tun haben. Die Lösungsmethoden sind daher in beiden Fällen gänzlich verschieden.

So einfach die Gln. (X, 2) erscheinen mögen, sind sie für praktische Anwendungen doch verhältnismäßig wenig geeignet. Der Grund hierfür liegt erstens darin, daß es schwierig ist, genügend allgemeine Lösungen aufzufinden, und zweitens, daß sich die Randbedingungen sehr häufig nicht auf die Verschiebungen, sondern auf die Spannungen beziehen. So müssen beispielsweise an einer freien Oberfläche Normal- und Schubspannungen verschwinden. Nun kann man zwar die Spannungen mittels des HOOKEschen Gesetzes durch die Verschiebungen ausdrücken, die Randbedingungen nehmen dann aber eine sehr unhandliche Form an.

In gleicher Weise wie für die Verschiebungen kann man auch Gleichungen herleiten, die nur die Spannungen allein enthalten. Da wir keinen Gebrauch davon machen werden, schreiben wir sie hier nicht an. Auch sie sind für die Anwendungen nur von geringem Nutzen.

Der aussichtsreichste und am häufigsten beschrittene Weg zur Lösung schwierigerer Probleme der Elastizitätstheorie besteht in der Einführung von Hilfsfunktionen, die entweder unmittelbar mit den Verschiebungen (*Verschiebungsfunktionen*) oder mit den Spannungen (*Spannungsfunktionen*) verknüpft sind. Wir werden später[1] solche Funktionen kennenlernen.

Schließlich seien noch die sogenannten direkten Methoden der Variationsrechnung (RITZsches Verfahren) genannt, die vor allem für die

[1] Ziff. XII, 1 und XIV, 2.

Aufstellung von Näherungslösungen besondere Bedeutung besitzen. Auch darauf kommen wir später zurück[1].

2. Die Kompatibilitätsbedingungen. Wir notieren hier noch einen Satz von Gleichungen, der dadurch entsteht, daß man aus den Gln. (X, 1) die Verschiebungen elimimiert. Man bildet dazu die dritten Ableitungen der Verschiebungskomponenten und vertauscht die Differentiationsreihenfolgen, z. B.

$$\frac{\partial^2}{\partial y^2}\left(\frac{\partial u}{\partial x}\right) = \frac{\partial^2}{\partial x\,\partial y}\left(\frac{\partial u}{\partial y}\right) \quad \text{usw.}$$

Es ergeben sich die nachstehenden Beziehungen

$$\left.\begin{aligned}
\frac{\partial^2 \varepsilon_x}{\partial y^2} + \frac{\partial^2 \varepsilon_y}{\partial x^2} &= \frac{\partial^2 \gamma_{xy}}{\partial x\,\partial y}, & 2\frac{\partial^2 \varepsilon_x}{\partial y\,\partial z} &= \frac{\partial}{\partial x}\left(-\frac{\partial \gamma_{yz}}{\partial x} + \frac{\partial \gamma_{zx}}{\partial y} + \frac{\partial \gamma_{xy}}{\partial z}\right),\\
\frac{\partial^2 \varepsilon_y}{\partial z^2} + \frac{\partial^2 \varepsilon_z}{\partial y^2} &= \frac{\partial^2 \gamma_{yz}}{\partial y\,\partial z}, & 2\frac{\partial^2 \varepsilon_y}{\partial z\,\partial x} &= \frac{\partial}{\partial y}\left(-\frac{\partial \gamma_{zx}}{\partial y} + \frac{\partial \gamma_{xy}}{\partial z} + \frac{\partial \gamma_{yz}}{\partial x}\right),\\
\frac{\partial^2 \varepsilon_z}{\partial x^2} + \frac{\partial^2 \varepsilon_x}{\partial z^2} &= \frac{\partial^2 \gamma_{zx}}{\partial z\,\partial x}, & 2\frac{\partial^2 \varepsilon_z}{\partial x\,\partial y} &= \frac{\partial}{\partial z}\left(-\frac{\partial \gamma_{xy}}{\partial z} + \frac{\partial \gamma_{yz}}{\partial x} + \frac{\partial \gamma_{zx}}{\partial y}\right).
\end{aligned}\right\} \quad (X, 4)$$

Diese sechs Gleichungen werden *Kompatibilitäts- oder Verträglichkeitsbedingungen* genannt. Daß Beziehungen zwischen den Verzerrungen bestehen müssen, man diese also nicht beliebig vorschreiben darf, ist einzusehen, da sie ja sämtlich von nur drei Größen, nämlich den drei Verschiebungskomponenten u, v, w abhängen. Man kann sich dies anschaulich auch so überlegen, daß man den noch unverformten Körper in kleine Würfel zerlegt denkt, diesen dann die Verzerrungen aufprägt und sie schließlich wieder zu einem Ganzen zusammensetzt. Wenn die Verzerrungen völlig willkürlich gewählt waren, dann werden sie im allgemeinen nicht miteinander verträglich sein, d. h. die verzerrten Würfel werden sich nicht zu einem lückenlosen Kontinuum zusammenfügen.

Da die Beziehungen (X, 4) gerade sechs Gleichungen zwischen den sechs Verzerrungen darstellen, können sie nicht voneinander unabhängig sein. Sie würden ja sonst allein schon zur Berechnung der Verzerrungen hinreichen. In der Tat gelingt es, sie durch neuerliche zweimalige Differentiationen schließlich auf nur drei Gleichungen zu reduzieren.

3. Die Verzerrungsenergie des elastischen Körpers. Die Verzerrungsenergie U eines Körpers ist definiert als die bei der Verformung aufgespeicherte potentielle Energie[2]. Zu ihrer Berechnung betrachten wir einen kleinen Würfel mit der Seitenlänge a, dessen Seitenflächen senkrecht zu den Spannungs- und Verzerrungshauptrichtungen stehen. Die Spannungen mögen gemäß $\lambda\,\sigma_1$, $\lambda\,\sigma_2$ und $\lambda\,\sigma_3$ und damit auch die Dehnungen gemäß $\lambda\,\varepsilon_1$, $\lambda\,\varepsilon_2$ und $\lambda\,\varepsilon_3$ von Null auf ihre Endwerte zunehmen, wobei λ von 0 bis 1 geht. Zu irgend einem Zeitpunkt ist dann die Kraft auf die zur 1-Richtung senkrechte Fläche gleich $a^2\,\lambda\,\sigma_1$. Wächst λ um $d\lambda$ an,

[1] Kap. XX.

[2] Ziff. VII, 2.

so verschiebt sich der Angriffspunkt dieser Kraft um $a\,\varepsilon_1\,d\lambda$, so daß nach Erreichen des Endzustandes die von der Spannung σ_1 geleistete Arbeit und damit ihr Beitrag zur Verzerrungsenergie des Würfels gegeben ist durch

$$A_1 = \sigma_1\,\varepsilon_1\,a^3 \int_0^1 \lambda\,d\lambda = \frac{1}{2}\,\sigma_1\,\varepsilon_1\,a^3.$$

Gleiche Beiträge kommen von den beiden anderen Spannungen. Nach Division durch a^3 erhält man damit als Verzerrungsenergie pro Volumseinheit

$$U' = \frac{dU}{dV} = \frac{1}{2}\,(\sigma_1\,\varepsilon_1 + \sigma_2\,\varepsilon_2 + \sigma_3\,\varepsilon_3)$$

und wenn man auf beliebige Achsen x, y, z übergeht[1]

$$U' = \frac{dU}{dV} = \frac{1}{2}\,(\sigma_x\,\varepsilon_x + \sigma_y\,\varepsilon_y + \sigma_z\,\varepsilon_z + \tau_{xy}\,\gamma_{xy} + \tau_{yz}\,\gamma_{yz} + \tau_{zx}\,\gamma_{zx}). \qquad (X, 5)$$

Man bestätigt Gl. (X, 5) durch Einsetzen der Ausdrücke (IX, 18) und Benützung von $n_1 n_2 + m_1 m_2 + l_1 l_2 = 0$, $n_1^2 + m_1^2 + l_1^2 = 1$ usw., wo $\mathfrak{n}$, $\mathfrak{m}$, $\mathfrak{l}$ Einheitsvektoren in Richtung der Achsen x, y, z sind.

Mittels des HOOKEschen Gesetzes kann man jetzt entweder die Spannungen durch die Verzerrungen oder umgekehrt die Verzerrungen durch die Spannungen ausdrücken. Wir unterscheiden die beiden Ausdrücke durch einen Stern und schreiben nach Integration über das Körpervolumen

$$U = G \int_V \left[\frac{1-\mu}{1-2\,\mu}\,e^2 - 2\,(\varepsilon_x\,\varepsilon_y + \varepsilon_y\,\varepsilon_z + \varepsilon_z\,\varepsilon_x) + \frac{1}{2}\,(\gamma_{xy}^2 + \gamma_{yz}^2 + \gamma_{zx}^2) \right] dV, \qquad (X, 6)$$

beziehungsweise

$$\left.\begin{aligned} U^* = \frac{1}{4\,G} \int_V \Big[\frac{s^2}{1+\mu} - 2\,(\sigma_x\,\sigma_y + \sigma_y\,\sigma_z + \sigma_z\,\sigma_x) + \\ + 2\,(\tau_{xy}^2 + \tau_{yz}^2 + \tau_{zx}^2) \Big]\,dV, \\ s = \sigma_x + \sigma_y + \sigma_z. \end{aligned}\right\} \qquad (X, 7)$$

Da U eine Zustandsfunktion ist, müssen die erhaltenen Ausdrücke unabhängig davon sein, wie die Belastung aufgebracht wurde. Für den starren Körper ist $U = 0$. Die Größe U^* wird auch als *Ergänzungsenergie* bezeichnet.

4. Das Saint-Venantsche Prinzip. Das Auffinden von Lösungen der Elastizitätsgleichungen wird häufig dadurch beträchtlich erleichtert, daß man die vorgeschriebenen Oberflächenbedingungen nicht streng, sondern nur näherungsweise erfüllt, indem man die an der Körperoberfläche angreifenden äußeren Kräfte durch äquivalente, aber einfacher zu handhabende Kraftsysteme ersetzt. Betrachten wir als Beispiel das

[1] Wir benützen jetzt die auf S. 71 erwähnte Schreibweise für die Spannungen.

eingespannte Ende eines Trägers (Abb. X, 1). Die von der Einspannstelle auf ihn übertragenen Auflagerkräfte werden eine sehr komplizierte Verteilung aufweisen, deren strenge Berücksichtigung, falls sie überhaupt möglich ist, große mathematische Schwierigkeiten bereiten würde. Man ersetzt deshalb diese Kräfte durch eine Einzelkraft R und ein Einspannmoment M.

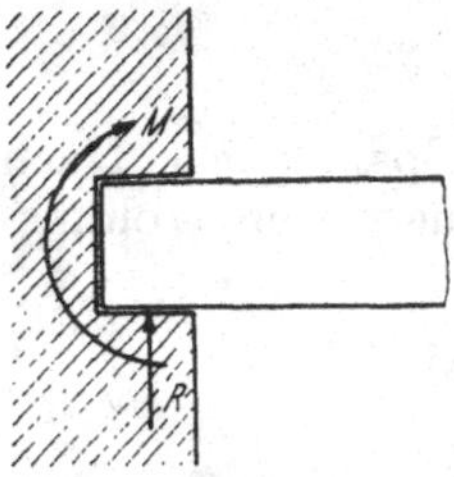

Abb. X, 1

Die Berechtigung für dieses Verfahren gewinnt man aus einem von SAINT-VENANT im Jahre 1855 aufgestellten Prinzip, das sich wie folgt formulieren läßt: „Äquivalente[1] Kraftsysteme, die innerhalb eines Bereiches angreifen, dessen Abmessungen klein sind gegen die Abmessungen des Körpers, rufen in hinreichender Entfernung von diesem Bereich gleiche Spannungen und gleiche Verformungen hervor."

Obwohl eine Reihe mehr oder minder allgemeiner mathematischer Beweise für das Prinzip in seinen verschiedenen Variationen gegeben wurde, ist es letzten Endes in der Erfahrung begründet. Die Grenzen seiner Anwendbarkeit sind nicht immer leicht zu erkennen. Vor allem bei dünnwandigen Bauteilen, wie Kastenträgern, Schalen usw., ist besondere Vorsicht geboten[2].

5. **Anstrengungshypothesen.** Wird ein Stab aus einem zähen Werkstoff, z. B. Kohlenstoffstahl, einer langsam steigenden Zugbeanspruchung unterworfen, dann ergibt sich zunächst Proportionalität zwischen Spannung und Dehnung, es gilt also das HOOKEsche Gesetz. Wenn jedoch die Spannung eine bestimmte Grenze, die *Fließ-* oder *Streckgrenze* σ_F überschreitet, beginnt die Dehnung sehr schnell anzuwachsen, der Werkstoff wird plastisch[3] und „fließt".

Die gleiche Erscheinung tritt auch bei komplizierteren Spannungszuständen — wie sie in den Anwendungen die Regel sind — auf, sobald die „Anstrengung" des Werkstoffes, also die Intensität des Spannungszustandes ein gewisses Maß überschreitet. Die Elastizitätstheorie und die mit ihrer Hilfe errechneten Spannungen und Verformungen verlieren dann ihre Gültigkeit.

Die Kenntnis der aus dem Zug- oder Druckversuch gewonnenen Fließgrenze σ_F allein reicht zunächst nicht aus, um feststellen zu können, wann ein gegebener mehrachsiger Spannungszustand zum Fließen führt. Wir brauchen noch ein Kriterium, das es uns ermöglicht, aus den sechs

[1] Ziff. II, 4.

[2] Vgl. N. J. HOFF: The applicability of SAINT-VENANT's principle to airplane structures. J. Aer. Sc. **12**, 455 (1945).

[3] Zwischen dem linear-elastischen und dem plastischen Bereich beobachtet man häufig noch einen kurzen Übergangsbereich, den wir aber hier vernachlässigen wollen. Wir setzen also „Proportionalitätsgrenze" und „Fließgrenze" gleich. Weiters setzen wir voraus, daß der Werkstoff bei Zug und Druck dasselbe Verhalten aufweist, „Streckgrenze" und „Quetschgrenze" somit gleich sind.

Komponenten σ_{ij} des allgemeinen dreiachsigen Spannungszustandes eine *Vergleichsspannung* σ_V zu berechnen, die wir mit der Beanspruchung beim einachsigen Versuch vergleichen können.

Es liegt nahe, als Maß für die „Anstrengung" des Werkstoffes in einem beliebigen Körperpunkt die dort pro Volumseinheit aufgespeicherte *Verzerrungsenergie* anzusehen. Nun zeigt aber der Versuch, daß Fließen nur dann eintritt, wenn die Verformungen des Körpers mit einer Änderung seiner *Gestalt* verbunden sind. Eine reine *Volumsänderung*, wie sie durch einen allseits gleichen Druck $\sigma_1 = \sigma_2 = \sigma_3 = -p$ bewirkt wird, führt auch bei noch so großen Werten von p nicht zum Fließen. Will man daher ein Energiekriterium formulieren, dann muß der für die Volumsänderung nötige Energieanteil, der sich aus Gl. (X, 7) pro Volumseinheit zu

$$U_v^* = \frac{3(1-2\mu)}{4(1+\mu)G}\, p^2 \tag{X, 8}$$

errechnet, von der gesamten Verzerrungsenergie abgezogen werden. Für p ist dabei der Mittelwert der drei Normalspannungen zu nehmen,

$$p = \frac{\sigma_x + \sigma_y + \sigma_z}{3} = \frac{s}{3}.$$

Man erhält so aus Gl. (X, 7) die *Gestaltänderungsenergie* pro Volumseinheit

$$U_g^* = \frac{1}{12\,G}\left[(\sigma_x - \sigma_y)^2 + (\sigma_y - \sigma_z)^2 + (\sigma_z - \sigma_x)^2 + 6\left(\tau_{xy}^2 + \tau_{yz}^2 + \tau_{zx}^2\right)\right]. \tag{X, 9}$$

Das Energiekriterium besagt nun, daß in einem Körperpunkt immer dann Fließen eintritt, wenn U_g^* bzw. die daraus berechnete Vergleichsspannung σ_V dort den Wert erreicht, der einen Probestab aus gleichem Werkstoff zum Fließen bringen würde und der mit $\sigma_x = \sigma_F$, $\sigma_y = \ldots = \tau_{zx} = 0$ durch

$$U_g^* = \frac{\sigma_F^2}{6\,G} = \frac{\sigma_V^2}{6\,G}$$

gegeben ist. Gleichsetzen liefert als Vergleichsspannung

$$\sigma_V = \sqrt{\frac{1}{2}\left[(\sigma_x - \sigma_y)^2 + (\sigma_y - \sigma_z)^2 + (\sigma_z - \sigma_x)^2 + 6\left(\tau_{xy}^2 + \tau_{yz}^2 + \tau_{zx}^2\right)\right]} \tag{X, 10}$$

oder, durch die Hauptnormalspannungen ausgedrückt,

$$\sigma_V = \sqrt{\frac{1}{2}\left[(\sigma_1 - \sigma_2)^2 + (\sigma_2 - \sigma_3)^2 + (\sigma_3 - \sigma_1)^2\right]}. \tag{X, 11}$$

Das Kriterium wurde in voller Schärfe (ohne Heranziehung energetischer Gesichtspunkte) erstmalig durch R. v. MISES formuliert und wird deshalb in der Literatur meist nach ihm benannt.

Für den Sonderfall des *ebenen Spannungszustandes* $\sigma_z = \tau_{zx} = \tau_{zy} = 0$ erhält man aus Gl. (X, 10)

$$\sigma_V = \sqrt{\sigma_x^2 - \sigma_x \sigma_y + \sigma_y^2 + 3\tau_{xy}^2}\,. \tag{X, 12}$$

Sind die Hauptnormalspannungen nur wenig voneinander verschieden, dann wird σ_V aus Gl. (X, 11) erst dann gleich σ_F sein können, wenn die Spannungen bereits wesentlich größer als die Fließgrenze sind *(Fließverzögerung)*. Es kann dann sein, daß die Kohäsionsfestigkeit des Werkstoffes bereits überschritten wird, bevor noch Fließen eintritt. In diesem Fall kommt es zu einem Trennbruch.

Die MISESsche Anstrengungshypothese ist natürlich keineswegs die einzig mögliche. Neben ihr wird häufig noch eine andere, auf TRESCA zurückgehende Hypothese verwendet, die zwar durch Versuche weniger gut gestützt ist, sich aber mathematisch oft einfacher handhaben läßt. Nach ihr ist für den Fließeintritt die im betreffenden Körperpunkt auftretende *größte Schubspannung* maßgebend. Ordnet man die Hauptnormalspannungen der Größe nach, $\sigma_1 \geq \sigma_2 \geq \sigma_3$, so ist diese Schubspannung gegeben durch $\tau_{\max} = (\sigma_1 - \sigma_3)/2$ und die TRESCAsche Vergleichsspannung lautet

$$\sigma_V = \sigma_1 - \sigma_3. \tag{X, 13}$$

Mit Hilfe der Kriterien (X, 10) oder (X, 13) kann also der Fließeintritt vorausgesagt bzw. ein Sicherheitsfaktor ν_F gegen Erreichen der Fließgrenze angegeben werden: multipliziert man die Lasten mit ν_F, so muß die Fließbedingung gerade erfüllt sein[1]. Wenn Proportionalität zwischen Belastung und Spannungen besteht, kann auch der Begriff der *zulässigen Spannung* $\sigma_{\text{zul}} = \sigma_F/\nu_F$ verwendet werden. Es muß dann $\sigma_V \leqq \sigma_{\text{zul}}$ gelten.

Die Anstrengungshypothesen von MISES und TRESCA sind in erster Linie für die Bestimmung des Fließeintrittes bei zähplastischen Werkstoffen gedacht. Zur Vorausberechnung des *Bruches* spröder Stoffe sind sie im allgemeinen nicht geeignet. Hier wird häufig die größte Hauptnormalspannung σ_1 als Maß für die Anstrengung des Werkstoffes gewählt. Es muß aber betont werden, daß die Benützung von Bruchhypothesen überhaupt nur dann sinnvoll ist, wenn die Spannungen knapp vor dem Bruch hinreichend genau bekannt sind. Die Verwendung der mit Hilfe der Elastizitätstheorie berechneten Spannungsverteilung ist nur dann zulässig, wenn der Werkstoff bis zum Bruch dem HOOKEschen Gesetz gehorcht.

Aufgaben

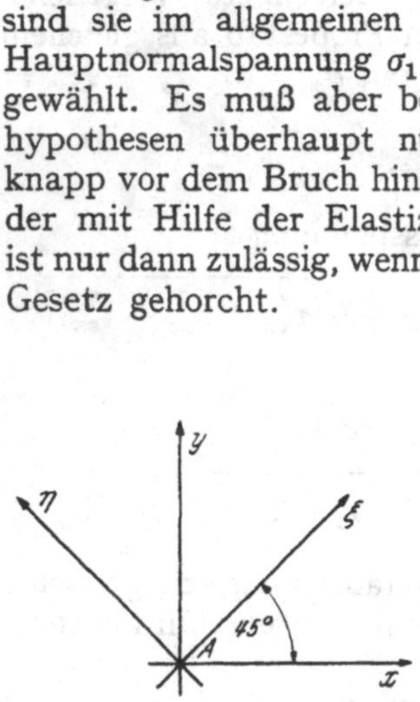

Abb. X, A 1

A 1. Man zeige, daß zur Bestimmung des Spannungszustandes σ_x, σ_y, τ_{xy} an der ebenen unbelasteten Oberfläche (Normale z) eines elastischen Körpers Dehnungsmessungen in den drei Richtungen x, y, ξ (Abb. X, A 1) notwendig und hinreichend sind.

Lösung: Die Messung liefert ε_x, ε_y und ε_ξ. Aus dem HOOKEschen Gesetz (IX, 19) erhält man wegen $\sigma_z = 0$ zunächst

[1] Vgl. Ziff. XIX, 5.

$$\varepsilon_z = -\frac{\mu}{1-\mu}(\varepsilon_x + \varepsilon_y)$$

und damit

$$\sigma_x = \frac{E}{1-\mu^2}(\varepsilon_x + \mu\,\varepsilon_y), \qquad \sigma_y = \frac{E}{1-\mu^2}(\varepsilon_y + \mu\,\varepsilon_x),$$

$$\sigma_\xi = \frac{E}{1-\mu^2}(\varepsilon_\xi + \mu\,\varepsilon_\eta), \qquad \sigma_\eta = \frac{E}{1-\mu^2}(\varepsilon_\eta + \mu\,\varepsilon_\xi).$$

Durch die ersten zwei Gleichungen sind σ_x und σ_y bereits bestimmt, die letzten zwei lassen sich wegen

$$\varepsilon_x + \varepsilon_y = \varepsilon_\xi + \varepsilon_\eta$$

umformen in

$$\sigma_\xi = \frac{E}{1-\mu^2}\left[(1-\mu)\,\varepsilon_\xi + \mu\,(\varepsilon_x + \varepsilon_y)\right],$$

$$\sigma_\eta = \frac{E}{1-\mu^2}\left[\varepsilon_x + \varepsilon_y - (1-\mu)\,\varepsilon_\xi\right].$$

Die Gl. (b) der Aufgabe IX, A 2 liefert dann mit $\alpha = -\pi/4$ (Winkel, der von der ξ- in die x-Richtung führt) die Schubspannung

$$\tau_{xy} = \frac{\sigma_\xi - \sigma_\eta}{2} = \frac{E}{1+\mu}\left[\varepsilon_\xi - \frac{1}{2}(\varepsilon_x + \varepsilon_y)\right].$$

A 2. Man berechne die Schrumpfspannungen beim Aufschrumpfen einer dickwandigen Walze mit dem Bohrungsdurchmesser d auf eine Welle mit dem Übermaß h, also dem Durchmesser $d + h$. Der Zusammenhang zwischen Übermaß h und Flächenpressung p zwischen Bohrung und Welle ist zu ermitteln.

Lösung: Wir benützen zweckmäßig Zylinderkoordinaten und nehmen näherungsweise an, daß Spannungen und Verzerrungen in Achsenrichtung z unveränderlich sind und $\varepsilon_z = 0$ ist *(ebener Verzerrungszustand)*. Wegen der Drehsymmetrie hängen sie dann nur vom Radius r ab und man entnimmt der Aufgabe IX, A 4 sofort die linearen Verzerrungskomponenten $\varepsilon_r = \frac{du}{dr}$, $\varepsilon_\varphi = \frac{u}{r}$, während die Bewegungsgleichungen (IV, 9) sich auf

$$\frac{d\sigma_r}{dr} + \frac{\sigma_r - \sigma_\varphi}{r} = 0 \tag{a}$$

reduzieren. Schließlich steht noch das HOOKEsche Gesetz zur Verfügung, das hier die Form

$$\varepsilon_r = \frac{1-\mu^2}{E}\left(\sigma_r - \frac{\mu}{1-\mu}\,\sigma_\varphi\right),$$

$$\varepsilon_\varphi = \frac{1-\mu^2}{E}\left(\sigma_\varphi - \frac{\mu}{1-\mu}\,\sigma_r\right)$$

annimmt. Die fünf Gleichungen reichen zur Beschreibung des Problems aus. Nach Elimination aller anderen Größen bleibt für σ_r die Differentialgleichung

$$r\frac{d^2\sigma_r}{dr^2}+3\frac{d\sigma_r}{dr}=0$$

mit der Lösung

$$\sigma_r=\frac{C_1}{r^2}+C_2.$$

Für die *Welle* ist $C_1 = 0$ zu setzen, da σ_r endlich bleiben muß. Es wird also

$$\sigma_r=-p.$$

Die *Walze* soll so dickwandig sein, daß wir die Randbedingung $\sigma_r = 0$ näherungsweise für $r = \infty$ anschreiben können. An der Bohrung $r = d/2$ muß $\sigma_r = -p$ sein. Dies gibt $\sigma_r = -\frac{p}{4}\frac{d^2}{r^2}$.

Nach dem Aufschrumpfen müssen die Durchmesser beider Teile gleich sein, es muß also

$$u_{\text{Bohrung}}-u_{\text{Welle}}=\frac{h}{2}$$

gelten. Errechnet man die Verschiebung u aus

$$u=r\,\varepsilon_\varphi=r\frac{1-\mu^2}{E}\left(\sigma_\varphi-\frac{\mu}{1-\mu}\sigma_r\right),$$

wobei σ_φ aus Gl. (a) folgt, so findet man als gesuchten Zusammenhang zwischen h und p die Beziehung

$$h=\frac{2(1-\mu^2)\,d}{E}\,p,$$

wenn man noch von der Tatsache $E \gg |p|$ bzw. $h \ll d$ Gebrauch macht.

A 3. Man berechne die Größe des Übermaßes so, daß bei dem in Aufgabe X, A 2 berechneten Schrumpfsitz die zulässige Spannung nicht überschritten wird.

Lösung: In der Welle und in der Walze ist wegen $\varepsilon_z = 0$ nach dem HOOKEschen Gesetz $\sigma_z = \mu(\sigma_r + \sigma_\varphi)$, während die Schubspannungen verschwinden. Die Spannungen σ_r, σ_φ und σ_z sind daher Hauptnormalspannungen. Nach den Ergebnissen der Aufgabe X, A 2 ist in der *Welle*

$$\sigma_r=-p,\qquad \sigma_\varphi=\sigma_r+r\frac{d\sigma_r}{dr}=-p$$

und somit $\sigma_z = -2\mu p$. Aus der MISESschen Anstrengungshypothese (X, 11) errechnet sich dann die Vergleichsspannung zu

$$\sigma_V=(1-2\mu)\,p.$$

In der *Walze* ist

$$\sigma_r=-\frac{p}{4}\frac{d^2}{r^2},\qquad \sigma_\varphi=\frac{p}{4}\frac{d^2}{r^2},\qquad \sigma_z=0$$

und daher

$$\sigma_V = p \frac{\sqrt{3}}{4} \frac{d^2}{r^2}.$$

Die größte Vergleichsspannung $\sigma_{V\,\max}$ tritt also an der Walzenbohrung $r = d/2$ auf. Aus $\sigma_{V\,\max} \leqq \sigma_{\text{zul}}$ folgt

$$h \leqq \frac{2\sqrt{3}\,(1-\mu^2)\,d}{3\,E}\,\sigma_{\text{zul}}.$$

A 4. Man berechne den Spannungszustand in einer dickwandigen Hohlkugel, die unter dem inneren Überdruck p steht.

Lösung: Das Problem ist kugelsymmetrisch. Alle Schubspannungen verschwinden daher und es gilt $\sigma_\varphi = \sigma_\vartheta$. Die einzige nichtverschwindende Verschiebungskomponente ist die Radialverschiebung u. Sämtliche Größen können nur vom Radius r abhängen. Somit vereinfachen sich die Gleichungen von Aufgabe IV, A 1 zu

$$r\frac{d\sigma_r}{dr} + 2\,(\sigma_r - \sigma_\varphi) = 0,$$

die geometrischen Bedingungen aus IX, A 5 zu

$$\varepsilon_r = \frac{du}{dr}; \qquad \varepsilon_\varphi = \varepsilon_\vartheta = \frac{u}{r},$$

und das Hookesche Gesetz Gl. (IX, 15) zu

$$\varepsilon_r = \frac{1}{E}\,[\sigma_r - 2\,\mu\,\sigma_\varphi],$$

$$\varepsilon_\varphi = \frac{1}{E}\,[(1-\mu)\,\sigma_\varphi - \mu\,\sigma_r].$$

Nach einiger Eliminationsarbeit folgt hieraus als Differentialgleichung für σ_r

$$r\frac{d^2\sigma_r}{dr^2} + 4\frac{d\sigma_r}{dr} = 0.$$

Sie hat die Lösung $\sigma_r = \frac{C_1}{r^3} + C_2$.

Als Randbedingungen haben wir

innen: $\sigma_r = -p$ für $r = r_i$,

außen: $\sigma_r = 0$ für $r = r_a$.

Der Spannungsverlauf in der Kugel hat somit die Gestalt

$$\sigma_r = -\frac{r_i^3}{r_a^3 - r_i^3}\left[\left(\frac{r_a}{r}\right)^3 - 1\right] p,$$

$$\sigma_\varphi = \sigma_\vartheta = \frac{r_i^3}{r_a^3 - r_i^3}\left[\frac{1}{2}\left(\frac{r_a}{r}\right)^3 + 1\right] p.$$

Zur Beurteilung der Werkstoffanstrengung ziehen wir Gl. (X, 11) heran und finden als Vergleichsspannung

$$\sigma_V = |\sigma_r - \sigma_\varphi| = \frac{3}{2}\frac{r_i^3}{r_a^3 - r_i^3}\left(\frac{r_a}{r}\right)^3 p.$$

Sie nimmt am Innenrand $r = r_i$ ihren Größtwert an.

Literatur

Handbuch der Physik, Bd. VI. Berlin: 1928 (Herausgeber: H. GEIGER–K. SCHEEL).

Handbuch der Physik, Bd. VI. Berlin: 1958 (Herausgeber: S. FLÜGGE).

C. B. BIEZENO–R. GRAMMEL: Technische Dynamik, 2. Aufl. Berlin: 1953.

XI. Der gerade Stab

1. Allgemeines. Eines der einfachsten und zugleich wichtigsten Konstruktionselemente ist der Stab, also ein Körper, dessen Querschnittsabmessungen klein sind gegenüber seiner Länge. Wir definieren als Stabachse die Verbindungslinie der Querschnittsschwerpunkte. Ist sie eine Gerade, so sprechen wir von einem geraden, sonst von einem gekrümmten Stab.

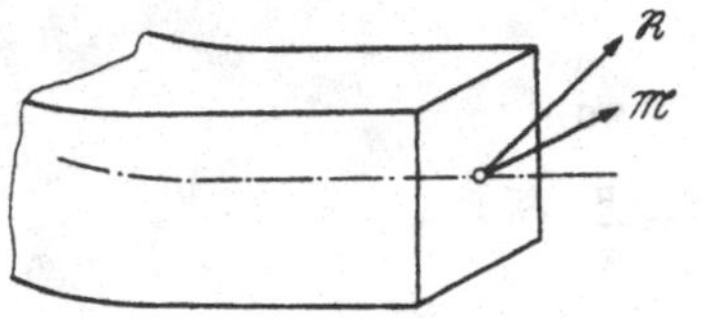

Abb. XI, 1

Um über die verschiedenen Beanspruchungsarten eines Stabes Klarheit zu bekommen, denken wir ihn an einer beliebigen Stelle senkrecht zur Stabachse durchschnitten. Die vom abgeschnittenen Teil auf ihn ausgeübten inneren Kräfte, die sich irgendwie über die Querschnittsfläche verteilen, ersetzen wir nach Wahl eines Bezugspunktes[1] durch eine äquivalente Einzelkraft $\mathfrak{R}$ und ein äquivalentes Kräftepaar $\mathfrak{M}$ (Abb. XI, 1). Die Komponente von $\mathfrak{R}$ in Richtung der Stabachse (also senkrecht zum Querschnitt) nennen wir *Axialkraft* (auch *Normalkraft* oder *Längskraft*), die Komponente senkrecht zur Stabachse (also in der Querschnittsebene) *Querkraft*. Die erste beansprucht den Stab (in dem betreffenden Querschnitt) auf *Zug* oder *Druck*, die zweite auf *Abscheren*. Ebenso zerlegen wir den Momentenvektor $\mathfrak{M}$ in eine Komponente in Richtung der Stabachse, das *Drehmoment* oder *Torsionsmoment*, und in eine Komponente senkrecht zur Stabachse, das *Biegemoment*. Die erste beansprucht den Stab auf *Verdrehung* (*Torsion*), die zweite auf *Biegung*.

Nun hängt allerdings das Kräftepaar $\mathfrak{M}$ (nicht die Resultierende $\mathfrak{R}$) von der Wahl des Bezugspunktes ab. Man wählt hierfür gewöhnlich den Querschnittsschwerpunkt S. Wir werden später sehen, daß man so zwar das korrekte Biegemoment erhält, daß aber für das Torsionsmoment ein anderer Punkt, der sogenannte „Schubmittelpunkt", maßgebend ist[2].

---

[1] Ziff. II, 4.

[2] Ziff. XII, 9.

2. Der axial beanspruchte Stab. Auf die Endflächen des Stabes wirken zwei entgegengesetzt gleiche Axialkräfte N (Abb. XI, 2). Wenn der Stab konstanten Querschnitt F besitzt, wird man

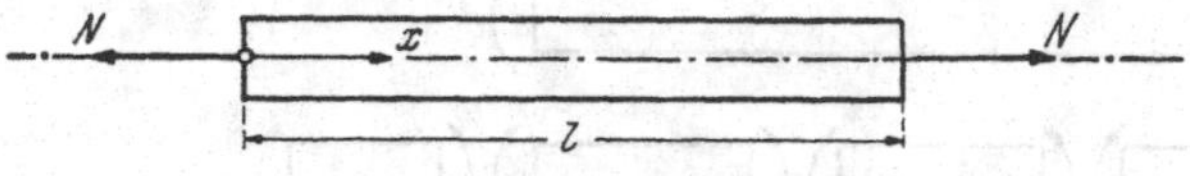

Abb. XI, 2

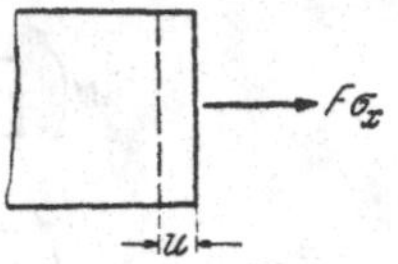

Abb. XI, 3

annehmen dürfen, daß sich die Axialspannungen, zumindest in einiger Entfernung von den Stabenden, gleichmäßig über den Querschnitt verteilen. Dann ist

$$\sigma_x = \frac{N}{F}, \tag{XI, 1}$$

während die übrigen Spannungen verschwinden. Die resultierende Axialkraft N muß durch den Querschnittsschwerpunkt gehen, damit keine Biegebeanspruchung auftritt.

Für die Dehnungen erhält man aus Gl. (IX, 15)

$$\varepsilon_x = \frac{\sigma_x}{E} = \frac{N}{E\,F}, \quad \varepsilon_y = \varepsilon_z = -\frac{\mu\,\sigma_x}{E}$$

und damit für die Stabverlängerung unter einer ruhenden Last

$$\Delta l = u|_{x=l} = \varepsilon_x\, l = \frac{N\,l}{E\,F}. \tag{XI, 2}$$

Ist N nicht konstant, sondern zeitabhängig, dann treten Beschleunigungen auf und σ_x ist nicht mehr konstant über die Stablänge. Weitere Spannungen kommen hinzu und das Problem wird sehr verwickelt. Um zu einer Näherungslösung zu gelangen, nehmen wir an, daß die Stabquerschnitte eben bleiben und setzen die Bewegungsgleichungen nicht mit den Spannungen selbst, sondern mit deren Resultierender $F\,\sigma_x$ an (Abb. XI, 3). Gemäß der ersten Gl. (IV, 6) ist dann, da die Mantelflächen schubspannungsfrei sind, mit $b_x = \partial^2 u/\partial t^2$,

$$\frac{\partial}{\partial x}(F\sigma_x) = \varrho\, F\,\frac{\partial^2 u}{\partial t^2}.$$

Mit $\sigma_x = E\,\varepsilon_x = E\,\partial u/\partial x$ geht dies, wenn konstanter Stabquerschnitt vorausgesetzt wird, über in

$$\frac{\partial^2 u}{\partial t^2} = c^2\,\frac{\partial^2 u}{\partial x^2}, \quad c^2 = \frac{E}{\varrho}. \tag{XI, 3}$$

Diese Differentialgleichung ist unter Berücksichtigung der Anfangs- und Randbedingungen zu lösen, siehe Aufgabe XI, A 1. Wir erinnern uns, daß wir die letzteren im Sinne der linearisierten Elastizitätstheorie am unverformten Stab, also in $x = 0$ und $x = l$, anzuschreiben haben.

3. Der auf Biegung beanspruchte Stab (Balken). Ein Stab ist auf *reine Biegung* beansprucht, wenn in jedem Querschnitt nur ein Biege-

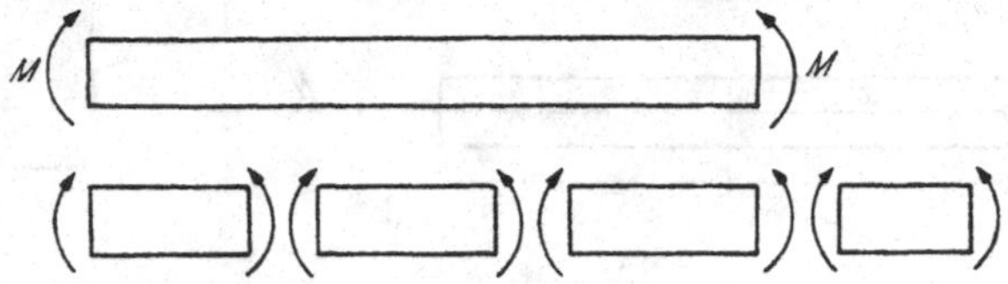

Abb. XI, 4

moment, aber keine Längs- oder Querkraft und kein Torsionsmoment übertragen wird. Wir behandeln diesen Fall zuerst und beschränken uns dabei auf den durch zwei entgegengesetzt gleiche Endmomente belasteten Stab konstanten Querschnittes (Abb. XI, 4).

Wir überlegen uns vorerst, daß die Stabquerschnitte bei der Ver-

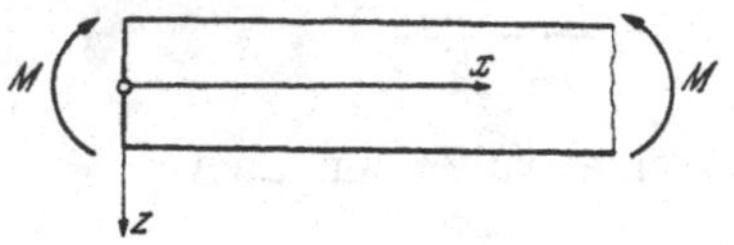

Abb. XI, 5

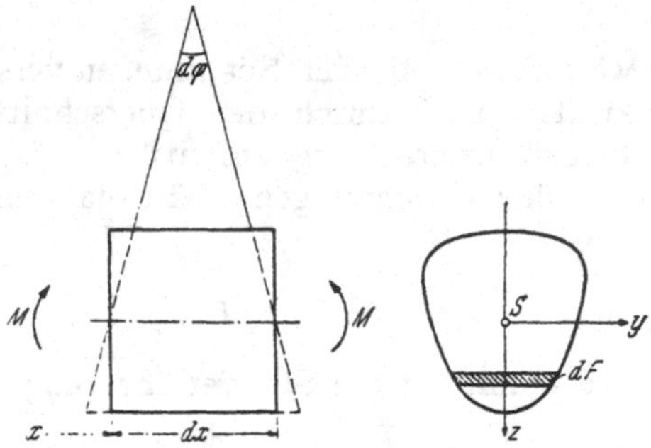

Abb. XI, 6

formung eben bleiben müssen. Zunächst gilt dies aus Symmetriegründen jedenfalls für den Mittelschnitt. Da wir den Stab aber in beliebig viele Teilstäbe zerschnitten denken können (Abb. XI, 4), kann *jeder* Querschnitt zum Mittelschnitt gemacht werden und bleibt eben.

Wir legen die x-Achse wieder in die Stabachse und die z-Achse in die Ebene des Kräftepaares M (Abb. XI, 5). Dann schneiden wir aus dem Stab ein Element von der unverformten Länge dx heraus. Seine beiden Endquerschnitte bleiben eben, drehen sich also gemäß Abb. XI, 6 und schließen nach der Verformung den Winkel $d\varphi$ ein. Somit verlaufen die Verlängerungen der achsparallelen Stabfasern und daher auch die Dehnungen ε_x linear in z

$$\varepsilon_x = C_1 z + C_2.$$

Man wird vermuten, daß bei der reinen Biegung nur die Biegespannungen σ_x von Null verschieden sind, während die anderen verschwinden. Die Richtigkeit dieser Annahme prüfen wir, indem wir in die Grundgleichungen der Elastizitätstheorie einsetzen und auf das Auftreten von Widersprüchen achten. Zeigen sich keine, dann war die Annahme richtig, zeigt sich einer, war sie falsch[1].

---

[1] Die gleiche Methode verwenden wir auch in Ziff. XII, 1.

Im vorliegenden Fall finden wir zunächst aus dem HOOKEschen Gesetz (IX, 19) mit dem obigen Ausdruck für ε_x

$$\sigma_x = E\,(C_1 z + C_2),\ \varepsilon_y = \varepsilon_z = -\mu\,(C_1 z + C_2).$$

Als nächstes betrachten wir die Gleichgewichtsbedingungen. Die im Querschnitt übertragenen Spannungen müssen dem Biegemoment M äquivalent sein, es muß also gelten

$$\int_F \sigma_x\, dF = 0,\quad \int_F y\,\sigma_x\, dF = 0,\quad \int_F z\sigma_x\, dF = M.$$

Setzt man für σ_x ein und beachtet, daß

$$\int y\, dF = \int z\, dF = 0,\quad \int z^2\, dF = J_y,\quad \int y\, z\, dF = J_{yz}$$

so findet man

$$C_1 = \frac{M}{E J_y},\quad C_2 = 0,\quad J_{yz} = 0.$$

Die zweite Bedingung besagt, daß sich die Stabquerschnitte um die y-Achse drehen, die dritte verlangt, daß diese Achse Trägheitshauptachse sein muß. Andernfalls würde sich die Stabachse nicht mehr zu einer ebenen, sondern zu einer räumlichen Kurve verformen.

Für die Biegespannung erhält man dann

$$\sigma_x = \frac{M}{J_y}\, z. \tag{XI, 4}$$

Die Spannungen verlaufen also linear über die Querschnittshöhe und sind Null entlang der y-Achse. Einsetzen von σ_x in die Gleichgewichtsbedingungen (IV, 6) zeigt, daß diese mit $b_i = 0$ befriedigt sind, wenn man berücksichtigt, daß die übrigen Spannungen verschwinden und Volumskräfte nicht auftreten.

Wir haben noch den Verformungszustand zu untersuchen und zu zeigen, daß er den NAVIERschen Gleichungen (X, 2) mit $k_i = 0$ und $b_i = 0$ genügt. Wegen des Verschwindens der Schubspannungen folgt aus den Gln. (IX, 19) und (X, 1)

$$\frac{\partial u}{\partial y} + \frac{\partial v}{\partial x} = 0,\quad \frac{\partial v}{\partial z} + \frac{\partial w}{\partial y} = 0,\quad \frac{\partial w}{\partial x} + \frac{\partial u}{\partial z} = 0.$$

Differenziert man die erste Gleichung nach y, so entsteht

$$\frac{\partial^2 u}{\partial y^2} = -\frac{\partial \varepsilon_y}{\partial x} = 0.$$

Ebenso erhält man aus der dritten Gleichung $\partial^2 u/\partial z^2 = 0$; und schließlich

$$\frac{\partial^2 u}{\partial x^2} = \frac{\partial \varepsilon_x}{\partial x} = 0.$$

Das gleiche gilt für v. Beachtet man noch, daß hier

$$e = \varepsilon_x + \varepsilon_y + \varepsilon_z = (1 - 2\mu)\, C_1 z$$

wird, so sieht man, daß die ersten zwei Gleichungen (X, 2) erfüllt sind. Die dritte liefert mit

$$\frac{\partial^2 w}{\partial y^2} = -\frac{\partial \varepsilon_y}{\partial z} = \mu\, C_1, \qquad \frac{\partial^2 w}{\partial z^2} = \frac{\partial \varepsilon_z}{\partial z} = -\mu\, C_1$$

die Beziehung

$$\frac{\partial^2 w}{\partial x^2} + C_1 = 0.$$

Diese Gleichungen für die Verschiebung $w(x, y, z)$ gelten in einem beliebigen Querschnittspunkt. Wenn wir speziell die Durchbiegung $w(x)$ der Stabachse — die *Biegelinie* oder *elastische Linie* des Stabes — betrachten und für C_1 den oben gewonnenen Wert einsetzen, folgt

$$\frac{d^2 w}{dx^2} = -\frac{M}{E\, J_y}. \qquad \text{(XI, 5)}$$

Dies ist die Differentialgleichung der Biegelinie. Sie läßt sich wegen $M =$ konst. leicht integrieren und liefert eine Parabel.

Sämtliche Grundgleichungen der Elastizitätstheorie sind befriedigt. Wir haben also die strenge Lösung des Problems der reinen Biegung gewonnen. Der Stab muß dabei konstanten Querschnitt aufweisen und die Belastung muß „ruhend", das heißt zeitlich konstant sein..

Wenn wir jetzt zum allgemeinen Biegefall, der sogenannten *Querkraftbiegung*, übergehen, wo im Stabquerschnitt nicht nur ein Biegemoment, sondern auch eine Querkraft übertragen wird, so gelten die oben angestellten Überlegungen nicht mehr. Die Querkraft ruft Schubspannungen und damit Querschnittsverwölbungen hervor, und auch die Normalspannungen σ_y und σ_z sind nicht mehr Null. Nun zeigt aber die Erfahrung, daß diese Abweichungen von den Voraussetzungen der reinen Biegung nur bei sehr kurzen Stäben von Bedeutung sind. Die technische Biegelehre verwendet daher *näherungsweise* die Formeln (XI, 4) und (XI, 5) auch für die Querkraftbiegung[1]. Der Querschnitt kann jetzt beliebig veränderlich und die Belastung beliebig zeitabhängig sein. Im letzteren Fall tritt noch ein von der Beschleunigung herrührendes Glied hinzu, das, wie wir im nächsten Abschnitt zeigen, das Biegemoment M entsprechend beeinflußt.

Dreht das Biegemoment nicht um eine Trägheitshauptachse des Querschnittes (sogenannte *schiefe Biegung*), so zerlegen wir den Momentenvektor in seine beiden Komponenten M_y und M_z. An die Stelle von Gl. (XI, 4) tritt dann die Beziehung

$$\sigma_x = \frac{M_y}{J_y} z - \frac{M_z}{J_z} y \qquad \text{(XI, 6)}$$

und für die Komponenten der Verschiebungen der Stabachse gelten die beiden Gleichungen

$$\frac{d^2 v}{dx^2} = +\frac{M_z}{E\, J_z}, \qquad \frac{d^2 w}{dx^2} = -\frac{M_y}{E\, J_y}. \qquad \text{(XI, 7)}$$

---

[1] Die damit verbundene Annahme des Ebenbleibens der Querschnitte geht auf J. Bernoulli zurück und wird Bernoullische Hypothese genannt.

4. Querkraft und Biegemoment. Wir wenden uns jetzt der Aufgabe zu, für einen beliebig belasteten und beliebig gelagerten Biegestab *(Biegeträger)* den Verlauf des Biegemomentes $M(x)$ aufzufinden. Wir beschränken uns dabei auf Biegung in der x,z-Ebene. Die Resultate gelten aber natürlich sinngemäß auch für Biegung in der x, y-Ebene.

Wir bezeichnen die längs der Stabachse angreifend gedachte Belastung pro Einheit der Achsenlänge mit $q(x)$ und schneiden aus dem Stab wieder ein Stück von der Länge dx heraus. An den Schnittflächen bringen wir die Resultierenden der inneren Kräfte an, also die Querkraft Q und das Biegemoment M. Im Sinne der in Ziff. IV, 3 bei den Spannungen getroffenen Vorzeichenregel sind $\mathfrak{M}$ und $\mathfrak{Q}$ positiv, wenn sie in der Fläche mit dem positiven Normalenvektor die Richtung der positiven Koordinatenachse haben. Bei nach unten gerichteter z-Achse krümmt also ein positives M_y den Träger hohl nach oben und ein positives M_z hohl nach vorne. In Abb. XI, 7 sind diese positiven Schnittgrößen eingetragen.

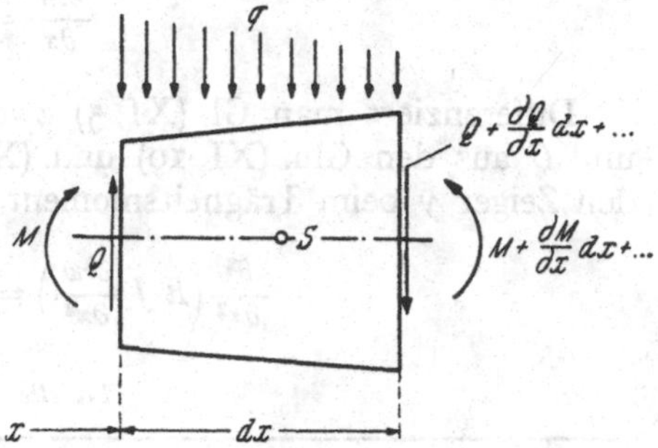

Abb. XI, 7

Die z-Komponente des Schwerpunktsatzes (IV, 12) liefert für das Volumselement

$$-Q + q\,dx + Q + \frac{\partial Q}{\partial x}\,dx + \ldots = \varrho F\,dx\,\frac{\partial^2 w}{\partial t^2}.$$

Division durch dx und Grenzübergang $dx \to 0$ ergeben:

$$\frac{\partial Q}{\partial x} = \varrho F\,\frac{\partial^2 w}{\partial t^2} - q. \qquad \text{(XI, 8)}$$

Der Drallsatz Gl. (IV, 20) lautet mit S als Bezugspunkt, wenn nur die hier allein interessierende y-Komponente angeschrieben wird

$$-M - Q\,dx + M + \frac{\partial M}{\partial x}\,dx + \ldots = \frac{\partial D_y}{\partial t}.$$

Für die Drallkomponente D_y des Elementes kann man bei genügend kleinem dx schreiben

$$D_y = \omega_y I_y = \omega_y\,\varrho\,J_y\,dx + \ldots$$

Der Drehwinkel φ des Querschnittes ist gleich der Neigung $\partial w/\partial x$ der Stabachse, die Winkelgeschwindigkeit also gegeben[1] durch $\omega_y = -\,\partial^2 w/\partial x\,\partial t$. Setzt man in den Drallsatz ein, dividiert durch dx und macht wieder den Grenzübergang $dx \to 0$, so folgt schließlich

$$\frac{\partial M}{\partial x} = Q - \varrho\,J_y\,\frac{\partial^3 w}{\partial t^2\,\partial x}. \qquad \text{(XI, 9)}$$

[1] Wenn die z-Achse nach unten zeigt, entspricht $\partial w/\partial x > 0$ einer Drehung im Uhrzeigersinn, also einer negativen Winkeländerung.

Die Gln. (XI, 8) und (XI, 9) geben den Zusammenhang zwischen Belastung q, Querkraft Q und Biegemoment M. Im allgemeinen sind diese drei Größen Funktionen der Längskoordinate x und der Zeit t. In Gl. (XI, 5) ist dann d^2w/dx^2 zu ersetzen durch $\partial^2 w/\partial x^2$.

Das zweite Glied rechts in Gl. (XI, 9) bringt den Einfluß der „Rotationsträgheit" des Stabes zum Ausdruck. Dieser Einfluß ist im allgemeinen gering[1]. Wird er vernachlässigt, dann hat man an Stelle von Gl. (XI, 9)

$$\frac{\partial M}{\partial x} = Q. \tag{XI, 10}$$

Differenziert man Gl. (XI, 5) zweimal partiell nach x und setzt M und Q aus den Gln. (XI, 10) und (XI, 8) ein, so ergibt sich, wenn wir den Zeiger y beim Trägheitsmoment weglassen,

$$\frac{\partial^2}{\partial x^2}\left(E J \frac{\partial^2 w}{\partial x^2}\right) = q - \varrho F \frac{\partial^2 w}{\partial t^2}. \tag{XI, 11}$$

Tabelle XI, 1

		Kinematisch		Dynamisch	
		w	$\partial w/\partial x$	M	Q
Freies Ende		—	—	o	o
Frei drehbar gestütztes Ende		o	—	o	—
Eingespanntes Ende		o	o	—	—
Masselose Federstütze, Federkonstante c	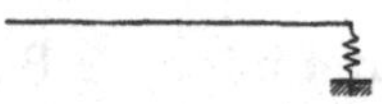	—	—	o	$-c\,w$
Masselose Federstütze, Federkonstante c	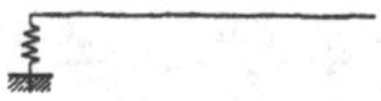	—	—	o	$+c\,w$
Federnde Einspannung, Drehfederkonstante γ		o	—	$+\gamma \frac{\partial w}{\partial x}$	—
Federnde Einspannung, Drehfederkonstante γ		o	—	$-\gamma \frac{\partial w}{\partial x}$	—
Innenstütze		o	stetig	—	—
Innengelenk (Gerberträger)		stetig	—	o	—

[1] Eine Ausnahme siehe Ziff. XXI, 8.

Für den Stab mit konstanter „Biegesteifigkeit" $E J$ vereinfacht sich diese Gleichung zu

$$E J \frac{\partial^4 w}{\partial x^4} = q - \varrho F \frac{\partial^2 w}{\partial t^2}. \qquad \text{(XI, 12)}$$

Bei *schiefer Biegung* gelten, wie man sich ohne Schwierigkeiten überlegt, die Beziehungen

$$\frac{\partial M_y}{\partial x} = Q_z, \qquad \frac{\partial M_z}{\partial x} = -Q_y$$

$$\frac{\partial^2}{\partial x^2}\left(E J_y \frac{\partial^2 w}{\partial x^2}\right) = q_z - \varrho F \frac{\partial^2 w}{\partial t^2}, \quad \frac{\partial^2}{\partial x^2}\left(E J_z \frac{\partial^2 v}{\partial x^2}\right) = q_y - \varrho F \frac{\partial^2 v}{\partial t^2}.$$

Zur vollständigen Formulierung des Problems sind zu den Differentialgleichungen (XI, 11) oder (XI, 12) noch die *Anfangsbedingungen* und die *Randbedingungen* hinzuzufügen. Bei den letzteren unterscheidet man zwischen den *kinematischen* und den *dynamischen* Randbedingungen. Die kinematischen (oder geometrischen) Bedingungen sind Vorschriften für die Verschiebung w oder den Neigungswinkel $\partial w/\partial x$, während die dynamischen Bedingungen Aussagen über die Querkraft Q oder das Biegemoment M enthalten. Ist ein Stabende beispielsweise frei drehbar, aber in der Querrichtung unverschieblich gelagert, so muß dort $w = 0$ und $M = 0$ sein, während über die Neigung $\partial w/\partial x$ und die Querkraft Q keine Aussagen gemacht werden können.

In Tabelle XI, 1 sind die Randbedingungen für die wichtigsten praktisch in Frage kommenden Lagerungsfälle zusammengestellt. Die Koordinate x ist dabei von links nach rechts laufend angenommen. Die Bemerkung „stetig" bedeutet, daß die betreffende Größe denselben Wert annimmt, wenn man sich der betrachteten Stelle einmal von links und dann von rechts nähert.

Wir erläutern die Anwendung der Formeln an einigen Beispielen.

5. Beispiel: Träger auf zwei Stützen unter ruhender Last. Ein Träger konstanten Querschnittes mit der Spannweite l ist durch eine Gleichlast q und eine Einzelkraft P in Feldmitte belastet (Abb. XI, 9). Man finde die Auflagerreaktionen A und B, den Momentenverlauf, die Biegelinie und die maximale Biegespannung.

Der Träger ist statisch bestimmt gelagert. Die Gleichgewichtsbedingungen liefern

$$A = B = \frac{P}{2} + \frac{q\,l}{2}.$$

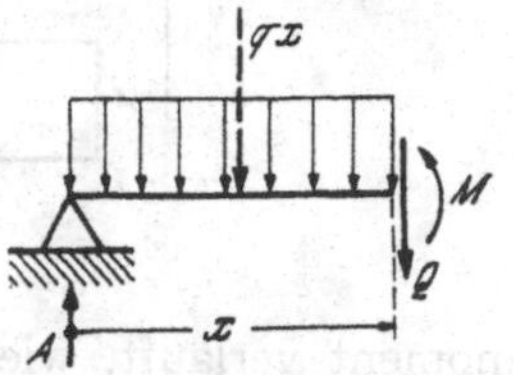

Abb. XI, 8

Zur Bestimmung des Momentenverlaufes[1] denken wir uns den Träger an der Stelle $x < l/2$ durchgeschnitten (Abb. XI, 8) und die Schnittgrößen Q und M angebracht. Die Momentenbedingung um die Schnittstelle

$$-A\,x + \frac{q\,x^2}{2} + M = 0$$

[1] Vgl. hierzu Ziff. II, 7.

liefert nach Einsetzen von A

$$M = \frac{P}{2}x + \frac{qx}{2}(l - x), \qquad 0 \leqq x \leqq \frac{l}{2},$$

$$Q = \frac{dM}{dx} = \frac{P}{2} + \frac{q}{2}(l - 2x), \quad 0 < x < \frac{l}{2}.$$

Da $x = l/2$ Symmetriepunkt ist, brauchen M und Q für die rechte Trägerhälfte $l/2 < x < l$ nicht neuerlich berechnet zu werden. Das Biege-

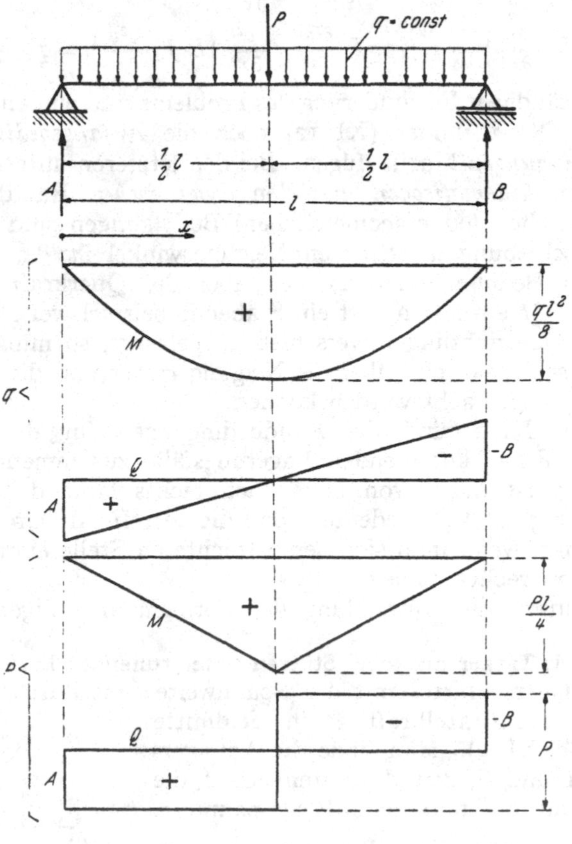

Abb. XI, 9

moment verläuft, wie man leicht einsieht, symmetrisch, die Querkraft als die Ableitung des Momentes somit schiefsymmetrisch. Abb. XI, 9 zeigt $M(x)$ und $Q(x)$, getrennt für die beiden Belastungsanteile q und P. Man sieht, daß die Querkraft Q am Ort der Einzellast P einen Sprung von der Größe $-P$ aufweist. Dementsprechend erfährt die Momentenlinie dort einen Knick.

Auch die Biegelinie $w(x)$ verläuft symmetrisch zur Feldmitte. Es genügt daher, die Differentialgleichung (XI, 5) im Bereich $0 \leqq x \leqq l/2$ zu lösen. Sie lautet nach Einsetzen von M

$$w'' = -\frac{1}{2EJ}[P x + q x (l - x)]$$

und liefert nach zweimaliger Integration

$$w = -\frac{1}{2EJ}\left[\frac{Px^3}{6} + q\left(\frac{l x^3}{6} - \frac{x^4}{12}\right) + C_1 x + C_2\right],$$

mit C_1 und C_2 als Integrationskonstanten. Von den beiden in $x = 0$ geltenden Randbedingungen $M = 0$ und $w = 0$ ist die erste bereits erfüllt. Die zweite verlangt $C_2 = 0$. Am zweiten Bereichsrand $x = l/2$ muß aus Symmetriegründen $w' = 0$ sein, woraus $C_1 = -\frac{l^2}{24}(3P + 2ql)$ folgt. Somit erhält man

$$w = \frac{x}{48EJ}[P(3l^2 - 4x^2) + 2q(l^3 + x^3 - 2lx^2)], \quad 0 \leq x \leq l/2.$$

Die maximale Durchbiegung tritt mit $w' = 0$ in Feldmitte $x = l/2$ auf und beträgt

$$w_{\max} = \frac{Pl^3}{48EJ} + \frac{5ql^4}{384EJ}.$$

Die maximale Biegespannung liegt bei konstantem Trägerquerschnitt an der Stelle des maximalen Biegemomentes, also hier in Feldmitte, wobei

$$M_{\max} = \frac{Pl}{4} + \frac{ql^2}{8}.$$

Da weiters die Biegespannungen linear über den Querschnitt verlaufen, müssen ihre Extremwerte am Querschnittsrand in dem Punkt liegen, der den größten Abstand von der „Nullinie" $\sigma_x = 0$ besitzt. Bei beliebiger Querschnittsform und schiefer Biegung findet man die Koordinaten dieses Punktes am einfachsten, indem man den Querschnitt aufzeichnet und die Nullinie aus Gl. (XI, 6) einträgt. Bei Biegung um eine Trägheitshauptachse y fällt die Nullinie mit dieser zusammen. Sind dann $z = +c_1$ und $z = -c_2$ die größten Randabstände, so gilt mit

$$\frac{J_y}{c_1} = W_1, \quad \frac{J_y}{c_2} = W_2 \tag{XI, 13}$$

für die Extremwerte der Biegespannungen

$$\sigma_1 = \frac{M_{\max}}{W_1}, \quad \sigma_2 = -\frac{M_{\max}}{W_2}. \tag{XI, 14}$$

W_1 und W_2 werden die beiden *Widerstandsmomente* des Querschnittes für Biegung um die y-Achse genannt. Ist diese eine Symmetrieachse, so wird $W_1 = W_2$.

Bei positivem Biegemoment ist die Spannung σ_1 eine Zug-, die Spannung σ_2 eine Druckspannung. Welche der beiden für die Bemessung maßgebend ist, hängt vom Werkstoff ab. Bei Stahl beispielsweise, der sich bei Zug und Druck gleich verhält, ist es die absolut größere der beiden.

6. Beispiel: Statisch unbestimmt gelagerter Träger. Der Träger nach Abb. XI, 10 ist durch die Gleichlast q und die am Ende des Kragarms angreifende Einzelkraft P belastet. Gesucht sind die Auflagerreaktionen und der Verlauf des Biegemomentes.

Zur Bestimmung der drei Auflagerreaktionen A, B und M_0 stehen zunächst nur die zwei Gleichgewichtsbedingungen zur Verfügung (die dritte ist identisch erfüllt). Der Träger ist also *einfach statisch unbestimmt* gelagert. Die noch fehlende Gleichung ist keine Gleichgewichts-, sondern eine Formänderungsbedingung, die wir folgendermaßen gewinnen können. Wir stellen uns ein statisch bestimmtes *Grundsystem* her, indem wir passend gewählte überzählige Einspannungen oder Stützen entfernt denken. Die zugehörigen Einspannmomente bzw. Stützkräfte nennen wir die *statisch unbestimmten Größen* des Systems. Wir lassen sie zusammen mit den vorgegebenen Lasten auf das Grundsystem einwirken und bestimmen die Formänderungen so, daß der ursprüngliche Zustand wieder hergestellt wird. Dies liefert die gesuchten zusätzlichen Gleichungen.

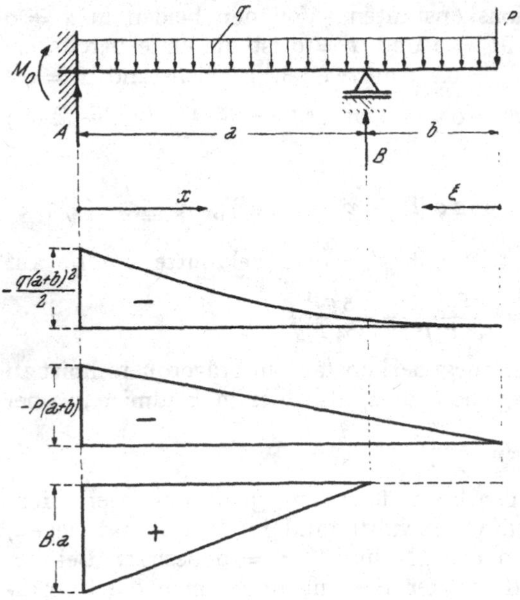

Abb. XI, 10

Im vorliegenden Fall denken wir uns etwa die rechte Stütze entfernt. Wir erhalten dann als Grundsystem einen Kragträger, der durch die Gleichlast q und die beiden Einzelkräfte P und B belastet ist. Mit der Einspannstelle als Bezugspunkt lauten die Gleichgewichtsbedingungen

$$A - P - q\,(a + b) + B = 0,$$

$$B\,a - P\,(a + b) - \frac{q}{2}\,(a + b)^2 - M_0 = 0.$$

Für das Biegemoment gilt im Bereich $0 \leqq x \leqq a$

$$M = M_0 + A\,x - \frac{q\,x^2}{2}.$$

Nach Einsetzen in Gl. (XI, 5) und Integration folgt für die Biegelinie in diesem Bereich

$$E\,J\,w = \frac{q\,x^4}{24} - A\,\frac{x^3}{6} - M_0\,\frac{x^2}{2} + C_1\,x + C_2.$$

Am Rand $x = 0$ muß $w = 0$ und $w' = 0$ sein. Damit wird $C_1 = 0$, $C_2 = 0$. Weiters muß an der Innenstütze $x = a$ die Durchbiegung verschwinden, also

$$q\,a^2 - 4\,A\,a - 12\,M_0 = 0$$

gelten. Dies ist die noch fehlende dritte Gleichung für A, M_0 und B. Zusammen mit den beiden oben angeführten Gleichgewichtsbedingungen liefert sie

$$A = \left(\frac{5a}{8} - \frac{3b^2}{4a}\right)q - \frac{3b}{2a}P, \quad B = \left(\frac{3a}{8} + b + \frac{3b^2}{4a}\right)q + \left(1 + \frac{3b}{2a}\right)P,$$

$$M_0 = \frac{2b^2 - a^2}{8}q + \frac{b}{2}P.$$

Damit ist auch der Verlauf des Biegemomentes bekannt. Man gibt ihn zweckmäßig getrennt für jede einzelne der drei Lasten q, P und B an (Abb. XI, 10), wobei an Stelle der Koordinate x vorteilhaft die von rechts nach links laufende Koordinate $\xi = a + b - x$ benützt wird:

$$\left.\begin{aligned} &\text{von } q \ldots M = -\frac{q\,\xi^2}{2}, \\ &\text{von } P \ldots M = -P\,\xi, \end{aligned}\right\} \quad 0 \leqq \xi \leqq a + b,$$

$$\text{von } B \ldots \left\{ \begin{aligned} &M = 0, && 0 \leqq \xi \leqq b, \\ &M = B(\xi - b), && b \leqq \xi \leqq a + b. \end{aligned}\right.$$

Wenn man die vorangehende Rechnung nochmals durchsieht, so bemerkt man, daß es zur Bestimmung der statisch unbestimmten Größe B ausgereicht hätte, die Durchbiegung an der Stelle $x = a$ allein zu ermitteln, ohne den gesamten Verlauf der Biegelinie zu kennen. Wir werden später[1] Verfahren kennenlernen, die es uns ermöglichen, Verschiebungen in beliebig herausgegriffenen Punkten zu bestimmen, ohne die gesamten Formänderungen berechnen zu müssen.

7. Beispiel: Biegeschwingungen eines Stabes. Ein beliebig gelagerter Träger, auf den keine anderen äußeren Kräfte als die von der Lagerung herrührenden einwirken, werde durch irgend eine kurzzeitige Störung zu freien Biegeschwingungen (Eigenschwingungen) veranlaßt. Setzen wir konstanten Querschnitt voraus, so gilt für ihn Gl. (XI, 12) mit $q = 0$, also

$$c^2 \frac{\partial^4 w}{\partial x^4} + \frac{\partial^2 w}{\partial t^2} = 0, \quad c^2 = \frac{EJ}{\varrho F}. \tag{XI, 15}$$

Wir versuchen einen Lösungsansatz in der Form eines Produktes[2]

$$w(x, t) = f(x)\,g(t) \tag{XI, 16}$$

und erhalten nach Eintragen in Gl. (XI, 15) und Division durch $f\,g$

$$c^2 \frac{f^{(4)}}{f} = -\frac{g''}{g} = \omega^2.$$

Der von f abhängige Ausdruck enthält nur x, der von g abhängige nur t, die beiden können daher nur dann für alle x und t gleich sein, wenn sie

[1] Ziff. XI, 9 und XVII, 2.

[2] Manchmal als BERNOULLIscher Ansatz bezeichnet. Das Verfahren ist eines der wichtigsten zur Lösung partieller Differentialgleichungen.

gleich einer Konstanten ω^2 werden. Wir erhalten so die beiden gewöhnlichen Differentialgleichungen

$$g''(t) + \omega^2 g(t) = 0, \quad f^{(4)}(x) - \gamma^4 f(x) = 0, \quad \gamma^2 = \frac{\omega}{c}. \quad \text{(XI, 17)}$$

Die allgemeine Lösung ist

$$\left.\begin{aligned} g(t) &= a \cos(\omega t - \varepsilon), \\ f(x) &= A \sin\gamma x + B \cos\gamma x + C \sinh\gamma x + D \cosh\gamma x. \end{aligned}\right\} \quad \text{(XI, 18)}$$

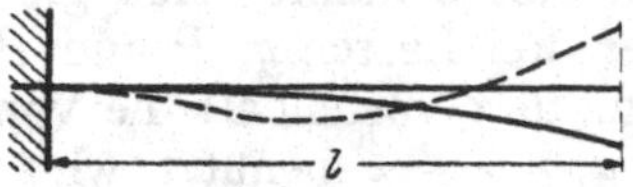

Abb. XI, 11

Die zunächst noch beliebige Konstante γ bzw. ω folgt aus den Randbedingungen, hängt also von der Lagerung des Trägers ab. Wir entnehmen der ersten Gl. (XI, 18), daß ω nichts anderes ist als die *Eigenfrequenz* der Biegeschwingungen des Trägers. Für den in $x = 0$ eingespannten, in $x = l$ freien Träger beispielsweise gelten gemäß Tabelle XI, 1 die folgenden Randbedingungen

$$\begin{aligned} x &= 0: \quad f = 0, \quad f' = 0, \\ x &= l: \quad M = 0, \quad Q = 0, \text{ also } f'' = 0, \quad f''' = 0. \end{aligned}$$

Hierbei wurden M und Q mittels der Gln. (XI, 5) und (XI, 10) durch w und damit durch f ausgedrückt. Man bekommt vier Gleichungen für die vier Konstanten A bis D:

$$\begin{aligned} B + D &= 0, \\ A + C &= 0, \\ A \sin\gamma l + B \cos\gamma l - C \sinh\gamma l - D \cosh\gamma l &= 0, \\ A \cos\gamma l - B \sin\gamma l - C \cosh\gamma l - D \sinh\gamma l &= 0. \end{aligned}$$

Eine nichttriviale Lösung dieses homogenen Gleichungssystems existiert nur, wenn die Koeffizientendeterminante verschwindet. Dies ergibt die Frequenzgleichung

$$1 + \cos\gamma l \cosh\gamma l = 0.$$

Die Gleichung besitzt abzählbar unendlich viele Wurzeln. Ordnet man sie nach steigender Größe, so lauten die ersten drei

$$\gamma_1 l = 1{,}875, \quad \gamma_2 l = 4{,}694, \quad \gamma_3 l = 7{,}855.$$

Die zugehörigen Eigenfrequenzen (Eigenwerte) $\omega = c\gamma^2$ werden als *Grundfrequenz*, erste und zweite *Oberfrequenz* usw. bezeichnet und die zugehörigen Schwingungsformen (Eigenfunktionen) $f_n(x)$ nennt man *Grundschwingung*, erste und zweite *Oberschwingung* usw. Abb. XI, 11 zeigt die Grundschwingung und die erste Oberschwingung (strichliert). Das System besitzt unendlich viele Eigenfrequenzen und Eigenschwingungsformen, entsprechend seinen unendlich vielen Freiheitsgraden[1].

[1] Vgl. S. 140.

Tabelle XI, 2 enthält die Frequenzgleichung und ihre Wurzeln für einige wichtige Lagerungsarten. Dabei kann für $n \geqq 4$ die jeweils in der letzten Zeile angegebene asymptotische Formel benützt werden.

Tabelle XI, 2

	$\omega = \gamma^2 \sqrt{\frac{E\,J}{\varrho\,F}}$	Frequenzgleichung	n	$\gamma_n\,l$
Beiderseits frei oder beiderseits eingespannt	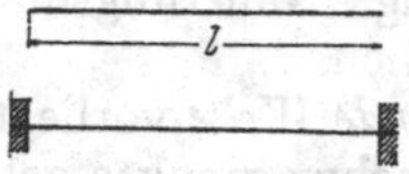	$1 - \cos\gamma\,l \cosh\gamma\,l = 0$	1	4,730
			2	7,853
			3	10,996
			n	$(2\,n + 1)\,\pi/2$
Beiderseits frei drehbar		$\sin\gamma\,l = 0$	1	π
			2	$2\,\pi$
			3	$3\,\pi$
			n	$n\,\pi$
Ein Ende eingespannt, das andere frei		$1 + \cos\gamma\,l \cosh\gamma\,l = 0$	1	1,875
			2	4,694
			3	7,855
			n	$(2\,n - 1)\,\pi/2$
Ein Ende eingespannt, das andere frei drehbar		$\tan\gamma\,l = \tanh\gamma\,l$	1	3,927
			2	7,069
			3	10,210
			n	$(4\,n + 1)\,\pi/4$

Wirkt auf den Stab eine pulsierende Kraft $q = q_0(x) \cos\nu t$ ein, so treten *erzwungene Schwingungen* auf. Zu ihrer Bestimmung ist die inhomogene Gl. (XI, 12) zu lösen. Es kommt hierbei ebenso wie bei den Schwingungen mit endlich vielen Freiheitsgraden[1] im wesentlichen wieder nur auf das Partikulärintegral $w_p(x, t)$, die eigentliche erzwungene Schwingung, an, die man z. B. mittels Entwicklung nach den Eigenfunktionen $f_n(x)$ erhalten kann,

$$q_0(x) = \sum_{n=1}^{\infty} a_n\, f_n(x), \qquad w_p(x, t) = \sum_{n=1}^{\infty} c_n\, f_n(x) \cos\nu t. \qquad \text{(XI, 19)}$$

Die Entwicklungskoeffizienten a_n folgen in bekannter Weise wegen der Orthogonalität[2] der Eigenfunktionen

$$\int_0^l f_n(x)\, f_m(x)\, dx = 0 \quad \text{für} \quad n \neq m \qquad \text{(XI, 20)}$$

zu

$$a_n = \frac{1}{N_n} \int_0^l q_0(x)\, f_n(x)\, dx, \qquad N_n = \int_0^l f_n^2(x)\, dx. \qquad \text{(XI, 21)}$$

[1] Vgl. Ziff. V, 3.

[2] Für den Beweis siehe etwa R. Courant-D. Hilbert: Methoden der mathematischen Physik, Bd. I, S. 253. Berlin: 1931.

Die Koeffizienten c_n ergeben sich durch Eintragen der Reihen (XI, 19) in die Differentialgleichung (XI, 12) und Vergleich der Koeffizienten von $f_n(x)$, wobei noch Gl. (XI, 18) zu beachten ist.

Es zeigt sich wieder, daß die Ausschläge der erzwungenen Schwingungen in der Nähe einer *Resonanzstelle* $\nu = \omega_n$ $(n = 1, 2, \ldots)$ theoretisch über alle Grenzen wachsen. Wegen der stets vorhandenen Dämpfung sind praktisch allerdings nur die niedrigeren Eigenfrequenzen gefährlich.

Zur Berechnung der Eigenschwingungen von *Stäben mit veränderlichem Querschnitt* verwendet man zweckmäßig Näherungsmethoden. Wir werden eine solche in Ziff. XX, 2 besprechen.

Wenn statt eines Trägers eine *umlaufende Welle* vorliegt, deren Drehachse nicht genau durch die Querschnittsschwerpunkte geht, dann führt die dadurch entstehende „Fliehkraft" gleichfalls zu erzwungenen Biegeschwingungen. Denn ist $e(x)$ die Schwerpunktsexzentrizität, so besitzt die zur Drehachse gerichtete Zentripetalbeschleunigung $e\omega^2$ des mit der Winkelgeschwindigkeit ω umlaufenden Schwerpunktes die Komponente $e\omega^2 \cos\omega t$ in der x,z-Ebene. In Gl. (XI, 12) erscheint daher jetzt eine „Erregerkraft" $q = -\varrho F e\omega^2 \cos\omega t$. Wenn also die Winkelgeschwindigkeit ω der Welle gleich einer ihrer Biegeeigenfrequenzen ω_n wird, liegt Resonanz vor. Da es hierbei zu einer starken Ausbiegung der Welle und unter Umständen zum Bruch kommt, spricht man von einer *kritischen Drehzahl*.

Die Welle, etwa eine Turbinenwelle mit Laufrädern, wird im allgemeinen noch eine oder mehrere Scheiben tragen. Deren Masse ist bei der Berechnung der Biegeeigenfrequenzen zu berücksichtigen[1].

8. Einflußlinien. Bei einem gegebenen Träger (gegebene Trägerlänge, Abmessungen und Auflagerung) hängen Querkraft, Biegemoment,

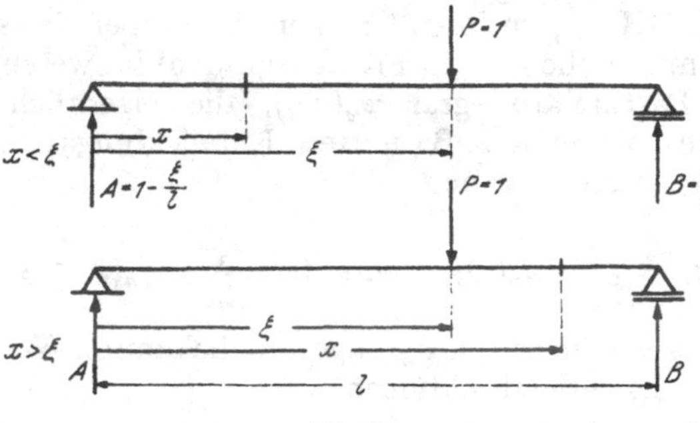

Abb. XI, 12

Durchbiegung usw. an einer bestimmten Stelle x von den aufgebrachten Lasten ab. Es ist nun oft wünschenswert, eine übersichtliche Darstellung dieser Abhängigkeit zu besitzen. Diesem Zweck dienen die *Einflußlinien*. Mit ihrer Hilfe können z. B. maximale Biegemomente, ungünstigste Laststellungen usw. rasch ermittelt werden.

[1] Für weitere Einzelheiten siehe C. B. BIEZENO-R. GRAMMEL: Technische Dynamik, 2. Aufl. Berlin: 1953.

Wir geben die Grundgedanken an Hand der Einflußlinien für Biegemoment und Querkraft eines *Trägers auf zwei Stützen*. Die Stelle (der „Aufpunkt"), an der das Biegemoment berechnet werden soll, sei x (Abb. XI, 12). Nun denken wir uns an der Stelle ξ eine Einzelkraft P vom Betrag einer Krafteinheit aufgebracht. Die zugehörigen Auflagerkräfte sind $A = 1\,(l - \xi)/l$, $B = 1\,\xi/l$. Das Biegemoment bezeichnen wir mit $\overline{M}(x, \xi)$. Die Schreibweise soll andeuten, daß es sich um das Moment an der Stelle x handelt, hervorgerufen durch die Kraft „eins"[1] an der Stelle ξ. Es ist

$$\overline{M}(x, \xi) = \begin{cases} \left(1 - \dfrac{\xi}{l}\right) x \ldots\ldots x \leqq \xi, \\ \xi \left(1 - \dfrac{x}{l}\right) \ldots\ldots x \geqq \xi. \end{cases}$$

Wir bemerken durch Vertauschung von x und ξ, daß $\overline{M}(\xi, x) = \overline{M}(x, \xi)$, d. h. die in ξ angreifende Kraft 1 ruft an der Stelle x das gleiche Biege-

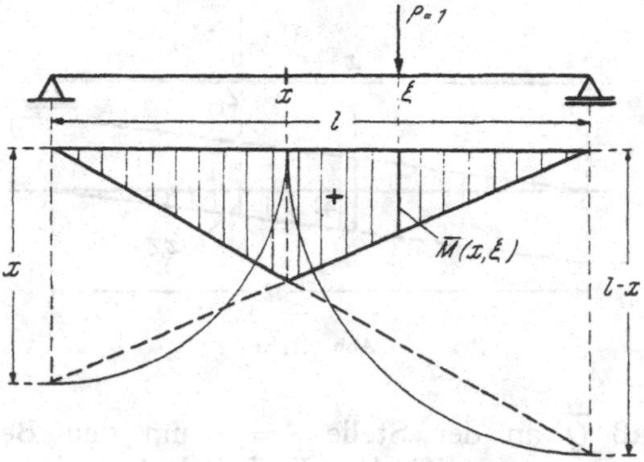

Abb. XI, 13

moment hervor wie eine in x angreifende Kraft 1 an der Stelle ξ. Der Verlauf von $\overline{M}(x, \xi)$ ist in Abb. XI, 13 gegeben, wobei x festgehalten und ξ als variabel anzusehen ist. Es ergeben sich zwei Gerade, die sich an der Stelle $\xi = x$ schneiden. Sie stellen die *Einflußlinie*, bzw. *Einflußfunktion* oder GREEN*sche Funktion* für den Träger dar.

Wenn nun an der beliebigen Stelle ξ nicht die Kraft „eins", sondern eine beliebige Kraft P angreift, so ist das von ihr an der beliebigen Stelle x hervorgerufene Biegemoment gleich

$$M(x) = P\,\overline{M}(x, \xi).$$

Greift am Träger eine verteilte Last $q(\xi)$ an, so wirkt an der Stelle ξ die differentielle Einzellast $dP = q(\xi)\,d\xi$, die an der Stelle x das Biege-

[1] $\overline{M}$ ist also ein Moment je Krafteinheit.

moment $dM(x) = \overline{M}\,dP = \overline{M}(x, \xi)\, q(\xi)\, d\xi$ erzeugt. Durch Integration über den ganzen Lastbereich wird

$$M(x) = \int_0^l \overline{M}(x, \xi)\, q(\xi)\, d\xi = \left(1 - \frac{x}{l}\right) \int_0^x \xi\, q(\xi)\, d\xi + x \int_x^l \left(1 - \frac{\xi}{l}\right) q(\xi)\, d\xi.$$

Man sieht, daß man mit der für einen gegebenen Träger ein für allemal zu berechnenden Einflußfunktion den Biegemomentenverlauf bei beliebiger Belastung direkt angeben kann.

Aus der Einflußlinie für das Biegemoment erhält man sofort die Einflußlinie $\overline{Q}(x, \xi)$ für die Querkraft an der Stelle x, hervorgerufen durch die Last $P = 1$ an der Stelle ξ, wenn man sich an die Beziehung $Q = dM/dx$ erinnert. Dann wird

$$\overline{Q}(x, \xi) = \frac{\partial \overline{M}(x, \xi)}{\partial x} = \begin{cases} 1 - \dfrac{\xi}{l} \ldots\ldots x < \xi, \\ -\dfrac{\xi}{l} \ldots\ldots x > \xi. \end{cases}$$

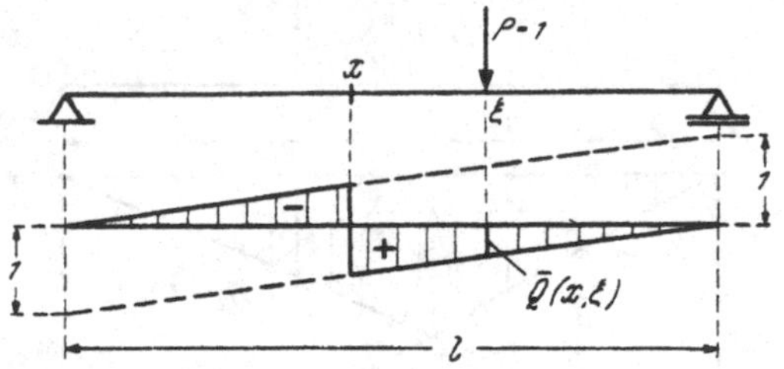

Abb. XI, 14

Man sieht, daß $\overline{Q}$ an der Stelle $\xi = x$ um den Betrag $+1$ entsprechend der dort angreifenden Einheitslast springt (Abb. XI, 14). Durch Multiplikation bzw. Integration ergibt sich wiederum der Querkraftverlauf für eine beliebige Belastung.

Die Einflußlinie $\overline{Q}(x, \xi)$ liefert auch gleichzeitig die Auflagerreaktionen A und B. Es ist

$$A = P\,\overline{Q}(0, \xi), \qquad B = -\,P\,\overline{Q}(l, \xi).$$

Anmerkung: Mathematisch gesehen, handelt es sich bei der Einflußfunktion $\overline{M}(x, \xi)$ um die Greensche Funktion[1] des Randwertproblems Gl. (XI, 22)

$$\frac{d^2 M}{dx^2} + q(x) = 0, \quad M(0) = M(l) = 0.$$

Die Greensche Funktion ist definiert als diejenige Lösung $\overline{M}(x, \xi)$ des homogenen Randwertproblems

$$\frac{\partial^2 \overline{M}(x, \xi)}{\partial x^2} = 0, \quad \overline{M}(0, \xi) = \overline{M}(l, \xi) = 0,$$

[1] Näheres bei R. Courant-D. Hilbert: Methoden der mathematischen Physik, Bd. I, S. 302 ff. Berlin: 1931.

die überall im Bereich $0 \leqq x \leqq l$ stetig ist und deren Ableitung an der Stelle $x = \xi$ um den Betrag -1 springt. Die Lösung des inhomogenen Randwertproblems ist dann gegeben durch

$$M(x) = \int_0^l \overline{M}(x, \xi)\, q(\xi)\, d\xi,$$

wobei $\overline{M}(x, \xi) = \overline{M}(\xi, x)$. Man sieht unmittelbar die Übereinstimmung mit den oben gegebenen Formeln.

Beispiele: (a) Man finde den Verlauf des Biegemomentes für den Träger mit Dreieckslast $q = q_0 \frac{x}{l}$ (Abb. XI, 15). Es ist

$$M(x) = \left(1 - \frac{x}{l}\right) \int_0^x \xi\, q_0 \frac{\xi}{l}\, d\xi + x \int_x^l \left(1 - \frac{\xi}{l}\right) q_0 \frac{\xi}{l}\, d\xi =$$

$$= \frac{q_0}{l} \left[\left(1 - \frac{x}{l}\right) \frac{x^3}{3} + x \left(\frac{l^2 - x^2}{2} - \frac{l^3 - x^3}{3\, l}\right)\right] = \frac{q_0\, x}{6\, l} (l^2 - x^2).$$

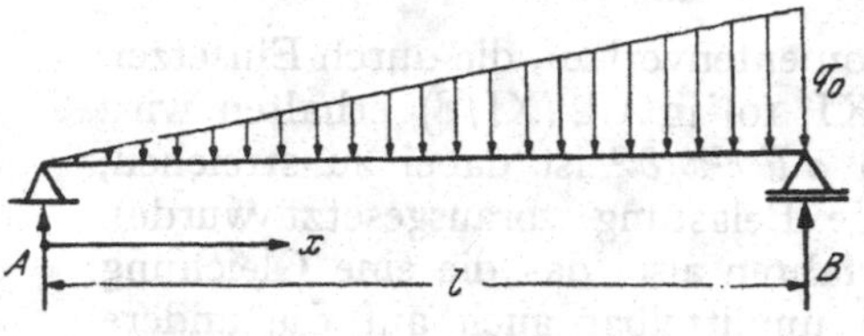

Abb. XI, 15

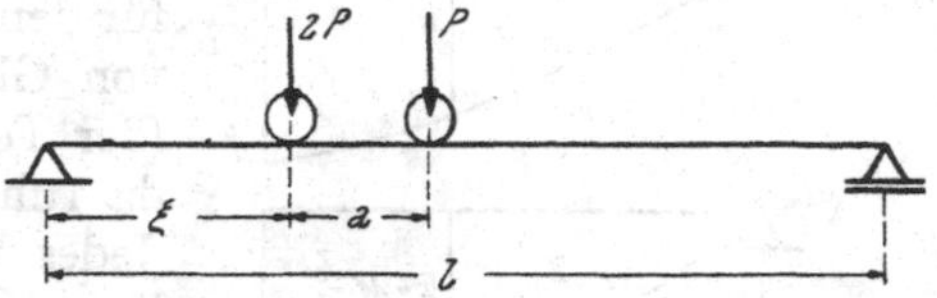

Abb. XI, 16

Die Auflagerreaktionen sind gegeben durch

$$A = \left.\frac{dM}{dx}\right|_{x=0} = \frac{q_0\, l}{6}, \quad B = -\left.\frac{dM}{dx}\right|_{x=l} = \frac{q_0\, l}{3}.$$

(b) Eine Kranbahn trägt eine Laufkatze mit den Achsdrücken $2\,P$ und P (Abb. XI, 16). Man finde die ungünstigste (d. h. das größte Biegemoment erzeugende) Laststellung und das maximale Biegemoment. Man überlegt sich leicht, daß das maximale Biegemoment nur unter einer der beiden Einzellasten, also in $x = \xi$ oder in $x = \xi + a$ auftreten kann. Denn nur dort kann die Querkraft durch Null gehen. Wir haben also $\xi \leqq x \leqq \xi + a$ und somit

$$M(x) = 2\,P\,\overline{M}(x, \xi) + P\,\overline{M}(x, \xi + a) = P\left[2\,\xi\left(1 - \frac{x}{l}\right) + \left(1 - \frac{\xi + a}{l}\right) x\right] =$$

$$= \frac{P}{l} [2\,\xi\, l - 3\,\xi\, x + (l - a)\, x].$$

Wir setzen zuerst $x = \xi$ und erhalten $M(\xi) = [(3\,l - a)\,\xi - 3\,\xi^2]\,P/l$. Für $M = M_{\max}$ muß $dM/d\xi = 0$ sein, also $3\,l - a - 6\,\xi = 0$:

$$\xi_1 = \frac{3\,l - a}{6}.$$

Das zugehörige Biegemoment ist

$$M_1 = \frac{P}{l}(3\,l - a)^2\left(\frac{1}{6} - \frac{3}{36}\right) = \frac{P}{12\,l}(3\,l - a)^2.$$

Dann setzen wir $x = \xi + a$ und erhalten $M(\xi + a) = [a\,(l - a) + (3\,l - 4\,a)\,\xi - 3\,\xi^2]\,P/l$. Aus $dM/d\xi = 0$ folgt $\xi_2 = (3\,l - 4\,a)/6$ und $M_2 = (3\,l - 2\,a)^2\,P/12\,l < M_1$. Die ungünstigste Laststellung tritt also für $\xi = \xi_1$ ein.

9. Ermittlung der Biegelinie mit Hilfe der „Momentenbelastung". Diese auch als *Verfahren von* MOHR bezeichnete Methode ist bei *ruhender Belastung* anwendbar. Sie basiert auf der mathematischen Identität der Differentialgleichung (XI, 5) für die Biegelinie mit der Differentialgleichung

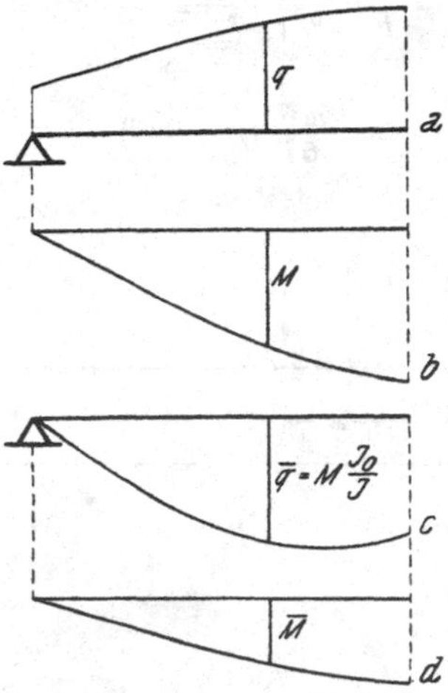

Abb. XI, 17a–d

$$\frac{d^2M}{dx^2} = -\,q \qquad \text{(XI, 22)}$$

für den Momentenverlauf, die durch Einsetzen von Gl. (XI, 10) in Gl. (XI, 8) erhalten wird (der Term $\varrho F\, \partial^2 w/\partial t^2$ ist dabei zu streichen, da ruhende Belastung vorausgesetzt wurde). Jedes Verfahren also, das die eine Gleichung löst, kann unmittelbar auch auf die andere angewendet werden.

Wir haben nun in Ziff. II, 7 eine solche Methode kennengelernt und dort die Momentenlinie $M(x)$ aus der Belastung q mit Hilfe des Seileckes konstruiert. Genau so können wir also auch die Biegelinie finden; wir haben nur gemäß Gl. (XI, 5) an Stelle der tatsächlichen Belastung q eine fiktive Belastung, die *Momentenbelastung* $M/E\,J$ auf den Träger aufzubringen. Man kann das Verfahren graphisch in konsequenter Weiterführung der in Abb. II, 16 angegebenen Konstruktion[1] oder rechnerisch durchführen. Von größerer Bedeutung ist die zweite Variante, die wir deshalb hier behandeln. Sie ist vor allem dann wertvoll, wenn nicht der gesamte Verlauf der Biegelinie, sondern nur die Durchbiegung an einzelnen Stellen benötigt wird[2].

Betrachten wir Abb. XI, 17a—d. In a ist ein Stück eines Trägers mit der Belastung q dargestellt. Den zugehörigen Verlauf des Biegemomentes M zeigt b. Wir bringen nun M, bzw. wenn der Träger nicht konstanten Querschnitt aufweist, ein reduziertes Moment $M\,J_0/J$, wo J_0 ein beliebiges Bezugsträgheitsmoment bedeutet, als „Belastung" $\bar{q}$ auf, c.

---

[1] Für Einzelheiten siehe z. B. F. CHMELKA-E. MELAN: Einführung in die Festigkeitslehre, 4. Aufl., S. 217. Wien: 1960.

[2] Vgl. die Bemerkung am Schluß von Ziff. XI, 6.

Mit dieser fiktiven Belastung ermitteln wir das „Biegemoment" $\overline{M}$, siehe d. Für die gesuchte Durchbiegung gilt dann

$$w = \frac{\overline{M}}{E J_0}. \tag{XI, 23}$$

Nach Differentiation folgt daraus für die Neigung der Biegelinie

$$w' = \frac{\overline{Q}}{E J_0}. \tag{XI, 24}$$

$\overline{Q} = d\overline{M}/dx$ ist die von $\overline{q}$ erzeugte Querkraft.

Einen sehr wesentlichen Punkt haben wir noch nicht besprochen. Die Identität der Differentialgleichungen (XI, 5) und (XI, 22) reicht

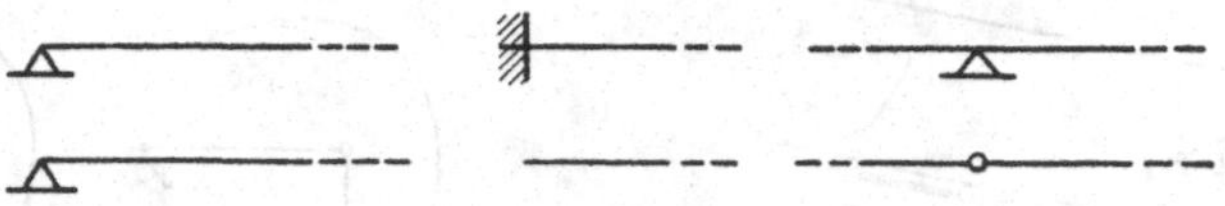

Abb. XI, 18

allein nicht hin, um das korrekte Resultat zu liefern, denn die Lösung wird ja bekanntlich erst durch Hinzunahme der Randbedingungen eindeutig festgelegt. Das hat aber zur Folge, daß die fiktive Belastung $\overline{q}$ nicht auf dem ursprünglichen Träger, sondern auf einem *Ersatzträger* angebracht werden muß, dessen Lagerung im allgemeinen eine andere ist. Tabelle XI, 1 gibt hierüber sofort Auskunft. Man entnimmt ihr beispielsweise, daß ein eingespanntes Ende des gegebenen Trägers übergeht in ein freies Ende des Ersatzträgers. Denn da am gegebenen Träger $w = 0$ und $w' = 0$ ist, muß gemäß den Gln. (XI, 23) und (XI, 24) am Ersatzträger $\overline{M} = 0$ und $\overline{Q} = 0$ gelten. In gleicher Weise überlegt man sich, daß einer Innenstütze ein Gelenk entspricht und umgekehrt, während eine Außenstütze wieder in eine Außenstütze übergeht. In Abb. XI, 18 sind diese Zuordnungen zusammengestellt. Sie sind umkehrbar, d. h. es kann sowohl der obere wie der untere Träger der gegebene sein. Der zweite ist dann der Ersatzträger.

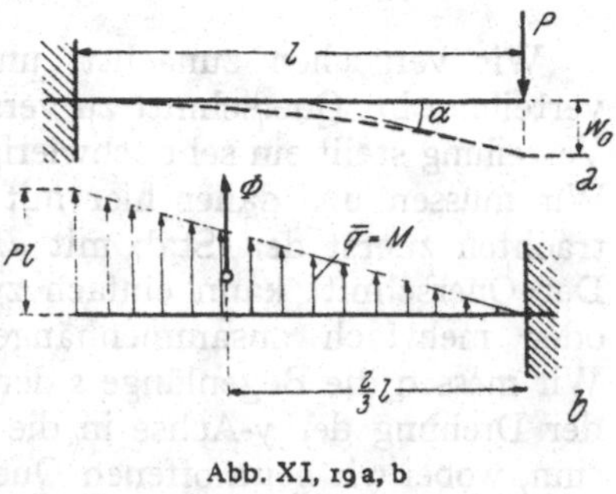

Abb. XI, 19a, b

Als *Beispiel* berechnen wir Durchbiegung w_0 und Neigungswinkel α am freien Stabende eines durch eine Einzelkraft P belasteten Kragträgers (Abb. XI, 19a). Der Querschnitt sei konstant. Wegen $J = J_0$ ist dann $\overline{q} = M$ (Abb. XI, 19b), und diese Belastung (da M hier negativ ist, wirkt sie nach oben) ist auf den gezeichneten Ersatzträger aufzubringen. Das fiktive Moment $\overline{M}$ an der Stelle, wo die Last P angreift, ist $\overline{M} = \Phi\, 2\, l/3$ und die fiktive Querkraft $\overline{Q}$ (genauer: ihr linksseitiger Grenzwert) ist dort $\bar{Q} = \Phi$. Die Größe $\Phi = P\,l^2/2$ bedeutet die Resultierende der Momentenbelastung. Die Gln. (XI, 23) und (XI, 24) liefern damit

$$w_0 = \frac{P\,l^3}{3\,E\,J}, \qquad \alpha \approx w_0' = \frac{P\,l^2}{2\,E\,J}.$$

10. **Schubspannungen zufolge der Querkraft.** In Ziff. XI, 3 haben wir darauf hingewiesen, daß die Gleichungen der technischen Biegelehre nur im Fall der reinen Biegung streng richtig sind. Wenn Querkräfte hinzukommen, in den Querschnitten also Schubspannungen übertragen werden, dann gelten die Formeln nur mehr näherungsweise.

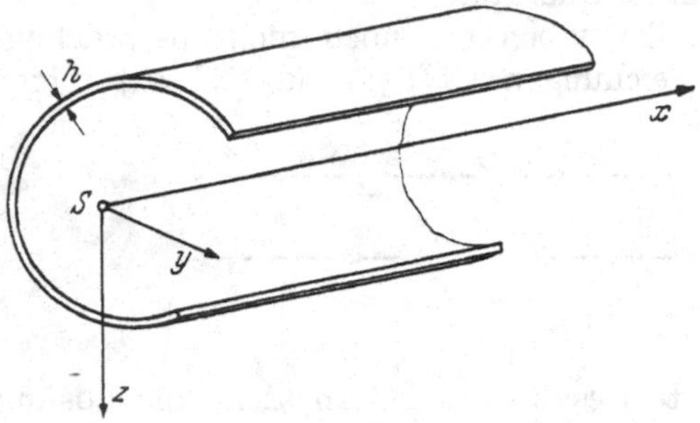

Abb. XI, 20

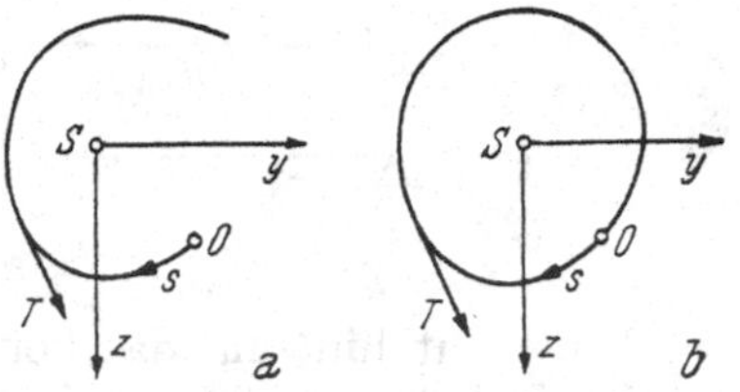

Abb. XI, 21 a, b

Wir versuchen zunächst, uns ein Bild von der Schubspannungsverteilung im Querschnitt zu verschaffen. Die exakte Berechnung dieser Verteilung stellt ein sehr schwieriges Problem der Elastizitätstheorie dar[1]. Wir müssen uns daher hier mit Näherungslösungen begnügen und betrachten zuerst den Stab mit *dünnwandigem Querschnitt* (Abb. XI, 20). Der Querschnitt kann einfach zusammenhängend (offen, Abb. XI, 21 a) oder mehrfach zusammenhängend (geschlossen, Abb. XI, 21 b) sein[2]. Wir messen die Bogenlänge s der Mittellinie in dem Sinn, wie er sich bei der Drehung der y-Achse in die z-Achse ergibt, also hier im Uhrzeigersinn, wobei wir beim offenen Querschnitt am Querschnittsende, beim geschlossenen an einer beliebigen Stelle O beginnen. Die Wandstärke $h(s)$ kann über den Umfang beliebig veränderlich sein. In Achsenrichtung nehmen wir sie konstant an.

Die in der Querschnittsebene liegenden Schubspannungen τ müssen nach dem Satz von den zugeordneten Schubspannungen[3] an der inneren und äußeren Mantelfläche in Umfangsrichtung verlaufen, da die Oberflächen schubspannungsfrei sind. Sie können sich auch über die Dicke h nur wenig ändern, da h voraussetzungsgemäß klein ist. Wir fassen sie zu einem resultierenden *Schubfluß* $T = \tau\,h$ zusammen, der tangential zur Mittellinie verläuft (Abb. XI, 21). Die Größe T stellt also eine in der

[1] Es läßt sich für den Fall des Kragträgers mit Einzellast am Ende auf die Lösung der Poissonschen Gleichung der Potentialtheorie zurückführen. Siehe Handbuch der Physik, Bd. VI, S. 168ff. Berlin: 1928. (Herausgeber H. Geiger-K. Scheel).

[2] In den Abbildungen sind nur die Mittellinien eingezeichnet.

[3] S. 76.

Querschnittsebene liegende *Schubkraft pro Längeneinheit* dar. Wenn wir außer τ wieder nur die Biegespannung σ_x als von Null verschieden annehmen und Gleichgewicht, also ruhende Belastung voraussetzen, so lautet die Gleichgewichtsbedingung in x-Richtung für das in Abb. XI, 22 dargestellte Stabelement

$$h \frac{\partial \sigma_x}{\partial x} + \frac{\partial T}{\partial s} = 0. \qquad \text{(XI, 25)}$$

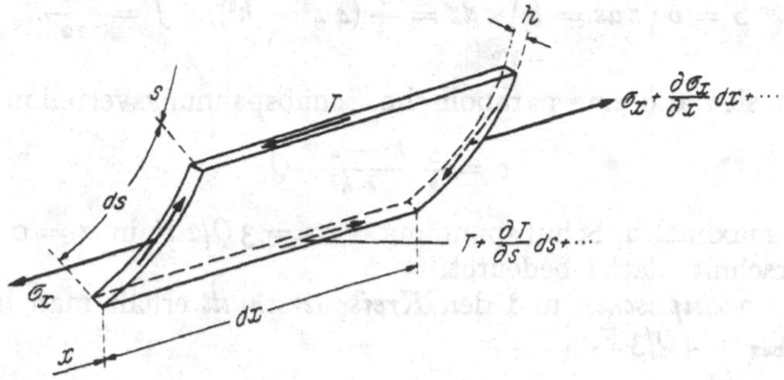

Abb. XI, 22

Mit $\sigma_x = M\,z/J$ gemäß Gl. (XI, 4) und $\partial M/\partial x = Q$ gemäß Gl. (XI, 10) folgt durch Integration

$$T(s) = T_0 - \frac{Q\,S(s)}{J}. \qquad \text{(XI, 26)}$$

Hierbei ist

$$S(s) = \int_0^s z\,h(s)\,ds \qquad \text{(XI, 27)}$$

das statische Moment in bezug auf die y-Achse (um die gebogen wird) des zwischen dem Punkt O und dem betrachteten Punkt liegenden Querschnittsteiles, und T_0 eine Integrationskonstante.

Beim *offenen* Querschnitt muß $T_0 = 0$ sein. Dies folgt aus Gl. (XI, 26) für $s = 0$, da — wieder nach dem Satz von den zugeordneten Schubspannungen — hier $T(0) = 0$ sein muß.

Beim *geschlossenen* Querschnitt bleibt T_0 zunächst unbestimmt. Eine Änderung von T_0 entspricht der Überlagerung eines über s konstanten Schubflusses. Wir werden später[1] sehen, daß dies gleichbedeutend ist mit der Hinzufügung eines im Querschnitt übertragenen Drehmomentes.

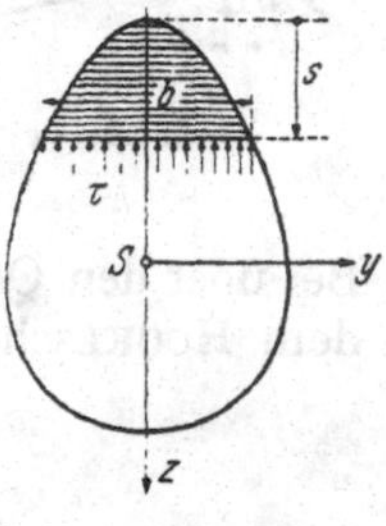

Abb. XI, 23

Gl. (XI, 26) wurde unter der Voraussetzung eines dünnwandigen Querschnittes hergeleitet. Die technische Biegelehre verwendet sie aber auch für beliebige Querschnitte und setzt

$$T = \tau\,b = -\frac{Q\,S}{J}, \qquad \text{(XI, 28)}$$

wo S das statische Moment des schraffierten Querschnittsteiles bezüglich der y-Achse und b die Querschnittsbreite bedeuten (Abb. XI, 23). Es ist

[1] Ziff. XII, 9.

einleuchtend, daß der so erhaltene Mittelwert von τ über die Querschnittsbreite bei dicken Querschnitten nur eine grobe Näherung darstellen kann.

Der maximale Schubfluß ergibt sich für $S = S_{max}$, also in der Schwerachse $z = 0$.

Für einen *Rechteckquerschnitt* von der Breite b und der Höhe h ist mit $s = h/2 + z$

$$S = b\int_0^s z\,ds = b\int_{-h/2}^{z} z\,dz = \frac{b}{8}(4z^2 - h^2), \quad J = \frac{b\,h^3}{12}.$$

Es ergibt sich also eine parabolische Schubspannungsverteilung

$$\tau = \frac{3}{2}\,\frac{h^2 - 4z^2}{b\,h^3}\,Q$$

mit der maximalen Schubspannung $\tau_{max} = 3\,Q/2\,F$ in $z = 0$, wobei F die Querschnittsfläche bedeutet.

Für den *elliptischen* und den *Kreisquerschnitt* erhält man in gleicher Weise $\tau_{max} = 4\,Q/3\,F$.

11. Durchbiegung zufolge der Querkraft. Nachdem wir jetzt — wenigstens angenähert — wissen, wie sich die von der Querkraft erzeugten Schubspannungen über den Trägerquerschnitt verteilen, wollen wir versuchen, die von ihnen bewirkte zusätzliche Durchbiegung zu berechnen. Sie kommt dadurch zustande, daß die Stabelemente Winkelverzerrungen erleiden. Wäre die Schubspannung konstant über den Querschnitt, so ergäbe sich eine Verformung nach Abb. XI, 24; wir berechnen sie zunächst. Sie läßt sich jetzt nicht mehr durch die Durchbiegung allein beschreiben; denn da die Querschnitte nun nicht mehr senkrecht auf der verbogenen Stabachse stehen, ist ihre Drehung φ nicht mehr gleich dw/dx (Abb. XI, 24), es gilt vielmehr $dw/dx = \gamma + \varphi$. An Stelle der Gl. (XI, 5) tritt jetzt die Beziehung

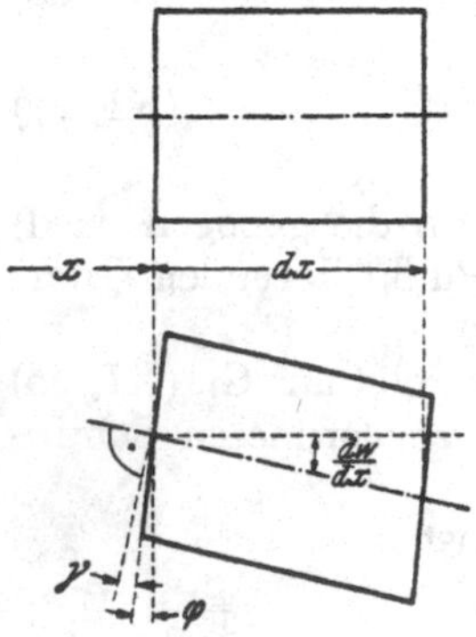

Abb. XI, 24

$$\frac{d\varphi}{dx} = -\frac{M}{E\,J}. \qquad \text{(XI, 29)}$$

Bei über den Querschnitt konstanten Schubspannungen wäre also gemäß dem HOOKEschen Gesetz

$$\gamma = \frac{dw}{dx} - \varphi = \frac{\tau}{G} = \frac{Q}{G\,F}.$$

Die wirklichen Deformationen sind aber weit komplizierter. Die stärksten Winkeländerungen treten dort auf, wo die Schubspannungen ihre Größtwerte annehmen, also im allgemeinen in der Stabachse. An der Ober- und Unterseite des Trägers dagegen, wo die Schubspannungen verschwinden, bleiben die rechten Winkel erhalten. Um der wirklichen

Schubspannungsverteilung zu entsprechen, muß der oben gewonnene Wert noch korrigiert werden. Wir schreiben also

$$\frac{dw}{dx} - \varphi = \frac{\varkappa Q}{G F}. \tag{XI, 30}$$

Den Korrekturfaktor $\varkappa$ legen wir fest durch die Forderung, daß die Schubspannungen τ und die ihnen äquivalente Querkraft Q bei der Verformung die gleiche Arbeit leisten sollen. Dies läuft also auf die Bildung eines Mittelwertes für die Verformung hinaus. Da die im Flächenelement dF des Querschnittes wirkende Schubkraft $\tau\, dF$ eine Verschiebung $dw = (\gamma + \varphi)\, dx$ des Angriffspunktes erfährt, ergibt sich

$$\frac{1}{2} Q\, dw = \frac{1}{2} \int_F \tau\, (\gamma + \varphi)\, dx\, dF = \frac{dx}{2G} \int_F \tau^2\, dF + \frac{\varphi\, dx}{2} \int_F \tau\, dF.$$

Der Faktor $1/2$ rührt daher, daß Q und τ nicht von Anfang an den vollen Wert haben, sondern linear mit der Durchbiegung von Null aus anwachsen[1]. Nach Einsetzen in Gl. (XI, 30) folgt mit Gl. (XI, 28) und mit $\int_F \tau\, dF = Q$

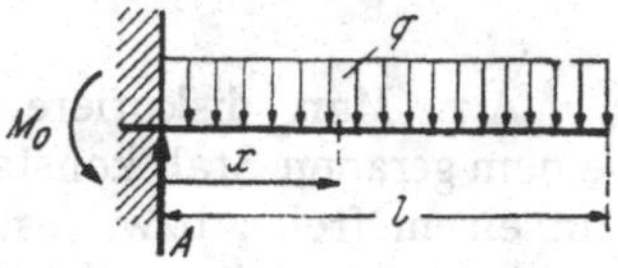

Abb. XI, 25

$$\varkappa = \frac{F}{J^2} \int_F \left(\frac{S}{b}\right)^2 dF. \tag{XI, 31}$$

Für den Rechtecksquerschnitt erhält man daraus $\varkappa = 1{,}2$ und für den Kreisquerschnitt $\varkappa = 1{,}185$.

Eliminieren wir aus den Gln. (XI, 29) und (XI, 30) mit Hilfe der Beziehung $dQ/dx = -q$ die Größen Q und φ, so erhalten wir

$$\frac{d^2 w}{dx^2} = -\frac{M}{E J} - \frac{\varkappa q}{G F}. \tag{XI, 32}$$

Als *Beispiel* betrachten wir einen Kragträger mit Gleichlast (Abb. XI, 25). Die Auflagerkraft ist $A = q\, l$, das Einspannmoment ist $M_0 = q\, l^2/2$; das Biegemoment an der Stelle x beträgt

$$M = -\frac{q}{2} (l - x)^2.$$

Mit Gl. (XI, 32) erhält man nach Integration

$$w = -\frac{\varkappa q}{G F} \frac{x^2}{2} + \frac{q}{24\, E J} (l - x)^4 + C_1 x + C_2.$$

Die beiden Konstanten C_1 und C_2 folgen aus den Randbedingungen in $x = 0$, wo $w = 0$ und $\varphi = 0$ sein muß. Die erste Bedingung liefert $C_2 = -q\, l^4/24\, E\, J$, während aus der zweiten wegen Gl. (XI, 30) zunächst $dw/dx = \varkappa A/G F$ und damit schließlich $C_1 = (\varkappa q\, l/GF) + (q\, l^3/6\, E\, J)$ folgt.

---

[1] Vgl. Ziff. X, 3.

Für die Durchbiegung am freien Ende $x = l$ ergibt sich dann, wenn wir in die vom Biegemoment und von der Querkraft herrührenden Anteile w_M und w_Q aufspalten

$$w_M = \frac{q\,l^4}{8\,E\,J}, \quad w_Q = \frac{\varkappa\,q\,l^2}{2\,G\,F}.$$

Es ist also mit $J = i^2 F$ und $E = 2\,(1 + \mu)\,G$

$$\frac{w_Q}{w_M} = 8\,(1 + \mu)\,\varkappa \left(\frac{i}{l}\right)^2.$$

Da der Trägheitsradius i von der Größenordnung der Querschnittsabmessungen ist, zeigt die Gleichung, daß der Einfluß der Schubspannungen auf die Durchbiegung nur bei kurzen Trägern von Bedeutung ist. Dies wird auch durch die genaueren Theorien bestätigt.

Aufgaben

A 1. Man diskutiere die Ausbreitung von Longitudinalwellen in einem geraden Stab konstanten Querschnittes und ermittle ihre Reflexion an einem freien bzw. festen (eingespannten) Ende.

Lösung: Die Ausbreitung von Längswellen genügt der Differentialgleichung (XI, 3), die als *Wellengleichung* bezeichnet wird. Wegen $\sigma_x = E\,\frac{\partial u}{\partial x}$ gilt dieselbe Gleichung auch für die Spannungswellen. Ihre allgemeine Lösung (D'ALEMBERTsche Lösung) lautet, wie man leicht verifiziert

$$u(x, t) = g(x + c\,t) + h(x - c\,t),$$

wo g bzw. h willkürliche Funktionen sind. Physikalisch stellt h eine Welle beliebiger Gestalt dar, die in Richtung der positiven x-Achse fortschreitet, während g eine Welle bedeutet, die in entgegengesetzter Richtung läuft *(Wanderwellen)*. Jeder beliebige Wellenvorgang läßt sich also aus zwei gegeneinander laufenden Wanderwellen aufbauen. Die Konstante c bedeutet die Ausbreitungsgeschwindigkeit der Wellen. Bewegt sich nämlich ein Beobachter mit konstanter Geschwindigkeit c in positiver x-Richtung, so ist sein Ort $x = x_0 + c\,t$ und er registriert an einer gleichfalls in positiver Richtung laufenden Welle die Größe $u = h(x - c\,t) = h(x_0)$, also dauernd denselben Wert. Er fährt daher mit der Welle mit.

Handelt es sich speziell um *periodische Wellen* mit der Wellenlänge λ und der Schwingungsdauer T, so muß

$$u = h(x - c\,t) = h(x + \lambda - c\,t) = h[x - c(t + T)]$$

sein, woraus durch Vergleich der Argumente die grundlegende Beziehung $\lambda = c\,T$ folgt.

An einem *freien Ende* x_0 gilt die Randbedingung $\sigma_x = 0$ für alle Zeiten t. Das führt auf

$$g'(x_0 + c\,t) = -\,h'(x_0 - c\,t)$$

und somit auf die Lösung

$$u = h(x - c\,t) + h(2\,x_0 - x - c\,t).$$

Man hat also zwei gegenläufige Wanderwellen gleicher Gestalt, aber verschiedenen Vorzeichens zu überlagern (Abb. XI, A 1a): Zugspannungen werden als Druckspannungen reflektiert! Die von links kommende Welle läuft aus dem Stab heraus, während die von rechts kommende in den Stab hinein läuft.

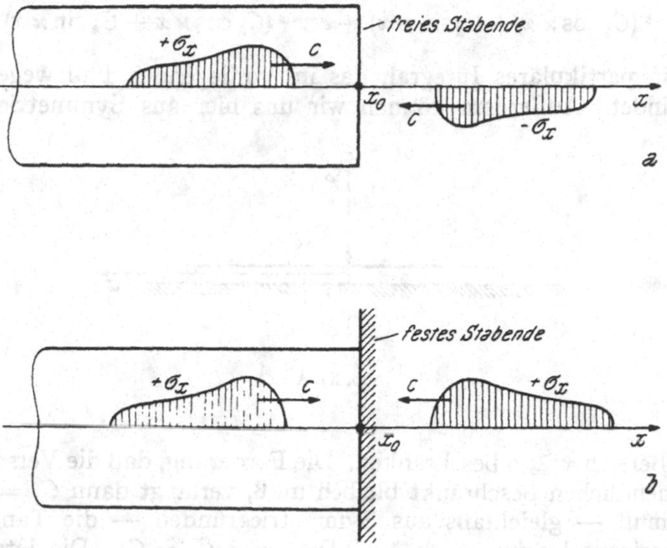

Abb. XI, A 1

An einem *festen Ende* x_0 gilt die Randbedingung $\dot{u} = 0$ für alle Zeiten t. Damit ergibt sich

$$g'(x_0 + c\,t) = h'(x_0 - c\,t),$$

also die Lösung

$$u = h(x - c\,t) - h(2\,x_0 - x - c\,t).$$

In diesem Falle hat man also zwei gegenläufige Wanderwellen gleicher Gestalt und gleichen Vorzeichens zu überlagern (Abb. XI, A 1b). Zugspannungen werden jetzt als Zugspannungen reflektiert.

A 2. Man ermittle die Biegelinie eines unendlich langen, elastisch gebetteten Stabes, der durch eine Einzelkraft P belastet ist (Abb. XI, A 2).

Lösung: Wir nehmen näherungsweise an, daß die von der Unterlage auf den Stab ausgeübte Rückstellkraft (Bettungskraft) je Längeneinheit der örtlichen Durchbiegung $w(x)$ proportional sei, $q_b = -c\,w$. Der

Faktor c wird *Bettungszahl* genannt. Ersetzt man in Gl. (XI, 12) die Belastung q durch $q + q_b$, so führt sie nach Streichung der Trägheitsglieder auf die Differentialgleichung

$$\frac{d^4 w}{d x^4} + 4 \varkappa^4 w = \frac{q}{E J},$$

mit

$$\varkappa^4 = \frac{c}{4 E J}.$$

Ihre Lösung lautet

$$w = e^{\varkappa x} (C_1 \cos \varkappa x + C_2 \sin \varkappa x) + e^{-\varkappa x} (C_3 \cos \varkappa x + C_4 \sin \varkappa x) + w_1.$$

w_1 ist ein partikuläres Integral, das im vorliegenden Fall wegen $q = 0$ verschwindet. Außerdem können wir uns hier aus Symmetriegründen

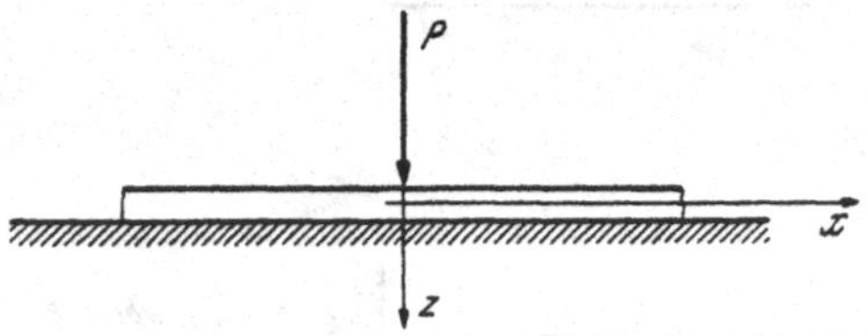

Abb. XI, A 2

auf den Bereich $x \geqq 0$ beschränken. Die Forderung, daß die Verschiebung w im Unendlichen beschränkt bleiben muß, verlangt dann $C_1 = C_2 = 0$. Ferner muß — gleichfalls aus Symmetriegründen — die Tangente in $x = 0$ horizontal sein: $w'(0) = 0$. Dies gibt $C_3 = C_4$. Die letzte noch fehlende Bedingung liefert eine Gleichgewichtsbetrachtung. Offenbar müssen die rechte und die linke Stabhälfte je die Hälfte der Einzelkraft P aufnehmen, d. h. die Querkraft Q muß unter Beachtung der Vorzeichenfestsetzung nach Abb. XI, 8 bei Annäherung von rechts an die Stelle $x = 0$ den Wert $Q = -\frac{P}{2}$, annehmen. Dies führt mit $Q = -E J w'''$ auf $C_3 = \frac{\varkappa P}{2 c}$. Die gesuchte Biegelinie lautet demnach

$$w = \frac{\varkappa P}{2 c} (\cos \varkappa x + \sin \varkappa x) e^{-\varkappa x}.$$

Die Lösung kann wegen des raschen Abklingens der Exponentialfunktion auch mit guter Näherung für den endlich langen Balken verwendet werden. Allerdings wären zunächst Bereiche mit einer Durchbiegung $w < 0$ auszuschließen, da dort Abheben eintreten würde. Hat der Balken jedoch ein genügend hohes Eigengewicht q je Längeneinheit, so kann man von dieser Beschränkung absehen. Die größte negative Durchbiegung tritt in $x = \pi/\varkappa$ auf und hat den Wert $w = -\frac{\varkappa P}{2 c} e^{-\pi}$.

Die vom Eigengewicht herrührende Durchbiegung $w = q/c$ muß dann dem Betrag nach mindestens den gleichen Wert haben, woraus

$$q \geqq \frac{\varkappa P}{2} e^{-\pi}$$

folgt.

A 3. Man bestimme die Auflagerreaktionen des in Abb. XI, A 3a dargestellten Trägers mit Hilfe des Verfahrens von MOHR.

Lösung: Der Träger ist einfach statisch *überbestimmt*. Durch Entfernen der Stütze A bilden wir ein statisch bestimmtes Grundsystem

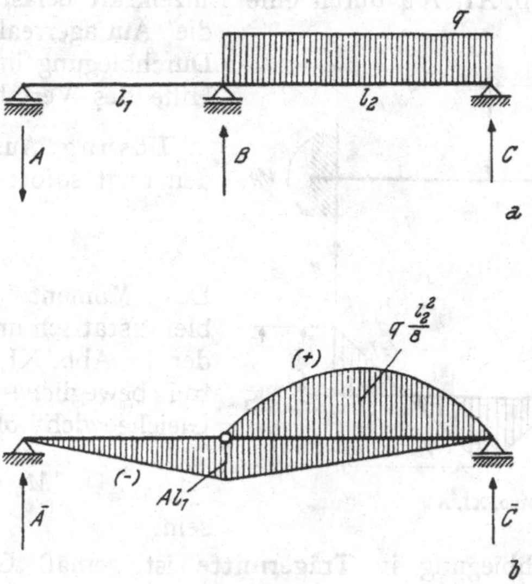

Abb. XI, A 3

und berechnen an diesem den Momentenverlauf durch die Belastungen A und q, Abb. XI, A 3b. Diese Momente werden als Belastung auf den nach Abb. XI, 18 gebildeten Ersatzträger aufgebracht. (Man bemerkt, daß dieser einfach statisch *unterbestimmt*, also beweglich ist! Allgemein wird der Ersatzträger ebenso vielfach statisch unterbestimmt, wie der Originalträger statisch überbestimmt ist). Momentengleichgewicht um das rechte Auflager gibt

$$\bar{A}\,(l_1 + l_2) + \frac{A\,l_1^2}{2}\left(\frac{l_1}{3} + l_2\right) + \frac{A\,l_1\,l_2}{2}\,\frac{2}{3}\,l_2 - \frac{2}{3}\,l_2\,\frac{q\,l_2^2}{8}\,\frac{l_2}{2} = 0.$$

Ferner muß das Moment im Gelenk verschwinden. Für den linken Trägerteil angeschrieben ist dies die Bedingung

$$\bar{A}\,l_1 + \frac{A\,l_1^2}{2}\,\frac{1}{3}\,l_1 = 0.$$

Nach Elimination von $\overline{A}$ aus den vorstehenden zwei Gleichungen findet man

$$A = \frac{q\,l_2^3}{8\,l_1\,(l_1 + l_2)}.$$

Die Auflagerkräfte B und C folgen aus den Gleichgewichtsbedingungen für den Originalträger zu

$$B = \frac{q\,l_2}{8}\left(4 + \frac{l_2}{l_1}\right) \quad \text{und} \quad C = \frac{q\,l_2}{8}\left(4 - \frac{l_2}{l_1 + l_2}\right).$$

A 4. Ein beidseitig eingespannter Träger mit konstantem Querschnitt ist gemäß Abb. XI, A 4 durch eine Einzelkraft belastet. Man ermittle die Auflagerreaktionen und die Durchbiegung in Trägermitte mit Hilfe des Verfahrens von Mohr.

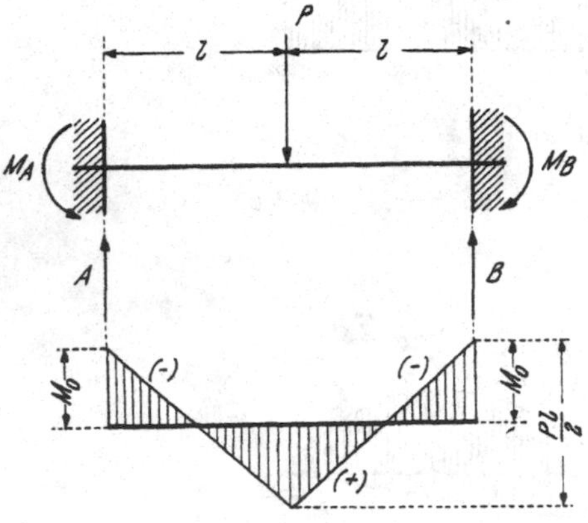

Abb. XI, A 4

Lösung: Aus Symmetriegründen folgt sofort

$$A = B = P/2.$$

Das Moment $M_A = M_B = M_0$ bleibt statisch unbestimmt. Damit der in Abb. XI, A 4 dargestellte frei bewegliche Ersatzträger im Gleichgewicht bleibt, muß

$$M_0 = \frac{P\,l}{4}$$

sein.

Die Durchbiegung in Trägermitte ist gemäß Gl. (XI, 23) gleich $w = \overline{M}/E\,J$, mit

$$\overline{M} = \frac{1}{2}\,\frac{P\,l}{4}\,\frac{l}{2}\left(\frac{l}{3} + \frac{l}{2}\right) - \frac{1}{2}\,\frac{P\,l}{4}\,\frac{l}{2}\,\frac{l}{6} = \frac{P\,l^3}{24}$$

als Biegemoment in der Mitte des Ersatzträgers.

A 5. Man bestimme die maximale Durchbiegung der in Abb. XI, A 5 dargestellten durch eine Einzelkraft belasteten abgesetzten Welle mit Hilfe des Verfahrens von Mohr.

Lösung: Bringt man die im Verhältnis der Flächenträgheitsmomente

$$\frac{J_0}{J} = \frac{d^4}{D^4}$$

reduzierte Momentenverteilung als Belastung am Ersatzträger auf, so erhält man zunächst

$$\overline{A} = \frac{P\,L^2}{4}\left[\left(1 - \frac{l}{L}\right)^2 + \frac{J_0}{J}\left(2 - \frac{l}{L}\right)\frac{l}{L}\right]$$

und damit das Biegemoment in der Mitte des Ersatzträgers

$$\overline{M} = \frac{P L^3}{6}\left\{\left(1 - \frac{l}{L}\right)^3 + \frac{J_0}{J}\left[3\frac{l}{L}\left(1 - \frac{l}{L}\right) + \frac{l^3}{L^3}\right]\right\}.$$

Die maximale Durchbiegung gewinnt man daraus mittels Division durch $E J_0$.

A 6. Für den gemäß Abb. XI, A 6 gelagerten und belasteten Träger mit konstantem Querschnitt soll die Biegelinie nach dem Verfahren von MOHR berechnet werden.

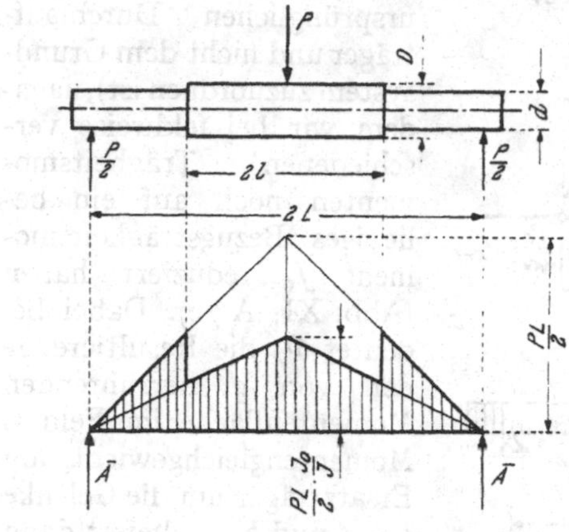

Abb. XI, A 5

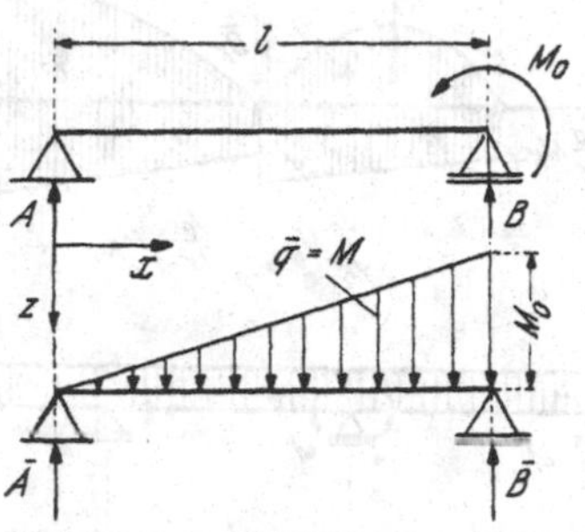

Abb. XI, A 6

Lösung: Die Auflagerkräfte folgen aus den Gleichgewichtsbedingungen

$$A = -B = \frac{M_0}{l}.$$

Die fiktive Belastung $\overline{q} = \frac{M_0 x}{l}$ bewirkt am Ersatzträger die Auflagerreaktionen $\overline{A} = \frac{M_0 l}{6}$ und $\overline{B} = \frac{M_0 l}{3}$. Damit wird $\overline{M}(x) = \frac{M_0 l}{6} x \left(1 - \frac{x^2}{l^2}\right)$, und $w(x)$ folgt aus Gl. (XI, 23).

A 7. Gegeben sei ein beliebig belasteter, auf n Stützen gelagerter Träger. Man leite mit Hilfe des MOHRschen Verfahrens ein Gleichungssystem zur Berechnung dieses $n - 2$fach statisch unbestimmten Systems her.

Lösung: Wir greifen zwei beliebige aneinandergrenzende Felder des Durchlaufträgers heraus (Abb. XI, A 7a) und stellen zur Ermittlung des Momentenverlaufes ein statisch bestimmtes Grundsystem dadurch her, daß wir über den Stützen Gelenke in den Träger einfügen. Die so frei werdenden Stützmomente M_k sind als äußere Momente am Träger anzubringen (Abb. XI, A 7b). Der gesamte Momentenverlauf entsteht dann durch Überlagerung der von der Belastung q und den Stützmomenten am Grundsystem erzeugten Biegemomente. Wir belasten damit den Ersatzträger (der natürlich dem ursprünglichen Durchlaufträger und nicht dem Grundsystem zuzuordnen ist), nachdem wir bei feldweise verschiedenen Trägheitsmomenten noch auf ein beliebiges Bezugsträgheitsmoment J_0 reduziert haben (Abb. XI, A 7c). Dabei bedeutet Φ_k die Resultierende der von q herrührenden Momentenfläche im Feld k. Momentengleichgewicht am Ersatzträger um die Gelenke $k-1$ und $k+1$ liefert dann mit $\overline{D}_k$ als Gelenkkraft

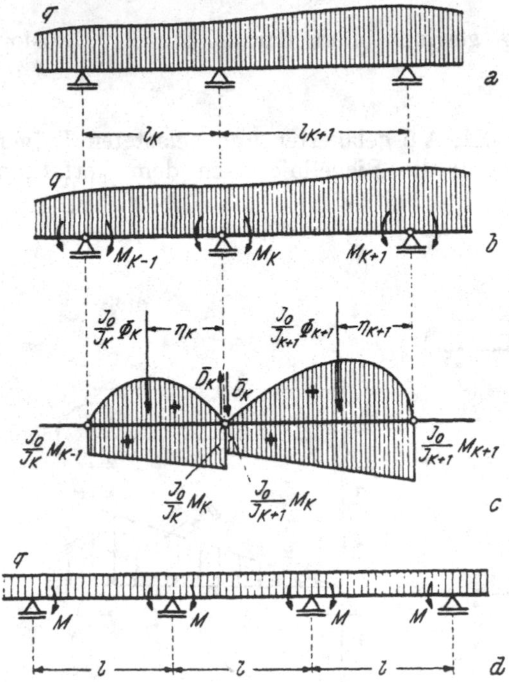

Abb. XI, A 7

$$\frac{J_0}{J_k}\Phi_k(l_k-\eta_k)+\frac{J_0}{J_k}M_{k-1}\,l_k\,\frac{1}{2}\,l_k+$$

$$+\frac{1}{2}\left(\frac{J_0}{J_k}M_k-\frac{J_0}{J_k}M_{k-1}\right)l_k\,\frac{2}{3}\,l_k-\overline{D}_k\,l_k=0,$$

$$\frac{J_0}{J_{k+1}}\Phi_{k+1}\,\eta_{k+1}+\frac{J_0}{J_{k+1}}M_k\,l_{k+1}\,\frac{1}{2}\,l_{k+1}+$$

$$+\frac{1}{2}\left(\frac{J_0}{J_{k+1}}M_{k+1}-\frac{J_0}{J_{k+1}}M_k\right)l_{k+1}\,\frac{1}{3}\,l_{k+1}+\overline{D}_k\,l_{k+1}=0,$$

woraus nach Elimination von $\overline{D}_k$ und Division durch J_0 der sogenannte *Dreimomentensatz* folgt:

$$M_{k-1}\frac{l_k}{J_k}+2\,M_k\left(\frac{l_k}{J_k}+\frac{l_{k+1}}{J_{k+1}}\right)+M_{k+1}\frac{l_{k+1}}{J_{k+1}}=$$

$$=-6\left[\Phi_k\,\frac{l_k-\eta_k}{J_k\,l_k}+\Phi_{k+1}\,\frac{\eta_{k+1}}{J_{k+1}\,l_{k+1}}\right].$$

Der Spezialfall dieses Satzes für gleiche Trägheitsmomente in allen Feldern trägt den Namen CLAPEYRONsche Gleichung.

Da wir eine solche Gleichung für jedes Gelenk des Ersatzträgers, also jede Innenstütze des Originalträgers anschreiben können, erhalten wir genau $n - 2$ Gleichungen für die Berechnung der statisch unbestimmten Größen.

Als Anwendungsbeispiel betrachten wir einen unendlich langen, äquidistant gestützten Träger unter Gleichlast, Abb. XI, A 7d. Wegen der Gleichheit aller Felder reduziert sich hier die CLAPEYRONsche Gleichung auf

$$M\,l = -\Phi \quad \text{mit} \quad \Phi = \frac{2}{3}\frac{q\,l^2}{8}\,l = \frac{q\,l^3}{12}.$$

Das Biegemoment über den Stützen hat also den Wert $M = -\frac{q\,l^2}{12}$; man überzeugt sich, daß es (dem Betrag nach) das maximale Biegemoment ist.

A 8. Man ermittle den Einfluß der Querkraft auf die Durchbiegung des in Abb. XI, A 6 dargestellten Trägers.

Lösung: Durch Einsetzen von $M = \frac{M_0}{l}\,x$ und $Q = \frac{M_0}{l}$, also $q = 0$, in die Gl. (XI, 32) erhält man

$$\frac{d^2 w}{dx^2} = -\frac{M_0}{E\,J}\,\frac{x}{l}.$$

Integration ergibt mit Berücksichtigung der Randbedingungen $w = 0$ in $x = 0$ und $x = l$

$$w = \frac{M_0\,l}{6\,E\,J}\,x\left(1 - \frac{x^2}{l^2}\right),$$

also dieselbe Biegelinie wie in Aufgabe XI, A 6. Die Querkraft hat somit im vorliegenden Fall keinen Einfluß auf die Durchbiegung.

A 9. Man untersuche, ob auch eine statisch und dynamisch vollkommen ausgewuchtete Welle kritische Drehzahlen besitzt.

Lösung: Falls eine kritische Drehzahl existiert, müßte die Welle bei dieser im ausgebogenen Zustand umlaufen. In Gl. (XI, 12) wäre dann $q = \varrho\,F\,\omega^2\,w$ einzusetzen:

$$\frac{d^4 w}{dx^4} - \omega^2\,\frac{\varrho\,F}{E\,J}\,w = 0.$$

Diese Differentialgleichung ist aber identisch mit der zweiten Gl. (XI, 17). Sie liefert daher bei gleichen Randbedingungen dieselbe Frequenzgleichung und damit zunächst die gleichen kritischen Drehzahlen. Bei diesen wäre neben der unausgebogenen Lage $w \equiv 0$ auch ein Rotieren der Welle im ausgebogenen Zustand möglich.

Die Drehzahlen sind aber nur dann wirklich „kritisch", wenn dabei die gestreckte Lage instabil wird, während die ausgebogene Lage stabil sein müßte. Eine nähere Untersuchung[1] zeigt jedoch, daß genau das Gegenteil zutrifft. Die unausgebogene Welle ist bei *jeder* Drehzahl stabil! Eine vollkommen ausgewuchtete Welle weist daher keine kritischen Drehzahlen auf.

A 10. Ein aus einem dünnwandigen, gleichschenkeligen Abkantprofil bestehender Träger wird durch eine Einzelkraft P gemäß Abb. XI, A 8 belastet. Man berechne die Biegespannungen und gebe die Lage der Spannungs-Nullinie an.

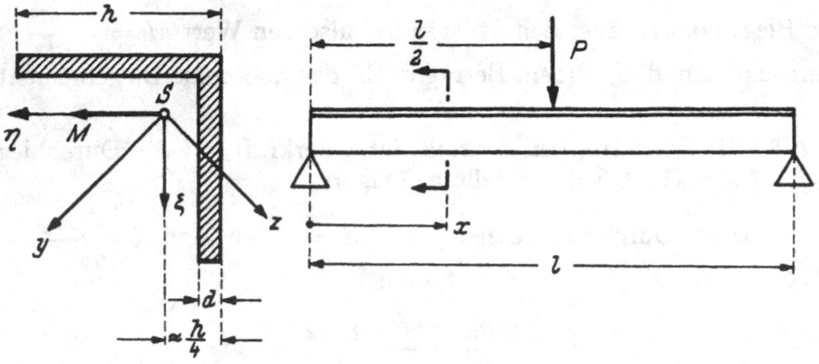

Abb. XI, A 8

Lösung: Das Biegemoment $M = \frac{Px}{2}$ dreht um die waagrechte Achse η, die nicht Trägheitshauptachse des Querschnittes ist. Es liegt also schiefe Biegung vor. Zerlegung des Momentenvektors in Richtung der beiden Trägheitshauptachsen y und z ergibt $M_y = -M_z = \frac{Px}{2\sqrt{2}}$. Für das dünnwandige Profil hat man näherungsweise $J_\eta = J_\zeta = \frac{5}{24} dh^3$ und $J_{\eta\zeta} = -\frac{dh^3}{8}$ und damit aus Gl. (a), Aufgabe III, A 2, die Hauptträgheitsmomente $J_y = \frac{dh^3}{3}$ und $J_z = \frac{dh^3}{12}$. Einsetzen in Gl. (XI, 6) ergibt die Biegespannung im Schnitt x

$$\sigma_x = \frac{3\sqrt{2}\,P}{4\,d\,h^3}\, x\,(z + 4\,y)$$

und die Gleichung der Nullinie $z = -4\,y$.

[1] H. Ziegler: On the Concept of Elastic Stability. Advances in Applied Mechanics, Vol. IV, p. 361. New York: 1956.

XII. Torsion des geraden Stabes

1. Reine Verdrehung. Wird ein gerader Stab mit konstantem Querschnitt durch zwei an seinen Enden angreifende, entgegengesetzt gerichtete und zeitlich konstante Kräftepaare mit den *Torsionsmomenten*

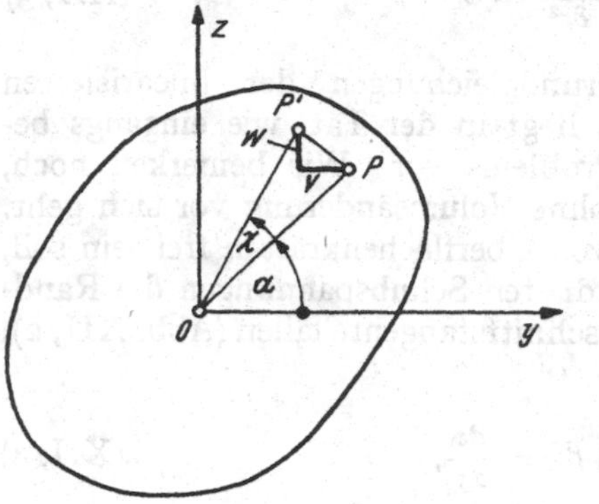

Abb. XII, 1

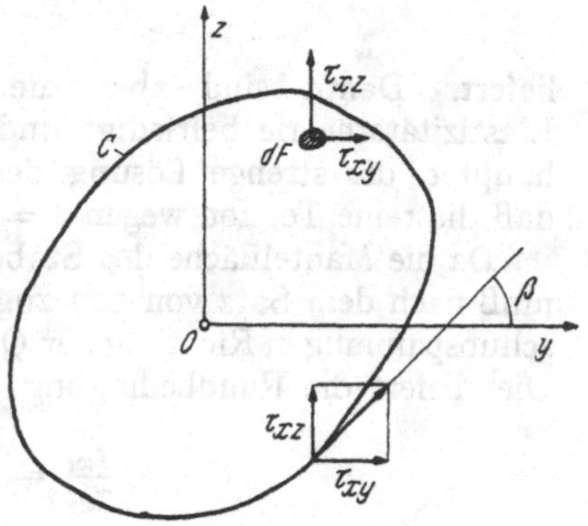

Abb. XII, 2

M_T verdrillt und kann seine Verformung ungehindert vor sich gehen, so liegt der Fall der *reinen* oder SAINT-VENANT*schen Verdrehung* vor.

Wir zeigen zunächst, daß sich die Stabquerschnitte bei der reinen Torsion so gegeneinander verdrehen, daß die Querschnittsform erhalten bleibt, wobei aber noch eine Axialverschiebung, die *Querschnittsverwölbung*, hinzukommt.

Es bezeichne $\chi(x)$ den von einem beliebigen Anfangspunkt $x = 0$ aus gemessenen Drehwinkel und $\chi' = \vartheta$ den Drehwinkel pro Längeneinheit (auch „Verwindung" genannt). Da alle Querschnitte, die den gleichen Abstand voneinander haben, sich bei der reinen Torsion um den gleichen Winkel gegeneinander verdrehen, ist ϑ eine Konstante, also $\chi = \vartheta\, x$. Ein Querschnittspunkt P mit den Polarkoordinaten r, α kommt bei der Verdrehung nach P' mit den Koordinaten r, $\alpha + \chi$ (Abb. XII, 1). Für seine Verschiebungskomponenten gilt daher nach Linearisierung, also bei hinreichend kleinen Winkeln χ

$$\left.\begin{aligned} v &= r\cos(\alpha+\chi) - r\cos\alpha = -r\,\chi\sin\alpha = -\vartheta\, x\, z,\\ w &= r\sin(\alpha+\chi) - r\sin\alpha = r\,\chi\cos\alpha = +\vartheta\, x\, y.\end{aligned}\right\} \quad \text{(XII, 1)}$$

Die Verwölbung muß in jedem Querschnitt die gleiche sein, die Axialverschiebung u kann also nicht von x abhängen. Wir schreiben dafür

$$u = \vartheta\,\varphi(y, z). \qquad \text{(XII, 2)}$$

Die Funktion φ wird *Wölbfunktion* oder *Einheitsverwölbung* genannt. Wenn wir jetzt die Ansätze (XII, 1) und (XII, 2) in die Gln. (X, 2) eintragen, wobei die Volumskräfte und die Beschleunigungen Null zu setzen sind, dann zeigt sich, daß die zweite und dritte erfüllt sind, während die erste für φ die LAPLACEsche Gleichung

$$\frac{\partial^2 \varphi}{\partial y^2} + \frac{\partial^2 \varphi}{\partial z^2} = 0 \qquad \text{(XII, 3)}$$

liefert. Damit sind aber die Grundgleichungen der linearisierten Elastizitätstheorie befriedigt und es liegt in der Tat, wie eingangs behauptet, die strenge Lösung des Problems vor. Wir bemerken noch, daß die reine Torsion wegen $e = 0$ ohne Volumsänderung vor sich geht.

Da die Mantelfläche des Stabes von Oberflächenkräften frei sein soll, muß nach dem Satz von den zugeordneten Schubspannungen die Randschubspannung in Richtung der Querschnittstangente fallen (Abb. XII, 2). Dies liefert die Randbedingung

$$\frac{\tau_{xz}}{\tau_{xy}} = \tan \beta = \frac{dz}{dy}, \qquad \text{(XII, 4)}$$

wobei $z = z(y)$ die Gleichung der Querschnittsberandung C bedeutet. Nun ist aber gemäß den Gln. (IX, 19) und (X, 1)

$$\left.\begin{aligned} \tau_{xy} &= G\gamma_{xy} = G\vartheta\left(\frac{\partial \varphi}{\partial y} - z\right), \\ \tau_{xz} &= G\gamma_{xz} = G\vartheta\left(\frac{\partial \varphi}{\partial z} + y\right). \end{aligned}\right\} \qquad \text{(XII, 5)}$$

Alle anderen Spannungskomponenten verschwinden. In Gl. (XII, 4) eingesetzt, ergibt sich damit die Randbedingung für die Wölbfunktion φ. Wir schreiben sie nicht explizit an.

Eine einfachere Bedingung läßt sich aufstellen, wenn an Stelle von φ eine neue Funktion $\psi(y, z)$ eingeführt wird, die durch

$$\tau_{xy} = G\vartheta \frac{\partial \psi}{\partial z}, \quad \tau_{xz} = -G\vartheta \frac{\partial \psi}{\partial y} \qquad \text{(XII, 6)}$$

definiert ist. Setzt man in die Gln. (XII, 5) ein, differenziert die erste nach z und die zweite nach y und subtrahiert, so erhält man

$$\frac{\partial^2 \psi}{\partial y^2} + \frac{\partial^2 \psi}{\partial z^2} = -2 \qquad \text{(XII, 7)}$$

als Bestimmungsgleichung für ψ, während die Randbedingung (XII, 4) die Form annimmt

$$\frac{\partial \psi}{\partial y} dy + \frac{\partial \psi}{\partial z} dz \equiv d\psi = 0,$$

oder

$$\psi = c. \qquad \text{(XII, 8)}$$

ψ muß also auf dem Querschnittsrand konstant sein. Es ist dabei zu beachten, daß diese Konstante bei mehrfach zusammenhängenden Querschnitten (Hohlquerschnitten) auf jedem Rand einen anderen Wert besitzt. Längs *eines* Randes kann sie willkürlich festgelegt werden (z. B. $c = 0$), an den anderen Rändern ist sie aber dann nicht mehr frei wählbar.

Die Lösung des Problems der reinen Torsion ist damit zurückgeführt auf die Bestimmung der Funktion ψ. Wir wollen sie *Torsionsfunktion* nennen. Da aus ihr die Spannungen direkt durch Differentiation folgen, ist sie eine Spannungsfunktion[1].

Wir berechnen noch den Zusammenhang zwischen dem an den Stabenden angreifenden Drehmoment M_T und dem Drehwinkel ϑ pro Längeneinheit. Betrachtet man ein Flächenelement dF des Stabquerschnittes und bildet das Moment um die x-Achse der an diesem Element wirkenden Schubkräfte (Abb. XII, 2) $dM_T = (\tau_{xz}\, y - \tau_{xy}\, z)\, dF$, so folgt durch Integration nach Einsetzen aus Gl. (XII, 6)

$$M_T = -G\,\vartheta \int\limits_F \left(y\,\frac{\partial \psi}{\partial y} + z\,\frac{\partial \psi}{\partial z} \right) dF.$$

Dies kann auch geschrieben werden

$$M_T = -G\,\vartheta \left\{ \int\limits_F \left[\frac{\partial}{\partial y}(y\,\psi) + \frac{\partial}{\partial z}(z\,\psi) \right] dF - 2 \int\limits_F \psi\, dF \right\}.$$

Das erste Integral formen wir mit Hilfe des STOKESschen Integralsatzes Gl. (VI, 15) in ein über die Querschnittsberandung erstrecktes Linienintegral um. Setzen wir dort $\mathfrak{f} = Y\,\mathfrak{e}_y + Z\,\mathfrak{e}_z$, $d\mathfrak{r} = dy\,\mathfrak{e}_y + dz\,\mathfrak{e}_z$, $\mathfrak{n} = \mathfrak{e}_x$, so ergibt sich zunächst

$$\int\limits_F \left(\frac{\partial Z}{\partial y} - \frac{\partial Y}{\partial z} \right) dF = \oint\limits_C (Y\,dy + Z\,dz)$$

und mit $Y = z\,\psi$, $Z = -\,y\,\psi$

$$M_T = G\,\vartheta \left[\oint\limits_C \psi\,(z\,dy - y\,dz) + 2 \int\limits_F \psi\, dF \right]. \qquad \text{(XII, 9)}$$

Beschränken wir uns hier auf einfach zusammenhängende Querschnitte, so können wir längs des Randes $\psi = 0$ setzen. Damit verschwindet das Randintegral und es bleibt

$$\vartheta = \frac{M_T}{G\,J_T} \qquad \text{(XII, 10)}$$

mit

$$J_T = 2 \int\limits_F \psi\, dF. \qquad \text{(XII, 11)}$$

Die Querschnittskonstante J_T wird *Drillwiderstand*, die Größe $G\,J_T$ *Drillsteifigkeit* genannt.

---

[1] Vgl. das am Ende von Ziff. X, 1 Gesagte.

Es sei noch bemerkt, daß der Spannungszustand bei der reinen Verdrehung (im Rahmen der linearisierten Elastizitätstheorie, also bei kleinen Drehwinkeln) unabhängig davon ist, auf welche Achse als „Drillruheachse" die Verschiebungen bezogen werden. Wechseln wir die Achse, so bedeutet dies nur eine Bewegung des Stabes als starrer Körper, die natürlich keinerlei Spannungen hervorruft.

2. Elliptischer und Kreisquerschnitt. Rechteck. Die Randkurve des *elliptischen Querschnittes* ist durch

$$\frac{y^2}{a^2} + \frac{z^2}{b^2} = 1$$

gegeben, wo a und b die beiden Halbachsen sind. Die Funktion

$$\psi = \frac{a^2 b^2}{a^2 + b^2}\left(1 - \frac{y^2}{a^2} - \frac{z^2}{b^2}\right) \qquad \text{(XII, 12)}$$

verschwindet längs des Randes und genügt außerdem, wie man sich durch Einsetzen überzeugt, der Gleichung (XII, 7). Sie stellt daher die Spannungsfunktion des elliptischen Querschnittes dar. Die Spannungskomponenten sind also

$$\tau_{xy} = -2\,G\,\vartheta\,\frac{a^2 z}{a^2 + b^2}, \qquad \tau_{xz} = +2\,G\,\vartheta\,\frac{b^2 y}{a^2 + b^2}. \qquad \text{(XII, 13)}$$

Die resultierende Schubspannung wird

$$\tau = \sqrt{\tau_{xy}^2 + \tau_{xz}^2} = \frac{2\,G\,\vartheta}{a^2 + b^2}\sqrt{a^4 z^2 + b^4 y^2}. \qquad \text{(XII, 14)}$$

Die Größtspannung tritt am Querschnittsrand auf, und zwar in den Endpunkten der kürzeren Achse. Denn mit $z^2 = b^2\,[1 - (y^2/a^2)]$ folgt, wenn $a \geqq b$,

$$\tau = 2\,G\,\vartheta\,\frac{b}{a^2 + b^2}\sqrt{a^4 - (a^2 - b^2)\,y^2}$$

und dies ist ein Maximum für $y = 0$.

Für den Drillwiderstand erhält man aus Gl. (XII, 11)

$$J_T = \frac{2\,a^2 b^2}{a^2 + b^2}\left[\int\limits_F dF - \frac{1}{a^2}\int\limits_F y^2\,dF - \frac{1}{b^2}\int\limits_F z^2\,dF\right] = \frac{2\,a^2 b^2}{a^2 + b^2}\left(F - \frac{J_z}{a^2} - \frac{J_y}{b^2}\right).$$

Mit $F = a\,b\,\pi$, $J_z = \frac{a^3 b\,\pi}{4}$, $J_y = \frac{a\,b^3\pi}{4}$ ergibt sich schließlich

$$J_T = \frac{a^3 b^3 \pi}{a^2 + b^2}. \qquad \text{(XII, 15)}$$

Auch die Verwölbung läßt sich leicht angeben. Aus den Gln. (XII, 5) folgt mit (XII, 6)

$$\frac{\partial\varphi}{\partial y} = \quad z + \frac{\partial\psi}{\partial z} = -\frac{a^2 - b^2}{a^2 + b^2}\,z,$$

$$\frac{\partial\varphi}{\partial z} = -\,y - \frac{\partial\psi}{\partial y} = -\frac{a^2 - b^2}{a^2 + b^2}\,y,$$

und durch Integration

$$\varphi = -\frac{a^2 - b^2}{a^2 + b^2}\, y\, z. \qquad \text{(XII, 16)}$$

Man sieht, daß der Querschnitt durch die Verwölbung in eine Sattelfläche (hyperbolisches Paraboloid) übergeht.

Setzt man $b = a = R$, so erhält man die Formeln für den *Kreisquerschnitt*:

$$\tau = G\,\vartheta\, r, \quad J_T = \frac{R^4 \pi}{2} = J_p, \quad \tau_{\max} = \frac{2\, M_T}{R^3 \pi}. \qquad \text{(XII, 17)}$$

Die Schubspannung verläuft hier linear über den Radius (Abb. XII, 3). Die Verwölbung verschwindet. Kreis und Kreisring sind die einzigen

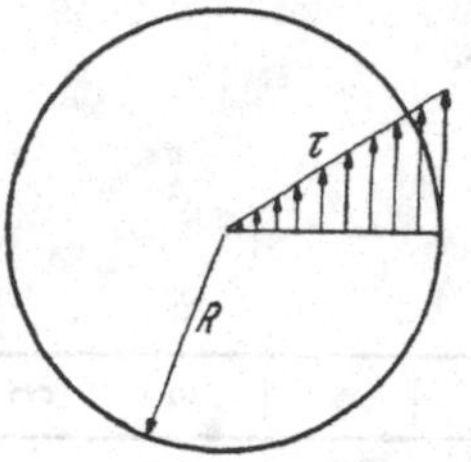

Abb. XII, 3

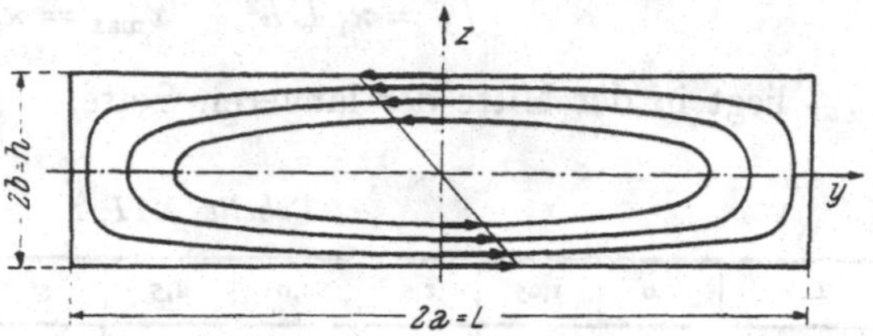

Abb. XII, 4

wölbfreien Querschnitte[1]. Für den *Kreisring* gilt im übrigen die gleiche lineare Spannungsverteilung, während J_T den Wert

$$J_T = \frac{\pi}{2}\left(R_a^4 - R_i^4\right) \qquad \text{(XII, 18)}$$

annimmt, wo R_a der Außen- und R_i der Innenradius ist. Man findet dies am einfachsten durch Bildung von $M_T = \int_{R_i}^{R_a} 2\,\pi\, r\, \tau\, r\, dr = \frac{\pi}{2} G\,\vartheta\left(R_a^4 - R_i^4\right)$.

Auch die Formeln für den *schmalen Rechteckquerschnitt* lassen sich aus den Ausdrücken für die Ellipse herleiten, indem wir in der Spannungsfunktion näherungsweise $b/a \to 0$ gehen lassen. Dann wird

$$\psi = b^2 - z^2, \quad \tau_{xy} = -2\, G\,\vartheta\, z, \quad \tau_{xz} = 0. \qquad \text{(XII, 19)}$$

Die Spannungen an der schmalen Rechteckseite (Abb. XII, 4) sind dabei vernachlässigt. ψ erfüllt auch nicht die Randbedingung $\psi = 0$ längs $y = \pm a$. Da es sich dabei aber nur um ganz kurze Randstücke handelt, ergibt sich trotzdem eine gute Näherung für den Drillwiderstand:

$$J_T = 8 \int_0^a dy \int_0^b \psi\, dz = \frac{16\, a\, b^3}{3} = \frac{L\, h^3}{3}. \qquad \text{(XII, 20)}$$

---

[1] Es gibt allerdings noch gewisse dünnwandige Querschnittsformen, die zwar nicht als Ganzes wölbfrei sind, deren Mittellinie aber eben bleibt (*quasiwölbfreie* Querschnitte).

Der Größtwert der Schubspannung tritt in der Mitte der längeren Rechteckseite auf und beträgt

$$\tau_{\max} = 2\,G\,\vartheta\,b = 2\,\frac{M_T}{J_T}\,b = \frac{3\,M_T}{h^2\,L}, \qquad \text{(XII, 21)}$$

während sich für die Wölbfunktion aus Gl. (XII, 16) durch Grenzübergang

$$\varphi = -\,y\,z \qquad \text{(XII, 22)}$$

ergibt.

Die Lösung von Gl. (XII, 7) für den *Rechteckquerschnitt mit beliebigem Seitenverhältnis* läßt sich nur mittels Reihenentwicklung darstellen[1]. Die Ergebnisse sind in Tabelle XII, 1 zusammengestellt. Mit ihnen gilt

$$J_T = \varkappa_1\,L\,h^3, \qquad \tau_{\max} = \varkappa_2\,\frac{M_T}{h^2\,L}.$$

$\tau_{\max}$ liegt in der Mitte der längeren Seite.

Tabelle XII, 1

L/h	1,0	1,25	1,5	2,0	2,5	3	4	5	10	∞
$\varkappa_1$	0,140	0,172	0,196	0,229	0,249	0,263	0,281	0,291	0,312	0,333
$\varkappa_2$	4,81	4,52	4,33	4,07	3,88	3,74	3,55	3,43	3,20	3,00

3. **Welle mit Keilnut.** Wenn die Nut *halbkreisförmig* ist (Abb. XII, 5), läßt sich die strenge Lösung verhältnismäßig einfach angeben[2]. Wir legen die Drehachse durch O (wie bereits erwähnt, ist dies ohne Einfluß auf die Spannungen) und führen Polarkoordinaten ϱ, α ein. Dann lautet Gl. (XII, 7)

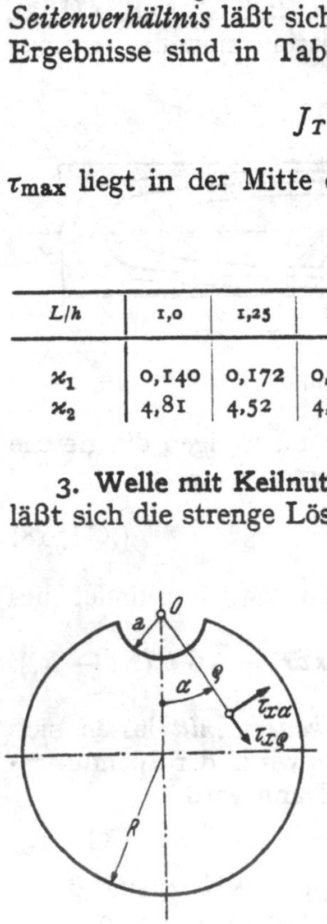

Abb. XII, 5

$$\frac{\partial^2\psi}{\partial\varrho^2} + \frac{1}{\varrho}\,\frac{\partial\psi}{\partial\varrho} + \frac{1}{\varrho^2}\,\frac{\partial^2\psi}{\partial\alpha^2} = -\,2$$

mit den Randbedingungen

$$\psi = 0 \quad \text{für} \quad \varrho = 2\,R\cos\alpha,$$

$$\psi = 0 \quad \text{für} \quad \varrho = a.$$

Wir versuchen einen Ansatz in der Form eines Produktes von zwei Funktionen

$$\psi = (2\,R\cos\alpha - \varrho)\,f(\varrho).$$

Dieser Ansatz erfüllt die erste Randbedingung und, wenn wir $f(a) = 0$ vorschreiben, auch die zweite. Nun ist noch der Differentialgleichung Genüge zu leisten. Einsetzen ergibt

[1] Siehe etwa Handbuch der Physik, Bd. VI, S. 150, Berlin: 1928 (Herausgeber H. Geiger-K. Scheel).

[2] C. Weber: Die Lehre der Drehfestigkeit. VDI-Forschungsheft 249 (1921).

$$2\,R\left[f''(\varrho)+\frac{1}{\varrho}f'(\varrho)-\frac{1}{\varrho^2}f(\varrho)\right]\cos\alpha-\left[\varrho\,f''(\varrho)+3\,f'(\varrho)+\frac{1}{\varrho}f(\varrho)\right]=-2.$$

Diese Gleichung ist für alle α und ϱ nur dann erfüllt, wenn gleichzeitig

$$f''+\frac{1}{\varrho}f'-\frac{1}{\varrho^2}f=0,$$

$$\varrho\,f''+3f'+\frac{1}{\varrho}f=2$$

gilt. Aus der ersten Gleichung folgt $f(\varrho)=C_1\,\varrho+\frac{C_2}{\varrho}$, mit beliebigen C_1 und C_2. Gehen wir damit in die zweite Gleichung, so erhalten wir $C_1=1/2$. Die Konstante C_2 bleibt noch unbestimmt, so daß wir auch die Randbedingung $f(a)=0$ erfüllen können. Es folgt $C_2=-a^2/2$ und somit schließlich die Lösung

$$\psi=\frac{a}{2}(2\,R\cos\alpha-\varrho)\left(\frac{\varrho}{a}-\frac{a}{\varrho}\right). \qquad \text{(XII, 23)}$$

Für den Drillwiderstand ergibt sich nach Gl. (XII, 11), mit $dF=\varrho\,d\varrho\,d\alpha$ und $a\ll R$,

$$J_T=a\int_{-\frac{\pi}{2}}^{+\frac{\pi}{2}}d\alpha\int_a^{2R\cos\alpha}\left[\left(\frac{\varrho^2}{a}-a\right)2\,R\cos\alpha-\frac{\varrho^3}{a}+a\,\varrho\right]d\varrho=$$

$$=\frac{R^4\pi}{2}-a^2\pi\left(R^2+\frac{a^2}{4}-\frac{8\,a\,R}{3\,\pi}\right). \qquad \text{(XII, 24)}$$

Der Drillwiderstand des vollen Kreisquerschnittes ist $R^4\pi/2$. Er wird durch die Nut auf den Wert der Gl. (XII, 24) herabgesetzt.

Für die Schubspannungskomponenten gilt analog zu den Gln. (XII, 6)

$$\left.\begin{aligned}\tau_{x\varrho}&=G\,\vartheta\,\frac{1}{\varrho}\frac{\partial\psi}{\partial\alpha}=-G\,\vartheta\,R\left(1-\frac{a^2}{\varrho^2}\right)\sin\alpha=\\&=-\frac{M_T}{J_T}R\left(1-\frac{a^2}{\varrho^2}\right)\sin\alpha,\\\tau_{x\alpha}&=-G\,\vartheta\,\frac{\partial\psi}{\partial\varrho}=-G\,\vartheta\left[R\left(1+\frac{a^2}{\varrho^2}\right)\cos\alpha-\varrho\right]=\\&=-\frac{M_T}{J_T}\left[R\left(1+\frac{a^2}{\varrho^2}\right)\cos\alpha-\varrho\right].\end{aligned}\right\}\text{(XII, 25)}$$

Der Größtwert der Spannung tritt am Kerbgrund $\varrho=a$, $\alpha=0$ auf und beträgt

$$\tau_{\max}=\frac{M_T}{J_T}(2\,R-a). \qquad \text{(XII, 26)}$$

Machen wir den Grenzübergang $a\to 0$, was einer kleinen Verletzung der Oberfläche (etwa durch einen Strich mit einer Reißnadel) entspricht, so wird die Randspannung

$$\tau_{\max}=\frac{4\,M_T}{R^3\pi}. \qquad \text{(XII, 27)}$$

Ein Vergleich mit dem Wert Gl. (XII, 17) für die unverletzte Welle zeigt, daß die Verletzung der Oberfläche eine Erhöhung der Torsionsspannung auf das Doppelte bewirkt. Die große Gefährlichkeit von Kerben wird an diesem einfachen Beispiel deutlich erkennbar.

Die rechnerische Ermittlung der Spannungen an einer *rechteckigen* Keilnut ist wesentlich verwickelter[1]. Abb. XII, 6 gibt die *Formzahl* $\alpha_k = \tau_{max}/\tau_0$, also die Spannungserhöhung gegenüber dem ungekerbten Querschnitt in den Ecken der Keilnut in Abhängigkeit vom Ausrundungs-

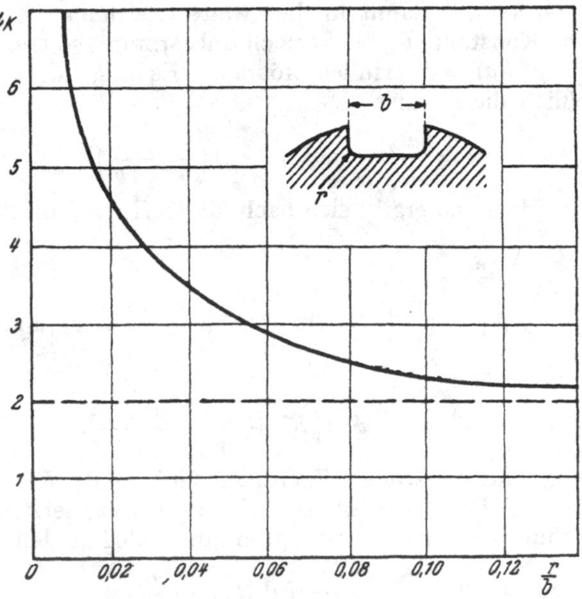

Abb. XII, 6

radius r. Die Nutbreite ist b. τ_0 bedeutet die *Nennspannung* nach Gl. (XII, 17). Wenn der Radius sehr klein wird, wachsen die Spannungen sehr rasch an und werden im Grenzfall der scharfen Ecke theoretisch unendlich groß. In Wirklichkeit ist natürlich dem Anwachsen eine Grenze gesetzt, z. B. dadurch, daß Fließen des Werkstoffes eintritt.

4. Das Prandtlsche Membrangleichnis. Bei verwickelten Querschnittsformen ist es oft zweckmäßiger, die Ermittlung des Drillwiderstandes und der Spannungen auf experimentellem anstatt auf rechnerischem Weg vorzunehmen. L. Prandtl hat dazu eine sehr zweckmäßige Methode angegeben, die auf der Identität der Gl. (XII, 7) für die Spannungsfunktion mit der Gleichung für die Verformung einer durch den Überdruck p belasteten Membran beruht.

---

[1] H. Parkus: Österr. Ing.-Archiv 3, 336 (1949).

Eine „ideale“ Membran ist dadurch gekennzeichnet, daß sie keine Biegemomente und Querkräfte, sondern nur in ihrer Tangentialebene liegende Zugkräfte aufnehmen kann[1]. Bedeutet S den nach allen Rich-

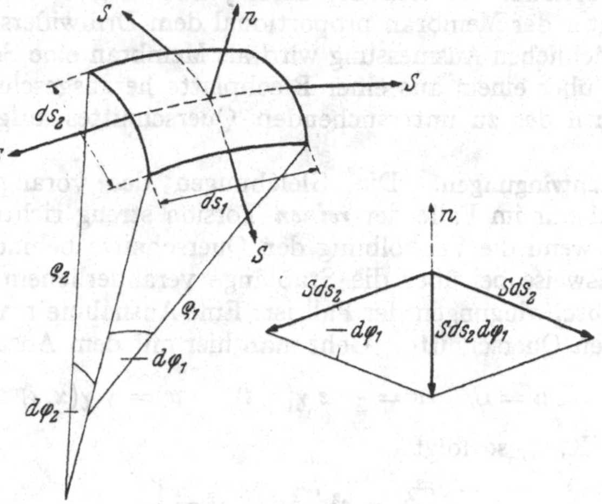

Abb. XII, 7

tungen gleichen Zug („Vorspannung“) in der Membran je Einheit der Schnittlänge (Abb. XII, 7) und u ihre Verschiebung unter dem Druck p, so folgt aus der Gleichgewichtsbedingung in Richtung der Normalen n für ein durch zwei beliebige orthogonale Schnitte begrenztes Membranelement

$$p\, ds_1\, ds_2 - S\, ds_2\, d\varphi_1 - S\, ds_1\, d\varphi_2 = 0,$$

oder, mit $ds_1 = \varrho_1\, d\varphi_1$, $ds_2 = \varrho_2\, d\varphi_2$,

$$\frac{1}{\varrho_1} + \frac{1}{\varrho_2} = \frac{p}{S}.$$

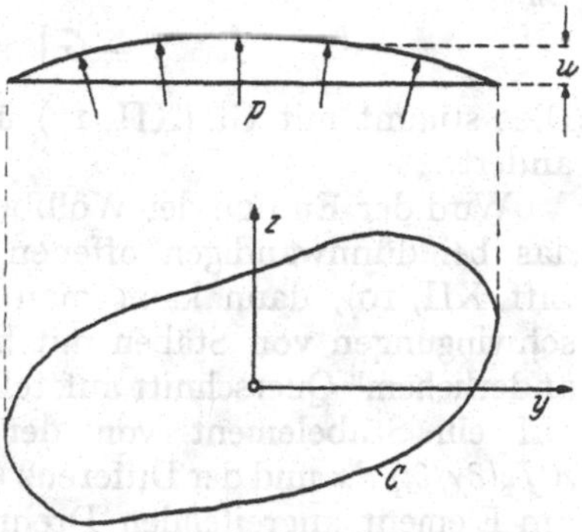

Abb. XII, 8

Setzen wir voraus, daß die Verschiebung und ihre ersten Ableitungen klein sind, so dürfen wir die Krümmungen durch die (negativen) zweiten partiellen Ableitungen von u nach zwei zueinander orthogonalen Richtungen ersetzen[2] und erhalten (Abb. XII, 8)

$$\frac{\partial^2 u}{\partial y^2} + \frac{\partial^2 u}{\partial z^2} = -\frac{p}{S}. \qquad \text{(XII, 28)}$$

Entlang der Randkurve C ist die Membran festgehalten, es gilt also dort $u = 0$. Damit wird aber das Problem in der Tat identisch mit der Aufgabe,

[1] Sie ist also das zweidimensionale Analogon zum vollkommen biegeschlaffen Seil.

[2] $\frac{1}{\varrho_1} = -\frac{\partial^2 u}{\partial y^2} \Big/ \left[1 + \left(\frac{\partial u}{\partial y}\right)^2\right]^{\frac{3}{2}} \approx -\frac{\partial^2 u}{\partial y^2}.$

die Spannungsfunktion ψ zu bestimmen. Der Zusammenhang ist durch $\psi = 2\,u\,S/p$ gegeben.

Man sieht, daß wegen Gl. (XII, 6) das Gefälle der Membran in jedem Punkt proportional der Schubspannung und wegen Gl. (XII, 11) das Volumen unter der Membran proportional dem Drillwiderstand ist.

Zur tatsächlichen Ausmessung wird als Membran eine Seifenhaut verwendet, die über einem aus einer Blechplatte herausgeschnittenen Loch von der Form des zu untersuchenden Querschnittes aufgeblasen wird.

5. **Drehschwingungen.** Die Gleichungen der vorangehenden Abschnitte sind nur im Falle der *reinen* Torsion streng richtig. Sie gelten nicht mehr, wenn die Verwölbung der Querschnitte behindert wird, wie dies beispielsweise bei über die Stablänge veränderlichem Drehmoment und bei Drehschwingungen der Fall ist. Eine Ausnahme machen lediglich die wölbfreien Querschnitte. Geht man hier mit dem Ansatz

$$u = 0, \qquad v = -z\,\chi(x,t), \qquad w = y\,\chi(x,t)$$

in die Gln. (X, 2), so folgt

$$\frac{\partial^2\chi}{\partial t^2} = c^2\frac{\partial^2\chi}{\partial x^2}, \qquad c^2 = \frac{G}{\varrho} \tag{XII, 29}$$

als Differentialgleichung für den von x und der Zeit t abhängigen Drehwinkel[1]. Für die Schubspannung folgt aus dem Hookeschen Gesetz mit $\partial\chi/\partial x = \vartheta$:

$$\tau = G\sqrt{\gamma_{xy}^2 + \gamma_{xz}^2} = G\,r\,\vartheta. \tag{XII, 30}$$

Dies stimmt mit Gl. (XII, 17) überein. Auch Gl. (XII, 10) bleibt ungeändert.

Wird der Einfluß der Wölbbehinderung vernachlässigt (ein Verfahren, das bei dünnwandigen offenen Querschnitten *nicht* zulässig ist, siehe Ziff. XII, 10), dann kann man eine Näherungsgleichung für die Drehschwingungen von Stäben mit beliebigem, auch über die Stabachse veränderlichem[2] Querschnitt aufstellen, indem man den Drallsatz Gl. (IV, 20) auf ein Stabelement von der Länge dx anwendet. Mit dem Drall $\varrho\,J_p(\partial\chi/\partial t)\,dx$ und der Differenz $(\partial M_T/\partial x)\,dx$ zwischen den links und rechts am Element angreifenden Drehmomenten folgt

$$\varrho\,J_p\frac{\partial^2\chi}{\partial t^2} = \frac{\partial M_T}{\partial x} = \frac{\partial}{\partial x}\left(G\,J_T\frac{\partial\chi}{\partial x}\right). \tag{XII, 31}$$

Hierbei wurde von Gl. (XII, 10) Gebrauch gemacht. J_p ist das polare Trägheitsmoment des Stabquerschnittes um die Drehachse. Hat der Stab konstanten Querschnitt, so vereinfacht sich Gl. (XII, 31) zur Gl. (XII, 29), wobei aber jetzt $c^2 = G\,J_T/\varrho\,J_p$ gilt.

---

[1] Man beachte die mathematische Identität dieser Gleichung mit der Gl. (XI, 3) für die Längsschwingungen eines Stabes!

[2] Dies bedingt allerdings eine weitere Vernachlässigung, da sich die Querschnitte in diesem Fall nicht nur verwölben, sondern auch deformieren.

6. Beispiel: Welle mit Schwungmasse am Ende. Eine Welle mit Kreisquerschnitt ist an einem Ende eingespannt und trägt am anderen Ende eine starre Schwungmasse (Abb. XII, 9). Das System führt freie Drehschwingungen aus.

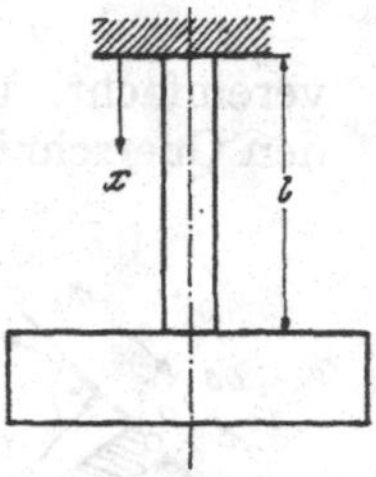

Abb. XII, 9

Es gilt die Bewegungsgleichung (XII, 29). Wir setzen ihre Lösung in Form eines Produktes an,

$$\chi(x, t) = X(x) \cos(\omega t - \varepsilon)$$

und erhalten nach Einsetzen in Gl. (XII, 29)

$$X'' + \lambda^2 X = 0, \qquad \lambda = \frac{\omega}{c}.$$

Somit ist

$$X = A \sin \lambda x + B \cos \lambda x.$$

Die Konstanten A und B sind so zu bestimmen, daß die Randbedingungen erfüllt werden. Diese lauten hier mit dem Drallsatz Gl. (IV, 20)

$$\chi = 0 \quad \text{in} \quad x = 0,$$

$$-I_S \frac{\partial^2 \chi}{\partial t^2} = M_T = G J_p \vartheta \quad \text{in} \quad x = l.$$

I_S ist das Massenträgheitsmoment der Scheibe um ihre Achse und M_T das von der Scheibe auf die Welle ausgeübte Drehmoment. Aus der ersten Bedingung folgt $B = 0$, während die zweite die Frequenzgleichung

$$\lambda l \tan \lambda l = \frac{I_W}{I_S}$$

zur Bestimmung von λ bzw. der Eigenfrequenz ω liefert[1]. $I_W = \varrho l J_p$ ist das Massenträgheitsmoment der Welle.

Wird die Masse der Welle gegenüber der Scheibenmasse vernachlässigt, $\varrho = 0$, so gilt die „statische" Beziehung $\chi = \vartheta x = A x \cos(\omega t - \varepsilon)$ und der Drallsatz liefert in $x = l$

$$\omega = \sqrt{\frac{G J_p}{l I_S}}.$$

Im Gegensatz zu der mit Masse behafteten Welle, die unendlich viele Freiheitsgrade und damit auch unendlich viele Eigenfrequenzen aufweist, besitzt das System jetzt nur einen Freiheitsgrad und daher auch nur eine Eigenfrequenz.

7. Dünnwandige Hohlquerschnitte. Sehr einfache Formeln ergeben sich für die *reine* Torsion dünnwandiger geschlossener Querschnitte (dünnwandige Rohre, Abb. XII, 10). Bei diesen dürfen wir nämlich, wie in Ziff. XI, 10 näher ausgeführt wurde, mit einem Mittelwert τ der

---

[1] Tafeln der Funktion $x \tan x$ finden sich bei F. Emde: Tafeln Elementarer Funktionen, 3. Aufl., Leipzig: 1959.

Schubspannung über die Rohrdicke h bzw. mit dem *Schubfluß* $T = \tau h$ rechnen. Es gilt dann Gl. (XI, 25), die sich hier wegen $\sigma_x = 0$ zu

$$\frac{dT}{ds} = 0, \qquad T = \tau h = \text{konst.} \tag{XII, 32}$$

vereinfacht. Der Schubfluß ist also bei der reinen Torsion konstant über den Querschnittsumfang und die größte Schubspannung tritt somit an der Stelle der *kleinsten* Wanddicke auf[1].

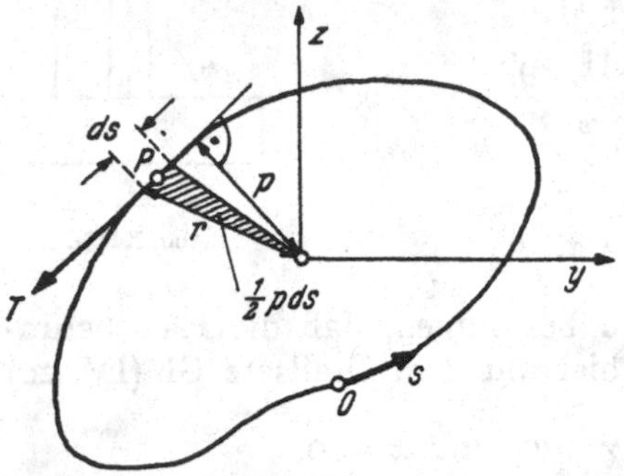

Abb. XII, 10

Für das Torsionsmoment erhält man aus Abb. XII, 10

$$M_T = \oint T p \, ds = T \oint p \, ds.$$

Nun ist aber p die Höhe des kleinen schraffierten Dreieckes, $p\,ds$ also dessen doppelte Fläche. Somit wird

$$M_T = 2 A T, \tag{XII, 33}$$

wo A die von der Querschnittsmittellinie eingeschlossene Fläche ist.

Zur Berechnung der Querschnittsverwölbung erinnern wir uns, daß sich der Querschnitt wie eine starre Scheibe dreht, die Tangentialverschiebung im beliebigen Punkt P der Querschnittsmittellinie also gleich $p \chi = p \vartheta x$ sein muß. Damit wird für die dort wirkende Schubspannung

$$\tau = G \gamma = G \left[\frac{\partial u}{\partial s} + \frac{\partial}{\partial x} (p \vartheta x) \right] = G \vartheta \left(\frac{d\varphi}{ds} + p \right). \tag{XII, 34}$$

Durch Integration folgt

$$\varphi(s) = \varphi_0 + \frac{1}{G\vartheta} \int_0^s \tau \, ds - 2\, a(s), \tag{XII, 35}$$

wo

$$a(s) = \frac{1}{2} \int_0^s p \, ds \tag{XII, 36}$$

die vom Fahrstrahl r überstrichene Fläche bedeutet (Abb. XII, 10). $\varphi_0 = \varphi(0)$ ist die Verwölbung im beliebigen Anfangspunkt O. Integrieren wir über den gesamten Umfang L, so folgt aus der Forderung, daß $\varphi(L)$ wieder mit φ_0 übereinstimmen muß, mit $a(L) = A$,

$$\oint \tau \, ds = 2 G \vartheta A. \tag{XII, 37}$$

Diese grundlegende Beziehung gilt bei jedem beliebigen Schubflußverlauf. Im besonderen wird mit Gl. (XII, 32) und (XII, 33)

$$\vartheta = \frac{M_T}{4 A^2 G} \oint \frac{ds}{h}. \tag{XII, 38}$$

---

[1] Gl. (XII, 32) ist identisch mit der Kontinuitätsbedingung einer den Querschnitt durchströmenden inkompressiblen Flüssigkeit, wobei die Geschwindigkeit v der Schubspannung τ entspricht. Die Bezeichnung „Schubfluß" ist damit gerechtfertigt.

Die beiden Formeln (XII, 33) und (XII, 38) wurden erstmalig von R. Bredt 1896 hergeleitet. Im Fall konstanter Wandstärke h wird $\oint \frac{ds}{h} = \frac{L}{h}$.

Die Formeln gelten ungeändert, wenn der Hohlquerschnitt einen oder mehrere *Zwischenstege* aufweist („mehrzellige Hohlquerschnitte"). Wir betrachten den Querschnitt mit *einem* Zwischensteg (Abb. XII, 11). Der Schubfluß muß in jedem Teil der Wand konstant verlaufen; an den Verzweigungsstellen teilt er sich derart, daß Zu- und Abfluß gleich groß sind:

$$T_1 + T_3 = T_2. \quad \text{(XII, 39)}$$

Die Summe der in den beiden Teilröhren übertragenen Drehmomente muß gleich dem Gesamtmoment sein. Also nach Gl. (XII, 33)

$$2\,A_1\,T_1 + 2\,A_2\,T_2 = M_T. \quad \text{(XII, 40)}$$

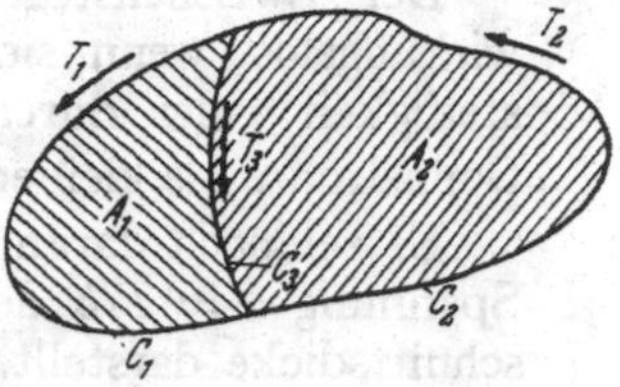

Abb. XII, 11

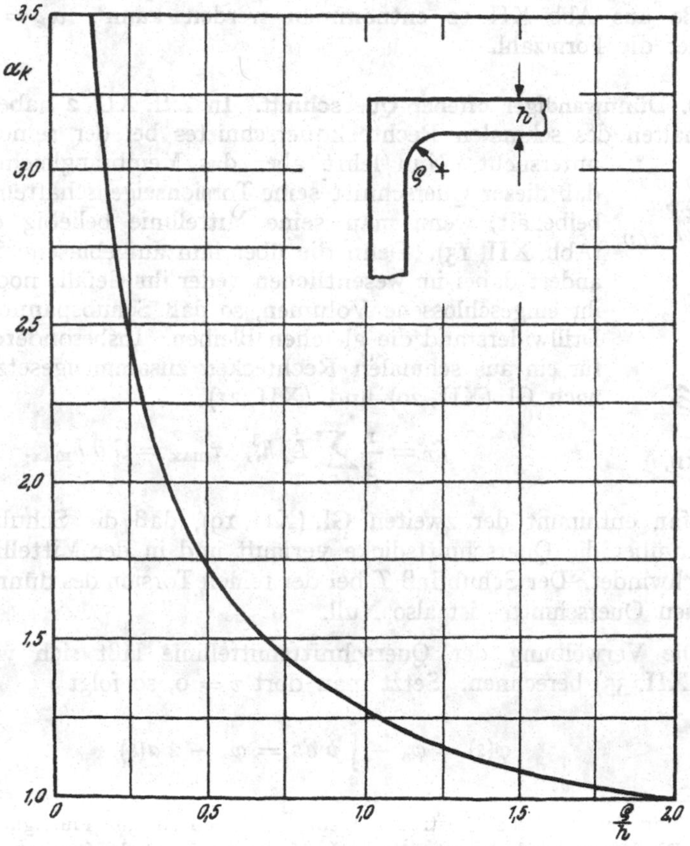

Abb. XII, 12

Da sich weiters die Querschnitte wie starre Scheiben drehen, müssen die Drehwinkel für die beiden Teilröhren gleich und gleich dem der Gesamtröhre sein. Also mit Gl. (XII, 37):

$$2G\vartheta = \frac{1}{A_1}\left[T_1\int\limits_{C_1}\frac{ds}{h} - T_3\int\limits_{C_3}\frac{ds}{h}\right] = \frac{1}{A_2}\left[T_2\int\limits_{C_2}\frac{ds}{h} + T_3\int\limits_{C_3}\frac{ds}{h}\right]. \qquad \text{(XII, 41)}$$

Die vier Gleichungen (XII, 39) bis (XII, 41) bestimmen die Schubflüsse T_1, T_2, T_3 und die Verwindung ϑ.

Der Zwischensteg wird für die Übertragung des Drehmomentes wirkungslos, wenn sich $T_3 = 0$ ergibt. Im übrigen ist die Torsionssteifigkeit einer durch Verbindung zweier Einzelröhren entstehenden Doppelröhre nie kleiner als die Summe der Einzelsteifigkeiten.

Es sei noch daran erinnert, daß die aus dem Schubfluß berechnete Spannung $\tau = T/h$ definitionsgemäß einen Mittelwert über die Querschnittsdicke darstellt. An *scharfen Krümmungen* (etwa in den Ecken eines Kastenquerschnittes) ist die Spannungsverteilung aber nicht mehr gleichmäßig[1]. Am Innenrand entsteht eine Spannungsspitze, deren Größe aus Abb. XII, 12 entnommen werden kann[2]. $\alpha_k = \tau_{max}/\tau$ ist wieder die Formzahl.

8. Dünnwandiger offener Querschnitt. In Ziff. XII, 2 haben wir das Verhalten des schmalen Rechteckquerschnittes bei der reinen Torsion untersucht. Nun lehrt aber das Membrangleichnis sofort, daß dieser Querschnitt seine Torsionseigenschaften praktisch beibehält, wenn man seine Mittellinie beliebig deformiert (Abb. XII, 13). Denn die über ihm aufgeblasene Seifenhaut ändert dabei im wesentlichen weder ihr Gefälle noch das von ihr eingeschlossene Volumen, so daß Schubspannungen und Drillwiderstand die gleichen bleiben. Insbesondere gilt also für ein aus schmalen Rechtecken zusammengesetztes Profil nach Gl. (XII, 20) und (XII, 21)

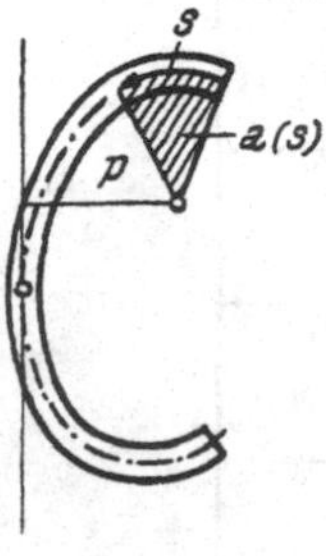

Abb. XII, 13

$$J_T = \frac{1}{3}\sum_i L_i h_i^3, \quad \tau_{max} = G\vartheta\, h_{max}. \qquad \text{(XII, 42)}$$

Man entnimmt der zweiten Gl. (XII, 19), daß die Schubspannung linear über die Querschnittsdicke verläuft und in der Mittellinie $z = 0$ verschwindet. Der Schubfluß T bei der reinen Torsion des dünnwandigen offenen Querschnittes ist also Null.

Die Verwölbung der Querschnittsmittellinie läßt sich wieder aus Gl. (XII, 35) berechnen. Setzt man dort $\tau = 0$, so folgt

$$\varphi(s) = \varphi_0 - \int\limits_0^s p\, ds = \varphi_0 - 2\,a(s). \qquad \text{(XII, 43)}$$

[1] Man denke an die Umströmung einer Ecke durch eine Flüssigkeit.
[2] Die Kurve wurde berechnet von J. H. HUTH, J. Appl. Mech. 17, 388 (1950).

Die Enden eines *aufgeschlitzten Kreisrohres* vom Radius r gleiten gemäß Gl. (XII, 2) also um den Betrag

$$u_0 = \vartheta\,|\varphi\,(2\,r\,\pi) - \varphi_0| = 2\,\vartheta\,r^2\,\pi$$

gegeneinander (Abb. XII, 14). Der Drillwiderstand ist gegeben durch $J_T = 2\,r\,\pi\,h^3/3$ und die größte Schubspannung beträgt $\tau_{max} = 3\,M_T/2\,r\,\pi\,h^2$. Vergleicht man diese Werte mit den entsprechenden des *geschlossenen* Kreisrohres, nämlich $J_T = 2\,r^3\,\pi\,h$ und $\tau_{max} = M_T/2\,r^2\,\pi\,h$ gemäß den Gln. (XII, 38) und (XII, 33), so sieht man, daß der Drillwiderstand des offenen Querschnittes im Verhältnis $(h/r)^2/3$ kleiner und die Schubbeanspruchung im Verhältnis $3\,r/h$ größer ist als beim geschlossenen Querschnitt.

An Stellen *scharfer Krümmung* (etwa in den Ecken eines Winkelprofils) tritt auch hier wieder eine beträchtliche Erhöhung der Schubspannung gegenüber der Nennspannung auf. Die folgende Formel[1] kann zur Berechnung der Formzahl $\alpha_k = \tau_{max}/\tau$ dienen, wobei τ der durch Gl. (XII, 21) gegebene Wert ist

$$\alpha_k = 1{,}74\sqrt[3]{\frac{h}{\varrho}}. \qquad \text{(XII, 44)}$$

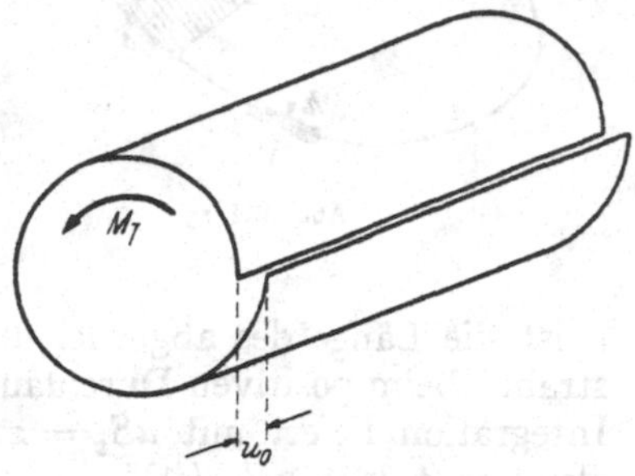

Abb. XII, 14

ϱ ist der Ausrundungsradius und h die größere der beiden Querschnittsdicken unmittelbar neben der Krümmung.

9. Der Schubmittelpunkt. Wesentlich häufiger als die reine Torsionsbeanspruchung tritt in der Praxis die gleichzeitige Beanspruchung auf Querkraftbiegung und Torsion auf. Da man das Torsionsmoment mit der Querkraft zu einer parallel verschobenen Einzelkraft Q zusammensetzen kann[2], wird der Stab jetzt durch eine „exzentrisch" liegende Querkraft beansprucht. Wir fragen nun, wo diese angreifen muß, damit sie keine Verdrillung des Stabes erzeugt.

Gefühlsmäßig wird man erwarten, daß der Stab dann torsionsfrei bleibt, wenn die Querkraft durch den Schwerpunkt S des Querschnittes hindurchgeht. Wir haben aber schon in Ziff. XI, 1 angedeutet, daß dies nicht zutrifft. Die Querkraft muß in einem anderen Punkt, dem *Schubmittelpunkt* M angreifen, wenn der Stab drehungsfrei bleiben soll.

Wir beschränken uns auf die Untersuchung *dünnwandiger* Querschnitte, weil das Problem für diese von besonderer Bedeutung ist. Die y- und z-Achse seien Trägheitshauptachsen durch den Schwerpunkt, und die Querkraft Q habe die Richtung der z-Achse (Abb. XII, 15). Nach

[1] E. TREFFTZ: Z. ang. Math. Mech. 2, 263 (1922).
[2] Ziff. II, 6.

Gl. (XI, 26) und (XI, 27) gilt dann für den durch Q erzeugten Schubfluß mit $h\,ds = dF$,

$$T(s) = T_0 - \frac{Q}{J_y} S_y(s), \qquad S_y(s) = \int z\,dF. \tag{XII, 45}$$

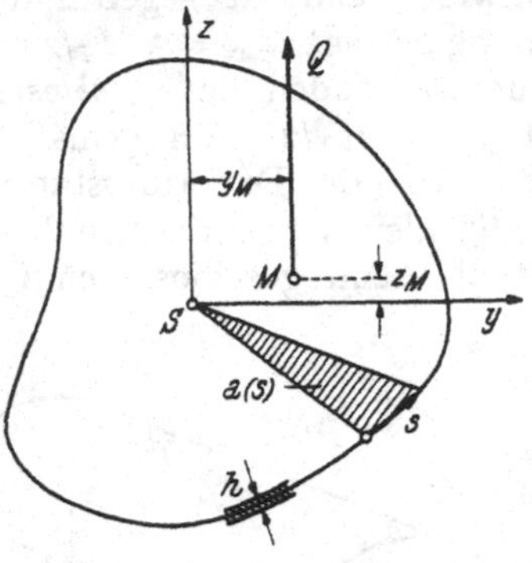

Abb. XII, 15

Wenn wir jetzt verlangen, daß der Träger sich ohne Verdrehung senken soll, dann darf keine Torsionsbeanspruchung auftreten, das heißt Einzelkraft Q und Schubfluß T müssen äquivalent sein. Wir setzen also ihre Momente um S gleich:

$$Q\,y_M = \int\limits_L T\,p\,ds$$

oder

$$y_M = 2\,A\,\frac{T_0}{Q} - \frac{1}{J_y}\int\limits_L p\,S_y\,ds. \tag{XII, 46}$$

L ist die Länge des abgewickelten Querschnittes und A die vom Fahrstrahl r beim positiven Durchlaufen von L beschriebene Fläche. Partielle Integration liefert mit $dS_y = z\,dF$ unter Beachtung von Gl. (XII, 36), also von $p\,ds = 2\,d[a(s)]$

$$\int\limits_L p\,S_y\,ds = 2\,S_y(s)\,a(s)\,\Big|_0^L - 2\int\limits_F z\,a(s)\,dF.$$

Der erste Term rechts verschwindet aber wegen $S_y(0) = S_y(L) = 0$. Somit wird

$$y_M = 2\left[\frac{1}{J_y}\int\limits_F z\,a(s)\,dF + \frac{A\,T_0}{Q}\right]. \tag{XII, 47}$$

Dies ist die gesuchte y-Koordinate des Schubmittelpunktes. Eine analoge Gleichung erhält man für z_M, mit -2 anstatt $+2$, indem man die Querkraft parallel zur y-Achse legt.

Die Konstante T_0 ist verschieden, je nachdem es sich um einen offenen oder geschlossenen Querschnitt handelt. Beim dünnwandigen *offenen Querschnitt* ist[1] $T_0 = 0$, also

$$y_M = +\frac{2}{J_y}\int\limits_0^L z\,a(s)\,h\,ds, \qquad z_M = -\frac{2}{J_z}\int\limits_0^L y\,a(s)\,h\,ds. \tag{XII, 48}$$

Beim dünnwandigen *Hohlquerschnitt* bleibt der Schubfluß T_0 statisch unbestimmt und ist aus der Formänderungsbedingung, daß der Dreh-

[1] S. 207.

winkel $\vartheta = 0$ sein muß, wenn Q durch den Punkt M geht, zu berechnen. Mit Gl. (XII, 37) wird dies[1]

$$\oint T \frac{ds}{h} = T_0 \oint \frac{ds}{h} - \frac{Q}{J_y} \oint S_y \frac{ds}{h} = 0.$$

Wir setzen zur Abkürzung

$$\int_0^s \frac{ds}{h} = b(s), \quad \oint \frac{ds}{h} = b(L) = B \qquad \text{(XII, 49)}$$

und integrieren partiell

$$\oint S_y \frac{ds}{h} = S_y(s)\, b(s) \Big|_0^L - \oint z\, b(s)\, h\, ds.$$

Das erste Glied fällt wieder weg. Nach Eintragen von T_0 in Gl. (XII, 47) folgt schließlich

$$\left. \begin{aligned} y_M &= + \frac{2}{J_y} \left[\oint z\, a(s)\, h\, ds - \frac{A}{B} \oint z\, b(s)\, h\, ds \right], \\ z_M &= - \frac{2}{J_z} \left[\oint y\, a(s)\, h\, ds - \frac{A}{B} \oint y\, b(s)\, h\, ds \right]. \end{aligned} \right\} \qquad \text{(XII, 50)}$$

Wenn der Querschnitt eine Symmetrieachse besitzt, so liegt der Schubmittelpunkt auf dieser. Zu seiner Bestimmung kann man dann zweckmäßig statt des Schwerpunktes einen beliebigen, auf der Symmetrieachse liegenden Bezugspunkt wählen[2]. An den Formeln ändert sich dabei nichts, da Gl. (XII, 45) auch in diesem Falle gültig bleibt.

Besteht der Querschnitt aus zwei schmalen Rechtecken (Winkelprofil, ⊤-Profil), so liegt der Schubmittelpunkt im Schnittpunkt der Rechtecksmittellinien.

Den Gln. (XII, 48) und (XII, 50) läßt sich eine sehr einfache Form geben, wenn man die Wölbfunktion φ benützt. Für das offene Profil ist nämlich gemäß Gl. (XII, 43)

$$\varphi_0 - \varphi(s) = 2\, a(s)$$

und für den Hohlquerschnitt gemäß den Gln. (XII, 33), (XII, 35) und (XII, 38)

$$\varphi_0 - \varphi(s) = 2 \left[a(s) - \frac{A}{B} b(s) \right].$$

Damit wird für beide Querschnittsformen

$$y_M = - \frac{1}{J_y} \int_F z\, \varphi\, dF, \quad z_M = + \frac{1}{J_z} \int_F y\, \varphi\, dF. \qquad \text{(XII, 51)}$$

Es läßt sich zeigen, daß die Formeln (XII, 51) für beliebige Querschnitte streng gültig sind[3], vorausgesetzt, daß die Querkraft Q längs

[1] Die Gleichung gilt hier allerdings nur näherungsweise, da reine Torsion nur für $Q =$ konst. vorliegt.

[2] Siehe die Beispiele in Ziff. XII, 11.

[3] E. Trefftz: Z. ang. Math. Mech. 15, 220 (1935).

der Stabachse konstant ist. Bei veränderlicher Querkraft hängt (mit Ausnahme des dünnwandigen offenen Querschnittes) die Lage von M innerhalb gewisser Grenzen vom Verlauf der Querkraft ab[1]. Darüber hinaus verschiebt sich M auch, wenn der Werkstoff nicht mehr dem HOOKEschen Gesetz gehorcht.

10. Wölbkrafttorsion. Eine Grundvoraussetzung der reinen Torsion ist die unbehinderte Querschnittsverwölbung. Sie ist nicht mehr erfüllt, wenn ein Stabende eingespannt oder wenn der Querschnitt stark veränderlich oder wenn das Drehmoment über die Stablänge veränderlich ist (wie bei Drehschwingungen). Wir haben darauf schon in Ziff. XII, 5 hingewiesen. Während man aber beim Vollquerschnitt und ebenso beim dünnwandigen Hohlquerschnitt die Formeln der reinen Torsion auch in diesem Fall mit guter Näherung anwenden kann, trifft dies beim dünnwandigen offenen Profil nicht mehr zu. Die Drillsteifigkeit dieser Querschnittsform ist so gering und die axialen Verschiebungen sind so groß, daß die mit der Wölbbehinderung verknüpften Längsspannungen σ_x nicht vernachlässigt werden dürfen. Wir gehen deshalb jetzt auf die *Wölbkrafttorsion des dünnwandigen offenen Querschnittes* näher ein. Es wird sich zeigen, daß dabei die Drehachse nicht mehr, wie bei der reinen Torsion, frei wählbar ist, sondern durch einen bestimmten Punkt hindurchgeht. Wir bezeichnen die Wölbfunktion für diesen Punkt mit φ^*. Der Zusammenhang zwischen φ^* und der Wölbfunktion φ für einen beliebigen Bezugspunkt O folgt aus der Überlegung, daß die Schubspannungen der reinen Torsion bei einem Wechsel der Drehachse ungeändert bleiben. Verschiebt man also den Koordinatenursprung von O nach einem Punkt mit den Koordinaten b, c, dann gilt $y^* = y - b$, $z^* = z - c$, und es folgt aus Gl. (XII, 5)

$$\frac{\partial \varphi}{\partial y} - z = \frac{\partial \varphi^*}{\partial y^*} - z^*, \qquad \frac{\partial \varphi}{\partial z} + y = \frac{\partial \varphi^*}{\partial z^*} + y^*.$$

Integration liefert

$$\varphi^* = \varphi - c\,y + b\,z. \tag{XII, 52}$$

Wir nehmen jetzt näherungsweise an, daß die Querschnittsverwölbung u, die bei der Wölbkrafttorsion außer von s auch noch von der Axialkoordinate x abhängt, weiterhin in der Form

$$u(x, s) = \vartheta(x)\,\varphi^*(s) \tag{XII, 53}$$

geschrieben werden kann. Die Wölbspannungen sind dann nach dem HOOKEschen Gesetz, wenn $\sigma_y = \sigma_z = 0$ gesetzt wird, gegeben durch

$$\sigma_x = E\,\frac{\partial u}{\partial x} = E\,\varphi^*\,\vartheta'. \tag{XII, 54}$$

Da im Stabquerschnitt weder eine Längskraft noch ein Biegemoment übertragen werden, müssen die Längsspannungen ein Gleichgewichtssystem bilden:

[1] F. STÜSSI: Abhandl. Int. Ver. f. Brückenbau u. Hochbau 12, 259 (1952).

$$\int_F \sigma_x\,dF = 0, \qquad \int_F y\,\sigma_x\,dF = 0, \qquad \int_F z\,\sigma_x\,dF = 0.$$

Die erste Gleichung verlangt

$$\int_F \varphi^*\,dF = 0, \tag{XII, 55}$$

was durch passende Wahl von φ_0 in Gl. (XII, 43) stets erfüllt werden kann. Aus den beiden anderen folgt

$$\int_F y\,\varphi^*\,dF = 0, \qquad \int_F z\,\varphi^*\,dF = 0. \tag{XII, 56}$$

Setzt man φ^* aus Gl. (XII, 52) ein und bezieht φ auf den Schwerpunkt des Querschnittes, so folgt wegen

$$\int_F z\,y\,dF = 0, \quad \int_F z^2\,dF = J_y, \quad \int_F y^2\,dF = J_z$$

$$b = -\frac{1}{J_y}\int_F z\,\varphi\,dF, \qquad c = +\frac{1}{J_z}\int_F y\,\varphi\,dF.$$

Ein Vergleich mit den Ausdrücken (XII, 51) liefert $b = y_M$, $c = z_M$. *Die Drehachse, die bei der reinen Torsion unbestimmt bleibt, geht bei der Wölbkrafttorsion durch den Schubmittelpunkt*[1].

Wenn wir Gl. (XII, 54) in Gl. (XI, 25) einsetzen, so folgt für den durch die Wölbbehinderung erzeugten Schubfluß

$$T_w = -E\,\vartheta''\int_0^s \varphi^*\,h\,ds. \tag{XII, 57}$$

Die mit T_w verknüpften Formänderungen ergeben sich mit der Umfangsverschiebung $v = p\,\chi$ (der Querschnitt dreht sich als starre Scheibe) zu

$$\gamma_w = \frac{\partial u}{\partial s} + \frac{\partial v}{\partial x} = \vartheta\,\varphi^{*\prime} + p\,\vartheta = 0,$$

da $\varphi^{*\prime} = -p$ gemäß Gl. (XII, 43). Die Annahme (XII, 53) ist also gleichbedeutend mit der Vernachlässigung der durch die Wölbschubspannungen bewirkten Formänderungen.

Der von T_w herrührende Beitrag M_w zum Gesamtdrehmoment ist

$$M_w = \int_0^L T_w\,p\,ds = -E\,\vartheta''\int_0^L p\,ds\int_0^s \varphi^*\,h\,ds.$$

Partielle Integration führt unter Beachtung von Gl. (XII, 43), also mit $p\,ds = -d\varphi^*$ auf

$$M_w = -E\,\vartheta''\left[-\varphi^*\int_0^s \varphi^*\,h\,ds\Big|_0^L + \int_0^L \varphi^{*2}\,h\,ds\right].$$

Nach Gl. (XII, 55) ist aber

$$\int_0^L \varphi^*\,h\,ds = 0$$

---

[1] Dies gilt allerdings nur im Rahmen der durch Gl. (XII, 53) gegebenen Näherung.

und somit schließlich

$$M_w = -E\,C_w\,\vartheta'',$$

wobei

$$C_w = \int_0^L \varphi^{*2}\,h\,ds = \int_F \varphi^{*2}\,dF. \qquad \text{(XII, 58)}$$

Die Querschnittskenngröße C_w heißt *Wölbwiderstand.* Setzt man M_w mit dem SAINT-VENANTschen Torsionsmoment $G\,J_T\,\vartheta'$ zum Gesamtdrehmoment M_T zusammen, so erhält man die Differentialgleichung der Wölbkrafttorsion

$$G\,J_T\,\vartheta' - E\,C_w\,\vartheta''' = M_T, \qquad \text{(XII, 59)}$$

bzw. im dynamischen Fall gemäß Gl. (XII, 31)

$$G\,J_T\,\frac{\partial^2\chi}{\partial x^2} - E\,C_w\,\frac{\partial^4\chi}{\partial x^4} - \varrho\,J_p\,\frac{\partial^2\chi}{\partial t^2} = m_T(x,t), \qquad \text{(XII, 60)}$$

wobei m_T ein äußeres Drehmoment pro Einheit der Stablänge bedeutet.

Die allgemeine Lösung von Gl. (XII, 59) lautet

$$\left.\begin{aligned} \vartheta' &= \frac{M_T}{G\,J_T}(1 + A\cosh\alpha x + B\sinh\alpha x),\\ \alpha &= \sqrt{\frac{G\,J_T}{E\,C_w}}. \end{aligned}\right\} \qquad \text{(XII, 61)}$$

Die Integrationskonstanten A und B folgen aus den Randbedingungen an den Stabenden $x = 0$ und $x = l$. Am freien Rand ist $\sigma_x = 0$, also $\vartheta'' = 0$, am eingespannten Rand ist $u = 0$, also $\vartheta' = 0$.

11. Beispiel: Träger mit ⊏-Profil. Ein Träger mit dünnwandigem ⊏-Querschnitt ist an einem Ende eingespannt und am anderen Ende durch eine Einzelkraft P belastet, deren Wirkungslinie mit der Stegmittellinie zusammenfällt (Abb. XII, 16). Man finde die Vertikalverschiebung (Durchbiegung) des Angriffspunktes A und die maximale Längsspannung $\sigma_{x\,\max}$.

Die Beanspruchung des Trägers besteht aus einer „Querkraftbiegung" und einer „Wölbkrafttorsion". Der Biegungsanteil wurde bereits in Ziff. XI, 9 bestimmt. Es ist, wenn wir beachten, daß jetzt die positive z-Achse nach oben zeigt,

$$w_B = -\frac{P\,l^3}{3\,E\,J_y}, \qquad M = P\,(l - x), \qquad \sigma_{xB} = \frac{M}{J_y}\,z,$$

wobei nach Abb. XII, 17

$$J_y = \frac{h\,H^3}{12} + 2\,b\,h\left(\frac{H}{2}\right)^2 = \frac{H^2\,h}{12}(H + 6\,b).$$

Die Ermittlung des Torsionsanteiles nehmen wir schrittweise vor.

Wölbfunktion φ. Gemäß Gl. (XII, 43) ist $\varphi(s) = \varphi_0 - 2\,a(s)$, wobei $a(s)$ die von dem im positiven Sinn umlaufenden Radiusvektor überstrichene Fläche ist (Abb. XII, 17). Also

Oberflansch: $a = \frac{1}{4} H s_1$, $\varphi = \varphi_0 - \frac{H s_1}{2} = \frac{H}{2}(b - s_1)$,

Steg: $a = \frac{1}{4} H b$, $\varphi = \varphi_0 - \frac{H b}{2} = 0$,

Unterflansch: $a = \frac{1}{4} H b + \frac{1}{4} H s_3$, $\varphi = \varphi_0 - \frac{H}{2}(b + s_3) = -\frac{H}{2} s_3$.

Die Konstante φ_0 ist dabei so zu wählen, daß $\int\limits_F \varphi^* dF$ verschwindet. Wegen der Symmetrie des Querschnittes ist diese Bedingung erfüllt, wenn $\varphi = 0$ im Punkt A, also $\varphi_0 = H b/2$ gesetzt wird.

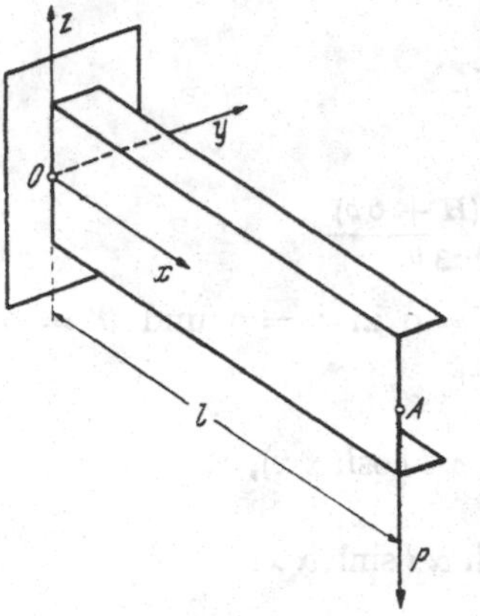

Abb. XII, 16

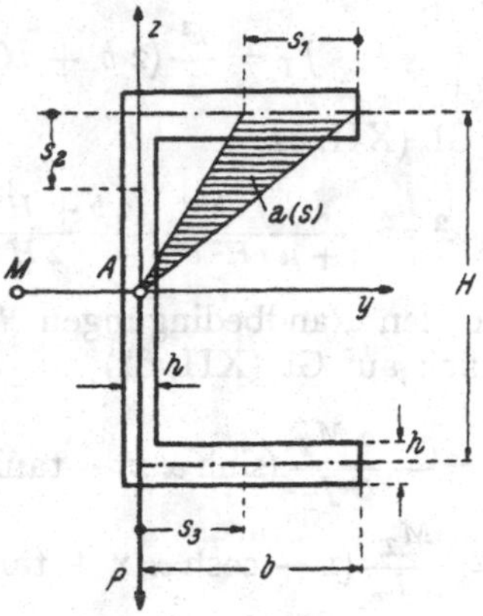

Abb. XII, 17

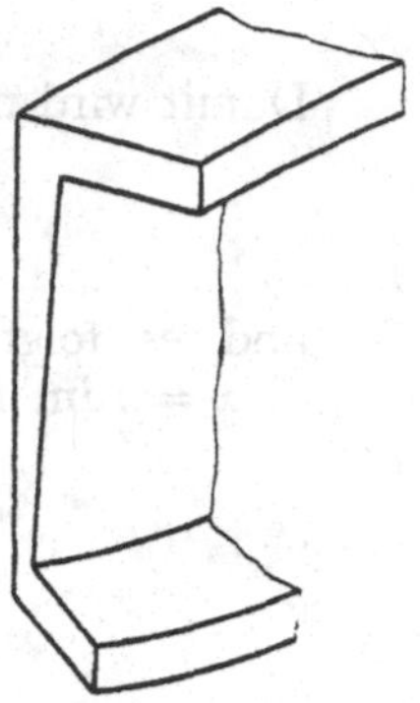

Abb. XII, 18

Schubmittelpunkt M. Aus Symmetriegründen ist $z_M = 0$, während für y_M nach Gl. (XII, 51) gilt

$$- J_v y_M = \int\limits_F z \varphi \, dF = \int\limits_0^b \frac{H}{2} \frac{H}{2} (b - s_1) \, h \, ds_1 +$$

$$+ \int\limits_0^b \left(-\frac{H}{2}\right)\left(-\frac{H}{2} s_3\right) h \, ds_3 = \frac{H^2 b^2 h}{4},$$

somit

$$y_M = -\frac{3 b^2}{H + 6 b}.$$

Der Schubmittelpunkt liegt also links vom Steg.

Wölbfunktion φ^*. Da die Querkraft Q nicht durch den Schubmittelpunkt geht, liegt Wölbkrafttorsion vor mit $M_T = + P y_M$. Die Wölbfunktion ist deshalb auf den Schubmittelpunkt zu beziehen. Gl. (XII, 52) liefert

$$\varphi^* = \varphi + z y_M.$$

Das obere Flanschende verschiebt sich, da sich ϑ als negativ erweisen wird, um den Betrag $u = \vartheta \frac{H b}{2} \frac{H + 3 b}{H + 6 b}$ nach hinten, das untere Flanschende um den gleichen Betrag nach vorne (Abb. XII, 18).

Wölbwiderstand C_w. Nach Gl. (XII, 58) ist

$$C_w = \int_F (\varphi + z\, y_M)^2\, dF = \int_F \varphi^2\, dF - J_y\, y_M^2.$$

Mit den oben angegebenen Werten von φ wird

$$C_w = \int_0^b \frac{H^2}{4} (b - s_1)^2\, h\, ds_1 + \int_0^b \frac{H}{4} s_3^2\, h\, ds_3 - J_y\, y_M^2 = \frac{H^2 b^3 h}{12} \frac{2H + 3b}{H + 6b}.$$

Verdrehungswinkel χ. Aus Gl. (XII, 42) erhalten wir

$$J_T = \frac{h^3}{3}(2b + H).$$

Damit wird nach Gl. (XII, 61)

$$\alpha^2 = \frac{2}{1+\mu} \frac{h^2}{H^2 b^3} \frac{(2b + H)(H + 6b)}{2H + 3b}$$

und es folgt mit den Randbedingungen $\vartheta = 0$ in $x = 0$ und $\vartheta' = 0$ in $x = l$ im Hinblick auf Gl. (XII, 61)

$$\vartheta' = -\frac{\alpha M_T}{G J_T} (\sinh \alpha x - \tanh \alpha l \cosh \alpha x),$$

$$\vartheta = \frac{M_T}{G J_T} (1 - \cosh \alpha x + \tanh \alpha l \sinh \alpha x).$$

Durch Integration ergibt sich daraus schließlich wegen $\chi = 0$ in $x = 0$

$$\chi = \frac{M_T}{\alpha G J_T} [\alpha x - \sinh \alpha x + \tanh \alpha l (\cosh \alpha x - 1)].$$

Vertikalverschiebung von A. Es ist (positiv nach oben)

$$w = w_B + w_T = w_B - \chi(l)\, y_M,$$

wobei

$$\chi(l) = \frac{M_T}{\alpha G J_T} (\alpha l - \tanh \alpha l).$$

Längsspannung $\sigma_{x\,\max}$. Die maximale Biegespannung tritt ebenso wie die maximale Wölbspannung im Einspannquerschnitt $x = 0$ auf. Im Oberflansch ist die erste eine Zugspannung, die zweite wechselt von Druck am Flanschende auf Zug am Steg. Im Unterflansch ist es gerade umgekehrt. Im Oberflansch gilt mit $b - s_1 = y$ und $\sigma_{xw} = E\, \vartheta'\, \varphi^*$

$$\sigma_x\left(0, y, \frac{H}{2}\right) = \frac{P\, l}{J_y} \frac{H}{2} + \frac{E H}{2} (y + y_M)\, \vartheta'(0) =$$

$$= \frac{P H}{2} \left[\frac{l}{J_y} + \frac{y_M}{\alpha C_w} (y + y_M) \tanh \alpha l\right].$$

Das Maximum von $|\sigma_x|$ liegt entweder in $y = 0$ oder $y = b$.

12. Beispiel: Träger mit I-Profil (Abb. XII, 19). Die Rechnung unterscheidet sich von der vorangehenden nur in den Werten von φ und y_M. Wir geben daher nachstehend nur diese beiden Größen an. Der Ursprung O des Koordinatensystems wird in Stegmitte gewählt.

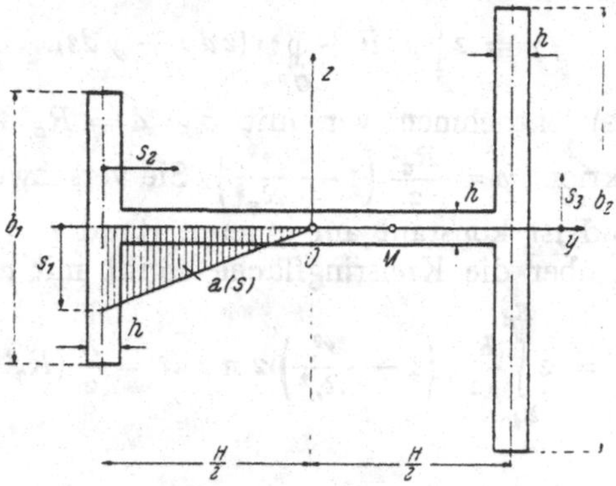

Abb. XII, 19

Wölbfunktion φ. Entsprechend dem eingezeichneten Koordinatensystem ist der positive Umlaufsinn wieder entgegengesetzt dem Uhrzeiger. Damit wird, wenn man in der Mitte des linken Flansches beginnt,

linker Flansch: $a = \frac{1}{4} H\, s_1, \quad \varphi = \varphi_0 - \frac{H\, s_1}{2} = -\frac{H\, s_1}{2},$

Steg[1]: $a = 0, \quad \varphi = \varphi_0 = 0,$

rechter Flansch: $a = \frac{1}{4} H\, s_3, \quad \varphi = \varphi_0 - \frac{H\, s_3}{2} = -\frac{H\, s_3}{2}.$

Die Konstante φ_0 folgt aus $\int_F \varphi^*\, dF = 0$ zu $\varphi_0 = 0$.

Schubmittelpunkt M. Die y-Achse ist Symmetrieachse, es ist also $z_M = 0$. Mit $z = -s_1$ im linken und $z = +s_3$ im rechten Flansch folgt aus Gl. (XII, 48)

$$\frac{1}{2} J_y\, y_M = \int_0^L z\, a(s)\, h\, ds = \int_{-b_1/2}^{+b_1/2} (-s_1) \frac{H}{4} s_1 h\, ds_1 + \int_{-b_2/2}^{+b_2/2} s_3 \frac{H}{4} s_3 h\, ds_3 =$$

$$= \frac{H\, h}{48} (b_2^3 - b_1^3).$$

Da weiters

$$J_y = \frac{h}{12} (b_1^3 + b_2^3), \quad \text{wird} \quad y_M = \frac{H}{2} \frac{b_2^3 - b_1^3}{b_2^3 + b_1^3}.$$

[1] Man beachte, daß der Radiusvektor stetig die Mittellinie entlang zu führen ist, s_1 also nach Durchlaufen des Flansches von $-b_1/2$ bis $+b_1/2$ wieder nach Null zurückkehren muß, um dort den Übergang in den Steg zu ermöglichen. Somit ist a = 0 an dieser Stelle.

Aufgaben

A 1. Man berechne den Drillwiderstand eines Kreisringquerschnittes.

Lösung: Es handelt sich hier um einen zweifach zusammenhängenden Bereich, weshalb wir die allgemeine Gl. (XII, 9) heranziehen müssen. Aus dieser und mit Gl. (XII, 10) folgt

$$J_T = 2\int_F \psi\,dF + \oint_C \psi\,(z\,dy - y\,dz).$$

Der Gl. (XII, 12) entnehmen wir mit $b = a = R_a$ und $y^2 + z^2 = r^2$ die Torsionsfunktion $\psi = \frac{R_a^2}{2}\left(1 - \frac{r^2}{R_a^2}\right)$. Sie verschwindet am äußeren Rand $r = R_a$ und ist konstant am inneren Rand $r = R_i$.

Das Integral über die Kreisringfläche ergibt mit $dF = 2\pi r\,dr$

$$2\int_F \psi\,dF = 2\int_{R_i}^{R_a} \frac{R_a^2}{2}\left(1 - \frac{r^2}{R_a^2}\right) 2\pi r\,dr = \frac{\pi}{2}(R_a^2 - R_i^2)^2.$$

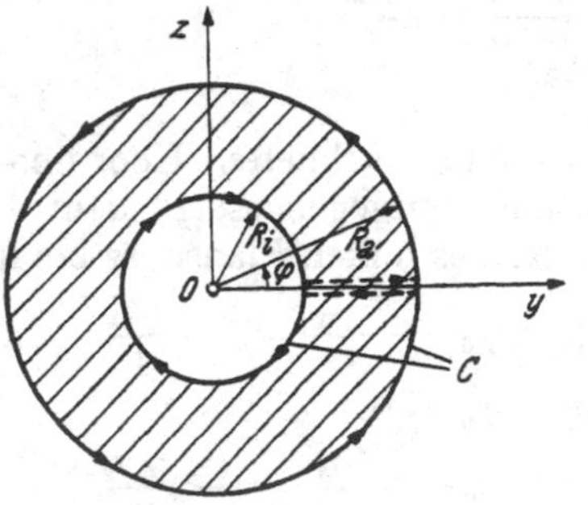

Abb. XII, A 1

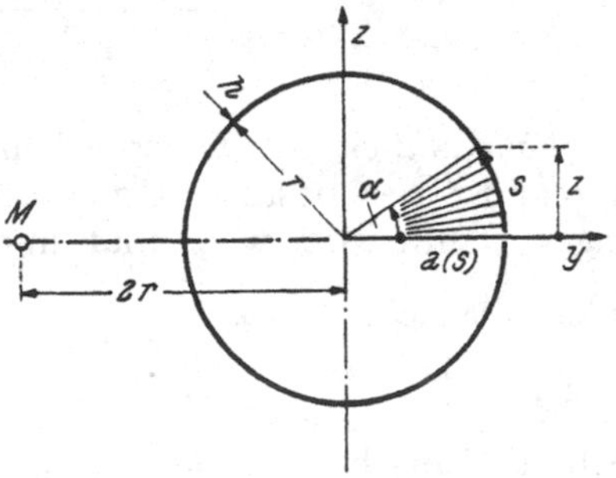

Abb. XII, A 2

Das Integral längs der Randkurve mit dem in Abb. XII, A 1 angedeuteten Integrationsweg braucht nur am Innenrand $r = R_i$ berechnet zu werden, da die Torsionsfunktion am Außenrand verschwindet:

$$\oint_C \psi\,(z\,dy - y\,dz) = \frac{R_a^2 - R_i^2}{2}\oint_C (z\,dy - y\,dz) =$$

$$= \frac{R_a^2 - R_i^2}{2}\int_0^{-2\pi} [R_i \sin\varphi\,(-R_i \sin\varphi) - R_i \cos\varphi\, R_i \cos\varphi]\,d\varphi =$$

$$= \pi R_i^2 (R_a^2 - R_i^2).$$

Damit erhalten wir den in Gl. (XII, 18) angegebenen Drillwiderstand.

A 2. Man bestimme Schubmittelpunkt, Wölbfunktion und Wölbwiderstand des geschlitzten dünnwandigen Kreisrohrquerschnittes konstanter Wandstärke.

Lösung: Mit $J_y = r^3 \pi h$, $z = r \sin\alpha$, $a(s) = \frac{1}{2} r^2 \alpha$ und $ds = r\,d\alpha$ (Abb. XII, A 2) liefert Gl. (XII, 48) sofort

$$y_M = -2r.$$

Aus Symmetriegründen ist $z_M = 0$. Die Gln. (XII, 43) und (XII, 52) geben dann

$$\varphi^* = \varphi_0 - r^2 \alpha - 2 r^2 \sin \alpha,$$

wobei nach Gl. (XII, 55)

$$\varphi_0 = r^2 \pi.$$

Den Wölbwiderstand erhält man aus Gl. (XII, 58) zu

$$C_w = r^5 \pi h \left(\frac{2}{3}\pi^2 - 4\right).$$

A 3. Man berechne den Drehwinkel χ eines geschlitzten dünnwandigen Kreisrohres der Länge l unter dem Torsionsmoment M_T, wenn beide Rohrenden an starre Scheiben angeschweißt sind.

Lösung: Es liegt vollkommene Wölbbehinderung der beiden Endquerschnitte vor. Gl. (XII, 61) hat also die Randbedingungen $\vartheta(0) = \vartheta(l) = 0$ zu erfüllen und lautet nun

$$\vartheta = \frac{M_T}{G J_T}\left(1 - \cosh \alpha x + \tanh \frac{\alpha l}{2} \sinh \alpha x\right).$$

Der Enddrehwinkel ist

$$\chi = \int_0^l \vartheta \, dx = \frac{M_T l}{G J_T}\left(1 - \frac{2}{\alpha l} \tanh \frac{\alpha l}{2}\right). \qquad \text{(a)}$$

Nach Gl. (XII, 42) ist $J_T = \frac{2}{3}\pi r h^3$. Der Wölbwiderstand $C_w = r^5 \pi h \left(\frac{2}{3}\pi^2 - 4\right)$ wurde in Aufg. XII, A 2 ermittelt. Es ergibt sich daher unter Berücksichtigung der Gln. (XII, 61) und (IX, 16)

$$\alpha l = \frac{h l}{r^2} \frac{1}{\sqrt{2(1+\mu)(\pi^2 - 6)}}.$$

Wie man sich leicht überzeugt, geht der Klammerausdruck in Gl. (a) für große Stablängen gegen 1; der Einfluß der Wölbbehinderung macht sich dann nur mehr wenig bemerkbar.

A 4. Der Durchmesser einer Welle mit n Schwungmassen sei zwischen diesen jeweils konstant. Man stelle bei Vernachlässigung der Wellenmasse die Bewegungsgleichungen auf und diskutiere den Weg zur Ermittlung der Eigenfrequenzen dieses drehschwingungsfähigen Systems.

Lösung: Bezeichnet man die Drehfederkonstante des rechts von der Masse mit der Nummer k liegenden Wellenstückes mit γ_k

$$\gamma_k = \frac{G J_{pk}}{l_k}$$

und den Drehwinkel am Ort der Masse mit χ_k, so liefert der Drallsatz, nacheinander auf die Einzelmassen angewendet, das System der Bewegungsgleichungen

$$\left.\begin{aligned} I_1 \ddot{\chi}_1 &= -\gamma_1 (\chi_1 - \chi_2), \\ I_2 \ddot{\chi}_2 &= \gamma_1 (\chi_1 - \chi_2) - \gamma_2 (\chi_2 - \chi_3), \\ &\cdots\cdots \\ I_k \ddot{\chi}_k &= \gamma_{k-1} (\chi_{k-1} - \chi_k) - \gamma_k (\chi_k - \chi_{k+1}), \\ &\cdots\cdots \\ I_n \ddot{\chi}_n &= \gamma_{n-1} (\chi_{n-1} - \chi_n). \end{aligned}\right\} \quad \text{(a)}$$

Der Ansatz $\chi_k = A_k \cos(\omega t - \varepsilon)$ führt auf das homogene lineare Gleichungssystem

$$\left.\begin{aligned} A_1 (I_1 \omega^2 - \gamma_1) + A_2 \gamma_1 &= 0, \\ A_1 \gamma_1 + A_2 (I_2 \omega^2 - \gamma_1 - \gamma_2) + A_3 \gamma_2 &= 0, \\ \cdots\cdots \\ A_{k-1} \gamma_{k-1} + A_k (I_k \omega^2 - \gamma_{k-1} - \gamma_k) + A_{k+1} \gamma_k &= 0, \\ \cdots\cdots \\ A_{n-1} \gamma_{n-1} + A_n (I_n \omega^2 - \gamma_{n-1}) &= 0 \end{aligned}\right\} \quad \text{(b)}$$

zur Bestimmung der n Unbekannten A_k. Damit eine nichttriviale Lösung existiert, muß die Koeffizientendeterminante verschwinden. Dies liefert eine algebraische Gleichung $(n - 1)$-ter Ordnung in ω^2 zur Bestimmung der $n - 1$ Eigenfrequenzen des Systems. Da die Lösung für $n > 3$ meist recht umständlich ist, kann man näherungsweise wie folgt vorgehen (Verfahren von HOLZER-TOLLE).

Man nimmt ein ω an und ermittelt mit Hilfe des Gleichungssystems (b) die Ausschläge A_k, wobei man $A_1 = 1$ setzt, da es bei einer Eigenschwingung nicht auf die Größe der Ausschläge ankommt. Nun muß aber der Gesamtdrall der Welle in jedem Augenblick Null sein, da keine äußeren Momente einwirken. Also

$$\sum_{k=1}^{n} I_k \ddot{\chi}_k = 0,$$

woraus nach Eintragen des Schwingungsansatzes $\chi_k = A_k \cos(\omega t - \varepsilon)$

$$\sum_{k=1}^{n} A_k I_k = 0$$

folgt. Diese Beziehung wird im allgemeinen nicht erfüllt sein — es verbleibt ein Rest R. Man wiederholt daher die Rechnung mit anderen Werten von ω. Trägt man nun R über ω^2 auf, so erhält man eine Kurve, deren Nullstellen mit den gesuchten Eigenfrequenzen übereinstimmen. Die Anzahl der Vorzeichenwechsel in den zugehörigen A_k gibt die Ordnung der betreffenden Eigenschwingung an.

Literatur

Reine Torsion

C. WEBER–G. GÜNTHER: Torsionstheorie. Braunschweig: 1958.

Wölbkrafttorsion

E. SCHAPITZ: Festigkeitslehre für den Leichtbau. Düsseldorf: 1963. Enthält ausführliche Tafeln über Schubmittelpunkt und Wölbwiderstand verschiedener Profile.

XIII. Gekrümmte Stäbe

1. Die Formänderungen. Wir betrachten einen Stab, dessen Stabachse eine *ebene Kurve* bildet. Der Krümmungsradius R dieser Kurve sei groß gegen die Querschnittsabmessungen (Abb. XIII, 1). Man spricht dann von einem *schwach gekrümmten* Stab.

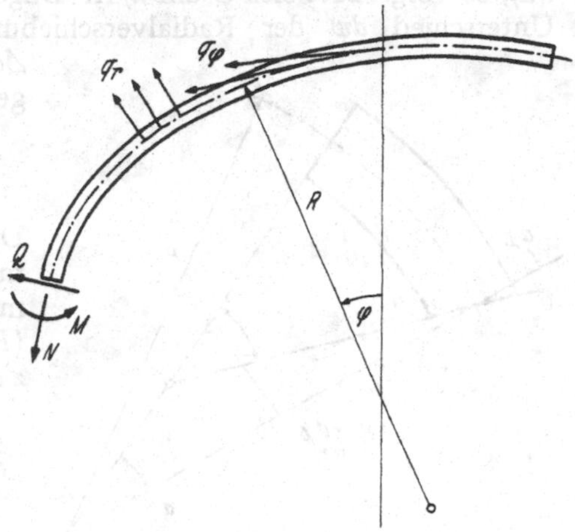

Abb. XIII, 1

Wir untersuchen zuerst die Formänderungen des Stabes, wobei wir uns auf den Fall beschränken, daß sich die Stabachse nur in ihrer Ebene verformt. Diese Ebene muß dann senkrecht zu einer Trägheitshauptachse des Stabquerschnittes sein und alle angreifenden Kräfte müssen in ihr oder zumindest symmetrisch zu ihr liegen. Die Verschiebungen eines Punktes der Stabachse seien u in tangentialer und w in radialer Richtung (Abb. XIII, 2a). Die Dehnung ε eines Bogenelementes $ds = R\,d\varphi$ der Achse (φ ist der Polarwinkel gegen eine beliebige feste Richtung) setzt sich dann aus zwei Anteilen zusammen. Erstens verlängert sich das Element um den Unterschied du der beiden tangentialen Endpunktverschiebungen u und $u + du$, und zweitens dehnt es sich um eine Strecke $w\,d\varphi$, da die Endpunkte auch eine Radialverschiebung w erfahren, so daß sich ihr ursprünglicher Abstand $R\,d\varphi$ auf $(R + w)\,d\varphi$ vergrößert. Die Dehnung ist also

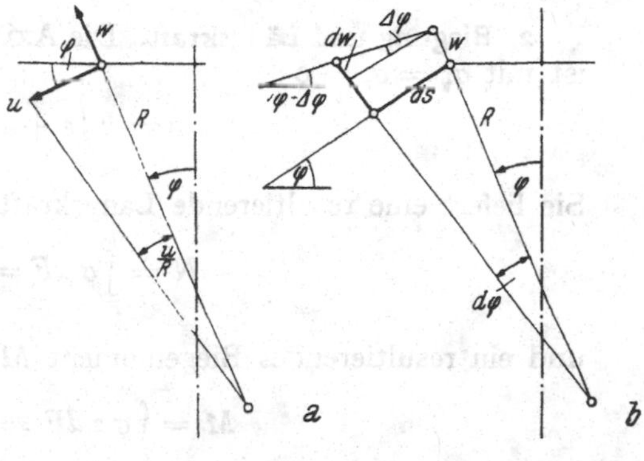

Abb. XIII, 2 a, b

$$\varepsilon = \frac{1}{R}\left(\frac{du}{d\varphi} + w\right) = \frac{du}{ds} + \frac{w}{R}. \qquad \text{(XIII, 1)}$$

Für die Dehnung $(\varepsilon)_z$ der Stabfaser im Abstand z von der Achse nehmen wir wie beim geraden Stab an, daß sie linear von z abhängt[1].

$$(\varepsilon)_z = \varepsilon + z\,\varepsilon'.$$

[1] Dies ist jetzt nicht mehr identisch mit der Annahme vom Ebenbleiben der Querschnitte. Der Unterschied wird um so größer, je stärker die Stabkrümmung ist.

Der Anteil ε' entsteht dabei durch die Krümmungsänderung der Stabachse. Zu seiner Berechnung führen wir zweckmäßig als Hilfsgröße die Drehung χ der Achsentangente, also die Zunahme des Polarwinkels φ ein. Verschiebt sich ein Punkt der Stabachse um die Strecke u (Abb. XIII, 2a), so vergrößert sich φ um u/R. Dagegen verringert sich φ durch den Unterschied dw der Radialverschiebung zweier Nachbarpunkte um $\Delta\varphi = dw/ds$ (Abb. XIII, 2b). Insgesamt ist somit

$$\chi = \frac{u}{R} - \frac{dw}{ds}. \qquad \text{(XIII, 2)}$$

Diese Neigungsänderung dehnt nun aber die Faser im Abstand z mit der ursprünglichen Länge $(R+z)\,d\varphi \approx R\,d\varphi$ um die Strecke $z\,d\chi$ (Abb. XIII, 3), so daß sich dort die Dehnung

$$(\varepsilon)_z = \varepsilon + \frac{z\,d\chi}{R\,d\varphi} = \varepsilon + z\frac{d\chi}{ds} \qquad \text{(XIII, 3)}$$

ergibt.

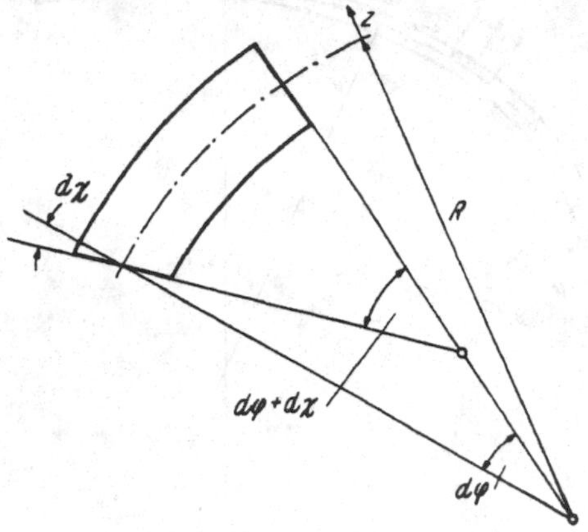

Abb. XIII, 3

2. Biegung und Längskraft. Die Axialspannung σ im Stabquerschnitt ist mit $\sigma_y = \sigma_z = 0$

$$\sigma = E\left(\varepsilon + z\frac{d\chi}{ds}\right). \qquad \text{(XIII, 4)}$$

Sie liefert eine resultierende Längskraft N (Abb. XIII, 1)

$$N = \int_F \sigma\,dF = E\,F\,\varepsilon \qquad \text{(XIII, 5)}$$

und ein resultierendes Biegemoment M

$$M = \int_F \sigma\,z\,dF = E\,J\,\frac{d\chi}{ds}. \qquad \text{(XIII, 6)}$$

Das Moment M ist positiv, wenn es die Stabkrümmung verstärkt (Abb. XIII, 1).

Wenn wir uns auf den *ruhenden Stab* beschränken, lautet die Gleichgewichtsbedingung eines Stabelementes für die radiale Richtung (Abb. XIII, 4), mit den Radialkräften q_r und den Tangentialkräften q_φ pro Einheit der Achsenlänge

$$Q + \frac{dQ}{ds}ds + q_r\,ds - Q - N\,d\varphi + \ldots = 0.$$

Nach Grenzübergang $d\varphi \to 0$ folgt mit $ds = R\,d\varphi$

$$\frac{dQ}{ds} - \frac{N}{R} = -q_r. \qquad \text{(XIII, 7)}$$

Diese Gleichung ersetzt Gl. (XI, 8) des geraden Stabes. Die dortige Gl. (XI, 10) bleibt dagegen auch hier gültig; es ist bloß die Bogenlänge s statt x einzusetzen:

$$\frac{dM}{ds} = Q. \tag{XIII, 8}$$

Als letzte Gleichung steht noch die Gleichgewichtsbedingung in Tangentialrichtung zur Verfügung. Gemäß Abb. XIII, 4 ist

$$N + \frac{dN}{ds}\,ds - N + Q\,d\varphi + q_\varphi\,ds + \ldots = 0,$$

woraus

$$\frac{dN}{ds} + \frac{Q}{R} = -q_\varphi \tag{XIII, 9}$$

folgt. Die Gln. (XIII, 1), (XIII, 2) und (XIII, 5) bis (XIII, 9) liefern sieben Beziehungen zwischen den sieben Größen u, w, ε, χ, N, M, Q.

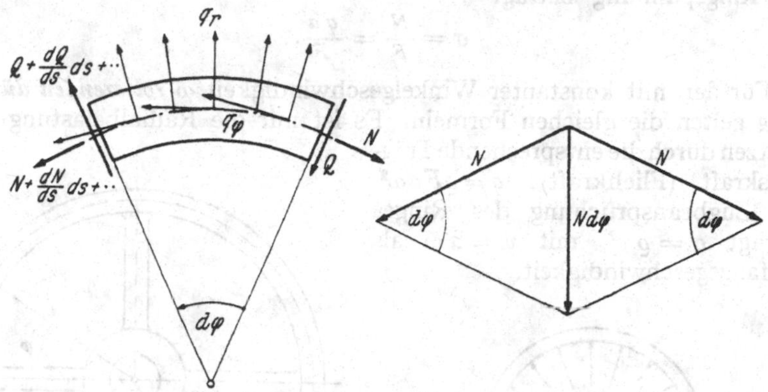

Abb. XIII, 4

Für den Stab mit *kreisförmiger* Achse, $R = a$, gehen die Gln. (XIII, 7) bis (XIII, 9) bei Einführung einer Hilfsgröße N_0

$$N_0 = N + \frac{M}{a} \tag{XIII, 10}$$

über in

$$\left.\begin{aligned} \frac{dN_0}{d\varphi} &= -a\,q_\varphi, \\ \frac{d^2M}{d\varphi^2} + M &= a\,N_0 - a^2 q_r. \end{aligned}\right\} \tag{XIII, 11}$$

Die übrigen Gleichungen reduzieren sich auf

$$\left.\begin{aligned} \frac{d\chi}{d\varphi} &= \frac{a\,M}{E\,J}, \\ \frac{d^2w}{d\varphi^2} + w &= \frac{N\,a}{E\,F} - \frac{M\,a^2}{E\,J} \approx \frac{N_0\,a}{E\,F} - \frac{M\,a^2}{E\,J}. \end{aligned}\right\} \tag{XIII, 12}$$

Hierbei wurde in der letzten Gleichung $J/Fa^2 = i^2/a^2$ gegenüber 1 vernachlässigt. Die Gleichung tritt an die Stelle von Gl. (XI, 5) des geraden Stabes, in die sie für $a \to \infty$ übergeht.

3. **Beispiel: Ring unter Radialbelastung** (Abb. XIII, 5). Ist q die auf die Längeneinheit der Ringachse bezogene konstante radiale Druckkraft, so gilt $q_\varphi = 0$, $q_r = q$. Aus Symmetriegründen behält die Ringachse bei der Verformung ihre Kreisgestalt, es ist also $\chi(\varphi) \equiv 0$. Damit folgt $M(\varphi) \equiv 0$ aus[1] der ersten Gl. (XIII, 12) sowie $N_0 = N =$ konst. aus Gl. (XIII, 10) und der ersten Gl. (XIII, 11). Die zweite Gl. (XIII, 11) liefert $N_0 = a\,q$, so daß die zweite Gl. (XIII, 12) die Form

$$w'' + w = \frac{q\,a^2}{E\,F}$$

annimmt. Da die Radialverschiebung w von φ unabhängig sein muß, ist die Lösung dieser Gleichung gegeben durch

$$w = \frac{q\,a^2}{E\,F}.$$

Die Ringspannung beträgt[2]

$$\sigma = \frac{N}{F} = \frac{q\,a}{F}.$$

Für den mit konstanter Winkelgeschwindigkeit ω *rotierenden dünnen Ring* gelten die gleichen Formeln. Es ist nur die Radialbelastung q zu ersetzen durch die entsprechende Trägheitskraft (Fliehkraft): $q = \varrho F a \omega^2$. Die Zugbeanspruchung des Ringes beträgt $\sigma = \varrho\, v^2$, mit $v = a\,\omega$ als Umfangsgeschwindigkeit.

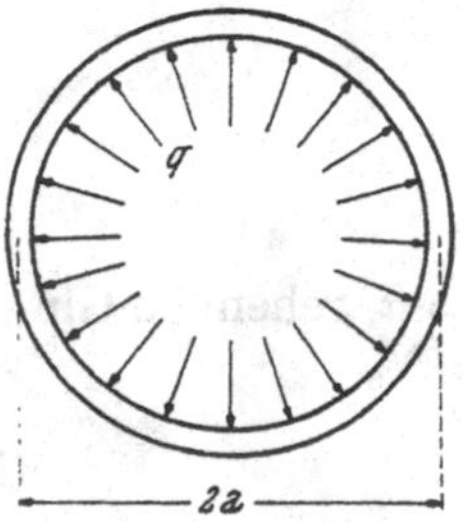

Abb. XIII, 5

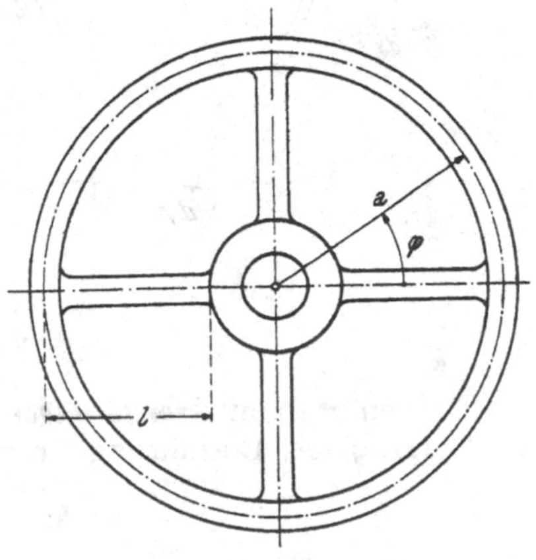

Abb. XIII, 6

4. **Beispiel: Rotierendes Speichenrad.** Das Rad (Abb. XIII, 6) besitze vier Speichen mit der Länge l und dem Querschnitt A. Der mittlere Kranzdurchmesser sei $2a$, der Kranzquerschnitt F. Die Winkelgeschwindigkeit sei ω. Man finde die Radbeanspruchung.

Aus Symmetriegründen genügt es, nur ein Radviertel $0 \leqq \varphi \leqq \pi/2$ zu betrachten. Man hat dann einen an beiden Enden eingespannten

[1] Die Vergrößerung des Radius von a auf $a + w$, also die Verringerung der Stabkrümmung, ist in Wirklichkeit mit Biegespannungen verknüpft. Diese sind aber klein gegen die von N herrührenden Spannungen, so daß ihre Vernachlässigung in den Gln. (XIII, 11) und (XIII, 12) gerechtfertigt erscheint.

[2] Vgl. auch Ziff. XV, 6.

(aber radial elastisch verschieblich gelagerten) gekrümmten Stab vor sich, der durch die verteilten Radialkräfte $q_r = q = \varrho F a \omega^2$ belastet ist und an dessen Enden die von den Speichen ausgeübten Zugkräfte $S/2$ sowie die Längskräfte N_e und die Einspannmomente M_e angreifen (Abb. XIII, 7a).

Aus den beiden Gln. (XIII, 11) folgt zunächst

$$N_0 = \text{konst.}, \qquad M'' + M = a N_0 - a^2 q = \text{konst.},$$

somit

$$M = a N_0 - a^2 q + C_1 \cos\varphi + C_2 \sin\varphi.$$

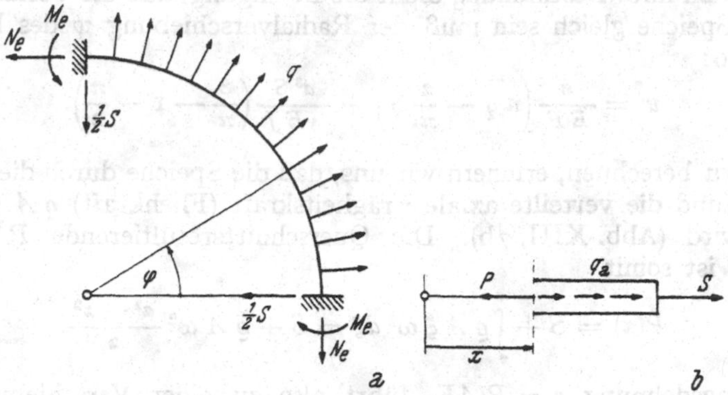

Abb. XIII, 7a, b

Da die Biegemomente in $\varphi = 0$ und $\varphi = \pi/2$ gleich sein müssen, ist $C_2 = C_1$ zu setzen. Die beiden Gln. (XIII, 12) liefern damit

$$\chi = \frac{a}{E J}\left[(a N_0 - a^2 q)\,\varphi + C_1 (\sin\varphi - \cos\varphi) + C_3\right],$$

$$w = \frac{N_0 a}{E F} - \frac{a^2}{E J}\left[a N_0 - a^2 q + C_1 \frac{\varphi}{2} (\sin\varphi - \cos\varphi)\right] + C_4 \cos\varphi + C_5 \sin\varphi.$$

Wir haben nun die folgenden Randbedingungen zu erfüllen:

(a) $\chi = 0$ in $\varphi = 0$ und $\varphi = \pi/2$,

(b) $u = 0$ in $\varphi = 0$ und $\varphi = \pi/2$,

(c) $Q = + S/2$ in $\varphi = 0$ oder $Q = - S/2$ in $\varphi = \pi/2$.

Aus den Bedingungen (a) folgt

$$C_3 = C_1 = (a^2 q - a N_0)\,\frac{\pi}{4}.$$

Die Bedingungen (b) sind wegen Gl. (XIII, 2) gleichbedeutend mit $dw/d\varphi = 0$ in $\varphi = 0$ und $\varphi = \pi/2$ und liefern daher

$$C_5 = -\frac{a^2}{E J}\,\frac{C_1}{2}, \qquad C_4 = \left(1 + \frac{\pi}{2}\right) C_5.$$

Bedingung (c) schließlich ergibt mit Gl. (XIII, 8)

$$C_1 = \frac{a\,S}{2}.$$

Drückt man jetzt alle Konstanten durch S aus, so erhält man

$$M = -\frac{a\,S}{2}\left(\frac{4}{\pi} - \cos\varphi - \sin\varphi\right), \qquad N_0 = a\,q - \frac{2\,S}{\pi}$$

$$w = \frac{a}{E\,F}\left(a\,q - \frac{2}{\pi}S\right) + \frac{a^3\,S}{4\,E\,J}\left[\frac{8}{\pi} - (1+\varphi)\sin\varphi - \left(1 - \varphi + \frac{\pi}{2}\right)\cos\varphi\right].$$

Als einzige Unbekannte enthalten die Gleichungen noch die Speichenkraft S. Zu ihrer Bestimmung dient die Bedingung, daß die Verlängerung u_S der Speiche gleich sein muß der Radialverschiebung w des Kranzes in $\varphi = 0$:

$$w = \frac{a}{E\,F}\left(a\,q - \frac{2}{\pi}S\right) + \frac{a^3\,S}{4\,E\,J}\left(\frac{8}{\pi} - 1 - \frac{\pi}{2}\right).$$

Um u_S zu berechnen, erinnern wir uns, daß die Speiche durch die Einzelkraft S und die verteilte axiale Trägheitskraft (Fliehkraft) $\varrho\,A\,x\,\omega^2$ belastet wird (Abb. XIII, 7b). Die Querschnittsresultierende P an der Stelle x ist somit

$$P(x) = S + \int_x^a \varrho\,A\,\xi\,\omega^2\,d\xi = S + \varrho\,A\,\omega^2\,\frac{a^2 - x^2}{2}.$$

Die Längsdehnung $\varepsilon = P/AE$ führt also zu einer Verschiebung des Speichenanschlusses (die Nabe sehen wir als starr an)

$$u_S = \int_{a-l}^{a} \varepsilon\,dx = \frac{S\,l}{A\,E} + \frac{\varrho\,\omega^2}{6\,E}\,l^2\,(3\,a - l).$$

Wird dies oben eingesetzt, so folgt mit $i^2 = J/F$ und $q = \varrho\,\omega^2\,a\,F$

$$S = \frac{\varrho\,A\,l^2\,\omega^2}{6}\,\frac{6\left(\frac{a}{l}\right)^2 - 3 + \frac{l}{a}}{\frac{l}{a} + \varkappa\,\frac{A}{F}}, \qquad \varkappa = \left(\frac{1}{4} + \frac{\pi}{8} - \frac{2}{\pi}\right)\left(\frac{a}{i}\right)^2 + \frac{2}{\pi} =$$

$$= 0{,}006\left(\frac{a}{i}\right)^2 + 0{,}637.$$

Die maximale Zugspannung in den Speichen tritt am Nabenanschluß $x = a - l$ auf und beträgt

$$\sigma = \frac{P}{A} = \frac{S}{A} + \frac{\varrho\,\omega^2\,l^2}{2}\left(2\,\frac{a}{l} - 1\right).$$

Die beiden Extremwerte des Kranzbiegemomentes liegen in $\varphi = 0$ und $\varphi = \pi/4$ und betragen

$$M_e = -\frac{a\,S}{2}\left(\frac{4}{\pi} - 1\right) = -0{,}137\,a\,S,$$

$$M_{\pi/4} = -\frac{a\,S}{2}\left(\frac{4}{\pi} - \sqrt{2}\right) = +0{,}0705\,a\,S.$$

Die zugehörigen Biegespannungen sind $\sigma = M/W_1$ am Kranzaußenrand und $\sigma = -M/W_2$ am Kranzinnenrand, wobei $W_1 = J/s_1$, $W_2 = J/s_2$ die beiden Widerstandsmomente des Kranzquerschnittes bedeuten, mit s_1 und s_2 als Abstand des Querschnittsschwerpunktes vom Außen- bzw. Innenrand des Querschnittes.

Aufgaben

A 1. Für den in Abb. XIII A 1 dargestellten, halbkreisförmig gebogenen und durch eine Einzelkraft P belasteten Stab sind die Biegelinie $w(\varphi)$ und die Tangentialverschiebungen $u(\varphi)$ gesucht.

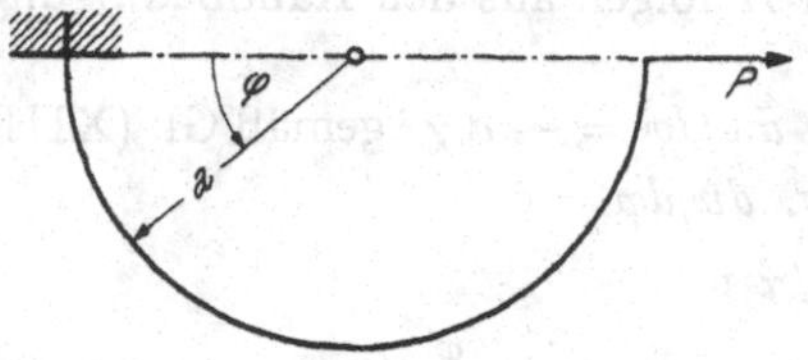

Abb. XIII, A 1

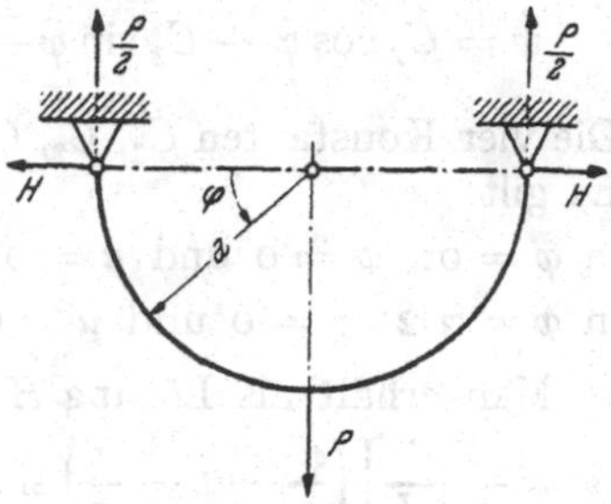

Abb. XIII, A 2

Lösung: Der Abbildung entnimmt man das Biegemoment $M = -P a \sin\varphi$. Damit und mit $q_r = 0$ folgt aus der zweiten Gl. (XIII, 11) sofort $N_0 = 0$ und weiters aus der ersten Gl. (XIII, 12)

$$\chi = \frac{P a^2}{E J} \cos\varphi + C_1.$$

Die zweite Gl. (XIII, 12) lautet hier

$$\frac{d^2 w}{d\varphi^2} + w = \frac{P a^3}{E J} \sin\varphi$$

mit der Lösung

$$w = C_2 \cos\varphi + C_3 \sin\varphi - \frac{P a^3}{2 E J} \varphi \cos\varphi.$$

In $\varphi = 0$ gelten die Randbedingungen $w = 0$ und $\chi = 0$, so daß

$$C_1 = -\frac{P a^2}{E J}, \quad C_2 = 0$$

wird. Aus Gl. (XIII, 2) folgt die Tangentialverschiebung zu

$$u = a\chi + \frac{dw}{d\varphi} = \frac{P a^3}{2 E J} (\cos\varphi - 2 + \varphi \sin\varphi) + C_3 \cos\varphi.$$

Sie muß in $\varphi = 0$ verschwinden. Dies liefert $C_3 = \dfrac{P a^3}{2 E J}$.

A 2. Ein halbkreisförmig gebogener Stab, Abb. XIII, A 2, wird durch eine Einzelkraft P belastet. Gesucht ist die Biegelinie $w(\varphi)$.

Lösung: Der Lösungsgang ist im wesentlichen der gleiche wie in der vorangehenden Aufgabe. Allerdings ist das System jetzt einfach statisch unbestimmt (Lagerreaktion H).

Aus Symmetriegründen braucht nur eine Stabhälfte betrachtet zu werden. Das Biegemoment an der Stelle φ ist

$$M = \frac{P\,a}{2}(1 - \cos\varphi) - H\,a\sin\varphi,$$

so daß sich aus der zweiten Gl. (XIII, 11) und der ersten Gl. (XIII, 12)

$$N_0 = \frac{P}{2}, \qquad \chi = \frac{P\,a^2}{2\,E\,J}(\varphi - \sin\varphi) + \frac{H\,a^2}{E\,J}\cos\varphi + C_1$$

ergibt. Die zweite Gl. (XIII, 12) liefert als Lösung, wenn $J/F\,a^2$ gegenüber 1 vernachlässigt wird,

$$w = C_2\cos\varphi + C_3\sin\varphi - \frac{P\,a^3}{2\,E\,J}\left(1 - \frac{\varphi\sin\varphi}{2}\right) - \frac{H\,a^3}{2\,E\,J}\varphi\cos\varphi.$$

Die vier Konstanten C_1, C_2, C_3 und H folgen aus den Randbedingungen. Es gilt

in $\varphi = 0$: $w = 0$ und $u = 0$ bzw. $dw/d\varphi = -a\,\chi$ gemäß Gl. (XIII, 2),
in $\varphi = \pi/2$: $\chi = 0$ und $u = 0$ bzw. $dw/d\varphi = 0$.

Man erhält als Lösung $H = P/\pi$ und

$$w = \frac{P\,a^3}{2\,E\,J}\left[\left(\frac{\pi}{2} - 1 - \frac{1}{\pi}\right)\sin\varphi - 1 + \cos\varphi + \frac{\varphi}{2\,\pi}(\pi\sin\varphi - 2\cos\varphi)\right].$$

Literatur

K. Federhofer: Dynamik des Bogenträgers und Kreisringes. Wien: 1950.

XIV. Die Kreisplatte

1. Einleitung. Nach dem Stab, den man als *Linientragwerk* bezeichnen könnte, wenden wir uns nun der Untersuchung eines *Flächentragwerkes*, nämlich der *dünnen Kreisplatte*, zu. Die Mittelfläche der Platte sei eben, die senkrecht zu dieser Mittelfläche gemessene Plattendicke h sei klein gegen die sonstigen Abmessungen. Dann dürfen wir uns die Angriffspunkte der äußeren Kräfte in die Mittelebene verlegt denken. Dort zerlegen wir sie in eine in der Mittelebene liegende und in eine dazu senkrechte Komponente. Das Plattenproblem zerfällt damit (unter den Voraussetzungen der linearisierten Elastizitätstheorie) in zwei Teile, die getrennt behandelt werden können: die *in* ihrer Mittelebene belastete[1] und die *senkrecht* zur Mittelebene belastete, also auf Biegung beanspruchte Platte.

Wir beschränken uns auf die drehsymmetrisch belastete Kreisplatte und behandeln zuerst die rotierende Kreisscheibe (Abb. XIV, 1) als Beispiel für eine in ihrer Mittelebene belastete Platte.

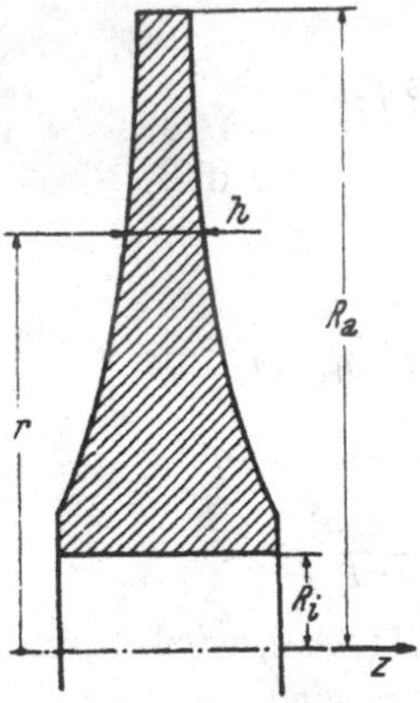

Abb. XIV, 1

[1] Die nur in ihrer Mittelebene belastete Platte beliebiger Umrißform wird in der deutschsprachigen Literatur des Bauwesens allgemein als „Scheibe" bezeichnet.

2. Rotierende Scheibe. Wir setzen konstante Drehzahl voraus. Wegen der Drehsymmetrie verschwinden dann alle Spannungen mit Ausnahme der Radialspannung σ_r, der Umfangsspannung σ_φ und der Axialspannung σ_z. Mit $k_z = 0$ und $b_z = 0$ folgt ferner aus der dritten Gl. (IV, 9), daß $\partial\sigma_z/\partial z = 0$, σ_z also über die Scheibendicke konstant ist. Wenn die seitlichen Begrenzungsflächen der Scheibe parallel sind, $h =$ konst., verschwindet σ_z an diesen Flächen und ist somit in der ganzen Scheibe Null. Bei schwach veränderlichem h wird es vernachlässigbar klein bleiben.

Es ist in der Plattentheorie bequemer, nicht mit den Spannungen selbst zu rechnen, sondern sie zu Resultierenden über die Plattendicke zusammenzufassen. Wir bezeichnen diese *Schnittkräfte pro Längeneinheit* (Abb. XIV, 2) mit n_r und n_φ:

$$n_r = \int_{-h/2}^{+h/2} \sigma_r \, dz, \quad n_\varphi = \int_{-h/2}^{+h/2} \sigma_\varphi \, dz. \tag{XIV, 1}$$

Sie genügen denselben Bewegungsgleichungen (IV, 9) wie die Spannungen, wie man durch Anwendung des Schwerpunktsatzes auf das in Abb. XIV, 2 dargestellte Scheibenelement sofort feststellt. Man erhält mit $b_r = -r\omega^2$ und unter Vernachlässigung der Volumskräfte (Eigengewicht)

$$r \frac{dn_r}{dr} + n_r - n_\varphi = -\varrho\,\omega^2 r^2 h. \tag{XIV, 2}$$

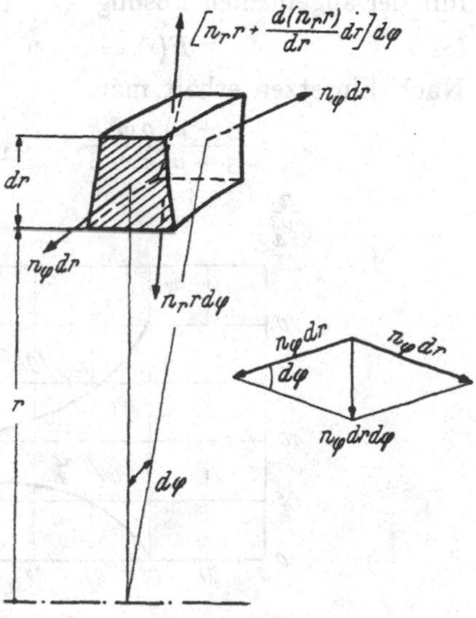

Abb. XIV, 2

Eine zweite Gleichung erhält man folgendermaßen. Wir schreiben das Hookesche Gesetz mit den *Mittelwerten* n_r/h, n_φ/h der Spannungen und mit dem Mittelwert der Radialverschiebung u an

$$\varepsilon_r = \frac{du}{dr} = \frac{1}{E\,h}(n_r - \mu\, n_\varphi),$$

$$\varepsilon_\varphi = \frac{u}{r} = \frac{1}{E\,h}(n_\varphi - \mu\, n_r).$$

Die Beziehung $\varepsilon_\varphi = u/r$ folgt dabei aus der Überlegung, daß das Bogenelement $r\,d\varphi$ durch die Verschiebung u auf die Länge $(r + u)\,d\varphi$ gedehnt wird.[1]

Multiplizieren wir jetzt die zweite Gleichung mit r, differenzieren und subtrahieren von der ersten Gleichung, so folgt

$$\frac{1}{h}(n_r - \mu\, n_\varphi) - \frac{d}{dr}\left[\frac{r}{h}(n_\varphi - \mu\, n_r)\right] = 0. \tag{XIV, 3}$$

[1] Vgl. Gl. (XIII, 1).

Die beiden Gln. (XIV, 2) und (XIV, 3) lassen sich auf eine einzige reduzieren durch Einführung einer *Spannungsfunktion* $F(r)$ gemäß

$$n_r = \frac{F}{r}, \quad n_\varphi = \frac{dF}{dr} + \varrho\,\omega^2 r^2 h. \qquad \text{(XIV, 4)}$$

Gl. (XIV, 2) ist damit erfüllt. Gl. (XIV, 3) liefert

$$r\frac{d^2F}{dr^2} + \left(1 - \frac{r}{h}\frac{dh}{dr}\right)\frac{dF}{dr} - \left(\frac{1}{r} - \frac{\mu}{h}\frac{dh}{dr}\right)F = -(3+\mu)\,\varrho\,\omega^2 r^2 h. \qquad \text{(XIV, 5)}$$

Zur weiteren Behandlung dieser Gleichung muß das Scheibenprofil $h(r)$ gegeben sein. Eine einfache Lösung erhält man, wenn h die Form hat

$$h = k\,r^n, \qquad \text{(XIV, 6)}$$

wo n eine beliebige (meist negative) Zahl ist. Gl. (XIV, 5) geht damit über in

$$r\frac{d^2F}{dr^2} + (1-n)\frac{dF}{dr} - (1-\mu n)\frac{F}{r} = -(3+\mu)\,k\,\varrho\,\omega^2 r^{n+2},$$

mit der allgemeinen Lösung

$$F(r) = A\,r^{\alpha_1} + B\,r^{\alpha_2} - C\,r^{n+3}. \qquad \text{(XIV, 7)}$$

Nach Einsetzen erhält man

$$C = \frac{(3+\mu)\,\varrho\,\omega^2 k}{(3+\mu)\,n+8}, \quad \alpha_{1,2} = \frac{n}{2} \pm \sqrt{\frac{n^2}{4} + 1 - \mu n}. \qquad \text{(XIV, 8)}$$

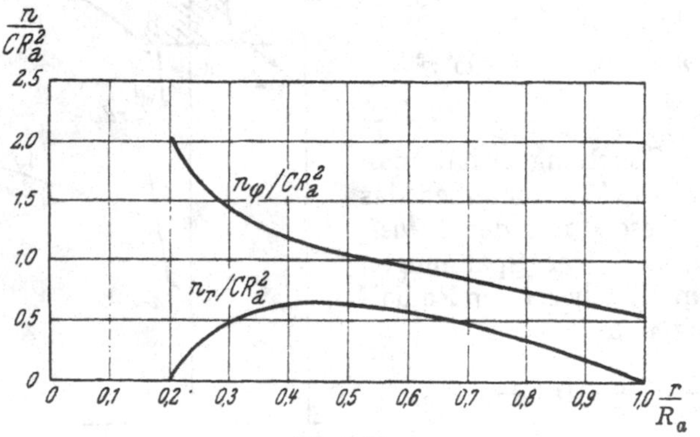

Abb. XIV, 3

Die Integrationskonstanten A und B sind aus den Randbedingungen in $r = R_i$ und $r = R_a$ zu bestimmen. Wenn die Scheibe am Innenrand mit der Schrumpfpressung p aufsitzt, gilt $n_r = F/r = -h\,p$, in $r = R_i$.

Wir betrachten speziell die am Innen- und Außenrand *freie Scheibe konstanter Dicke h*. Mit $n = 0$ lautet dann die Lösung (XIV, 7)

$$F(r) = A\,r + \frac{B}{r} - C\,r^3. \qquad \text{(XIV, 9)}$$

Die Randbedingungen $F = 0$ in $r = R_i$ und $r = R_a$ liefern

$$A = C\,(R_a^2 + R_i^2), \quad B = -C\,R_a^2 R_i^2.$$

Der Schnittkraftverlauf ist also gegeben durch

$$\left.\begin{aligned} n_r &= \frac{F}{r} = \frac{C}{r^2}(R_a^2 - r^2)(r^2 - R_i^2),\\ n_\varphi &= \frac{dF}{dr} + \varrho\,\omega^2 r^2 h = \frac{C}{r^2}\left[R_a^2 R_i^2 + (R_a^2 + R_i^2)\,r^2 - \frac{1+3\mu}{3+\mu}\,r^4\right]. \end{aligned}\right\} \tag{XIV, 10}$$

Abb. XIV, 3 zeigt diesen Verlauf für $R_a/R_i = 5$ und $\mu = 0{,}3$. Die Umfangskraft n_φ am Innenrand $r = R_i$ ist

$$n_\varphi = C\left[2\,R_a^2 + \frac{2\,(1-\mu)}{3+\mu}\,R_i^2\right].$$

Sie nimmt im Grenzfall einer sehr kleinen Bohrung, $R_i \to 0$, den Wert $2\,C R_a^2$ an. Im Gegensatz dazu gilt für die *Vollscheibe*, wo $B = 0$ und $A = C R_a^2$ zu setzen ist, in der Achse $r = 0$ der Wert $n_\varphi = n_r = C R_a^2$

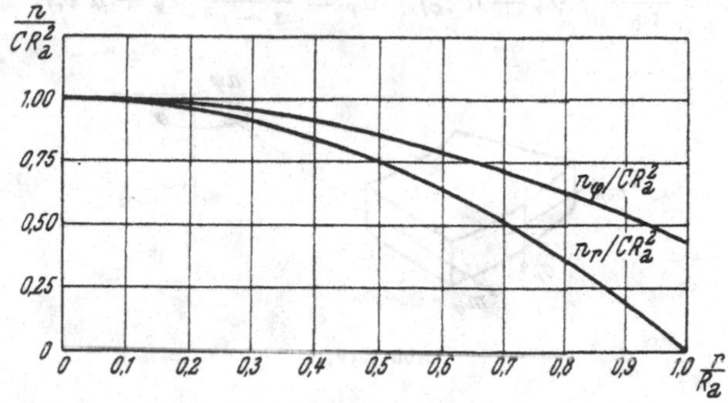

Abb. XIV, 4

(Abb. XIV, 4). Eine kleine Bohrung erzeugt also eine Kerbwirkung mit der Formzahl 2.

Über die Berechnung rotierender Scheiben existiert eine umfangreiche Literatur.

3. Die drehsymmetrisch gebogene Kreisplatte. Die der Theorie zugrunde liegenden Näherungsannahmen sind völlig analog denen des gebogenen Stabes (Ziff. XI, 3). Sie können wie folgt formuliert werden: (a) Die Punkte auf einer Normalen zur Mittelebene bilden auch nach der Verformung wieder die Normale der gebogenen Mittelfläche[1], (b) die Mittelfläche erleidet keine Verzerrungen, und (c) die Normalspannung in Schnitten parallel zur Mittelebene wird vernachlässigt, $\sigma_z = 0$.

Wir führen Zylinderkoordinaten r, φ, z ein mit dem Ursprung im Zentrum der Mittelebene. Die Umfangsverschiebung v verschwindet wegen der angenommenen Drehsymmetrie. Alle anderen Größen sind von φ unabhängig. Nach Voraussetzung (a) und (b) gilt dann, wenn u wieder die Radialverschiebung bedeutet

$$u(r, z) = z\,A(r), \quad \gamma_{zr} = 0, \quad \gamma_{z\varphi} = 0.$$

[1] Dies entspricht der Bernoullischen Hypothese vom Ebenbleiben der Querschnitte beim Stab und wird als Kirchhoffsche Hypothese bezeichnet.

Die letzte Bedingung ist bereits erfüllt. Aus der vorletzten folgt

$$\frac{\partial w}{\partial r} = -\frac{\partial u}{\partial z} = -A(r).$$

Wegen der geringen Plattendicke kann die Durchbiegung w der Platte konstant über die Plattendicke angenommen werden: $\partial w/\partial z = 0$. Für die übrigen Verzerrungen gilt wieder

$$\varepsilon_r = \frac{\partial u}{\partial r}, \qquad \varepsilon_\varphi = \frac{u}{r}. \qquad \text{(XIV, 11)}$$

Nach Einsetzen folgt

$$\varepsilon_r = -z\frac{\partial^2 w}{\partial r^2}, \qquad \varepsilon_\varphi = -\frac{z}{r}\frac{\partial w}{\partial r}, \qquad \gamma_{r\varphi} = 0. \qquad \text{(XIV, 12)}$$

Das Hookesche Gesetz liefert mit Annahme (c):

$$\sigma_r = \frac{E}{1-\mu^2}(\varepsilon_r + \mu\,\varepsilon_\varphi), \qquad \sigma_\varphi = \frac{E}{1-\mu^2}(\varepsilon_\varphi + \mu\,\varepsilon_r). \qquad \text{(XIV, 13)}$$

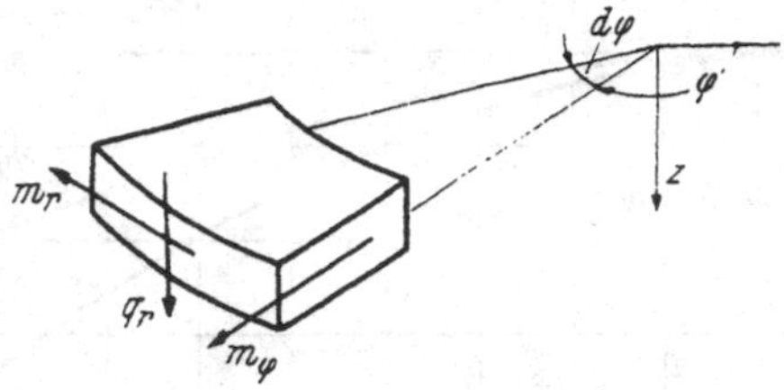

Abb. XIV, 5

Wie bereits erwähnt, fassen wir die Spannungen zweckmäßig zu Resultierenden je Einheit der Schnittlänge zusammen (Abb. XIV, 5):

$$m_r = \int_{-h/2}^{+h/2} \sigma_r\, z\, dz, \qquad m_\varphi = \int_{-h/2}^{+h/2} \sigma_\varphi\, z\, dz, \qquad q_r = \int_{-h/2}^{+h/2} \tau_{rz}\, dz. \qquad \text{(XIV, 14)}$$

Die resultierenden Kräfte n_r und n_φ verschwinden wegen der in z linearen Verteilung der Spannungen σ_r und σ_φ. Die Größen m_r und m_φ stellen Biegemomente je Längeneinheit, die Größe q_r die Querkraft je Längeneinheit dar.[1] Setzen wir für die Spannungen ein und führen die Integration durch, so entsteht

$$m_r = -K\left(\frac{\partial^2 w}{\partial r^2} + \frac{\mu}{r}\frac{\partial w}{\partial r}\right), \qquad m_\varphi = -K\left(\mu\frac{\partial^2 w}{\partial r^2} + \frac{1}{r}\frac{\partial w}{\partial r}\right), \qquad \text{(XIV, 15)}$$

wobei

$$K = \frac{E\,h^3}{12\,(1-\mu^2)} \qquad \text{(XIV, 16)}$$

als *Biegesteifigkeit der Platte* bezeichnet wird[2].

---

[1] Wie beim Stab muß die Querkraft aus Gleichgewichtsgründen berücksichtigt werden, während die zugehörigen Verformungen γ_{zr} im Sinne der Kirchhoffschen Hypothese außer Betracht bleiben.

[2] Sie entspricht der Biegesteifigkeit EJ des Stabes.

Wir wenden nun Schwerpunktsatz und Drallsatz auf das in Abb. XIV, 6 dargestelle Element an, das durch die auf die Mittelebene bezogene Kraft p pro Flächeneinheit belastet ist. Der Schwerpunktsatz für die z-Richtung lautet

$$\left(q_r + \frac{\partial q_r}{\partial r} dr\right)(r + dr)\, d\varphi + p\, r\, dr\, d\varphi - q_r\, r\, d\varphi = \varrho\, h \frac{\partial^2 w}{\partial t^2} r\, dr\, d\varphi + \ldots$$

Nach Division durch $r\, dr\, d\varphi$ und Grenzübergang $dr \to 0$, $d\varphi \to 0$ kommt

$$\frac{\partial q_r}{\partial r} + \frac{q_r}{r} = \varrho\, h \frac{\partial^2 w}{\partial t^2} - p. \qquad \text{(XIV, 17)}$$

Der Drallsatz für die Achse a durch den Elementschwerpunkt liefert

$$\left(m_r + \frac{\partial m_r}{\partial r} dr\right)(r + dr)\, d\varphi - m_r\, r\, d\varphi - m_\varphi\, d\varphi\, dr - q_r\, dr\, r\, d\varphi + \ldots = \frac{dD_a}{dt}.$$

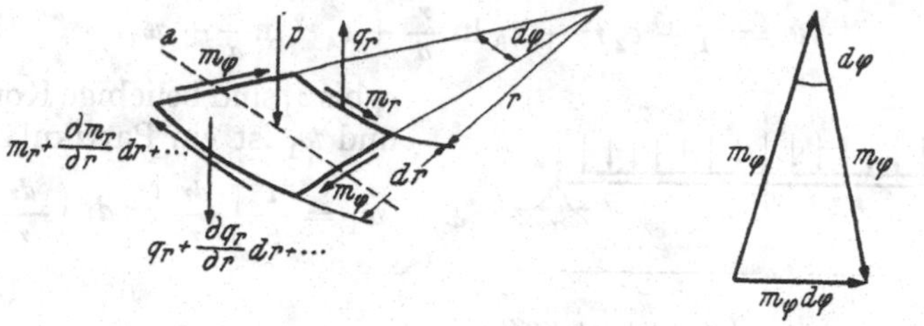

Abb. XIV, 6

Wird in Analogie zum Balken die „Rotationsträgheit" $-dD_a/dt$ vernachlässigt, so folgt nach Grenzübergang

$$q_r = \frac{\partial m_r}{\partial r} + \frac{m_r - m_\varphi}{r}. \qquad \text{(XIV, 18)}$$

Werden die Ausdrücke Gl. (XIV, 15) in die Gl. (XIV, 18) eingesetzt, so entsteht

$$q_r = -K \frac{\partial(\Delta w)}{\partial r} \qquad \text{(XIV, 19)}$$

und mit Gl. (XIV, 17)

$$K \Delta\Delta w = p - \varrho\, h \frac{\partial^2 w}{\partial t^2}. \qquad \text{(XIV, 20)}$$

Die Plattensteifigkeit K und damit die Plattendicke h wurden dabei konstant angenommen[1]. Der LAPLACEsche Operator hat in den hier verwendeten Polarkoordinaten bei Rotationssymmetrie die Form

$$\Delta = \frac{\partial^2}{\partial r^2} + \frac{1}{r}\frac{\partial}{\partial r} = \frac{1}{r}\frac{\partial}{\partial r}\left(r \frac{\partial}{\partial r}\right). \qquad \text{(XIV, 21)}$$

Das Problem der Plattenbiegung reduziert sich also darauf, die *Plattengleichung* (XIV, 20) unter Berücksichtigung der durch die Auf-

[1] Gl. (XIV, 20) gilt übrigens, wie sich zeigen läßt, auch bei beliebigem Plattenumriß und beliebiger Belastung.

lagerung der Platte gegebenen Randbedingungen zu lösen. Tabelle XI, 1 kann ohne weiteres auch hier verwendet werden. Es ist nur x durch r, und M und Q durch m_r und q_r zu ersetzen.

Mit bekannter Durchbiegung w sind dann auch die Biegemomente und Querkräfte gegeben. Die Spannungen folgen in Analogie zum Stab, vgl. Gl. (XI, 4) mit $J = h^3/12$ als Trägheitsmoment pro Einheit der Schnittlänge sowie Ziff. XI, 10, aus

$$\sigma_r = \frac{12\, m_r}{h^3} z, \quad \sigma_\varphi = \frac{12\, m_\varphi}{h^3} z \quad \text{bzw.} \quad \tau_{rz} = \frac{3\, q_r}{2\, h}\left[1 - \left(\frac{2\, z}{h}\right)^2\right]. \qquad \text{(XIV, 22)}$$

4. Beispiel: Kreisplatte unter ruhender Gleichlast. Gl. (XIV, 20) reduziert sich im statischen Fall auf

$$\Delta\Delta w = \frac{p}{K}. \qquad \text{(XIV, 23)}$$

Ihre allgemeine Lösung ist

$$w = c_1 + c_2 r^2 + c_3 \ln\frac{r}{a} + c_4 r^2 \ln\frac{r}{a} + w_1. \qquad \text{(XIV, 24)}$$

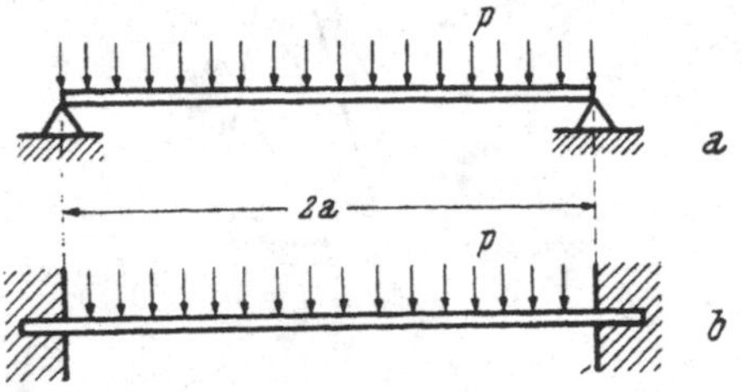

Abb. XIV, 7a, b

c_1 bis c_4 sind beliebige Konstanten und w_1 ist ein Partikulärintegral

$$w_1 = \frac{1}{K}\int \frac{dr}{r}\int r\, dr \int \frac{dr}{r}\int p\, r\, dr. \qquad \text{(XIV, 25)}$$

Da im vorliegenden Fall $p =$ = konst. ist, so folgt

$$w_1 = \frac{p\, r^4}{64\, K}.$$

In $r = 0$ müssen die Durchbiegung w und die Biegemomente beschränkt bleiben. Es ist also $c_3 = 0$ und $c_4 = 0$ zu setzen. Die zwei restlichen Konstanten folgen aus den Randbedingungen in $r = a$.

Frei drehbar gelagerte Platte (Abb. XIV, 7a). Hier gilt

$$w = 0, \quad m_r = 0, \quad \text{also} \quad \frac{d^2 w}{dr^2} + \frac{\mu}{r}\frac{dw}{dr} = 0 \quad \text{in} \quad r = a.$$

Damit erhält man

$$c_1 = \frac{5 + \mu}{1 + \mu}\,\frac{p\, a^4}{64\, K}, \qquad c_2 = -\frac{3 + \mu}{1 + \mu}\,\frac{p\, a^2}{32\, K}.$$

Die größte Durchbiegung und die maximalen Biegemomente entstehen in der Plattenmitte $r = 0$:

$$w_{\max} = c_1, \qquad m_r = m_\varphi = -2\,(1 + \mu)\, K\, c_2.$$

Die Biegerandspannungen folgen aus den Gln. (XIV, 22) zu

$$\sigma_r = \pm\frac{6\, m_r}{h^2}, \qquad \sigma_\varphi = \pm\frac{6\, m_\varphi}{h^2}. \qquad \text{(XIV, 22a)}$$

Eingespannte Platte (Abb. XIV, 7b). Hier ist

$$w = 0, \quad \frac{dw}{dr} = 0 \quad \text{in} \quad r = a.$$

Daraus folgt

$$c_1 = \frac{p\,a^4}{64\,K}, \quad c_2 = -\frac{p\,a^2}{32\,K}.$$

In Plattenmitte ergeben sich analoge Ausdrücke wie oben, während am Plattenrand gilt

$$m_r = -\frac{p\,a^2}{8}, \quad m_\varphi = \mu\,m_r.$$

5. Beispiel: Biegeschwingungen der eingespannten Kreisplatte. Die Lösung von Gl. (XIV, 20) mit $p = 0$ setzen wir in der Form an

$$w(r, t) = R(r) \cos(\omega\,t - \varepsilon).$$

Nach Eintragen entsteht

$$\Delta\Delta R - \lambda^4 R = 0, \quad \lambda = \sqrt[4]{\frac{\varrho\,h}{K}\,\omega^2}, \tag{XIV, 26}$$

mit den Randbedingungen

$$R = 0, \quad \frac{dR}{dr} = 0 \quad \text{in} \quad r = a.$$

Man sieht sofort, daß jede Lösung einer der beiden Gleichungen

$$\Delta R = +\,\lambda^2 R, \quad \Delta R = -\,\lambda^2 R$$

auch Lösung von Gl. (XIV, 26) ist. Mit Δ nach Gl. (XIV, 21) haben wir also

$$\frac{d^2 R}{dr^2} + \frac{1}{r}\,\frac{dR}{dr} \pm \lambda^2 R = 0. \tag{XIV, 27}$$

Die Gleichung besitzt, wenn das obere Vorzeichen genommen wird, die Lösungen $J_0(\lambda\,r)$ und $N_0(\lambda\,r)$, und wenn das untere Vorzeichen genommen wird, die Lösungen $I_0(\lambda\,r)$ und $K_0(\lambda\,r)$. J_0 und N_0 sind die BESSELschen Funktionen erster bzw. zweiter Art der Ordnung Null, und I_0 und K_0 sind die modifizierten BESSELschen Funktionen erster und zweiter Art der Ordnung Null[1]. Die beiden Funktionen N_0 und K_0 wachsen für $r \to 0$ über alle Grenzen. Sie scheiden daher im vorliegenden Fall als Lösungen aus und es bleibt

$$R(r) = A\,J_0(\lambda\,r) + B\,I_0(\lambda\,r). \tag{XIV, 28}$$

Mit Benützung der Differentiationsformeln $dJ_0(x)/dx = -\,J_1(x)$, $dI_0(x)/dx = I_1(x)$, wo J_1 bzw. I_1 die Funktionen erster Ordnung bedeuten, wird

$$\frac{dR}{dr} = -\,\lambda\,A\,J_1(\lambda\,r) + \lambda\,B\,I_1(\lambda\,r),$$

und man erhält aus den Randbedingungen die folgenden zwei linearen Gleichungen für A und B

---

[1] Eine Zusammenstellung der wichtigsten Formeln und weitere Literatur über BESSELsche Funktionen (bzw. allgemeiner über *Zylinderfunktionen*) findet man z. B. in W. MAGNUS–F. OBERHETTINGER: Formeln und Sätze für die speziellen Funktionen der mathematischen Physik. 2. Aufl. Berlin: 1948. Zahlentafeln geben E. JAHNKE–F. EMDE–F. LÖSCH: Tafeln höherer Funktionen. 6. Aufl. Stuttgart: 1960, W. FLÜGGE: Four-Place Tables of Transcendental Functions. London: 1954.

$$\left.\begin{aligned} A\,J_0(\lambda\,a) + B\,I_0(\lambda\,a) &= 0, \\ -A\,J_1(\lambda\,a) + B\,I_1(\lambda\,a) &= 0. \end{aligned}\right\} \qquad \text{(XIV, 29)}$$

Nullsetzen der Determinante liefert die *Frequenzgleichung*

$$J_0(\lambda\,a)\,I_1(\lambda\,a) + J_1(\lambda\,a)\,I_0(\lambda\,a) = 0. \qquad \text{(XIV, 30)}$$

Entsprechend den unendlich vielen Freiheitsgraden der Platte besitzt diese Gleichung abzählbar unendlich viele Wurzeln, von denen die ersten fünf in Tabelle XIV, 1 angegeben sind. Mit Hilfe von Gl. (XIV, 26) sind

Tabelle XIV, 1

n	1	2	3	4	5
$\lambda_n\,a$	3,196	6,306	9,440	12,58	15,72

daraus die Eigenfrequenzen ω_n berechenbar. Die zugehörigen Schwingungsformen (Eigenfunktionen) sind durch Gl. (XIV, 28) gegeben, wobei die Koeffizienten A und B gemäß einer der beiden Gln. (XIV, 29) verknüpft sind durch $B_n = A_n\,J_1(\lambda_n\,a)/I_1(\lambda_n\,a)$. Die Knotenkreise liegen in den Nullstellen von $R(r)$. Die n-te Eigenfunktion besitzt genau $n - 1$ Knoten.

Erzwungene Schwingungen, $p = p_0(r)\cos\nu\,t$, können wieder mit der Methode der Entwicklung nach Eigenfunktionen behandelt werden, vgl. Ziff. XI, 7.

Aufgaben

A 1. Man bestimme die Beanspruchung der in Abb. XIV, A 1 dargestellten, mit der Winkelgeschwindigkeit ω rotierenden Schwungscheibe konstanter Dicke.

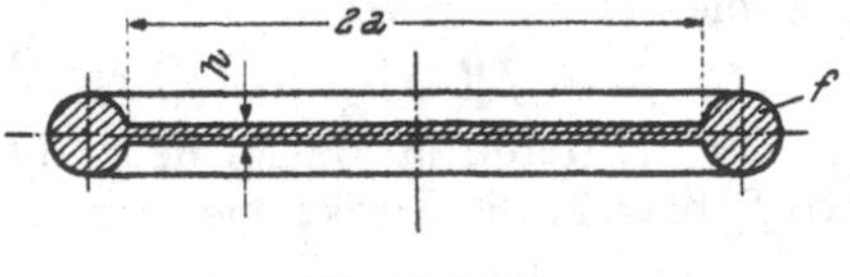

Abb. XIV, A 1

Lösung: Für die Spannungsfunktion $F(r)$ gilt Gl. (XIV, 9) mit $C = (3+\mu)\,\varrho\,\omega^2\,h/8$. Damit die Schnittkräfte in $r = 0$ beschränkt bleiben, muß $B = 0$ sein. Die Gln. (XIV, 4) liefern dann

$$n_r = A - C\,r^2, \quad n_\varphi = A - 3\,C\,r^2 + \varrho\,\omega^2\,r^2\,h$$

und damit wegen

$$\varepsilon_\varphi = \frac{1}{E\,h}\,(n_\varphi - \mu\,n_r) = \frac{u}{r}$$

die Radialverschiebung des Scheibenrandes

$$u(a) = \frac{a}{E\,h}\left[(1-\mu)\,A - C\,a^2\,(3-\mu) + \mu\,\omega^2\,a^2\,h\right].$$

Der Ringwulst mit dem Querschnitt f ist durch die Radiallast

$$q = \varrho\,f\,a\,\omega^2 - n_r(a) = \varrho\,f\,a\,\omega^2 - A + C\,a^2$$

belastet. Die Bedingung, daß seine Radialverschiebung $w = q\,a^2/E\,f$ (siehe Ziff. XIII, 3), gleich der Radialverschiebung $u(a)$ sein muß, liefert

$$A = C\,a^2\,\frac{a\,h + (3-\mu)\,f}{a\,h + (1-\mu)\,f}.$$

A 2. Man ermittle die Durchbiegung einer gemäß Abb. XIV, A 2 am Außenrand durch eine Ringlast q_0 belasteten Kragplatte und bestimme die erforderliche Plattendicke.

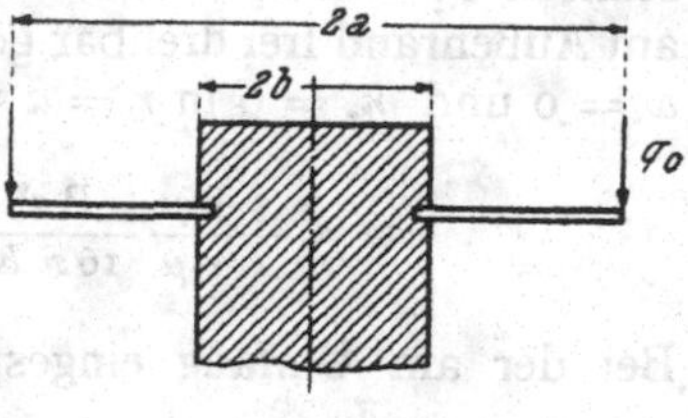

Abb. XIV, A 2

Lösung: Da keine Flächenlasten vorhanden sind, lautet Gl. (XIV, 24)

$$w = C_1 + C_2\,r^2 + C_3 \ln\frac{r}{a} + C_4\,r^2 \ln\frac{r}{a}.$$

Aus der Gleichgewichtsbedingung $2\pi\,r\,q_r = 2\pi\,a\,q_0$ an einem durch einen Kreisschnitt $r =$ konst. herausgeschnittenen Plattenstück folgt mit Berücksichtigung von Gl. (XIV, 19) der Wert $C_4 = -\frac{a\,q_0}{4\,K}$. Die Randbedingungen $m_r = 0$ in $r = a$ sowie $w = 0$ und $\frac{\partial w}{\partial r} = 0$ in $r = b$ liefern nach einigen Umformungen und unter Beachtung der ersten Gl. (XIV, 15) für die übrigen Konstanten die Werte

$$C_1 = \frac{b^2}{2}\,\frac{(3+\mu)\left(1 - 2\ln\frac{b}{a}\right) + 2\,(1+\mu)\left(\ln\frac{b}{a}\right)^2 + (1-\mu)\,\frac{b^2}{a^2}\left(1 - \ln\frac{b}{a}\right)}{1 + \mu + (1-\mu)\,\frac{b^2}{a^2}}\,C_4,$$

$$C_2 = -\frac{1}{2}\,\frac{3 + \mu + (1-\mu)\,\frac{b^2}{a^2}\left(\ln\frac{b}{a} + 1\right)}{1 + \mu + (1-\mu)\,\frac{b^2}{a^2}}\,C_4,$$

$$C_3 = b^2\,\frac{3 + \mu - (1+\mu)\left(\ln\frac{b}{a} + 1\right)}{1 + \mu + (1-\mu)\,\frac{b^2}{a^2}}\,C_4,$$

Zur Bestimmung der Plattendicke h bei gegebener Belastung setzt man die Biegerandspannungen gemäß Gl. (X, 12) zur Vergleichsspannung σ_V zusammen, wobei die Schubspannung nach Gl. (XIV, 22) verschwindet:

$$\sigma_V = \frac{6}{h^2} \sqrt{m^2_r + m^2_\varphi - m_r m_\varphi} \leq \sigma_{zul}$$

A 3. Man ermittle die Durchbiegung einer im Mittelpunkt durch eine Einzelkraft P belasteten Kreisplatte.

Lösung: Da keine Flächenlasten vorhanden sind und die Durchbiegung in $r = 0$ beschränkt bleiben muß, bleibt von Gl. (XIV, 24) als allgemeine Lösung $w = C_1 + C_2 r^2 + C_4 r^2 \ln \frac{r}{a}$. Führt man wie in Aufgabe XIV, A 2 einen Kreisschnitt längs eines beliebigen Radius r, so folgt aus Gleichgewichtsgründen $2\pi r q_r = -P$. Unter Verwendung von Gl. (XIV, 19) ergibt dies $C_4 = P/8\pi K$. Die noch offenen Konstanten C_1 und C_2 hängen von der Lagerungsart der Platte ab. Bei der am Außenrand frei drehbar gelagerten Platte hat man als Randbedingung $w = 0$ und $m_r = 0$ in $r = a$ und erhält mit Rücksicht auf Gl. (XIV, 15)

$$w = \frac{3+\mu}{1+\mu} \frac{P a^2}{16\pi K} \left(1 - \frac{r^2}{a^2} + \frac{2(1+\mu)}{3+\mu} \frac{r^2}{a^2} \ln \frac{r}{a}\right).$$

Bei der am Umfang eingespannten Platte lautet die Randbedingung $w = 0$ und $\frac{dw}{dr} = 0$ in $r = a$, was als Durchbiegung

$$w = \frac{P a^2}{16\pi K} \left(1 - \frac{r^2}{a^2} + 2 \frac{r^2}{a^2} \ln \frac{r}{a}\right)$$

liefert. Man erkennt durch Einsetzen in die Gln. (XIV, 15) und (XIV, 19), daß in beiden Fällen Querkraft und Biegemomente in Plattenmitte über alle Grenzen wachsen.

Literatur

Kreisscheiben und -platten

I. Malkin: Festigkeitsberechnung rotierender Scheiben. Berlin: 1935.

C. B. Biezeno–R. Grammel: Technische Dynamik, 2. Aufl. Berlin: 1953.

K. Löffler: Die Berechnung von rotierenden Scheiben und Schalen. Berlin: 1961.

Rechteckplatten

C. B. Biezeno–R. Grammel: Technische Dynamik, 2. Aufl. Berlin: 1953.

K. Girkmann: Flächentragwerke, 6. Aufl. Wien: 1963.

S. Timoshenko–S. Woinowsky-Krieger: Theory of Plates and Shells, 2. Aufl. New York: 1959.

E. H. Mansfield: The Bending and Stretching of Plates. Oxford: 1964.

A. Pucher: Einflußfelder elastischer Platten, 3. Aufl. Wien: 1964.

S. Krug–P. Stein: Einflußfelder orthogonal anisotroper Platten. Berlin: 1961.

Parallelogrammplatten

L. S. D. Morley: Skew Plates and Structures. Oxford: 1963.

XV. Rotationsschalen

1. Allgemeines. Während die Platte ein Flächentragwerk mit ebener Mittelfläche darstellt, besitzt die Schale eine gekrümmte Mittelfläche. Die senkrecht zu dieser gemessene Wanddicke h setzen wir wieder als klein gegenüber den anderen Schalenabmessungen voraus *(dünne Schale)*.

Zu den technisch wichtigsten Schalenformen gehören die Rotationsschalen, deren Mittelflächen Drehflächen sind (Abb. XV, 1). Wir legen die Schalenpunkte durch die Koordinaten φ und ϑ auf der Mittelfläche und die Koordinate z senkrecht zur Mittelfläche fest. Den Krümmungsradius der *Meridiankurve* bezeichnen wir mit r_1, den Radius des *Breitenkreises* mit r. Wir setzen voraus, daß sowohl die *Belastung* wie die *Auflagerung* der Schale *drehsymmetrisch* verlaufen. Dann werden Spannungen und Verformungen vom Winkel ϑ unabhängig und die Schubspannungen $\tau_{\varphi\vartheta} = \tau_{\vartheta\varphi}$ verschwinden. Die Spannung σ_z vernachlässigen wir ebenso wie in der Plattentheorie und die verbleibenden Spannungen fassen wir zu resultierenden Schnittgrößen zusammen (Abb. XV, 1):

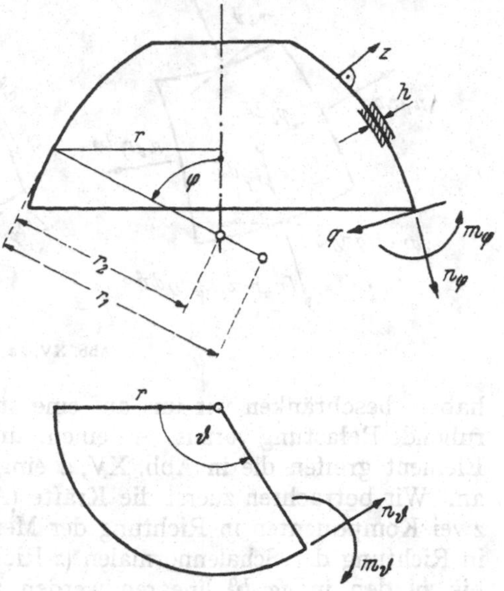

Abb. XV, 1

$$\left.\begin{aligned} n_\varphi &= \int_{-h/2}^{+h/2} \sigma_\varphi \, dz, \quad n_\vartheta = \int_{-h/2}^{+h/2} \sigma_\vartheta \, dz, \quad q = -\int_{-h/2}^{+h/2} \tau_{\varphi z} \, dz, \\ m_\varphi &= -\int_{-h/2}^{+h/2} \sigma_\varphi \, z \, dz, \quad m_\vartheta = -\int_{-h/2}^{+h/2} \sigma_\vartheta \, z \, dz. \end{aligned}\right\} \qquad \text{(XV, 1)}$$

n_φ und n_ϑ sind Meridiankraft und Umfangskraft, q die Querkraft und m_φ und m_ϑ die Biegemomente. Sämtliche Größen beziehen sich auf die Einheit der Schnittlänge. Die Vorzeichenfestsetzung entspricht der in der Literatur üblichen. Positive Momente erzeugen dann an der Innenlaibung $z = -h/2$ Zugspannungen und positive Querkräfte liefern negative Schubspannungen.

Die Formeln (XV, 1) sind nicht exakt, da sie die durch die Krümmung bedingte Veränderlichkeit der Schnittlänge mit z nicht berücksichtigen. Man müßte beispielsweise im Ausdruck für n_φ statt dz setzen $(1 + z/r_2)\,dz$. Der Einfluß ist aber zahlenmäßig belanglos.

2. Die Gleichgewichtsbedingungen. Da dynamische Erscheinungen, z. B. Schwingungen, bei Schalen nur in Ausnahmefällen Bedeutung

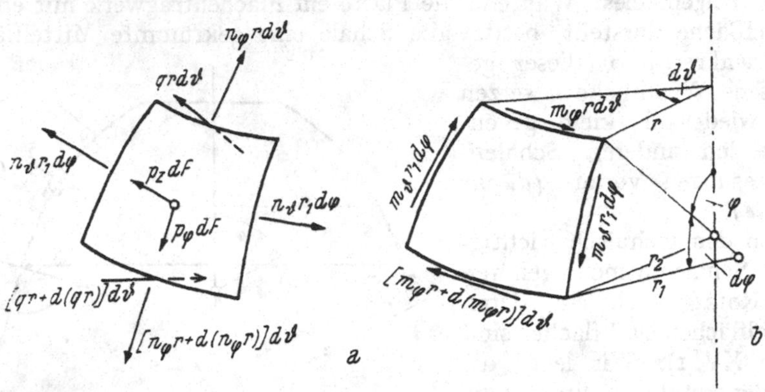

Abb. XV, 2a, b

haben, beschränken wir uns auf eine statische Behandlung, setzen also ruhende Belastung voraus. An einem aus der Schale herausgeschnittenen Element greifen die in Abb. XV, 2 eingetragenen Kräfte und Momente an. Wir betrachten zuerst die Kräfte (Abb. XV, 2a), die wir sogleich in zwei Komponenten in Richtung der Meridiantangente (φ-Richtung) und in Richtung der Schalennormalen (z-Richtung) zerlegen. Nur die Glieder bis zu den in $d\varphi\, d\vartheta$ linearen werden angeschrieben, die anderen verschwinden beim Grenzübergang $d\varphi \to 0$, $d\vartheta \to 0$. Die beiden Kräfte $n_\vartheta r_1\, d\varphi$ schließen den Winkel $d\vartheta$ ein. Ihre Resultierende $n_\vartheta r_1\, d\varphi\, d\vartheta$ steht senkrecht auf der Drehachse und zerfällt in die Komponenten

$$-n_\vartheta r_1\, d\varphi\, d\vartheta \cos\varphi \qquad \text{in Richtung } \varphi,$$

$$-n_\vartheta r_1\, d\varphi\, d\vartheta \sin\varphi \qquad \text{in Richtung } z.$$

Von den Schnittgrößen n_φ, die den Winkel $d\varphi$ einschließen, rühren her die Kräfte

$$\frac{d(n_\varphi r)}{d\varphi}\, d\varphi\, d\vartheta \qquad \text{in Richtung } \varphi,$$

$$-n_\varphi r\, d\vartheta\, d\varphi \qquad \text{in Richtung } z.$$

Von den Schnittgrößen q erhalten wir, da diese gleichfalls den Winkel $d\varphi$ einschließen,

$$-q\, r\, d\vartheta\, d\varphi \qquad \text{in Richtung } \varphi,$$

$$-\frac{d(q\, r)}{d\varphi}\, d\varphi\, d\vartheta \qquad \text{in Richtung } z.$$

Die (auf die Mittelfläche reduzierte) Belastung schließlich liefert mit $dF = r\, d\vartheta\, r_1\, d\varphi$ die Anteile

$$p_\varphi\, r\, r_1\, d\vartheta\, d\varphi \qquad \text{in Richtung } \varphi,$$

$$p_z\, r\, r_1\, d\vartheta\, d\varphi \qquad \text{in Richtung } z.$$

Die Gleichgewichtsbedingungen für die Kräfte lauten also, wenn gleich durch $d\varphi\, d\vartheta$ dividiert wird:

$$\frac{d(r\, n_\varphi)}{d\varphi} - r_1\, n_\vartheta \cos\varphi - r\, q = -\, r\, r_1\, p_\varphi, \qquad \text{(XV, 2)}$$

$$\frac{d(r\, q)}{d\varphi} + r\, n_\varphi + r_1\, n_\vartheta \sin\varphi = r\, r_1\, p_z. \qquad \text{(XV, 3)}$$

Nun ist noch die Momentenbedingung für Gleichgewicht gegen Drehen um die Breitenkreistangente anzuschreiben (die beiden anderen sind identisch erfüllt). Um diese Tangente drehen (Abb. XV, 2b) der Zuwachs $\frac{d(m_\varphi\, r)}{d\varphi}\, d\varphi\, d\vartheta$ von m_φ, die waagrechte Resultierende $-\, m_\vartheta\, r_1\, d\varphi\, d\vartheta \cos\varphi$ der beiden Momente $m_\vartheta\, r_1\, d\varphi$, die den Winkel $d\vartheta \cos\varphi$ einschließen, und schließlich mit dem gleichen Drehsinn das Moment $-\, q\, r\, d\vartheta\, r_1\, d\varphi$ der Querkräfte. Somit gilt

$$\frac{d(r\, m_\varphi)}{d\varphi} - r_1\, m_\vartheta \cos\varphi - r\, r_1\, q = 0. \qquad \text{(XV, 4)}$$

3. **Die Formänderungen.** Wir bezeichnen die Verschiebungen eines Punktes der Schalenmittelfläche in Richtung der Meridiantangente mit u und in Richtung der Schalennormalen mit w und betrachten zunächst den Verzerrungszustand der Mittelfläche $z = 0$. Die Meridiandehnung ε_φ kann ohne weiteres aus Kap. XIII übernommen werden, wenn wir den Krümmungsradius R durch r_1 ersetzen. Es ist dann gemäß Gl. (XIII, 1)

$$\varepsilon_\varphi = \frac{1}{r_1}\left(\frac{du}{d\varphi} + w\right). \qquad \text{(XV, 5)}$$

Um die Ringdehnung ε_ϑ zu finden, beachten wir, daß der Winkel $d\vartheta$ eines Bogenelementes $r\, d\vartheta$ aus Symmetriegründen bei der Verformung ungeändert bleibt, ε_ϑ also nur durch die Änderung Δr des Radius r entsteht, $\varepsilon_\vartheta = \Delta r / r$. Diese setzt sich aber aus den Horizontalprojektionen der Verschiebungen u und w zusammen (Abb. XIII, 2a), ist also gleich $\Delta r = u \cos\varphi + w \sin\varphi$. Mit $r = r_2 \sin\varphi$ ergibt sich somit

$$\varepsilon_\vartheta = \frac{1}{r_2}\,(u \cot\varphi + w). \qquad \text{(XV, 6)}$$

Nun haben wir noch die Dehnungen im Abstand z von der Schalenmittelfläche zu bestimmen. Wir nehmen wie bei der dünnen Platte näherungsweise an, daß sie linear von z abhängen:

$$(\varepsilon_\varphi)_z = \varepsilon_\varphi + z\, \varepsilon_\varphi', \qquad (\varepsilon_\vartheta)_z = \varepsilon_\vartheta + z\, \varepsilon_\vartheta'.$$

Während die bereits berechneten Anteile ε_φ und ε_ϑ von der Dehnung der Mittelfläche

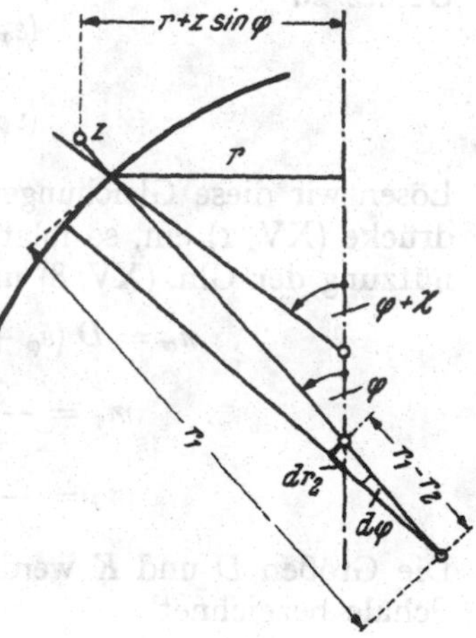

Abb. XV, 3

herrühren, entstehen die Anteile ε_φ' und ε_ϑ' durch die Krümmungsänderung der Mittelfläche. Wir führen wie in Kap. XIII als Hilfsgröße die Drehung χ der Meridiantangente, also die Änderung des Winkels φ ein und erhalten nach Gl. (XIII, 2) mit $R \to r_1$

$$\chi = \frac{1}{r_1}\left(u - \frac{dw}{d\varphi}\right). \tag{XV, 7}$$

Gemäß Gl. (XIII, 3) ergibt sich damit die Meridiandehnung zu

$$(\varepsilon_\varphi)_z = \varepsilon_\varphi + \frac{z}{r_1}\frac{d\chi}{d\varphi}. \tag{XV, 8}$$

Außerdem bewirkt aber χ eine Vergrößerung des Breitenkreisradius $r + z\sin\varphi$ auf $r + z\sin(\varphi + \chi)$ (Abb. XV, 3). Die zugehörige Umfangsdehnung ist dann wegen $\sin(\varphi+\chi) = \sin\varphi + \chi\cos\varphi + \ldots$ gleich $\dfrac{z\,\chi\cos\varphi}{r + z\sin\varphi} = \dfrac{z}{r}\chi\cos\varphi + \ldots$ und die Gesamtdehnung wird

$$(\varepsilon_\vartheta)_z = \varepsilon_\vartheta + \frac{z}{r_2}\chi\cot\varphi. \tag{XV, 9}$$

Die Dehnungen ε_φ, ε_ϑ und die Winkeländerung χ sind nicht unabhängig voneinander, da sie ja sämtlich durch die zwei Verschiebungen u und w ausgedrückt werden. Es besteht zwischen ihnen die Verträglichkeitsbedingung

$$\chi = (\varepsilon_\varphi - \varepsilon_\vartheta)\cot\varphi - \frac{r_2}{r_1}\frac{d\varepsilon_\vartheta}{d\varphi}, \tag{XV, 10}$$

die man unter Benützung der aus Abb. XV, 3 ablesbaren Beziehung

$$\frac{dr_2}{d\varphi} = (r_1 - r_2)\cot\varphi \tag{XV, 11}$$

durch Einsetzen leicht nachprüft.

4. Die Schnittgrößen. Mit $\sigma_z = 0$ vereinfacht sich das HOOKEsche Gesetz zu

$$(\varepsilon_\varphi)_z = \frac{1}{E}(\sigma_\varphi - \mu\,\sigma_\vartheta),$$

$$(\varepsilon_\vartheta)_z = \frac{1}{E}(\sigma_\vartheta - \mu\,\sigma_\varphi).$$

Lösen wir diese Gleichungen nach σ_φ und σ_ϑ auf und setzen in die Ausdrücke (XV, 1) ein, so folgt nach Ausführung der Integrationen mit Benützung der Gln. (XV, 8) und (XV, 9)

$$n_\varphi = D(\varepsilon_\varphi + \mu\,\varepsilon_\vartheta), \qquad n_\vartheta = D(\varepsilon_\vartheta + \mu\,\varepsilon_\varphi), \tag{XV, 12}$$

$$\left.\begin{aligned} m_\varphi &= -K\left(\frac{1}{r_1}\frac{d\chi}{d\varphi} + \frac{\mu}{r_2}\chi\cot\varphi\right),\\ m_\vartheta &= -K\left(\frac{1}{r_2}\chi\cot\varphi + \frac{\mu}{r_1}\frac{d\chi}{d\varphi}\right). \end{aligned}\right\} \tag{XV, 13}$$

Die Größen D und K werden als *Dehnsteifigkeit* und *Biegesteifigkeit* der Schale bezeichnet

$$D = \frac{E\,h}{1-\mu^2}, \qquad K = \frac{E\,h^3}{12\,(1-\mu^2)}. \tag{XV, 14}$$

Somit stehen uns zehn Gleichungen (XV, 2) bis (XV, 7), (XV, 12) und (XV, 13) zur Bestimmung der zehn Unbekannten n_φ, n_ϑ, m_φ, m_ϑ, q, u, w, ε_φ, ε_ϑ und χ zur Verfügung.

5. Näherungslösung. Der Membranspannungszustand. Wenn die Flächenlasten der Schale nicht zu ungleichmäßig verteilt sind, die Mittelfläche stetig gekrümmt ist und die Schalenstärke sich nicht sprunghaft ändert, dann kann die strenge Berechnung durch eine vereinfachte Behandlung ersetzt werden. Die Erfahrung zeigt nämlich, daß dann der Spannungszustand der Schale näherungsweise aufgespalten werden darf in einen unmittelbar von den Flächenlasten p_φ und p_z erzeugten „Membranspannungszustand" und in einen flächenlastfreien „Biegespannungszustand". Unter dem *Membranspannungszustand*[1] versteht man eine *biegefreie* Beanspruchung der Schale, in der nur die Schnittkräfte n_φ und n_ϑ auftreten. Er ist statisch bestimmt, denn die beiden Gleichgewichtsbedingungen (XV, 2) und (XV, 3) mit $q = 0$

$$\frac{d(r\, n_\varphi)}{d\varphi} - r_1\, n_\vartheta \cos\varphi = -\, r\, r_1\, p_\varphi, \tag{XV, 15}$$

$$r\, n_\varphi + r_1\, n_\vartheta \sin\varphi = r\, r_1\, p_z, \tag{XV, 16}$$

reichen zur Berechnung von n_φ und n_ϑ völlig aus. Eliminiert man n_ϑ, so folgt sofort durch Integration

$$n_\varphi = \frac{1}{r \sin\varphi}\left[\int\limits_{\varphi_0}^{\varphi} r\, r_1\, (p_z \cos\varphi - p_\varphi \sin\varphi)\, d\varphi + C\right]. \tag{XV, 17}$$

n_ϑ folgt dann aus Gl. (XV, 16). φ_0 ist der Breitenwinkel am oberen Schalenrand. Für die oben geschlossene Schale ist $\varphi_0 = 0$.

Die Integrationskonstante C in Gl. (XV, 17) besitzt eine sehr anschauliche Bedeutung. Da nämlich $2\pi\, r\, n_\varphi \sin\varphi$ die lotrechte Resultierende der im Breitenkreis übertragenen Kraft darstellt, ist $2\pi C$ die in φ_0 wirkende Resultierende. Sie kann nur von einer über den oberen Schalenrand verteilten Vertikalbelastung oder, wenn die Schale oben geschlossen ist, von einer im Scheitel $\varphi = 0$ angreifenden vertikalen Einzelkraft herrühren. Fehlen solche Kräfte, dann ist $C = 0$ zu setzen.

Die mit dem Membranspannungszustand verknüpften Formänderungen und Schnittkräfte werden allerdings an den Schalenrändern im allgemeinen nicht mit den dort vorgeschriebenen übereinstimmen. Der Membranspannungszustand wird dann gestört und es treten zusätzliche *Biegespannungen* auf. Eine richtig entworfene Schalenkonstruktion soll möglichst frei von solchen Biegewirkungen sein, da wegen der geringen Schalendicke schon verhältnismäßig kleine Biegemomente zu großen Spannungen führen können.

[1] Der Name ist nicht sehr glücklich gewählt, da eine echte Membran nur nach allen Richtungen gleiche Zugkräfte aufnehmen kann. Siehe Ziff. XII, 4.

6. Der Biegespannungszustand. Zur Berechnung der Biegestörungen gehen wir von den Gln. (XV, 2) bis (XV, 4) aus. Zunächst ist dort $p_\varphi = p_z = 0$ zu setzen, da ja die Flächenlasten bereits vom Membranspannungszustand aufgenommen werden. Nun eliminieren wir n_ϑ aus den ersten beiden Gleichungen und integrieren. Wir bekommen

$$n_\varphi \sin\varphi + q \cos\varphi = -\frac{P}{2\pi r}. \qquad \text{(XV, 18)}$$

Die Integrationskonstante P bedeutet die lotrechte Resultierende der im betreffenden Breitenkreis übertragenen Kraft. Diese ist aber bereits in Gl. (XV, 17) berücksichtigt. Wir erhalten also

$$n_\varphi = -q \cot\varphi. \qquad \text{(XV, 19)}$$

Wird dies in Gl. (XV, 3) eingesetzt, so ergibt sich

$$n_\vartheta = -\frac{1}{r_1}\frac{d(r_2 q)}{d\varphi}. \qquad \text{(XV, 20)}$$

Die beiden Gln. (XV, 19) und (XV, 20) geben die durch die Biegung erzeugten zusätzlichen Normalkräfte, die sich den entsprechenden Membrankräften überlagern. Zu ihrer Berechnung muß die Querkraft q bekannt sein.

Wir setzen nun die Ausdrücke (XV, 19) und (XV, 20) in die Gln. (XV, 12) ein, lösen nach ε_φ und ε_ϑ auf und gehen damit in die Verträglichkeitsbedingung (XV, 10). Wir erhalten so eine Differentialgleichung mit den beiden Unbekannten q und χ. Eine zweite Gleichung gewinnen wir aus der Gleichgewichtsbedingung (XV, 4), indem wir dort m_φ und m_ϑ aus den Gln. (XV, 13) einsetzen.

Die beiden sich so ergebenden Differentialgleichungen des Biegeproblems sind allerdings recht verwickelt und ihre Integration stellt eine im allgemeinen sehr schwierige Aufgabe dar. Nun zeigt sich aber glücklicherweise, daß die Gleichungen noch wesentlich vereinfacht werden können, ohne daß die Genauigkeit der Lösung nennenswert beeinträchtigt wird. Die Erfahrung und die Auswertung exakter Lösungen lehren nämlich, daß die durch die Gleichungen beschriebenen „Randstörungen" mit wachsender Entfernung vom Rand sehr rasch abklingen[1]. Dann dürfen aber, da dieses Abklingen nach Art stark gedämpfter Wellen vor sich geht, die Unbekannten und ihre niedrigen Ableitungen gegen die höchste vernachlässigt werden, wenigstens so lange, als φ nicht zu klein und daher $\cot\varphi$ nicht zu groß ist[2]. Man erhält so die beiden vereinfachten Gleichungen

$$\frac{d^2 q}{d\varphi^2} = (1-\mu^2) D \left(\frac{r_1}{r_2}\right)^2 \chi, \qquad \frac{d^2\chi}{d\varphi^2} = -r_1^2 \frac{q}{K}. \qquad \text{(XV, 21)}$$

Wird χ eliminiert und die Abkürzung

$$\varkappa^4 = \frac{(1-\mu^2) D}{4K}\frac{r_1^4}{r_2^2} = 3(1-\mu^2)\frac{r_1^4}{h^2 r_2^2} \qquad \text{(XV, 22)}$$

[1] Vgl. Abb. XV, 5.

[2] Für praktische Zwecke etwa $\varphi \geqslant 30°$.

eingeführt, dann ergibt sich nach Streichung der niedrigen Ableitungen

$$\frac{d^4 q}{d\varphi^4} + 4\varkappa^4 q = 0. \qquad \text{(XV, 23)}$$

Der Parameter $\varkappa$ ist im allgemeinen von φ abhängig. Er muß hinreichend groß sein, wenn die Näherungslösung brauchbar sein soll.

Eine einfache Lösung ergibt sich, wenn $\varkappa$ *konstant* ist. Sie lautet

$$q = e^{\varkappa\varphi}(C_1 \cos\varkappa\varphi + C_2 \sin\varkappa\varphi) + e^{-\varkappa\varphi}(C_3 \cos\varkappa\varphi + C_4 \sin\varkappa\varphi). \qquad \text{(XV, 24)}$$

Mittels der ersten Gl. (XV, 21) ist dann χ bestimmt, während die zugehörigen Normalkräfte aus den Gln. (XV, 19) und (XV, 20) und die Biegemomente aus den Gln. (XV, 13) folgen. Die Normalkräfte des Membranspannungszustandes sind noch zu überlagern.

Die Spannungen erhält man zu

$$\left.\begin{aligned} \sigma_\varphi &= \frac{n_\varphi}{h} - \frac{12\, m_\varphi}{h^3} z, \qquad \sigma_\vartheta = \frac{n_\vartheta}{h} - \frac{12\, m_\vartheta}{h^3} z, \\ \tau_{\varphi z} &= -\frac{3q}{2h}\left[1 - \left(\frac{2z}{h}\right)^2\right]. \end{aligned}\right\} \qquad \text{(XV, 25)}$$

Die vier Integrationskonstanten C_1 bis C_4 folgen aus den Bedingungen an den beiden Schalenrändern $\varphi = \varphi_0$ und $\varphi = \varphi_1$. Im allgemeinen sind die von einem Schalenrand ausgehenden Störungen schon vor Erreichen des zweiten Randes völlig abgeklungen. Dann darf man die Ränder getrennt behandeln, wobei am unteren Rand $C_3 = C_4 = 0$ und am oberen Rand $C_1 = C_2 = 0$ zu setzen ist.

Wenn $\varkappa$ *nicht konstant* ist, kann man die Schale in Zonen unterteilen, die durch Breitenkreise φ = konst. begrenzt sind und in jeder Zone mit einem konstanten Mittelwert von $\varkappa$ rechnen. Die Spannungen und Verformungen am Ende der ersten Zone liefern die Anfangswerte für die zweite usw. Gewöhnlich kommt man mit zwei bis drei Zonen aus.

Wir spezialisieren die Gleichungen noch für die Kugel- und die Zylinderschale. Für die *Kugelschale* gilt $r_1 = r_2 = a$, somit

$$\varkappa^4 = 3(1 - \mu^2)\left(\frac{a}{h}\right)^2. \qquad \text{(XV, 26)}$$

$\varkappa$ ist also konstant, wenn die Kugelschale konstante Wandstärke besitzt.

Für die *Zylinderschale* setzen wir mit x als Koordinate in Richtung der Zylinderachse: $r_1\, d\varphi = dx$, $\varphi = \pi/2$, $r_1 \to \infty$ und $r_2 = r = a$. Die Gln. (XV, 21) gehen dann über in

$$\frac{d^2\chi}{dx^2} = -\frac{q}{K}, \qquad \frac{d^2 q}{dx^2} = \frac{E\,h}{a^2}\chi, \qquad \text{(XV, 27)}$$

woraus für h = konst. nach Elimination von χ wieder

$$\frac{d^4 q}{dx^4} + 4\lambda^4 q = 0, \qquad \lambda^4 = \frac{3(1-\mu^2)}{a^2 h^2} \qquad \text{(XV, 28)}$$

folgt. Für die Schnittgrößen gilt

$$\left.\begin{aligned} n_\varphi &\equiv n_x = 0, \qquad n_\vartheta = -a\frac{dq}{dx}, \\ m_\varphi &\equiv m_x = -K\frac{d\chi}{dx}, \qquad m_\vartheta = \mu\, m_x. \end{aligned}\right\} \qquad \text{(XV, 29)}$$

Gl. (XV, 7) lautet jetzt

$$\chi = -\frac{dw}{dx}. \tag{XV, 30}$$

Wird dies in die zweite Gl. (XV, 27) eingesetzt, so folgt nach Integration

$$w = -\frac{a^2}{E\,h}\,\frac{dq}{dx}. \tag{XV, 31}$$

Die Integrationskonstante verschwindet, da w mit wachsender Entfernung x abklingen muß.

Die erste Gl. (XV, 12) gibt mit $n_\varphi = 0$ und bei Beachtung der Gln. (XV, 5) und (XV, 6)

$$\frac{du}{dx} = -\mu\frac{w}{a}. \tag{XV, 32}$$

Diesen Größen sind wieder die vom Membranspannungszustand herrührenden zu überlagern, die sich aus den Gln. (XV, 17) und (XV, 16) mit $p_\varphi \equiv p_x$ zu

$$n_x = -\int_0^x p_x\,dx + C, \quad n_\vartheta = a\,p_z \tag{XV, 33}$$

ergeben.

7. Beispiel: Rohr unter Innendruck. Ein dünnwandiges Rohr mit dem mittleren Durchmesser $2\,a$ und der konstanten Wandstärke h ist in einen Behälter eingeschweißt (Abb. XV, 4). Es steht unter dem inneren Überdruck p.

Wir ermitteln zuerst den *Membranspannungszustand*. Die Gln. (XV, 33) lauten hier mit $p_x = 0$ und $p_z = p$

$$n_x = C, \quad n_\vartheta = p\,a.$$

Die Konstante C hängt von der Axialbelastung des Rohres, also davon ab, ob dieses am rechten Ende offen oder geschlossen ist. Im ersten Fall wird $C = 0$, im zweiten Fall ist die resultierende Axialkraft gleich $a^2\pi\,p$. Somit

$$n_x = \frac{a^2\pi\,p}{2\,a\pi} = \frac{p\,a}{2}.$$

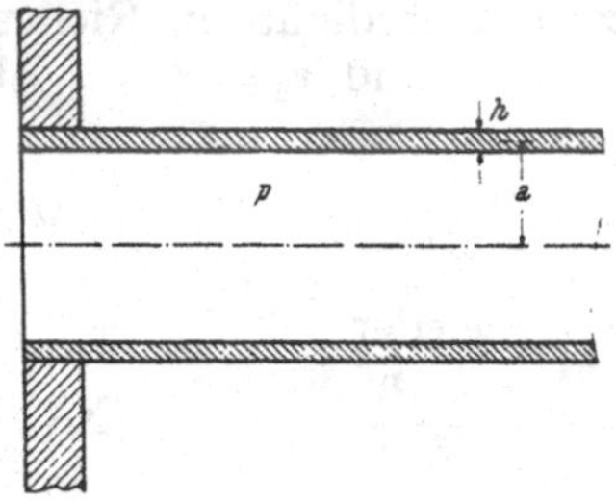

Abb. XV, 4

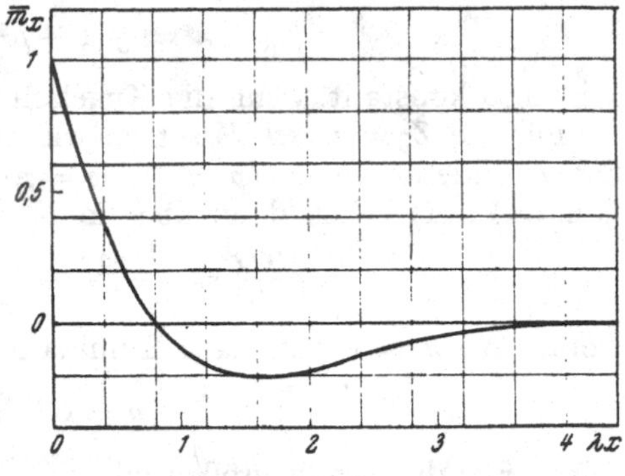

Abb. XV, 5

Mit den Kräften n_x und n_ϑ sind Axialverschiebungen u und Radialverschiebungen w verknüpft. Zunächst folgt aus den Gln. (XV, 12)

$$\varepsilon_x = \frac{n_x - \mu n_\vartheta}{E h}, \quad \varepsilon_\vartheta = \frac{n_\vartheta - \mu n_x}{E h}.$$

Betrachten wir nur den Fall des beidseitig offenen Rohres, $n_x = 0$, so wird

$$\varepsilon_\vartheta = \frac{p a}{E h}, \quad \varepsilon_x = -\mu \varepsilon_\vartheta,$$

und die Gln. (XV, 6) und (XV, 32) liefern

$$w_0 = a \varepsilon_\vartheta = \frac{p a^2}{E h}, \quad u_0 = \int_0^x \varepsilon_x dx = -\mu w_0 \frac{x}{a}.$$

Der Index 0 soll andeuten, daß es sich um die vom Membranspannungszustand verursachten Verschiebungsanteile handelt.

Am eingespannten Rohrende $x = 0$ gelten die Randbedingungen $u = 0$, $w = 0$, $\chi = 0$. Der Membranspannungszustand erfüllt nur die erste und dritte dieser Bedingungen. Es werden daher noch zusätzliche *Biegespannungen* auftreten. Aus Gl. (XV, 28) folgt, da die Rohrwandstärke h und damit λ konstant ist, in Analogie zu Gl. (XV, 24) als Lösung

$$q = e^{-\lambda x} (C_3 \cos \lambda x + C_4 \sin \lambda x).$$

Der Lösungsanteil mit $e^{+\lambda x}$ wurde gestrichen, da er für $x \to \infty$ nicht beschränkt bleibt. Die zweite Gl. (XV, 27) liefert damit

$$\chi = \frac{a^2}{E h} \frac{d^2 q}{dx^2} = \frac{2 a^2 \lambda^2}{E h} (C_3 \sin \lambda x - C_4 \cos \lambda x) e^{-\lambda x}.$$

Die Randbedingung $\chi = 0$ in $x = 0$ verlangt $C_4 = 0$. Weiters folgt aus Gl. (XV, 31), wenn der von den Biegespannungen herrührende Anteil in w mit w_1 bezeichnet wird,

$$w_1 = \frac{a^2 \lambda}{E h} C_3 (\cos \lambda x + \sin \lambda x) e^{-\lambda x}.$$

Aus der Randbedingung $w = w_0 + w_1 = 0$ in $x = 0$ ergibt sich

$$C_3 = -\frac{p}{\lambda},$$

also schließlich

$$w = \frac{p a^2}{E h} [1 - (\cos \lambda x + \sin \lambda x) e^{-\lambda x}].$$

Der Verlauf des Biegemomentes m_x folgt aus Gl. (XV, 29) zu

$$m_x = \frac{2 K \lambda^2}{E h} p a^2 (\cos \lambda x - \sin \lambda x) e^{-\lambda x}$$

und ist in Abb. XV, 5 dargestellt, wobei $\bar{m}_x = \frac{2 \sqrt{3 (1 - \mu^2)}}{p a h} m_x$.

Aufgaben

A 1. Für die unter dem inneren Überdruck p stehende und um einen Durchmesser mit konstanter Winkelgeschwindigkeit ω rotierende Hohlkugel mit dem Radius a, der Wanddicke h und der spezifischen Masse ϱ ist der Membranspannungszustand zu ermitteln.

Lösung: Wegen der Kugelform der Rotationsschale haben wir in Gl. (XV, 17) $r_1 = r_2 = a$ und $r = a \sin\varphi$ zu setzen (Abb. XV, A 1). Die Belastung p_z und p_φ berechnen wir aus dem Innendruck und durch Zerlegen der am Massenelement angreifenden Fliehkraft. Wir erhalten $p_z = p + \varrho\, h\, \omega^2\, a \sin^2\varphi$ und $p_\varphi = = \varrho\, h\, \omega^2\, a \sin\varphi \cos\varphi$. Dann folgt aus Gl. (XV, 17)

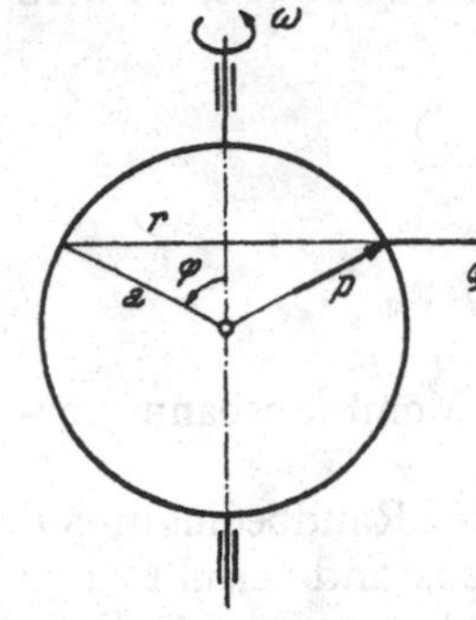

Abb. XV, A 1

$$n_\varphi = \frac{a p}{2} + \frac{C}{a \sin^2\varphi}.$$

Darin ist $C = 0$ zu setzen, da in $\varphi = 0$ keine Einzelkraft angreift.

Die Schnittgröße n_ϑ erhält man aus Gl. (XV, 16) zu

$$n_\vartheta = \frac{a p}{2} + \varrho\, h\, a^2 \omega^2 \sin^2\varphi.$$

A 2. Ein lotrecht stehender oben offener zylindrischer Behälter mit dem Radius a und der Wanddicke h ist bis zum Rande mit Flüssigkeit gefüllt. Das spezifische Gewicht des Schalenmaterials sei γ_S, das der Flüssigkeit γ_F. Es ist der Membranspannungszustand zu berechnen, der durch das Eigengewicht der Zylinderschale und durch den hydrostatischen Druck der Flüssigkeit erzeugt wird.

Lösung: Wir zählen die Koordinate x vom oberen lastfreien Schalenrand aus; wegen $n_x = 0$ in $x = 0$ wird dann $C = 0$ in Gl. (XV, 33). Mit $p_z = \gamma_F\, x$ und $p_x = \gamma_S\, h$ erhalten wir die Schnittgrößen $n_x = -\gamma_S\, h\, x$ und $n_\vartheta = \gamma_F\, a\, x$. Am unteren Rand $x = l$, wo die Deformation des Zylinders durch die Bodenplatte behindert wird, gelten (bei starrer Bodenplatte) die Randbedingungen $u = 0$, $w = 0$ und $\chi = 0$. Nur die erste Bedingung wird von der Membranlösung erfüllt; dagegen findet man

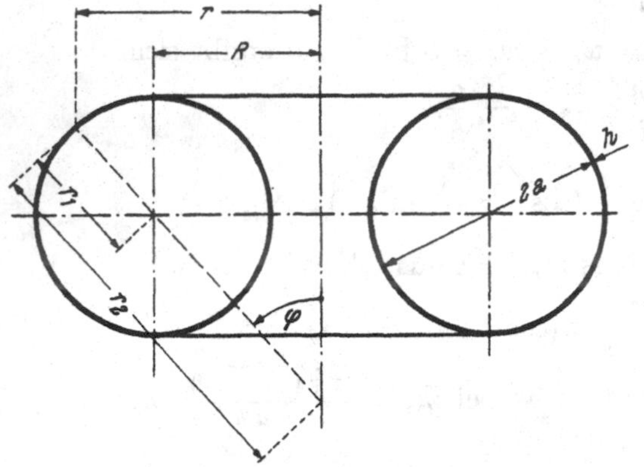

Abb. XV, A 2

$$w_0 = c l, \quad \chi_0 = -c,$$

$$c = \frac{a}{E h} (\gamma_F\, a + \mu \gamma_S\, h)$$

Es ist also noch eine Biegestörung zu überlagern.

A 3. Man bestimme den Membranspannungszustand in einer unter konstantem Innendruck p stehenden Torusschale, Abb. XV, A 2.

Lösung: Mit $r_1 = a$, $r_2 = a + R/\sin\varphi$, $r = R + a\sin\varphi$ folgt aus Gl. (XV, 17) sofort

$$n_\varphi = \frac{p\,a}{2}\,\frac{a\sin\varphi + 2R}{a\sin\varphi + R},$$

während Gl. (XV, 16)

$$n_\vartheta = \frac{p\,a}{2}$$

liefert.

A 4. Man bestimme die Spannungen, die in einer halbkugelförmigen Kuppel mit dem Radius a und der Wanddicke h durch das Eigengewicht hervorgerufen werden. Das spezifische Gewicht des Schalenwerkstoffes sei γ. Die Rechnung soll für die folgenden Lagerungsbedingungen durchgeführt werden: a) Die Kuppel steht frei verschieblich auf einer Ebene, b) der Kuppelrand wird durch einen undehnbaren Fußring festgehalten und c) der Kuppelrand ist eingespannt.

Lösung: Wir ermitteln zuerst die Membranspannungen nach Gl. (XV, 17) und (XV, 16) mit $p_z = -\gamma\,h\cos\varphi$ und $p_\varphi = \gamma\,h\sin\varphi$. Da in $\varphi = 0$ keine Einzelkraft angreift, ist $C = 0$ und es folgt $n_\varphi{}^0 = -\frac{a\,\gamma\,h}{1+\cos\varphi}$ und $n_\vartheta{}^0 = \frac{a\,\gamma\,h}{1+\cos\varphi}(1 - \cos\varphi - \cos^2\varphi)$. Am Rand $\varphi = \frac{\pi}{2}$ wird $n_\varphi{}^0 = -n_\vartheta{}^0 = -a\,\gamma\,h$.

a) Die Randbedingungen $q = 0$ und $m_\varphi = 0$ bzw. gemäß den Gln. (XV, 13) und (XV, 21) $d\chi/d\varphi = 0$ und $d^3q/d\varphi^3 = 0$ in $\varphi = \pi/2$ liefern $q \equiv 0$ aus Gl. (XV, 24). Die oben berechneten Membranspannungen stellen also bereits die gesuchte Lösung dar. Wir berechnen noch die Verformungen des Schalenrandes. Aus den Gln. (XV, 6) und (XV, 12) ergibt sich die Radialverschiebung $w_0 = a\,\varepsilon_\vartheta = \frac{a}{E\,h}(n_\vartheta - \mu\,n_\varphi) = \frac{1+\mu}{E}a^2\gamma$ und aus Gl. (XV, 10) die Drehung der Meridiantangente $\chi_0 = -\frac{2+\mu}{E}\,a\,\gamma$.

b) Die Randbedingung lautet jetzt $w = 0$ und $m_\varphi = 0$. Zur übersichtlichen Berechnung der Biegestörung stellen wir zuerst die entsprechenden Gleichungen zusammen. Sie folgen aus den Gln. (XV, 24), (XV, 21), (XV, 13), (XV, 19) und (XV, 20) und lauten

$$q = e^{\varkappa\varphi}(C_1\cos\varkappa\varphi + C_2\sin\varkappa\varphi),\quad \chi_1 = \frac{2\varkappa^2}{E\,h}e^{\varkappa\varphi}(C_2\cos\varkappa\varphi - C_1\sin\varkappa\varphi),$$

$$m_\varphi = -\frac{K}{a}\left[(\varkappa + \mu\cot\varphi)\,\chi_1 - \frac{2\varkappa^3}{E\,h}q\right],\quad m_\vartheta = \mu\,m_\varphi - (1-\mu^2)\frac{K}{a}\chi_1\cot\varphi,$$

$$n_\varphi{}^1 = -q\cot\varphi,\qquad n_\vartheta{}^1 = -\left(\varkappa\,q + \frac{E\,h}{2\varkappa}\chi_1\right).$$

Mit $\varphi = \frac{\pi}{2}$ haben wir die beiden nachstehenden Gleichungen zur Bestimmung von C_1 und C_2:

$$w_1 = -w_0 \quad \text{oder} \quad \frac{a}{E\,h}(n_\vartheta{}^1 - \mu\, n_\varphi{}^1) \equiv$$

$$\equiv \frac{-a}{E\,h}\left(\varkappa\, q + \frac{E\,h}{2\,\varkappa}\,\chi_1\right) = -\frac{1+\mu}{E}\,a^2\gamma$$

und

$$m_\varphi = 0 \quad \text{oder} \quad \chi_1 - \frac{2\,\varkappa^2}{E\,h}\,q = 0.$$

Es ergibt sich, wenn noch $\psi = \frac{\pi}{2} - \varphi$ gesetzt wird,

$$q = \frac{1+\mu}{2\,\varkappa}\,\gamma\, a\, h\, e^{-\varkappa\psi}(\cos\varkappa\,\psi - \sin\varkappa\,\psi),$$

$$\chi_1 = \frac{1+\mu}{E}\,\gamma\, a\,\varkappa\, e^{-\varkappa\psi}(\cos\varkappa\,\psi + \sin\varkappa\,\psi).$$

Damit sind auch alle Schnittgrößen bestimmt. Die früher berechneten Membranspannungen sind noch zu überlagern.

c) Jetzt gilt in $\varphi = \pi/2$ die Bedingung $w = 0$ und $\chi = 0$. Damit stehen wieder zwei Gleichungen zur Bestimmung von C_1 und C_2 zur Verfügung, nämlich

$$\chi_1 = -\chi_0 \quad \text{oder} \quad \chi_1 = \frac{2+\mu}{E}\,a\,\gamma$$

und

$$w_1 = -w_0 \quad \text{oder} \quad -\frac{a}{E\,h}\left(\varkappa\, q + \frac{2+\mu}{2\,\varkappa}\,a\,h\,\gamma\right) = -\frac{1+\mu}{E}\,a^2\gamma.$$

Man erhält, wieder mit $\psi = \frac{\pi}{2} - \varphi$,

$$q = \frac{1+\mu}{\varkappa}\,\gamma\, a\, h\, e^{-\varkappa\psi}\left[\cos\varkappa\psi - \frac{2+\mu}{2\,(1+\mu)\,\varkappa}(\cos\varkappa\,\psi + \sin\varkappa\,\psi)\right],$$

$$\chi_1 = \frac{2\,(1+\mu)}{E}\,\gamma\, a\,\varkappa\, e^{-\varkappa\psi}\left[\sin\varkappa\,\psi + \frac{2+\mu}{2\,(1+\mu)\,\varkappa}(\cos\varkappa\,\psi - \sin\varkappa\,\psi)\right].$$

Der Membranspannungsanteil ist auch hier wieder zu überlagern.

Literatur

W. Flügge: Statik und Dynamik der Schalen, 2. Aufl. Berlin: 1957.

K. Girkmann: Flächentragwerke, 6. Aufl. Wien: 1963.

A. L. Goldenveizer: Theory of Elastic Thin Shells. Oxford: 1961.

P. Gravina: Theorie und Berechnung der Rotationsschalen. Berlin: 1961.

E. Hampe: Statik rotationssymmetrischer Flächentragwerke, 4 Bde. Berlin: 1963/64.

A. Pflüger: Elementare Schalenstatik, 3. Aufl. Berlin: 1960.

S. Timoshenko–S. Woinowsky–Krieger: Theory of Plates and Shells, 2. Aufl. New York: 1959.

W. S. Wlassow: Allgemeine Schalentheorie und ihre Anwendung in der Technik. Berlin: 1958.

XVI. Sätze über die Formänderungsarbeit

1. Einleitung. Schon bei der Behandlung von Systemen mit einer endlichen Anzahl von Freiheitsgraden haben wir gesehen, welch große Bedeutung den Sätzen zukommt, die Aussagen über die Arbeit der am System angreifenden Kräfte bei tatsächlichen oder virtuellen Bewegungen enthalten. Dazu zählen der Arbeitssatz (VI, 11), der Energiesatz (VI, 19), das D'ALEMBERTsche Prinzip (VII, 3) und das Prinzip der virtuellen Verschiebungen (VII, 6). Vielleicht noch größere Bedeutung gewinnen diese Sätze aber bei der Anwendung auf den elastischen Körper. Wir stellen deshalb in diesem Kapitel zuerst die Ausdrücke für die Formänderungsenergie der in den vorangehenden Abschnitten behandelten speziellen Körper (Stab, Platte und Schale) zusammen und leiten anschließend noch zwei weitere, praktisch wichtige Sätze her. Im nächsten Kapitel folgen dann einige Anwendungen.

2. Die Verzerrungsenergie des Stabes. Den allgemeinen Ausdruck für die Verzerrungsenergie eines elastischen Körpers, der dem HOOKEschen Gesetz gehorcht, haben wir in Ziff. X, 3 angegeben. Für den *axial- und biegebeanspruchten* Stab gilt $\sigma_y = \sigma_z = \tau_{yz} = 0$, also nach Gl. (X, 7)

$$U^* = \frac{1}{2E}\int\limits_V [\sigma_x^2 + 2(1+\mu)(\tau_{xy}^2 + \tau_{xz}^2)]\, dV. \qquad \text{(XVI, 1)}$$

Sind M_y, M_z die Biegemomente, N die Axialkraft und Q_y, Q_z die Querkräfte, so ist nach Gl. (XI, 1) und (XI, 6)

$$\sigma_x = \frac{N}{F} + \frac{M_y}{J_y} z - \frac{M_z}{J_z} y$$

und nach Gl. (XI, 28)

$$\tau_{xz} = -\frac{Q_z S_y(z)}{J_y\, b(z)}, \quad \tau_{xy} = -\frac{Q_y S_z(y)}{J_z\, b(y)}.$$

Aus (XVI, 1) folgt dann, mit $dV = dF\, dx$

$$U^* = \frac{1}{2E}\int\limits_0^l \left[\frac{N^2}{F^2}\int\limits_F dF + \frac{M_y^2}{J_y^2}\int\limits_F z^2\, dF + \frac{M_z^2}{J_z^2}\int\limits_F y^2\, dF + \right.$$

$$\left. + 2\frac{N}{F}\frac{M_y}{J_y}\int\limits_F z\, dF - 2\frac{N}{F}\frac{M_z}{J_z}\int\limits_F y\, dF - 2\frac{M_y}{J_y}\frac{M_z}{J_z}\int\limits_F yz\, dF\right] dx +$$

$$+ \frac{1}{2G}\int\limits_0^l \left[\frac{Q_z^2}{J_y^2}\int\limits_F \frac{S_y^2(z)}{b^2(z)}\, dF + \frac{Q_y^2}{J_z^2}\int\limits_F \frac{S_z^2(y)}{b^2(y)}\, dF\right] dx.$$

Die Integrale über die Querschnittsfläche stellen der Reihe nach die Fläche F, die Trägheitsmomente J_y und J_z, die statischen Momente und das Deviationsmoment sowie — gemäß Gl. (XI, 31) — die Größen

$\varkappa_z J_y^2/F$ und $\varkappa_y J_z^2/F$ dar. Deviationsmoment und statische Momente verschwinden. Damit ergibt sich schließlich

$$U^* = \frac{1}{2}\int_0^l \left[\frac{N^2}{EF} + \frac{M_y^2}{EJ_y} + \frac{M_z^2}{EJ_z} + \frac{\varkappa_z Q_z^2}{GF} + \frac{\varkappa_y Q_y^2}{GF}\right] dx. \qquad \text{(XVI, 2)}$$

Drücken wir die Verzerrungsenergie anstatt durch die Schnittgrößen durch die Verschiebungen u, v, w aus und vernachlässigen den Einfluß der Querkräfte, so erhalten wir wegen

$$\frac{N}{EF} = \varepsilon_x = \frac{\partial u}{\partial x}, \qquad \frac{M_z}{EJ_z} = +\frac{\partial^2 v}{\partial x^2}, \qquad \frac{M_y}{EJ_y} = -\frac{\partial^2 w}{\partial x^2}$$

den Ausdruck

$$U = \frac{1}{2}\int_0^l \left[EF\left(\frac{\partial u}{\partial x}\right)^2 + EJ_z\left(\frac{\partial^2 v}{\partial x^2}\right)^2 + EJ_y\left(\frac{\partial^2 w}{\partial x^2}\right)^2\right] dx. \qquad \text{(XVI, 3)}$$

Die Beziehungen (XVI, 2) und (XVI, 3) können auch für den *schwach gekrümmten Stab* verwendet werden, da sich die Verteilung der Spannungen und Verzerrungen bei diesem nicht von der des geraden Stabes unterscheidet. x ist dann die entlang der Stabachse gemessene Bogenlänge s.

Für den auf *reine Torsion* beanspruchten Stab verschwinden alle Spannungskomponenten mit Ausnahme von τ_{xy} und τ_{xz}. Für diese ist nach Gl. (XII, 6) und (XII, 10)

$$\tau_{xy} = \frac{M_T}{J_T}\frac{\partial \psi}{\partial z}, \qquad \tau_{xz} = -\frac{M_T}{J_T}\frac{\partial \psi}{\partial y}.$$

Damit wird aus Gl. (XVI, 1) für die Ergänzungsenergie

$$U^* = \frac{1}{2G}\int_0^l \frac{M_T^2}{J_T^2}\int_F \left[\left(\frac{\partial \psi}{\partial z}\right)^2 + \left(\frac{\partial \psi}{\partial y}\right)^2\right] dF\, dx$$

erhalten. Dieser Ausdruck kann mittels der GREENschen Formel[1]

$$\int_F \left(\varphi \Delta\psi + \frac{\partial \varphi}{\partial y}\frac{\partial \psi}{\partial y} + \frac{\partial \varphi}{\partial z}\frac{\partial \psi}{\partial z}\right) dF = \oint_C \varphi\left(\frac{\partial \psi}{\partial y}dz - \frac{\partial \psi}{\partial z}dy\right)$$

umgeformt werden. Setzt man $\varphi = \psi$ und beachtet die Gln. (XII, 7) und (XII, 8) mit $c = 0$, so folgt mit Gl. (XII, 11)

$$\int_F \left[\left(\frac{\partial \psi}{\partial z}\right)^2 + \left(\frac{\partial \psi}{\partial y}\right)^2\right] dF = 2\int_F \psi\, dF = J_T.$$

Somit ist

$$U^* = \frac{1}{2}\int_0^l \frac{M_T^2}{GJ_T}\, dx. \qquad \text{(XVI, 4)}$$

---

[1] Siehe z. B. A. DUSCHEK: Höhere Mathematik, Bd. II, 3. Aufl. § 13, 11. Wien: 1963.

Mit Gl. (XII, 10) folgt daraus die Verzerrungsenergie U zu

$$U = \frac{1}{2} \int_0^l G J_T \vartheta^2 \, dx. \tag{XVI, 5}$$

3. **Die Verzerrungsenergie bei Wölbkrafttorsion.** Bei der Torsion des Stabes mit dünnwandigem offenem Querschnitt (Wölbkrafttorsion) kommt zu der durch Gl. (XVI, 5) gegebenen Verzerrungsenergie der SAINT-VENANTschen Schubspannungen noch die Energie der Längsspannungen σ_x

$$\frac{1}{2} \int_V \frac{\sigma_x^2}{E} \, dF \, dx$$

hinzu[1]. Nach Gl. (XII, 54) ist

$$\sigma_x = E \, \vartheta' \, \varphi^*.$$

Einsetzen liefert unter Beachtung von Gl. (XII, 58)

$$U = \frac{1}{2} \int_0^l (G J_T \vartheta^2 + E C_w \vartheta'^2) \, dx, \tag{XVI, 6}$$

C_w ist der (auf den Schubmittelpunkt bezogene) Wölbwiderstand des Querschnittes.

4. **Die Verzerrungsenergie der Kreisplatte.** Für die in Ziff. XIV, 3 behandelte, drehsymmetrisch auf Biegung beanspruchte Kreisplatte gilt nach Gl. (X, 7)

$$U^* = \frac{2(1+\mu)}{4E} \int_V \left[\frac{(\sigma_r + \sigma_\varphi)^2}{1+\mu} - 2 \sigma_r \sigma_\varphi \right] dV = \frac{1}{2E} \int_V (\sigma_r^2 + \sigma_\varphi^2 - 2 \mu \sigma_r \sigma_\varphi) \, dV. \tag{XVI, 7}$$

Drücken wir die Spannungskomponenten mit Hilfe der Gln. (XIV, 12) und (XIV, 13) durch die Plattendurchbiegung w aus,

$$\sigma_r = -\frac{E z}{1-\mu^2} \left(\frac{\partial^2 w}{\partial r^2} + \frac{\mu}{r} \frac{\partial w}{\partial r} \right), \quad \sigma_\varphi = -\frac{E z}{1-\mu^2} \left(\frac{1}{r} \frac{\partial w}{\partial r} + \mu \frac{\partial^2 w}{\partial r^2} \right),$$

und schreiben $dV = dF \, dz$, mit F als Plattenmittelfläche, so geht U^* über in

$$U = \frac{1}{2E} \frac{E^2}{(1-\mu^2)^2} \int_{-h/2}^{+h/2} z^2 \, dz \int_F \left[\left(\frac{\partial^2 w}{\partial r^2} + \frac{\mu}{r} \frac{\partial w}{\partial r} \right)^2 + \left(\frac{1}{r} \frac{\partial w}{\partial r} + \mu \frac{\partial^2 w}{\partial r^2} \right)^2 - \right.$$
$$\left. - 2 \mu \left(\frac{\partial^2 w}{\partial r^2} + \frac{\mu}{r} \frac{\partial w}{\partial r} \right) \left(\frac{1}{r} \frac{\partial w}{\partial r} + \mu \frac{\partial^2 w}{\partial r^2} \right) \right] dF.$$

Nach Zusammenfassung ergibt sich

$$U = K \int_F \left[\frac{1}{2} (\Delta w)^2 - (1-\mu) \frac{1}{r} \frac{\partial w}{\partial r} \frac{\partial^2 w}{\partial r^2} \right] dF.$$

---

[1] Die Arbeit der mit σ_x verknüpften Wölbschubspannungen τ_w ist Null, da die von ihnen bewirkten Formänderungen γ_w verschwinden (Ziff. XII, 10).

Die Integration ist über die Plattenmittelfläche F zu erstrecken. Wegen der Drehsymmetrie gilt $dF = 2\pi r\, dr$.

Der zweite Teil im Ausdruck für U kann integriert werden. Sind R_i und R_a der Innen- und Außenradius der Platte, so erhält man mit

$$\frac{\partial w}{\partial r}\frac{\partial^2 w}{\partial r^2} \equiv \frac{1}{2}\frac{\partial}{\partial r}\left(\frac{\partial w}{\partial r}\right)^2$$

schließlich

$$U = \pi K\left[\int_{R_i}^{R_a}\left(\Delta w\right)^2 r\, dr - (1-\mu)\left(\frac{\partial w}{\partial r}\right)^2\Bigg|_{r=R_i}^{r=R_a}\right]. \qquad \text{(XVI, 8)}$$

Wenn Innen- und Außenrand eingespannt sind, also dort $\partial w/\partial r = 0$ gilt, fällt der integrierte Teil weg.

Aus Gl. (XIV, 19) folgt durch Integration

$$\Delta w = \frac{Q-C}{K}, \qquad Q(r) = -\int q_r\, dr, \qquad \text{(XVI, 9)}$$

mit C als statisch unbestimmter Integrationskonstanten. Damit erhält man aus der ersten Gl. (XIV, 15)

$$\frac{\partial w}{\partial r} = \frac{r}{(1-\mu)K}(m_r + Q - C). \qquad \text{(XVI, 10)}$$

Einsetzen in Gl. (XVI, 8) liefert die Ergänzungsenergie

$$U^* = \frac{\pi}{K}\left[\int_{R_i}^{R_a}(Q-C)^2 r\, dr - H\Bigg|_{r=R_i}^{r=R_a}\right]. \qquad \text{(XVI, 11)}$$

Die Größe $H = (1-\mu)(K\,\partial w/\partial r)^2$ ist durch Gl. (XVI, 10) bestimmt. Im besonderen wird

$$\left.\begin{aligned} &H = 0 \;\ldots\ldots\ldots\ldots\ldots \text{an einem eingespannten Rand und in Plattenmitte,}\\ &H = \frac{r^2}{1-\mu}(Q-C)^2 \ldots \text{an einem freien oder frei drehbaren Rand.}\end{aligned}\right\} \qquad \text{(XVI, 12)}$$

5. Die Verzerrungsenergie der drehsymmetrisch belasteten Rotationsschale. Auch in diesem Fall gilt Gl. (XVI, 7), mit σ_ϑ an Stelle von σ_r. Der Zusammenhang zwischen den Spannungen und Schnittgrößen ist durch Gl. (XV, 25) gegeben. Damit liefert Gl. (XVI, 7), wenn $dV = dF\, dz$ gesetzt wird, wo F die Schalenmittelfläche bedeutet,

$$\begin{aligned} U^* = \frac{1}{2E}\int_F \Bigg\{ &\frac{1}{h^2}(n_\varphi^2 + n_\vartheta^2 - 2\mu\, n_\varphi n_\vartheta)\int_{-h/2}^{+h/2} dz + \\ &+ \frac{144}{h^6}(m_\varphi^2 + m_\vartheta^2 - 2\mu\, m_\varphi m_\vartheta)\int_{-h/2}^{+h/2} z^2\, dz - \\ &- \frac{24}{h^4}[n_\varphi m_\varphi + n_\vartheta m_\vartheta - \mu(n_\varphi m_\vartheta + n_\vartheta m_\varphi)]\int_{-h/2}^{+h/2} z\, dz\Bigg\}\, dF.\end{aligned}$$

Nach Zusammenfassung folgt

$$U^* = \frac{1}{2(1-\mu^2)} \int\limits_F \int \left[\frac{1}{D}(n_\varphi^2 + n_\vartheta^2 - 2\mu\, n_\varphi n_\vartheta) + \frac{1}{K}(m_\varphi^2 + m_\vartheta^2 - 2\mu\, m_\varphi m_\vartheta)\right] dF. \qquad \text{(XVI, 13)}$$

Aus der Ergänzungsenergie U^* ergibt sich die Verzerrungsenergie U als Funktion von u und w durch Einsetzen der Schnittgrößen gemäß den Gln. (XV, 12) und (XV, 13) unter Benützung der Beziehungen (XV, 5) bis (XV, 7).

6. Der Satz von Maxwell. Auf einen beliebig gestützten elastischen Körper denken wir uns im Punkt 1 eine Einzelkraft[1] vom Betrag einer Krafteinheit so aufgebracht, daß sie von Null aus langsam auf ihren Endwert $P_1 = 1$ anwächst (Abb. XVI, 1). Zu einem beliebigen Zeitpunkt möge sie den Wert λ haben, wobei also λ von Null auf Eins zunimmt. Die Verschiebung ihres Angriffspunktes ist, solange die Voraussetzungen der linearisierten Elastizitätstheorie zutreffen, proportional dem Momentanwert der Kraft. Wir bezeichnen die Komponenten dieser Verschiebung in Richtung von P_1 mit $\lambda\,\alpha_{11}$. Der Endwert α_{11} wird *Arbeitsweg* der Kraft genannt[2]. Wächst jetzt λ um $d\lambda$, so verschiebt sich der Angriffspunkt 1 in Richtung von P_1 um $\alpha_{11}\, d\lambda$ und die nach Erreichen des Endzustandes von P_1 geleistete Arbeit ist gemäß Gl. (VI, 2)

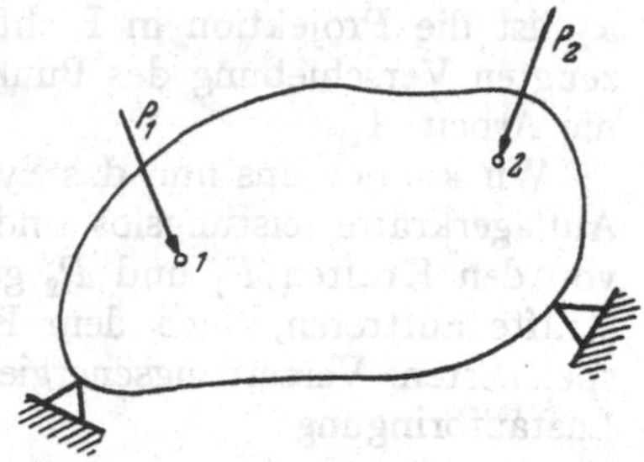

Abb. XVI, 1

$$A_{11} = \int_0^1 \lambda\, \alpha_{11}\, d\lambda = \frac{1}{2}\, \alpha_{11}.$$

Nun bringen wir eine zweite Kraft $P_2 = 1$ mit dem Angriffspunkt 2 an, die gleichfalls von Null aus langsam anwachsen möge. Sie erzeugt im Punkt 2 eine Verschiebung, deren Komponente in Richtung von P_2 mit α_{22} und im Punkt 1 eine Verschiebung, deren Komponente in Richtung von P_1 mit α_{12} bezeichnet wird. Sowohl die bereits in voller Stärke vorhandene Kraft P_1 wie auch die Kraft P_2 leisten dabei Arbeit. Der Anteil von P_1 beträgt

[1] Wie in Ziff. II, 1 auseinandergesetzt, kann eine Einzelkraft in Wirklichkeit nicht auftreten. Nicht nur örtliche Spannung, Beschleunigung und Verschiebung, sondern auch die Formänderungsarbeit würden unendlich groß werden. Wenn also hier wie auch sonst in der Elastizitätslehre (Balken, Platten usw.) mit Einzelkräften operiert wird, dann sind diese im Sinne des SAINT-VENANTschen Prinzips, Ziff. X, 4, nur als Resultierende von Kräftesystemen zu verstehen, die in Wirklichkeit über kleine Bereiche verteilt sind.

[2] Allgemein verstehen wir unter Arbeitsweg die Verschiebung des Angriffspunktes einer Kraft in Kraftrichtung, wobei es gleichgültig ist, ob diese Verschiebung von der Kraft selbst oder von anderen Kräften herrührt.

$$A_{12} = \int_0^1 \alpha_{12}\, d\lambda = \alpha_{12}$$

und der von P_2

$$A_{22} = \int_0^1 \lambda\, \alpha_{22}\, d\lambda = \frac{1}{2}\alpha_{22}.$$

Nun kehren wir die Reihenfolge der Lastaufbringung um. Dann wird die zuerst vorhandene Kraft P_2 zunächst wieder die Arbeit A_{22} leisten, beim anschließenden Aufbringen von P_1 aber noch die Arbeit

$$A_{21} = \int_0^1 \alpha_{21}\, d\lambda = \alpha_{21}.$$

α_{21} ist die Projektion in Richtung von P_2 der durch die Kraft P_1 erzeugten Verschiebung des Punktes 2. Die Kraft P_1 selbst leistet wieder die Arbeit A_{11}.

Wir können uns nun das System stets so abgegrenzt denken, daß die Auflagerkräfte leistungslos sind. Die gesamte äußere Arbeit wird dann von den Kräften P_1 und P_2 geleistet. Sie ist, wenn keine dissipativen Kräfte auftreten, nach dem Energiesatz gleich der im System aufgespeicherten Verzerrungsenergie, unabhängig von der Reihenfolge der Lastaufbringung:

$$U = A_{11} + A_{12} + A_{22} = A_{22} + A_{21} + A_{11},$$

somit

$$A_{12} = A_{21}$$

oder

$$\alpha_{12} = \alpha_{21}. \qquad \text{(XVI, 14)}$$

Dies ist der MAXWELLsche *Satz von der Gegenseitigkeit der Verschiebungen:* „An einem elastischen Körper erzeugen zwei Kräfte vom Betrag Eins gegenseitig gleiche Arbeitswege." Die beiden Größen α_{12} und α_{21}, welche die Dimension Länge pro Kraft haben, werden *Einflußzahlen* genannt[1].

7. Der Satz von Castigliano. Bei der Anwendung des Prinzips der virtuellen Verschiebungen vergleicht man die zu untersuchende Gleichgewichtslage mit Nachbarlagen, die geometrisch möglich sind, in Wirklichkeit aber nicht eintreten, weil zwar die zugehörigen Verzerrungen die Verträglichkeitsbedingungen erfüllen, der zugehörige Spannungszustand aber nicht den Gleichgewichtsbedingungen genügt. Nur der wirklich eintretende Zustand erfüllt beide Bedingungen.

Man kann nun auch umgekehrt verfahren. Anstatt Nachbarlagen zu betrachten, also den Verzerrungszustand zu variieren, kann man auch den Spannungszustand variieren, das heißt den tatsächlich eintretenden mit benachbarten Spannungszuständen vergleichen. Wir denken uns die auf den Körper wirkenden äußeren Kräfte durch eine Anzahl von äquivalenten Einzelkräften $P_1 \ldots P_n$ ersetzt. Wenn wir nun der Kraft P_i

[1] Vgl. Ziff. XI, 8.

einen virtuellen Zuwachs δP_i erteilen, so werden sich die Spannungen ändern und damit die in den Spannungen ausgedrückte Verzerrungsenergie U^* um δU^* anwachsen. Die Änderungen mögen aber so beschaffen sein, daß auch der neue Spannungs- und Lastzustand statisch möglich ist, das heißt den Gleichgewichtsbedingungen genügt. Dann gilt auch für ihn und damit auch für die Zuwächse das Prinzip der virtuellen Verschiebungen. Als Verschiebungen wählen wir aber jetzt speziell die wirklich eingetretenen. Diese genügen ja den Verträglichkeits- und Stützungsbedingungen und sind, da die linearisierte Elastizitätstheorie gilt, hinreichend klein. Wir setzen also

$$\delta A^{(a)} = \sum_{i=1}^{n} a_i \, \delta P_i.$$

Die Größe a_i ist der Arbeitsweg der Kraft P_i, nämlich die Projektion auf die Richtung von P_i der unter den Kräften $P_1, \ldots, P_n$ entstandenen Verschiebung des Angriffspunktes von P_i.

Das Prinzip der virtuellen Verschiebungen, Gl. (VII, 6), lautet jetzt mit $\delta A^{(i)} = -\delta U^*$

$$\delta U^* = \sum_{i=1}^{n} a_i \, \delta P_i. \tag{XVI, 15}$$

Gl. (XVI, 15) wird gelegentlich als *Prinzip der virtuellen Kräfte* bezeichnet. Drücken wir schließlich noch U^* anstatt durch die Spannungen durch die Kräfte P_i aus, $U^* = U^*(P_1, P_2, \ldots P_n)$, so gilt nach den Regeln der Variationsrechnung

$$\delta U^* = \sum_{i=1}^{n} \frac{\partial U^*}{\partial P_i} \, \delta P_i$$

und damit wegen der Willkürlichkeit der Variationen δP_i

$$\frac{\partial U^*}{\partial P_i} = a_i. \tag{XVI, 16}$$

Damit ist der Satz von CASTIGLIANO gewonnen: „Die Ableitung der Ergänzungsenergie U^* nach einer Kraft gibt den Arbeitsweg dieser Kraft".

Der Satz gilt übrigens auch für das Moment M_i eines Kräftepaares, wenn man beachtet, daß dessen Arbeitsweg ein *Arbeitswinkel* α_i ist, durch den sich ein Linienelement im Bezugspunkt in der Ebene des Kräftepaares dreht. Also

$$\frac{\partial U^*}{\partial M_i} = \alpha_i. \tag{XVI, 17}$$

Der Satz von CASTIGLIANO kann auch zur Berechnung *statisch unbestimmter Größen* herangezogen werden. Deren Arbeitswege verschwinden nämlich. Für eine statisch unbestimmbare *äußere* Kraft (statisch unbestimmte Auflagerreaktion) ist das unmittelbar einzusehen bzw. durch passende Abgrenzung des Systems stets erreichbar. Es gilt aber auch für eine statisch unbestimmbare *innere* Kraft, wie etwa die Kraft in einem überzähligen Stab eines Fachwerkes. Denn denken wir uns die statisch unbestimmte Größe durch einen passend geführten Schnitt ausgeschaltet, so wird ein Klaffen der Schnittufer eintreten, das durch Anbringen der statisch Unbestimmten wieder rückgängig gemacht werden muß. Deren Arbeitsweg ist im ursprünglichen System also Null. Drücken wir daher U^* mit Hilfe der Gleichgewichtsbedingungen durch die Lasten und die statisch unbestimmten Größen $X_1, X_2, \ldots, X_n$ aus, so gilt

$$\frac{\partial U^*}{\partial X_i} = 0 \quad (i = 1, 2, \ldots, n). \qquad \text{(XVI, 18)}$$

In dieser speziellen Form wird der Satz von CASTIGLIANO auch als *Satz von* MENABREA bezeichnet.

Es sei nochmals ausdrücklich darauf hingewiesen, daß die in U^* auftretenden Kräfte „statisch zulässig", d. h. im Gleichgewicht sein müssen. Vor Anwendung der Formeln (XVI, 17) und (XVI, 18) sind daher alle Zwangskräfte — die statisch unbestimmten natürlich ausgenommen — mit Hilfe der Gleichgewichtsbedingungen aus U^* zu eliminieren.

Literatur

E. TREFFTZ: Mathematische Elastizitätstheorie. Handbuch der Physik, Bd. VI. Berlin: 1928 (Herausgeber: H. GEIGER–K. SCHEEL).

F. STÜSSI: Baustatik, Bd. II. Basel: 1954.

XVII. Einige Anwendungen der Sätze über die Formänderungsarbeit

Die mit dem Begriff der Formänderungsarbeit operierenden Sätze besitzen ein außerordentlich weites Anwendungsgebiet und werden besonders in der Praxis gerne verwendet. Sie können sowohl zur Gewinnung von Näherungslösungen wie auch zur Ermittlung strenger Lösungen herangezogen werden. Wir führen im nachstehenden nur einige charakteristische Beispiele vor. Zahlreiche weitere Anwendungen finden sich in der einschlägigen Literatur.

1. Biegeschwingungen einer Kreisplatte. Wie das in Ziff. XIV, 5 gerechnete Beispiel zeigt, ist die strenge Ermittlung der Eigenfrequenzen einer schwingenden Platte eine mühsame Aufgabe. Man kann nun mit Hilfe des Energiesatzes in einfacher Weise Näherungswerte für die *Grundschwingung* erhalten, wenn man die exakte Schwingungsform durch einen Näherungsausdruck ersetzt, der nur so beschaffen sein muß, daß er die Symmetriebedingung $\partial w/\partial r = 0$ in $r = 0$ und die Lagerungsbedingungen der Platte erfüllt. Im Falle der *eingespannten* Kreisplatte lauten diese

$$w = 0 \quad \text{und} \quad \frac{\partial w}{\partial r} = 0 \quad \text{in} \quad r = a.$$

Setzt man also für die Biegefläche ein Polynom in r^2 von der Form

$$w(r,t) = A\left(1 - \frac{r^2}{a^2}\right)^2 \cos\omega t \tag{a}$$

an, so sind diese Bedingungen erfüllt. Außerdem enthält die Fläche keine Knotenlinien $w = 0$, sie kann also als Näherung für die Grundschwingung dienen. Um nun den Energiesatz anwenden zu können, berechnen wir die in der Platte steckende kinetische und potentielle Energie. Wenn wir konstante Plattendicke voraussetzen, ist mit $dm = \varrho\, h\, 2\pi\, r\, dr$

$$T = \frac{1}{2}\int\limits_m \left(\frac{\partial w}{\partial t}\right)^2 dm = \pi\,\varrho\, h \int\limits_0^a \left(\frac{\partial w}{\partial t}\right)^2 r\, dr.$$

Nach Einsetzen von w gemäß Gl. (a) und Ausführung der Integration folgt

$$T = \frac{\pi}{10}\,\varrho\, h\, A^2\, a^2\, \omega^2 \sin^2\omega t.$$

Die potentielle Energie besteht im vorliegenden Fall nur aus der Verzerrungsenergie U der Platte, da die Lagerreaktionen bei der Schwingung keine Arbeit leisten. Trägt man Gl. (a) in Gl. (XVI, 8) ein und beachtet, daß $\partial w/\partial r$ in $r = 0$ und $r = a$ verschwindet, so erhält man

$$U = \frac{32\,\pi}{3}\,\frac{K}{a^2}\, A^2 \cos^2\omega t.$$

Nach dem Energiesatz (VI, 19) muß die Gesamtenergie $T + U$ konstant sein, was nur möglich ist, wenn

$$\frac{\pi}{10}\,\varrho\, h\, A^2\, a^2\, \omega^2 = \frac{32\,\pi}{3}\,\frac{K}{a^2}\, A^2$$

gilt. Daraus folgt $\omega^2 = \frac{320}{3}\,\frac{1}{a^4}\,\frac{K}{\varrho\, h}$, oder $\omega = \frac{10{,}328}{a^2}\sqrt{\frac{K}{\varrho\, h}}$ als Näherung für den exakten Wert $\omega = \lambda^2\sqrt{\frac{K}{\varrho\, h}} = \frac{10{,}214}{a^2}\sqrt{\frac{K}{\varrho\, h}}$, wobei $\lambda = \frac{3{,}196}{a}$ der Tabelle XIV, 1 entnommen wurde. Die Näherung ist im allgemeinen völlig ausreichend. Will man sie verbessern oder will man die höheren Eigenfrequenzen berechnen, so müssen andere Verfahren herangezogen werden[1].

Wäre die Kreisplatte nicht eingespannt, sondern *frei aufgelagert*, so hätte der Näherungsansatz die Randbedingungen $w = 0$ und $m_r = 0$ in $r = a$ zu erfüllen. m_r ist mittels Gl. (XIV, 15) durch w auszudrücken. Man geht dann so vor, daß man wieder ein Polynom $w = A\left[1 + \alpha\left(\frac{r}{a}\right)^2 + \beta\left(\frac{r}{a}\right)^3\right]\cos\omega t$ ansetzt und α und β aus den beiden Randbedingungen berechnet.

[1] Kap. XX.

2. Durchbiegung eines Trägers mit Gleichlast. Ein auf zwei Stützen gelagerter Balken konstanten Querschnittes trägt eine Gleichlast q (Abb. XVII, 1). Gesucht wird die Durchbiegung w_0 in Trägermitte[1]. Wir verwenden den Satz von CASTIGLIANO. Da am Ort und in Richtung der gesuchten Verschiebung keine Einzelkraft angreift, müssen wir dort eine Hilfskraft P anbringen, die wir später wieder Null setzen. Das Biegemoment ist dann mit $A = q\,l/2 + P/2$

$$M = A\,x - \frac{q\,x^2}{2} = \frac{q\,x}{2}(l - x) + \frac{P\,x}{2}, \quad 0 \leq x \leq \frac{l}{2}.$$

Nach CASTIGLIANO gilt

$$w_0 = \left.\frac{\partial U^*}{\partial P}\right|_{P=0}.$$

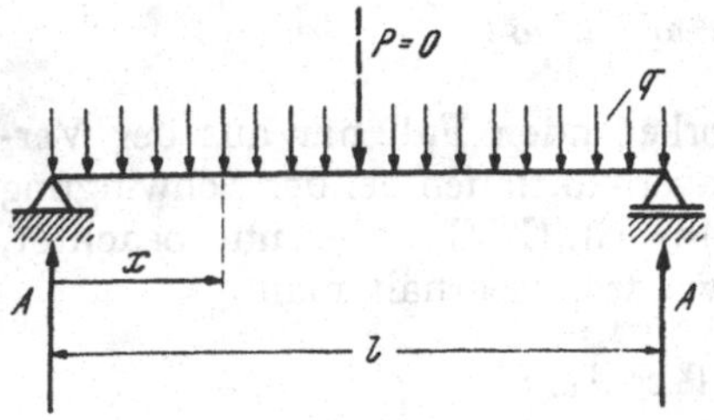

Abb. XVII, 1

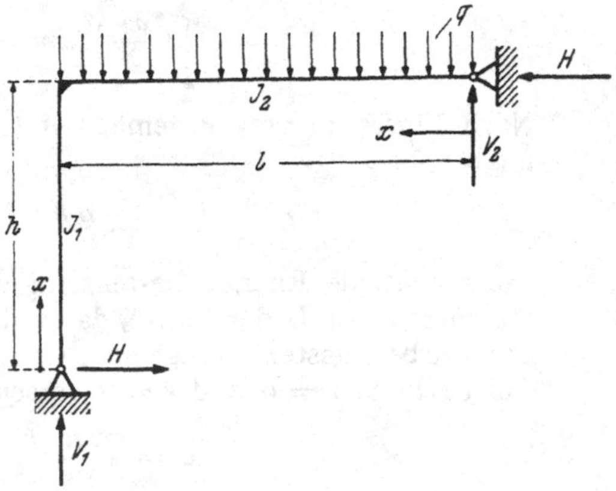

Abb. XVII, 2

Wir berücksichtigen nur den Einfluß der Biegemomente auf die Durchbiegung. Dann ist nach Gl. (XVI, 2)

$$U^* = \frac{1}{2\,E\,J}\int_0^l M^2\,dx = \frac{1}{E\,J}\int_0^{l/2} M^2\,dx.$$

Somit

$$w_0 = \frac{2}{E\,J}\int_0^{l/2} M\left.\frac{\partial M}{\partial P}\right|_{P=0} dx = \frac{2}{E\,J}\int_0^{l/2} \frac{q\,x\,(l-x)}{2}\,\frac{x}{2}\,dx = \frac{5\,q\,l^4}{384\,E\,J}.$$

3. Statisch unbestimmter Rahmen. Als Beispiel für die Anwendung des Satzes von MENABREA betrachten wir den Rahmen Abb. XVII, 2. Der Stiel hat die Höhe h und das Querschnitts-Trägheitsmoment J_1, der Riegel hat die Länge l und das Querschnitts-Trägheitsmoment J_2. Die Enden sind gelenkig gelagert.

Zur Berechnung der Auflagerkräfte stehen zunächst die drei Gleichgewichtsbedingungen des ebenen Kraftsystems zur Verfügung, aus denen

$$V_1 = \frac{q\,l}{2} + H\frac{h}{l}, \quad V_2 = \frac{q\,l}{2} - H\frac{h}{l}$$

[1] Vgl. Ziff. XI, 5.

folgt. Die Horizontalkraft H bleibt statisch unbestimmt. Wir drücken nun die Biegemomente[1] in Stiel und Riegel durch H und die Last q aus und erhalten mit den aus der Abbildung ersichtlichen Koordinaten x: im Stiel $M_1 = -H\,x$, im Riegel $M_2 = V_2\,x - \frac{q\,x^2}{2} = \frac{q\,x}{2}(l-x) - H\frac{h}{l}x$. Damit ergibt sich für die Ergänzungsenergie

$$U^* = \frac{1}{2\,E\,J_1}\int_0^h M_1^2\,dx + \frac{1}{2\,E\,J_2}\int_0^l M_2^2\,dx.$$

Nach Menabrea, Gl. (XVI, 18), muß $\frac{\partial U^*}{\partial H} = 0$, also

$$\frac{1}{J_1}\int_0^h M_1\frac{\partial M_1}{\partial H}\,dx + \frac{1}{J_2}\int_0^l M_2\frac{\partial M_2}{\partial H}\,dx = 0$$

sein. Nach Einsetzen folgt

$$\frac{1}{J_1}\int_0^h H\,x^2\,dx + \frac{1}{J_2}\int_0^l\left[\frac{q\,x}{2}(l-x) - H\frac{h}{l}\,x\right]\left[-\frac{h}{l}\,x\right]dx = 0,$$

woraus sich die gesuchte Horizontalkraft H zu

$$H = \frac{q\,l^2}{8\,h\left(1 + \frac{J_2}{J_1}\frac{h}{l}\right)}$$

ergibt.

4. Kreisplatte mit Einzellast. Um die Durchbiegung w_0 im Plattenmittelpunkt zu berechnen, verwenden wir den Satz von Castigliano. Die Platte sei längs des Randes $r = a$ frei drehbar gelagert und im Mittelpunkt mit einer Einzelkraft P belastet. Wegen $q_r = -P/2\pi r$ erhält man aus Gl. (XVI, 9) sofort $Q = (P/2\pi)\ln r$. In den Ausdruck (XVI, 11) für die Ergänzungsenergie ist demgemäß für die Größe H

$$H_{r=a} = \frac{a^2}{1-\mu}\left(\frac{P}{2\pi}\ln a - C\right)^2, \quad H_{r=0} = 0$$

einzuführen. Die statisch unbestimmte Integrationskonstante C folgt nach Menabrea aus $\partial U^*/\partial C = 0$, also aus

$$\int_0^a\left(\frac{P}{2\pi}\ln r - C\right)r\,dr - \frac{a^2}{1-\mu}\left(\frac{P}{2\pi}\ln a - C\right) = 0.$$

[1] Den Einfluß der Längs- und Querkräfte auf die Verformung vernachlässigen wir. Biegemomente bezeichnen wir als positiv, wenn sie an der Rahmeninnenseite Zugspannungen hervorbringen.

Dies liefert

$$C = \frac{P}{2\pi}\left[\frac{1-\mu}{2(1+\mu)} + \ln a\right].$$

Damit lautet die Ergänzungsenergie nach Gl. (XVI, 11)

$$U^* = \frac{P^2}{4K\pi}\left\{\int\limits_0^a \left[\ln\frac{r}{a} - \frac{1-\mu}{2(1+\mu)}\right]^2 r\,dr - \frac{a^2}{4}\frac{1-\mu}{(1+\mu)^2}\right\}$$

und die gesuchte Mittelpunktsverschiebung ergibt sich nach Gl. (XVI, 16) zu

$$w_0 = \frac{\partial U^*}{\partial P} = \frac{3+\mu}{16(1+\mu)}\frac{Pa^2}{\pi K}.$$

5. **Schraubenfeder.** Der mittlere Federradius sei r, die Länge der Feder sei l und die Anzahl der Windungen sei n. Der Federdraht besitze Kreisquerschnitt, die Drahtstärke sei d.

In Abb. XVII, 3 sind die vier wichtigsten Belastungsfälle dargestellt: Längskraft P, Querkraft Q, Biegemoment B, Drehmoment D. Fall (*a*) stellt den Normalfall dar.

Wir verwenden den Satz von Castigliano, um die Formänderungen der Feder unter den verschiedenen Lasten zu berechnen.

Fall (a) Längskraft. Die Kraft P ruft in einem beliebigen Drahtquerschnitt das Biegemoment $M = P r \sin\alpha$ und das Drehmoment $M_T = P r \cos\alpha$ hervor, wo α den Steigungswinkel bedeutet. Für eine flachgängige Feder, wie wir sie weiterhin voraussetzen wollen, dürfen wir näherungsweise $\alpha = 0$ setzen. Die aufgespeicherte Ergänzungsenergie ist dann gemäß Gl. (XVI, 4)

$$U^* = \frac{n}{2GJ_T}\int\limits_0^{2\pi} M_T^2 r\,d\varphi = \frac{n\pi P^2 r^3}{GJ_T}.$$

$J_T = \pi d^4/32$ ist der Drillwiderstand des Drahtquerschnittes. Die Feder verlängert sich unter der Kraft P um die Strecke

$$s = \frac{\partial U^*}{\partial P} = \frac{2n\pi r^3}{GJ_T}P.$$

Die Federkonstante c für Zug oder Druck beträgt also

$$c = \frac{P}{s} = \frac{GJ_T}{2n\pi r^3} = \frac{Gd^4}{64nr^3}.$$

Die maximale Schubbeanspruchung der Feder ist mit $Q = P$ als Querkraft

$$\tau_{max} = \frac{4}{3}\frac{Q}{F} + \frac{16\,M_T}{\pi\,d^3} = \frac{16\,P}{\pi\,d^2}\left(\frac{1}{3} + \frac{r}{d}\right).$$

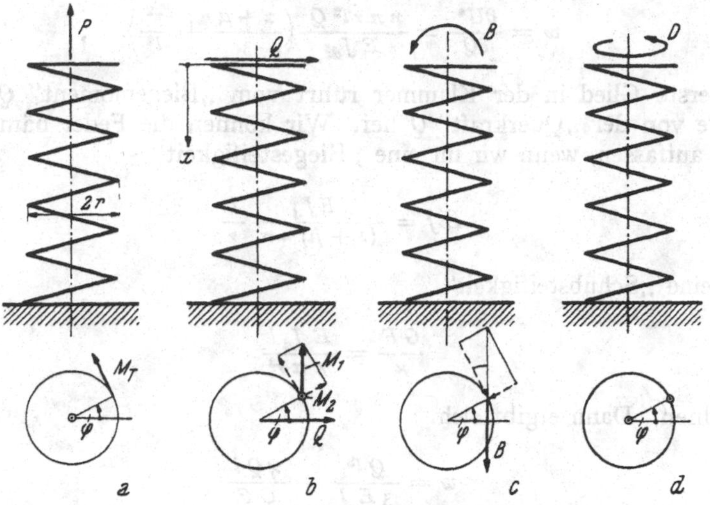

Abb. XVII, 3a–d

Die angegebenen Formeln gelten näherungsweise unter der Voraussetzung hinreichend schwacher Krümmung des Federdrahtes, also großem r/d. Bei stärkerer Krümmung verlaufen die Torsionsschubspannungen nicht mehr konstant über den Drahtumfang[1].

Fall (b) Querkraft. Die Querkraft Q ruft im Drahtquerschnitt an der beliebigen Stelle x, φ die Momente $M_1 = Q\,x$ und $M_2 = Q\,r \sin\varphi$ hervor. M_2 ist parallel zur Achse gerichtet. Es wirken somit das Torsionsmoment $M_T = Q\,x \cos\varphi$ und die Biegemomente $Q\,x \sin\varphi$ und $Q\,r \sin\varphi$ und wir erhalten für die Ergänzungsenergie

$$U^* = r\int_0^{2n\pi}\left[\frac{1}{2\,G\,J_T}(Q\,x\cos\varphi)^2 + \frac{1}{2\,E\,J_d}Q^2(x^2 + r^2)\sin^2\varphi\right]d\varphi.$$

Mit $x = l\,\varphi/2\,n\,\pi$, $G = E/2\,(1 + \mu)$ und $J_T = 2\,J_d = \pi\,d^4/32$ geht dies über in

$$U^* = \frac{r\,Q^2}{2\,E\,J_d}\left(\frac{l}{2\,n\,\pi}\right)^2\int_0^{2n\pi}\left[\varphi^2 + \mu\,\varphi^2\cos^2\varphi + \left(\frac{2\,n\,\pi\,r}{l}\right)^2\sin^2\varphi\right]d\varphi.$$

Ausrechnung ergibt

$$U^* = \frac{r\,Q^2\,l^2}{2\,E\,J_d}\left[\left(\frac{2+\mu}{3} + \frac{r^2}{l^2}\right)n\,\pi + \frac{\mu}{8\,n\,\pi}\right].$$

---

[1] O. Göhner: Die Berechnung zylindrischer Schraubenfedern. Z. VDI **76**, 268 u. 735 (1932). C. J. Ancker and J. N. Goodier: Pitch and Curvature Corrections for Helical Springs. J. Appl. Mech. **25**, 466 (1958).

Das letzte Glied kann vernachlässigt werden. Man erhält dann für die Querverschiebung des Federendes

$$w = \frac{\partial U^*}{\partial Q} = \frac{n \pi r l^2 Q}{E J_d}\left(\frac{2+\mu}{3} + \frac{r^2}{l^2}\right).$$

Das erste Glied in der Klammer rührt vom „Biegemoment" $Q x$, das zweite von der „Querkraft" Q her. Wir können die Feder nämlich als Stab auffassen, wenn wir ihr eine „Biegesteifigkeit"

$$E J = \frac{E J_d}{(2+\mu) n \pi} \frac{l}{r}$$

und eine „Schubsteifigkeit"

$$\frac{G F}{\varkappa} = \frac{E J_d l}{n \pi r^3}$$

zuordnen. Dann ergibt sich

$$w = \frac{Q l^3}{3 E J} + \frac{\varkappa Q l}{G F}$$

in Übereinstimmung mit der Theorie des Biegestabes. Gegenüber einem wirklichen „Stab" ist die Feder sehr schubweich.

Fall (c): Biegemoment. Dieser Fall ist durch die Ergebnisse von Fall (*b*) bereits erledigt. Wir haben bloß die Feder durch einen äquivalenten Biegestab mit der oben angegebenen Biegesteifigkeit zu ersetzen. Das gleiche Ergebnis erhalten wir auch direkt mittels des Satzes von Castigliano, wenn wir beachten, daß B in der Feder ein Biegemonent $B \sin\varphi$ und ein Torsionsmoment $B \cos\varphi$ erzeugt (Abb. XVII, 3c).

Fall (d): Drehmoment. Das Drehmoment D ruft im Draht ein gleich großes Biegemoment hervor, so daß sich für die Ergänzungsenergie der Ausdruck

$$U^* = \frac{n}{2 E J_d} \int_0^{2\pi} D^2 r \, d\varphi = \frac{n \pi r D^2}{E J_d}$$

ergibt. Unter der Wirkung von D dreht sich daher das Federende durch den Winkel

$$\chi = \frac{\partial U^*}{\partial D} = \frac{2 n \pi r D}{E J_d}.$$

Wir können uns die Feder wieder durch einen Stab mit der „Torsionssteifigkeit" $G J_T$ bzw. der „Drehfederkonstanten" γ

$$\gamma = \frac{D}{\chi} = \frac{G J_T}{l} = \frac{E J_d}{2 n \pi r}$$

ersetzt denken.

Aufgaben

A 1. Eine aus einem Viertelkreisbogen bestehende Blattfeder mit Rechteckquerschnitt liegt auf einer glatten Unterlage. Man bestimme für die in Abb. XVII, A 1 dargestellte Belastungsart die Federkonstante.

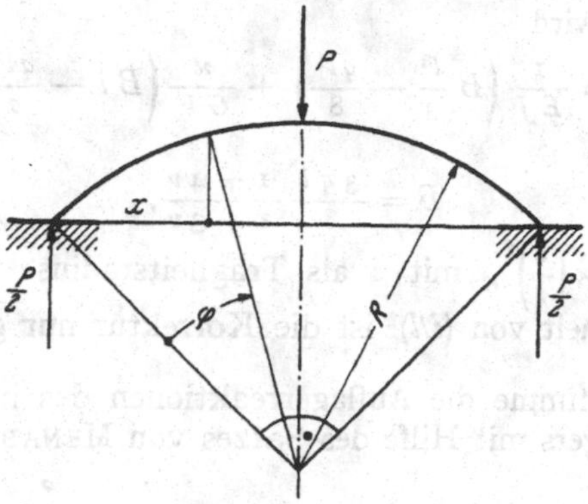

Abb. XVII, A 1

Lösung: Mit dem Biegemoment

$$M = -\frac{P}{2}x = -\frac{PR}{4}\sqrt{2}\,(1-\cos\varphi+\sin\varphi),\quad 0 \leqslant \varphi \leqslant \frac{\pi}{4}$$

liefert der Satz von CASTIGLIANO als Arbeitsweg der Kraft P

$$a = \frac{\partial U^*}{\partial P} = \frac{2R}{EJ}\int\limits_0^{\pi/4} M\,\frac{\partial M}{\partial P}\,d\varphi = \frac{PR^3}{2EJ}\left(\frac{\pi+3}{4}-\sqrt{2}\right).$$

Ist b die Breite und h die Dicke des Querschnittes, somit $J = b\,h^3/12$, so wird

$$c = \frac{P}{a} = \frac{2\,b\,h^3\,E}{3\,(\pi+3-4\sqrt{2})\,R^3}.$$

A 2. An dem in Abb. XVII, A 2 dargestellten, einfach statisch unbestimmt gelagerten Träger konstanten Querschnitts, der eine Gleichlast q trägt, sind die Auflagerreaktionen mit Hilfe des Satzes von MENABREA zu berechnen.

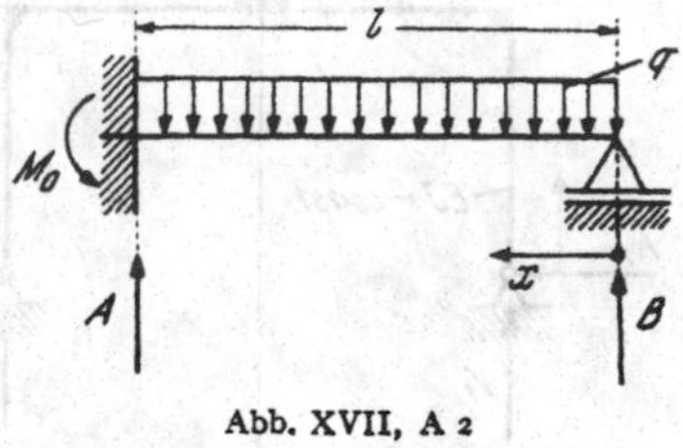

Abb. XVII, A 2

Lösung: Wir wählen die Auflagerreaktion B als statisch Unbestimmte. Mit

$$M = B\,x - \frac{q\,x^2}{2} \text{ und } U^* = \frac{1}{2EJ}\int\limits_0^l M^2\,dx$$

folgt dann aus $\dfrac{\partial U^*}{\partial B} = 0$ sofort $B = \dfrac{3}{8}\,q\,l$.

Die Gleichgewichtsbedingungen $A + B - q\,l = 0$ und $B\,l + M_0 - \dfrac{q\,l^2}{2} = 0$ liefern damit $A = \dfrac{5}{8}\,q\,l$ und $M_0 = \dfrac{q\,l^2}{8}$.

Soll der Einfluß der Querkraft $Q = B - q\,x$ auf die Durchbiegung und damit auf die statisch Unbestimmte B berücksichtigt werden, dann ist gemäß Gl. (XVI, 2) in U^* noch der Anteil $\frac{\varkappa}{2\,G\,F}\int\limits_0^l Q^2\,dx$ hinzu zu nehmen. Damit wird

$$\frac{\partial U^*}{\partial B} = \frac{1}{E\,J}\left(B\,\frac{l^3}{3} - \frac{q\,l^4}{8}\right) + \frac{\varkappa}{G\,F}\left(B\,l - \frac{q\,l^2}{2}\right) = 0$$

also

$$B = \frac{3\,q\,l}{8}\,\frac{1 + 4\,\nu}{1 + 3\,\nu},$$

wo $\nu = 2\,(1 + \mu)\,\varkappa\left(\frac{i}{l}\right)^2$, mit i als Trägheitsradius des Querschnittes. Wegen der Kleinheit von $(i/l)^2$ ist die Korrektur nur geringfügig.

A 3. Man bestimme die Auflagerreaktionen des in Abb. XVII, A 3 dargestellten Trägers mit Hilfe des Satzes von MENABREA.

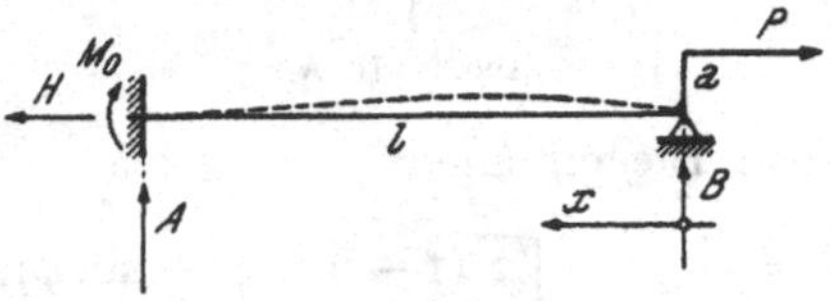

Abb. XVII, A 3

Lösung: Das System ist einfach statisch unbestimmt. Wir wählen B als statisch unbestimmte Größe und setzen das Biegemoment $M = B\,x - P\,a$ in Gl. (XVI, 18) ein:

$$\frac{\partial U^*}{\partial B} = \frac{1}{E\,J}\int\limits_0^l M\,\frac{\partial M}{\partial B}\,dx = \frac{1}{E\,J}\left(B\,\frac{l^3}{3} - P\,a\,\frac{l^2}{2}\right) = 0.$$

Wir erhalten $B = \frac{3}{2}\,\frac{a}{l}\,P$. Die übrigen Auflagergrößen folgen aus den Gleichgewichtsbedingungen zu

$$H = P,\quad A = -B,\quad M_0 = B\,l - P\,a.$$

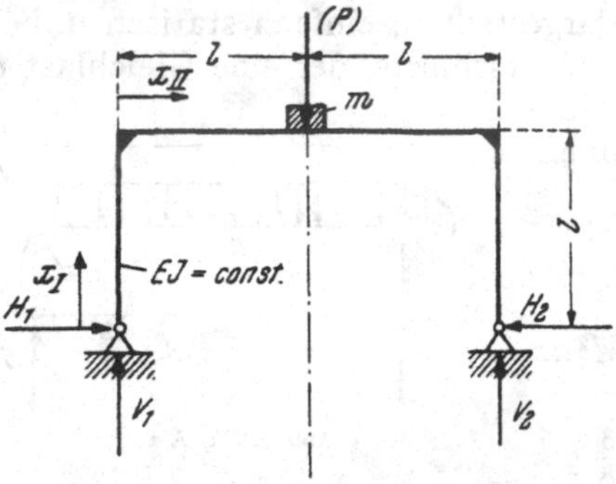

Abb. XVII, A 4

A 4. Man bestimme die Eigenfrequenz der Vertikalschwingung des in Abb. XVII, A 4 dargestellten Rahmens mit Einzelmasse bei Vernachlässigung der Rahmenmasse.

Lösung: Die Eigenfrequenz ist gegeben durch die Gleichung

$$\omega = \sqrt{\frac{c}{m}}.$$

Zur Bestimmung der Federkonstanten c bringt man am Ort der Masse eine vertikale Einzelkraft P an und erhält aus den Gleichgewichtsbedingungen $V_1 = V_2 = P/2$, $H_1 = H_2 = H$. Die statisch unbestimmte Horizontalkraft H läßt sich mit Hilfe des Satzes von MENABREA bestimmen. Es ist

$$M_{\mathrm{I}} = -H\,x_{\mathrm{I}} \qquad 0 \leqslant x_{\mathrm{I}} \leqslant l,$$
$$M_{\mathrm{II}} = -H\,l + V_1\,x_{\mathrm{II}} \qquad 0 \leqslant x_{\mathrm{II}} \leqslant l.$$

Der Satz von MENABREA

$$\frac{\partial U^*}{\partial H} = \frac{2}{E\,J}\left[\int_0^l H\,x^2\,dx + \int_0^l \left(H\,l - \frac{P}{2}\,x\right) l\,dx\right] = 0$$

gibt $H = 3\,P/16$ und der Satz von CASTIGLIANO liefert nach Einsetzen von H in U^* den Arbeitsweg der Kraft P

$$w = \frac{\partial U^*}{\partial P} = \frac{7\,P\,l^3}{96\,E\,J}.$$

Daraus erhält man die Federkonstante $c = P/w$ und somit schließlich

$$\omega = 4\sqrt{\frac{6}{7}\,\frac{E\,J}{m\,l^3}}.$$

A 5. Ein kreisförmig gebogener Stab rotiert mit konstanter Winkelgeschwindigkeit ω um seinen vertikalen Durchmesser (Abb. XVII, A 5).

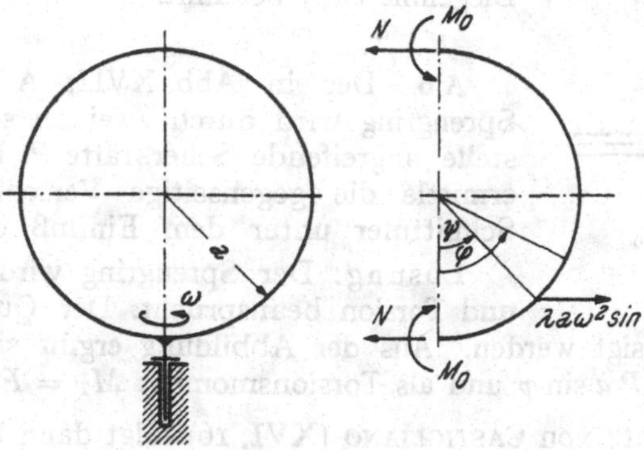

Abb. XVII, A 5

Man ermittle unter Vernachlässigung des Schwerkrafteinflusses den Verlauf des Biegemomentes.

Lösung: Mit λ als Stabmasse pro Längeneinheit ist aus Symmetrie- und Gleichgewichtsgründen in $\varphi = 0$ und $\varphi = \pi$

$$Q = 0, \quad N = \frac{1}{2}\int_0^\pi \lambda\,\omega^2\,a^2 \sin\varphi\,d\varphi = \lambda\,a^2\,\omega^2.$$

Das Moment an einer beliebigen Stelle φ des Stabes folgt mit $M_0 = M(0) = M(\pi)$ zu

$$M = M_0 + N\,a\,(1 - \cos\varphi) - \lambda\,a^2\,\omega^2 \int_0^{\varphi} a \sin\psi\,(\cos\psi - \cos\varphi)\,d\psi =$$

$$= M_0 + \frac{\lambda}{2}\,a^3\,\omega^2 \sin^2\varphi.$$

Es verbleibt also M_0 als statisch Unbestimmte. Vernachlässigt man in der Ergänzungsenergie den Einfluß von Normal- und Querkraft, so folgt aus dem Satz von MENABREA,

$$\frac{\partial U^*}{\partial M_0} = \frac{2\,a}{E\,J} \int_0^{\pi} M \frac{\partial M}{\partial M_0}\,d\varphi = \frac{2\,a}{E\,J}\left[M_0\,\pi + \frac{\lambda}{2}\,a^3\omega^2\frac{\pi}{2}\right] = 0,$$

sofort

$$M_0 = -\frac{\lambda}{4}\,a^3\,\omega^2.$$

Das Biegemoment verläuft somit gemäß

$$M = \frac{\lambda}{4}\,a^3\,\omega^2\,(2 \sin^2\varphi - 1).$$

Mit Hilfe von Gl. (XIII, 12) ist dann auch die Biegelinie $w(\varphi)$ bekannt.

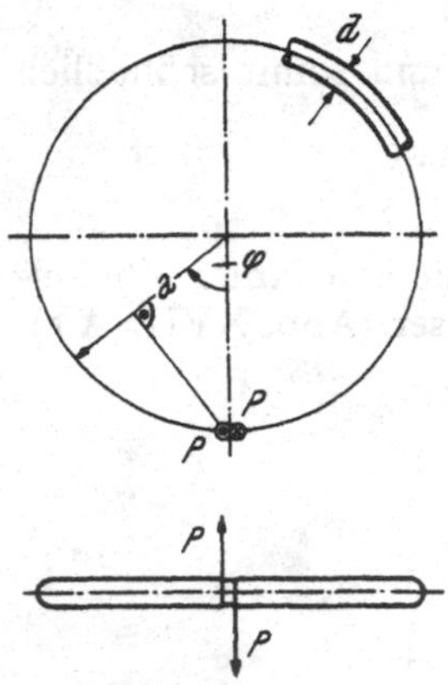

Abb. XVII, A 6

A 6. Der in Abb. XVII, A 6 dargestellte Sprengring wird durch zwei an seiner Schnittstelle angreifende Scherkräfte P belastet. Man ermittle die gegenseitige Verschiebung w der Schnittufer unter dem Einfluß dieser Kräfte.

Lösung: Der Sprengring wird auf Biegung und Torsion beansprucht. Der Querkrafteinfluß soll vernachlässigt werden. Aus der Abbildung ergibt sich als Biegemoment $M = P\,a \sin\varphi$ und als Torsionsmoment $M_T = P\,a\,(1 - \cos\varphi)$.

Aus dem Satz von CASTIGLIANO (XVI, 16) folgt dann bei Beachtung der Gln. (XVI, 2) und (XVI, 4)

$$w = \frac{\partial U^*}{\partial P} = \frac{a}{E\,J} \int_0^{2\pi} M \frac{\partial M}{\partial P}\,d\varphi + \frac{a}{G\,J_T} \int_0^{2\pi} M_T \frac{\partial M_T}{\partial P}\,d\varphi = \frac{P\,a^3\,\pi}{E\,J}\left(1 + \frac{3\,E\,J}{G\,J_T}\right).$$

Setzt man $J = \frac{\pi\,d^4}{64}$ und $J_T = 2\,J$ als Trägheitsmoment und Drillwiderstand für den Kreisquerschnitt ein, so folgt mit Gl. (IX, 16)

$$w = 64\,\frac{4 + 3\,\mu}{E}\,\frac{a^3}{d^4}\,P.$$

A 7. Eine abgestumpfte Kegelschale konstanter Wandstärke h, Abb. XVII, A 7, trägt am oberen Rand eine starre Platte, die drehsymmetrisch belastet ist. Man berechne die Vertikalverschiebung w_0 dieser Platte unter alleiniger Berücksichtigung des Membranspannungszustandes.

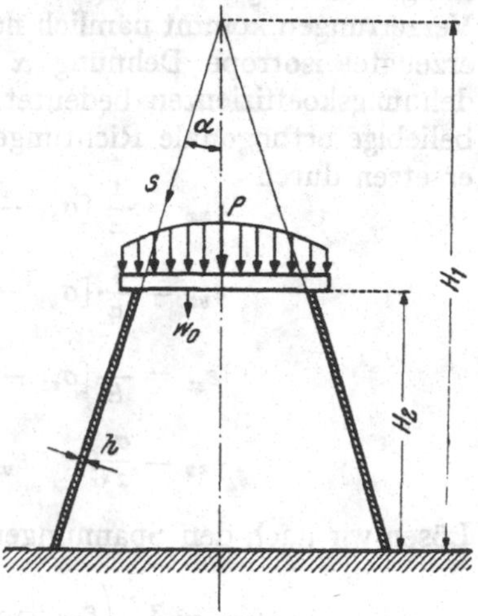

Abb. XVII, A 7

L ö s u n g: Wir fassen die Belastung zu einer Resultierenden P zusammen und verwenden den Satz von CASTIGLIANO. Aus den Gln. (XV, 17) und (XV, 16) mit $\varphi = \pi/2 - \alpha$, $r_1 \to \infty$, und mit $p_z = p_\varphi = 0$, $2\pi C = P$ folgt der Membranspannungszustand zu

$$n_\varphi \equiv n_s = \frac{-P}{\pi s \sin 2\alpha}, \quad n_\vartheta = 0.$$

Damit wird die Ergänzungsenergie, Gl. (XVI, 13), unter Beachtung von $dF = 2\pi r\, ds = 2\pi s \sin\alpha\, ds$:

$$U^* = \frac{1}{2(1-\mu^2)D} \int_F n_s^2\, dF = \frac{P^2 \sin\alpha}{\pi E h \sin^2 2\alpha} \int_s \frac{ds}{s} = \frac{P^2 \sin\alpha}{\pi E h \sin^2 2\alpha} \ln \frac{H_1}{H_1 - H_2}$$

und Gl. (XVI, 16) liefert

$$w_0 = \frac{\partial U^*}{\partial P} = \frac{2 P \sin\alpha}{\pi E h \sin^2 2\alpha} \ln \frac{H_1}{H_1 - H_2}.$$

XVIII. Wärmespannungen

Wenn ein Körper *Temperaturänderungen* unterworfen wird, sucht er sein Volumen zu verändern. Solange dabei die Temperatur überall die gleiche ist und solange die Volumsänderung von außen — durch die Lagerung — nicht behindert wird, bleibt der Körper spannungsfrei[1]. Das gilt aber nicht mehr bei ungleichförmiger Temperaturverteilung. Denn dann wird sich jedes Volumselement ein wenig verschieden von seinen Nachbarelementen ausdehnen wollen und kann sich nur dann lückenlos wieder in den Verband einfügen, wenn es durch Spannungen passend verformt wird. Weitere Spannungen entstehen natürlich noch, wenn durch die Lagerung Reaktionskräfte geweckt werden.

Wir wollen diese Erscheinungen unter dem Begriff *Wärmespannungen* zusammenfassen und uns hier mit einigen einfachen Problemen dieser Art beschäftigen. Für weitere Einzelheiten muß auf die einschlägige Literatur verwiesen werden.

---

[1] Von den sehr kleinen Spannungen, die dadurch entstehen, daß die Temperaturänderung mit Beschleunigungen verknüpft ist, sehen wir ab.

1. Die Grundgleichungen. Die Wärmespannungsgleichungen unterscheiden sich von den in Kap. IX bzw. X angegebenen nur in den Spannungs-Dehnungsbeziehungen. Zu den durch die Spannungen bewirkten Verzerrungen kommt nämlich noch die durch die Temperaturänderung T erzeugte[1] isotrope Dehnung αT hinzu, wo α den (linearen) Wärmedehnungskoeffizienten bedeutet. Wir haben also, wenn wir gleich auf beliebige orthogonale Richtungen x, y, z übergehen, die Gln. (IX, 15) zu ersetzen durch

$$\left.\begin{aligned}
\varepsilon_{xx} &= \frac{1}{E}[\sigma_{xx} - \mu(\sigma_{yy} + \sigma_{zz})] + \alpha T,\\
\varepsilon_{yy} &= \frac{1}{E}[\sigma_{yy} - \mu(\sigma_{zz} + \sigma_{xx})] + \alpha T,\\
\varepsilon_{zz} &= \frac{1}{E}[\sigma_{zz} - \mu(\sigma_{xx} + \sigma_{yy})] + \alpha T,\\
\varepsilon_{xy} &= \frac{\sigma_{xy}}{2G}, \quad \varepsilon_{yz} = \frac{\sigma_{yz}}{2G}, \quad \varepsilon_{zx} = \frac{\sigma_{zx}}{2G}.
\end{aligned}\right\} \qquad \text{(XVIII, 1)}$$

Lösen wir nach den Spannungen auf, so folgt an Stelle der Gln. (IX, 19)

$$\left.\begin{aligned}
\sigma_{xx} &= 2G\left(\varepsilon_{xx} + \frac{\mu}{1-2\mu}e - \frac{1+\mu}{1-2\mu}\alpha T\right),\\
\sigma_{yy} &= 2G\left(\varepsilon_{yy} + \frac{\mu}{1-2\mu}e - \frac{1+\mu}{1-2\mu}\alpha T\right),\\
\sigma_{zz} &= 2G\left(\varepsilon_{zz} + \frac{\mu}{1-2\mu}e - \frac{1+\mu}{1-2\mu}\alpha T\right),\\
\sigma_{xy} &= 2G\,\varepsilon_{xy}, \quad \sigma_{yz} = 2G\,\varepsilon_{yz}, \quad \sigma_{zx} = 2G\,\varepsilon_{zx}.
\end{aligned}\right\} \qquad \text{(XVIII, 2)}$$

Damit lassen sich alle weiteren Beziehungen ohne Schwierigkeiten herleiten.

Wir beschränken uns wieder auf die *linearisierte* Theorie. Dann gelten die Gleichungen (X, 1). Mit ihnen und mit den Gln. (XVIII, 2) erhält man nach Einsetzen in die Bewegungsgleichungen (IV, 6)

$$\left.\begin{aligned}
G\left(\Delta u + \frac{1}{1-2\mu}\frac{\partial e}{\partial x}\right) + k_x &= \varrho\, b_x + \frac{E}{1-2\mu}\frac{\partial(\alpha T)}{\partial x},\\
G\left(\Delta v + \frac{1}{1-2\mu}\frac{\partial e}{\partial y}\right) + k_y &= \varrho\, b_y + \frac{E}{1-2\mu}\frac{\partial(\alpha T)}{\partial y},\\
G\left(\Delta w + \frac{1}{1-2\mu}\frac{\partial e}{\partial z}\right) + k_z &= \varrho\, b_z + \frac{E}{1-2\mu}\frac{\partial(\alpha T)}{\partial z},
\end{aligned}\right\} \qquad \text{(XVIII, 3)}$$

als Erweiterung der Gln. (X, 2). Der Elastizitätsmodul E wurde dabei temperaturunabhängig angenommen, was unterhalb gewisser Temperaturen (bei Stahl und bei Aluminiumlegierungen etwa 200° C) genügend genau zutrifft[2].

---

[1] T bedeutet hier nicht die absolute Temperatur, sondern die Temperaturdifferenz gegenüber einer — an sich beliebigen — Bezugstemperatur $T = 0$.

[2] Zahlenwerte für die Abhängigkeit der Werkstoffeigenschaften von der Temperatur findet man bei N. J. HOFF: High Temperature Effects in Aircraft Structures. London: 1958.

Für die Verzerrungsenergie U und die Ergänzungsenergie U^* des wärmebeanspruchten Körpers sind an Stelle der Gln. (X, 6) und (X, 7) die folgenden Ausdrücke zu verwenden:

$$U = G \int_V \left[\frac{1-\mu}{1-2\mu} e^2 - 2\,(\varepsilon_x \varepsilon_y + \varepsilon_y \varepsilon_z + \varepsilon_z \varepsilon_x) + \right.$$

$$\left. + \frac{1}{2} (\gamma_{xy}^2 + \gamma_{yz}^2 + \gamma_{zx}^2) - \frac{2\,(1+\mu)}{1-2\mu} \alpha\, T\, e \right] dV, \qquad \text{(XVIII, 4)}$$

$$U^* = \int_V \left\{ \frac{1}{4G} \left[\frac{s^2}{1+\mu} - 2\,(\sigma_x \sigma_y + \sigma_y \sigma_z + \sigma_z \sigma_x) + 2\,(\tau_{xy}^2 + \tau_{yz}^2 + \tau_{zx}^2) \right] + \alpha\, T s \right\} dV. \qquad \text{(XVIII, 5)}$$

Man gewinnt den Ausdruck für U am einfachsten, indem man sich erinnert, daß — gemäß dem Prinzip der virtuellen Verschiebungen — die Variation δU bei einer virtuellen Änderung des *Verzerrungszustandes* identisch sein muß mit der negativen Arbeit $-\,\delta A^{(i)} = \int_V \sum_i \sum_k \sigma_{ik}\, \delta\varepsilon_{ik}\, dV$ der inneren Kräfte. Ebenso findet man U^*, indem man — im Sinne des Prinzips der virtuellen Kräfte — diejenige Funktion sucht, deren Variation δU^* bei einer virtuellen Änderung des *Spannungszustandes* die Arbeit $-\,\delta A^{(i)} = \int_V \sum_i \sum_k \varepsilon_{ik}\, \delta\sigma_{ik}\, dV$ ergibt. Damit bleibt der Satz von CASTIGLIANO auch hier gültig.

Wenn $T \equiv 0$ ist, wird U^* aus U dadurch erhalten[1], daß man die Verzerrungen mittels des HOOKEschen Gesetzes durch die Spannungen ausdrückt. Für $T \neq 0$ gilt das aber nicht mehr!

In den vorangehenden Gleichungen ist das Temperaturfeld $T(x, y, z, t)$ als von den Verformungen des Körpers unabhängig vorausgesetzt. Diese Annahme steht allerdings im Widerspruch zum ersten Hauptsatz der Wärmelehre, demzufolge Verformungen im allgemeinen mit Temperaturänderungen verknüpft sind. Die Änderungen sind aber sehr klein und brauchen nur in Sonderfällen berücksichtigt zu werden. Die Temperaturverteilung ist dann als eine vorgegebene Funktion anzusehen, die als Lösung der Wärmeleitgleichung[2]

$$\Delta T = \frac{1}{a} \frac{\partial T}{\partial t} \qquad \text{(XVIII, 6)}$$

erhalten wird. $a = \lambda/\varrho\, c$ ist die *Temperaturleitzahl* des Werkstoffes λ bedeutet die *Wärmeleitzahl*, ϱ die Massendichte und c die *spezifische Wärme*. Im technischen Maßsystem, mit kpm als Wärmeeinheit, ist λ in kp/s grd, ϱ in kp s^2/m^4 und c in m^2/s^2 grd zu messen. a ergibt sich dann in m^2/s.

---

[1] Ziff. X, 3.

[2] Für eine ausführliche Darstellung der Theorie der Wärmeleitung schlage man nach bei H. S. CARSLAW-J. C. JAEGER: Conduction of heat in solids, 2. Aufl. Oxford: 1959. Das Buch enthält eine fast vollständige Sammlung der bis jetzt gelösten Wärmeleitungsprobleme.

Die Konstante λ ist mit der Wärmemenge dq, die pro Zeiteinheit durch ein Flächenelement dA in der Normalenrichtung n hindurchströmt, durch die Beziehung

$$dq = -\lambda \frac{\partial T}{\partial n} dA \qquad \text{(XVIII, 7)}$$

verknüpft. $\partial T/\partial n$ ist die Komponente des Temperaturgradienten in Richtung n.

Zur vollständigen Bestimmung des Temperaturfeldes müssen die Lösungen der Gl. (XVIII, 6) neben der Anfangsbedingung, welche die Temperatur zur Zeit $t = 0$ festlegt, noch die Randbedingungen an der Körperoberfläche erfüllen. Diese werden gewöhnlich so formuliert, daß entweder die Oberflächentemperatur in jedem Augenblick vorgeschrieben wird, oder Wärmeübergang an das umgebende Medium, dessen Temperatur T_0 sei, angenommen wird,

$$\lambda \frac{\partial T}{\partial n} + k\,(T - T_0) = 0. \qquad \text{(XVIII, 8)}$$

k ist der *Wärmeübergangskoeffizient* und n die nach außen gerichtete Oberflächennormale. Die abfließende Wärmemenge ist dabei proportional der Differenz zwischen Oberflächentemperatur T und Umgebungstemperatur T_0 angenommen (NEWTONsches Gesetz). Diese Annahme ist nur näherungsweise bei nicht zu großen Temperaturunterschieden zutreffend.

2. Gerader oder schwach gekrümmter Stab. Die Überlegungen von Kap. XIII bleiben aufrecht, es ist nur das HOOKEsche Gesetz Gl. (XIII, 4) gemäß Gl. (XVIII, 1) auf

$$\sigma = E\left(\varepsilon + z\frac{\partial \chi}{\partial s} - \alpha T\right) \qquad \text{(XVIII, 9)}$$

zu ergänzen[1]. An die Stelle von Gl. (XIII, 5) und (XIII, 6) tritt dann

$$\left.\begin{aligned} N &= \int_F \sigma\, dF = E\,F\,(\varepsilon - \alpha\, T_m), \\ M &= \int_F \sigma\, z\, dF = E\,J\left(\frac{\partial \chi}{\partial s} - \alpha\,\Theta\right). \end{aligned}\right\} \qquad \text{(XVIII, 10)}$$

T_m ist die *mittlere Temperatur* im Querschnitt und Θ ist das *Temperaturmoment:*

$$T_m = \frac{1}{F}\int_F T\, dF, \qquad \Theta = \frac{1}{J}\int_F T\, z\, dF. \qquad \text{(XVIII, 11)}$$

Die Gleichgewichtsbedingungen (XIII, 7) bis (XIII, 9) und damit auch (XIII, 10) und (XIII, 11) bleiben natürlich ungeändert, während die Gln. (XIII, 12) jetzt die Form

[1] Wir verwenden das Zeichen für die partielle Differentiation, da ja die Temperatur und damit auch Verschiebung und Spannungen zeitabhängig sein können.

$$\left.\begin{aligned} \frac{\partial \chi}{\partial \varphi} &= \frac{a\,M}{E\,J} + a\,\alpha\,\Theta, \\ \frac{\partial^2 w}{\partial \varphi^2} + w &= \frac{N\,a}{E\,F} - \frac{M\,a^2}{E\,J} + a\,\alpha\,(T_m - a\,\Theta) \end{aligned}\right\} \qquad \text{(XVIII, 12)}$$

annehmen.

Für den geraden Stab wird $\partial\chi/\partial s = -\,\partial^2 w/\partial x^2$ und die Gleichungen gehen über in

$$\frac{\partial^2 w}{\partial x^2} = -\left(\frac{M}{E\,J} + \alpha\,\Theta\right). \qquad \text{(XVIII, 12a)}$$

Für die Ergänzungsenergie U^* schließlich erhält man an Stelle des Ausdruckes (XVI, 2) bei Vernachlässigung des Querkrafteinflusses

$$U^* = \int_0^l \left[\frac{N^2}{2\,E\,F} + \frac{M^2}{2\,E\,J} + N\,\alpha\,T_m + M\,\alpha\,\Theta\right] ds. \qquad \text{(XVIII, 13)}$$

Setzt man ε und $\partial\chi/\partial s$ aus den Gln. (XVIII, 10) in die Gl. (XVIII, 9) ein, so ergibt sich für die Axialspannung im Stab

$$\sigma = \frac{N}{F} + \frac{M}{J}\,z + E\,\alpha\,(T_m - T + \Theta\,z). \qquad \text{(XVIII, 14)}$$

Als *Beispiel* betrachten wir den *Kreisring* Abb. XIII, 5, der aber jetzt nicht durch die Druckkraft q beansprucht sei, sondern dessen Innen- und Außenrand auf verschiedenen konstanten Temperaturen gehalten werden. Aus Symmetriegründen wird der Ring seine Kreisform beibehalten, es verschwindet also die Tangentialverschiebung u. Aus Gleichgewichtsgründen verschwindet weiters die Normalkraft N, während Radialverschiebung w und Biegemonent M von φ unabhängig sein müssen. Wir erhalten so

$$N = 0, \quad M = -\,E\,J\,\alpha\,\Theta, \quad u = 0, \quad w = a\,\alpha\,T_m.$$

3. Die dünne Kreisplatte. Wir können — wie beim Stab — die Temperaturverteilung über die Plattendicke aufspalten in die mittlere Temperatur T_m und in das Temperaturmoment Θ

$$T_m = \frac{1}{h}\int_{-h/2}^{+h/2} T\,dz, \qquad \Theta = \frac{12}{h^3}\int_{-h/2}^{+h/2} T\,z\,dz. \qquad \text{(XVIII, 15)}$$

Unter der Wirkung von T_m wird sich die Platte nur strecken oder zusammenziehen, wird aber eben bleiben, wogegen Θ eine Verbiegung der Platte hervorruft, bei welcher die Mittelfläche $z = 0$ spannungsfrei bleibt. Wir behandeln die beiden Temperaturwirkungen getrennt, wobei wir konstante Plattendicke und drehsymmetrische Temperaturverteilung voraussetzen. Wie in Kap. XIV vernachlässigen wir σ_z und fassen die übrigen Spannungen zu Resultierenden über die Plattendicke zusammen.

(a) $T_m \neq 0$, $\Theta = 0$. Das Hookesche Gesetz (XVIII, 2) lautet mit $\sigma_z = 0$

$$\left.\begin{aligned} \sigma_r &= \frac{E}{1-\mu^2}\,[\varepsilon_r + \mu\,\varepsilon_\varphi - (1+\mu)\,\alpha\,T], \\ \sigma_\varphi &= \frac{E}{1-\mu^2}\,[\varepsilon_\varphi + \mu\,\varepsilon_r - (1+\mu)\,\alpha\,T]. \end{aligned}\right\} \qquad \text{(XVIII, 16)}$$

Mittelwertbildung durch Integration über die Plattendicke liefert mit $\varepsilon_r = \partial u/\partial r$, $\varepsilon_\varphi = u/r$

$$\left.\begin{aligned} n_r &= \frac{E\,h}{1-\mu^2}\left[\frac{\partial u}{\partial r} + \mu\frac{u}{r} - (1+\mu)\,\alpha\,T_m\right], \\ n_\varphi &= \frac{E\,h}{1-\mu^2}\left[\frac{u}{r} + \mu\frac{\partial u}{\partial r} - (1+\mu)\,\alpha\,T_m\right]. \end{aligned}\right\} \qquad \text{(XVIII, 17)}$$

u ist hier gleichfalls ein Mittelwert. Nach Eintragen dieser Ausdrücke in die Gl. (XIV, 2) mit $\omega = 0$ folgt

$$\frac{\partial^2 u}{\partial r^2} + \frac{1}{r}\frac{\partial u}{\partial r} - \frac{u}{r^2} = (1+\mu)\,\alpha\,\frac{\partial T_m}{\partial r}. \qquad \text{(XVIII, 18)}$$

Die allgemeine Lösung dieser Gleichung lautet

$$u = \frac{A}{r} + B\,r + \frac{(1+\mu)\,\alpha}{r}\int T_m\,r\,dr. \qquad \text{(XVIII, 19)}$$

Die beiden Integrationskonstanten sind aus den Randbedingungen zu bestimmen.

Handelt es sich beispielsweise um eine *volle Kreisplatte mit freiem Rand,* so folgt mit $u = 0$ im Mittelpunkt $r = 0$ die Konstante $A = 0$ und

$$u = B\,r + \frac{(1+\mu)\,\alpha}{r}\int_0^r T_m(\varrho)\,\varrho\,d\varrho.$$

Wird dies in die erste Gl. (XVIII, 17) eingesetzt, so entsteht

$$n_r = \frac{E\,h}{1-\mu}\left[B - \frac{(1-\mu)\,\alpha}{r^2}\int_0^r T_m\,\varrho\,d\varrho\right].$$

Am Rand $r = a$ muß $n_r = 0$ sein. Dies liefert B und damit die Lösung

$$\left.\begin{aligned} n_r &= E\,h\,\alpha\left[\frac{1}{a^2}\int_0^a T_m\,r\,dr - \frac{1}{r^2}\int_0^r T_m\,\varrho\,d\varrho\right], \\ n_\varphi &= E\,h\,\alpha\left[\frac{1}{a^2}\int_0^a T_m\,r\,dr + \frac{1}{r^2}\int_0^r T_m\,\varrho\,d\varrho - T_m\right]. \end{aligned}\right\} \qquad \text{(XVIII, 20)}$$

(b) $T_m = 0$, $\Theta \neq 0$. In diesem Fall tritt Biegung der Platte auf. Wir können die Formeln von Ziff. XIV, 3 auch hier verwenden, wenn wir nur wieder das HOOKEsche Gesetz Gl. (XIV, 13) durch die Beziehungen (XVIII, 16) ersetzen. An Stelle der Gln. (XIV, 15) erhalten wir dann

$$\left.\begin{aligned} m_r &= -K\left[\frac{\partial^2 w}{\partial r^2} + \frac{\mu}{r}\frac{\partial w}{\partial r} + (1+\mu)\,\alpha\,\Theta\right], \\ m_\varphi &= -K\left[\mu\frac{\partial^2 w}{\partial r^2} + \frac{1}{r}\frac{\partial w}{\partial r} + (1+\mu)\,\alpha\,\Theta\right]. \end{aligned}\right\} \qquad \text{(XVIII, 21)}$$

Die Gleichungen (XIV, 17) und (XIV, 18) bleiben ungeändert, während die Gln. (XIV, 19) und (XIV, 20) zu ersetzen sind durch[1]

[1] Wir betrachten nur den statischen Fall.

$$q_r = -K \frac{\partial}{\partial r} [\Delta w + (1 + \mu) \alpha \Theta] \qquad \text{(XVIII, 22)}$$

und

$$\Delta\Delta w = \frac{p}{K} - (1 + \mu) \alpha \Delta\Theta. \qquad \text{(XVIII, 23)}$$

Für die *volle Kreisplatte* (Außenradius $r = a$) lautet die allgemeine Lösung[1] von Gl. (XVIII, 23) für reine Temperaturbeanspruchung, also mit $p = 0$

$$w = (1 + \mu) \alpha \left[c_1 + c_2 r^2 + \int_r^a \frac{dr}{r} \int_0^r \varrho\, \Theta(\varrho)\, d\varrho \right]. \qquad \text{(XVIII, 24)}$$

Damit ergeben sich nach den Gln. (XVIII, 21) die Biegemomente

$$\left.\begin{aligned} m_r &= -(1 + \mu) K \alpha \left[2 (1 + \mu) c_2 + \frac{1 - \mu}{r^2} \int_0^r \varrho\, \Theta(\varrho)\, d\varrho \right], \\ m_\varphi &= -(1 + \mu) K \alpha \left[2 (1 + \mu) c_2 - \frac{1 - \mu}{r^2} \int_0^r \varrho\, \Theta(\varrho)\, d\varrho + (1 - \mu)\, \Theta(r) \right], \end{aligned}\right\} \qquad \text{(XVIII, 25)}$$

während die Querkraft nach Gl. (XVIII, 22) verschwindet. Für die *frei drehbar gelagerte* Platte gelten die Randbedingungen $w = 0$ und $m_r = 0$ entlang des Randes $r = a$, somit

$$c_1 = -a^2 c_2 = \frac{1 - \mu}{2 (1 + \mu)} \int_0^a \varrho\, \Theta(\varrho)\, d\varrho.$$

Ist die Platte am Rand *eingespannt*, dann muß dort $w = 0$ und $\partial w / \partial r = 0$ sein, woraus

$$c_1 = -a^2 c_2 = -\frac{1}{2} \int_0^a \varrho\, \Theta(\varrho)\, d\varrho$$

folgt. Wenn speziell $\Theta =$ konst. ist, wird $c_1 = -a^2 c_2 = -a^2 \Theta / 4$ und somit $w \equiv 0$. Die Platte bleibt also eben, wird aber durch die Biegemomente $m_r = m_\varphi = -(1 + \mu) K \alpha \Theta$ beansprucht.

Die Spannungen erhält man aus

$$\left.\begin{aligned} \sigma_r &= \frac{n_r}{h} + \frac{12\, m_r}{h^3} z + \frac{E \alpha}{1 - \mu} (T_m - T + \Theta z), \\ \sigma_\varphi &= \frac{n_\varphi}{h} + \frac{12\, m_\varphi}{h^3} z + \frac{E \alpha}{1 - \mu} (T_m - T + \Theta z), \end{aligned}\right\} \qquad \text{(XVIII, 26)}$$

vgl. Gl. (XVIII, 14), während Gl. (XIV, 22) für τ_{rz} ungeändert übernommen werden kann.

4. Das dickwandige Rohr. Das Rohr sei einem inneren Überdruck p ausgesetzt und die Temperatur sei drehsymmetrisch und konstant in Richtung der Rohrachse. Da auch die Belastung drehsymmetrisch ist,

[1] Vgl. Ziff. XIV, 4.

verschwinden die Tangentialverschiebung v sowie die Schubspannungen $\tau_{\varphi z}$ und $\tau_{\varphi r}$. Wenn wir noch annehmen, daß die Rohrenden axial unverschieblich festgehalten sind, dann verschwinden auch w und die Schubspannung τ_{zr} und es gilt

$$\varepsilon_r = \frac{\partial u}{\partial r}, \quad \varepsilon_\varphi = \frac{u}{r}, \quad \varepsilon_z = \frac{\partial w}{\partial z} = 0.$$

Trägt man dies in das HOOKEsche Gesetz Gl. (XVIII, 2), welches hier in Polarkoordinaten

$$\left.\begin{aligned}
\sigma_r &= 2G\left[\varepsilon_r + \frac{\mu}{1-2\mu}(\varepsilon_r + \varepsilon_\varphi) - \frac{1+\mu}{1-2\mu}\alpha T\right] = \\
&= \frac{2G}{1-2\mu}\left[(1-\mu)\,\varepsilon_r + \mu\,\varepsilon_\varphi - (1+\mu)\,\alpha T\right], \\
\sigma_\varphi &= \frac{2G}{1-2\mu}\left[(1-\mu)\,\varepsilon_\varphi + \mu\,\varepsilon_r - (1+\mu)\,\alpha T\right], \\
\sigma_z &= \frac{2G}{1-2\mu}\left[\mu(\varepsilon_r + \varepsilon_\varphi) - (1+\mu)\,\alpha T\right] = \mu(\sigma_r + \sigma_\varphi) - E\,\alpha T,
\end{aligned}\right\} \tag{XVIII, 27}$$

lautet, ein und setzt anschließend die Ausdrücke für σ_r und σ_φ in die erste Gleichung (IV, 9) ein, wobei Schubspannungen, Volumskraft und Beschleunigung Null sind, so ergibt sich die folgende Differentialgleichung für die Radialverschiebung u

$$\frac{\partial^2 u}{\partial r^2} + \frac{1}{r}\frac{\partial u}{\partial r} - \frac{u}{r^2} = \frac{1+\mu}{1-\mu}\alpha\frac{\partial T}{\partial r}. \tag{XVIII, 28}$$

Ihre allgemeine Lösung ist

$$u = \frac{A}{r} + B r + \frac{1+\mu}{1-\mu}\frac{\alpha}{r}\int T\, r\, dr. \tag{XVIII, 29}$$

Wir sehen, daß sich diese Lösung für das *Rohr* von der für die *Platte*, Gl. (XVIII, 19), nur durch einen konstanten Faktor im Temperaturglied unterscheidet.

An der Rohrinnenfläche $r = a$ und an der Rohraußenfläche $r = b$ sind die folgenden Randbedingungen zu erfüllen:

$$\sigma_r = -p \quad \text{in } r = a,$$
$$\sigma_r = 0 \quad \text{in } r = b.$$

Wird u nach Gl. (XVIII, 29) in die Gl. (XVIII, 27) für σ_r eingesetzt, so folgt

$$\sigma_r = 2G\left[\frac{B}{1-2\mu} - \frac{A}{r^2} - \frac{1+\mu}{1-\mu}\frac{\alpha}{r^2}\int_a^r T(\varrho)\,\varrho\, d\varrho\right].$$

Die beiden Randbedingungen liefern

$$A = \frac{a^2}{b^2 - a^2}\left[b^2\frac{p}{2G} + \frac{1+\mu}{1-\mu}\alpha\int_a^b T(\varrho)\,\varrho\, d\varrho\right],$$

$$\frac{B}{1-2\mu} = \frac{1}{b^2-a^2}\left[a^2\frac{p}{2G} + \frac{1+\mu}{1-\mu}\alpha\int_a^b T(\varrho)\,\varrho\,d\varrho\right].$$

Man erhält also für die Spannungen, wenn man zur Abkürzung

$$\overline{T}(r) = \frac{1}{r^2}\int_a^r T(\varrho)\,\varrho\,d\varrho \tag{XVIII, 30}$$

einführt, die folgenden Ausdrücke

$$\left.\begin{aligned}\sigma_r &= \frac{a^2 p}{b^2-a^2}\left(1-\frac{b^2}{r^2}\right) + \frac{E\alpha}{1-\mu}\left[\frac{r^2-a^2}{b^2-a^2}\left(\frac{b}{r}\right)^2\overline{T}(b) - \overline{T}(r)\right],\\ \sigma_\varphi &= \frac{a^2 p}{b^2-a^2}\left(1+\frac{b^2}{r^2}\right) + \frac{E\alpha}{1-\mu}\left[\frac{r^2+a^2}{b^2-a^2}\left(\frac{b}{r}\right)^2\overline{T}(b) + \overline{T}(r) - T(r)\right].\end{aligned}\right\} \tag{XVIII, 31}$$

Wir betrachten noch den *Sonderfall*, daß die Außenfläche des Rohres auf der Temperatur Null und die Innenfläche auf der Temperatur T_0 gehalten wird. Die Temperaturverteilung ergibt sich dann als Lösung der *stationären* Wärmeleitgleichung

$$\Delta T \equiv \frac{d^2T}{dr^2} + \frac{1}{r}\frac{dT}{dr} = 0$$

zu

$$T(r) = C\log r + D.$$

Die Konstanten C und D folgen aus den Randbedingungen

$$T = T_0 \quad \text{in} \quad r = a,$$
$$T = 0 \quad \text{in} \quad r = b,$$

und man erhält

$$T(r) = \frac{T_0}{\log\frac{b}{a}}\log\frac{b}{r}. \tag{XVIII, 32}$$

Gl. (XVIII, 30) liefert dann

$$\begin{aligned}\overline{T}(r) &= \frac{1}{r^2}\frac{T_0}{\log\frac{b}{a}}\int_a^r(\log b - \log\varrho)\,\varrho\,d\varrho = \\ &= \frac{T_0}{2\log\frac{b}{a}}\left[\log\frac{b}{r} - \left(\frac{a}{r}\right)^2\log\frac{b}{a} + \frac{r^2-a^2}{2r^2}\right].\end{aligned} \tag{XVIII, 33}$$

Wird dies in die Gl. (XVIII, 31) eingesetzt, so ergeben sich die Spannungen

$$\left.\begin{aligned}\sigma_r &= \frac{a^2 p}{b^2-a^2}\left(1-\frac{b^2}{r^2}\right) + \frac{E\alpha T_0}{2(1-\mu)}\left[\frac{b^2-r^2}{b^2-a^2}\left(\frac{a}{r}\right)^2 - \frac{\log\frac{b}{r}}{\log\frac{b}{a}}\right],\\ \sigma_\varphi &= \frac{a^2 p}{b^2-a^2}\left(1+\frac{b^2}{r^2}\right) - \frac{E\alpha T_0}{2(1-\mu)}\left[\frac{b^2+r^2}{b^2-a^2}\left(\frac{a}{r}\right)^2 + \frac{\log\frac{b}{r}-1}{\log\frac{b}{a}}\right].\end{aligned}\right\} \tag{XVIII, 34}$$

Aufgaben

A 1. Die Stäbe des in Abb. XVIII, A 1 abgebildeten Fachwerkes besitzen die Querschnittsfläche F, den Elastizitätsmodul E und den linearen Wärmedehnungskoeffizienten α. Der Stab 1 wird um $T°$ erwärmt. Man bestimme die dadurch geweckten Stabkräfte.

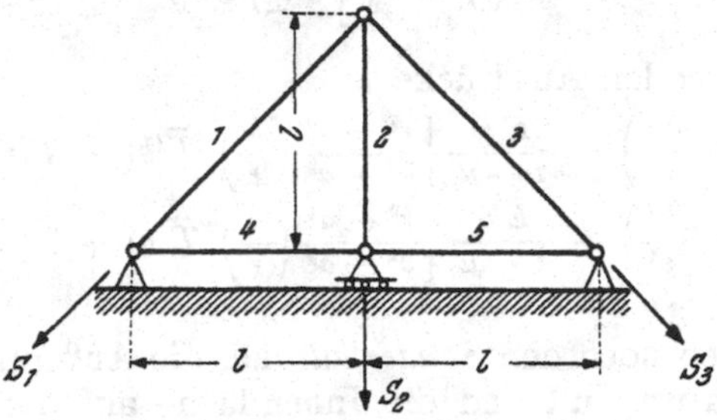

Abb. XVIII, A 1

Lösung: Die Gleichgewichtsbedingungen liefern

$$S_1 = S_3, \quad S_2 = -S_1\sqrt{2}, \quad S_4 = S_5 = 0.$$

Das Fachwerk ist einfach statisch unbestimmt. Wählt man S_1 als statisch Unbestimmte und differenziert die durch T und S_1 ausgedrückte Ergänzungsenergie Gl. (XVIII, 13)

$$U^* = \sum_{i=1}^{5}\left[\frac{S_i^2 s_i}{2\,E\,F} + S_i\,\alpha\,T_{mi}\,s_i\right] = \frac{S_1^2\,l}{E\,F}(\sqrt{2}+1) + S_1\,\alpha\,T\,l\sqrt{2}$$

nach der statisch Unbestimmten, so liefert der Satz von MENABREA

$$S_1 = -\frac{\alpha\,T\,E\,F}{2+\sqrt{2}}$$

und somit

$$S_2 = \frac{\alpha\,T\,E\,F}{\sqrt{2}+1}, \qquad S_3 = S_1.$$

A 2. Die mittlere Temperatur eines einseitig eingespannten Trägers der Länge l ist $T_m = 0$, das Temperaturmoment konstant über die Trägerlänge, $\Theta \equiv \Theta_0$. Man bestimme die Biegelinie.

Lösung: Der Träger ist statisch bestimmt gelagert und frei von äußerer Belastung, daher verschwinden die Auflagerreaktionen. Die Gl. (XVIII, 12a) liefert wegen $M \equiv 0$ die Differentialgleichung

$$\frac{d^2w}{dx^2} = -\alpha\,\Theta_0$$

und somit

$$w = -\alpha\,\Theta_0\frac{x^2}{2} + C_1\,x + C_2.$$

Die Integrationskonstanten C_1 und C_2 folgen aus den Randbedingungen $w(0) = 0$ und $w'(0) = 0$ zu

$$C_1 = 0, \quad C_2 = 0.$$

Der Träger biegt sich durch, bleibt aber momentenfrei.

A 3. Die mittlere Temperatur des in Abb. XVIII, A 2 dargestellten beidseitig eingespannten Trägers ist $T_m \equiv 0$, das Temperaturmoment $\Theta = \Theta_0$ konstant über die Trägerlänge. Man bestimme Biegemoment und Durchbiegung des Stabes.

Lösung: Aus Symmetrie- und Gleichgewichtsgründen ist

$$A = B = H = 0, \quad M_A = M_B = M, \quad N = 0,$$

Gl. (XVIII, 12a) geht somit über in

$$\frac{d^2w}{dx^2} = -\left(\frac{M}{EJ} + \alpha\,\Theta_0\right) = C_1$$

mit der Lösung

$$w = C_1 \frac{x^2}{2} + C_2\,x + C_3.$$

Aus den Randbedingungen

$$w(0) = 0, \quad w'(0) = 0 \quad \text{und} \quad w(l) = 0, \quad w'(l) = 0$$

folgt $C_1 = 0$, $C_2 = 0$, $C_3 = 0$.

Es ist also $w \equiv 0$ und $M = -EJ\,\alpha\,\Theta_0$. Der Stab bleibt gerade, wird aber durch das Biegemoment M beansprucht.

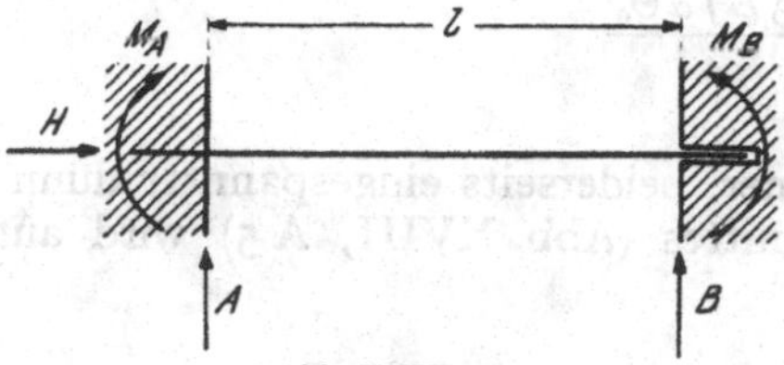

Abb. XVIII, A 2

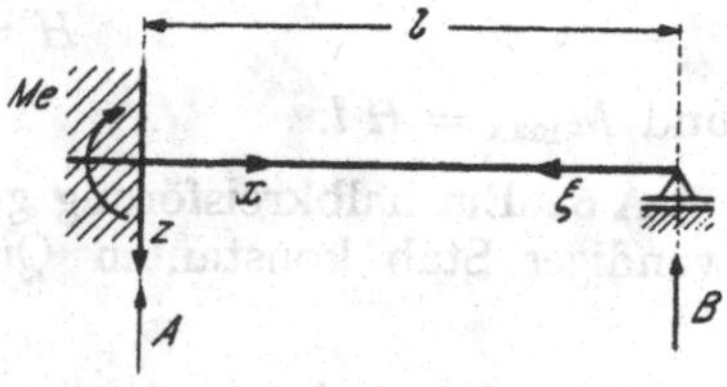

Abb. XVIII, A 3

A 4. Der in Abb. XVIII, A 3 dargestellte Träger besitzt rechteckigen Querschnitt. Die Temperatur der Oberseite $z = -c$ ist T_o, die der Unterseite $z = +c$ ist T_u. Unter der Annahme einer in z linearen, von y unabhängigen Temperaturverteilung ermittle man das maximale Biegemoment.

Lösung: Setzt man die Temperaturverteilung

$$T = \frac{T_u + T_o}{2} + \frac{T_u - T_o}{2c}\,z$$

in die Gln. (XVIII, 11) ein, so erhält man

$$T_m = \frac{T_u + T_o}{2}, \qquad \Theta = \frac{T_u - T_o}{2c}.$$

Der Träger ist einfach statisch unbestimmt gelagert. Wählt man B als statisch Unbestimmte, so ist

$$M = B\,(l - x) = B\,\xi.$$

Mit U^* nach Gl. (XVIII, 13) liefert der Satz von MENABREA

$$B = -\frac{3}{2l} E J \alpha \Theta$$

und damit das maximale Biegemoment (Einspannmoment) $M_{\max} = B l$.

A 5. Für den in Abb. XVIII, A 4 dargestellten Rahmen ist das maximale Biegemoment zu bestimmen, wenn auf den Riegel ein konstantes Temperaturmoment Θ_0 aufgebracht wird. Riegel und Stiele haben gleiche Biegesteifigkeit.

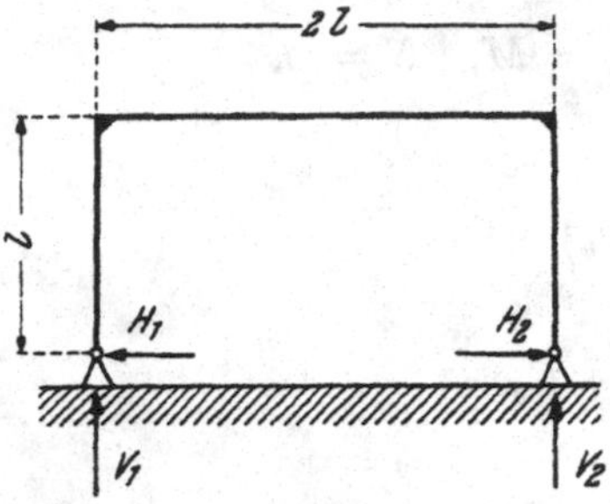

Abb. XVIII, A 4

Lösung: Die Gleichgewichtsbedingung in vertikaler Richtung ist mit $V_1 = V_2 = 0$ erfüllt, es verbleibt als statisch Unbestimmte die horizontale Auflagerkraft $H_1 = H_2 = H$. Dann ist in den beiden Stielen $M_I = H x$, $\Theta = 0$ und im Riegel $M_{II} = H l$, $\Theta = \Theta_0$.

Mit Hilfe des Satzes von MENABREA

$$\frac{\partial U^*}{\partial H} = 2\int_0^l \frac{H x^2}{E J}\, dx + \int_0^{2l} \left(\frac{H l^2}{E J} + l \alpha \Theta_0\right) dx = 0$$

erhält man sofort

$$H = -\frac{3 E J \alpha \Theta_0}{4 l}$$

und $M_{\max} = H l$.

A 6. Ein halbkreisförmig gebogener, beiderseits eingespannter dünnwandiger Stab konstanten Querschnittes (Abb. XVIII, A 5) wird auf

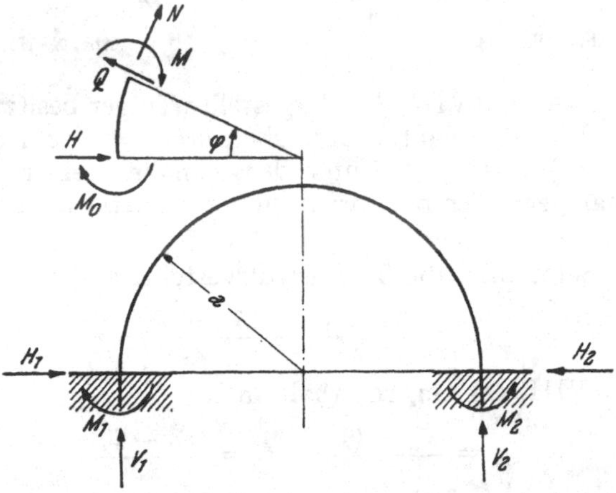

Abb. XVIII, A 5

die konstante Übertemperatur T erwärmt. Man bestimme die dadurch auftretenden Wärmespannungen.

Lösung: Aus Gleichgewichts- und Symmetriegründen ist

$$V_1 = V_2 = 0, \quad H_1 = H_2 = H, \quad M_1 = M_2 = M_0.$$

Es verbleiben daher zwei statisch nicht bestimmbare Größen H und M_0. Sie folgen mit

$$N = -H \sin\varphi, \quad M = -M_0 + H\,a \sin\varphi$$

aus

$$\frac{\partial U^*}{\partial H} = \int_0^\pi \left[\frac{N}{EF}\frac{\partial N}{\partial H} + \frac{M}{EJ}\frac{\partial M}{\partial H} + \alpha\, T\frac{\partial N}{\partial H}\right] a\,d\varphi = 0$$

und aus

$$\frac{\partial U^*}{\partial M_0} = \int_0^\pi \left[\frac{M}{EJ}\frac{\partial M}{\partial M_0}\right] a\,d\varphi = 0$$

zu

$$H = \frac{\pi}{2}\frac{M_0}{a}, \quad M_0 = \frac{EJ}{a}\frac{8\,\alpha\, T}{\pi^2 - 8}.$$

Normalkraft, Querkraft und Biegemoment im Stab sind damit bestimmt:

$$N = -\frac{\pi}{2\,a} M_0 \sin\varphi, \quad Q = \frac{\pi}{2\,a} M_0 \cos\varphi, \quad M = \left(\frac{\pi}{2}\sin\varphi - 1\right) M_0.$$

A 7. Man berechne die Durchbiegung einer am Umfang frei aufliegenden Kreisplatte vom Radius a infolge eines konstanten Temperaturmomentes Θ.

Lösung: Die Randbedingungen $w = 0$ und $m_r = 0$ liefern für die Integrationskonstanten in Gl. (XVIII, 24) die Werte

$$c_1 = -a^2 c_2 = \frac{1-\mu}{1+\mu} a^2 \frac{\Theta}{4},$$

womit die Durchbiegung

$$w = \frac{\alpha\,\Theta}{2}(a^2 - r^2)$$

wird. Wie man sich durch Einsetzen in Gl. (XVIII, 21) überzeugt, verschwinden die Biegemomente m_r und m_φ identisch, die Platte bleibt also spannungsfrei.

Literatur

E. MELAN–H. PARKUS: Wärmespannungen infolge stationärer Temperaturfelder. Wien: 1953.

H. PARKUS: Instationäre Wärmespannungen. Wien: 1959.

B. A. BOLEY–J. H. WEINER: Theory of Thermal Stresses. New York: 1960.

W. NOWACKI: Thermoelasticity. London: 1962.

XIX. Stabilität des Gleichgewichtes

1. Begriff der Stabilität. Die Erfahrung lehrt, daß es zwei Arten von Gleichgewicht gibt: stabiles und instabiles. Der Begriff *Stabilität* wird dabei genau so definiert wie beim bewegten Körper (Ziff. V, 11), indem wir eine Gleichgewichtslage dann als stabil bezeichnen, wenn die durch eine beliebige Anfangsstörung verursachten Abweichungen von dieser Lage beliebig klein bleiben, falls nur die Anfangsstörung genügend klein gemacht wird.

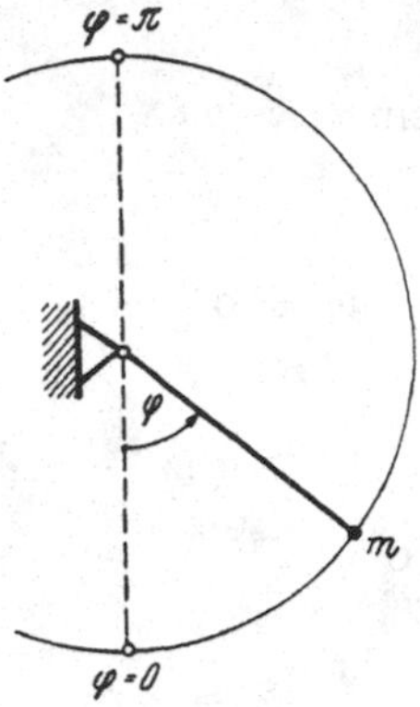

Abb. XIX, 1

Wir wollen dies an dem einfachen Beispiel des mathematischen Pendels erläutern (Abb. XIX, 1). Das Pendel besitzt zwei Gleichgewichtslagen: $\varphi = 0$ und $\varphi = \pi$. Die Lage $\varphi = 0$ ist stabil. Bringen wir nämlich das Pendel ein wenig aus dieser Lage und lassen es dann los, so führt es eine Schwingung um $\varphi = 0$ aus, und wir können deren Amplitude beliebig klein machen, indem wir die Anfangsverschiebung entsprechend klein wählen. Das gleiche gilt, wenn wir an Stelle der Anfangsverschiebung eine Anfangsgeschwindigkeit aufprägen. Hingegen ist die Gleichgewichtslage $\varphi = \pi$ instabil, da jede noch so kleine Störung das Pendel zu einer vollen Umdrehung bringt.

In unseren bisherigen Untersuchungen von Gleichgewichtslagen haben wir uns um die Frage der Stabilität nicht gekümmert. Nun können aber instabile Lagen wegen der praktisch stets vorhandenen Störungen nicht bestehen. Gerät ein Tragwerk in eine solche Lage, so treten im allgemeinen unzulässig große Verformungen auf. Wir müssen uns daher nach Methoden umsehen, welche die Beurteilung einer Gleichgewichtslage hinsichtlich ihrer Stabilität ermöglichen. Man kann im wesentlichen drei grundsätzlich verschiedene Arten des Instabilwerdens unterscheiden.

(a) Verzweigung des Gleichgewichtes. Wir denken uns die an einem elastischen Körper angreifenden Kräfte mit einem gemeinsamen Proportionalitätsfaktor λ langsam von Null aus anwachsen und betrachten die Verschiebung u irgend eines charakteristischen Punktes. Solange die linearisierte Elastizitätstheorie gilt, wird u linear mit λ anwachsen; bei größeren Verformungen werden dann Abweichungen eintreten. Wenn nun von einem bestimmten „kritischen" Wert $\lambda = \lambda_k$ an neben der Gleichgewichtslage I (Abb. XIX, 2) noch eine zweite Gleichgewichtslage II existiert, dann spricht man von einer „Gleichgewichtsverzweigung". Wir werden sehen, daß von den beiden Lagen nur eine stabil ist, und zwar diejenige, mit der die größeren Verformungen

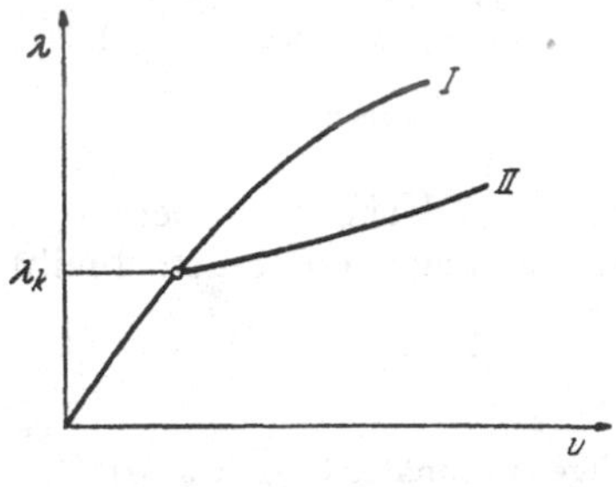

Abb. XIX, 2

verknüpft sind (Lage II). Werden also die Lasten über den kritischen Wert gesteigert, so beginnt sich das Tragwerk rasch immer stärker zu verformen und wird damit im allgemeinen unbrauchbar. Ein typisches Beispiel bietet der zentrisch gedrückte gerade Stab (Ziff. XIX, 4).

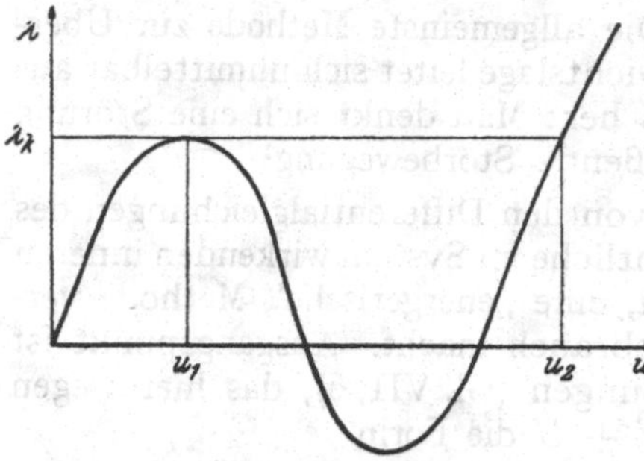

Abb. XIX, 3

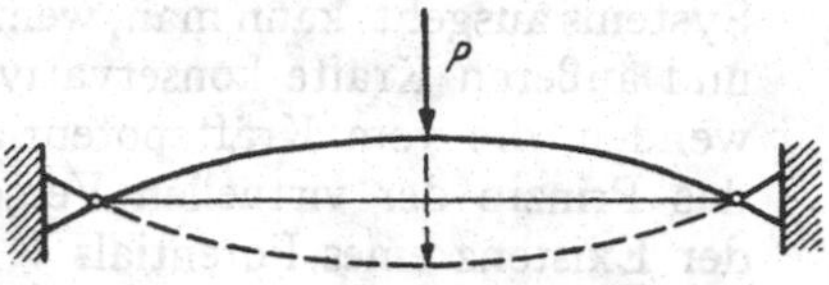

Abb. XIX, 4

(b) Durchschlagen. Wenn λ keine monoton wachsende Funktion von u ist, dann gibt es zu einer Laststufe mehrere Werte von u, also mehrere Gleichgewichtslagen (Abb. XIX, 3). Steigert man λ von Null aus langsam auf den Wert λ_k, so verläßt der Körper die zugehörige Gleichgewichtslage u_1 und schlägt in eine neue Gleichgewichtslage u_2 durch. Ein Vertreter dieser Gruppe ist der querbelastete, schwach gekrümmte Stab (Abb. XIX,4), der bei der kritischen Last $P = P_k$ plötzlich in die gestrichelte Lage durchschlägt. Auch das oben erwähnte Pendel gehört hierher.

(c) Erreichen der Traglast. Während in den Fällen (*a*) und (*b*) Instabilität bei vollkommen elastischem Werkstoff eintreten kann, ist sie im vorliegenden Fall eine Folge des Überschreitens der Fließgrenze des Werkstoffes und der damit verbundenen plastischen Verformungen. Die Last-Verformungskurve hat dann die Form Abb. XIX, 5. Eine Steigerung der Belastung über λ_k hinaus ist nicht möglich; das Tragvermögen des Bauteiles ist erschöpft. Er weicht aus und bricht mit großen Verformungen zusammen. Die zu λ_k gehörige kritische Last wird „Traglast" genannt. Ein typischer Vertreter dieser Gruppe ist der exzentrisch gedrückte Stab aus einem elastisch-plastischen Werkstoff (beispielsweise Baustahl).

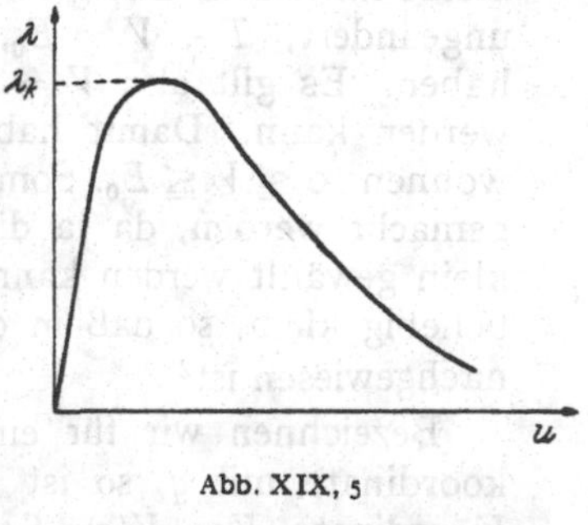

Abb. XIX, 5

Man ersieht aus den vorstehenden Betrachtungen, daß sich die Frage nach der Existenz von mehr als nur einer einzigen Gleichgewichtslage nicht mehr mit den Mitteln der linearisierten Elastizitätstheorie beantworten läßt. Denn diese Theorie liefert ja grundsätzlich nur eine einzige Lösung und damit auch nur eine einzige Gleichgewichtslage. Wir werden daher im folgenden die Vereinfachungen der linearen Theorie, nämlich das Aufstellen der Gleichgewichtsbedingungen am unverformten Körper und das Weglassen der quadratischen Glieder in den Ausdrücken für die Verzerrungskomponenten, wenigstens zum Teil fallen lassen müssen.

Wie weit man dabei zu gehen hat, kann nur im Einzelfall entschieden werden.

2. Das Dirichletsche Kriterium. Die allgemeinste Methode zur Überprüfung der Stabilität einer Gleichgewichtslage leitet sich unmittelbar aus der Definition des Stabilitätsbegriffes her: Man denkt sich eine Störung aufgeprägt und verfolgt die anschließende Störbewegung[1].

An Stelle dieser Methode, welche von den Differentialgleichungen des Systems ausgeht, kann man, wenn sämtliche im System wirkenden inneren und äußeren Kräfte konservativ sind, eine „energetische" Methode verwenden, die vom Kräftepotential Gebrauch macht. Ausgangspunkt ist das Prinzip der virtuellen Verschiebungen (Gl. VII, 6), das hier wegen der Existenz eines Potentials $V = W + U$ die Form

$$\delta V = 0 \qquad \text{(XIX, 1)}$$

annimmt. W ist das Potential der äußeren Kräfte und U die Verzerrungsenergie. Da $\delta V = 0$ die notwendige und hinreichende Bedingung für einen Extremwert (genauer: für einen stationären Wert) von V ist, besagt Gl. (XIX, 1), daß in einer Gleichgewichtslage das Potential einen Extremwert im Vergleich mit allen Nachbarlagen besitzt. Wir zeigen nun, daß die betrachtete Gleichgewichtslage *stabil* ist, wenn dieser Extremwert ein *Minimum* wird (Kriterium von Dirichlet).

Da die potentielle Energie nur bis auf eine additive Konstante bestimmt ist, können wir in der Gleichgewichtslage $V = 0$ setzen. Da weiters voraussetzungsgemäß V dort ein Minimum besitzt, so gilt $V > 0$ für alle Nachbarlagen. Nun prägen wir dem System eine kleine Anfangsstörung auf. Die mit dieser Störung verbundene kinetische und potentielle Energie sei T_0 und V_0. Die anfängliche Gesamtenergie $T_0 + V_0 = E_0$ bleibt nach dem Energiesatz während der anschließenden Störbewegung ungeändert, $T + V = E_0$, da wir konservative Kräfte vorausgesetzt haben. Es gilt also $V = E_0 - T \leqq E_0$, da T natürlich nicht negativ werden kann. Damit haben wir die folgende Eingrenzung für V gewonnen: $0 \leqq V \leqq E_0$. Somit bleibt V beschränkt und kann beliebig klein gemacht werden, da ja die Anfangsstörung und damit E_0 hinreichend klein gewählt werden kann. Damit bleibt aber auch T beschränkt und beliebig klein, so daß in der Tat die Stabilität der Gleichgewichtslage nachgewiesen ist[2].

Bezeichnen wir für ein System mit *einem Freiheitsgrad* die Lagekoordinate mit q, so ist die potentielle Energie eine Funktion dieser Koordinate, $V = V(q)$. Sei $q = q_0$ die zu untersuchende Gleichgewichtslage. Hinreichende Bedingungen für ein Minimum von V sind dann bekanntlich

$$\frac{dV}{dq} = 0, \qquad \frac{d^2V}{dq^2} > 0 \qquad \text{(XIX, 2)}$$

in $q = q_0$. Sind diese Bedingungen erfüllt, so liegt Stabilität vor.

---

[1] Vgl. Ziff. V, 11.

[2] Aus dem Beschränktbleiben der Energie folgt allerdings nicht notwendigerweise, daß die Verzerrungen *überall* klein bleiben.

Die analogen Bedingungen für ein System von *n Freiheitsgraden* mit den Lagekoordinaten $q_1, q_2, \ldots, q_n$ und $V = V(q_1, q_2, \ldots, q_n)$ lauten

$$\frac{\partial V}{\partial q_i} = 0, \quad (i = 1, 2, \ldots, n), \qquad \begin{vmatrix} \frac{\partial^2 V}{\partial q_1^2} & \frac{\partial^2 V}{\partial q_1 \partial q_2} & \cdots & \frac{\partial^2 V}{\partial q_1 \partial q_i} \\ \cdots & \cdots & \cdots & \cdots \\ \frac{\partial^2 V}{\partial q_i \partial q_1} & \frac{\partial^2 V}{\partial q_i \partial q_2} & \cdots & \frac{\partial^2 V}{\partial q_i^2} \end{vmatrix} > 0, \qquad \text{(XIX, 3)}$$

in der zu untersuchenden Gleichgewichtslage $q_i = q_i^{(0)}$.

Besitzt das System *unendlich viele Freiheitsgrade*, dann liegt kein gewöhnliches Minimumproblem, sondern ein Variationsproblem vor. Die Stabilitätsbedingungen lauten jetzt

$$\delta V = 0, \qquad \delta^2 V > 0. \qquad \text{(XIX, 4)}$$

Die Größe $\delta^2 V$ ist die sogenannte zweite Variation des Potentials. Zu ihrer Berechnung denken wir uns die zu untersuchende Gleichgewichtslage verglichen mit den durch die virtuellen Verschiebungen δu, δv, δw charakterisierten Nachbarlagen und setzen die virtuellen Verschiebungen in der Form $\delta u = \varepsilon\, \alpha(x, y, z)$, $\delta v = \varepsilon\, \beta(x, y, z)$, $\delta w = \varepsilon\, \gamma(x, y, z)$ an. Der Parameter ε wird hinreichend klein gewählt. $\varepsilon = 0$ entspricht der ungestörten Gleichgewichtslage. Die Funktionen α, β, γ sind beliebig, müssen jedoch mit den geometrischen Bedingungen verträgliche virtuelle Verschiebungen liefern. Entwickeln wir jetzt das Potential gemäß

$$V(\varepsilon) = V(0) + \varepsilon \left(\frac{\partial V}{\partial \varepsilon}\right)_{\varepsilon = 0} + \frac{\varepsilon^2}{2} \left(\frac{\partial^2 V}{\partial \varepsilon^2}\right)_{\varepsilon = 0} + \ldots, \qquad \text{(XIX, 5)}$$

so erhalten wir die gesuchte erste und zweite Variation sofort zu

$$\delta V = \varepsilon \left(\frac{\partial V}{\partial \varepsilon}\right)_{\varepsilon = 0}, \qquad \delta^2 V = \frac{\varepsilon^2}{2} \left(\frac{\partial^2 V}{\partial \varepsilon^2}\right)_{\varepsilon = 0}. \qquad \text{(XIX, 6)}$$

Das Kriterium von DIRICHLET gibt eine *hinreichende* Bedingung für die Stabilität. Es läßt sich zeigen, daß die Bedingung auch *notwendig* ist: Jedes Stationärwerden der potentiellen Energie, das nicht einem Minimum entspricht, gehört zu einem instabilen Gleichgewichtszustand.

Wir erwähnen schließlich noch einen Sonderfall, das sogenannte *indifferente* Gleichgewicht, das im allgemeinen instabil ist. Es liegt dann vor, wenn zumindest eine Nachbarlage selbst wieder Gleichgewichtslage ist. Ein Beispiel hierfür bietet eine Masse auf einer glatten horizontalen Fläche. Je nachdem, ob die aufgeprägte Anfangsstörung in einer Verschiebung oder in einer aufgeprägten Geschwindigkeit besteht, verbleibt die Masse in der Umgebung der ursprünglichen Lage oder entfernt sich immer weiter von ihr. Ein weiteres Beispiel bildet die Gleichgewichtsverzweigung (Abb. XIX, 2).

3. **Beispiel: Balance-Problem.** Ein schwerer starrer Zylinder Z ruht auf einer starren festen zylindrischen Fläche Z' (Abb. XIX, 6). Fläche

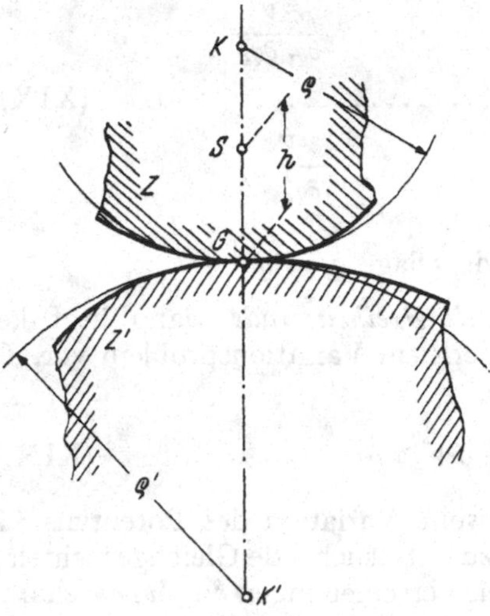

Abb. XIX, 6

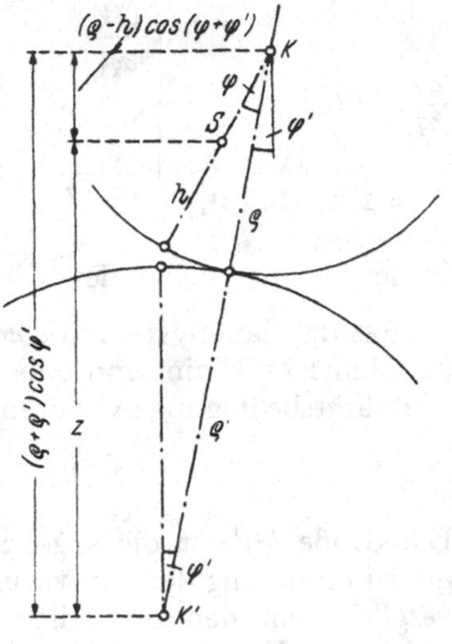

Abb. XIX, 7

und Zylinder sind hinreichend rauh, so daß nur reines Rollen von Z eintritt. Die gemeinsame Berührungsebene sei horizontal. Wann befindet sich Z im stabilen Gleichgewicht?

Die auf Z wirkenden äußeren Kräfte sind: das im Schwerpunkt S angreifende Gewicht $m g$ und die Reaktionskraft in G. Die letztere ist, da wir reines Rollen voraussetzen, eine leistungslose Kraft.

Das System besitzt einen Freiheitsgrad. Für die Stabilitätsuntersuchung genügt es, das Potential in einer kleinen Umgebung der Gleichgewichtslage zu kennen. Wir lassen also den Zylinder Z eine kleine Drehung um seinen Momentanpol G ausführen und benützen den Drehwinkel φ als Lagekoordinate, $V = V(\varphi)$. Wählen wir als Bezugsebene für V die Horizontalebene durch den Krümmungsmittelpunkt K', so entnehmen wir der Abb. (XIX, 7)

$$V = m g z = m g [(\varrho + \varrho') \cos \varphi' - (\varrho - h) \cos (\varphi + \varphi')].$$

Aus der Rollbedingung $\varrho \, d\varphi = \varrho' \, d\varphi'$ folgt

$$\frac{d\varphi'}{d\varphi} = \frac{\varrho}{\varrho'}.$$

Wir untersuchen die Lage $\varphi = 0$, $\varphi' = 0$. Es ist

$$\frac{dV}{d\varphi} = \frac{\partial V}{\partial \varphi} + \frac{\varrho}{\varrho'} \frac{\partial V}{\partial \varphi'} = m g \frac{\varrho + \varrho'}{\varrho'} [- \varrho \sin \varphi' + (\varrho - h) \sin (\varphi + \varphi')],$$

$$\frac{d^2 V}{d\varphi^2} = m g \frac{\varrho + \varrho'}{\varrho'^2} [- \varrho^2 \cos \varphi' + (\varrho - h) (\varrho + \varrho') \cos (\varphi + \varphi')].$$

Zunächst sehen wir, daß

$$\left(\frac{dV}{d\varphi}\right)_{\varphi=0} = 0,$$

die zu untersuchende Lage also eine Gleichgewichtslage ist. Über ihre Stabilität gibt $d^2V/d\varphi^2$ Auskunft. Der Ausdruck

$$\left(\frac{d^2V}{d\varphi^2}\right)_{\varphi=0} = m\,g\,\frac{\varrho+\varrho'}{\varrho'^2}\,[\varrho\,\varrho' - h\,(\varrho+\varrho')]$$

muß für eine stabile Gleichgewichtslage positiv sein. Die gesuchte Stabilitätsbedingung lautet also

$$h < \frac{\varrho\,\varrho'}{\varrho+\varrho'}.$$

Artet die Fläche Z', auf der Z ruht, in eine Ebene aus ($\varrho' \to \infty$), so geht die Bedingung über in $h < \varrho$.

4. Knickung des elastischen Stabes. Das einfachste Stabilitätsproblem eines elastischen Körpers bietet der schon von L. EULER behandelte Fall des axial zentrisch[1] gedrückten geraden Stabes aus einem Werkstoff, der dem HOOKEschen Gesetz unbeschränkt gehorcht. Wir haben in Ziff. XI, 2 gesehen, daß eine mögliche Gleichgewichtslage die ist, bei der die Stabachse gerade bleibt und der Stab nur axial zusammengedrückt wird. Wir untersuchen nun, ob auch noch andere, ausgebogene Gleichgewichtslagen existieren (Abb. XIX, 8). Dabei wollen wir stets Biegung um eine Trägheitshauptachse voraussetzen.

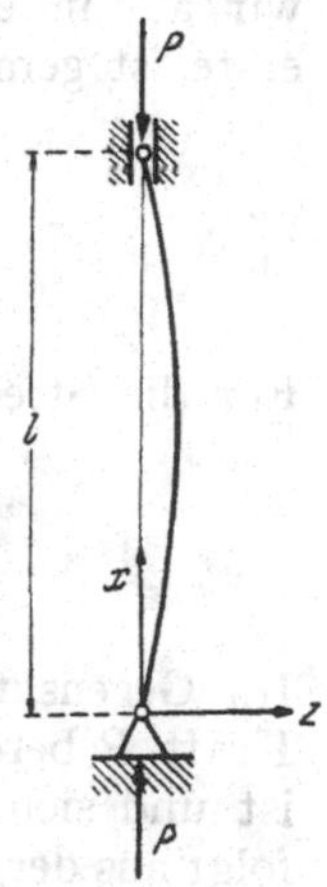

Abb. XIX, 8

Ist $w(x)$ die Ausbiegung, dann wird an der Stelle x, wenn wir *an den Stabenden gelenkige Auflagerung* voraussetzen, und das Kräftegleichgewicht am *verformten* Stab aufstellen, ein Biegemoment $M = P\,w$ wirksam. Mit der Abkürzung $\alpha = \sqrt{P/E\,J}$ lautet die Differentialgleichung (XI, 5) der elastischen Linie

$$w'' + \alpha^2\,w = 0. \qquad \text{(XIX, 7)}$$

Ihre allgemeine Lösung ist

$$w = A\cos\alpha\,x + B\sin\alpha\,x. \qquad \text{(XIX, 8)}$$

In $x = 0$ und $x = l$ muß w verschwinden. Daraus folgt $A = 0$, $B\sin\alpha\,l = 0$. Für $B \neq 0$ existiert eine Lösung nur dann, wenn $\sin\alpha\,l = 0$, das heißt

$$\alpha = \alpha_n = \frac{n\,\pi}{l} \quad \text{oder} \quad P = n^2\,P_k\ (n = 1, 2, \ldots), \qquad \text{(XIX, 9)}$$

[1] Die resultierende Druckkraft fällt in die Stabachse.

wobei

$$P_k = \frac{\pi^2 E J}{l^2}. \qquad \text{(XIX, 10)}$$

Wir sehen also, daß bei bestimmten Werten der Druckkraft P tatsächlich neben der geraden noch eine ausgebogene Gleichgewichtslage möglich ist. Es liegt somit der Fall der in Ziff. XIX, 1 beschriebenen Gleichgewichtsverzweigung vor. Das seitliche Ausbiegen des Stabes unter einer Druckkraft wird als *Knicken*, die kritischen Lasten $n^2 P_k$ werden als *Knicklasten* bezeichnet. Die zugehörigen Werte α_n sind die Eigenwerte und die zugehörigen Funktionen $w = \sin \alpha_n x$ die Eigenfunktionen des Problems. Sie sind bemerkenswerterweise identisch mit den Eigenwerten und Eigenfunktionen des beiderseits gelenkig gelagerten, querschwingenden Stabes (Ziff. XI, 7). Mathematisch liegt in der Tat in beiden Fällen das gleiche Eigenwertproblem vor.

Um zu entscheiden, welche der möglichen Gleichgewichtslagen stabil sind, untersuchen wir das Potential V und setzen in der gestreckten Lage $V = 0$. In der ausgebogenen Lage haben wir dann $W = P\,\overline{u}$ für das Potential der äußeren Kräfte, wo $\overline{u}$ die Verschiebung des Angriffspunktes der *Druck*kraft P bedeutet. Die Verzerrungsenergie U spalten wir auf in einen *Biegeanteil* U_B und einen *Streckungsanteil* U_S. Der erste ist gemäß Gl. (XVI, 3) gegeben durch

$$U_B = \frac{E J}{2} \int_0^l w''^2 \, dx.$$

Für die Streckungsenergie erhält man mit $\sigma_x = - P/F$

$$U_S = \int_V \sigma_x \varepsilon_x dV = - P \int_0^l \varepsilon_x \, dx.$$

Im Gegensatz zu Gl. (X, 5) tritt hier der Faktor $^1/_2$ nicht auf, da die Kraft P bereits zu Beginn des Ausknickens in voller Größe vorhanden ist und sich während des Ausknickens nicht ändert. Die Dehnung ε_x folgt aus der ersten der drei Gln. (IX, 10). In den quadratischen Gliedern ist im vorliegenden Fall aber nur der von der Durchbiegung w herrührende Anteil von Bedeutung, die anderen werden vernachlässigt. Außerdem ist das positive Vorzeichen einzuführen, da x die Koordinate im unverformten Körper darstellt. Es ergibt sich so

$$U_S = - P \int_0^l \left(u' + \frac{1}{2} w'^2 \right) dx.$$

Das erste Glied läßt sich integrieren und liefert $- P\,\overline{u}$. Damit erhält man für das gesuchte Potential

$$V = \frac{EJ}{2}\int_0^l w''^2\,dx - \frac{P}{2}\int_0^l w'^2\,dx. \qquad \text{(XIX, 11)}$$

Wir haben nun die Gleichgewichtslagen $w(x) = B \sin \alpha_n x$ mit Nachbarlagen zu vergleichen und variieren dazu die Ausbiegung gemäß $w(x) = B \sin \alpha_n x + \delta w$. Die virtuelle Verschiebung δw setzen wir, wie in Ziff. XIX, 2 erläutert, in der Form $\delta w = \varepsilon\,\gamma(x)$ an, wobei $\gamma(x)$ eine die geometrischen Bedingungen $\gamma(0) = \gamma(l) = 0$ erfüllende, sonst aber beliebige Funktion ist. Wir denken sie in eine FOURIERsche Reihe nach den Eigenfunktionen entwickelt

$$\gamma(x) = \sum_{m=1}^{\infty} c_m \sin \alpha_m x.$$

Nach Eintragen in den Ausdruck für V ergibt sich dann

$$V(\varepsilon) = -\frac{P}{2}\int_0^l \Big(\alpha_n B \cos \alpha_n x + \varepsilon \sum_{m=1}^{\infty} \alpha_m c_m \cos \alpha_m x\, dx\Big)^2 +$$

$$+ \frac{EJ}{2}\int_0^l \Big(\alpha_n^2 B \sin \alpha_n x + \varepsilon \sum_{m=1}^{\infty} \alpha_m^2 c_m \sin \alpha_m x\Big)^2 dx.$$

Die Eigenfunktionen sind orthogonal[1], das heißt es gilt

$$\int_0^l \sin \alpha_n x \sin \alpha_m x\, dx = \int_0^l \cos \alpha_n x \cos \alpha_m x\, dx = 0 \qquad (m \neq n).$$

Damit und mit

$$\int_0^l \sin^2 \alpha_n x\, dx = \int_0^l \cos^2 \alpha_n x\, dx = \frac{l}{2},$$

geht V über in

$$V(\varepsilon) = \frac{\alpha_n^2 B^2 l}{4}(\alpha_n^2 EJ - P) + \varepsilon \frac{\alpha_n^2 B c_n l}{2}(\alpha_n^2 EJ - P) +$$

$$+ \varepsilon^2 \frac{l}{4} \sum_{m=1}^{\infty} \alpha_m^2 c_m^2 (\alpha_m^2 EJ - P).$$

Gemäß Gl. (XIX, 10) ist aber $\alpha_n^2 EJ = n^2 P_k$, so daß wir nach Gl. (XIX, 6) erhalten

$$\delta V = \frac{\varepsilon}{2} \alpha_n^2 B c_n l (n^2 P_k - P), \qquad \delta^2 V = \frac{\varepsilon^2}{4} l \sum_{m=1}^{\infty} \alpha_m^2 c_m^2 (m^2 P_k - P).$$

---

[1] Vgl. Ziff. XI, 7.

Damit ergibt sich folgendes Bild. In der gestreckten Lage $B = 0$ ist $\delta V = 0$ für alle Werte von P. Sie ist somit stets Gleichgewichtslage. Stabilität liegt allerdings nur für $P < P_k$ vor, denn nur dann ist $\delta^2 V > 0$ in jeder beliebigen Nachbarlage, also für jede beliebige Folge der c_m. Weiters ist $\delta V = 0$ für $B \neq 0$, wenn $P = n^2 P_k$. Dies entspricht den Verzweigungsstellen, wo auch die ausgebogenen Lagen Gleichgewichtslagen sind. Wie $\delta^2 V$ zeigt, ist aber nur die zur kleinsten Knicklast $P = P_k$ gehörige Lage stabil, sämtliche anderen sind instabil. Denn für sie kann $\delta^2 V < 0$ gemacht werden durch passende Wahl[1] der c_m.

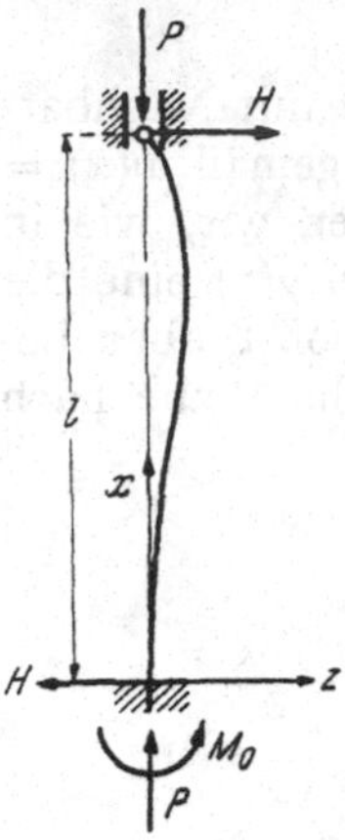

Abb. XIX, 9

Wird also die Axiallast P von Null an langsam gesteigert, so daß sie schließlich den Wert P_k erreicht, dann hört die gestreckte Lage auf, stabil zu sein. Jede noch so kleine Störung bewirkt ein Ausweichen des Stabes in die ausgebogene Lage. Diese ist zwar stabil, doch zeigt eine weitere Untersuchung[2], daß bereits eine verhältnismäßig geringe Steigerung von P über P_k hinaus ein rasches Anwachsen der Ausbiegungen und damit sehr bald den Zusammenbruch des Stabes herbeiführt. Daraus erklärt sich auch die Bezeichnung „kritische Last" für P_k.

In gleicher Weise wie für den beidseitig gelenkig gestützten Stab lassen sich kritische Lasten auch bei anderen Lagerungsarten angeben. Wir betrachten als Beispiel den an *einem Ende eingespannten, am anderen Ende frei drehbar gelagerten* Stab (Abb. XIX. 9). Bei der Ausbiegung wird ein Einspannmoment M_0 wirksam, dem durch horizontale Lagerreaktionen $H = M_0/l$ das Gleichgewicht gehalten werden muß. Das Biegemoment an der Stelle x ist daher gegeben durch

$$M = P\,w + H\,x - M_0 = P\,w + H\,(x - l),$$

so daß an Stelle von Gl. (XIX, 7) die Gleichung

$$w'' + \alpha^2 w = \frac{H}{E\,J}(l - x) \qquad \text{(XIX, 12)}$$

zu lösen ist. Man erhält

$$w = A \cos \alpha\,x + B \sin \alpha\,x + \frac{H}{P}(l - x). \qquad \text{(XIX, 13)}$$

Die zugehörigen Randbedingungen lauten (Tabelle XI, 1)

$$w = 0, \quad w' = 0 \,\ldots\ldots \quad \text{in} \quad x = 0,$$

$$w = 0, \quad M = 0 \,\ldots\ldots \quad \text{in} \quad x = l.$$

Die vierte Bedingung ist bereits erfüllt. Die übrigen liefern die folgenden drei homogenen Gleichungen für die drei Konstanten A, B und H/P

[1] Man braucht beispielsweise nur $c_1 \neq 0$, $c_2 = c_3 = \ldots = 0$ zu setzen.

[2] Wegen der großen Ausbiegungen ist dabei die Theorie endlicher Verschiebungen heranzuziehen.

$$A + l\frac{H}{P} = 0, \quad \alpha B - \frac{H}{P} = 0, \quad A\cos\alpha l + B\sin\alpha l = 0.$$

Damit eine nichttriviale Lösung existiert, muß die Koeffizientendeterminante verschwinden

$$\begin{vmatrix} 1 & 0 & l \\ 0 & \alpha & -1 \\ \cos\alpha l & \sin\alpha l & 0 \end{vmatrix} = 0, \quad \text{oder} \quad \alpha l = \tan\alpha l.$$

Praktisch maßgebend ist wieder nur die kleinste Wurzel $\alpha l = 4{,}49\ldots$ dieser Gleichung. Die zugehörige Knicklast ist

$$P_k = \alpha^2 E J = 2{,}04\frac{\pi^2 E J}{l^2}. \quad \text{(XIX, 14)}$$

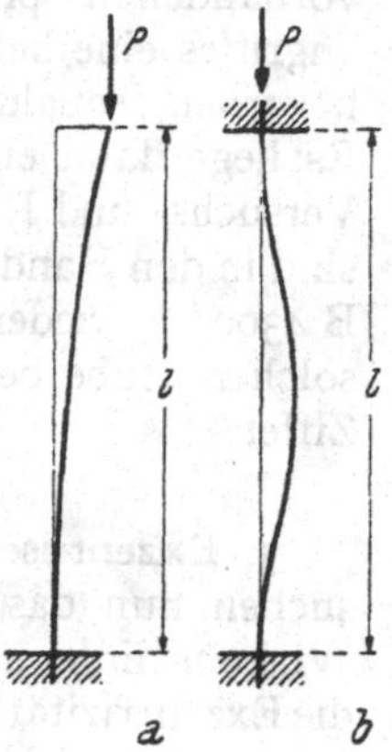

Abb. XIX, 10a, b

Man kann die Formeln (XIX, 10) und (XIX, 14) mit den übrigen Lagerungsfällen in einen einzigen Ausdruck zusammenfassen, wenn man die *Knicklänge* l_k einführt

$$P_k = \frac{\pi^2 E J}{l_k^2}. \quad \text{(XIX, 15)}$$

Es ist dann

$l_k = l$ Stab beidseitig frei drehbar gelagert (Abb. XIX, 8),

$l_k = 0{,}7\,l$ Stab an einem Ende frei drehbar, am anderen Ende eingespannt (Abb. XIX, 9),

$l_k = 2\,l$ Stab an einem Ende eingespannt, am anderen frei beweglich (Abb. XIX, 10a),

$l_k = l/2$ Stab an beiden Enden eingespannt (Abb. XIX, 10b).

Bezeichnet i den kleinsten Trägheitsradius des Stabquerschnittes[1], dann nennt man die dimensionslose Größe $\lambda = l_k/i$ die *Schlankheit* des Stabes. Dividiert man beide Seiten von Gl. (XIX, 15) durch den Stabquerschnitt F, dann erhält man die vor Beginn des Ausknickens vorhandene *kritische Druckspannung* σ_k

$$\sigma_k = \frac{\pi^2 E}{\lambda^2}. \quad \text{(XIX, 16)}$$

Die Gültigkeit dieser Formel und damit der vorangegangenen Überlegungen ist an die Voraussetzung gebunden, daß σ_k unterhalb der Proportionalitätsgrenze σ_P des Werkstoffes liegt. Das ist nur bei hinreichend großer Schlankheit der Fall[2]. Für kürzere Stäbe liefern die Gln. (XIX, 15) und (XIX, 16) zu hohe Knicklasten. Das Problem wurde rechnerisch von ENGESSER, später von v. KÁRMÁN und zuletzt von SHANLEY behandelt. Für praktische Zwecke haben aber diese Untersuchungen, die

[1] Für das Ausknicken maßgebend ist natürlich das kleinste Trägheitsmoment, soweit die Lagerungsbedingungen nichts anderes erzwingen.

[2] Für Baustahl St 37 mit $E = 2{,}1 \cdot 10^6$ kp/cm² und $\sigma_P = 1920$ kp/cm² liegt die Grenze bei $\lambda = 104$.

vollkommen zentrische Druckkräfte voraussetzen, nur mittelbare Bedeutung. Sowohl Rechnung wie Versuch zeigen nämlich, daß die stets vorhandenen praktisch unvermeidlichen Exzentrizitäten des Kraftangriffes eine beträchtliche Abminderung des Tragvermögens des Stabes bewirken, sobald die Spannungen in den plastischen Bereich gelangen. Es liegt dann ein Traglastproblem (Abb. XIX, 5) vor. Die bezüglichen Versuchs- und Rechenergebnisse, in Tafeln und Kurven zusammengefaßt, sind in den Handbüchern und in den Normenblättern (DIN 4114, ÖNORM B 4300/4) wiedergegeben. Einen anderen Weg, der bei der Bemessung solcher Stäbe beschritten werden kann, besprechen wir in der folgenden Ziffer.

5. Exzentrisch gedrückter, vollkommen elastischer Stab. Wir untersuchen nun das Verhalten eines Stabes unter einer Druckkraft, deren Wirkungslinie nicht genau mit der Stabachse zusammenfällt. Durch die Exzentrizität e entsteht am Stab ein Biegemoment[1] $P\,e$, so daß im Gegensatz zum Knickvorgang schon von Anfang an, mit P anwachsend, eine Ausbiegung w auftritt, welche die Exzentrizität e vergrößert. Es muß also schließlich ein Biegemoment $P\,(e + w)$ vom Stab aufgenommen werden. An Stelle von $\alpha^2 w$ in Gl. (XIX, 7) oder (XIX, 12) ist also $\alpha^2 (e + w)$ zu setzen. Es liegt dann kein Eigenwertproblem, also kein Stabilitätsproblem mit Gleichgewichtsverzweigung vor, sondern ein reines Spannungsproblem. Je nach Art der Stablagerung und dem Verlauf $e(x)$ der Exzentrizität ergeben sich verschiedene Biegelinien. Wir führen die Rechnung am Beispiel des beiderseits gelenkig gelagerten Stabes mit konstanter Exzentrizität vor (Abb. XIX, 11).

Die Differentialgleichung

$$w'' + \alpha^2 w = -\alpha^2 e, \qquad \alpha = \sqrt{\frac{P}{E\,J}} \qquad \text{(XIX, 17)}$$

besitzt die allgemeine Lösung

$$w = A \cos \alpha\, x + B \sin \alpha\, x - e.$$

Die Randbedingungen $w = 0$ in $x = 0$ und $x = l$ liefern $A = e$ und $B = e\,(1 - \cos \alpha\, l)/\sin \alpha\, l$, also

$$w = e \left[\frac{\sin \alpha\,(l - x) + \sin \alpha\, x}{\sin \alpha\, l} - 1\right]. \qquad \text{(XIX, 18)}$$

Für das Biegemoment ergibt sich

$$M = P\,(w + e) = P\,e\,\frac{\sin \alpha\,(l - x) + \sin \alpha\, x}{\sin \alpha\, l}. \qquad \text{(XIX, 19)}$$

Da die Last P auch in dem Parameter α erscheint, sind Durchbiegung, Biegemoment und Beanspruchung $\sigma = -P/F \pm M/W$ nicht proportional zu P. Das Überlagerungsgesetz gilt also nicht mehr. Damit unter-

[1] Wir setzen wieder Biegung um eine Trägheitshauptachse voraus.

scheidet sich das vorliegende Problem ebenso wie das der Stabknickung grundsätzlich von den in den früheren Kapiteln behandelten Problemen der linearisierten Elastizitätstheorie. In der Tat haben wir bei der Aufstellung der Differentialgleichung die Grenzen dieser Theorie überschritten, da wir die Gleichgewichtsbedingung am bereits verformten Stab angeschrieben haben. Wir haben allerdings auch jetzt noch kleine Ausbiegungen vorausgesetzt und konnten so mit der linearen Biegegleichung das Auslangen finden. Man bezeichnet diese teilweise erweiterte Biegetheorie als *Theorie zweiter Ordnung*.

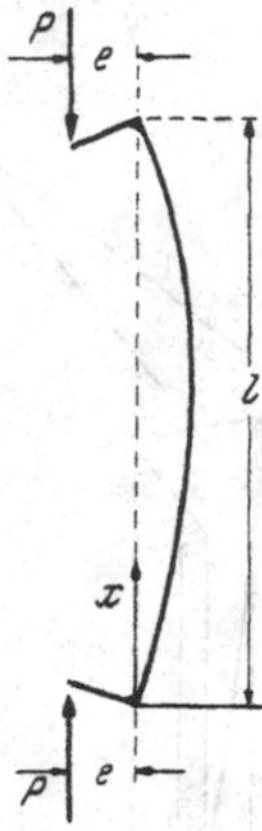

Abb. XIX, 11

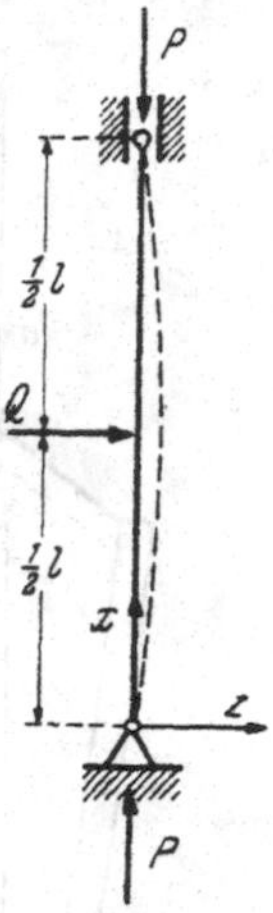

Abb. XIX, 12

Eine Anfangsausbiegung kann auch durch eine Querbelastung des Stabes hervorgerufen werden (Abb. XIX, 12). Mit $M = P\,w + \frac{1}{2} Q\,x$ und den Randbedingungen $w = 0$ in $x = 0$ und $w' = 0$ in $x = l/2$ ergibt sich die Lösung

$$w = \frac{Q}{2\,P}\left[\frac{\sin\alpha\,x}{\alpha\cos\dfrac{\alpha\,l}{2}} - x\right] \qquad \text{(XIX, 20)}$$

und der Biegemomentenverlauf

$$M = \frac{Q\,l}{2}\,\frac{\sin\alpha\,x}{\alpha\,l\cos\dfrac{\alpha\,l}{2}}. \qquad \text{(XIX, 21)}$$

Wie die Formeln erkennen lassen, sind die Durchbiegung und das Moment zwar nicht der Axialkraft P proportional, wohl aber der Exzentrizität e oder der Querbelastung Q. Für diese ist also Superposition bei gleicher Axialkraft möglich.

Mit Hilfe der Gl. (XIX, 19) des exzentrisch gedrückten Stabes kann eine Bemessung „planmäßig" zentrisch gedrückter (in Wirklichkeit aber mit praktisch unvermeidlichen „Imperfektionen" behafteter) Druckstäbe vorgenommen werden, ohne daß man auf die in Ziff. XIX, 4 erwähnten Traglastuntersuchungen im plastischen Bereich eingehen muß. Anstatt nämlich eine Sicherheit ν_T gegen Erreichen der Traglast zu fordern[1], kann man auch eine Sicherheit ν_F gegen Erreichen der Fließgrenze σ_F vorschreiben[2]. Multipliziert man dann die Axiallast P mit ν_F und führt eine „baupraktisch unvermeidliche" Exzentrizität[3] ein, so darf die maximale Spannung gerade den Wert σ_F annehmen.[4]

6. Biegedrillknicken. Neben der einfachen EULERschen Knickstabilität gibt es verwickeltere Stabilitätsfälle, bei denen der Stab sich

[1] Damit ist gemeint, daß die „Gebrauchslast" nur $1/\nu_T$ der Traglast betragen darf.

[2] Man nimmt dabei näherungsweise an, daß der Werkstoff bis zur Fließgrenze dem HOOKEschen Gesetz gehorcht.

[3] Der DIN 4114 ist der Wert $e = \dfrac{i}{20} + \dfrac{l}{500}$ zugrunde gelegt.

[4] Ein Rechnen mit zulässigen Spannungen ist hier nicht erlaubt! Vgl. Ziff. X, 5.

nicht nur ausbiegt, sondern auch verdrillt. Dazu gehören das *Kippen* und das *Biegedrillknicken.* Sie treten bei Stäben mit sehr geringer Drehsteifigkeit auf, also bei dünnwandigen, offenen Profilen.

Wir behandeln im nachstehenden das Biegedrillknicken als die für den Leichtbau wichtigste Instabilitätserscheinung und beschränken uns dabei auf Stäbe mit *einfach symmetrischem Profil,* Abb. XIX, 13. Über allgemeinere Profile sowie über Kippen lese man in der Literatur nach.

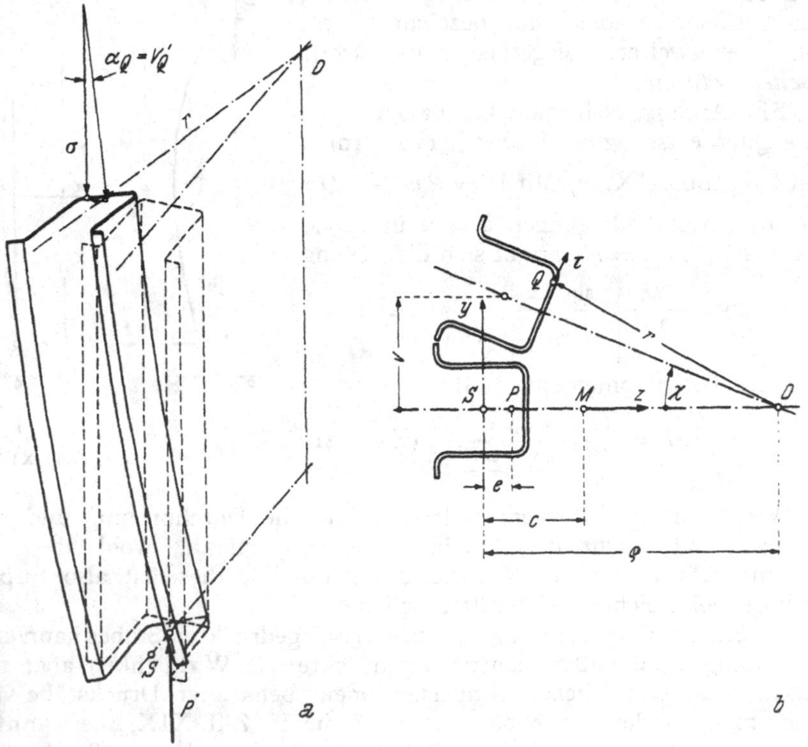

Abb. XIX, 13

Ein exzentrisch mit der Kraft P gedrückter Stab (Abb. XIX, 11) wird sich, wie in Ziff. XIX, 5 gezeigt wurde, in der Belastungsebene[1] ausbiegen. Wenn nun der Stab sehr drillweich ist, kann es geschehen, daß er unter einer gewissen kritischen Last P_k seitlich ausweicht, indem sich alle Querschnitte um eine bestimmte, zunächst noch unbekannte Achse D drehen (Abb. XIX, 13). Da diese Achse im allgemeinen nicht durch die Querschnittsschwerpunkte S geht, verbiegt sich die Stabachse dabei in die Kurve $v = v(x)$.

Das die Verdrillung aufrecht erhaltende Drehmoment kommt dadurch zustande, daß sich die Querschnitte beim seitlichen Ausbiegen schief-

[1] Die x-z-Ebene mit der Ausbiegung $w(x)$. Diese Ausbiegung kann hier außer Betracht bleiben.

stellen, wobei der Neigungswinkel einer beliebigen Faser Q im Abstand r vom Drehpunkt D gegeben ist durch $\alpha_Q = v_Q' = r\,\chi'$. Da die Druckkraft P und somit auch die Spannung σ ihre Richtung unverändert beibehalten, ergibt sich eine Schubspannungskomponente $\tau = \sigma\, r\, \chi'$ in der Querschnittsfläche und daher ein Drehmoment

$$M_T = \int_F \tau\, r\, dF = \chi' \int_F r^2 \sigma\, dF$$

um den Drehpunkt D. Damit liefert Gl. (XII, 59) die Beziehung

$$G J_T \chi' - E \overline{C}_w \chi''' = \chi' \int_F r^2 \sigma\, dF \qquad \text{(XIX, 22)}$$

wobei $\overline{C}_w$ den auf D bezogenen Wölbwiderstand bedeutet (J_T ist unabhängig vom Bezugspunkt). Mit Gl. (XII, 52) findet man, da M hinsichtlich D die z-Koordinate $-(\varrho - c)$ besitzt, für die auf D bezogene Verwölbung

$$\varphi = \varphi^* - (\varrho - c)\, y \qquad \text{(XIX, 23)}$$

und damit sowie unter Beachtung von Gl. (XII, 56),

$$\overline{C}_w = \int_F \varphi^2\, dF = C_w + (\varrho - c)^2 J_z. \qquad \text{(XIX, 24)}$$

Die Druckkraft P erzeugt im Stab nach der Theorie erster Ordnung die (als Druck positiv bezeichnete) Normalspannung

$$\sigma = \frac{P}{F} + \frac{P e}{J_y}\, z.$$

Damit wird das Integral auf der rechten Seite von Gl. (XIX, 22) wegen $r^2 = (\varrho - z)^2 + y^2$ und mit

$$\int_F (y^2 + z^2)\, dF = F\, i_p^2, \qquad \frac{1}{J_y} \int_F z\,(y^2 + z^2)\, dF = \psi, \qquad \text{(XIX, 25)}$$

wo i_p den polaren Trägheitsradius für den Schwerpunkt und ψ eine Querschnittskonstante bedeuten,

$$\int_F r^2 \sigma\, dF = P\,(\varrho^2 - 2\, e\, \varrho + i_p^2 + e\psi).$$

Gl. (XIX, 22) nimmt jetzt die Form an

$$E \overline{C}_w \chi''' + \left[P\,(i_p^2 + \varrho^2 + e\psi - 2\, e\, \varrho) - G J_T\right] \chi' = 0. \qquad \text{(XIX, 26)}$$

Die Gleichung enthält zwei Unbekannte: den Drehwinkel $\chi(x)$ und den Radius ϱ. Eine zweite Gleichung gewinnen wir aus der Gleichgewichtsbedingung für die mit dem Ausdrehen verbundene Biegung um die z-Achse. Die dabei entstehenden Wölbspannungen sind gemäß Gl. (XII, 54) gegeben durch $\sigma_w = E\, \varphi\, \chi''$, wobei φ^* durch φ zu ersetzen ist, weil die Drehachse hier nicht durch den Schubmittelpunkt M, sondern durch D geht. Sie liefern mit Einführung der nur von der Querschnittsform abhängigen Konstanten

$$\overline{R}_z = \int_F y\,\varphi\,dF = -(\varrho - c)\,J_z, \qquad \text{(XIX, 27)}$$

die *Wölbmoment* in bezug auf den Punkt D genannt wird[1], ein Biegemoment um die z-Achse

$$M_z = \int_F y\,\sigma\,dF = E\,\overline{R}_z\,\chi''$$

das dem von der Belastung P ausgeübten Moment

$$M_z = P\,v_P = P\,(\varrho - e)\,\chi$$

gleich sein muß. Damit lautet die zweite Gleichung

$$E\,\overline{R}_z\,\chi'' - P\,(\varrho - e)\,\chi = 0. \qquad \text{(XIX, 28)}$$

Als *Beispiel* behandeln wir den Fall eines an den Enden unverschieblich und unverdrehbar gelagerten Stabes, wobei aber die Verwölbung der Stabquerschnitte nicht behindert sein soll („Gabellagerung"). Es gelten dann die Randbedingungen

$$\chi = 0 \text{ und } \chi'' = 0 \text{ in } x = 0 \text{ und } x = l.$$

Der Lösungsansatz

$$\chi = A \sin \frac{\pi x}{l}$$

erfüllt diese Bedingungen und liefert nach Einsetzen in die Gln. (XIX, 26) und (XIX, 28) mit $P = P_k$ und Einführung der EULERschen Knicklast $P_E = \pi^2 E\,J_z/l^2$ die beiden Beziehungen

$$(i_p^2 + \varrho^2 + e\psi - 2\,e\,\varrho)\,\frac{P_k}{P_E} - \frac{G\,J_T}{P_E} - \frac{\overline{C}_w}{J_z} = 0,$$

$$(\varrho - e)\,\frac{P_k}{P_E} + \frac{\overline{R}_z}{J_z} = 0.$$

Mit Gl. (XIX, 27) folgt aus der letzten Gleichung, wenn zur Abkürzung $P_k/P_E = p$ gesetzt wird,

$$\varrho = \frac{c - e\,p}{1 - p} \qquad \text{(a)}$$

und nach Einsetzen dieses Ausdruckes in die erste Gleichung mit Benützung von Gl. (XIX, 24)

$$(i_p^2 + e\psi - e^2)\,p^2 - (i_p^2 + c^2 + e\psi - 2\,e\,c + K)\,p + K = 0, \qquad \text{(b)}$$

wo die Konstante K durch

$$K = \frac{G\,J_T}{P_E} - \frac{C_w}{J_z} \equiv \frac{1}{J_z}\left[\frac{l^2}{2\,(1+\mu)\,\pi^2}\,J_T - C_w\right] \qquad \text{(c)}$$

gegeben ist.

Der kleinste aus der quadratischen Gl. (b) sich ergebende Wert von p liefert die gesuchte Drillknicklast. Im übrigen zeigt Gl. (a), daß die Drehung weder um den Schwerpunkt noch um den Schubmittelpunkt erfolgt, auch nicht im Falle des zentrischen Druckes $e = 0$.

[1] R. KAPPUS: Drillknicken zentrisch gedrückter Stäbe mit offenem Profil im elastischen Bereich. Luftfahrtforschung 14, 444 (1937).

7. Beulen von Kreisplatten. Ein weiteres Stabilitätsproblem von großer praktischer Bedeutung stellt das Ausbeulen dünner Platten unter der Wirkung von in der Plattenebene angreifenden Druckkräften dar. Wir beschränken uns auf die Untersuchung von Kreisplatten mit drehsymmetrischer Druckbeanspruchung, Abb. XIX, 14.

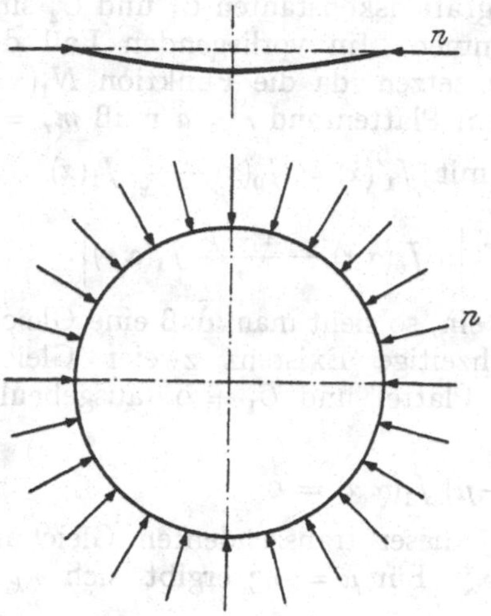

Abb. XIX, 14

Die Gleichgewichtsbedingungen sind, wie bei allen Stabilitätsuntersuchungen, an der verformten Platte aufzustellen (Theorie zweiter Ordnung). Es tritt daher in Gl. (XIV, 19) an die Stelle der Querkraft q_r, die hier wegen der fehlenden Querlast p verschwindet, eine

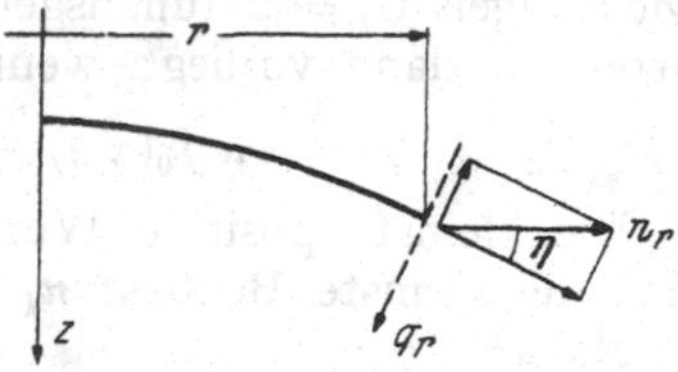

Abb. XIX, 15

Kraft $-n_r\,\eta$, die von der Neigung der Beulfläche herrührt (Abb. XIX, 15). Gl. (XIV, 19) lautet dann

$$K\,\frac{d(\Delta w)}{dr} = n_r\,\eta, \qquad \text{(XIX, 29)}$$

wobei

$$\eta = \frac{dw}{dr}. \qquad \text{(XIX, 30)}$$

Bei hinreichend kleiner Radialbelastung n je Einheit des Umfanges gibt es nur eine einzige Gleichgewichtslage der Platte, nämlich den unausgebogenen Zustand. Erreicht n jedoch einen kritischen Wert n_k, dann wird diese Lage instabil und die Platte beult bei der geringsten Störung in eine Nachbarlage aus (Gleichgewichtsverzweigung). Der kritische Wert ergibt sich als Eigenwert der Gl. (XIX, 29) unter Berücksichtigung der Randbedingungen.

Als *Beispiel* sei die längs des Umfanges frei drehbar gelagerte Platte betrachtet. Unter dem Angriff von n befindet sie sich in einem Zustand ebenen, allseits gleichen Druckes, $n_r = -n =$ konst. Mit Gl. (XIV, 21) und Gl. (XIX, 30) wird daher Gl. (XIX, 29)

$$\eta'' + \frac{1}{r}\,\eta' + \left(\alpha^2 - \frac{1}{r^2}\right)\eta = 0, \qquad \text{(XIX, 31)}$$

wobei zur Abkürzung

$$\frac{n}{K} = \alpha^2$$

gesetzt wurde. Gl. (XIX, 31) ist eine BESSELsche Differentialgleichung mit der allgemeinen Lösung[1]

$$\eta(r) = C_1 J_1(\alpha r) + C_2 N_1(\alpha r), \qquad \text{(XIX, 32)}$$

wo $J_1(x)$ und $N_1(x)$ die BESSELschen Funktionen erster bzw. zweiter Art der Ordnung Eins sind. Die Integrationskonstanten C_1 und C_2 sind aus den Randbedingungen zu bestimmen. Im vorliegenden Fall der vollen Platte ist zunächst $C_2 = 0$ zu setzen, da die Funktion $N_1(\alpha r)$ in $r = 0$ über alle Grenzen wächst. Am Plattenrand $r = a$ muß $m_r = 0$ sein. Nun ist gemäß Gl. (XIV, 15) mit $J_1'(x) = J_0(x) - \frac{1}{x} J_1(x)$

$$m_r = -K\left(\eta' + \frac{\mu}{r}\eta\right) = -K\,C_1\left[\alpha J_0(\alpha r) - \frac{1-\mu}{r} J_1(\alpha r)\right].$$

Setzt man dies in die Randbedingung ein, so sieht man, daß eine Gleichgewichtsverzweigung, also die gleichzeitige Existenz zweier Gleichgewichtslagen $C_1 = 0$ (unausgebeulte Platte) und $C_1 \neq 0$ (ausgebeulte Platte) nur dann vorliegt, wenn

$$\alpha a J_0(\alpha a) - (1-\mu) J_1(\alpha a) = 0$$

ist. Die kleinste positive Wurzel α_k dieser transzendenten Gleichung liefert die kleinste Beullast $n_k = K \alpha_k^2$. Für $\mu = 0{,}3$ ergibt sich $n_k = 4{,}2\, K/a^2$.

8. Durchschlagen eines Zweistabsystems. Abschließend soll als Beispiel einer nicht durch Gleichgewichtsverzweigung entstehenden Instabilität das in Abb. XIX, 16 angegebene Stabsystem untersucht werden. Es zeigt im Prinzip das gleiche Verhalten wie der in Abb. XIX, 4 dargestellte schwach gekrümmte Stab, ist aber wesentlich einfacher zu behandeln.

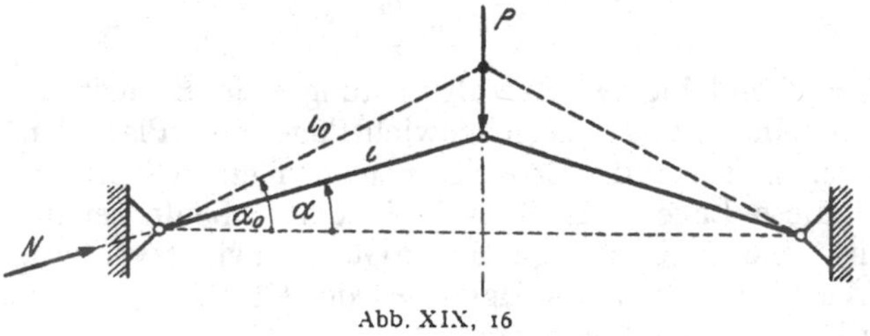

Abb. XIX, 16

Die Stabkräfte N sind statisch bestimmt

$$N = -\frac{P}{2 \sin \alpha}. \qquad \text{(XIX, 33)}$$

Für ein flaches Stabeck darf $\sin\alpha$ durch α ersetzt werden. Die Axialdehnung ε ist dann mit Benützung der Potenzreihe $\cos\alpha = 1 - \alpha^2/2 + \ldots$ gegeben durch

[1] Vgl. Ziff. XIV, 5.

$$\varepsilon = \frac{l - l_0}{l_0} = \frac{\cos\alpha_0 - \cos\alpha}{\cos\alpha} = \frac{\alpha^2 - \alpha_0^2}{2},$$

α_0 ist der Stabwinkel im unbelasteten Zustand. Mit $N = E\,F\,\varepsilon$, wo F den Stabquerschnitt bedeutet, folgt aus Gl. (XIX, 33)

$$P = E\,F\,\alpha\,(\alpha_0^2 - \alpha^2). \tag{XIX, 34}$$

Die kritische Last P_k wird erreicht, wenn die Deformation ohne Steigerung von P zunimmt, d. h. wenn $\partial P/\partial\alpha = 0$ wird, vgl. Abb. XIX, 3. Dies liefert den kritischen Winkel $\alpha_k = \alpha_0/\sqrt{3}$ und damit

$$P_k = \frac{2\,\alpha_0^3}{3\sqrt{3}}\,E\,F. \tag{XIX, 35}$$

Die Druckkraft N nimmt mit abnehmendem Winkel α ständig zu und beträgt im kritischen Augenblick

$$N_k = -\frac{P_k}{2\,\alpha_k} = -\frac{\alpha_0^2}{3}\,E\,F.$$

Damit die Rechnung sinnvoll bleibt, darf der Stab nicht vor Erreichen dieser Lage ausknicken, d. h. es muß $|N_k| < N_E$ sein, wo N_E die Euler-sche Knicklast des beidseitig gelenkig gelagerten Stabes, Gl. (XIX, 10), bedeutet. Wir haben also

$$\frac{\alpha_0^2}{3}\,E\,F < \frac{\pi^2\,E\,J}{l_0^2}$$

oder

$$\alpha_0 < \sqrt{3}\,\frac{\pi}{\lambda} \tag{XIX, 36}$$

mit $\lambda = l_0/i$ als Schlankheit der Stäbe im unbelasteten Zustand.

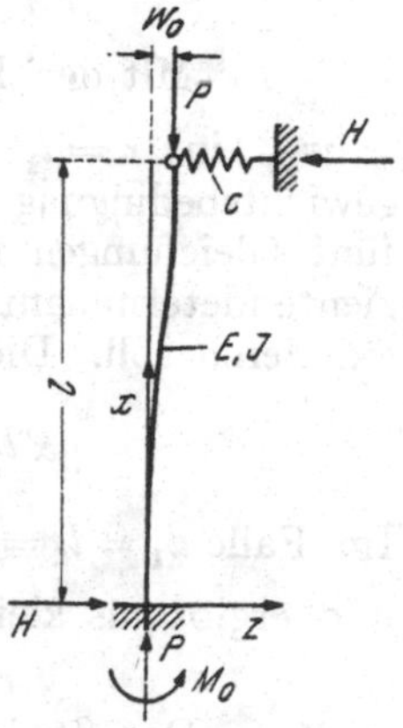

Abb. XIX, A 1

Aufgaben

A 1. Man bestimme die Knicklast des zentrisch gedrückten, in Abb. XIX, A 1 dargestellten Stabes für Ausknicken in der Zeichenebene. Die Stützfeder hat die Federkonstante c.

Lösung: Das Biegemoment im verformten Stab ist $M = P\,(w - w_0) + H\,(l - x)$, wo w_0 die Ausbiegung des Stabendes $x = l$ bedeutet. Die Biegegleichung (XI, 5) lautet dann mit $\alpha^2 = P/E\,J$

$$w'' + \alpha^2 w = \alpha^2 w_0 - \alpha^2 \frac{H}{P}(l - x),$$

und besitzt die allgemeine Lösung

$$w = A\cos\alpha x + B\sin\alpha x + w_0 - \frac{H}{P}(l - x).$$

Die Randbedingungen $w = 0$ und $w' = 0$ in $x = 0$, und $w = w_0$ in $x = l$ liefern mit $H = c\,w_0$ drei homogene Gleichungen für A, B und w_0. Nullsetzen der Determinante gibt die Knickgleichung

$$\tan \alpha l = \alpha l \left(1 - \alpha^2 \frac{E J}{c l}\right),$$

deren kleinste Wurzel αl die gesuchte Knicklast bestimmt.

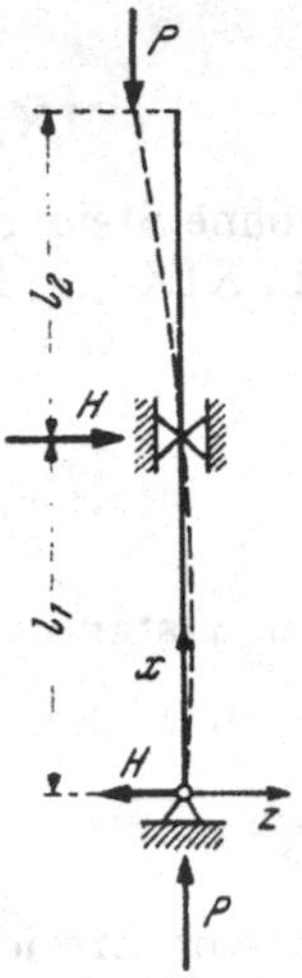

Abb. XIX, A 2

A 2. Man bestimme die Knicklast des nach Abb. XIX, A 2 gelagerten Stabes mit konstanter Biegesteifigkeit $E J$ für Ausknicken in der Zeichenebene.

Lösung: Mit den in der Abbildung eingetragenen Reaktionen wird das Biegemoment im Abschnitt I $(0 \leqq x \leqq l_1)$ gleich $M = P w + H x$ und im Abschnitt II $(l_1 \leqq x \leqq l_1 + l_2)$ gleich $M = P w + H l_1$. Die entsprechende Differentialgleichung (XI, 5) lautet in I: $w'' + \alpha^2 w = -\alpha^2 \frac{H}{P} x$, und in II: $w'' + \alpha^2 w = -\alpha^2 \frac{H}{P} l_1$, wobei $\alpha^2 = \frac{P}{E J}$. Die allgemeine Lösung lautet in I: $w = A \cos \alpha x + B \sin \alpha x - \frac{H}{P} x$ und in II: $w = C \cos \alpha x + D \sin \alpha x - \frac{H}{P} l_1$. Mit den Randbedingungen $w = 0$ in $x = 0$ und $w = 0$, $w_{\mathrm{I}}' = w_{\mathrm{II}}'$ in $x = l_1$ sowie $M = 0$ in $x = l_1 + l_2$ und mit der Gleichgewichtsbedingung $H l_1 = -P w_{l1+l2}$ erhalten wir ein System von fünf Gleichungen in den Konstanten A bis D und H, dessen Koeffizientendeterminante verschwinden muß, wenn eine nichttriviale Lösung existieren soll. Dies liefert die Knickbedingung

$$\alpha l_1 \sin \alpha (l_1 + l_2) - \sin \alpha l_1 \sin \alpha l_2 = 0.$$

Im Falle $l_1 = l_2 = l$ reduziert sie sich auf $\sin 2 \alpha l (2 \alpha l - \tan \alpha l) = 0$ und ergibt als kleinste kritische Last $P_k = \frac{1{,}3586\, E J}{l^2}$.

A 3. Der Stiel des in der Abb. XIX, A 3a dargestellten Rahmens soll auf Knicken in der Rahmenebene untersucht werden.

Lösung: Der Stiel ist an seinem oberen Ende durch den Riegel elastisch eingespannt und seitlich unverschieblich festgehalten, wenn die axiale Verformung des Riegels vernachlässigt wird. Wir zerschneiden den Rahmen in Riegel und Stiel und bestimmen mit Hilfe des Verfahrens von Mohr den Zusammenhang zwischen Eckmoment M_0 und Querkraft Q_0 (Abb. XIX, A 3b) sowie den Biegewinkel w_0' des Riegels an der Ecke. Es ergibt sich $Q_0 = \frac{3}{2} \frac{M_0}{l}$ und $w_0' = -\frac{M_0 l}{4 E J_2}$. Nun übertragen wir diese Größen auf den Stiel, Abb. XIX, A 3c. Das Einspannmoment ist dann $M_e = M_0 - H\,h$, und das Biegemoment lautet $M = (P + Q_0)\,w + H\,(h - x) - M_0$. Damit wird Gl. (XI, 5)

$$w'' + \frac{P + Q_0}{E\,J_1}\,w = \frac{M_0}{E\,J_1} - \frac{H}{E\,J_1}(h - x).$$

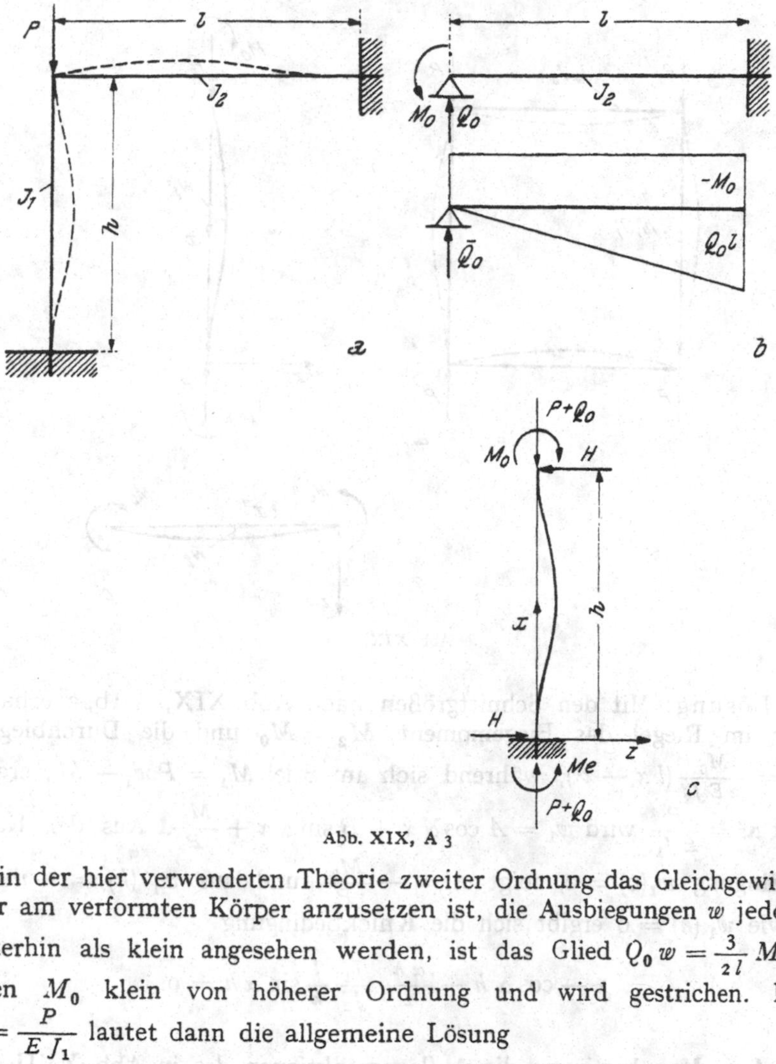

Abb. XIX, A 3

Da in der hier verwendeten Theorie zweiter Ordnung das Gleichgewicht zwar am verformten Körper anzusetzen ist, die Ausbiegungen w jedoch weiterhin als klein angesehen werden, ist das Glied $Q_0\,w = \frac{3}{2\,l}\,M_0\,w$ gegen M_0 klein von höherer Ordnung und wird gestrichen. Mit $\alpha^2 = \frac{P}{E\,J_1}$ lautet dann die allgemeine Lösung

$$w = A\cos\alpha\,x + B\sin\alpha\,x + \frac{M_0}{P} - \frac{H}{P}(h - x).$$

Sie führt mit den Randbedingungen $w = 0$, $w' = 0$ in $x = 0$, und $w = 0$, $w' = w_0' = -\frac{M_0\,l}{4\,E\,J_2}$ in $x = h$ auf die Knickbedingung

$$1 - \cos\alpha\,h = \frac{\alpha\,h}{2}\sin\alpha\,h\left[1 + \frac{J_1\,l}{4\,J_2\,h}(\alpha\,h\cot\alpha\,h - 1)\right].$$

A 4. Man untersuche an dem in Abb. XIX, A 4a dargestellten Rahmen den Fall des symmetrischen Ausknickens der durch P belasteten Stiele. Diese Knickform werde durch passende Führungen an den Rahmenecken und an den Innenseiten der Stiele erzwungen.

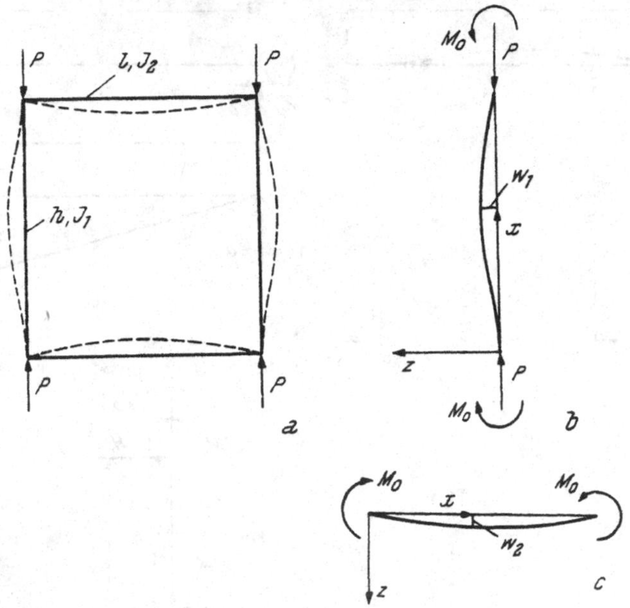

Abb. XIX, A 4

Lösung: Mit den Schnittgrößen nach Abb. XIX, A 4b, c erhalten wir im Riegel das Biegemoment $M_2 = M_0$ und die Durchbiegung $w_2 = \frac{M_0}{2 E J_2}(l x - x^2)$, während sich im Stiel $M_1 = P w_1 - M_0$ ergibt. Mit $\alpha^2 = \frac{P}{E J_1}$ wird $w_1 = A \cos \alpha x + B \sin \alpha x + \frac{M_0}{P}$. Aus der Randbedingung $w_1(0) = 0$, folgt $A = -\frac{M_0}{P}$ und aus $w_1'(h) = -w_2'(0)$ sowie $w_1(h) = 0$ ergibt sich die Knickbedingung

$$1 - \cos \alpha h + \frac{\alpha h}{2} \frac{J_1}{J_2} \frac{l}{h} \sin \alpha h = 0.$$

A 5. Man bestimme die Auflagerreaktionen des in Abb. XVII, A 3 dargestellten Trägers auf Grund der Theorie zweiter Ordnung.

Lösung: Der Verlauf des Biegemomentes ist nach der Theorie zweiter Ordnung am verformten System zu bestimmen. Es ist also $M = B x - P(a + w)$ und die zugehörige Differentialgleichung der Biegelinie lautet mit $\alpha^2 = \frac{P}{E J}$

$$w'' = \alpha^2 (a + w) - \alpha^2 \frac{B}{P} x.$$

Ihre Lösung ist

$$w = C_1 \cosh \alpha x + C_2 \sinh \alpha x + \frac{B}{P} x - a.$$

Die Randbedingungen $w = 0$ in $x = 0$, und $w = 0$ sowie $w' = 0$ in $x = l$ ergeben für die Lagerreaktion B den Wert

$$B = \frac{\alpha l (\cosh \alpha l - 1)}{\alpha l \cosh \alpha l - \sinh \alpha l} \frac{a}{l} P.$$

Entwickelt man hierin $\cosh \alpha l$ bis zur zweiten Ordnung, $\sinh \alpha l$ bis zur dritten Ordnung, so folgt $B = \frac{3}{2} \frac{a}{l} P$, also der Wert aus Aufgabe XVII, A 3.

Man beachte, daß der Satz von CASTIGLIANO hier nicht anwendbar ist! Er gilt in der in Ziff. XVI, 7 hergeleiteten Form nur in der linearisierten Elastizitätstheorie.

A 6. Eine Welle mit kreisförmigem Querschnitt ist im Abstand l frei drehbar gehalten und wird durch ein Drehmoment M_T beansprucht. Man zeige, daß ein kritisches Moment (Knickmoment) existiert, unter dem die Wellenachse in eine Schraubenlinie ausknicken kann.

Lösung: Die ursprünglich gerade Achse der Welle geht beim Ausknicken in eine Raumkurve über, die, wie wir beweisen werden, auf einer Kreiszylinderfläche liegt (Abb. XIX, A 5). Wir führen im Abstand x einen Schnitt, heften dort ein Dreibein $\mathfrak{t}, \mathfrak{n}, \mathfrak{m}$ an mit dem Tangentenvektor $\mathfrak{t}$ und dem Normalenvektor $\mathfrak{n} \perp \mathfrak{M}_T$, und zerlegen die Schnittgröße M_T in eine tangentiale Komponente $M_t = M_T \cos \varphi$, die an der ausgebogenen Welle als Drehmoment wirkt, und in eine Normalkomponente $M_m = M_T \sin \varphi$, welche die Welle auf Biegung beansprucht.

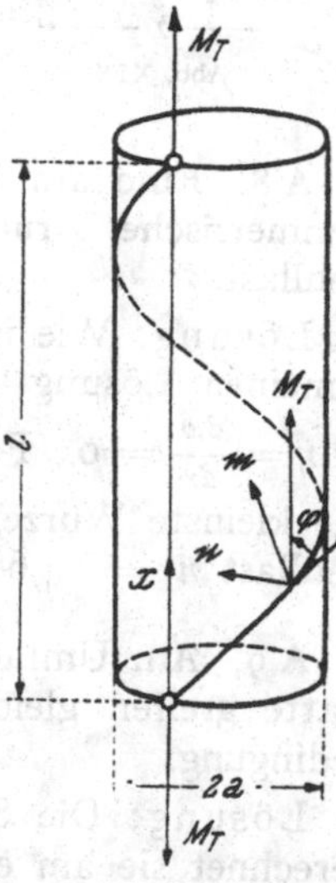

Abb. XIX, A 5

Die Horizontalkomponente M_n verschwindet. Das heißt aber nach Gl. (XI, 5), daß die Krümmung der ausgebogenen Stabachse in der $\mathfrak{m}, \mathfrak{t}$-Ebene Null, der Vektor $\mathfrak{n}$ also Hauptnormalenvektor ist (vgl. Abb. I, 3). Die Kurve ist somit eine Schraubenlinie konstanter Steigung $\tan \varphi = \frac{2 \pi a}{l}$ und konstanter Hauptkrümmung $\varkappa = \frac{\sin^2 \varphi}{a}$. Aus der ersten Gl. (XI, 7) folgt dann mit $v'' = \varkappa$ und mit $\sin \varphi \approx \tan \varphi \approx \varphi$

$$\frac{2 \pi E J a}{l} = M_T a.$$

Das kleinste Knickmoment ergibt sich also zu $M_T = \frac{2 \pi E J}{l}$.

A 7. Man berechne für das in Abb. XIX, A 6 dargestellte [-Profil die durch Gl. (XIX, 25) gegebene Querschnittskonstante ψ.

Lösung: Mit dem Schwerpunktsabstand z_s und den Abkürzungen $F_1 = h_1 b$, $F_2 = h_2 H$, $J_1 = F_1 \left(\frac{H}{2}\right)^2$, $J_2 = \frac{h_2 H^3}{12}$ ergibt sich nach Ausrechnung des Integrals

$$\psi = \frac{1}{J_y}\left\{z_s (F_2 z_s^2 + J_2) + (2 z_s - b) J_1 + \frac{F_1}{2b}[z_s^4 - (z_s - b)^4]\right\}.$$

Für $h_1 = h_2$ wird

$$z_s = \frac{b^2}{H + 2b} \quad \text{und} \quad J_y = \frac{h b^3}{3} \frac{2H + b}{H + 2b}$$

und es folgt

$$\psi = -H^2 \frac{6b^2 + 2H(H + 2b)}{4b(2H + b)(H + 2b)}.$$

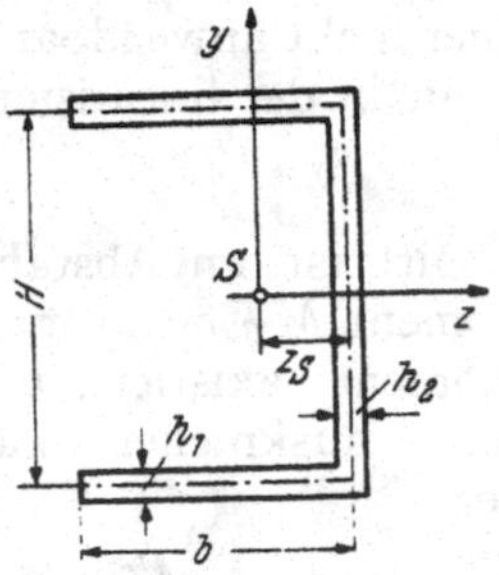

Abb. XIX, A 6

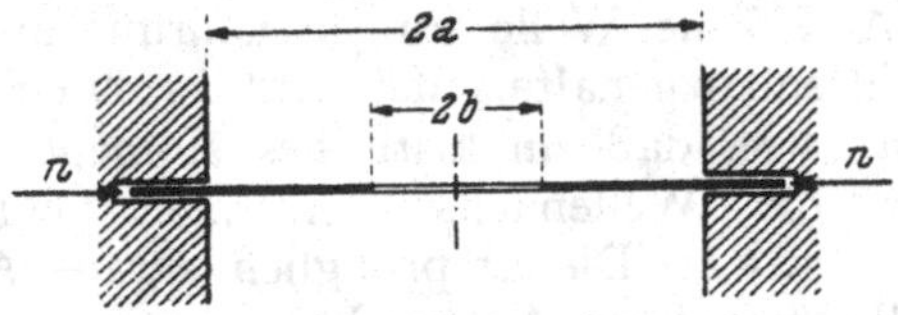

Abb. XIX, A 7

A 8. Eine am Umfang eingespannte Kreisplatte wird durch drehsymmetrische Druckkräfte beansprucht. Man bestimme die kleinste Beullast.

Lösung: Wie in Ziff. XIX, 7, so muß auch hier $C_2 = 0$ in der allgemeinen Lösung (XIX, 32) gesetzt werden. Am Plattenrand $r = a$ ist $\eta = \frac{dw}{dr} = 0$. Für $C_1 \neq 0$ ist dies nur möglich, wenn $J_1(\alpha a) = 0$. Die kleinste Wurzel dieser Gleichung $\alpha a = 3 \cdot 8317$ liefert die gesuchte Beullast $n_k = 14{,}68\, K/a^2$.

A 9. Am Umfang einer gemäß Abb. XIX, A 7 gelagerten Kreisringplatte greifen gleichförmige Druckkräfte an. Man ermittle die Beulbedingung.

Lösung: Die Schnittkraft n_r ist jetzt nicht mehr konstant. Man berechnet sie am einfachsten aus der Spannungsfunktion (XIV, 9):

$$n_r = \frac{F}{r}, \quad F(r) = A r + \frac{B}{r}.$$

Die Randbedingungen $n_r(a) = -n$, $n_r(b) = 0$ bestimmen A und B und man erhält

$$n_r = -\frac{n a^2}{a^2 - b^2}\left(1 - \frac{b^2}{r^2}\right).$$

Damit geht Gl. (XIX, 29) über in

$$\eta'' + \frac{1}{r}\eta' + \left(\alpha^2 - \frac{\beta^2}{r^2}\right)\eta = 0,$$

mit den Abkürzungen

$$\frac{n\,a^2}{K\,(a^2 - b^2)} = \alpha^2 \quad \text{und} \quad 1 + \frac{n\,a^2\,b^2}{K\,(a^2 - b^2)} = \beta^2.$$

Dies ist wieder eine Besselsche Differentialgleichung. Sie hat die allgemeine Lösung

$$\eta(r) = C_1\,J_\beta\,(\alpha\,r) + C_2\,N_\beta\,(\alpha\,r).$$

Aus den Randbedingungen $\eta(a) = 0$ und $m_r(b) = 0$ folgen die zwei homogenen Gleichungen

$$C_1\,J_\beta\,(\alpha\,a) + C_2\,N_\beta\,(\alpha\,a) = 0,$$

$$-K\left\{C_1\left[J'_\beta\,(\alpha\,b) + \frac{\mu}{b}\,J_\beta(\alpha b)\right] + C_2\left[N'_\beta\,(\alpha\,b) + \frac{\mu}{b}\,N_\beta\,(\alpha\,b)\right]\right\} = 0.$$

Nullsetzen der Koeffizientendeterminante liefert die gesuchte Beulbedingung

$$\frac{J_\beta(\alpha\,a)}{N_\beta\,(\alpha\,a)} = \frac{b\,J'_\beta\,(\alpha\,b) + \mu\,J_\beta\,(\alpha\,b)}{b\,N'_\beta\,(\alpha\,b) + \mu\,N_\beta\,(\alpha\,b)}.$$

Die Gleichung kann nur numerisch gelöst werden. Ein Weg dazu ist in der Literatur[1] angegeben.

Literatur

C. B. Biezeno–R. Grammel: Technische Dynamik, 2. Aufl. Berlin: 1953.

G. Bürgermeister–H. Steup: Stabilitätstheorie (mit Erläuterungen zu DIN 4114), I. Teil. Berlin: 1957.

G. Bürgermeister–H. Steup–H. Kretzschmar: Stabilitätstheorie (mit Erläuterungen zu den Knick- und Beulvorschriften), II. Teil. Berlin: 1963.

H. L. Cox: The Buckling of Plates and Shells. Oxford: 1963.

W. Flügge: Statik und Dynamik der Schalen, 2. Aufl. Berlin: 1957.

K. Girkmann: Flächentragwerke, 6. Aufl. Wien: 1963.

C. F. Kollbrunner–M. Meister: Knicken, Biegedrillknicken, Kippen, 2. Aufl. Berlin: 1961. — Ausbeulen. Berlin: 1958.

A. Pflüger: Stabilitätsprobleme der Elastostatik, 2. Aufl. Berlin: 1964.

E. Schapitz: Festigkeitslehre für den Leichtbau. Berlin: 1951.

S. Timoshenko: Theory of Elastic Stability. New York: 1936.

XX. Einige Näherungsverfahren

1. Die Verfahren von Ritz und Galerkin. Der Weg, den wir bisher bei der Behandlung von Problemen der Elastizitätstheorie beschritten haben, hatte fast immer das Ziel, mathematisch strenge Lösungen der entsprechenden Differentialgleichungen aufzufinden. Aber schon bei

[1] C. B. Biezeno und R. Grammel: Technische Dynamik, Bd. 1, S. 658. Berlin: 1953.

verhältnismäßig einfachen Aufgaben, wie etwa die Bestimmung der Eigenfrequenzen einer schwingenden Platte, wird der rechnerische Aufwand beträchtlich; sehr häufig ist eine strenge Lösung überhaupt nicht angebbar. In noch stärkerem Maße gilt dies natürlich für nichtlineare Probleme. Man ist dann gezwungen, nach Näherungslösungen zu suchen[1], und dabei erweist sich das Verfahren von RITZ als eines der wertvollsten Hilfsmittel. Es wurde in seinen Grundzügen bereits von LORD RAYLEIGH vorgeschlagen. W. RITZ hat es dann unabhängig und von einem sehr allgemeinen Standpunkt aus eingeführt[2]. Eine weitere wesentliche Verbesserung verdanken wir B. G. GALERKIN.

Der Grundgedanke des Verfahrens ist folgender. Nehmen wir an, die zu berechnende Größe sei beispielsweise die Verschiebungskomponente $w(x, y, z, t)$ eines elastischen Körpers, etwa eines Stabes, einer Platte oder einer Schale. Dann setzen wir näherungsweise eine Lösung in der Form

$$w^* = \sum_{i=1}^{n} q_i(t)\, \varphi_i(x, y, z) \qquad \text{(XX, 1)}$$

an, mit zunächst noch unbestimmten Koeffizienten $q_i(t)$. Analoge Ausdrücke gelten für u und v. Die Funktionen φ_i müssen „passend" gewählt werden, nämlich derart, daß die Verschiebung w^* bei *beliebigen* Koeffizienten q_i den Randbedingungen des Problems genügt. Wie man dabei im einzelnen vorzugehen hat, wird weiter unten an Beispielen deutlich werden. Zur Bestimmung der Koeffizienten, die im statischen Fall Konstanten sind, stehen uns nun zwei Wege offen.

(a) Wir bemerken, daß der Ersatz der strengen Lösung durch einen Näherungsausdruck der Form (XX, 1) gleichbedeutend ist mit dem Ersatz des gegebenen Systems, das unendlich viele Freiheitsgrade besitzt, durch ein System mit nur n Freiheitsgraden. Wir können die Koeffizienten $q_i(t)$ direkt als die n Lagekoordinaten des Ersatzsystems ansehen. Damit ist aber auch schon ein Weg zu ihrer Ermittlung gegeben. Wir berechnen die kinetische Energie T und die potentielle Energie V (oder, wenn kein Potential existiert, die verallgemeinerten Kräfte Q_i) des Ersatzsystems und setzen in die LAGRANGEschen Gleichungen (VIII, 4) oder (VIII, 6) ein. Auf diese Weise erhalten wir n Differentialgleichungen für die n Funktionen $q_i(t)$.

Im statischen Fall gehen die LAGRANGEschen Gleichungen über in die Gleichgewichtsbedingungen

$$\frac{\partial V}{\partial q_i} = 0. \qquad \text{(XX, 2)}$$

Da diese notwendige Bedingungen für ein Minimum des Potentials V darstellen, können wir das Verfahren auch so deuten, daß wir unter den unendlich vielen Ersatzsystemen der Form (XX, 1) dasjenige heraus-

[1] Vgl. auch Ziff. XVII, 1.

[2] In der englischen Literatur findet man deshalb häufig die Bezeichnung „Verfahren von RAYLEIGH-RITZ".

suchen, für welches die potentielle Energie ein Minimum wird. Damit sind wir in Übereinstimmung mit den Ausführungen über das Dirichletsche Kriterium Ziff. XIX, 2.

(b) Die zweite Methode zur Bestimmung der Koeffizienten q_i des Ersatzsystems (XX, 1) wurde von Galerkin angegeben. Wir erinnern uns, daß die strenge Lösung des Problems gewissen Differentialgleichungen genügen muß, beispielsweise den Grundgleichungen (X, 2) der Elastizitätstheorie oder den Gleichungen des Stabes, der Platte oder Schale usw. Nun sind aber alle diese Beziehungen nichts anderes als die Bewegungsgleichungen des Systems, hervorgegangen aus der dynamischen Grundgleichung $\mathfrak{f} - \varrho\, \mathfrak{b} = 0$. Schreiben wir also die Differentialgleichung für w in der Form $D(w) = 0$ und bilden wie in Ziff. VII, 2 und VIII, 1 im Sinne des d'Alembertschen Prinzips die Beziehung

$$\int_V D(w)\, \delta w\, dV = 0,$$

so ist diese wegen $D(w) = 0$ von der strengen Lösung sicher erfüllt. Für die Näherungslösung (XX, 1), für welche $D(w^*) \neq 0$ ist, können wir sie nun gleichfalls befriedigen, wenn wir die Variationen $\delta w^* = \sum_{i=1}^{n} \varphi_i\, \delta q_i$ einsetzen und wegen der Willkürlichkeit der δq_i verlangen, daß

$$\int_V D(w^*)\, \varphi_i\, dV = 0 \qquad (i = 1, 2, \ldots, n) \qquad \text{(XX, 3)}$$

gelten soll. Damit haben wir wieder n Gleichungen für die n Koeffizienten $q_i(t)$ gewonnen.

Man kann noch einen Schritt weitergehen und für die zeitabhängigen Koeffizienten $q_i(t)$ gleichfalls einen Ritzschen Ansatz machen

$$q_i^*(t) = \sum_{k=1}^{m} a_{ik}\, \psi_{ik}(t), \qquad \text{(XX, 4)}$$

wobei man im allgemeinen, um eine möglichst gute Anpassung an die exakte Lösung zu erreichen, zu jedem Koeffizienten $q_i(t)$ ein anderes Funktionensystem $\psi_{ik}(t)$ wird wählen müssen. Das Verfahren setzt allerdings voraus, daß man über den zeitlichen Ablauf des Vorganges schon einigermaßen Bescheid weiß, da man sonst die Funktionen $\psi_{ik}(t)$ kaum „passend" annehmen kann. Bedeuten jetzt $L_i(q_1, q_2, \ldots, q_n, t) = 0$ die Differentialgleichungen für die q_i (beispielsweise die Lagrangeschen Gleichungen), dann folgen die Beiwerte a_{ik} nach dem Verfahren (*b*) aus der zu Gl. (XX, 3) analogen Gleichung

$$\int_0^{\tau} L_i(q_1^*, q_2^*, \ldots, q_n^*, t)\, \psi_{ik}\, dt = 0 \qquad \begin{matrix}(i = 1, 2, \ldots, n),\\ (k = 1, 2, \ldots, m).\end{matrix} \qquad \text{(XX, 5)}$$

Das Integrationsintervall $(0, \tau)$ ist an sich beliebig, doch müssen die Funktionen ψ_{ik} so gewählt sein, daß der Bewegungszustand des Ersatzsystems am Beginn und Ende des Intervalles mit der tatsächlichen Bewegung übereinstimmt. Bei einem periodischen Vorgang, für den der Ansatz (XX, 4) in erster Linie in Frage kommt, wird man natürlich für die ψ_{ik} Kreisfunktionen und für τ die Schwingungsdauer wählen.

Erfolg oder Mißerfolg bei der Anwendung des RITZschen Verfahrens hängt in erster Linie von der geschickten Wahl der Entwicklungsfunktionen φ_i bzw. ψ_{ik} ab. Hier ist der Intuition und der Erfahrung des Rechners ein weiter Spielraum gelassen[1]. Auf die sehr schwierige Frage der Konvergenz können wir nicht eingehen und verweisen auf die einschlägige Literatur.

Ein praktisch sehr wesentlicher Unterschied bei der Berechnung der Koeffizienten nach RITZ [Verfahren (*a*)] einerseits und nach GALERKIN [Verfahren (*b*)] anderseits sei noch besonders hervorgehoben. Es wurde eingangs erwähnt, daß der Näherungsansatz (XX, 1) so beschaffen sein muß, daß er bei beliebigen q_i die Randbedingungen des Problems erfüllt. Nun unterscheidet man aber zwischen kinematischen und dynamischen Bedingungen[2]. Zunächst wird man daher verlangen, daß der Näherungsansatz beiden genügt. Beim GALERKINschen Verfahren, bei dem ja nur von den Differentialgleichungen Gebrauch gemacht wird und die Randbedingungen unberücksichtigt bleiben würden, muß dieser Forderung auch tatsächlich entsprochen werden. Beim RITZschen Verfahren dagegen darf man sich auf die Erfüllung der kinematischen Randbedingungen allein beschränken, da den dynamischen bei der Bildung der Ausdrücke T und V von selbst — soweit dies der gewählte Ansatz zuläßt — Rechnung getragen wird. Die Näherung wird allerdings wesentlich besser, wenn auch hier beide Bedingungen erfüllt werden.

2. Beispiel: Biegeschwingungen eines Stabes. Für einen beidseitig eingespannten Stab konstanten Querschnittes sei die Grundfrequenz der Biegeschwingungen näherungsweise zu bestimmen. Nach RITZ wählen wir dazu gemäß Gl. (XX, 1) einen Ausdruck für die zu erwartende Biegelinie $w(x, t)$, der die Randbedingungen $w = 0$, $\partial w/\partial x = 0$ in $x = 0$ und $x = l$ erfüllt. l ist die Stablänge. Da wir uns nur für die Grundschwingung interessieren, genügt in erster Näherung die Beschränkung auf einen eingliedrigen Ansatz, beispielsweise von der Form

$$w(x, t) = q(t)\, x^2\, (l - x)^2.$$

Man überzeugt sich leicht, daß er allen Randbedingungen genügt. Für die kinetische Energie des Stabes erhält man dann

$$T = \frac{1}{2}\int_0^l \varrho F \left(\frac{\partial w}{\partial t}\right)^2 dx = \frac{\varrho F\, l^9}{1260}\, \dot{q}^2,$$

während sich für die Verzerrungsenergie U nach Gl. (XVI, 3) ergibt

---

[1] Zahlreiche Anwendungen auf Probleme des Maschinenbaues finden sich in C. B. BIEZENO-R. GRAMMEL: Technische Dynamik, 2. Aufl. 2 Bde. Berlin: 1953.

[2] Vgl. Tabelle XI, 1.

$$U = \frac{1}{2}\int_0^l E J \left(\frac{\partial^2 w}{\partial x^2}\right)^2 dx = \frac{2}{5} E J l^5 q^2.$$

Da wir die freien Schwingungen untersuchen, sind von den äußeren Kräften nur die durch die Schwingungen selbst hervorgerufenen Auflagerreaktionen zu berücksichtigen. Diese sind aber leistungslos. Damit wird $V = U$, und die LAGRANGEsche Gleichung (VIII, 6) liefert

$$\ddot{q} + \omega^2 q = 0, \qquad \omega^2 = 504 \frac{E J}{\varrho F l^4}.$$

Wir erhalten somit für die Eigenfrequenz den Näherungswert

$$\omega = \frac{22{,}45}{l^2}\sqrt{\frac{E J}{\varrho F}},$$

während der strenge Wert gemäß Tabelle XI, 2

$$\omega = \frac{(4{,}73)^2}{l^2}\sqrt{\frac{E J}{\varrho F}} = \frac{22{,}37}{l^2}\sqrt{\frac{E J}{\varrho F}}$$

beträgt. Die Näherung ist also durchaus zufriedenstellend.

Wir bemerken, daß der Näherungswert ein wenig *größer* ist als der strenge Wert. Dies ist kein Zufall, sondern im Wesen des RITZschen Verfahrens begründet. Denn bei diesem wird das ursprüngliche System durch ein solches mit einer kleineren Anzahl von Freiheitsgraden ersetzt. Dadurch werden aber die Bewegungsmöglichkeiten eingeschränkt, das System wird „steifer" und damit steigen auch die Eigenfrequenzen der Schwingungen an.

Will man den Näherungswert verbessern, dann muß man dem Ersatzsystem eine größere Anzahl von Freiheitsgraden geben, also mindestens die erste Oberschwingung in die Rechnung einbeziehen. Man hat dann nach Gl. (XX, 1) einen mindestens zweigliedrigen Ansatz zu wählen, etwa von der Form

$$w(x, t) = q_1(t)\, x^2 (l - x)^2 + q_2(t)\, x^2 (l - x)^2 \left(\frac{l}{2} - x\right).$$

Der Ausdruck erfüllt die Randbedingungen bei beliebigem q_1 und q_2.

Die Rechnung liefert gleichzeitig einen Näherungswert für die zweite Eigenfrequenz.

Besitzt der Stab veränderlichen Querschnitt, so kann der gleiche Ansatz wie oben verwendet werden. Die Integrale für T und U müssen dann im allgemeinen aber numerisch, etwa nach der SIMPSONschen Formel, ausgewertet werden.

3. Beispiel: Knicklast eines Stabes. Wir berechnen einen Näherungswert für die EULERsche Knicklast des *beiderseits gelenkig* gelagerten Stabes. Für die Knicklinie wählen wir den Ansatz

$$w = a\,(l^3 x - 2\, l\, x^3 + x^4).$$

Er genügt bei beliebigem a den Randbedingungen $w = 0$, $M = 0$ in $x = 0$ und $x = l$, wobei die Momentenbedingung wegen $M = -E J w''$ durch $w'' = 0$ zu ersetzen ist. Nach Einsetzen in den Ausdruck (XIX, 11) für die Verzerrungsenergie erhalten wir

$$V = \frac{a^2 l^5}{5}\left(12 E J - \frac{17}{14} l^2 P_k\right).$$

Wir bilden nun $\partial V/\partial a = 0$ gemäß Gl. (XX, 2) und erhalten

$$P_k = \frac{168}{17}\frac{E J}{l^2} = 9{,}88\,\frac{E J}{l^2}.$$

Der strenge Wert beträgt

$$P_k = \pi^2 \frac{E J}{l^2} = 9{,}87\,\frac{E J}{l^2}.$$

Der Fehler ist also wieder sehr gering. Im übrigen können wir auch hier feststellen, daß der Näherungswert *über* dem exakten Wert liegt. Die Gründe sind die gleichen wie im vorangehenden Beispiel.

4. Beispiel: Torsionsfunktion für den quadratischen Querschnitt. Die reine Torsion eines Stabes ist durch die Funktion ψ [Gl. (XII, 7)] bestimmt. Wir wollen diese Funktion für einen Stab mit quadratischem Querschnitt näherungsweise berechnen. Legen wir das Koordinatensystem wie in Abb. XII, 4 und ist $2a$ die Seitenlänge, so genügt die Funktion

$$\psi = c\,(a^2 - y^2)\,(a^2 - z^2)$$

der Randbedingung $\psi = 0$ in $y = \pm a$, $z = \pm a$. Sie ist gleichzeitig in y und z gerade, wie es die Symmetrie des Querschnittes verlangt. Die Konstante c bestimmen wir unter Berücksichtigung der Gl. (XII, 7) für die Funktion ψ nach der GALERKINschen Vorschrift Gl. (XX, 3) aus

$$4\int_0^a dy \int_0^a [-2c\,(a^2 - z^2) - 2c\,(a^2 - y^2) + 2]\,(a^2 - y^2)\,(a^2 - z^2)\,dz = 0.$$

Integration liefert $c = 5/(8\,a^2)$. Damit erhält man für den Drillwiderstand nach Gl. (XII, 11)

$$J_T = 8c\int_0^a dy \int_0^a (a^2 - y^2)\,(a^2 - z^2)\,dz = \frac{32}{9}\,c\,a^6 = \frac{20}{9}\,a^4 = 2{,}22\,a^4.$$

Die größte Schubspannung tritt am Rand in Seitenmitte auf und beträgt nach Gl. (XII, 6) mit $y = a$, $z = 0$

$$\tau_{\max} = -G\vartheta\frac{\partial\psi}{\partial y} = -\frac{M_T}{J_T}\frac{\partial\psi}{\partial y} = \frac{2\,c\,a^3}{J_T}\,M_T = \frac{9}{16}\frac{M_T}{a^3} = 0{,}562\,\frac{M_T}{a^3}.$$

Vergleichen wir dies mit den in Tabelle XII, 1 angegebenen exakten Werten, so finden wir beim Drillwiderstand einen Fehler von $-0{,}8\%$, bei der Schubspannung aber einen solchen von $-6{,}5\%$. Dies hat seinen Grund darin, daß die Spannungen durch Differentiation, der Drillwiderstand aber durch Integration aus der Spannungsfunktion erhalten werden. Differentiation vergrößert aber vorhandene Fehler, während Integration sie abschwächt.

5. Beispiel: Schwinger mit nichtlinearer Feder. Bei dem in Ziff. V, 3 behandelten Problem einer schwingenden Einzelmasse wurde eine lineare Federkennlinie vorausgesetzt. Diese Annahme trifft nur bei kleinen Federstreckungen zu. Bei größeren Federwegen ergibt sich ein Abweichen vom linearen Verlauf, dem in erster Näherung durch das Federgesetz

$$F = c\,x + h\,x^3$$

Rechnung getragen werden kann (Abb. XX, 1). Man nennt eine Feder mit $h > 0$ eine *überlineare* oder *harte* Feder, eine solche mit $h < 0$ eine *unterlineare* oder *weiche* Feder. Betrachten wir wie in Ziff. V, 3 den Fall der erzwungenen Schwingung mit periodischer Erregerkraft $S \cos \nu t$, wobei wir aber der Einfachheit halber die Dämpfung vernachlässigen, so lautet die Bewegungsgleichung der schwingenden Masse

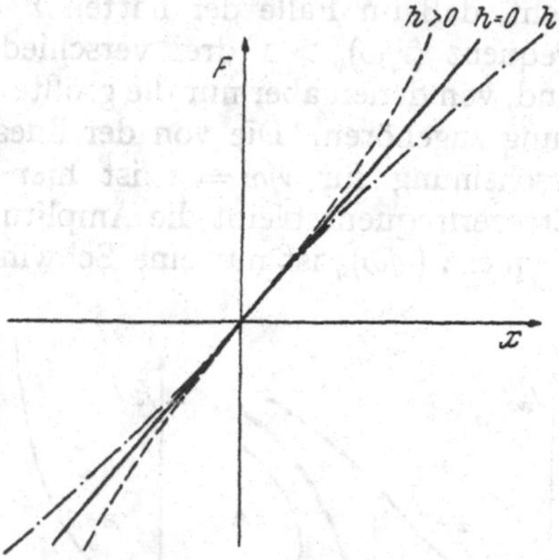

Abb. XX, 1

$$m\,\ddot{x} + c\,x + h\,x^3 = S \cos \nu t,$$

oder nach Division durch m

$$\ddot{x} + \omega^2 x + \beta x^3 = \frac{S}{m} \cos \nu t,$$

$$\omega^2 = \frac{c}{m}, \qquad \beta = \frac{h}{m}.$$

Diese Gleichung wird DUFFING*sche Gleichung* genannt. Zur näherungsweisen Ermittlung der erzwungenen Schwingung, für die wir eine in t periodische Lösung mit der Frequenz ν erwarten dürfen[1], setzen wir nach RITZ gemäß Gl. (XX, 4) an

$$x(t) = a \cos \nu t. \tag{a}$$

Dabei haben wir uns auf einen eingliedrigen Ansatz beschränkt und, da die Differentialgleichung in bezug auf $t = 0$ symmetrisch ist, nur eine cos-Funktion herangezogen. Die GALERKINschen Gleichungen (XX, 5) reduzieren sich hier auf eine einzige, nämlich

$$\int_0^\tau \left(\ddot{x} + \omega^2 x + \beta x^3 - \frac{S}{m} \cos \nu t\right) \cos \nu t \, dt = 0,$$

[1] Es gibt allerdings, wie man sich durch Einsetzen sofort überzeugen kann (Aufgabe XX, A 7), für einen ganz bestimmten Wert der Erregerfrequenz ν auch eine erzwungene Schwingung mit der Frequenz $\nu/3$. Diese wird *subharmonische* Schwingung genannt.

wobei $\tau = 2\pi/\nu$ die Schwingungsdauer bedeutet. Nach Einsetzen von x gemäß Gl. (a) und Benützung der Integrale

$$\int_0^{2\pi} \cos^2\gamma\, d\gamma = \pi, \qquad \int_0^{2\pi} \cos^4\gamma\, d\gamma = \frac{3\pi}{4}$$

folgt als Bestimmungsgleichung für die Amplitude a der Schwingung

$$\frac{3\beta}{4} a^3 + (\omega^2 - \nu^2)\, a - \frac{S}{m} = 0.$$

Die grundsätzliche Form der Lösungskurven dieser kubischen Gleichung ist in Abb. XX, 2 dargestellt. Die Kurven hängen natürlich von den gegebenen Werten β und S ab. Abb. a gehört zu einer überlinearen, Abb. b zu einer linearen und Abb. c zu einer unterlinearen Feder. Man sieht, daß im Falle der harten Feder oberhalb einer gewissen Erregerfrequenz $(\nu/\omega)_0 > 1$ drei verschiedene Schwingungsamplituden möglich sind, von denen aber nur die größte und die kleinste einer stabilen Schwingung zugehören. Die von der linearen Theorie her bekannte Resonanzerscheinung für $\nu/\omega = 1$ ist hier verschwunden: Zu jedem Wert der Erregerfrequenz bleibt die Amplitude beschränkt. Unterhalb der Grenzfrequenz $(\nu/\omega)_0$ ist nur eine Schwingung möglich. Die stark ausgezogene

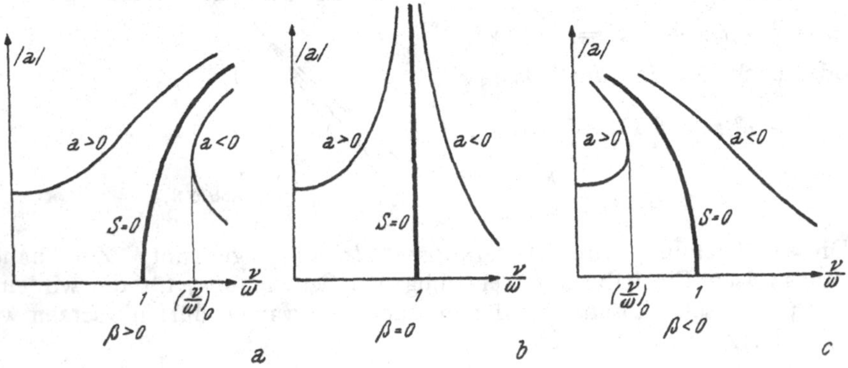

Abb. XX, 2a—c

Kurve entspricht der freien Schwingung $S = 0$. Wir sehen die schon in Ziff. V, 4 erwähnte, für nichtlineare Schwingungen charakteristische Erscheinung, daß die Eigenfrequenz von der Amplitude abhängt. Ein analoges Bild ergibt sich für die weiche Feder, nur sind hier die Kurven nach links gebogen.

6. Nichtlineare Dämpfung. Das Verfahren von Krylow-Bogoljubow. An dem in Ziff. XX, 5 betrachteten ungedämpften Schwinger sei jetzt eine Dämpfung wirksam, die dem Quadrat der Geschwindigkeit proportional ist (*Turbulenzdämpfung*). Wir untersuchen die *Eigenschwingung* des Systems.

Das Dämpfungsgesetz hat, da die Dämpfungskraft der Geschwindig keit entgegengesetzt gerichtet ist, die Form $D = -r\,\dot{x}\,|\dot{x}|$ und die Bewegungsgleichung des Schwingers lautet mit $\alpha = r/m$

$$\ddot{x} + \alpha\,\dot{x}\,|\dot{x}| + \omega^2 x + \beta\, x^3 = 0.$$

Wir behandeln zuerst die allgemeinere Schwingungsgleichung

$$\ddot{x} + \omega^2 x + F(x, \dot{x}) = 0. \qquad \text{(XX, 6)}$$

Da zufolge der Dämpfung eine periodische Lösung nicht zu erwarten ist, läßt sich das Ritzsche Verfahren nicht mehr ohne weiteres anwenden. Wir wollen deshalb nach einer anderen, von N. M. Krylow und N. N. Bogoljubow exakt begründeten Näherungsmethode vorgehen.

Wir übernehmen den Ansatz $x = a\cos(\omega t - \varepsilon)$ der linearen ungedämpften Schwingung, ersetzen aber die Konstanten durch zeitabhängige Größen,

$$x = a\cos\varphi \quad \text{mit } a = a(t),\ \varphi = \omega\, t + \varepsilon(t) \qquad \text{(XX, 7)}$$

und finden zunächst

$$\dot{x} = \dot{a}\cos\varphi - a\,(\omega + \dot{\varepsilon})\sin\varphi.$$

Ebenso wie die Verschiebung x soll auch die Geschwindigkeit $\dot{x}$ die gleiche Form haben wie im linearen Fall:

$$\dot{x} = -a\,\omega\sin\varphi. \qquad \text{(XX, 8)}$$

Damit erhalten wir eine erste Gleichung zur Bestimmung von a und ε:

$$\dot{a}\cos\varphi - a\,\dot{\varepsilon}\sin\varphi = 0.$$

Die zweite gewinnen wir durch Eintragen der Gln. (XX, 7) und (XX, 8) in Gl. (XX, 6):

$$\dot{a}\sin\varphi + a\,\dot{\varepsilon}\cos\varphi = \frac{1}{\omega}\,F\,(a\cos\varphi, -a\,\omega\sin\varphi) = \frac{1}{\omega}\,f(a,\varphi).$$

Auflösung der beiden Gleichungen nach $\dot{a}$ und $\dot{\varepsilon}$ gibt

$$\dot{a} = \frac{1}{\omega}\,f(a,\varphi)\sin\varphi, \qquad \dot{\varepsilon} = \frac{1}{a\,\omega}\,f(a,\varphi)\cos\varphi.$$

Diese beiden Differentialgleichungen für a und ε vereinfachen wir nun durch die Voraussetzung, daß beide Größen nur *langsam variieren*, so daß sie über eine Schwingungsperiode näherungsweise als konstant angesehen werden können. Mittelwertbildung über eine Periode ergibt dann

$$\dot{a} = \frac{1}{2\pi\omega}\int_0^{2\pi} f(a,\varphi)\sin\varphi\, d\varphi, \quad \dot{\varepsilon} = \frac{1}{2\pi a\,\omega}\int_0^{2\pi} f(a,\varphi)\cos\varphi\, d\varphi. \qquad \text{(XX, 9)}$$

Auf das eingangs gegebene Beispiel angewendet, liefern die Formeln

$$f(a,\varphi) = \beta\, a^3\cos^3\varphi - \alpha\, a^2\omega^2\sin\varphi\,|\sin\varphi|$$

und damit

$$\dot{a} = -\frac{4}{3\pi}\,\alpha\, a^2\omega, \qquad \dot{\varepsilon} = \frac{3}{8}\,\frac{\beta\, a^2}{\omega}.$$

Integration ergibt für die in erster Linie interessierende Schwingungsamplitude

$$a = \frac{a_0}{1 + \frac{4\alpha}{3\pi}\,\omega\, a_0\, t},$$

wo a_0 die Anfangsauslenkung der Masse m bedeutet. Je größer a_0 ist, umso rascher klingt die Schwingung ab.

Für die ungedämpfte Schwingung, $\alpha = 0$, wird $a = a_0$, während sich für die Eigenfrequenz $\nu = \omega + \dot{\varepsilon}$ ergibt

$$\nu^2 = (\omega + \dot{\varepsilon})^2 = \omega^2 + \frac{3}{4}\beta\, a_0^2 + \dot{\varepsilon}^2.$$

Dies stimmt mit dem in Ziff. XX, 5 erhaltenen Wert überein, wenn $\dot{\varepsilon}^2$ vernachlässigt wird.

Das Verfahren liefert nur dann gute Resultate, wenn die nichtlinearen Glieder in Gl. (XX, 6) klein sind gegen die linearen.

Aufgaben

A 1. Man bestimme für den in Abb. V, 4 dargestellten Schwinger die Eigenfrequenz bei näherungsweiser Berücksichtigung der Federmasse.

Lösung: Wir ersetzen die Feder durch einen gleichmäßig mit Masse belegten Stab der Länge l und wählen für die Verschiebung eines Stabpunktes einen linearen Ansatz:

$$u(\xi, t) = \frac{\xi}{l}\, x(t).$$

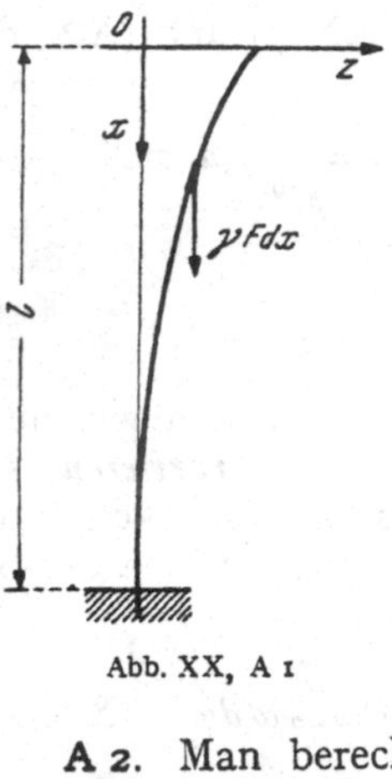

Abb. XX, A 1

Die kinetische Energie des Systems Feder + Einzelmasse m ist dann gegeben durch

$$T = \frac{1}{2} m\, \dot{x}^2 + \frac{1}{2}\int_0^l \dot{u}^2\, \varrho\, F\, d\xi = \frac{1}{2}\dot{x}^2\,(m + m_F/3)$$

mit $\varrho F l = m_F$ als Federmasse. Zur schwingenden Masse ist also ein Drittel der Federmasse hinzuzufügen, so daß die Eigenfrequenz

$$\omega = \sqrt{\frac{c}{m + m_F/3}}$$

wird.

A 2. Man berechne näherungsweise die Knickbedingung für einen vertikal stehenden, einseitig eingespannten Stab, der nur unter dem Einfluß seines Eigengewichtes steht (Abb. XX, A 1). Der Stabquerschnitt F sei konstant.

Lösung: Wir wählen als Ritzschen Ansatz für die Ausbiegung des Stabes

$$w = a_0 + a_1 x + a_2 x^2 + a_3 x^3 + a_4 x^4.$$

Die Randbedingungen verlangen

$$\left.\begin{array}{ll} M = 0, & \text{also} \quad w'' = 0 \\ Q = 0, & \text{also} \quad w''' = 0 \end{array}\right\} \text{ in } x = 0, \qquad \left.\begin{array}{l} w = 0 \\ w' = 0 \end{array}\right\} \text{ in } x = l.$$

Dies führt auf $w = a_0 \left[1 - \frac{4}{3}\frac{x}{l} + \frac{1}{3}\left(\frac{x}{l}\right)^4\right]$. Zur Ermittlung des Gesamtpotentials $V = W + U$ gehen wir vor wie in Ziff. XIX, 4. Mit $\gamma F\, dx$ als Gewicht eines Stabelementes wird zunächst $W = -\gamma F \int\limits_0^l u\, dx$. Dabei ist γ das spezifische Gewicht des Stabmaterials; das negative Vorzeichen hat seine Ursache in der Orientierung des Koordinatensystems. Für die Streckungsenergie erhalten wir wegen $\sigma_x = -\gamma x$ jetzt $U_S = -\gamma F \int\limits_0^l x\, \varepsilon_x\, dx$, während der Biegeanteil U_B unverändert übernommen werden kann. Nach Einsetzen für ε_x, partieller Integration und geeigneter Umordnung folgt

$$V = \frac{EJ}{2} \int\limits_0^l w''^2 dx - \frac{\gamma F}{2} \int\limits_0^l dx \int\limits_x^l w'^2 dx$$

und mit Verwendung des Näherungsausdruckes für die Biegelinie weiter

$$V = \frac{8}{5} EJ \frac{a_0^2}{l^3} - \frac{1}{5} \gamma F a_0^2.$$

Aus $\frac{\partial V}{\partial a_0} = 0$ kommt als Knickbedingung: $\frac{\gamma F l^3}{EJ} = 8$.

Der exakte Wert[1] ist $\frac{\gamma F l^3}{EJ} = 7{,}834$.

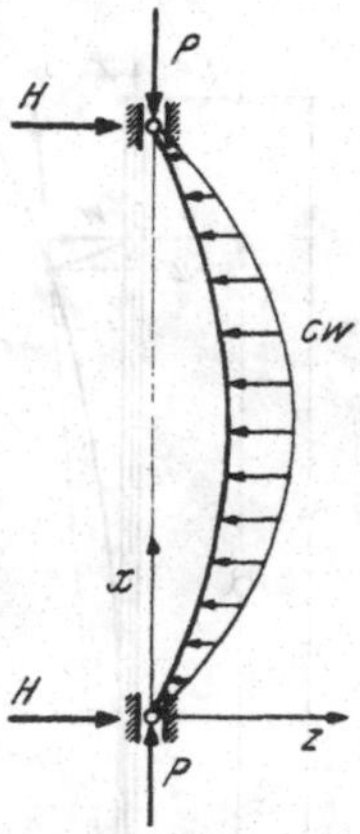

Abb. XX, A 2

A 3. Man berechne mittels des Ritzschen Verfahrens einen Näherungswert für die Knicklast des beiderseits gelenkig gelagerten, elastisch gebetteten Stabes der Länge l nach Abb. XX, A 2. Die Bettungszahl des den Stab umgebenden elastischen Mediums sei c.

Lösung: Die Lagerreaktionen H sind leistungslos. Das Potential der Bettungskräfte je Längeneinheit $q = -c\,w$ ist $U_B = \frac{1}{2} \int\limits_0^l c\, w^2\, dx$. Damit wird mit Gl. (XIX, 11)

$$V = \frac{EJ}{2} \int\limits_0^l w''^2 dx - \frac{P}{2} \int\limits_0^l w'^2\, dx + \frac{c}{2} \int\limits_0^l w^2\, dx. \qquad \text{(a)}$$

[1] S. P. Timoshenko and J. M. Gere: Theory of Elastic Stability, 2. Aufl., S. 100. New York: 1961.

Für die Knicklinie wählen wir einen zweigliedrigen Ansatz $w = a_1 \sin\frac{\pi x}{l} + a_2 \sin\frac{2\pi x}{l}$, der bei beliebigen a_1 und a_2 den Randbedingungen $w = 0$, $M = 0$ in $x = 0$ und $x = l$ genügt. Nach Einsetzen in Gl. (a) folgt

$$V = \frac{\pi^4 E J}{4 l^3}(a_1^2 + 16 a_2^2) - \frac{P_k \pi^2}{4 l}(a_1^2 + 4 a_2^2) + \frac{c l}{4}(a_1^2 + a_2^2)$$

und Gl. (XX, 2) liefert

$$P_{k_1} = \frac{\pi^2 E J}{l^2}\left(1 + \frac{c l^4}{\pi^4 E J}\right), \quad P_{k_2} = \frac{\pi^2 E J}{l^2}\left(4 + \frac{c l^4}{4\pi^4 E J}\right).$$

Der Last P_{k_1} entspricht die Knicklinie $w_1 = a_1 \sin\frac{\pi x}{l}$ (eine Halbwelle), der Last P_{k_2} die Knicklinie $w_2 = a_2 \sin\frac{2\pi x}{l}$ (zwei Halbwellen). Die beiden Knicklasten stehen im Verhältnis

$$\frac{P_{k_1}}{P_{k_2}} = \frac{1 + 4\alpha}{4 + \alpha}, \qquad \alpha = \frac{c l^4}{4\pi^4 E J}$$

und werden gleich für $\alpha = 1$. Für $\alpha < 1$ ist P_{k_1} kleiner als P_{k_2} und somit für die Stabilität maßgebend, während für $\alpha > 1$ das Umgekehrte zutrifft. Wächst α weit über 1 an, d. h. wird die Bettung sehr steif, dann müssen im Ansatz für w weitere Glieder hinzugenommen werden. Der Stab beult dann mit immer größerer Wellenzahl aus.

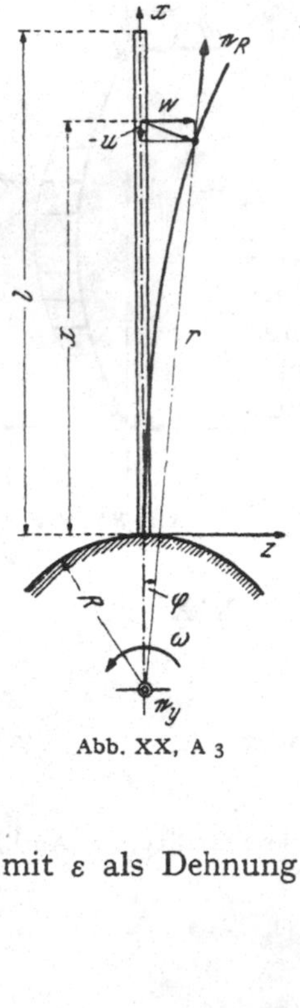

Abb. XX, A 3

A 4. Man leite unter Verwendung des D'ALEMBERTschen Prinzips in der Fassung (VII, 3) die Bewegungsgleichungen einer mit gleichförmiger Winkelgeschwindigkeit ω umlaufenden Turbinenschaufel konstanten Querschnittes her (Abb. XX, A 3). Die Schwingungsebene sei Trägheitshauptebene und stehe senkrecht auf die Rotorachse.

Lösung: Da sich der Einfluß der Rotation (Fliehkraft und Corioliskräfte) erst an der *ausgebogenen* Schaufel bemerkbar macht, haben wir Gl. (VII, 3) im Sinne der *Theorie 2. Ordnung* anzusetzen. Wir berechnen zunächst die virtuelle Arbeit der inneren Kräfte. Die Schaufel ist auf Zug und Biegung beansprucht. Für eine Faser im Abstand z von der Achse ist daher unter der Voraussetzung kleiner Ausbiegungen

$$\sigma_x = E\,\varepsilon_x = E\left(\varepsilon - z\frac{\partial^2 w}{\partial x^2}\right)$$

mit ε als Dehnung der Stabachse. Wir finden damit

$$\delta A^{(i)} = -\int_0^l dx \int_F \sigma_x\, \delta\varepsilon_x\, dF = -E F \int_0^l \varepsilon\, \delta\varepsilon\, dx - E J \int_0^l \frac{\partial^2 w}{\partial x^2}\, \delta\left(\frac{\partial^2 w}{\partial x^2}\right) dx.$$

Wird der erste Summand einmal, der zweite zweimal partiell integriert, so folgt bei Beachtung der Randbedingungen $u = 0$, $w = 0$, $\frac{\partial w}{\partial x} = 0$ in $x = 0$, und $N = 0$, $Q = 0$, $M = 0$ in $x = l$, und der wie in Ziff. XIX, 4 gebildeten geometrischen Bedingung

$$\varepsilon = \frac{\partial u}{\partial x} + \frac{1}{2}\left(\frac{\partial w}{\partial x}\right)^2, \tag{a}$$

also mit $\delta\varepsilon = \frac{\partial}{\partial x}(\delta u) + \frac{\partial w}{\partial x}\frac{\partial}{\partial x}(\delta w)$ weiter

$$\delta A^{(i)} = E F \int_0^l \frac{\partial \varepsilon}{\partial x}\, \delta u\, dx + E F \int_0^l \frac{\partial}{\partial x}\left(\varepsilon \frac{\partial w}{\partial x}\right) \delta w\, dx - E J \int_0^l \frac{\partial^4 w}{\partial x^4}\, \delta w\, dx.$$

Die äußeren Kräfte (Einspannreaktionen am Schaufelfuß) sind wegen $\omega =$ konst. virtuell leistungslos, $\delta A^{(a)} = 0$.

Zur Berechnung des dritten Gliedes in Gl. (VII, 3) denken wir uns näherungsweise die Stabmasse längs der Stabachse konzentriert, d. h. wir vernachlässigen die „Rotationsträgheit", vgl. Ziff. XI, 4. Mit den Bezeichnungen der Abb. XX, A 3 ist die Beschleunigung eines Punktes der Stabachse

$$\mathfrak{b} = \mathfrak{b}_f + \mathfrak{b}_r + \mathfrak{b}_c = -r\,\omega^2\, \mathfrak{e}_R + \frac{\partial^2 w}{\partial t^2}\, \mathfrak{e}_z + \frac{\partial^2 u}{\partial t^2}\, \mathfrak{e}_x + {}$$
$$+ 2\,\omega\, \mathfrak{e}_y \times \left(\frac{\partial w}{\partial t}\, \mathfrak{e}_z + \frac{\partial u}{\partial t}\, \mathfrak{e}_x\right)$$

und es folgt mit $\delta\mathfrak{r} = \delta u\, \mathfrak{e}_x + \delta w\, \mathfrak{e}_z$ sowie wegen $\mathfrak{e}_x\, \mathfrak{e}_R = \cos\varphi$, $\mathfrak{e}_z\, \mathfrak{e}_R = \sin\varphi$

$$\mathfrak{b}\, \delta\mathfrak{r} = \left(-r\,\omega^2 \cos\varphi + \frac{\partial^2 u}{\partial t^2} + 2\,\omega \frac{\partial w}{\partial t}\right) \delta u + {}$$
$$+ \left(-r\,\omega^2 \sin\varphi + \frac{\partial^2 w}{\partial t^2} - 2\,\omega \frac{\partial u}{\partial t}\right) \delta w.$$

Nach Eintragen dieses Ausdruckes sowie von $\delta A^{(i)}$ und $\delta A^{(a)}$ in Gl. (VII, 3) erhalten wir mit $dm = \varrho F\, dx$ durch Nullsetzen der Koeffizienten von δu und δw, wenn noch zur Abkürzung $E/\varrho = c_1^2$, $E J/\varrho F = c_2^2$ gesetzt wird, die folgenden Gleichungen

$$c_1^2 \frac{\partial \varepsilon}{\partial x} - \frac{\partial^2 u}{\partial t^2} + \omega^2\, r \cos\varphi - 2\,\omega \frac{\partial w}{\partial t} = 0, \tag{b}$$

$$c_2^2 \frac{\partial^4 w}{\partial x^4} + \frac{\partial^2 w}{\partial t^2} - \omega^2 r \sin\varphi - 2\,\omega \frac{\partial u}{\partial t} - c_1^2 \frac{\partial}{\partial x}\left(\varepsilon \frac{\partial w}{\partial x}\right) = 0. \tag{c}$$

Zusammen mit Gl. (a) stehen damit drei Gleichungen für u, w und ε zur Verfügung. Da wir kleine Ausbiegungen vorausgesetzt haben, dürfen die nichtlinearen Glieder gestrichen werden, und wir erhalten mit $\cos\varphi \approx 1$, $\sin\varphi \approx w/r$, $r \approx R + x$ nach Elimination von ε

$$\left.\begin{aligned} &c_1^2 \frac{\partial^2 u}{\partial x^2} - \frac{\partial^2 u}{\partial t^2} + \omega^2 (R + x) - 2\,\omega \frac{\partial w}{\partial t} = 0, \\ &c_2^2 \frac{\partial^4 w}{\partial x^4} + \frac{\partial^2 w}{\partial t^2} - \omega^2 w - 2\,\omega \frac{\partial u}{\partial t} - c_1^2 \frac{\partial u}{\partial x} \frac{\partial^2 w}{\partial x^2} + \omega^2 (R + x) \frac{\partial w}{\partial x} = 0. \end{aligned}\right\} \quad \text{(d)}$$

A 5. Man berechne mittels des GALERKINschen Verfahrens näherungsweise die Grundfrequenz der Biegeschwingung der rotierenden Turbinenschaufel aus Aufgabe XX, A 4.

Lösung: Wir vereinfachen die in Aufgabe XX, A 4 hergeleiteten Gln. (d) noch weiter, indem wir davon ausgehen, daß die Ausschläge der Längsschwingung u klein gegen die der Biegeschwingung w sind. Dann ist $\frac{\partial u}{\partial t} \ll \omega\, w$, und da weiters für kleine Schwingungen $\frac{\partial w}{\partial t} \ll \omega\, r$ ist, folgt $\frac{\partial^2 u}{\partial t^2} \ll \omega^2 w$. Die Gln. (d) reduzieren sich damit auf

$$c_1^2 \frac{\partial^2 u}{\partial x^2} = -\omega^2 (R + x),$$

$$c_2^2 \frac{\partial^4 w}{\partial x^4} + \frac{\partial^2 w}{\partial t^2} - \omega^2 w - c_1^2 \frac{\partial u}{\partial x} \frac{\partial^2 w}{\partial x^2} + \omega^2 (R + x) \frac{\partial w}{\partial x} = 0.$$

Mit der (linearisierten) Beziehung $E F \frac{\partial u}{\partial x} = N$ erhält man aus der ersten Gleichung durch Integration

$$c_1^2 \frac{\partial u}{\partial x} = \omega^2 \int_x^l (R + x)\, dx;$$

womit die zweite Gleichung übergeht in

$$c_2^2 \frac{\partial^4 w}{\partial x^4} + \frac{\partial^2 w}{\partial t^2} - \omega^2 \left[\frac{1}{2} (l - x)(2R + l + x) \frac{\partial^2 w}{\partial x^2} - (R + x) \frac{\partial w}{\partial x} + w \right] = 0.$$

Zu ihrer näherungsweisen Lösung machen wir den eingliedrigen RITZschen Ansatz

$$w^*(x, t) = q(t)\,(6\, l^2 x^2 - 4\, l\, x^3 + x^4),$$

der, wie man sich leicht überzeugt, allen in Aufgabe XX, A 4 aufgestellten Randbedingungen genügt und gehen mit diesem in die GALERKINsche Vorschrift (XX, 3) hinein. Die Integration hat sich hier mit $dV = F\,dx$ über die Schaufellänge l zu erstrecken. Wir gelangen so zu einer Schwingungsgleichung der Form

$$\ddot{q} + \nu^2 q = 0,$$

aus der wir für die Grundfrequenz ν der Biegeschwingung den Wert

$$\nu^2 = \nu_0^2 + \omega^2 \left(0{,}173 + 1{,}558 \frac{R}{l}\right)$$

ablesen, mit $\nu_0 = 3{,}530 \sqrt{\frac{EJ}{m\, l^3}}$ als Grundfrequenz der stillstehenden Schaufel ($\omega = 0$). Als Anhaltspunkt für die Güte der Näherung entnehmen wir Ziff. XI, 7 den exakten Wert für die Grundfrequenz

$$(\nu_0)_{\text{exakt}} = 3{,}516 \sqrt{\frac{EJ}{m\,l^3}}.$$

A 6. Man bestimme nach dem Verfahren von Ritz näherungsweise die Beullast einer drehsymmetrisch gedrückten, am Umfang frei drehbar gelagerten Kreisplatte (Abb. XIX, 14).

Lösung: Als Ansatz für w wählen wir ein Polynom 4. Grades:

$$w = a_4 r^4 + a_3 r^3 + a_2 r^2 + a_1 r + a_0.$$

Die Randbedingungen $w(a) = 0$, $m_r(a) = 0$ und $w'(0) = 0$ verlangen

$$a_4 = (1+\mu)\,c, \quad a_3 = 0, \quad a_2 = -2(3+\mu)\,a^2 c, \quad a_1 = 0, \quad a_0 = (5+\mu)\,a^4 c$$

bei beliebigem c.

Bedeutet $\bar{u}$ die Radialverschiebung am Plattenrand und n wie in Ziff. XIX, 7 die dort angreifende radiale Druckkraft pro Längeneinheit, so ist $W = 2\,a\,\pi\,n\,\bar{u}$ das Potential der äußeren Kräfte. Der Biegeanteil der Verzerrungsenergie ist durch Gl. (XVI, 8) gegeben, während für die Streckungsenergie wegen $\sigma_r = \sigma_\varphi = -n/h$

$$U_S = -\int_0^{2\pi}\int_0^a n\,(\varepsilon_r + \varepsilon_\varphi)\,r\,dr\,d\varphi$$

gilt. Die Ausdrücke für Radial- und Umfangsverzerrung entnimmt man der Aufgabe IX, A 4. Die Ableitungen nach φ verschwinden wegen der vorausgesetzten Drehsymmetrie und in den quadratischen Gliedern (deren Vorzeichen umzukehren sind) werden nur die von w abhängigen beibehalten:

$$\varepsilon_r = u' + \frac{w'^2}{2}, \quad \varepsilon_\varphi = u/r.$$

Nach Einsetzen und teilweiser Integration erhält man

$$U_S = -2n\pi\int_0^a (u' + u/r)\,r\,dr = -2n\pi\left[\bar{u}\,a - \int_0^a u\,dr + \int_0^a u\,dr\right] = -2n\pi a\bar{u}$$

und somit

$$V = \pi K\left[\int_0^a \left(w'' + \frac{w'}{r}\right)^2 r\,dr - (1-\mu)\,w'^2\Big|_0^a\right] - n\pi\int_0^a w'^2\,r\,dr,$$

bzw. nach Eintragen des Ritzschen Ansatzes weiter

$$V = \pi c^2 a^6 \frac{2}{3}\left[16\,K\,(7 + 8\mu + \mu^2) - n\,a^2\,(33 + 10\mu + \mu^2)\right].$$

Aus $\dfrac{\partial V}{\partial c} = 0$ folgt

$$n_k = \frac{K}{a^2}\,\frac{16\,(7 + 8\mu + \mu^2)}{33 + 10\mu + \mu^2}.$$

Für $\mu = 0{,}3$ ergibt sich $n_k = 4{,}21\,K/a^2$. Der in Ziff. XIX, 7 berechnete exakte Wert beträgt $n_k = 4{,}20\,K/a^2$.

A 7. Man zeige die Existenz der subharmonischen Schwingung im Beispiel Ziff. XX, 5.

Lösung: Einsetzen von $x(t) = b \cos \frac{\nu}{3} t$ in die DUFFINGsche Gleichung liefert mit $\cos \nu t = 4 \cos^3 \frac{\nu}{3} t - 3 \cos \frac{\nu}{3} t$ nach Koeffizientenvergleich $\omega^2 - \frac{\nu^2}{9} = -\frac{3 S}{b m}$ und $b^3 = \frac{4 S}{h}$. Wir erhalten also eine subharmonische Schwingung, falls die Erregerfrequenz den Wert $\nu = 3\omega \sqrt{1 + \frac{3}{c} \sqrt[3]{\frac{h S^2}{4}}}$ aufweist.

Literatur

L. W. KANTOROWITSCH–W. I. KRYLOW: Näherungsmethoden der höheren Analysis. Berlin: 1956.

L. COLLATZ: Eigenwertprobleme. New York: 1948.

L. COLLATZ: Numerische Behandlung von Differentialgleichungen. Berlin: 1955.

N. KRYLOFF–N. BOGOLIUBOFF: Introduction to Non-linear Mechanics. Princeton: 1947.

N. N. BOGOLJUBOW–J. A. MITROPOLSKI: Asymptotische Methoden in der Theorie der nichtlinearen Schwingungen. Berlin: 1965.

Weitere Verfahren für nichtlineare Schwingungen

K. KLOTTER: Technische Schwingungslehre. Bd. I, 2. Aufl. Berlin: 1951.

K. MAGNUS: Schwingungen. Stuttgart: 1961.

H. KAUDERER: Nichtlineare Mechanik. Berlin: 1958.

J. J. STOKER: Nonlinear Vibrations in Mechanical and Electrical Systems. New York: 1950.

N. W. McLACHLAN: Ordinary Non-Linear Differential Equations in Engineering and Physical Sciences. 2. Aufl. Oxford: 1956.

XXI. Stoßvorgänge

1. Einleitung. Von einem Stoß spricht man dann, wenn sehr große Kräfte während ganz kurzer Zeit wirksam sind, wie dies beim Zusammenstoß zweier Körper der Fall ist. Dabei ergibt sich eine sehr rasche Änderung des Geschwindigkeitszustandes. Von der Stoßstelle weg laufen Verformungswellen in die Körper hinein und werden an den Oberflächen reflektiert. Die Spannungen überschreiten zumindest in der Umgebung der Stoßstelle im allgemeinen die Fließgrenze des Werkstoffes, so daß es zu bleibenden Deformationen kommt.

Die rechnerische Untersuchung der Stoßvorgänge ist außerordentlich schwierig. Um zu einer mathematisch hinreichend einfachen Formulierung zu kommen, muß man sehr weitgehende Idealisierungen vornehmen. Sie bestehen in erster Linie darin, daß von den komplizierten Ausbreitungsvorgängen im Körperinneren abgesehen und eine plötzliche, im ganzen Körper gleichzeitig eintretende Änderung des Geschwindigkeitszustandes durch den Stoß angenommen wird. Man setzt also eine unendlich große Ausbreitungsgeschwindigkeit der Stoßwellen voraus. Wegen der unstetigen Geschwindigkeitsänderung wachsen die Beschleunigungen und damit die Kräfte über alle Grenzen, während gleichzeitig das Zeitintervall, in dem sich der Stoß abspielt, gegen Null geht. Die Lage der Körper bleibt dann während des Stoßes ungeändert.

Eine weitere Vereinfachung besteht darin, daß man für die durch den Stoß bedingte Geschwindigkeitsverteilung im Körper eine plausible, mit den Lagerungsbedingungen verträgliche Annahme trifft. Häufig wird man dazu den Körper als starr voraussetzen dürfen.

2. Die Stoßgleichungen. Integrieren wir den für die Bewegung eines beliebigen Systems geltenden Impulssatz Gl. (IV, 14) über ein bestimmtes Zeitintervall, etwa von $t = 0$ bis $t = \tau$, so bekommt er die Gestalt

$$\Delta \mathfrak{J} = \sum_i \int_0^\tau \mathfrak{F}_i \, dt,$$

wo $\Delta \mathfrak{J} = \mathfrak{J}(\tau) - \mathfrak{J}(0)$ die Impulsänderung im Zeitintervall τ darstellt. Das Integral $\int_0^\tau \mathfrak{F}_i \, dt$ nennt man den *Antrieb* der Kraft $\mathfrak{F}_i$ in diesem Zeitintervall. Es gilt also der Satz: „Die Änderung des Impulses ist gleich der Summe der Antriebe aller äußeren Kräfte."

Wir wenden nun diesen Satz auf den Stoßvorgang an und lassen, wie oben dargelegt, das Zeitintervall τ, in dem der Stoß stattfindet, gegen Null gehen. Die am Stoß beteiligten Kräfte wachsen dabei über alle Grenzen, wir setzen aber voraus, daß ihre Antriebe endlich bleiben[1]. Diesen Grenzwert des Antriebes nennen wir den *Stoßantrieb*

$$\mathfrak{S}_i = \lim_{\tau \to 0} \int_0^\tau \mathfrak{F}_i \, dt. \qquad \text{(XXI, 1)}$$

Bezeichnen wir mit $\mathfrak{J}'$ den Impuls unmittelbar nach dem Stoß und mit $\mathfrak{J}$ den Impuls unmittelbar vorher, so gilt also

$$\mathfrak{J}' - \mathfrak{J} = \sum_i \mathfrak{S}_i. \qquad \text{(XXI, 2)}$$

„Die Impulsänderung ist gleich der Summe der äußeren Stoßantriebe."

In analoger Weise folgt aus dem Drallsatz Gl. (IV, 20) durch Integration über t und Grenzübergang $\tau \to 0$

$$\mathfrak{D}' - \mathfrak{D} = \sum_i \lim_{\tau \to 0} \int_0^\tau \mathfrak{r}_i \times \mathfrak{F}_i \, dt.$$

---

[1] Die Kraft nimmt damit den Charakter einer „Nadelfunktion" (DIRACsche Deltafunktion) an.

Da sich während des Stoßes nur der Geschwindigkeitszustand, nicht aber die Lage des Körpers ändert, kann $\mathfrak{r}_i$ vor das Integralzeichen gezogen werden

$$\mathfrak{D}' - \mathfrak{D} = \sum_i \mathfrak{r}_i \times \lim_{\tau \to 0} \int_0^\tau \mathfrak{F}_i \, dt$$

und dann folgt mit Gl. (XXI, 1)

$$\mathfrak{D}' - \mathfrak{D} = \sum_i \mathfrak{r}_i \times \mathfrak{S}_i. \qquad \text{(XXI, 3)}$$

„Die Dralländerung ist gleich der Summe der Momente der äußeren Stoßantriebe." Als Bezugspunkt haben wir wieder einen festen Punkt oder den Schwerpunkt des Körpers zu wählen.

Man entnimmt den Gln. (XXI, 2) und (XXI, 3), daß solche Kräfte, die während des Stoßes beschränkt bleiben, wie etwa das Gewicht, keinen Einfluß auf den Stoßvorgang haben, da ihr Stoßantrieb verschwindet.

Wir wollen noch die LAGRANGEschen Gleichungen für den Stoßvorgang umformen. Integrieren wir Gl. (VIII, 4) über t und gehen wieder zur Grenze $\tau \to 0$, so kommt:

$$\left(\frac{\partial T}{\partial \dot{q}_i}\right)' - \left(\frac{\partial T}{\partial \dot{q}_i}\right) - \lim_{\tau \to 0} \int_0^\tau \frac{\partial T}{\partial q_i} \, dt = \lim_{\tau \to 0} \int_0^\tau Q_i \, dt.$$

Während des Stoßvorganges bleiben die kinetische Energie ebenso wie ihre Ableitungen $\partial T/\partial q_i$ beschränkt, da die darin auftretenden Geschwindigkeiten beschränkt bleiben. Das Integral verschwindet also. Bezeichnet weiters

$$H_i = \lim_{\tau \to 0} \int_0^\tau Q_i \, dt$$

den zur verallgemeinerten Kraft Q_i gehörigen Stoßantrieb, so ergibt sich schließlich

$$\left(\frac{\partial T}{\partial \dot{q}_i}\right)' - \left(\frac{\partial T}{\partial \dot{q}_i}\right) = H_i \qquad (i = 1, 2, \ldots, n). \qquad \text{(XXI, 4)}$$

Gl. (VIII, 3) gilt, da $\delta \mathfrak{r}_i$ und δq_i von t unabhängig sind, auch für die Stoßantriebe. Die H_i folgen somit aus

$$\sum_i \mathfrak{S}_i \cdot \delta \mathfrak{r}_i = \sum_i H_i \, \delta q_i. \qquad \text{(XXI, 5)}$$

Im Gegensatz zu den für stetige Bewegungsvorgänge gültigen Beziehungen sind die Stoßgleichungen (XXI, 2) bis (XXI, 4) keine Differentialgleichungen, sondern Differenzengleichungen.

3. **Beispiel: Stoß auf eine starre Platte.** Eine quadratische Platte von der Seitenlänge $2a$ ist an einer Ecke O frei drehbar aufgehängt

(Abb. XXI, 1). Gegen die Ecke P wird ein Schlag senkrecht zur Plattenebene geführt. Um welche Achse beginnt sich die Platte zu drehen?

Da hier Drehung um einen festen Punkt vorliegt, ziehen wir den Drallsatz (XXI, 3) mit O als Bezugspunkt heran. Er liefert für das in Abb. XXI, 1 eingezeichnete Koordinatensystem mit

$$\mathfrak{r}_P = a\sqrt{2}\,(\mathfrak{e}_1 - \mathfrak{e}_2), \quad \mathfrak{S} = -S\,\mathfrak{e}_3, \quad \mathfrak{r}_P \times \mathfrak{S} = \sqrt{2}\,a\,S\,(\mathfrak{e}_2 + \mathfrak{e}_1),$$

$$\mathfrak{D} = 0, \quad \mathfrak{D}' = I_1\,\omega_1'\,\mathfrak{e}_1 + I_2\,\omega_2'\,\mathfrak{e}_2 + I_3\,\omega_3'\,\mathfrak{e}_3$$

die drei skalaren Gleichungen

$$I_1\,\omega_1' = \sqrt{2}\,a\,S, \quad I_2\,\omega_2' = \sqrt{2}\,a\,S, \quad I_3\,\omega_3' = 0,$$

oder, mit $I_1 = m\,a^2/3 + m\,(\sqrt{2}\,a)^2 = 7\,m\,a^2/3$, $I_2 = m\,a^2/3$

$$\omega_1' = \frac{3\sqrt{2}}{7}\frac{S}{m\,a}, \quad \omega_2' = 3\sqrt{2}\,\frac{S}{m\,a}, \quad \omega_3' = 0.$$

Die gesuchte Momentanachse liegt also in der Plattenebene und bildet mit der Vertikalen einen Winkel α, der durch $\tan\alpha = \omega_1'/\omega_2' = 1/7$ gegeben ist.

Wir wollen noch den Antrieb $\mathfrak{S}_R$ der Stoßreaktion im Aufhängepunkt O bestimmen. Der Plattenschwerpunkt S ist vor dem Stoß in Ruhe, unmittelbar nach dem Stoß besitzt er die Geschwindigkeit

$$\mathfrak{v}_S' = \overline{\omega}' \times \mathfrak{r}_S = (\omega_1'\,\mathfrak{e}_1 + \omega_2'\,\mathfrak{e}_2) \times (-\sqrt{2}\,a\,\mathfrak{e}_2) = -\sqrt{2}\,a\,\omega_1'\,\mathfrak{e}_3 = -\frac{6}{7}\frac{S}{m}\,\mathfrak{e}_3.$$

Dem Impulssatz Gl. (XXI, 2) gemäß gilt

$$m\,\mathfrak{v}_S' = -S\,\mathfrak{e}_3 + \mathfrak{S}_R$$

und es ist

$$\mathfrak{S}_R = \frac{1}{7}\,S\,\mathfrak{e}_3.$$

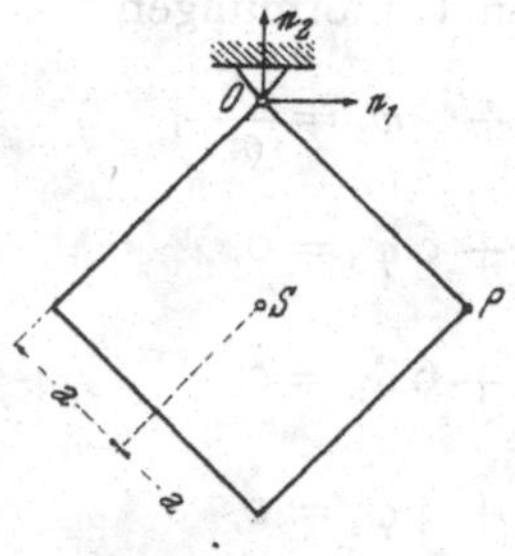

Abb. XXI, 1

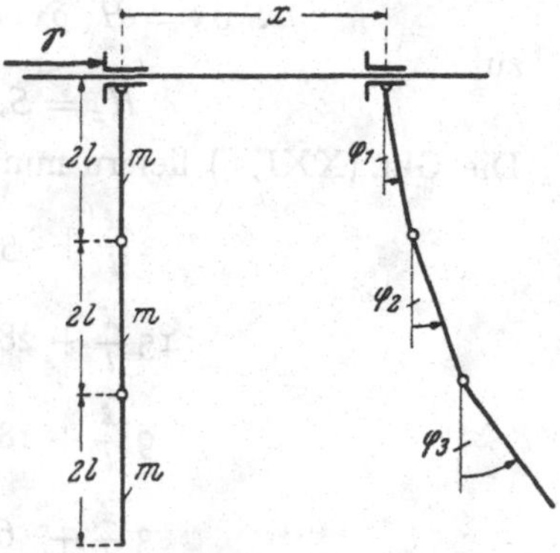

Abb. XXI, 2

4. Beispiel: Stoß auf eine Stabkette. Drei Stäbe von gleicher Masse m und gleicher Länge $2\,l$ sind durch reibungslose Gelenke miteinander verbunden (Abb. XXI, 2). Sie hängen reibungsfrei drehbar an einem verschiebbaren masselosen Wagen. Gegen diesen Wagen wird ein Stoß in horizontaler Richtung geführt. Wie bewegt sich das System unmittelbar nach dem Stoß?

Man benützt hier zweckmäßig die LAGRANGEschen Gleichungen (XXI, 4) und schaltet so die unbekannten, virtuell leistungslosen Stoßreaktionen in den Gelenken aus der Rechnung aus. Das System besitzt vier Freiheitsgrade. Wir wählen als Lagekoordinaten den Verschiebungsweg x des Wagens und die Drehwinkel φ_1, φ_2, φ_3 der drei Stäbe.

Die kinetische Energie des Systems ist vor dem Stoß Null, nach dem Stoß ist sie

$$T' = \frac{m}{2}(v_1^2 + v_2^2 + v_3^2) + \frac{I}{2}(\dot\varphi_1^2 + \dot\varphi_2^2 + \dot\varphi_3^2).$$

v_1, v_2, v_3 bedeuten die Schwerpunktsgeschwindigkeiten nach dem Stoß (da eine Verwechslung hier nicht möglich ist, haben wir die Striche weggelassen) und $I = m\,l^2/3$ ist das Trägheitsmoment eines Stabes um seinen Schwerpunkt. Wir haben die Schwerpunktsgeschwindigkeiten durch die Lagekoordinaten auszudrücken:

$$v_1 = \dot x + l\,\dot\varphi_1,$$
$$v_2 = \dot x + 2\,l\,\dot\varphi_1 + l\,\dot\varphi_2,$$
$$v_3 = \dot x + 2\,l\,\dot\varphi_1 + 2\,l\,\dot\varphi_2 + l\,\dot\varphi_3$$

und erhalten dann

$$T' = \frac{m\,l^2}{6}\left[3\left(\frac{\dot x}{l} + \dot\varphi_1\right)^2 + 3\left(\frac{\dot x}{l} + 2\,\dot\varphi_1 + \dot\varphi_2\right)^2 + \right.$$
$$\left. + 3\left(\frac{\dot x}{l} + 2\,\dot\varphi_1 + 2\,\dot\varphi_2 + \dot\varphi_3\right)^2 + \dot\varphi_1^2 + \dot\varphi_2^2 + \dot\varphi_3^2\right].$$

Die verallgemeinerten Stoßantriebe H_x, H_1, H_2, H_3 folgen gemäß Gl. (XXI, 5) aus

$$S\,\delta x = H_x\,\delta x + H_1\,\delta\varphi_1 + H_2\,\delta\varphi_2 + H_3\,\delta\varphi_3$$

zu

$$H_x = S, \quad H_1 = H_2 = H_3 = 0.$$

Die Gln. (XXI, 4) liefern nun nach einigen Umformungen

$$3\frac{\dot x}{l} + 5\,\dot\varphi_1 + 3\,\dot\varphi_2 + \dot\varphi_3 = \frac{S}{m\,l},$$

$$15\frac{\dot x}{l} + 28\,\dot\varphi_1 + 18\,\dot\varphi_2 + 6\,\dot\varphi_3 = 0,$$

$$9\frac{\dot x}{l} + 18\,\dot\varphi_1 + 16\,\dot\varphi_2 + 6\,\dot\varphi_3 = 0,$$

$$3\frac{\dot x}{l} + 6\,\dot\varphi_1 + 6\,\dot\varphi_2 + 4\,\dot\varphi_3 = 0,$$

und aus diesen Gleichungen folgt schließlich

$$\dot x = \frac{52}{15}\frac{S}{m}, \quad \dot\varphi_1 = -\frac{11}{5}\frac{S}{m\,l}, \quad \dot\varphi_2 = \frac{3}{5}\frac{S}{m\,l}, \quad \dot\varphi_3 = -\frac{1}{5}\frac{S}{m\,l}.$$

5. **Elastischer und unelastischer Stoß.** Die Geschwindigkeitsänderungen durch den Stoß hängen sehr wesentlich von den wirksamen Stoßantrieben $\mathfrak{S}$ ab. Diese sind aber im allgemeinen nicht vorgegeben, wie in den beiden vorangehenden Beispielen angenommen wurde, sondern gehören mit zu den unbekannten Größen des Problems. Will man sie

im Rahmen der hier behandelten elementaren Stoßtheorie bestimmen, so muß eine weitere idealisierende Annahme eingeführt werden, die durch die beiden Grenzfälle des „vollkommen elastischen" und des „vollkommen unelastischen" Stoßes gekennzeichnet ist.

Wir setzen voraus, daß die Berührung der beiden stoßenden Körper in einem Punkt erfolgt und daß wenigstens einer der beiden Körper dort eine Tangentialebene mit der *Stoßnormalen* $\mathfrak{n}$ besitzt (Abb. XXI, 3). Geht $\mathfrak{n}$ durch die beiden Körperschwerpunkte, so spricht man von einem *zentralen* oder *zentrischen*, andernfalls von einem *exzentrischen Stoß*. Der an der Berührungsstelle entstehende Stoßantrieb $\mathfrak{S}$ fällt bei Reibungsfreiheit in die Richtung von $\mathfrak{n}$.

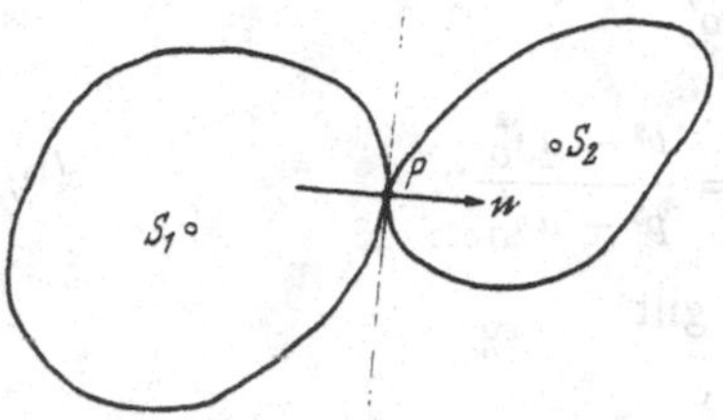

Abb. XXI, 3

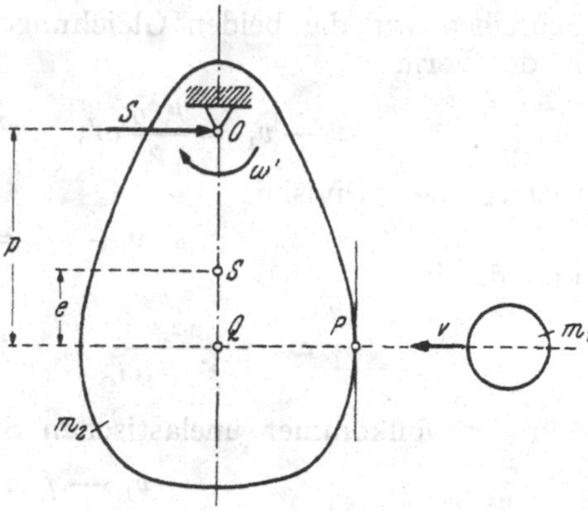

Abb. XXI, 4

Als *vollkommen elastisch* bezeichnen wir den Stoß, bei dem keine mechanische Energie verlorengeht. Da die potentielle Energie nur von der Lage abhängt und diese beim Stoß ungeändert bleibt, folgt, daß die kinetische Energie vor und nach dem Stoß die gleiche ist

$$T' - T = 0. \qquad \text{(XXI, 6)}$$

Vollkommen unelastisch dagegen nennen wir den Stoß, wenn sich die beiden Körper nicht sofort wieder trennen, sondern zunächst die gleichen Geschwindigkeiten in Richtung der Stoßnormalen aufweisen, wenn also

$$(\mathfrak{v}_1' - \mathfrak{v}_2') \cdot \mathfrak{n} = 0 \qquad \text{(XXI, 7)}$$

gilt, wo $\mathfrak{v}_1'$ und $\mathfrak{v}_2'$ die Geschwindigkeiten nach dem Stoß im Berührungspunkt P sind. Ein Gleiten kann natürlich auftreten.

Die Wirklichkeit wird zwischen diesen beiden Extremfällen liegen. Man versucht, dem durch Einführung einer *Stoßzahl* Rechnung zu tragen. Wir wollen aber auf dieses recht zweifelhafte Verfahren, das eine Genauigkeit der Rechnung vortäuscht, die in Wahrheit auch nicht annähernd vorhanden ist, nicht eingehen und verweisen für Einzelheiten auf die im Literaturverzeichnis angeführte Abhandlung von PÖSCHL.

6. Beispiel: Stoß gegen eine drehbar aufgehängte Scheibe. Eine Masse m_1 stößt mit der Geschwindigkeit v gegen eine ruhende, um die

Achse O drehbare Scheibe von der Masse m_2 (Abb. XXI, 4). Der Stoß erfolgt in Richtung der horizontal vorausgesetzten Stoßnormalen.

Der Drallsatz um O liefert für das aus m_1 und m_2 bestehende System

$$m_1 v_1' p + I_O \omega' - m_1 v p = 0.$$

Striche kennzeichnen wieder die Werte nach dem Stoß.

Als zweite Gleichung für die beiden Unbekannten v_1' und ω' haben wir im Falle des vollkommen elastischen Stoßes

$$T' - T = m_1 \frac{v_1'^2}{2} + I_O \frac{\omega'^2}{2} - m_1 \frac{v^2}{2} = 0.$$

Schreiben wir die beiden Gleichungen mit $I_O = m_2 i_O^2$ und $m_2/m_1 = \mu$ in der Form

$$v - v_1' = \frac{\mu i_O^2}{p} \omega', \qquad v^2 - v_1'^2 = \mu i_O^2 \omega'^2, \tag{a}$$

so folgt nach Division

$$v + v_1' = p \omega'$$

und damit

$$\omega' = \frac{2p}{p^2 + \mu i_O^2} v, \qquad v_1' = \frac{p^2 - \mu i_O^2}{p^2 + \mu i_O^2} v. \tag{b}$$

Für den vollkommen unelastischen Stoß gilt

$$v_1' - p \omega' = 0,$$

so daß man zusammen mit der ersten Gl. (a) erhält

$$\omega' = \frac{p}{p^2 + \mu i_O^2} v, \qquad v_1' = \frac{p^2}{p^2 + \mu i_O^2} v. \tag{c}$$

Die Stoßreaktion S im Aufhängepunkt O folgt aus dem Impulssatz

$$m_1 (v_1' - v) + m_2 v_2' = -S.$$

$v_2' = \omega' (p - e)$ ist die Schwerpunktsgeschwindigkeit der Masse m_2 nach dem Stoß. Man erhält

$$S = m_2 \omega' \left(e + \frac{i_O^2 - p^2}{p}\right).$$

Für ω' ist im elastischen Fall nach Gl. (b), im unelastischen Fall nach Gl. (c) einzusetzen.

S verschwindet für $p e = p^2 - i_O^2$. Nun ist aber nach der STEINERschen Formel

$$i_S^2 = i_O^2 - (p - e)^2 = i_Q^2 - e^2.$$

Die Bedingung geht daher über in

$$p = \frac{i_Q^2}{e}.$$

Sie muß erfüllt sein, wenn das Lager in O durch den Stoß nicht beansprucht werden soll. Man nennt den auf der Geraden Drehpunkt—

Schwerpunkt liegenden Punkt Q, durch den die Stoßnormale gehen muß, den *Stoßmittelpunkt*.

Die vertikal aufgehängte Scheibe schwingt nach dem Stoß nach oben. Der Drehwinkel α folgt aus dem Energiesatz:

$$\frac{1}{2} I_O \omega'^2 = m_2 g(p - e)(1 - \cos\alpha).$$

Mißt man α, so läßt sich ω' und damit die Auftreffgeschwindigkeit v der Masse m_1 berechnen. Das ist das Prinzip des *ballistischen Pendels*, mit dessen Hilfe Geschoßgeschwindigkeiten ermittelt werden.

7. Plötzliche Fixierung einer Achse. Wenn bei einem bewegten starren Körper eine körperfeste Achse plötzlich im Raum festgehalten wird, so liegt ein vollkommen unelastischer Stoß vor. Geht die Achse im Augenblick ihrer Fixierung durch den raumfesten Punkt O und ist ihre Richtung durch den Einheitsvektor $\mathfrak{e}$ festgelegt, so muß, da alle Stoßantriebe durch die Achse gehen, der Drall um diese ungeändert bleiben

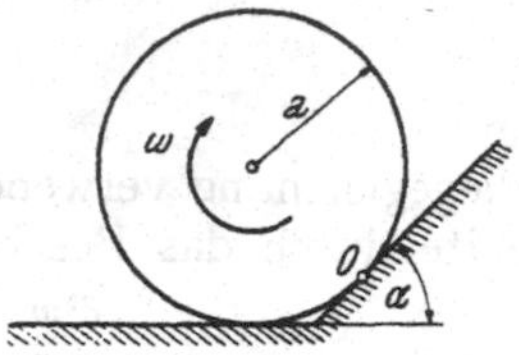

Abb. XXI, 5

$$\mathfrak{D}_O' \cdot \mathfrak{e} = \mathfrak{D}_O \cdot \mathfrak{e}. \qquad \text{(XXI, 8)}$$

Der Drall $\mathfrak{D}_O$ des starren Körpers läßt sich dabei gemäß Gl. (IV, 18a) durch den Drall $\mathfrak{D}_S$ um seinen Schwerpunkt und durch den Impuls $\mathfrak{J} = m\,\mathfrak{v}_S$ ausdrücken.

Als *Beispiel* sei der vollkommen unelastische Stoß eines Kreiszylinders gegen eine geneigte rauhe Ebene betrachtet (Abb. XXI, 5). Der Zylinder von der Masse m und dem Radius a rollt mit der Winkelgeschwindigkeit ω. Durch den Stoß wird die Achse durch O plötzlich festgehalten. Die Drallkomponenten um diese Achse sind gemäß Gl. (IV, 18a)

$$D_O = (m\,a\,\omega)\,a\cos\alpha + \frac{m\,a^2}{2}\omega, \quad D_O' = (m\,a\,\omega')\,a + \frac{m\,a^2}{2}\omega'.$$

Aus $D_O = D_O'$ folgt

$$\omega' = \frac{1 + 2\cos\alpha}{3}\omega.$$

8. Querstoß auf einen Balken. Wenn man die Beanspruchung berechnen will, die ein Balken durch einen Stoß quer zu seiner Achse, etwa durch eine mit der Geschwindigkeit v auftreffende Masse erfährt, dann muß man die durch den Stoß hervorgerufenen Verformungen berücksichtigen. Unmittelbar nach dem Stoß besitzt der getroffene Querschnitt die Geschwindigkeit v, während der restliche Balken noch in Ruhe ist. Dann läuft eine Spannungswelle den Stab entlang, die auch die anderen Querschnitte in Bewegung setzt. Der ganze Balken gerät so in Biegeschwingungen. Eine nähere Untersuchung zeigt[1], daß für die Wellenausbreitung der Einfluß der Schubspannungen und der Rotationsträgheit von wesentlicher Bedeutung ist. Man muß daher die vollständige

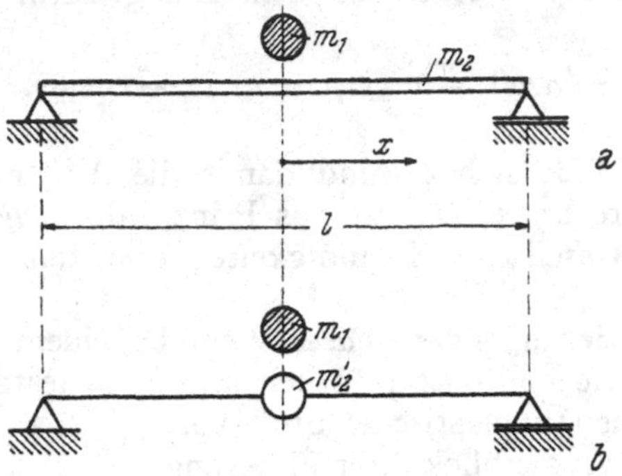

Abb. XXI, 6a, b

Biegegleichung verwenden. Zunächst hat man in Gl. (XI, 32) die rechte Seite durch das Beschleunigungsglied zu ergänzen, also

$$\frac{\partial^2 w}{\partial x^2} = -\frac{M}{E J} - \frac{\varkappa}{G F}\left(q - \varrho F \frac{\partial^2 w}{\partial t^2}\right)$$

zu schreiben.[2] Differenziert man jetzt zweimal nach x, setzt für M aus Gl. (XI, 9), die hier

$$\frac{\partial M}{\partial x} = Q - \varrho J \frac{\partial^2 \varphi}{\partial t^2}$$

lautet, ein und eliminiert schließlich Q und φ mit Hilfe der Gln. (XI, 8) und (XI, 30), so folgt

$$\frac{\partial^4 w}{\partial x^4} - \left(\frac{\varrho}{E} + \varkappa \frac{\varrho}{G}\right)\frac{\partial^4 w}{\partial x^2 \partial t^2} + \frac{\varkappa \varrho^2}{E G}\frac{\partial^4 w}{\partial t^4} + \frac{\varrho F}{E J}\frac{\partial^2 w}{\partial t^2} = 0. \qquad \text{(XXI, 9)}$$

Die Belastung q wurde weggelassen, da sie auf den Stoß keinen Einfluß hat.

Die, TIMOSHENKO-Gleichung genannte, vollständige Biegegleichung (XXI, 9) ist in der Literatur vielfach behandelt worden. Ihre Lösung bereitet beträchtliche Schwierigkeiten. Man behilft sich deshalb in der Praxis meist mit einer einfachen Näherungsformel, die auf folgende Weise gewonnen wird. Wir nehmen wieder an, daß der ganze Balken sofort von der Geschwindigkeitsänderung durch den Stoß erfaßt wird und wählen eine Geschwindigkeitsverteilung, welche den Randbedingungen genügt, beispielsweise affin zur Biegelinie verläuft:

$$\dot{w}(x) = p\,\varphi(x). \qquad \text{(XXI, 10)}$$

Handelt es sich z. B. um einen Träger auf zwei Stützen, dessen Masse m_2

[1] Eine zusammenfassende Darstellung mit ausführlichen Literaturangaben findet man bei H. N. ABRAMSON-H. J. PLASS-E. A. RIPPERGER: Stress wave propagation in rods and beams. In Vol. 5. von Advances in Applied Mechanics, New York: 1958.

[2] Da alle Größen jetzt auch von der Zeit t abhängen, werden hier partielle Ableitungen geschrieben.

beträgt und der in der Mitte von einer Masse m_1 mit der Geschwindigkeit v getroffen wird (Abb. XXI, 6a), so können wir nach Ritz setzen

$$\varphi(x) = \cos\frac{\pi x}{l}.$$

Schließlich ersetzen wir den Träger durch eine masselose Feder gleicher Biegesteifigkeit $E\,J$, welche an der Stoßstelle die Einzelmasse m_2' trägt (Abb. XXI, 6b). Diese wird so bestimmt, daß sie die gleiche kinetische Energie wie der Träger besitzt:

$$T = \frac{\varrho F}{2}\int\limits_{-l/2}^{+l/2} \dot{w}^2\,dx = \varrho\,F\,p^2\int\limits_{0}^{l/2}\cos^2\frac{\pi x}{l}\,dx = \frac{m_2}{4}\,p^2.$$

Die Ersatzmasse hat die Geschwindigkeit $\dot{w}(0) = p$ und ist somit gleich $m_2' = m_2/2$. Zur Bestimmung von p dient der Impulssatz. Wenn wir einen vollkommen unelastischen Stoß voraussetzen, trennen sich die beiden Massen m_1 und m_2' nicht mehr. Es gilt also

$$m_1\,v = (m_1 + m_2')\,p$$

oder

$$p = \frac{m_1\,v}{m_1 + \frac{m_2}{2}}.$$

Nach dem Stoß schwingt der Träger nach unten. Die maximale Durchbiegung unter der stoßenden Masse m_1 kann mit Hilfe des Energiesatzes berechnet werden. Unmittelbar nach dem Stoß ist

$$V = 0,\quad T = \frac{1}{2}(m_1 + m_2')\,p^2 = \frac{m_1^2\,v^2}{2\,m_1 + m_2}.$$

Wenn der Träger den vollen Schwingungsausschlag erreicht hat, ist mit a als der größten Durchbiegung in Trägermitte

$$T = 0,\qquad V = W + U,$$

wobei $W = -\,m_1\,g\,a$, $U = c\,a^2/2$. Die Federkonstante c folgt aus Ziff. XI, 5 zu $c = 48\,E\,J/l^3$. Damit erhält man als Bestimmungsgleichung für a

$$\frac{c\,a^2}{2} - m_1\,g\,a - \frac{m_1^2\,v^2}{2\,m_1 + m_2} = 0.$$

Mit Benützung der *statischen* Durchbiegung $a_s = m_1\,g/c$ unter der Last $P = m_1\,g$ kann die Gleichung in der Form

$$a^2 - 2\,a_s\,a - \frac{2\,a_s\,m_1}{2\,m_1 + m_2}\,\frac{v^2}{g} = 0$$

geschrieben werden. Ihre Lösung ist

$$a = a_s + \sqrt{a_s^2 + \frac{a_s}{1 + \frac{1}{2}\frac{m_2}{m_1}}\,\frac{v^2}{g}}.$$

Führt man wie in Ziff. V, 3 eine *Vergrößerungsfunktion* $V = a/a_s$ ein, die angibt, auf wieviel Durchbiegung und Beanspruchung gegenüber den Werten unter der statischen Last P anwachsen, so findet man

$$V = 1 + \sqrt{1 + \frac{2}{1 + \frac{1}{2}\frac{m_2}{m_1}} \frac{h}{a_s}}$$

mit $h = v^2/2g$ als Fallhöhe.

Das maximale Biegemoment wird also $M = \frac{Pl}{4} V$ und die diesem Biegemoment entsprechende Durchbiegung ist gemäß Ziff. XI, 5 gegeben durch

$$a = \frac{M l^2}{12 E J}.$$

Wenn die Masse m_1 ohne Anfangsgeschwindigkeit aufgelegt wird ($v = 0$), dann wird $a = 2 a_s$. Die maximale Durchbiegung unter einer plötzlich aufgebrachten Last ist also doppelt so groß wie unter einer langsam anwachsenden.

9. **Längsstoß auf einen Stab.** Eine herabfallende Masse m_1 trifft mit der Geschwindigkeit v auf das obere Ende eines vertikal stehenden Stabes von der Länge l und der Masse m_2 auf. Zur überschlägigen Berechnung der Zusammendrückung des Stabes und der Stabspannung kann man genau so vorgehen wie beim Querstoß. Man ersetzt den Stab durch eine masselose Längsfeder gleicher Steifigkeit, welche am oberen Ende die Ersatzmasse m_2' trägt. Nimmt man die Axialgeschwindigkeit $\dot{u}(x)$ des Stabes der statischen Verschiebung proportional an

$$\dot{u}(x) = p \frac{x}{l},$$

so ergibt sich für die kinetische Energie

$$T = \frac{\varrho F}{2} \int_0^l \dot{u}^2 \, dx = \frac{m_2}{6} p^2.$$

Die Ersatzmasse ist also jetzt gleich[1] $m_2' = m_2/3$, und man erhält sofort als Vergrößerungsfunktion

$$V = 1 + \sqrt{1 + \frac{2}{1 + \frac{1}{3}\frac{m_2}{m_1}} \frac{h}{a_s}},$$

a_s ist die statische Zusammendrückung unter dem Gewicht $P = m_1 g$,

$$a_s = \frac{P}{E F} l.$$

[1] Vgl. Aufg. XX, A 1.

Der Vergrößerung V entspricht die Druckspannung

$$\sigma = -\frac{P}{F} V.$$

Aufgaben

A 1. Man untersuche die Existenz des Stoßmittelpunktes, wenn der Stoßantrieb in Abb. XXI, 4 mit der Vertikalen $\overline{OS}$ den Winkel α einschließt.

Lösung: Bezeichnet H den Stoßantrieb durch Q und sind S_v und S_h Vertikal- und Horizontalkomponente der Stoßreaktion im Lager O, so folgt aus dem Drallsatz für den Schwerpunkt mit den Bezeichnungen der Abb. XXI, 4

$$I_S \omega' = H e \sin\alpha + S_h (p - e),$$

während der Impulssatz die Beziehungen

$$m (p - e) \omega' = H \sin\alpha - S_h,$$
$$0 = H \cos\alpha - S_v$$

liefert. m ist die Scheibenmasse. Elimination von ω' gibt

$$S_h = H \sin\alpha \frac{i_S^2 - e(p - e)}{i_S^2 + (p - e)^2}.$$

Dieser Ausdruck verschwindet für $i_S^2 = e(p - e)$, also $p = i_Q^2/e$. Die Lage des Stoßmittelpunktes ist somit vom Winkel α unabhängig.

Es ist aber zu beachten, daß die Aufhängung in O noch die vertikale Stoßreaktion $S_v = H \cos\alpha$ aufzunehmen hat. Vollständige Stoßfreiheit ist nur für $\alpha = \pi/2$ zu erreichen.

A 2. In welcher Höhe h über der Tischebene muß eine Billardkugel horizontal angestoßen werden, damit sie nach dem Stoß sofort in reines Rollen übergeht?

Lösung: Reines Rollen unmittelbar nach dem Stoß kann offenbar nur dann erreicht werden, wenn der Punkt Q (Abb. XXI, A 1), Stoßmittelpunkt ist. Unter Benützung der Beziehungen von Ziff. XXI, 6 erhalten wir

$$p = h = \frac{i_0^2}{a} = \frac{7}{5} a,$$

wobei i_0^2 unter Verwendung von Tabelle III, 2 ermittelt wurde.

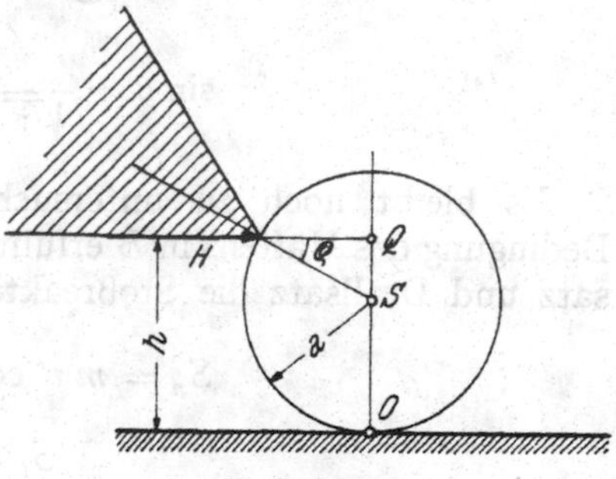

Abb. XXI, A 1

Es sei erwähnt, daß der Stoß hier nicht mehr als „glatt" angenommen werden darf, da sonst die Bedingung $H \perp \overline{SO}$ verletzt wäre. H darf also höchstens an der Grenze des in Abb. XXI, A 1 schraffiert eingezeichneten Haftgrenzkegels liegen, was auf eine minimale Haftgrenzzahl

$$\mu_{0\,\min} = \tan\varrho = 2/\sqrt{21} \text{ führt.}$$

A 3. Man untersuche die Reflexion einer Eishockeyscheibe an einer festen Wand bei Annahme eines vollkommen elastischen Stoßes.

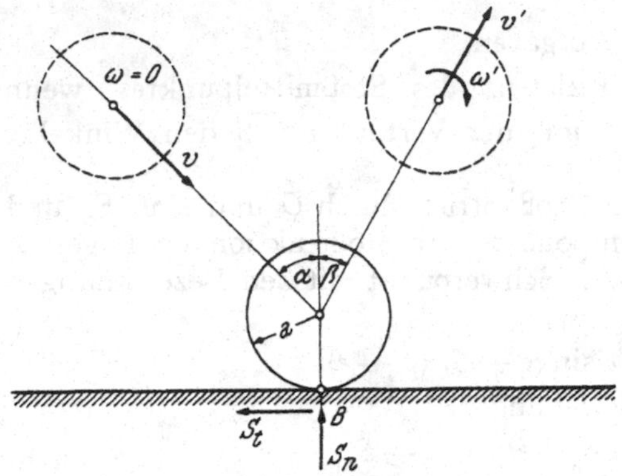

Abb. XXI, A 2

Lösung: Wir nehmen an, daß die Rauhigkeit von Scheibe und Wand so groß ist, daß im Augenblick des Stoßes Haften im Berührungspunkt B vorliegt (Abb. XXI, A 2). Dann muß unmittelbar nach dem Stoß die parallel zur Wand liegende Geschwindigkeitskomponente von B verschwinden, d. h. es gilt

$$v' \sin\beta - a\,\omega' = 0.$$

Der Drallsatz (XXI, 3) bezogen auf B lautet bei Beachtung von Gl. (IV, 18a)

$$I_s\,\omega' + m\,v'\,a\sin\beta - m\,v\,a\sin\alpha = 0,$$

wobei m die Masse der Scheibe und I_s ihr Trägheitsmoment um den Schwerpunkt bedeuten. Schließlich haben wir noch die Erhaltung der kinetischen Energie als Bedingung für den vollkommen elastischen Stoß zu berücksichtigen:

$$\frac{1}{2}\,m\,v'^2 + \frac{1}{2}\,I_s\,\omega'^2 = \frac{1}{2}\,m\,v^2.$$

Aus den drei Gleichungen erhalten wir, mit $i_s^2 = \frac{I_s}{m}$ und $\frac{i_s}{a} = \lambda$

$$v' = \frac{v}{(1+\lambda^2)^2}\sqrt{(1+\lambda^2)^2 - \lambda^2\sin^2\alpha},$$

$$\omega' = \frac{\sin\alpha}{1+\lambda^2}\,\frac{v}{a},$$

$$\sin\beta = \frac{\sin\alpha}{\sqrt{(1+\lambda^2)^2 - \lambda^2\sin^2\alpha}}.$$

Es bleibt noch zu untersuchen, inwieweit die eingangs gestellte Bedingung des Haftens in B erfüllt ist. Zunächst rechnen wir aus Impulssatz und Drallsatz die Stoßreaktionen in B:

$$S_n = m\,v'\cos\beta + m\,v\cos\alpha,$$

$$S_t = \frac{I_s\,\omega'}{a}.$$

In die Haftbedingung (II, 10) eingesetzt, liefert dies die Ungleichung

$$\mu_0 > \frac{S_t}{S_n} = \frac{\lambda^2}{\cot\beta + (1+\lambda^2)\cot\alpha}.$$

A 4. Unter welchem Winkel β springt ein gegen eine senkrechte Wand rollender Ball (Abb. XXI, A 3) von dieser zurück?

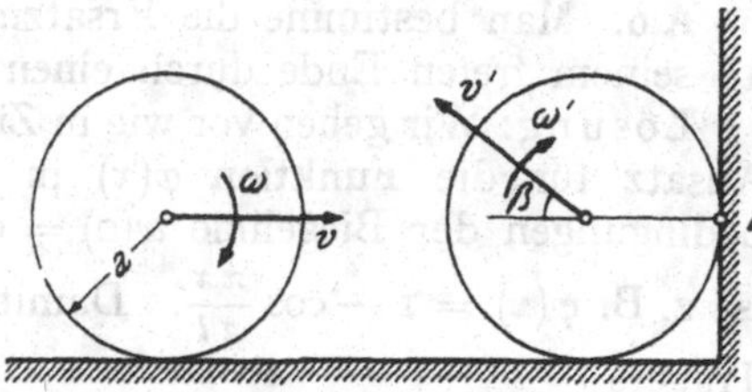

Abb. XXI, A 3

Lösung: Die Voraussetzungen über den Stoßvorgang seien dieselben wie in der vorangehenden Aufgabe. Somit haben wir als Ausgangsgleichungen

$$v' \sin\beta - a\,\omega' = 0,$$
$$I_s\,\omega' + m\,a\,v' \sin\beta - I_s\,\omega = 0,$$
$$\frac{1}{2}\,m\,v'^2 + \frac{1}{2}\,I_s\,\omega'^2 = \frac{1}{2}\,m\,v^2 + \frac{1}{2}\,I_s\,\omega^2.$$

Hinzu tritt noch $v = a\,\omega$. Aus diesen Gleichungen folgt, mit $I_s = \frac{1}{3}\,m\,a^2$ als Trägheitsmoment einer dünnwandigen Hohlkugel um eine Schwerachse,

$$\sin\beta = \frac{1}{\sqrt{21}}.$$

Die Voraussetzung des Haftens in B während des Stoßes wäre noch wie in der vorhergehenden Aufgabe zu überprüfen. Man findet, daß eine minimale Haftgrenzzahl $\mu_{0\,\min} = \frac{1}{2\sqrt{5} + 4}$ erforderlich ist.

A 5. Ein Balken der Masse m ist in seinem Schwerpunkt durch ein Schneidenlager gestützt. Gegen sein rechtes Ende wird ein Stoßantrieb S_V geführt; knapp unter diesem Ende befindet sich ein unelastischer Amboß A (Abb. XXI, A 4). Mit welcher Geschwindigkeit hebt der Schwerpunkt des Balkens von der Schneide ab?

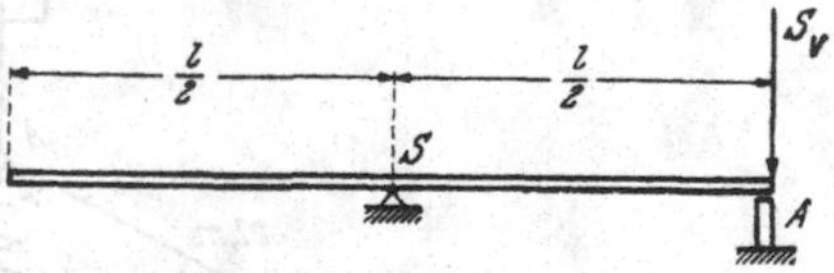

Abb. XXI, A 4

Lösung: Es finden zwei Stoßvorgänge hintereinander statt, nämlich

a) Stoß auf das Balkenende mit nachfolgender Drehung um S. Der Drallsatz (XXI, 3) liefert $I_S\,\omega' = \frac{l}{2}\,S_V$, mit I_S als Trägheitsmoment des Balkens um den Schwerpunkt.

b) Achsenwechsel von S nach A mit plötzlicher Fixierung der Achse durch A. Hier ergibt Gl. (XXI, 8)

$$I_A\,\omega'' = I_S\,\omega',$$

wobei ω'' die Winkelgeschwindigkeit des Balkens unmittelbar nach dem Achsenwechsel bedeutet. Die Abhebegeschwindigkeit des Schwerpunktes ist dann

$$v_S = \omega''\,\frac{l}{2} = \frac{3\,S_V}{4\,m},$$

wenn $I_A = \frac{1}{3}\,m\,l^2$ gesetzt wird.

A 6. Man bestimme die Ersatzmasse m_2' für einen Kragträger, der an seinem freien Ende durch einen Querstoß beansprucht wird.

Lösung: Wir gehen vor wie in Ziff. XXI, 8. Ein passender RITZscher Ansatz für die Funktion $\varphi(x)$ in Gl. (XXI, 10), welcher den Randbedingungen der Biegelinie $w(0) = 0$; $w'(0) = 0$ und $w''(l) = 0$ genügt, ist z. B. $\varphi(x) = 1 - \cos\frac{\pi x}{2l}$. Damit wird die kinetische Energie des Trägers

$$T = \frac{\varrho F}{2}\int_0^l \dot{w}^2\,dx = \frac{1}{2}\left(\frac{3}{2} - \frac{4}{\pi}\right) m_2 p^2.$$

Anderseits ist die kinetische Energie des masselosen Trägers mit der Ersatzmasse m_2' am freien Ende

$$T = \frac{1}{2} m_2' \,[\dot{w}(l)]^2 = \frac{1}{2} m_2' p^2,$$

woraus durch Vergleich mit der ersten Gleichung $m_2' = \left(\frac{3}{2} - \frac{4}{\pi}\right) m_2 \approx$ $\approx 0{,}225\, m_2$ folgt.

A 7. Eine Masse M trifft mit der Geschwindigkeit v_0 auf das in Abb. XXI, A 5 dargestellte Stabwerk auf. Gelenke und Führungen seien reibungsfrei, die Feder masselos und der Stoß vollkommen unelastisch. Man bestimme die Winkelgeschwindigkeit ω' der Stäbe unmittelbar nach dem Auftreffen der Masse.

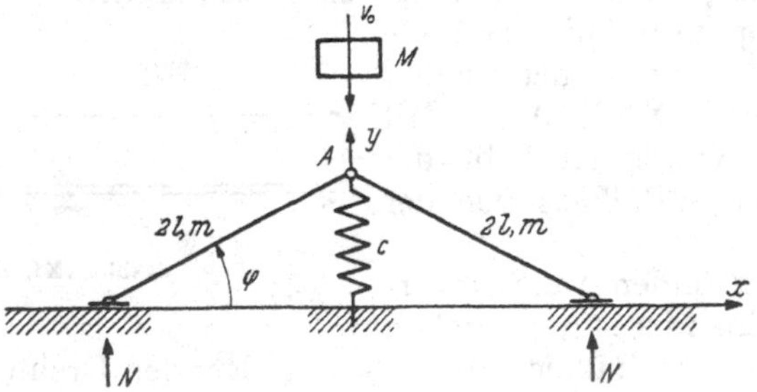

Abb. XXI, A 5

Lösung: Mit den Koordinaten des Schwerpunktes des rechten Stabes $x_S = l\cos\varphi$, $y_S = l\sin\varphi$ und mit $y_A = 2\,l\sin\varphi$ ist die kinetische Energie des Stabwerkes unmittelbar nach dem Stoß gegeben durch

$$(T_S)' = m\,v_S'^2 + I_S\,\dot{\varphi}'^2 = \frac{4}{3}\,m\,l^2\,\dot{\varphi}'^2;$$

unmittelbar vor dem Stoß ist sie Null: $T_S = 0$.

Bezeichnet man den zwischen der Masse M und dem Stabwerk wirkenden Stoßantrieb mit S, so liefert die LAGRANGEsche Gleichung (XXI, 4) wegen

$$H_\varphi\,\delta\varphi = -S\,\delta y_A = -2\,l\,S\cos\varphi\,\delta\varphi$$

für das Stabwerk, mit $\dot{\varphi} = \omega'$,

$$\frac{8}{3} m l^2 \omega' = -2 l S \cos\varphi.$$

Für die Masse M ergibt der Impulssatz mit $v_M = -v_0$, $v_M' = \dot{y}_A$ die Beziehung

$$2 l M \omega' \cos\varphi + M v_0 = S.$$

Nach Elimination von S erhält man somit

$$\omega' = -\frac{3 v_0}{2 l} \frac{\cos\varphi}{\frac{2 m}{M} + 3 \cos^2\varphi}.$$

Literatur

W. Goldsmith: Impact. The Theory and Physical Behaviour of Colliding Solids. London: 1960.

Th. Pöschl: Der Stoß. Handbuch der Physik, Bd. VI. Berlin: 1928 (Herausgeber: H. Geiger–K. Scheel).

Anhang

Einige Formeln der Vektorrechnung

1. Algebra

Addition zweier Vektoren

$$\mathfrak{a} + \mathfrak{b} = (a_x + b_x)\, \mathfrak{e}_x + (a_y + b_y)\, \mathfrak{e}_y + (a_z + b_z)\, \mathfrak{e}_z,$$

$\mathfrak{e}_x, \mathfrak{e}_y, \mathfrak{e}_z$ ... rechtwinkelige kartesische Basisvektoren, a_x, a_y, a_z ... Komponenten des Vektors $\mathfrak{a}$. Die Addition ist kommutativ: $\mathfrak{a} + \mathfrak{b} = \mathfrak{b} + \mathfrak{a}$. Parallelogrammregel: „Vektor $\mathfrak{a} + \mathfrak{b}$ bildet Diagonale des von $\mathfrak{a}$ und $\mathfrak{b}$ aufgespannten Parallelogramms."

Multiplikation eines Vektors mit einem Skalar

$$\lambda\, \mathfrak{a} = \lambda\, a_x \mathfrak{e}_x + \lambda\, a_y \mathfrak{e}_y + \lambda\, a_z \mathfrak{e}_z.$$

Inneres Produkt zweier Vektoren ergibt einen Skalar

$$\mathfrak{a} \cdot \mathfrak{b} = |\mathfrak{a}|\, |\mathfrak{b}| \cos\alpha = a_x b_x + a_y b_y + a_z b_z,$$

α ... Winkel zwischen $\mathfrak{a}$ und $\mathfrak{b}$. Das innere Produkt ist kommutativ: $\mathfrak{a} \cdot \mathfrak{b} = \mathfrak{b} \cdot \mathfrak{a}$.

Äußeres Produkt zweier Vektoren ergibt einen Vektor

$$\mathfrak{a} \times \mathfrak{b} = \begin{vmatrix} \mathfrak{e}_x & \mathfrak{e}_y & \mathfrak{e}_z \\ a_x & a_y & a_z \\ b_x & b_y & b_z \end{vmatrix} =$$

$$= (a_y\, b_z - b_y\, a_z)\, \mathfrak{e}_x + (a_z\, b_x - b_z\, a_x)\, \mathfrak{e}_y + (a_x\, b_y - b_x\, a_y)\, \mathfrak{e}_z.$$

Der Vektor $\mathfrak{a} \times \mathfrak{b}$ steht senkrecht auf der von $\mathfrak{a}$ und $\mathfrak{b}$ aufgespannten Ebene und bildet mit $\mathfrak{a}, \mathfrak{b}$ ein Rechtssystem. Sein Betrag ist

$$|\mathfrak{a} \times \mathfrak{b}| = |\mathfrak{a}|\, |\mathfrak{b}| \sin \alpha$$

α ... Winkel zwischen $\mathfrak{a}$ und $\mathfrak{b}$. Das äußere Produkt ist nicht kommutativ: $\mathfrak{a} \times \mathfrak{b} = -\mathfrak{b} \times \mathfrak{a}$.

Skalares Tripelprodukt

$$(\mathfrak{a} \times \mathfrak{b}) \,.\, \mathfrak{c} = \mathfrak{a} \,.\, (\mathfrak{b} \times \mathfrak{c}) = \begin{vmatrix} a_x & a_y & a_z \\ b_x & b_y & b_z \\ c_x & c_y & c_z \end{vmatrix}.$$

Punkt und Kreuz können also vertauscht werden.

Vektorielles Tripelprodukt

$\mathfrak{a} \times (\mathfrak{b} \times \mathfrak{c}) = (\mathfrak{a} \,.\, \mathfrak{c})\, \mathfrak{b} - (\mathfrak{a} \,.\, \mathfrak{b})\, \mathfrak{c}$, „Entwicklungssatz".

2. Analysis

Differentiation eines Vektors nach einem Skalar

$$\dot{\mathfrak{v}} = \dot{v}_x\, \mathfrak{e}_x + \dot{v}_y\, \mathfrak{e}_y + \dot{v}_z\, \mathfrak{e}_z.$$

Differentiation eines Vektorproduktes nach einem Skalar (das Zeichen $\smile$ bedeutet entweder skalare oder vektorielle Multiplikation)

$$\frac{d}{dt}\,[\mathfrak{v}(t) \smile \mathfrak{w}(t)] = \dot{\mathfrak{v}} \smile \mathfrak{w} + \mathfrak{v} \smile \dot{\mathfrak{w}}.$$

Differentiation nach dem Ortsvektor (Feldableitung)

$\nabla = \mathfrak{e}_x \frac{\partial}{\partial x} + \mathfrak{e}_y \frac{\partial}{\partial y} + \mathfrak{e}_z \frac{\partial}{\partial z}$ HAMILTONscher Operator „Nabla"

$\nabla . \nabla = \Delta = \frac{\partial^2}{\partial x^2} + \frac{\partial^2}{\partial y^2} + \frac{\partial^2}{\partial z^2}$ LAPLACEscher Operator „Delta"

$\mathfrak{r} = x\, \mathfrak{e}_x + y\, \mathfrak{e}_y + z\, \mathfrak{e}_z$ Ortsvektor.

∇a Gradient des Skalarfeldes $a(x, y, z)$; $da = d\mathfrak{r} \,.\, \nabla a$; $\nabla \,.\, \mathfrak{v}$ Divergenz des Vektorfeldes $\mathfrak{v}(x, y, z)$; $\nabla . \mathfrak{v} = 0$ ... quellenfreies Feld. $\nabla \times \mathfrak{v}$ Rotor des Vektorfeldes $\mathfrak{v}(x, y, z)$; $\nabla \times \mathfrak{v} = 0$ ... drehungs- oder wirbelfreies Feld.

$$\nabla \times \mathfrak{v} = \begin{vmatrix} \mathfrak{e}_x & \mathfrak{e}_y & \mathfrak{e}_z \\ \frac{\partial}{\partial x} & \frac{\partial}{\partial y} & \frac{\partial}{\partial z} \\ v_x & v_y & v_z \end{vmatrix}.$$

Mehrfache Feldableitungen

$$\nabla \times \nabla a = 0, \qquad \nabla . (\nabla \times \mathfrak{v}) = 0, \qquad \nabla \times (\nabla \times \mathfrak{v}) = \nabla (\nabla . \mathfrak{v}) - \Delta \mathfrak{v}.$$

Integralsätze. Die Größe g kann ein Skalar oder ein Vektor sein. Das Zeichen $\smile$ bedeutet eine beliebige Multiplikation (gewöhnliche für einen Skalar, skalare oder vektorielle für einen Vektor).

GAUSSscher Satz $$\int_V \nabla \smile g \, dV = \oint_F \mathfrak{n} \smile g \, dF.$$

F ... geschlossene Fläche im Raum, V ... von F eingeschlossenes Volumen, $\mathfrak{n}$ ... Einheitsvektor in Richtung der Flächennormalen, positiv nach außen.

Wählt man speziell für g einen Skalar und betrachtet nur die x-Komponente der Gleichung, so erhält man

$$\int_V \frac{\partial g}{\partial x} \, dV = \oint_F n_x \, g \, dF.$$

Ersetzt man jetzt g der Reihe nach durch die Komponenten eines Vektors, $g = a_x, a_y, a_z$, multipliziert mit $\mathfrak{e}_x, \mathfrak{e}_y, \mathfrak{e}_z$ und addiert, so folgt

$$\int_V \frac{\partial \mathfrak{a}}{\partial x} \, dV = \oint_F n_x \, \mathfrak{a} \, dF.$$

Zwei weitere Beziehungen erhält man nach Ersatz von x durch y bzw. z.

STOKESscher Satz $$\int_A (\mathfrak{n} \times \nabla) \smile g \, dA = \oint_C d\mathfrak{r} \smile g.$$

C ... geschlossene Kurve im Raum, A ... beliebige, von C berandete Fläche (Abb. VI, 4), $\mathfrak{n}$ ... Einheitsvektor normal zu A, bildet mit dem Umlaufsinn von C eine Rechtsschraube.

Weitere Formeln der Vektoranalysis, vor allem für krummlinige orthogonale Koordinatensysteme, sind zu finden in

M. LAGALLY: Vorlesungen über Vektor-Rechnung. 7. Aufl. Leipzig: 1964.

W. MAGNUS–F. OBERHETTINGER: Formeln und Sätze für die Speziellen Funktionen der Mathematischen Physik. Berlin: 1948.

P. MOON–D. EBERLE SPENCER: Field Theory Handbook. Berlin: 1961.

„Hütte" Mathematische Formeln und Tafeln. Berlin: 1959.

Sachverzeichnis

Satz: Manzsche Buchdruckerei, A-1090 Wien

Springer und Umwelt

ALS INTERNATIONALER WISSENSCHAFTLICHER VERLAG sind wir uns unserer besonderen Verpflichtung der Umwelt gegenüber bewusst und beziehen umweltorientierte Grundsätze in Unternehmensentscheidungen mit ein.

VON UNSEREN GESCHÄFTSPARTNERN (DRUCKEREIEN, Papierfabriken, Verpackungsherstellern usw.) verlangen wir, dass sie sowohl beim Herstellungsprozess selbst als auch beim Einsatz der zur Verwendung kommenden Materialien ökologische Gesichtspunkte berücksichtigen.

DAS FÜR DIESES BUCH VERWENDETE PAPIER IST AUS chlorfrei hergestelltem Zellstoff gefertigt und im pH-Wert neutral.